现代混凝土质量管理与检验实用手册

张应立　周玉华 ◎ 主编

XIANDAI
HUNNINGTU
ZHILIANG GUANLI
YU JIANYAN
SHIYONG
SHOUCE

化学工业出版社

·北京·

内容提要

全书共八章，在介绍混凝土质量管理基本知识的基础上，较系统地阐述了混凝土原材料的质量控制，混凝土配制强度、配合比设计及其耐久性控制，混凝土拌合物的质量控制，混凝土施工（生产）工艺的质量控制，混凝土施工（生产）过程的质量控制，硬化混凝土的性能检验及质量控制等质量管理及检验知识，同时对混凝土缺陷的防治与修补知识做了扼要介绍。

本书可作为混凝土技术人员、操作工人的工具书，也可作为混凝土质量管理部门、相关院校师生及科研院所研究人员参考书。

图书在版编目（CIP）数据

现代混凝土质量管理与检验实用手册/张应立，周玉华主编. —北京：化学工业出版社，2020.1 (2022.11重印)
ISBN 978-7-122-35357-3

Ⅰ.①现… Ⅱ.①张…②周… Ⅲ.①混凝土质量-质量管理-手册②混凝土质量-质量检验-手册 Ⅳ.①TU755.7-62

中国版本图书馆 CIP 数据核字（2019）第 223234 号

责任编辑：韩霄翠 仇志刚　　　　　　　　　文字编辑：向　东
责任校对：栾尚元　　　　　　　　　　　　　装帧设计：史利平

出版发行：化学工业出版社（北京市东城区青年湖南街 13 号　邮政编码 100011）
印　　装：北京天宇星印刷厂
787mm×1092mm　1/16　印张 29¼　字数 729 千字　2022 年 11 月北京第 1 版第 2 次印刷

购书咨询：010-64518888　　　　　　　　　售后服务：010-64518899
网　　址：http://www.cip.com.cn
凡购买本书，如有缺损质量问题，本社销售中心负责调换。

混凝土是当代主要建筑材料之一，也是目前世界上生产量最大、用途最广的人造材料，其原因是混凝土具有原材料丰富易得、施工简便等特点，可浇筑成各种形状，能适应各种使用环境，配制成所需强度，成本较低。

在现代建筑工程中，隧道、大桥、大坝、电站、河堤、河坝、房屋等工业与民用建筑均以混凝土为主要材料，混凝土对整个工程的质量和成本起着举足轻重的作用。因混凝土质量低劣，造成墙倒屋塌、坝垮、桥塌事故，时有发生，给国家财产和人民生命安全造成极大损失。诸多惨痛教训，引起人们对混凝土质量的重视。因此，混凝土企业必须从全面质量管理入手，把好质量关。为适应国民经济建设的需要，更好地满足社会各界对混凝土越来越高的要求，我们结合生产实践，并参考大量文献资料，编写了《现代混凝土质量管理与检验实用手册》一书。

本书的特点是具有针对性、系统性和实用性，注重实践和综合性技术管理的阐述，相信本书将成为广大读者的良师益友。

本书由张应立、周玉华主编，参加编写的还有吴兴惠、文玉鎏、耿敏、张峥、李家祥、王丹、王正常、周玉良、周玥、周琳、刘军、程世明、杨再书、车宣雨、陈明德、张举素、张应才、唐松惠、张莉、吴兴莉、梁润琴、贾晓娟、陈洁、张军国、黄德轩、王登霞、连杰、唐猛、陈蓉、张宝春、杨晓娅、蹇东宏、王正荣、张举容、杨雪梅、李祥云、侯勇、程力、钱璐、薛安梅、徐婷、黄月圆、李守银、王海、陆彩娟、王祥明、王仕婕、韩世军、李新民、杨忠英、夏继东、罗栓、谢美、方汪键、郭会文、王杰、王美玲、智日宝、王威振等。全书由高级工程师张梅审定。在编写过程中，曾得到地方质量监督部门和贵州路桥工程有限公司的领导、专家和审定者的大力支持与帮助，特向他们表示衷心感谢。

由于作者水平有限，经验不足，书中不妥之处在所难免，恳请专家和读者提出批评意见和建议。

编著者
2020 年 2 月

目录

第一章

绪　论

质量与质量管理的概念

一、质量术语与定义

1. 质量

质量是指"反映实体满足明确和隐含需要的能力的特性总和"。实体是"可单独描述和研究的事物",它可以是活动或过程、产品、组织、体系或人,以及上述各项的任何组合。

2. 质量方针

质量方针是指"由组织的最高管理者正式发布的该组织总的质量宗旨和质量方向"。

3. 质量管理

质量管理是指"确定质量方针、目标和职责,并在质量体系中通过诸如质量策划、质量控制、质量保证和质量改进等使其实施的全部管理职能的所有活动"。质量管理主要体现在建设一个有效运作的质量体系上。

4. 质量策划

质量策划是指"确定质量以及采用质量体系要素的目标和要求的活动"。质量策划应包括产品策划、管理和作业策划、编制质量计划和规划质量改进等方面的内容。

5. 质量控制

质量控制是指"为达到质量要求所采取的作业技术和活动"。这些"作业技术和活动"贯穿了实体的全过程,即存在于整个质量环中。典型的质量环包括营销和市场调研、产品设计和开发、过程策划和开发、采购、生产或服务提供、验证、包装和储存、销售和分发、安装和投入运行、技术支持和服务、售后、使用寿命结束时的处置或再生利用等,如图 1-1 所示。

6. 质量保证

质量保证是指"为了提供足够的信任表明实体能够满足质量要求,而在质量体系中实施并根据需要进行证实的全部有计划和有系统的活动"。"质量保证"和"保证质量"是相互联系的两个不同概念,前者的目的在于取得"足够的信任",而后者的目的在于满足规定的质量要求。

7. 质量改进

质量改进是指"为向本组织及其顾客提供更多的收益,在整个组织内所采取的旨在提高

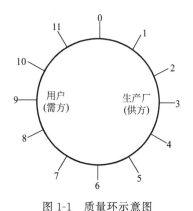

图 1-1　质量环示意图

1—市场调研；2—设计、规范的编制和产品研制；3—采购；
4—工艺准备；5—生产制造；
6—检验和试验；7—包装和储存；
8—销售和发运；9—安全和运行；
10—技术服务和维修；11—用后处理

活动和过程的效益和效率的各种措施"。

8. 质量体系

质量体系是指"为实施质量管理所需的组织结构、程序、过程和资源"。组织结构是"组织为行使其职能按某种方式建立的职责、权限及其相互关系"。程序是"为进行某项活动所规定的途径"。在很多情况下，程序可形成文件，称为"书面程序"或"文件化程序"，其中通常包括：活动的目的和范围；做什么和谁来做，何时、何地和如何做；应使用什么材料、设备和文件；如何对活动进行控制和记录。过程是"将输入转化为输出的一组彼此相关的资源和活动"。质量体系通过过程把组织结构、资源和程序运作起来，因此质量体系是通过过程和过程组成的过程网络来实施的。资源可包括人员、资金、设施、设备、技术和方法。

二、质量管理任务

混凝土产品质量管理是混凝土生产企业从开始施工准备，到产品交付使用的全过程中，为保证和提高产品质量所进行的各项组织管理工作。

混凝土产品质量管理工作，主要有以下几方面的任务：

① 贯彻国家和上级有关质量管理工作的方针、政策；贯彻国家和上级颁发的各种混凝土技术标准、施工及验收规范、技术规程等。

② 参与制定保证混凝土质量的技术措施。在施工组织设计、施工方案和推行新技术、新结构、新材料中都应有保证混凝土质量的技术措施。

③ 进行混凝土质量检查。坚持以预防为主的方针，贯彻专职检查和群众检查相结合的方法，组织施工班组进行自检、互检、交接检活动，做好预检和隐蔽项目检查工作。

④ 组织混凝土质量检验评定。按质量标准和设计要求，进行材料、半成品验收；进行结构工程质量验收；进行各分项工程、分部工程和单位工程竣工的质量检验评定工作。

⑤ 组织制定和贯彻保证混凝土质量的各项管理制度；全面运用质量管理方法。

⑥ 做好混凝土质量反馈工作。产品交付使用后，要进行回访，检查混凝土质量的变化情况，总结混凝土质量方面存在的问题，采用相应的技术措施。

企业要搞好混凝土产品质量管理工作，应着重抓好以下几个方面的工作：

a. 各级领导要树立"百年大计、质量第一""质量是企业的生命"的思想，要有高度责任心，要把保证和提高混凝土质量作为企业生存和发展的大事来抓，以优良的混凝土产品质量来提高本企业的信誉和竞争能力。

b. 群策群力，上下一心，提高企业所有部门和人员的工作质量。

c. 努力提高混凝土工队伍的素质，加强混凝土工队伍的思想教育和技术培训。

d. 建立一套科学的管理制度，积极推行全面质量管理的科学方法。

e. 通过对本企业混凝土产品质量情况的分析，确定企业一个时期内质量管理工作的目标。

f. 对前一阶段的竣工验收评定各分项的质量，通过数据分析，找出影响评分值的主要因素，组织攻关，有针对性，重点突出，不断分析，抓主要矛盾并重点解决。

g. 根据自身能力及管理水平，制定切实可行的计划，如质量指标控制计划、质量通病攻关计划等。

h. 要有实现计划的措施，做到分工明确，责任落实，随时检查，及时总结。

三、质量管理责任制

质量管理责任制是全企业开展混凝土质量管理工作的要求。

质量管理责任制要求从企业领导直到班组和各部门、各环节都应该担负起质量管理的职责，调动起企业全体人员的积极因素，以各自的工作质量来保证混凝土质量。

质量管理责任制的内容有以下几点：

① 把质量工作列为重要的议事内容。

② 把"质量第一"的宣传教育活动列为企业的经常性工作，组织开展各种质量活动。

③ 大力开展全面质量管理工作，建立质量保证体系，开展群众性质量管理活动。

④ 认真贯彻混凝土质量的管理制度，做好各项基础工作。

⑤ 制定质量工作规划和质量控制计划，并组织实施。

⑥ 组织各种形式的质量检查，分析存在的问题及薄弱环节，组织攻关。

⑦ 以质量优劣为依据，认真贯彻经济奖罚制度；表扬先进，鼓励落后，积极组织各种竞赛活动。

⑧ 支持质量检查机构和人员的工作，严格把住检查验收关。

⑨ 组织质量回访，及时进行信息反馈。

⑩ 组织对重大质量事故的调查、分析和处理。

对上述内容，由于各级领导、各个部门、各个班组所担负的责任和职责范围各不相同，其着重点也不相同。

各部门的质量管理责任制还应对间接为质量工作服务的问题提出措施，并落实责任。

四、质量管理手册

质量手册是指"阐明一个组织的质量方针并描述其质量体系的文件"。根据手册的范围，可以使用限定词，如"质量保证手册""质量管理手册"。

质量管理手册是承制方质量管理工作的基本法规和准则，是承制方贯彻执行《产品质量管理条例》的实施细则，是承制方质量保证能力的文字表述。质量管理手册应当包括下列内容，并具有指令性、系统性、可检查性。

① 质量管理的方针、政策和目标。

② 质量保证组织及其职责。

③ 产品的质量控制程序和标准。

④ 不合格品的管理及纠正措施。

⑤ 质量信息的传递、处理程序。

⑥ 质量保证文件的编制、签发和修改程序。

⑦ 质量工作人员资格审定办法。

⑧ 群众性质量管理活动，以及检查、评价、奖惩办法。

⑨ 其他有关事项。

五、全面质量管理

全面质量管理（TQM）是指一个组织以质量为中心，以全员参加为基础，目的在于通过让顾客满意和本组织所有成员及社会受益而达到长期成功的管理途径。这里，最高管理者强有力且持续的领导以及该组织内所有成员的教育和培训是这种管理途径取得成功所必不可少的。

全面质量管理的特点：

（1）"三全"的管理思想　包括全面的质量管理概念、全过程的质量管理、全员参加的质量管理。

（2）"四个一切"的观点　即一切为用户服务的观点、一切以预防为主的观点、一切用数据说话的观点、一切按 PDCA 循环办事的观点。

PDCA 循环代表计划（plan）、执行（do）、检查（check）、处理（action）这一逻辑过程。在 PDCA 循环中，质量管理活动又分为八个步骤，即：①找出质量存在的问题；②找出存在问题的原因；③找出原因中的主要原因；④根据主要原因制定解决对策（以上四个步骤属计划阶段）；⑤按制定的解决对策，认真付诸实施（这一步骤属执行阶段）；⑥调查分析对策在执行过程中的效果（此为检查阶段）；⑦总结成功的经验，并整理成标准，坚持巩固；⑧把执行对策过程中不成功或遗留的问题，转入下一个 PDCA 循环中去解决（最后两步属处理阶段）。通过一次 PDCA 循环，解决了一些问题，工作就前进了一步，质量就提高了一步，再在一个新的水平上进行 PDCA 循环，如图 1-2 所示。

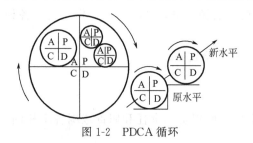

图 1-2　PDCA 循环

第二节　混凝土质量管理主要环节

一、原材料管理

混凝土原材料的质量是混凝土质量的根本保证，要保证混凝土质量，必须加强原材料管理，确保原材料质量符合要求。混凝土生产企业应建立健全的材料管理制度。

混凝土原材料订货前，应根据技术要求和工程特点选用原材料，按照国家现行标准规定对原材料质量进行检验和确认。

材料进场后应按有关规定进行检验，材料供应商应向混凝土生产企业提供所供材料的有效质量证明文件。质量证明文件应包括型式检验报告、出厂检验报告与合格证，外加剂产品还应提供使用说明书。各种材料的型式检验报告有效期为一年。

原材料应分仓储存、标识明确，并符合有关环境保护的规定，标识应注明材料的品名、产地（厂家）、等级、规格等必要信息。

水泥应按不同生产厂家、不同品种和强度等级分别存储，并应采取防潮措施；出现结块的水泥不得用于混凝土结构工程；水泥出厂超过 3 个月（快硬硅酸盐水泥超过 1 个月），应进行复检，合格后方可使用。

矿物掺合料存储时，应采取防潮防雨措施，不同品种矿物掺合料不得混杂存放。

粗、细骨料堆场应有防雨防雪设施，并应按品种、规格分别堆放，不得混入杂物。

外加剂的送检样品应与批量进货一致，并应按不同的供货单位、品种和牌号进行标识，单独存放；粉状外加剂应防止受潮结块，如有结块，应进行检验，合格者应经粉碎至全部通过 $630\mu m$ 筛孔后方可使用；液态外加剂应储存在密闭容器内，并应防晒和防冻，如有沉淀等异常现象，应重新均化并经检验合格后方可使用。

在符合国家、行业和地方标准的前提下，必要时，混凝土生产企业可制定自己的原材料技术要求。将原材料的性能指标要求写入原材料采购合同中，约束供应商，以保证质量。企业试验技术人员应充分掌握所用原材料的性能指标，储备分析试验数据，为下一步原材料选择提供依据，为混凝土配合比设计和生产控制提供可靠数据。

混凝土生产企业应经常跟踪分析原材料的质量波动情况，不断提高混凝土的质量管理水平，确保混凝土质量的稳定性。提高混凝土的合格率和稳定性，降低混凝土成本。

二、人才管理

人才管理包括混凝土技术人员的管理和混凝土工技能管理。

企业必须拥有一定的技术力量，包括具有相应学历的各类专业技术人员和技术工人。通常配备数名混凝土技术人员，并明确一名技术负责人。他们必须熟悉与企业产品相关的混凝土标准与法规。混凝土技术人员按技术水平分为高级工程师、工程师、助理工程师、技术员和试验员。

混凝土工的个人素质是不可忽视的。从事混凝土操作与检验的人员必须经过培训和考试合格取得相应证书或持有技能资格证明。操作人员只能在证书认可资格范围内按工艺规程进行实际操作。技能资格管理的项目包括混凝土工名册（其中注明等级）、人员调动、在岗的工作情况和技能等，并且用管理卡进行混凝土技能管理，每隔一年在管理卡上记录一次。要健全混凝土工定期培训和技能考核制度。

三、技术管理

企业应建立完整的技术管理机构，建立健全各级技术岗位责任制和厂长或总工程师技术责任制。企业必须有完整的设计（包括配合比设计）资料、正确的生产图纸和必备的制造工艺文件等，所有图样资料上应有完整的签字，引进的设计资料也必须有复核人员、总工程师或厂长的签字。

生产企业必须有完善的工艺管理制度，明确各类人员的职责范围及责任。混凝土产品所需的制造工艺文件，应有技术负责人（主管工艺师或责任混凝土工程师）的签字，必要时应附有施工（生产）工艺评定试验记录。工艺文件由企业的技术主管部门根据工艺评定试验的结果，并结合生产实践经验确定。工艺规程是企业产品生产过程中必须遵循的法规。

混凝土技术人员应对工艺质量承担技术责任。混凝土操作者应对违反工艺规程及操作造成的质量事故承担责任。企业应设立独立的质量检查机构，按生产技术条件严格执行各类检查试验，对所检环节提出质量检查报告。检查人员应对由漏检或误检造成的质量事故承担责任。

四、设备管理

工作状态良好的混凝土生产设备，是顺利完成混凝土生产任务、保证混凝土质量的必要条件。因此，必须加强设备管理。

混凝土生产企业应建立健全仪器设备管理制度和安全操作规程。配备仪器设备管理人员，对仪器设备进行分类管理，建立设备档案及管理台账。混凝土生产企业应定期对搅拌机称量系统进行生产所需满负荷校准，且每月不少于一次。称量系统首次使用、停用超过一个月以上、出现异常情况、维修后再次使用前应进行校准。用于校准称量系统的砝码，初次使用前应进行检定。各种试验仪器设备的校准或检定应符合相关规定。混凝土生产企业应定期检查搅拌机的叶片和衬板，并保持搅拌机内外清洁。运输车内外黏结的残留混凝土应及时清理。

混凝土在正常生产经营过程中，一般应配备设备工程师，掌握各种设备的性能，指导监督设备的正确使用，监督日常保养，制定设备定期保养计划，保证设备完好。机械设备的保养应采取平时保养与定期保养相结合的方法。平时经常注意和检查润滑部位、易松动部位、易磨损部位和易污染部位，如有异常现象，及时处理。定期保养则是根据各种机械零件的磨损规律，确定各种零部件的保养期限，进行定期保养。

混凝土企业对于大型设备，如搅拌机、搅拌运输车、泵车等采用例行保养和分级保养相结合。例行保养是指每班在设备运行前、中、后进行的保养，包括检查设备的完好情况，检查油水数量，检查仪表指示值，检查操作和安全装置的工作情况，检查关键部位的牢固情况，检查有无漏油、漏水、漏电等不正常情况，以及检查是否需要添加润滑油、冷却水等情况。一级保养的工作主要是润滑、紧固；二级保养的主要任务是检查和调整；三级保养的主要任务是消除隐患。混凝土生产企业应根据不同设备的特点制定适宜的保养维修制度，责任到人，确保设备的正常运转和运行安全。

混凝土生产企业一般不间断生产，设备的磨损比较严重，易损件比较多，需要经常更换，应有一定的储备量，设备管理人员必须深入调查、统计各种零配件的消耗情况，确定易损件的合理储备量，并不断摸索和总结。必须规范管理零配件，减少资金占用，节约管理成本，降低停机损失，提高维修效率。

五、配合比管理

混凝土配合比应按《普通混凝土配合比设计规程》（JGJ 55—2011）等规定，通过计算、试配、调整、校核等程序确定。对有特殊要求的混凝土，其配合比除应符合相关标准的规定外，还应根据混凝土强度等级、稠度、耐久性、原材料品种、工程特点与要求、施工季节等进行设计。配合比应统一编号，专人管理。

混凝土配合比设计时，除符合配合比设计规程的相关规定外，还应根据技术要求对混凝土含气量、氯离子含量即碱总含量进行控制。配制混凝土时，根据工程要求，环境条件及混凝土性能要求选择相应品种的外加剂，并进行相容性试验，再根据所选用的原材料进行系统的混凝土试配试验；试配过程中，应详细记录混凝土拌合物的坍落度、扩展度、坍落度的经时损失值、凝结时间和含气量（必要时）等，并对混凝土拌合物的工作性做简要描述。根据需要，对经试拌、试配调整达到施工要求的混凝土制备 3d、7d 和 28d 标准养护试件，当掺加矿物合料时，根据要求可增加 60d 或 90d 强度试件，若有其他性能要求（如抗渗、抗冻等），还应制备相应试件。

配合比的选定，应经试验验证，除满足混凝土施工性能要求外，还应满足强度与其他力学性能和耐久性能的要求。配合使用应有审批程序。当供应的混凝土种类多、性能要求不同时，必须合理确定混凝土配合比，因为即便是相同等级的混凝土，浇筑部位或施工条件不同，配合比也不完全相同。例如，同样是 C30 级混凝土，基础底板与薄板等部位混凝土的配合比就有差别；运输时间不同、浇筑方式不同，混凝土的配合比也不一样。

首次使用的配合比应进行开盘鉴定，开盘鉴定应包括以下内容：①混凝土的原材料与配合比设计所采用原材料的一致性；②出机混凝土工作性与配合比设计要求的一致性；③混凝土凝结时间；④混凝土强度；⑤工程有要求时，还应包括混凝土耐久性能等。开盘鉴定应由企业技术负责人组织有关技术、质检、生产人员参加，并至少留置一组 28d 标准养护试件用于验证配合比。生产过程中，任何一种原材料性能发生改变时，应先通过试拌，根据试拌情况对配合比进行调整，并至少留置一组 28d 标准养护混凝土强度试件作为调整后配合比的补充验证。

混凝土生产所用原材料多属大宗产品，正常情况下原材料性能在一定范围内波动，特别是骨料，具有极强地域性特点，质量波动也较大；相同种类不同厂家的粉类材料性能也在一定范围内波动。所以必须就混凝土配合比进行调整，以保证生产的混凝土拌合物性能满足工程要求。生产过程中，配合比的调整管理是保证混凝土拌合物性能稳定的一个重要方面。

调整混凝土配合比的前提是具有充分的试配数据，目的是保证交付的混凝土满足施工工程要求。混凝土生产企业的一般做法是，设置试验室与质量控制职能部门，配备经验丰富的技术人员对生产全过程进行质量控制，给予其合理的配合比调整和处置权限。配合比调整须经部门领导确认，配合比调整后，须留置验证试件，并做好相关记录以备追溯确认。

六、试验管理

① 试验室应按有关技术标准开展试验工作，做到方法正确、操作规范、记录真实、结论准确。

② 试验室的仪器设备配备应与所开展的测试工作相适应；检测试验工作场所的温度、湿度应满足试验要求。混凝土企业不具备试验条件的试验项目，应委托具备相应检验资质的

试验室进行试验。

③ 各种原材料试验记录、试件成型记录要统一编号。

④ 当混凝土使用的原材料检验不合格时应立即上报技术负责人，并通知生产、材料等相关部门进行隔离，对其采取技术措施或退货处理。

⑤ 当混凝土强度异常或达不到要求时，应及时分析排除试验原因造成的不合格，并上报技术负责人。

对于同样的混凝土，以下因素可能造成混凝土强度的不合格：试样问题（尺寸超差、变形、漏浆）；成型不规范，振捣不密实；表面未覆盖，过早拆模；标养室温湿度不达标；试压时表面过湿，承压面不平；试验机上、下承压板中心位置不同轴；加荷速度不符合要求；设备球铰不灵活，球座重叠使用。

以上这些因素，在高强高性能混凝土的检验中表现得尤为明显和敏感。为了对工程负责，就要力求客观地反映混凝土的强度，避免造成错判和误判。

七、施工（生产）工艺管理

在混凝土结构生产中，施工工艺是整个生产过程的核心工作，施工的各工序都是围绕着获得符合混凝土质量要求的产品而做的工作。

混凝土施工工艺包括混凝土原材料计量，混凝土搅拌、输送、浇筑、养护及拆模。

加强混凝土现场的施工管理对混凝土质量有重要的影响，特别是大桥、隧道、河堤、河坝等混凝土结构生产，更应严格按混凝土工艺规程进行施工。混凝土施工管理，随采用的施工方法有所不同。一般混凝土施工管理项目包括施工机具、环境条件的核查、工艺顺序的施工管理等。施工机具包括计量设备、搅拌机械、运输工具及振捣机具等，环境条件包括施工现场电源电压的波动、操作地点的环境和施工设备上应有的指示仪表灯。工艺顺序是指投料顺序和层次，如先拌砂浆法、水泥裹砂法、水泥裹砂石法等，必须严格执行施工工艺的规定。

八、检验管理

混凝土检验与其他生产技术配合，才可以提高混凝土产品的结构质量，避免混凝土质量事故的发生。因此，检验管理应贯穿整个生产过程，是混凝土生产过程中自始至终都不可缺少的工序，是保证优质高产、低消耗的重要措施。检查人员包括原材料质量检验员、力学性能检验员、非破损检验人员等，检验人员应持有规定的等级合格证书。在检验管理中，必须实行自检、互检、专检及产品验收的检验制度，有完善的质量管理机构，才能保证不合格的原材料不投产、不合格的结构部位必须返工修整、不合格的产品不出厂等要求。

检验人员既是保证混凝土产品质量的监督员，又是分析产品质量和质量事故的技术人员，所以检验人员应该是一位严格的管理员。检验结果必须存档，对不合格产品应有发生质量事故的原因和处理意见。较大的质量事故必须向上级汇报，并有上级的处理意见和处理结果。

检验人员必须严格执行技术检验规程和检验标准，才能保证混凝土产品的整体质量。

第三节 混凝土质量管理与检验基本知识

一、混凝土质量管理与检验的意义

随着混凝土生产技术的发展，混凝土在工业生产、交通运输、建筑结构等许多领域应用广泛，同时混凝土生产新方法、新工艺、新材料不断被采用，混凝土结构的使用条件也日趋苛刻，混凝土结构件在载荷作用下的应力状态较为复杂，因此确保混凝土结构件达到预期水平至关重要。而合格的质量要通过混凝土结构件在不同的环节和不同的生产阶段，遵循一定的管理程序和管理制度，并采用各种检测手段来加以实现和确定，这就是混凝土质量管理检验的直接目的。

由于混凝土结构本身及应力分布的复杂性，在制造过程中很难杜绝质量缺陷，在使用过程中也会有新的缺陷产生，有些混凝土结构时常发生各种破坏性事故，这些事故将造成重大的损失甚至是灾难性的后果，所以混凝土质量的控制至关重要。为了确保混凝土在生产和使用过程中安全、经济、可靠，相关部门制定了相应的标准法规，确保混凝土质量。混凝土检验不仅对混凝土结构的质量起保证作用，也可把生产检验所反映出的问题再反馈给生产部门，从而作为验证和改进工艺的依据，促进产品质量进一步提高。

二、混凝土质量管理与检验应树立的观点

混凝土检验应贯穿于产品生产的全过程，从全面质量管理出发，必须明确以下三个基本观点并以此来指导混凝土检验工作。

（1）树立下道工序是用户、工作对象是用户、用户第一的观点　这种指导思想要求把对用户高度负责的精神应用于生产的全过程，把各工序之间、各部门之间和各工作对象之间都看作是下道工序，形成一个上道工序保下道工序、道道工序保成品、一切为用户的局面。

（2）树立预防为主、防检结合的观点　优良的混凝土结构主要依靠配合比设计和制造，而不是依靠检验。因此应在产品的配合比设计和生产阶段采取措施来保证其质量。首先配合比设计应先进和合理，生产过程中对人员、原材料、机器设备、工艺方法和环境等影响工序质量的因素加以控制，发现问题及时解决，而不是待混凝土产品完成之后再去评价和补救，这就是预防为主的管理，也就是预防第一。但检验工作并不能因此而放松，检验工作是全面质量管理中一个不可缺少的组成部分，预防与检验要相辅相成，在不同的生产阶段对产品质量共同把关。

（3）树立检验是企业每个员工的本职工作的观点　混凝土产品质量是由企业每个员工的工作质量决定的，因此要求每个职工都要有根据、有程序、有效率地工作并达到工作质量标准，以良好的工作质量来保证产品的高质量。

三、混凝土质量管理与检验的关系

为了确定混凝土结构质量是否具有符合性，必须测定其质量特性。混凝土检验是指将调

查、检查、试验和检测等途径或手段获得的混凝土产品一种或多种特性的数据与施工图样及有关标准、规范、合同或第三方的规定相比较，以确定其符合性的活动。生产实践中，企业强化混凝土质量管理的目的是通过完善企业内部机制来保证它提供的混凝土产品具有符合性质量。

混凝土检验的作用在于监控混凝土产品质量的形成过程，确认企业已生产或正在生产的混凝土产品是否满足或能否满足符合性质量的要求，以及定期检查在役混凝土产品是否仍具有符合性质量。从这一意义上来说，离开混凝土检验，企业就无法实施有效的混凝土质量管理。混凝土检验是企业实施混凝土质量管理的基础和基本手段。

混凝土检验的依据是质量标准，混凝土质量标准须根据产品使用性能来制定。混凝土检验所依据的技术文件包括以下几种。

（1）相关的技术标准或规范　相关的技术标准或规范规定的质量评定或验收方法是指导混凝土结构检验工作的法规性文件。

（2）施工图样和订货合同　混凝土产品的施工图样或订货合同中一般都明确规定或提出了对混凝土结构质量（或构件质量）的具体要求。

（3）检验的工艺性文件　这类文件具体规定了检验方法及其实施过程，是混凝土检验工作的指导性实施细则。

图样或工艺变更的通知单、材料代用及追加或改变检验要求的通知单等均应作为混凝土检验的依据妥善保存。各种混凝土检验方法的有效运用与相互协调，以及混凝土检验文件的整理与保存可以保证企业混凝土产品质量体系的有效运行。

混凝土标准和规范中一般包含作为混凝土质量标准的原材料认可试验、施工工艺认可试验、混凝土工技能考试、材料标准、检验标准等。这些标准是实现生产无缺陷混凝土结构的必要条件，也是生产企业应遵守的规程。

原材料认可试验、施工工艺认可试验和材料标准主要是为了防止材质上的缺陷而制定的。虽然对具体的某结构部位的性能全部进行核查是不可能的，但使用经认可的原材料、采用经认可的施工工艺并严格按工艺规程进行施工，就能基本保证这些结构部位的性能。

对重要的混凝土结构件，施工完成后应对结构件进行外观及非破损检验，对检验不合格的部位按质量保证手册的规定进行修补，各项检验结果应满足技术要求，且确保混凝土结构质量可靠。

第二章

混凝土原材料管理

第一节 水泥

一、概述

1. 定义

水泥是一种既能在空气中硬化，又能在水中硬化的无机水硬性胶凝材料。它是由石灰质原料、黏土质原料与少量校正原料破碎后按比例配合、磨细并调配成为合适的生料，经高温煅烧（1450℃）至部分熔融制成熟料，再加入适量的调凝剂（石膏）、混合材料共同磨细而成的。

2. 分类

水泥按其矿物组成可分为硅酸水泥、铝酸盐水泥、硫铝酸盐水泥、少熟料水泥及无熟料水泥。

水泥按其用途和性能可分为通用水泥、专用水泥和特种水泥，见表2-1。

表 2-1 水泥按用途和性能分类

分类	品种
通用水泥	硅酸盐水泥、普通硅酸盐水泥、矿渣硅酸盐水泥、火山灰质硅酸盐水泥及粉煤灰硅酸盐水泥、复合硅酸盐水泥
专用水泥	砌筑水泥、油井水泥、道路水泥、耐酸水泥、耐碱水泥
特种水泥	白色硅酸盐水泥、快硬硅酸盐水泥、高铝水泥、硫铝酸盐水泥、膨胀水泥等

二、质量要求

根据 GB 175—2007，常用水泥主要质量要求如下。

（1）常用水泥技术指标　常用水泥的细度、凝结时间、安定性等技术指标见表2-2。

表 2-2　常用水泥技术指标

项目		水泥品种						
		P I	P II	P.O	P.S	P.P	P.F	P.C
细度	比表面积/(m²/kg)	>300						
	80μm 筛筛余/%			≤10				

第二章　混凝土原材料管理　11

项目		水泥品种						
		P Ⅰ	P Ⅱ	P.O	P.S	P.P	P.F	P.C
凝结时间	初凝时间(不得早于)	45min						
	终凝时间(不得迟于)	6.5h		10h				
安定性		用沸煮法检验必须合格						
氧化镁		≤5.0%(如水泥经压蒸安定性试验合格,可放宽到6.0%)						
三氧化硫		水泥中含量≤3.5%			水泥中含量≤4.0%	水泥中含量≤5.5%		
不溶物/%		≤0.75	≤1.5					
烧失量/%		<3.0	≤3.5	≤5.0				
Na₂O+0.658K₂O		要求低碱水泥时≤0.6%或协商			协商			
氯离子(质量分数)/%		≤0.06①						

① 当有更低要求时,该指标由买卖双方确定。

（2）强度技术指标 水泥强度等级按规定龄期的抗压强度和抗折强度来划分，各强度等级水泥的各龄期强度不得低于表2-3所示数值。

表 2-3 各强度等级水泥的各龄期强度 单位：MPa

品种	强度等级	抗压强度		抗折强度	
		3d	28d	3d	28d
硅酸盐水泥	42.5	≥17.0	≥42.5	≥3.5	≥6.5
	42.5R	≥22.0		≥4.0	
	52.5	≥23.0	≥52.5	≥4.0	≥7.0
	52.5R	≥27.0		≥5.0	
	62.5	≥28.0	≥62.5	≥5.0	≥8.0
	62.5R	≥32.0		≥5.5	
普通硅酸盐水泥	42.5	≥17.0	≥42.5	≥3.5	≥6.5
	42.5R	≥22.0		≥4.0	
	52.5	≥23.0	≥52.5	≥4.0	≥7.0
	52.5R	≥27.0		≥5.0	
矿渣硅酸盐水泥 火山灰硅酸盐水泥 粉煤灰硅酸盐水泥 复合硅酸盐水泥	32.5	≥10.0	≥32.5	≥2.5	≥5.5
	32.5R	≥15.0		≥3.5	
	42.5	≥15.0	≥42.5	≥3.5	≥6.5
	42.5R	≥19.0		≥4.0	
	52.5	≥21.0	≥52.5	≥4.0	≥7.0
	52.5R	≥23.0		≥4.5	

三、检验方法

（一）取样（GB/T 12573—2008）

袋装水泥和散装水泥应分别进行检验批编号和取样。每一检验批编号为一取样单位。

1. 取样工具

（1）手工取样器

① 散装水泥　采用图 2-1 所示的取样器。

② 袋装水泥　采用图 2-2 所示的取样器。

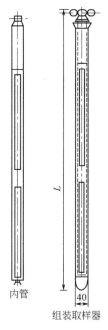

图 2-1　散装水泥取样器（尺寸单位：mm；槽形管状取样器，$L=1000\sim2000$mm）

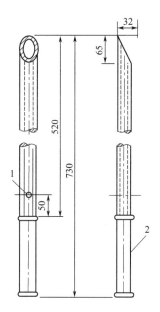

图 2-2　袋装水泥取样器（尺寸单位：mm；材质：黄铜；气孔和壁厚尺寸自定）

1—气孔；2—手柄

也可自行设计制作或采用其他能够取得代表性样品的手工取样工具。

（2）自动取样器　自动取样采用图 2-3 所示的自动连续取样器，也可自行设计制造，或采用其他能够取得有代表性样品的自动取样装置。

2. 取样部位

取样应在有代表性的部位进行，并且不应在污染严重的环境中取样。一般在以下部位取样：

① 水泥输送管路中；

② 袋装水泥堆场；

③ 散装水泥卸料处或水泥运输机具上。

3. 取样步骤

（1）手工取样

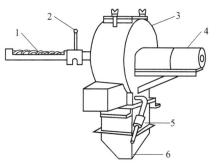

图 2-3　自动连续取样器

1—入料处；2—调节手柄；3—混料筒；
4—电机；5—配重锤；6—出料口

① 袋装水泥取样　对同一水泥厂生产的同期出厂的同品种、同强度等级的水泥，以一次进厂（场）的同一出厂编号的水泥为一批。但一批的总量不得超过 200t。

每一个检验批编号内随机抽取不少于 20 袋水泥，采用袋装水泥取样器取样，将取样器沿对角线方向插入水泥包装袋中，用大拇指按住气孔，小心抽出取样管，将所取样品放入符合本节三中"6. 包装与存储"①要求的容器中。每次抽取的单样量应尽量一致。

② 散装水泥取样 对同一水泥厂生产的同期出厂的同品种、同强度等级的水泥，以一次进厂（场）的同一出厂编号的水泥为一批。但一检验批的总量不得起过 500t。

当所取水泥深度不超过 2m 时，每一个编号内采用散装水泥取样器随机取样。通过转动取样器内管控制开关，在适当位置插入水泥一定深度，关闭后小心抽出，将所取样品放入符合本节三、（一）6.①中要求的容器中。每次抽取的单样量应尽量一致。随机地从不少于 3 个车罐中各采取等量水泥。

（2）自动取样

采用自动取样器取样。该装置一般安装在尽量接近于水泥包装机或散装容器的管路中，从流动的水泥流中取出样品，将所取样品放入符合本节三、（一）6.①中要求的容器中。

4. 取样量

① 混合样的取样量应符合相关水泥标准要求。

② 分割样的取样量应符合下列规定：

a. 袋装水泥：每 1/10 编号从一袋中取至少 6kg；

b. 散装水泥：每 1/10 编号在 5min 内取至少 6kg。

5. 样品制备与试验

（1）混合样 每一编号所取水泥单样通过 0.9mm 方孔筛后充分混匀，一次或多次样品缩分到相关标准要求的定量，均分为试验样和封存样。试验样按相关标准要求进行试验，封存样按本节三、（一）6.①中要求储存以备仲裁。样品不得混入杂物和结块。

（2）分割样 每一编号所取 10 个分割样应分别通过 0.9mm 方孔筛，不得混杂，并按下述要求进行 28d 抗压强度匀质试验。样品不得混入杂物和结块。

① 试验方法

a. 分割样试验每季度进行一次，可任选一个品种及强度等级。

b. 分割样取得后应立即进行试验，全部样品必须在一周内试验完毕。

c. 单一编号水泥 28d 抗压强度变异系数大于 3.0% 时，应增加试验频次至每季度进行两次；如变异系数仍大于 3.0%，则增加试验频次至每月进行一次。

d. 增加试验频次直至单一编号水泥 28d 抗压强度变异系数不大于 3.0% 时，方可恢复为每季度一次。

e. 增加试验频次时，一般应用同品种、同强度度等级的水泥。

② 变异系数的计算

a. 分割样平均值 $\overline{X}$ 按下式计算：

$$\overline{X} = \frac{1}{10} \sum_{i=1}^{10} X_i \tag{2-1}$$

式中，X_i 为分割样抗压强度值，MPa。

b. 分割样标准偏差 S 按下式计算：

$$S = \sqrt{\frac{\sum_{i=1}^{10} (X_i - \overline{X})^2}{10-1}} \tag{2-2}$$

c. 分割样变异系数 C_V 按下式计算：

$$C_V = \frac{S}{\overline{X}} \times 100\%$$
(2-3)

d. 分割样的品质试验结果必须符合水泥标准技术要求，见表2-4。

表 2-4 分割样试验结果

分割样	抗压强度/MPa		分割样	抗压强度/MPa	
	3d	28d		3d	28d
1	30.1	51.3	6	23.3	42.1
2	17.7	41.8	7	27.4	47.6
3	25.8	46.5	8	21.3	41.7
4	26.3	48.8	9	26.6	48.5
5	23.3	42.0	10	19.6	41.9

6. 包装与储存

① 样品取得后应储存在密闭的容器中，封存样要加封条。容器应洁净、干燥、防潮、密闭、不易破损并且不影响水泥性能。

② 存放封存样的容器应至少在一处加盖清晰、不易擦掉的标有编号、取样时间、取样地点和取样人的密封印，如只有一处标志应在容器外壁上。

③ 封存样应密封储存，储存期应符合相应水泥标准的规定。试验样与分割样亦应妥善储存。

④ 封存样应储存于干燥、通风的环境中。

7. 取样单

样品取得后，均应由负责取样操作人员填写如表2-5所示的取样单。

表 2-5 ×××水泥厂取样单

水泥编号	水泥品种及强度等级	取样日期	取样人签字	备注

（二）水泥的物理性能试验

1. 水泥细度检验方法（80μm 筛筛析法）（JTG E30—2005）

（1）目的和适用范围　该方法规定了用 80μm 筛检验水泥细度的测试方法。

该方法适用于硅酸盐水泥、普通水泥、矿渣水泥、火山灰水泥、粉煤灰水泥以及指定采用 JTG E30—2005 标准的其他品种水泥。

（2）仪器设备

① 试验筛

a. 试验筛由圆形筛框和筛网组成，筛网应符合《试验筛　技术要求和检验　第1部分：金属丝纺织网试验筛》（GB/T 6003.1—2012）的规定，试验筛分负压筛和水筛两种，其结构尺寸见图2-4和图2-5。负压筛应附有透明筛盖，筛盖与筛上口应有良好的密封性。

b. 筛网应紧绷在筛框上，筛网和筛框接触处，应用防水胶密封，防止水泥嵌入。

c. 筛孔尺寸的检验方法应按《试验筛　技术要求和检验　第1部分：金属丝编织网试验筛》（GB/T 6003.1—2012）的规定进行。

② 负压筛析仪

a. 负压筛析仪由筛座、负压筛、负压源及收尘器组成，其中筛座由转速为（30±2）r/min

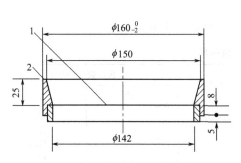

图 2-4　负压筛（尺寸单位：mm）

1—筛网；2—筛框

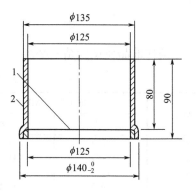

图 2-5　水筛（尺寸单位：mm）

1—筛网；2—筛框

的喷气嘴、负压表、控制板、微电机及壳体等部分构成，见图 2-6。

　　b. 筛析仪负压可调范围为 4000～6000Pa。

　　c. 喷气嘴上口平面与筛网之间距离为 2～8mm。

　　d. 喷气嘴的上开口尺寸见图 2-7。

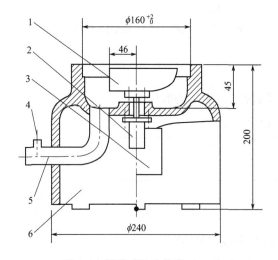

图 2-6　筛座（尺寸单位：mm）

1—喷气嘴；2—微电机；3—控制板开口；4—负压
表接口；5—负压源及收尘器接口；6—壳体

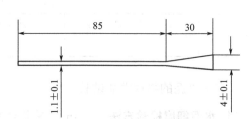

图 2-7　喷气嘴上开口（尺寸单位：mm）

　　e. 负压源和收尘器，由功率 600W 的工业吸尘器和小型旋风收尘筒组成，或用其他具有相当功能的设备。

　　③ 水筛架和喷头　水筛架和喷头的结构尺寸应符合《水泥标准筛和筛析仪》（JC/T 728—2005）中的相关规定，但其中水筛架上筛座内径为 $140_{-3}^{\ 0}$ mm。

　　④ 天平　量程应大于 100g，分度值不大于 0.05g。

　　(3) 样品处理　水泥样品应充分拌匀，通过 0.9mm 方孔筛，记录筛余物情况，要防止过筛时混进其他水泥。

　　(4) 试验步骤

　　① 负压筛法

　　a. 筛析试验前，应把负压筛放在筛座上，盖上筛盖，接通电源，检查控制系统，调节负压至 4000～6000Pa 范围内。

b. 称取试样 25g，置于洁净的负压筛中，盖上筛盖，放在筛座上，开动筛析仪连续筛析 2min，在此期间如有试样附着在筛盖上，可轻轻地敲击，使试样落下。筛毕，用天平称量筛余物。

c. 当工作负压小于 4000Pa 时，应清理吸尘器内水泥，使负压恢复正常。

② 水筛法

a. 筛析试验前，使水中无泥、砂，调整好水压及水筛架的位置，使其能正常运转。喷头底面和筛网之间距离为 35～75mm。

b. 称取试样 25g，置于洁净的水筛中，立即用淡水冲洗至大部分细粉通过后，放在水筛架上，用水压为 (0.05±0.02)MPa 的喷头连续冲洗 3min。筛毕，用少量水把筛余物冲至蒸发皿中，等水泥颗粒全部沉淀后，小心倒出清水，烘干并用天平称量筛余物。

c. 试验筛的清洗　试验筛必须保持洁净，筛孔通畅，使用 10 次后要进行清洗。金属筛框、铜丝网筛洗时应用专门的清洗剂，不可用弱酸浸泡。

（5）试验结果计算

① 水泥试样筛余百分数按下式计算：

$$F = \frac{m_s}{m} \times 100 \qquad (2\text{-}4)$$

式中，F 为水泥试样的筛余百分数，%；m_s 为水泥筛余物的质量，g；m 为水泥试样的质量，g。计算结果精确到 0.1%。

② 筛余结果的修正。为使试验结果可比，应采用试验筛修正系数方法修正上述的计算结果。修正系数的测定，按以下方法进行。

a. 用一种已知 80μm 标准筛筛余百分数的粉状试样（该试样不受环境影响，筛余百分数不发生变化）作为标准样。按本手册前述的试验步骤测定标准样在试验筛上的筛余百分数。

b. 试验筛修正系数按下式计算：

$$C = \frac{F_n}{F_t} \qquad (2\text{-}5)$$

式中，C 为试验筛修正系数；F_n 为标准样给定的筛余百分数，%；F_t 为标准样在试验筛上的筛余百分数，%。修正系数计算精确至 0.01。

注：修正系数 C 超出 0.80～1.20 的试验筛不能用作水泥细度检验。

c. 水泥试样筛余百分数结果修正按下式计算：

$$F_C = CF \qquad (2\text{-}6)$$

式中，F_C 为水泥试样修正后的筛余百分数，%；C 为试验筛修正系数；F 为水泥试样修正前的筛余百分数，%。

③ 负压筛法与水筛法测定的结果发生争议时，以负压筛法为准。

2. 水泥标准稠度用水量、凝结时间、安定性检验方法（GB/T 1346—2011）

（1）原理

① 水泥标准稠度净浆对标准试杆（或试锥）的沉入具有一定阻力。通过试验测定不同含水率水泥净浆的穿透性，以确定水泥标准稠度净浆中所需加入的水量。

② 凝结时间以试针沉入水泥标准稠度净浆至一定深度所需的时间表示。

③ 安定性：雷氏法是通过测定水泥标准稠度净浆在雷氏夹中沸煮后试针的相对位移表

征其体积膨胀的程度。试饼法是通过观测水泥标准稠度净浆试饼煮沸后的外形变化情况表征其体积安定性。

（2）仪器设备

① 水泥净浆搅拌机：符合《水泥净浆搅拌机》（JC/T 729—2005）的要求。

② 标准法维卡仪：如图 2-8 所示，标准稠度测定用试杆［图 2-8(c)］的有效长度为 (50 ± 1)mm，由直径为 $\phi(10\pm0.05)$mm 的圆柱形耐腐蚀金属制成。测定凝结时间时取下试杆，用试针［图 2-8(d)、(e)］代替试杆。试针由钢制成，其有效长度初凝针为 (50 ± 1)mm，终凝针为 (30 ± 1)mm，直径为 $\phi(1.13\pm0.05)$mm 的圆柱体。滑动部分的总质量为 (300 ± 1)g。与试杆、试针连接的滑动杆表面应光滑，能靠重力自由下落，不得有紧涩和旷动现象。

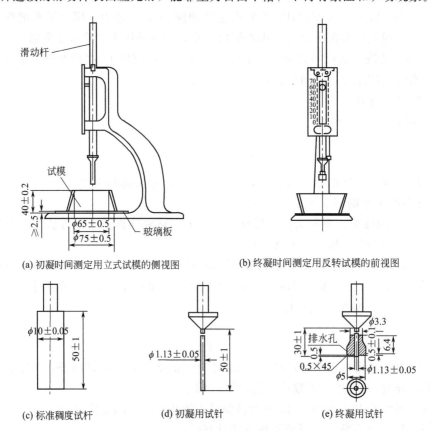

(a) 初凝时间测定用立式试模的侧视图

(b) 终凝时间测定用反转试模的前视图

(c) 标准稠度试杆

(d) 初凝用试针

(e) 终凝用试针

图 2-8　测定水泥标准稠度和凝结时间用的维卡仪（尺寸单位：mm）

盛装水泥净浆的试模［图 2-8(a)］应由耐腐蚀的、有足够硬度的金属制成。试模为深 (40 ± 0.2)mm、顶内径为 $\phi(65\pm0.5)$mm、底内径为 $\phi(75\pm0.5)$mm 的截顶圆锥体。每只试模应配备一个边长或直径约 100mm、厚度 4～5mm 的平板玻璃底板或金属底板。

③ 代用法维卡仪：符合《水泥净浆标准稠度与凝结时间测定仪》（JC/T 727—2005）的要求。

④ 雷氏夹：由铜质材料制成，其结构如图 2-9 所示。当一根指针的根部先悬挂在一根金属丝或尼龙丝上，另一根指针的根部再挂上 300g 的砝码时，两根指针针尖的距离增加应在 (17.5 ± 2.5)mm 范围内，即 $2x=(17.5\pm2.5)$mm（图 2-10），当去掉砝码后针尖的距离能恢复至挂砝码前的状态。

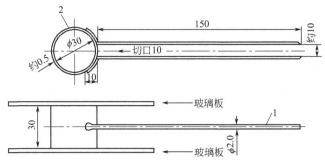

图 2-9　雷氏夹（尺寸单位：mm）

1—指针；2—环模

⑤ 沸煮箱：有效容积约为 410mm×240mm×310mm，算板的结构应不影响试验结果，算板与加热器之间的距离大于 50mm。箱的内层由不易锈蚀的金属材料制成，能在（30±5）min 内将箱内的试验用水由室温升至沸腾状态并保持 3h 以上，整个试验过程不需补充水量。

⑥ 雷氏夹膨胀测定仪：如图 2-11 所示，标尺最小刻度为 0.5mm。

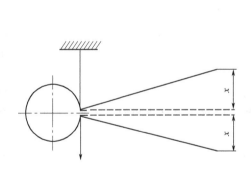

图 2-10　雷氏夹受力示意图

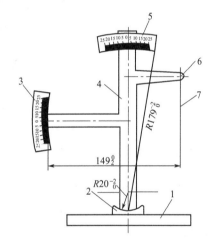

图 2-11　雷氏夹膨胀测定仪（尺寸单位：mm）

1—底座；2—模子座；3—测弹性标尺；4—立柱；
5—测膨胀标尺；6—悬臂；7—悬丝

⑦ 量水器：最小刻度 0.1mL，精度 1%。

⑧ 天平：最大称量不小于 1000g，分度值不大于 1g。

（3）材料　试验用水必须是洁净的饮用水，有争议时应以蒸馏水为准。

（4）试验条件

① 试验室温度为（20±2）℃，相对湿度应不低于 50%；水泥试样、拌合水、仪器和用具的温度应与试验室保持一致。

② 湿气养护箱的温度为（20±1）℃，相对湿度不低于 90%。

（5）标准稠度用水量的测定（标准法）

① 试验前准备工作

a. 维卡仪的金属棒能自由滑动。试模和玻璃底板用湿布擦拭，将试模放在底板上。

b. 调整至试杆接触玻璃板时指针对准零点。

c. 搅拌机运行正常。

② 水泥净浆的拌制　用水泥净浆搅拌机搅拌，搅拌锅和搅拌叶片先用湿布擦过，将拌合水倒入搅拌锅内，然后在 5～10s 内将称好的 500g 水泥小心加入水中，防止水和水泥溅出；拌和时，先将锅放在搅拌机的锅座上，升至搅拌位置，启动搅拌机，低速搅拌 120s，停 15s，同时将叶片和锅壁上的水泥浆刮入锅中间，接着高速搅拌 120s 停机。

③ 标准稠度用水量的测定步骤　拌和结束后，立即将拌制好的水泥净浆装入已置于玻璃底板上的试模中，用小刀插捣，轻轻振动数次，刮去多余的净浆；抹平后迅速将试模和底板移到维卡仪上，并将其中心定在试杆下，降低试杆直至与水泥净浆表面接触，拧紧螺钉 1～2s 后，突然放松，使试杆垂直自由地沉入水泥净浆中。在试杆停止沉入或释放试杆 30s 时记录试杆距底板之间的距离，升起试杆后，立即擦净；整个操作应在搅拌后 1.5min 内完成。以试杆沉入净浆并距底板（6+1）mm 的水泥净浆为标准稠度净浆。其拌合水量为该水泥的标准稠度用水量（P），按水泥质量的百分数计。

（6）凝结时间的测定

① 测定前准备工作：调整凝结时间测定仪的试针接触玻璃板时，指针对准零点。

② 试件的制备：以标准稠度用水量按上述要求制成标准稠度净浆，一次装满试模，振动数次刮平，立即放入湿气养护箱中。记录水泥全部加入水中时的时间，作为凝结时间的起始时间。

③ 初凝时间的测定：试件在湿气养护箱中养护至加水后 30min 时进行第一次测定。测定时，从湿气养护箱中取出试模放到试针下，降低试针与水泥净浆表面接触。拧紧螺钉 1～2s 后，突然放松，试针垂直自由地沉入水泥净浆。观察试针停止下沉或释放试针 30s 时指针的读数。当试针沉至距底板（4±1）mm 时，水泥达到初凝状态；由水泥全部加入水中至初凝状态的时间为水泥的初凝时间，用"min"表示。

④ 终凝时间的测定：为了准确观测试针沉入的状况，在终凝针上安装了一个环形附件 [图 2-8（e）]。在完成初凝时间测定后，立即将试模连同浆体以平移的方式从玻璃板取下，翻转 180°，直径大端向上，小端向下放在玻璃板上，再放入湿气养护箱中继续养护，临近终凝时间时，每隔 15min 测定一次，当试针沉入试体 0.5mm 时，即环形附件不能在试体上留下痕迹时，为水泥达到终凝状态；由水泥全部加入水中至终凝状态的时间为水泥的终凝时间，用"min"表示。

⑤ 测定时应注意，在最初的测定操作时应轻轻扶持金属柱，使其徐徐下降，以防试针撞弯，但结果以自由下落为准；在整个测试过程中，试针沉入的位置至少要距试模内壁 10mm。临近初凝时，每隔 5min 测定一次，临近终凝时每隔 15min 测定一次，到达初凝或终凝时应立即重复测一次，当两次结论相同时才能定为达到初凝或终凝状态。每次测定不能让试针落入原针孔，每次测试完毕须将试针擦净并将试模放回湿气养护箱内，整个测试过程要防止试模受振。

注：可以使用能得出与 GB/T 1346—2011 标准中规定方法相同结果的凝结时间自动测定仪，有矛盾时以标准规定方法为准。

（7）安定性的测定（标准法）

① 测定前的准备工作　每个试样需成型两个试件，每个雷氏夹需配备两个或边长直径约 80mm，厚度 4～5mm 的玻璃板，凡与水泥净浆接触的玻璃板和雷氏夹内表面都要稍稍涂上一层油。

注：有些油会影响凝结时间，矿物油比较合适。

② 雷氏夹试件的成型　将预先准备好的雷氏夹放在已稍擦油的玻璃板上，并立即将已制好的标准稠度净浆一次装满雷氏夹，装浆时一只手轻轻扶持雷氏夹，另一只手用宽约25mm的直边刀在浆体表面轻轻插捣3次，然后抹平，盖上稍涂油的玻璃板，接着立即将试件移至湿气养护箱内养护（24±2)h。

③ 沸煮

a. 调整好沸煮箱内的水位，使其能保证在整个沸煮过程中都超过试件，不需中途添补试验用水，同时又能保证在（30±5)min内升至沸腾。

b. 脱去玻璃板取下试件，先测量雷氏夹指针尖端间的距离（A），精确到0.5mm，接着将试件放入沸煮箱水中的试件架上，指针朝上，然后在（30±5)min内加热至沸腾并恒沸（180±5)min。

c. 结果判别：沸煮结束后，立即放掉沸煮箱中的热水，打开箱盖，待箱体冷却至室温，取出试件进行判别。测量雷氏夹指针尖端的距离（C），准确至0.5mm，当两个试件煮后增加距离（C−A）的平均值不大于5.0mm时，即认为该水泥安定性合格，当两个试件煮后增加距离（C−A）的平均值大于5.0mm时，应用同一样品立即重做一次试验。以复检结果为准。

（8）标准稠度用水量的测定（代用法）

① 试验前要求

a. 维卡仪的金属棒能自由滑动；

b. 调整至试锥接触锥模顶面时指针对准零点；

c. 搅拌机运行正常。

② 水泥净浆的拌制　同上述（5)②条。

③ 标准稠度的测定

a. 采用代用法测定水泥标准稠度用水量，可用调整水量和不变水量两种方法的任一种测定。采用调整水量方法时拌合水量按经验确定，采用不变水量方法时拌合水量用142.5mL。

b. 拌和结束后，立即将拌制好的水泥净浆装入锥模中，用宽约25mm的直边刀在浆体表面轻轻插捣5次，再轻振5次，刮去多余的净浆；抹平后迅速放到试锥下面固定的位置上，将试锥降至净浆表面，拧紧螺钉1~2s后，突然放松，让试锥垂直自由地沉入水泥净浆中。到试锥停止下沉或释放试锥30s时记录试锥下沉深度。整个操作应在搅拌后1.5min内完成。

c. 用调整水量方法测定时，以试锥下沉深度（28±2)mm时的净浆为标准稠度净浆。其拌合水量为该水泥的标准稠度用水量（P），按水泥质量的百分数计。如下沉深度超出范围需另称试样，调整水量，重新试验，直至达到（30±1)mm为止。

d. 用不变水量方法测定时，根据测得的试锥下沉深度 S(mm) 按式(2-7)（或仪器上对应标尺）计算得到标准稠度用水 P(%)。

$$P = 33.4 - 0.185S \tag{2-7}$$

当试锥下沉深度小于13mm时，应改用调整水量法测定。

（9）安定性的测定（代用法）

① 测定前的准备工作　每个样品需准备两块约100mm×100mm的玻璃板，凡与水泥

净浆接触的玻璃板都要稍稍涂上一层油。

② 试饼的成型方法 将制好的标准稠度净浆取出一部分分成两等份，使之成球形，放在预先准备好的玻璃板上，轻轻振动玻璃板并用湿布擦过的小刀由边缘向中央抹，做成直径70~80mm、中心厚约10mm、边缘渐薄、表面光滑的试饼，接着将试饼放入湿气养护箱内养护（24±2）h。

③ 沸煮

a. 沸煮箱内水位调整同本手册前述内容。

b. 脱去玻璃板取下试饼，在试饼无缺陷的情况下将试饼放在沸煮箱水中的箅板上，然后在（30±5）min 内加热至沸腾并恒沸（180±5）min。

c. 结果判别：沸煮结束后，立即放掉沸煮箱中的热水，打开箱盖，待箱体冷却至室温，取出试件进行判别。目测试饼未发现裂缝，用钢直尺检查也没有弯曲（使钢直尺和试饼底部紧靠，以两者间不透光为不弯曲）的试饼为安定性合格，反之为不合格。当两个试饼判别结果有矛盾时，该水泥的安定性为不合格。

（10）试验报告

试验报告应包括标准稠度用水量、初凝时间、终凝时间、雷氏夹膨胀值或试饼的裂缝、弯曲形态等所有的试验结果。

3. 水泥压蒸安定性试验（GB/T 750—1992）

（1）方法原理 在饱和水蒸气条件下提高温度和压力，使水泥中的方镁石在较短的时间内绝大部分水化，通过试件的形变来判断水泥浆体积安定性。

（2）仪器

① 25mm×25mm×280mm 试模、钉头、捣棒和比长仪，符合《水泥胶砂干缩试验方法》（JC/T 603—2004）的要求。

② 水泥净浆搅拌机，符合《水泥净浆搅拌机》（JC/T 729—2005）的要求。

③ 沸煮箱，符合本手册前述要求。

④ 压蒸釜为高压水蒸气容器，装有压力自动控制装置、压力表、安全阀、放汽阀和电热器。电热器应能在最大试验荷载条件下，45~75min 内使锅内蒸汽压升至表压 2.0MPa，恒压时要尽量不使蒸汽排出。压力自动控制器应能使锅内压力控制在（2.0±0.05）MPa［相当于（215.7±1.3）℃］范围内，并保持 3h 以上。压蒸釜在停止加热后 90min 内能使压力从 2.0MPa 降至 0.1MPa 以下。放汽阀用于加热初期排除锅内空气和在冷却期终放出锅内剩余水汽。压力表的最大量程为 4.0MPa，最小分度值不得大于 0.05MPa。压蒸釜盖上还应备有温度测量孔，插入温度计后能测出釜内的温度。

（3）试样

① 试样应通过 0.9mm 的方孔筛。

② 试样的沸煮安定性必须合格。为减少 f-CaO 对压蒸结果的影响，允许试样摊开在空气中存放不超过一周再进行压蒸试件的成型。

（4）试验条件 成型试验室、拌合水、湿气养护箱应符合《水泥胶砂强度检验方法（ISO 法）》（GB/T 17671—1999）相关规定。成型前，试样的温度应在 17~25℃。压蒸试验室应不与其他试验共用，并备有通风设备和自来水水源。

试件长度测量应在成型试验室或温度恒定的试验室里进行，比长仪和校正杆都应与试验室的温度一致。

（5）试件的成型

① 试模的准备　试验前在试模内涂上一薄层机油，并将钉头装入模槽两端的圆孔内，注意钉头外露部分不要沾染机油。

② 水泥标准稠度净浆的制备　每个水泥样应成型两条试件，需称取水泥800g，用标准稠度水量拌制，其操作步骤按《水泥标准稠度用水量、凝结时间、安定性检验方法》（GB/T 1346—2011）进行。

③ 试体的成型　将已拌和均匀的水泥浆体，分两层装入已准备好的试模内。第一层浆体装入高度约为试模高度的3/5，先以小刀划实，尤其钉头两侧应多插几次，然后用23mm×23mm捣棒由钉头内侧开始，即在两钉头尾部之间，从一端向另一端顺序地捣压10次，往返共捣压20次，再用缺口捣棒在钉头两侧各捣压2次，然后再装入第二层浆体，浆体装满试模后，用刀划匀，刀划深度应透过第一层胶砂表面，再用捣棒在浆体上顺序地捣压12次，往返共捣压24次。每次捣压时，应先将捣棒接触浆体表面，再用力捣压。捣压必须均匀，不得打击。捣压完毕将剩余浆体装到模上，用刀抹平，放入湿汽养护箱中养护3～5h后，将模上多余浆体刮去，使浆体面与模型边平齐。然后记上编号，放入湿汽养护箱中养护至成型后24h脱模。

（6）试件的沸煮

① 初长的测量　试件脱模后即测其初长。测量前要用校正杆校正比长仪百分表零读数，测量完毕也要核对零读数，如有变动，试件应重新测量。

试件在测长前应将钉头擦干净，为减少误差，试件在比长仪中的上下位置在每次测量时应保持一致，读数前应左右旋转，待百分表指针稳定时读数（L_0），结果记录至0.001mm。

② 沸点试验　测完初长的试件平放在沸煮箱的试架上，按《水泥标准稠度用水量、凝结时间、安定性检验方法》（GB/T 1346—2011）沸煮安定性试验的制度进行沸煮。如果需要，沸煮后的试件也可进行测长。

（7）试件的压蒸

① 沸煮后的试件应在4d内完成压蒸。试件在沸煮后压蒸前这段时间里应放在（20±2）℃的水中养护。

压蒸前将试件在室温下放在试件支架上。试件间应有间隙。为了保证压蒸时压蒸釜内始终保持饱和水蒸气压，必须加入足量的蒸馏水，加入量一般为锅容积的7%～10%，但试件应不接触水面。

② 在加热初期应打开放汽阀，让釜内空气排出直至看见有蒸汽放出后关闭，接着提高釜内温度，使其从加热开始经45～75min达到表压（2.0±0.05）MPa，在该压力下保持3h后切断电源，让压蒸釜在90min内冷却至釜内压力低于0.1MPa。然后微开放汽阀排出釜内剩余蒸汽。

压蒸釜的操作应严格按有关规程和下述要求进行。

a. 在压蒸试验过程中温度计与压力表同时使用，因为温度和饱和蒸汽压力具有一定的关系，同时使用就可及时发现压力表发生的故障，以及试验过程中由于压蒸釜内水分损失而造成的不正常情况。

b. 安全阀应调节至高于压蒸试验工作压力的10%，即约为2.2MPa。安全阀每年至少检验两次，检验时可以用压力表检验设备，也可以调节压力自动控制器，使压蒸釜达到2.2MPa，此时安全阀应立即被顶开。注意安全阀放汽方向应背向操作者。

c. 在实际操作中，有可能同时发生以下故障：自动控制器失灵；安全阀不灵敏；压力指针骤然指示为零，实际上已超过最大刻度从反方向返至零点。如发现这些情况，不管釜内压力有多大，应立即切断电源，并采取安全措施。

d. 当压蒸试验结束放汽时，操作者应站在背离放汽阀的方向，打开釜盖时，应戴上石棉手套，以免烫伤。

e. 在使用中的压蒸釜，压力表表针有可能折回试验的初始位置或开始点，此时压力未必为零，釜内可能仍然保持有一定的压力，应找出原因并采取措施。

③ 打开压蒸釜，取出试件立即置于90℃以上的热水中，然后在热水中均匀地注入冷水，在15min内使水温降至室温，注入水时不要直接冲向试件表面。再经15min取出试件擦净，按本试验前述"（6）试件的沸煮"中所示方法测长（L_1）。如发现试件弯曲、过长、龟裂等应做记录。

（8）结果计算与评定

① 结果计算　水泥净浆试件的膨胀率以百分数表示，取两条试件的平均值，当试件的膨胀率与平均值相差超过±10%时应重做。

试件压蒸膨胀率按下式计算：

$$L_A = \frac{L_1 - L_0}{L} \times 100 \tag{2-8}$$

式中，L_A为试件压蒸膨胀率，%；L为试件有效长度，250mm；L_0为试件脱模后初长读数，mm；L_1为试件压蒸后长度读数，mm。结果计算至0.01%。

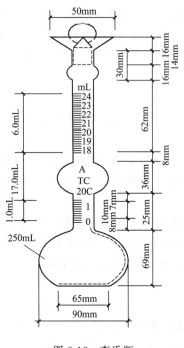

图 2-12　李氏瓶

② 结果评定　当普通硅酸盐水泥、矿渣硅酸盐水泥、火山灰质硅酸盐水泥、粉煤灰硅酸盐水泥的压蒸膨胀率不大于0.50%，硅酸盐水泥压蒸膨胀率不大于0.80%时，为体积安定性合格，反之为不合格。

4. 水泥密度试验（GB/T 208—2014）

（1）定义

水泥密度：表示水泥单位体积的质量，单位是g/cm³。

（2）方法原理

将水泥倒入装有一定量液体介质的李氏瓶内，并使液体介质充分地浸透水泥颗粒。根据阿基米德定律，水泥的体积等于它所排开的液体体积，从而算出水泥单位体积的质量，即为密度。为避免测定的水泥产生水化反应，液体介质一般采用无水煤油。

（3）仪器

① 李氏瓶　横截面形状为圆形，外形尺寸见图2-12，应严格遵守关于公差、符号、长度、间距以及均匀刻度的要求；最高刻度标记与磨口玻璃塞最低点之间的间距至少为10mm，见图2-12。

a. 李氏瓶的材料是优质玻璃，透明无条纹，抗化学侵蚀且热滞后性小，要有足够的厚度以确保较好的耐裂性。

b. 瓶颈刻度为0～24mL，且0～1mL和18～24mL应以0.1mL刻度，任何标明的容量误差都不大于 0.05mL。

② 无水煤油 符合《煤油》（GB 253—2008）的要求。

③ 恒温水槽。应有足够大的容积，使水温可以稳定控制在（20±1）℃。

④ 天平。量程不小于 100g，分度值不大于 0.01g。

⑤ 温度计。量程包含 0～50℃，分度值不大于 0.1℃。

（4）测定步骤

① 将无水煤油注入李氏瓶中至 0～1mL 刻度线后（以弯月面下部为准），盖上瓶塞放入恒温水槽内，使刻度部分浸入水中（水温应控制在李氏瓶刻度上的温度），恒温 30min，记下初始（第一次）读数。

② 从恒温水槽中取出李氏瓶，用滤纸将李氏瓶细长颈内没有煤油的部分仔细擦干净。

③ 水泥试样应预先通过 0.90mm 方孔筛，在（110±5）℃干燥 1h，并在干燥器内冷却至室温。称取水泥 60g，称准至 0.01g。

④ 用小匙将水泥样品一点点地装入李氏瓶中，反复摇动（亦可用超声波振动），至没有气泡排出为止，将李氏瓶静置于恒温水槽中，恒温 30min 记下第二次读数。

⑤ 第一次读数和第二次读数时，恒温水槽的温度差不大于 0.2℃。

（5）结果计算

① 水泥体积应为第二次读数减去初始（第一次）读数，即水泥所排开的无水煤油的体积（mL）。

② 水泥密度 ρ（g/cm³）按下式计算：

$$水泥密度 \rho = 水泥质量(g)/排开的体积(cm^3) \tag{2-9}$$

结果计算到小数点后第三位，且取整数到 0.01g/cm³，试验结果取两次测定结果的算术平均值，两次测定结果之差不得超过 0.02g/cm³。

5. 水泥比表面积试验（勃氏法）（JTG E30—2005）

（1）定义与原理

① 水泥比表面积是指单位质量的水泥粉末所具有的总表面积，以 m²/kg 来表示。

② 该方法主要根据一定量的空气通过具有一定空隙率和固定厚度的水泥层时，所受阻力不同而引起流速的变化来测定水泥的比表面积。在一定空隙率的水泥层中，孔隙的大小和数量是颗粒尺寸的函数，同时也决定了通过料层的气流速度。

（2）仪器设备

① Blaine 透气仪 如图 2-13、图 2-14 所示，该透气仪由透气圆筒、压力计、抽气装置三部分组成。

② 透气圆筒 内径为 $12.70^{+0.05}_{0}$mm，由不锈钢制成。圆筒内表面的粗糙度 Ra 为 $3.2\mu m$，圆筒的上口边应与圆筒主轴垂直，圆筒下部锥度应与压力计上玻璃磨口锥度一致，二者应严密连接。在圆筒内壁，距离圆筒上口边（55±10）mm 处有一突出的宽度为 0.5～1mm 的边缘，以放置金属穿孔板。

③ 穿孔板 由不锈钢或其他不受腐蚀的金属制成，厚度为 $1.0^{0}_{-0.1}$mm。在其面上，等距离地打有 35 个直径为 1mm 的小孔，穿孔板应与圆筒内壁密合。穿孔板两平面应平行。

④ 捣器 用不锈钢制成，插入圆筒时，其间隙不大于 0.1mm。捣器的底面应与主轴垂直，侧面有一个扁平槽，宽度（3.0±0.3）mm。捣器的顶部有一个支持环，当捣器放入圆筒时，支持环与圆筒上口边接触，这时捣器底面与穿孔圆板之间的距离为（15.0±0.5）mm。

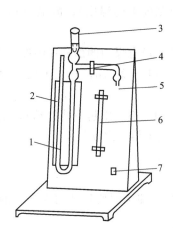

图 2-13 Blaine 透气仪示意图

1—U 形压力计；2—平面镜；3—透气圆筒；4—活塞；

5—背面接微型电磁泵；6—温度计；7—开关

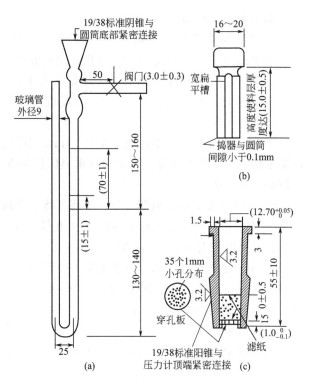

图 2-14 Blaine 透气仪结构及主要尺寸图

（尺寸单位：mm）

⑤ 压力计　U 形压力计尺寸如图 2-14(a) 所示，由外径为 9mm 的具有标准厚度的玻璃管制成。压力计一个臂的顶端有一锥形磨口与透气圆筒紧密连接，在连接透气圆筒的压力计臂上刻有环形线。从压力计底部往上 280～300mm 处有一个出口管，管上装有一个阀门，连接抽气装置。

⑥ 抽气装置　用小型电磁泵，也可用抽气球。

⑦ 滤纸　采用符合国标的中速定量滤纸。

⑧ 分析天平　分度值为 1mg。

⑨ 计时秒表　精确读到 0.5s。

⑩ 其他　烘干箱、干燥箱和毛刷等。

（3）材料

① 压力计液体　压力计液体采用带有颜色的蒸馏水。

② 基本材料　基本材料采用中国水泥质量监督检验中心制备的标准试样。

（4）仪器校准

① 漏气检查　将透气圆筒上口用橡皮塞塞紧，接到压力计上。用抽气装置从压力计一臂中抽出部分气体，然后关闭阀门，观察是否漏气。如发现漏气，用活塞油脂加以密封。

② 试料层体积的测定

a. 水银排代法：将两片滤纸沿圆筒壁放入透气圆筒内，用一直径比透气圆筒略小的细长棒往下按，直到滤纸平整放在金属的穿孔板上。然后装满水银，用一小块薄玻璃板轻压水银表面，使水银面与圆筒口平齐，并须保证在玻璃板和水银表面之间没有气泡或空洞存在。

从圆筒中倒出水银，称量，精确至 0.05g。重复几次测定，到数值基本不变为止。然后从圆筒中取出一片滤纸，用约 3.3g 的水泥，按照本试验中"（5）试验步骤"③的要求压实水泥层。再在圆筒上部空间注入水银，同上述方法除去气泡、压平、倒出水银称量，重复几次，直到水银称量值相差小于 50mg 为止。

注：应制备坚实的水泥层，太松或水泥不能压到要求体积时，应调整水泥的试用量。

b. 圆筒内试料层体积 V 按下式计算，精确到 0.005mL：

$$V=(m_1-m_2)/\rho_{水银} \tag{2-10}$$

式中，V 为试料层体积，mL；m_1 为未装水泥时，充满圆筒的水银质量，g；m_2 为装水泥后，充满圆筒的水银质量，g；$\rho_{水银}$ 为试验温度下水银的密度，g/mL，见表 2-6。

表 2-6　在不同温度下水银密度、空气黏度 η 和 $\sqrt{\eta}$

室温/℃	水银密度 $\rho_{水银}$/(g/mL)	空气黏度 η/Pa·s	$\sqrt{\eta}$
8	13.58	0.0001749	0.01322
10	13.57	0.0001759	0.01326
12	13.57	0.0001768	0.01330
14	13.56	0.0001778	0.01333
16	13.56	0.0001788	0.01337
18	13.55	0.0001798	0.01341
20	13.55	0.0001808	0.01345
22	13.54	0.0001818	0.01348
24	13.54	0.0001828	0.01352
26	13.53	0.0001837	0.01355
28	13.53	0.0001847	0.01359
30	13.52	0.0001857	0.01363
32	13.52	0.0001867	0.01366
34	13.51	0.0001876	0.01370

c. 试料层体积的测定，至少应进行两次。每次应单独压实，取两次数值相差不超过 0.005mL 的平均值，并记录测定过程中圆筒附近的温度。每隔一季度至半年应重新校正试料层体积。

（5）试验步骤

① 试样准备

a. 将 (110 ± 5)℃下烘干并在干燥器中冷却至室温的标准试样，倒入 100mL 的密闭瓶内，用力摇动 2min，将结块成团的试样振碎，使试样松散。静置 2min 后，打开瓶盖，轻轻搅拌，使其在松散过程中落到表面的细粉，分布到整个试样中。

b. 水泥试样，应先通过 0.9mm 方孔筛，再在 (110 ± 5)℃下烘干，并在干燥器中冷却至室温。

② 确定试样量　校正试验用的标准试样量和被测定水泥的质量，应达到在制备的试料层中的空隙率为 0.500 ± 0.005，计算式为：

$$W=\rho V(1-\varepsilon) \tag{2-11}$$

式中，W 为需要的试样量，g；ρ 为试样密度，g/cm³；V 为按本手册前述测定的试料层体积，mL；ε 为试料层空隙率（见表 2-7）。

表 2-7　水泥层空隙率值

水泥层空隙率 ε	$\sqrt{\varepsilon^3}$	水泥层空隙率 ε	$\sqrt{\varepsilon^3}$
0.495	0.348	0.515	0.369
0.496	0.349	0.520	0.374
0.497	0.350	0.525	0.380
0.498	0.351	0.530	0.386
0.499	0.352	0.535	0.391
0.500	0.354	0.540	0.397
0.501	0.355	0.545	0.402
0.502	0.356	0.550	0.408
0.503	0.357	0.555	0.413
0.504	0.358	0.560	0.419
0.505	0.359	0.565	0.425
0.506	0.360	0.570	0.430
0.507	0.361	0.575	0.436
0.508	0.362	0.580	0.442
0.509	0.363	0.590	0.453
0.510	0.364	0.600	0.465

注：空隙率是指试料层中孔的容积与试料层总的容积之比，一般水泥采用 0.500 ± 0.005。有些粉料按式(2-11)算出的试样量在圆筒的有效体积中容纳不下或经捣实后未能充满圆筒的有效体积，则允许适当地改变空隙率。

③ 试料层制备　将穿孔板放入透气圆筒的突缘上，用一根直径比圆筒略小的细棒把一片滤纸送到穿孔板上，边缘压紧。称取按"（4）仪器校准②"确定的水泥量，精确到0.001g，倒入圆筒。轻敲圆筒的边，使水泥层表面平坦。再放入一片滤纸，用捣器均匀捣实试料直至捣器的支持环紧紧接触圆筒顶边并旋转两周，慢慢取出捣器。

注：穿孔板上的滤纸，应是与圆筒内径相同、边缘光滑的圆片。穿孔板上滤纸片如比圆筒内径小时，会有部分试样黏附于圆筒内壁高出圆板上部；当滤纸直径大于圆筒内径时会引起滤纸片皱起使结果不准。每次测定需用新的滤纸片。

④ 透气试验

a. 把装有试料层的透气圆筒连接到压力计上，要保证紧密连接不致漏气，并不振动所制备的试料层。

注：为避免漏气，可先在圆筒下锥面涂一薄层活塞油脂，然后把它插入压力计顶端锥形磨口处，旋转两周。

b. 打开微型电磁泵慢慢从压力计一壁中抽出空气，直到压力计内液面上升到扩大部下端时关闭阀门。当压力计内液体的弯月液面下降到第一个刻线时开始计时，当液体的弯月面下降到第二条刻线时停止计时，记录液面从第一条刻度线下降到第二刻度线所需的时间。以秒（s）记录，并记下试验时的温度（℃）。

（6）试验结果计算

① 当被测物料的密度、试料层中空隙率与标准试样相同，试验时温差不大于±3℃时，

可按下式计算：

$$S = \frac{S_s \sqrt{T}}{\sqrt{T_s}} \quad\quad (2\text{-}12)$$

试验时温差大于±3℃时，则按下式计算：

$$S = \frac{S_s \sqrt{T} \sqrt{\eta_s}}{\sqrt{T_s} \sqrt{\eta}} \quad\quad (2\text{-}13)$$

式中，S 为被测试样的比表面积，cm^2/g；S_s 为标准试样的比表面积，cm^2/g；T 为被测试样试验时，压力计中液面降落测得的时间（空气流过时间），s，见表 2-8；T_s 为标准试样试验时，压力计中液面降落测得的时间，s；η 为被测试样试验温度下的空气黏度，$Pa \cdot s$；η_s 为标准试样试验温度下的空气黏度，$Pa \cdot s$。

② 当被测试样的试料层中空隙率与标准试样试料层中空隙率不同，试验时温差不大于±3℃时，可按下式计算：

$$S = \frac{S_s \sqrt{T} (1-\varepsilon_s) \sqrt{\varepsilon^3}}{\sqrt{T_s} (1-\varepsilon) \sqrt{\varepsilon_s^3}} \quad\quad (2\text{-}14)$$

当试验时温差大于±3℃时，则按下式计算：

$$S = \frac{S_s \sqrt{T} (1-\varepsilon_s) \sqrt{\varepsilon^3} \sqrt{\eta_s}}{\sqrt{T_s} (1-\varepsilon) \sqrt{\varepsilon_s^3} \sqrt{\eta}} \quad\quad (2\text{-}15)$$

式中，ε 为被测试样试料层中的空隙率；ε_s 为标准试样试料层中的空隙率。

表 2-8 空气流过时间

T	$\sqrt{T}$	T	$\sqrt{T}$	T	$\sqrt{T}$	T	$\sqrt{T}$	T	$\sqrt{T}$	T	$\sqrt{T}$
26	5.10	44	6.63	62	7.87	80	8.94	98	9.90	165	12.85
27	5.20	45	6.71	63	7.95	81	9.00	99	9.98	170	13.04
28	5.29	46	6.78	64	8.00	82	9.06	100	10.00	175	13.23
29	6.39	47	6.86	65	8.06	83	9.11	102	10.10	180	12.42
30	5.48	48	6.93	66	8.12	84	9.17	104	10.20	185	13.60
31	5.57	49	7.00	67	8.19	85	9.22	106	10.30	190	13.78
32	5.66	50	7.07	68	8.25	86	9.27	108	10.39	195	13.96
33	5.74	51	7.14	69	8.31	87	9.33	110	10.49	200	14.14
34	5.83	52	7.21	70	8.37	88	9.38	115	10.72	210	14.49
35	5.92	53	7.28	71	8.43	89	9.43	120	10.95	220	14.83
36	6.00	54	7.35	72	8.49	90	9.49	125	11.18	230	15.17
37	6.08	55	7.42	73	8.54	91	9.54	130	11.40	240	15.49
38	6.16	56	7.48	74	8.60	92	9.59	135	11.62	250	15.81
39	6.24	57	7.55	75	8.66	93	9.64	140	11.83	260	16.12
40	6.32	58	7.62	76	8.72	94	9.70	145	12.04	270	16.43
41	6.40	59	7.68	77	8.77	95	9.75	150	12.25	280	16.73
42	6.48	60	7.75	78	8.83	96	9.80	155	12.45	290	17.03
43	6.56	61	7.81	79	8.89	97	9.85	160	12.65	300	17.32

注：T 为空气流过时间，s；$\sqrt{T}$ 为式中应用的因数。

③ 当被测试样的密度和空隙率均与标准试样不同，试验时温差不大于±3℃时，可按下式计算：

$$S = \frac{S_s \sqrt{T}(1-\varepsilon_s)\sqrt{\varepsilon^3}\rho_s}{\sqrt{T_s}(1-\varepsilon)\sqrt{\varepsilon_s^3}\rho} \tag{2-16}$$

当试验时温差大于±3℃时，则按下式计算：

$$S = \frac{S_s \sqrt{T}(1-\varepsilon_s)\sqrt{\varepsilon^3}\rho_s\sqrt{\eta_s}}{\sqrt{T_s}(1-\varepsilon)\sqrt{\varepsilon_s^3}\rho\sqrt{\eta}} \tag{2-17}$$

式中，ρ 为被测试样的密度，g/mL；ρ_s 为标准试样的密度，g/mL。

④ 水泥比表面积应由二次透气试验结果的平均值确定。如二次试验结果相差 2% 以上时，应重新试验。计算应精确至 10cm²/g，10cm²/g 以下的数值按四舍五入计。

⑤ 以 cm²/g 为单位算得的比表面积值换算为以 m²/kg 单位时，需乘以系数 0.1。

6. 水泥胶砂流动度测定方法（GB/T 2419—2005）

（1）范围　该标准规定了水泥胶砂流动度测定方法的原理、仪器和设备、试验条件及材料、试验方法、结果与计算。

该标准适用于水泥胶砂流动度的测定。

（2）方法原理　通过测量一定配比的水泥胶砂在规定振动状态下的扩展范围来衡量其流动性。

（3）仪器和设备

① 水泥胶砂流动度测定仪（简称跳桌）技术要求及其安装方法应符合以下规定。

a. 技术要求　跳桌主要由铸铁机架和跳动部分组成（图 2-15）。

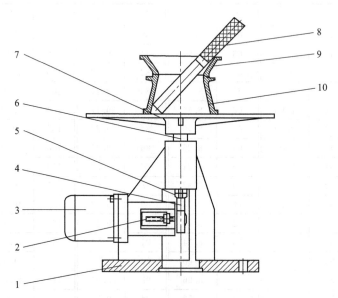

图 2-15　跳桌结构示意图（单位：mm）

1—机架；2—接近开关；3—电机；4—凸轮；5—滑轮；6—推杆；

7—圆盘桌面；8—捣棒；9—模套；10—截锥圆模

机架是铸铁铸造的坚固整体，有三根相隔 120° 分布的增强筋延伸整个机架高度。机架孔周围环状精磨。机架孔的轴线与圆盘上表面垂直。当圆盘下落和机架接触时，接触面保持光滑，并与圆盘上表面成平行状态，同时在360°范围内完全接触。

跳动部分主要由圆盘桌面和推杆组成，总质量为（4.35±0.15）kg，且以推杆为中心均匀分布。圆盘桌面为布氏硬度不低于200HB的铸钢，直径为（300±1）mm，边缘约厚5mm。其上表面应光滑平整，并镀硬铬。表面粗糙度 Ra 在0.8～1.6。桌面中心有直径为125mm的刻圆，用以确定锥形试模的位置。从圆盘外缘指向中心有8条线，相隔45°分布。桌面下有6根辐射状筋，相隔60°均匀分布。圆盘表面的平面度不超过0.10mm。跳动部分下落瞬间，托轮不应与凸轮接触。跳桌落距为（10.0±0.2）mm。推杆与机架孔的公差间隙为0.05～0.10mm。

凸轮由钢制成，其外表面轮廓符合等速螺旋线，表面硬度不低于洛氏55HRC。当推杆和凸轮接触时不应察觉出有跳动，上升过程中保持圆盘桌面平稳，不抖动。

转动轴与转速为60r/min的同步电机，其转动机构能保证胶砂流动度测定仪在（25+1）s内完成25次跳动。

跳桌底座有3个直径为12mm的孔，以便与混凝土基座连接，三个孔均匀分布在直径200mm的圆上。

b. 安装和润滑　跳桌宜通过膨胀螺栓安装在已硬化的水平混凝土基座上。基座由容重至少为2240kg/m³的重混凝土浇筑而成，基部约为400mm×400mm，高约690mm。

跳桌推杆应保持清洁，并稍涂润滑油。圆盘与机架接触面不应该有油。凸轮表面上涂油可减少操作的摩擦。

c. 检定　跳桌安装好后，采用流动度标准样（JB W01-1-1）进行检定，测得标样的流动度值如在给定的流动度范围内，则该跳桌的使用性能合格。

② 水泥胶砂搅拌机　符合 JC/T 681—2005 的要求。

③ 试模　由截锥圆模和模套组成。金属材料制成，内表面加工光滑。圆模尺寸为：高度（60±0.5）mm；上口内径（70±0.5）mm；下口内径（100±0.5）mm；下口外径120mm；模壁厚大于5mm。

④ 捣棒　金属材料制成，直径为（20±0.5）mm，长度约200mm。捣棒底面与侧面成直角，其下部光滑，上部手柄滚花。

⑤ 卡尺　量程不小于300mm，分度值不大于0.5mm。

⑥ 小刀　刀口平直，长度大于80mm。

⑦ 天平　量程不小于1000g，分度值不大于1g。

（4）试验条件及材料

① 试验室、设备、拌合水、样品　应符合 GB/T 17671—1999 中第4条试验室和设备的有关规定。

② 胶砂组成　胶砂材料用量按相应标准要求或试验设计确定。

（5）试样方法

① 如跳桌在24h内未被使用，先空跳一个周期25次。

② 胶砂制备按 GB/T 17671—1999 有关规定进行。在制备胶砂的同时，用潮湿棉布擦拭跳桌台面、试模内壁、捣棒以及与胶砂接触的用具，将试模放在跳桌台面中央并用潮湿棉布覆盖。

③ 将拌好的胶砂分两层迅速装入试模，第一层装至截锥圆模高度约2/3处，用小刀在

相互垂直两个方向各划 5 次，用捣棒由边缘至中心均匀捣压 15 次（图 2-16）；随后，装第二层胶砂，装至高出截锥圆模约 20mm，用小刀在相互垂直两个方向各划 5 次，再用捣棒由边缘至中心均匀捣压 10 次（图 2-17）。捣压后胶砂应略高于试模。捣压深度，第一层捣至胶砂高度的1/2，第二层捣实不超过已捣实底层表面。装胶砂和捣压时，用手扶稳试模，不要使其移动。

④ 捣压完毕，取下模套，将小刀倾斜，从中间向边缘分两次以近水平的角度抹去高出截锥圆模的胶砂，并擦去落在桌面上的胶砂。将截锥圆模垂直向上轻轻提起。立刻开动跳桌，以每秒钟一次的频率，在（25±1）s 内完成 25 次跳动。

⑤ 流动度试验，从胶砂加水开始到测量扩散直径结束，应在 6min 内完成。

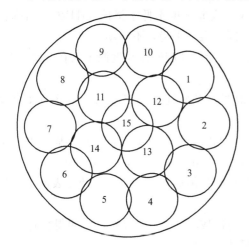

图 2-16　第一层捣压位置示意图　　　　图 2-17　第二层捣压位置示意图

（6）结果与计算　跳动完毕，用卡尺测量胶砂底面互相垂直的两个方向直径，计算平均值，取整数，单位为毫米。该平均值即为该水量的水泥胶砂流动度。

7. 水泥胶砂耐磨性试验（JC/T 421—2004）

（1）目的和适用范围　JC/T 421—2004 标准规定了水泥胶砂耐磨性试验方法的仪器设备、材料、试验室温度和湿度、胶砂组成、试体成型及试体养护和磨损试验、结果计算及处理。

JC/T 421—2004 标准适用于道路硅酸盐水泥及指定采用 JC/T 421—2004 标准的其他水泥。

（2）仪器设备

① 水泥胶砂耐磨试验机　水泥胶砂耐磨试验机性能应符合下述要求。

a. 结构　水泥胶砂耐磨性试验机由直立主轴、水平转盘、传动机构和控制系统组成。主轴和转盘不在同一轴线上，主轴和转盘同时按相反方向转动，主轴下端配有磨头连接装置，可以装卸磨头。

b. 技术要求

ⅰ. 主轴与水平转盘垂直度：测量长度 80mm 时偏离度不大于 0.04mm。

ⅱ. 水平转盘转速（17.5±0.5）r/min，主轴与转盘转速比为 35∶1。

ⅲ. 主轴与转盘的中心距为（40±0.2）mm。

ⅳ. 负荷分为 200N、300N、400N 三挡，误差不大于±1%。

ⅴ. 主轴升降行程不小于 80mm，磨头最低点距水平转盘工作面不大于 25mm。

ⅵ. 水平转盘上配有能夹紧试件的卡具，卡头单向行程为 150^{+1}_{0}mm。卡夹宽度不小于 50mm。夹紧试件后应保证试件不上浮或翘起。

ⅶ. 花轮磨头（图 2-18）由三组花轮组成，按星形排列成等分三角形，花轮与轴心最小距离为 16mm，最大距离为 25mm。每组花轮由两片花轮片装配而成，其间隔为 2.3～2.6mm。花轮片直径为 $\phi25^{+0.02}_{0}$mm，厚度为 $3^{+0.02}_{0}$mm，边缘上均匀分布 12 个矩形齿，齿宽为 3.3mm，齿高为 3mm，由不小于 60HRC 硬质钢制成。

ⅷ. 机器上装有必要的电器控制器，具有 0～999 转盘数字自动控制显示装置，其转数误差小于 1/4 转，并装有电源电压监视表及自动停车报警装置，电器绝缘性能良好，噪声小于 90dB。

ⅸ. 吸尘装置：随时将磨下的粉尘吸走。

② 试模

a. 水泥胶砂耐磨性试验用试模由侧板、端板、座底、紧固装置及定位销组成，如图 2-19 所示。各组件可以拆卸组装。试模模腔有效容积为 150mm×150mm×30mm。

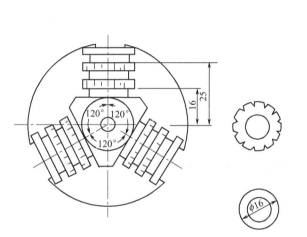

图 2-18　花轮磨头示意图（尺寸单位：mm）

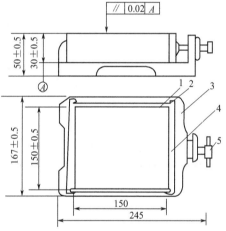

图 2-19　试模示意图（单位：mm）

1—侧板；2—定位销；3—底座；

4—端板；5—紧固装置

b. 侧板与端板由 45 号钢制成，表面粗糙度 Ra 不大于 6.3μm，组装后模框上下面的平行度不大于 0.02mm，模框应有成组标记。

c. 底座用 HT20-40 灰口铸铁加工，底座上表面粗糙度 Ra 不大于 6.3μm，平面度不大于 0.03mm，底座非加工面经漆处理无流痕。

d. 侧板、端板与底座坚固后，最大翘起量应不大于 0.05mm，其模腔对角线长度误差不大于 0.1mm。

e. 坚固装置应灵活，放松螺旋时侧板应能方便地从端板中取出或装入。

f. 试模总质量：6～6.5kg。

③ 模套　结构与尺寸如图 2-20 所示。

④ 干燥箱　带有鼓风装置，控制温度（60±5）℃。

⑤ 胶砂搅拌机　应符合《行星式水泥胶砂搅拌机》（JC/T 681—2005）的规定。

⑥ 胶砂振动台　应符合《水泥胶砂强度检验方法（ISO 法）》（GB/T 17671—1999）的规定。

⑦ 架盘天平　最大称量 2000g，最小分度值不大于 1g。

（3）材料

① 水泥试样应充分混合均匀。

② 试验用砂采用符合《水泥胶砂强度检验方法（ISO 法）》（GB/T 17671—1999）规定的粒度范围在 0.5～1.0mm 的标准砂。

③ 试验用水应是洁净的饮用水，有争议时采用蒸馏水。

（4）试验室温度和湿度　试验室及养护条件应符合《水泥胶砂强度检验方法（ISO 法）》（GB/T 17671—1999）有关规定，试验设备和材料温度应与试验室温度一致。

（5）胶砂组成

① 灰砂比　水泥胶砂耐磨性试验应成型三块试体，灰砂比为 1∶2.5。每成型一块试体宜称取水泥 400g，试验用标准砂 1000g。

② 胶砂用水量　按水灰比 0.44 计算，每成型一块试体加水量为 176mL。

（6）试体成型及养护

① 成型前将试模擦净，模板与底座的接触面应涂黄干油，紧密装配，防止漏浆，内壁均匀刷上一薄层机油。

② 将称量好的试验材料按 GB/T 17671—1999 中 6.3 条的程序进行搅拌。

③ 在胶砂搅拌的同时，将试模及模套卡紧在振动台的台面中心位置，并将搅拌好的胶砂全部均匀地装入试模内，开动振动台，约 10s 时，开始用小刀插划胶砂，横划 14 次，竖划 14 次，另外在试体四角分别用小刀插 10 次，整个插划工作在 60s 内完成。插划胶砂方法如图 2-21 所示。振实（120±5）s 后自动停车。取下试模，去掉模套，刮平、编号，放入养护箱中养护至（24±0.25）h（从加水开始算起），取出脱模。脱模时应防止试体的损伤。

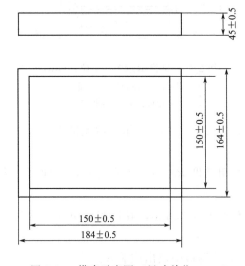

图 2-20　模套示意图（尺寸单位：mm）

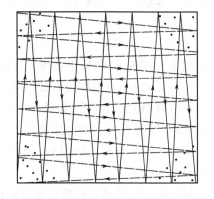

图 2-21　试件成型时小刀插划方法示意图

（7）试体养护和磨损试验

① 试体养护　脱模后，将试体竖直放入水中养护，彼此间应留有间隙，水面至少高出

试件 20mm，试体在水中养护到 27d 龄期（从加水开始算起 28d）取出。试体从水中取出后，擦干立放，在空气中自然干燥 24h，在（60±5）℃的温度下烘干 4h，然后自然冷却至试验室温度。

② 磨损试验　首先安装新的花轮片前应称取其质量，磨损试验后卸下花轮片称取质量，当花轮片质量损失达到 0.5g 时应予淘汰，更换新的花轮片。取经干燥处理后的试体，将刮平面朝下，放至耐磨试验机的水平转盘上，做好定位标记，并用夹具轻轻固紧。接着在 300N 负荷下预磨 30 转（可视试体的强度及表面的平整度增加转数），取下试体扫净粉粒称量，作为试体预磨后的质量 g_1（精确至 0.001kg），然后再将试体放回到水平转盘原来位置上放平、固紧（注意试体与转盘之间不应有残留颗粒以免影响试体与磨头的接触），再磨 40 转，取下试体扫净粉粒称量，作为试体磨损后的质量 g_2（精确至 0.001kg）。整个磨损过程应将吸尘器对准试体磨损面，使磨下的粉尘及时从磨损面吸走。花轮磨头与水平转盘做相反方向转动，磨头沿着试体表面环形轨迹磨削，使试体表面产生一个内径约为 30mm、外径约为 130mm 的环形磨损面。

（8）结果计算及处理

① 结果计算　每一试体上单位面积的磨损量按下式计算，计算至 0.001kg/m²：

$$G = \frac{g_1 - g_2}{0.0125} \tag{2-18}$$

式中，G 为单位面积上的磨损量，kg/m²；g_1 为试体预磨后的质量，kg；g_2 为试体磨损后的质量，kg；0.0125 为磨损面积，m²。

② 结果处理　以三块试体磨损量的平均值作为该水泥试样的磨损结果。其中磨损量超过平均值 15% 时应予以剔除，剔除一块后，取余下两块试体结果的平均值为磨损结果；如有两块试体磨损量超过平均值 15%，则本组试验作废。

8. 水泥胶砂强度检验方法（ISO 法）（GB/T 17671—1999）

（1）方法概要　该方法为 40mm×40mm×160mm 棱柱试体的水泥抗压强度和抗折强度测定。

试体是由按质量计的一份水泥、三份中国 ISO 标准砂，用 0.5 的水灰比拌制的一组塑性胶砂制成。

中国 ISO 标准砂的水泥抗压强度结果必须与 ISO 基准砂的一致。

胶砂用行星搅拌机搅拌，在振实台上成型。也可使用频率 2800～3000 次/min，振幅 0.75mm 振动台成型。

试体连模一起在湿气中养护 24h，然后脱模在水中养护至强度试验。

到试验龄期时将试体从水中取出，先进行抗折强度试验，折断后每节再进行抗压强度试验。

（2）试验室和设备

① 试验室　试体成型试验室的温度应保持在（20±2）℃，相对湿度应不低于 50%。

试体带模养护的养护箱或雾室温度保持在（20±1）℃，相对湿度应不低于 90%。

试体养护池水温度应在（20±1）℃范围内。

试验室空气温度和相对湿度及养护池水温在工作期间每天至少记录一次。

养护箱或雾室的温度与相对湿度至少每 4h 记录一次，在自动控制的情况下记录次数可以酌减至一天记录两次。在温度给定范围内，控制所设定的温度应为此范围中值。

② 设备

a. 总则　设备中规定的公差，试验时对设备的正确操作很重要。当定期控制检测发现公差不符时，该设备应替换，或及时进行调整和修理。控制检测记录应予保存。

对新设备的接收检测应包括本小节规定的质量、体积和尺寸范围，对于公差规定的临界尺寸要特别注意。

有的设备材料会影响试验结果，这些材质也必须符合要求。

b. 试验筛　金属丝网试验筛应符合 GB/T 6003.1—2012 的要求，其筛网孔尺寸见表 2-9（R20 系列）。

表 2-9　试验筛

系列	网孔尺寸/mm
R20	2.0
	1.6
	1.0
	0.50
	0.16
	0.080

c. 搅拌机　搅拌机（图 2-22）属行星式，应符合 JC/T 681—2005 的要求。

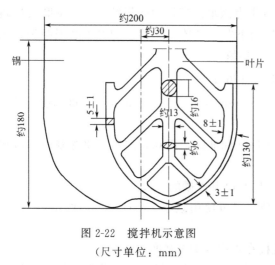

图 2-22　搅拌机示意图
（尺寸单位：mm）

用多台搅拌机工作时，搅拌锅和搅拌叶片应保持配对使用。叶片与锅之间的间隙，是指叶片与锅壁最近的距离，应每月检查一次。

d. 试模　试模由三个水平的模槽组成（图 2-23），可同时成型三条截面为 40mm×40mm、长 160mm 的棱形试体，其材质和制造尺寸应符合 JC/T 726—2005 的要求。

当试模的任何一个公差超过规定的要求时，就应更换。在组装备用的干净模型时，应用黄干油等密封材料涂覆模型的外接缝。试模的内表面应涂上一薄层模型油或机油。

成型操作时，应在试模上面加一个壁高 20mm 的金属模套，当从上往下看时，模套壁与模型内壁应该重叠，超出内壁不应大于 1mm。

为了控制料层厚度和刮平胶砂，应备有图 2-24 所示的两个播料器和一个金属刮平直尺。

e. 振实台　振实台（图 2-25）应符合 JC/T 682—2005 要求。振实台应安装在高度约 400mm 的混凝土基座上。混凝土体积约为 0.25m³，重约 600kg。需防外部振动影响振实效果时，可在整个混凝土基座下放一层厚约 5mm 的天然橡胶弹性衬垫。

将仪器用地脚螺栓固定在基座上，安装后设备成水平状态，仪器底座与基座之间要铺一

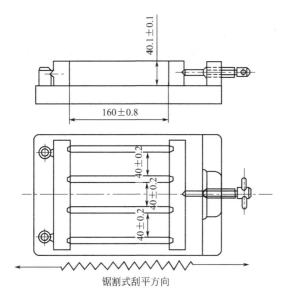

图 2-23　典型的试模（尺寸单位：mm）

不同生产厂家生产的试模和振实台可能有

不同的尺寸和质量，因而买主应在采购时考虑

其与振实设备的匹配性

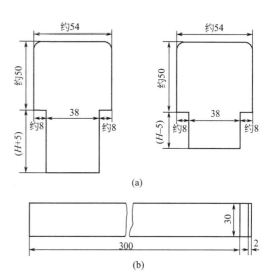

图 2-24　典型的播料器（a）和金属刮平直尺（b）

（尺寸单位：mm）

H—模套高度

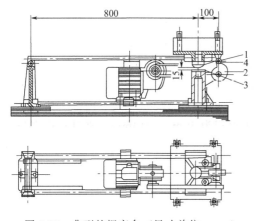

图 2-25　典型的振实台（尺寸单位：mm）

1—突头；2—凸轮；3—止动器；4—随动轮

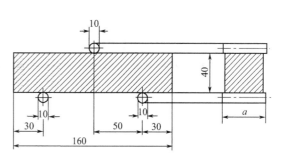

图 2-26　抗折强度测定加荷图

（尺寸单位：mm）

层砂浆以保证它们完全接触。

　　f. 抗折强度试验机　抗折强度试验机应符合 JC/T 724—2005 的要求。试件在夹具中受力状态如图 2-26 所示。

　　通过三根圆柱轴的三个竖向平面应该平行，并在试验时继续保持平行和等距离垂直试体的方向，其中一根支撑圆柱和加荷圆柱能轻微地倾斜使圆柱与试体完全接触，以便荷载沿试体宽度方向均匀分布，同时不产生任何扭转应力。

　　抗折强度也可用抗压强度试验机来测定，此时应使用符合上述规定的夹具。

　　g. 抗压强度试验机　抗压强度试验机，在较大的 4/5 量程范围内使用时记录的荷载应有±1%精度，并具有按（2400±200）N/s 速率的加荷能力，应有一个能指示试件破坏时荷载并把它保持到试验机卸荷以后的指示器，可以用表盘里的峰值指针或显示器来实现。人工操纵的试验机应配有一个速度动态装置以便于控制荷载增加。

压力机活塞的竖向轴应与压力机的竖向轴重合，在加荷时也不例外，而且活塞作用的合力要通过试件中心。压力机的下压板表面应与该机的轴线垂直并在加荷过程中一直保持不变。

压力机上压板球座中心应在该机竖向轴线与上压板下表面相交点上，其公差为±1mm。上压板在与试体接触时能自动调整，但在加荷期间上下压板的位置应固定不变。

试验机压板应由维氏硬度不低于 600HV 硬质钢制成，最好为碳化钨，厚度不小于10mm，宽为（40±0.1）mm，长不小于 40mm。压板和试件接触的表面平面度公差应为0.01mm，表面粗糙度（Ra）应在 0.1～0.8。

当试验机没有球座，或球座已不灵活或直径大于 120mm 时，应采用本手册前述规定的夹具。

注：1. 试验机的最大荷载以 200～300kN 为佳，可以有两个以上的荷载范围，其中最低荷载范围的最高值大致为最高范围里的最大值的 1/5。

2. 采用具有加荷速度自动调节方法和具有记录结果装置的压力机是合适的。

3. 可以润滑球座以便使其与试件接触更好，但在加荷期间不致因此而发生压板的位移。在高压下有效的润滑剂不适宜使用，以免导致压板的移动。

4. "竖向""上""下"等术语是对传统的试验机而言。此外，轴线不呈竖向的压力机也可以使用，只要按本手册前述规定和其他要求接受为代用试验方法时。

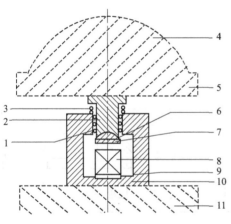

图 2-27 典型的抗压强度试验夹具

1—滚球轴承；2—滑块；3—复位弹簧；
4—压力机球座；5—压力机上压板；
6—夹具球座；7—夹具上压板；8—试件；
9—底板；10—夹具；11—压力机下压板

h. 抗压强度试验机用夹具 当需要使用夹具时，应把它放在压力机的上下压板之间并与压力机处于同一轴线，以便将压力机的荷载传递至压胶砂试件表面。夹具应符合 JC/T 683—2005 的要求，受压面积为 40mm×40mm。夹具在压力机上位置见图 2-27，夹具要保持清洁，球座应能转动以使其上压板能从一开始就适应试体的形状并在试验中保持不变。使用中夹具应满足 JC/T 683—2005 的全部要求。

注：1. 可以润滑夹具的球座，但在加荷期间不会使压板发生位移。不能用高压下有效的润滑剂。

2. 试件破坏后，滑块能自动回复到原来的位置。

（3）胶砂组成

① 砂

a. 总则 各国生产的 ISO 标准砂都可以用本小节方法测定水泥强度。中国 ISO 标准砂符合 ISO 679 中 5.1.3 要求。中国 ISO 标准砂的质量控制按第 9 条进行。对标准砂做全面地和明确地规定是很困难的，因此在鉴定和质量控制时有必要使砂与 ISO 基准砂比对标准化。

b. ISO 基准砂 ISO 基准砂由德国标准砂公司制备的 SiO_2 含量不低于 98% 的天然的圆形硅质砂组成，其颗粒分布在表 2-10 规定的范围内。

表 2-10　ISO 基准砂颗粒分布

方孔边长/mm	累计筛余/%	方孔边长/mm	累计筛余/%
2.0	0	0.5	67±5
1.6	7±5	0.16	87±5
1.0	33±5	0.08	99±1

砂的筛析试验应用有代表性的样品来进行，每个筛子的筛析试验应进行至每分钟通过量小于 0.5g 为止。

砂的湿含量是用代表性砂样在 105～110℃下烘 2h 的质量损失来测定，以干基的质量百分数表示，应小于 0.2%。

c. 中国 ISO 标准砂　中国 ISO 标准砂完全符合 ISO 629 中颗粒分布和湿含量的规定。生产期间这种测定每天应至少进行 2 次。但这些要求不足以保证标准砂与基准砂等同。这种等效性是通过标准砂和基准砂比对检验程序来保持的。这种程序和相关的计算在本手册后面内容中叙述。

中国 ISO 标准砂可以单级分包装，也可以各级预配合，并以（1350±5）g 量的塑料袋混合包装，但所用塑料袋材料不得影响强度试验结果。

② 水泥　当试验水泥从取样至试验要保持 24h 以上时，应把它储存在基本装满和气密的容器里，这个容器应不与水泥起反应。

③ 水　仲裁试验或重要试验用蒸馏水，其他试验可用饮用水。

（4）胶砂的制备

① 配合比　胶砂的质量配合比应为一份水泥、三份标准砂和半份水（水灰比为 0.5）。一锅胶砂成三条试体，每锅材料需要量见表 2-11。

表 2-11　每锅胶砂的材料量　　　　　　　　　　单位：g

水泥品种	水泥	标准砂	水
硅酸盐水泥			
普通硅酸盐水泥			
矿渣硅酸盐水泥	450±2	1350±5	225±1
粉煤灰硅酸盐水泥			
复合硅酸盐水泥			
石灰石硅酸盐水泥			

② 配料　水泥、砂、水和试验用具的温度与试验室相同，称量用的天平精度应为 ±1g。当用自动滴管加 225mL 水时，滴管精度应达到 ±1mL。

③ 搅拌　每锅胶砂用搅拌机进行机械搅拌。先使搅拌机处于待工作状态，然后按以下程序进行操作：

把水加入锅里，再加入水泥，把锅放在固定架上，上升至固定位置。

然后立即开动机器，低速搅拌 30s 后，在第二个 30s 开始的同时均匀加入砂子。当各级砂是分装时，从最粗粒级开始，依次将所需的每级砂量加完。把机器转至高速再拌 30s。

停拌 90s，在第 1 个 15s 内用一胶皮刮具将叶片和锅壁上的胶砂刮入锅中间。在高速下继续搅拌 60s。各个搅拌阶段，时间误差应在 ±1s 以内。

（5）试件的制备

① 尺寸　应是 40mm×40mm×160mm 的棱柱体。

② 成型

a. 用振实台成型　胶砂制备后立即进行成型。将空试模和模套固定在振实台上，用一个适当勺子直接从搅拌锅里将胶砂分两层装入试模，装第一层时，每个槽里约放 300g 胶砂，用大播料器 ［图 2-24(a)］ 垂直架在模套顶部，沿每个模槽来回一次将料层播平，接着振实 60 次。再装入第二层胶砂，用小播料器播平，再振实 60 次。移走模套，从振实台上取下试模，用一金属刮平直尺 ［图 2-24(b)］ 以近似 90°的角度架在试模模顶的一端，然后沿试模长度方向以横向锯割动作慢慢向另一端移动，一次将超过试模部分的胶砂刮去，并用同一直尺以近乎水平的角度将试体表面抹平。

在试模上做标记或加字条标明试件编号和试件相对于振实台的位置。

b. 用振动台成型　当使用代用的振动台成型时，操作如下：

在搅拌胶砂的同时将试模和下料漏斗卡紧在振动台的中心。将搅拌好的全部胶砂均匀地装入下料漏斗中，开动振动台，胶砂通过漏斗流入试模。振动（120±5)s 停车。振动完毕，取下试模，用刮平尺以本手册前述规定的刮平手法刮去其中高出试模的胶砂并抹平。接着在试模上做标记或用字条标明试件编号。

（6）试件的养护

① 脱模前的处理和养护　去掉留在模子四周的胶砂。立即将做好标记的试模放入雾室或湿箱的水平架子上养护，湿空气应能与试模各边接触。养护时不应将试模放在其他试模上。一直养护到规定的脱模时间时取出脱模。脱模前，用防水墨汁或颜料笔对试体进行编号和做其他标记。两个龄期以上的试体，在编号时应将同一试模中的三条试体分在两个以上龄期内。

② 脱模　脱模应非常小心❶。对于 24h 龄期的，应在破型试验前 20min 内脱模❷。对于 24h 以上龄期的，应在成型后 20～24h 脱模。

注：经 24h 养护，会因脱模对强度造成损害时，可以延迟至 24h 以后脱模，但在试验报告中应予说明。

已确定作为 24h 龄期试验（或其他不下水直接做试验）的已脱模试体，应用湿布覆盖至做试验时为止。

③ 水中养护　将做好标记的试件立即水平或竖直放在 (20±1)℃水中养护，水平放置时刮平面应朝上。

试件放在不易腐烂的箅子上，且彼此间保持一定间距，以让水与试件的六个面接触。养护期间试件之间间隔或试体上表面的水深不得小于 5mm。

注：不宜用木箅子。

每个养护池只养护同类型的水泥试件。

水中养护时，最初用自来水装满养护池（或容器），随后随时加水保持适当的恒定水位，不允许在养护期间全部换水。

除 24h 龄期或延迟至 48h 脱模的试体外，任何到龄期的试体应在试验（破型）前 15min 从水中取出。揩去试体表面沉积物，并用湿布覆盖至试验为止。

---

❶ 脱模时可用塑料锤或橡皮榔头或专门的脱模器。

❷ 用于胶砂搅拌或振实操作，或胶砂含气量试验的对比，建议称量每个模型中试体的质量。

④ 强度试验试体的龄期　试体龄期是从水泥加水搅拌开始试验时算起。不同龄期强度试验在下列时间里进行。

a. 24h±15min；

b. 48h±30min；

c. 72h±45min；

d. 7d±2h；

e. ＞28d±8h。

（7）试验程序

① 总则　用本手册前述规定的设备以中心加荷法测定抗折强度。

在折断后的棱柱体上进行抗压试验，受压面是试体成型时的两个侧面，面积为40mm×40mm。

当不需要抗折强度数值时，抗折强度试验可以省去。但抗压强度试验应在不使试件受有害应力情况下折断的两截棱柱体上进行。

② 抗折强度测定　将试体一个侧面放在试验机支撑圆柱上，试体长轴垂直于支撑圆柱，通过加荷圆柱以（50±10）N/s的速率均匀地将荷载垂直地加在棱柱体相对侧面上，直至折断。

保持两个半截棱柱体处于潮湿状态直至抗压试验。

抗折强度 R_f 以 MPa 为单位，按下式进行计算：

$$R_f = \frac{1.5 F_f L}{b^3} \qquad (2-19)$$

式中，F_f 为折断时施加于棱柱体中部的荷载，N；L 为支撑圆柱之间的距离，mm；b 为棱柱体正方形截面的边长，mm。

③ 抗压强度测定　抗压强度试验通过本手册前述规定的仪器，在半截棱柱体的侧面上进行。

半截棱柱体中心与压力机压板受压中心差应在±0.5mm 内，棱柱体露在压板外的部分约有 10mm。

在整个加荷过程中以（2400±200)N/s的速率均匀地加荷直至破坏。

抗压强度 R_c 以 MPa 为单位，按下式进行计算：

$$R_c = \frac{F_c}{A} \qquad (2-20)$$

式中，F_c 为破坏时的最大荷载，N；A 为受压部分面积，mm^2（40mm×40mm＝1600mm²）。

（8）水泥的合格检验

① 总则　强度测定方法有两种主要用途，即合格检验和验收检验。本条叙述了合格检验，即用它确定水泥是否符合规定的强度要求。

② 试验结果的确定

a. 抗折强度　以一组三个棱柱体抗折结果的平均值作为试验结果。当三个强度值中有超出平均值±10%的值时，应剔除后再取平均值作为抗折强度试验结果。

b. 抗压强度　以一组三个棱柱体上得到的 6 个抗压强度测定值的算术平均值为试验结果。

如果 6 个测定值中有一个超出 6 个平均值的 ±10%，就应剔除这个结果，而以剩下 5 个的平均值为结果。如果 5 个测定值中再有超过它们平均值 ±10% 的，则此组结果作废。

③ 试验结果的计算　各试体的抗折强度记录至 0.1MPa，按本手册前述的规定计算平均值。计算精确到 0.1MPa。

各个半棱柱体得到的单个抗压强度结果计算至 0.1MPa，按本手册前述的规定计算平均值，计算精确至 0.1MPa。

④ 试验报告　报告应包括所有的单个强度结果（包括按本手册前述规定舍去的试验结果）和计算出的平均值。

⑤ 检验方法的精确性　检验方法的精确性通过其重复性和再现性来测量。合格检验方法的精确性是通过它的再现性来测量的。验收检验方法和以生产控制为目的检验方法的精确性是通过它的重复性来测量的。

⑥ 再现性　抗压强度测量方法的再现性，是同一个水泥样品在不同试验室工作的不同操作人员，在不同的时间，用不同来源的标准砂和不同套设备所获得试验结果误差的定量表达。

对于 28d 抗压强度的测定，在合格试验室之间的再现性，用变异系数表示，可要求不超过 6%。

这意味着不同试验室之间获得的两个相应试验结果的差可要求（概率 95%）小于约 15%。

（9）中国 ISO 标准砂和振实台代用设备的验收检验

① 总则　按 ISO 679 进行水泥试验不能基于一种普遍可得的试验砂。因此有几种被视同为 ISO 标准砂的试验砂是必要的，也是可行的。

同样，国际标准不能要求试验室使用一种规定类型的振实设备，因此使用了"代用材料和设备"的术语。显然这种自由选择不可避免要与国际标准的要求相联系，因而不得不对代用物做某些限制。因此 ISO 679 标准的重要特点之一是，代用物必须通过一个试验程序以保证按验收检验得到的强度结果不会因用代用物代替"基准"材料或设备而受到明显影响。

验收检验程序应包含对一个新提出代用物符合本小节要求的鉴定试验和保证通过鉴定的代用物继续符合 ISO 679 标准的验证试验。

由于砂子和振实设备是两种最重要的代用物，对其检验分别在本手册后述内容中叙述，作为验收检验总的原则说明。

② 试验结果的确定　在一组三条棱柱体上测得的 6 个抗压强度算术平均值作为该组试验结果。

③ 试验结果的计算　同本手册前述。

④ 试验方法的精确度　对于验收检验和生产控制为目的的试验方法的精确度是通过它的重复性来评定的。

⑤ 重复性　抗压强度试验方法的重复性是由同一个试验室在基本相同的情况下（相同的操作人员，相同的设备，相同的标准砂，较短时间间隔内等）用同一水泥样品所得试验结果的误差来定量表达的。

对于 28d 抗压强度的测定，一个合格的试验室在上述条件下的重复性以变异系数表示，可要求在 1%～3%。

⑥ 中国 ISO 标准砂

a. 中国 ISO 标准砂的鉴定试验　作为中国 ISO 标准砂应通过规定的鉴定。

鉴定试验以 28d 抗压强度为依据，并由鉴定试验室来承担，按本小节规定的程序进行。

鉴定试验室应进行国际合作，并参加合作试验计划以保证中国生产的标准砂长期与基准砂质量的一致性。

b. 砂子的验证试验　验证试验程序是中国 ISO 标准砂生产更换年度证书所要求的。它包括鉴定机构对一个随机砂样的年度试验和该机构对砂子生产质量控制检验记录的检查。

验证试验项目和鉴定试验相同。

砂子生产质量控制检验由厂家试验室或鉴定试验室定期进行（在连续生产情况下每月一次）。作为验证程序的一个部分，应提供至少三年的质量控制试验结果记录供鉴定机构检查。

c. 中国 ISO 标准砂的鉴定试验方法

ⅰ. 总则　在初生产的至少三个月期间，由鉴定机构对要作为中国 ISO 标准砂的推荐砂取三个独立的砂样进行鉴定试验。

与 ISO 基准砂进行对比试验，应将这三个砂样中的每一个砂样与鉴定机构为对比目的选取的三个水泥中的每一个来进行对比。

在 28d 龄期，这些对比试验的每一个，使相应砂样可以验收时，此推荐的砂子可接受作为一种 ISO 标准砂。

ⅱ. 验收指标　用推荐砂最终测得的水泥 28d 抗压强度与用 ISO 基准砂获得的强度结果相差在 5% 以内为合格。

ⅲ. 每个对比试验步骤　每个中国 ISO 标准砂推荐砂样和 ISO 基准砂各制备一批胶砂试体，共用 20 对试模制备。这两批胶砂中的每一对为一组，每组应按本小节一个接着另一个进行试体成型，各组顺序可以打乱。经 28d 养护后，对两批各对的全部六条试体进行抗压强度试验，并按本手册前述方法计算每种砂子的试验结果，推荐 ISO 标准砂结果为 x，ISO 基准砂结果为 y。

ⅳ. 每个比对试验的评定　计算下列参数：20 组中由 ISO 基准砂制备的所有 20 个的抗压强度平均值 $\bar{y}$；20 组中由推荐中国 ISO 标准砂制备的所有 20 个的抗压强度平均值 $\bar{x}$。计算 $D=100(\bar{x}-\bar{y})/\bar{y}$，精确至 0.1，不计正负。

ⅴ. 离差处理　如果出现超差，计算下列参数：每对试验结果的代数差 $\Delta=x-y$；结果平均差 $\overline{\Delta}=\bar{x}-\bar{y}$；差值的标准偏差 S；$3S$ 的值；如 $\Delta_{\max}$ 即 $\Delta_{\max}$ 和 $\overline{\Delta}$ 之间，$\Delta_{\min}$ 即 $\Delta_{\min}$ 和 $\overline{\Delta}$ 之间的差中有一个大于 $3S$，应剔除有关值（$\Delta_{\max}$ 或 $\Delta_{\min}$），并重复计算剩下的 19 个差值。

ⅵ. 验收要求　按本手册上述的方法计算的三个 D 中的每一个都小于 5 时，此推荐中国 ISO 标准砂通过鉴定，该砂可作为中国 ISO 标准砂。当计算 D 值有一个或多个等于或大于 5 时该砂不能通过鉴定，该砂不能作为中国 ISO 标准砂。必须对原砂或工艺过程进行调整，并重新鉴定。

d. 中国 ISO 标准砂的验证试验方法

ⅰ. 鉴定机构的年度检验　由鉴定机构从生产厂抽取一个单独的随机砂样，并按本手册前述总的操作步骤用检验机构为验证专门选取的一种水泥试样进行试验。

按本手册前述计算 D 值小于 5 时，该砂样被认为符合验证试验要求。当 D 值等于或大于 5 时，应按本手册前述全部鉴定检验操作步骤再试验三个随机砂样。

ⅱ. 砂子生产的月检　砂生产者应按本手册前述验证检验办法进行月检，以鉴定机构为月检而选的一种水泥，用这个月生产的一个随机砂样与已鉴定合格的 ISO 标准砂至少进行

10 个样品的比对。

如果按本手册前述计算的 D 值，在连续 12 个月比对检验中大于 2.5 的超过 2 次，就应通知鉴定机构，并应按本手册前述进行三个随机样品的全部鉴定试验程序。

⑦ 振实台代用设备的检验　中国的振实台代用设备为全波振幅（0.75±0.02）mm、频率为 2800～3000 次/min 的振动台，其机构和配套漏斗如图 2-28、图 2-29 所示。它的制造应符合 JC/T 723—2005 的有关要求。

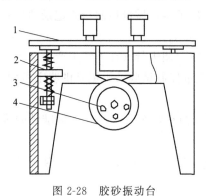

图 2-28　胶砂振动台

1—台板；2—弹簧；3—偏重轮；4—电动机

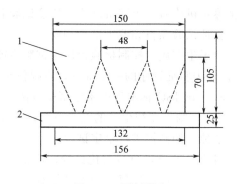

图 2-29　下料漏斗

1—漏斗；2—模套

a. 总则　当要求进行代用振实设备验收时，检验机构应选择三套能从市场买到的设备，并放在检定机构试验室内本手册前述标准设备的旁边。

试验设备应附有以下文件：详细的设计和结构技术说明书；操作说明书；保证正常运行的检测项目；推荐振实操作的详细说明。

检验机构应对设备在试验条件下的技术性能和所提供的技术说明书进行仔细比较。然后应进行三组比对试验，即每台用检验机构为此目的选取三个水泥中每一个水泥样和 ISO 基准砂来进行。

当三组试验的每一个都可以通过代用设备的验收试验时，该推荐振实设备被认为是可接受的代用品。

b. 代用设备

ⅰ. 验收指标　用该设备的振实方法最终所得的 28d 抗压强度与按 ISO 679 规定方法所得强度之差在 5% 以内为合格。

ⅱ. 每个对比试验步骤　用为此目的选取的水泥试样，制备两组 20 对胶砂，一组用推荐的代用振实设备振实成型试件，另一组用标准振实设备振实。

两组中每一对胶砂应一个接一个地制备，各对次序可以打乱，振实后的棱柱体（试件）的处理按本小节的规定进行。

养护 28d 后，对两组的所有 6 个棱柱体进行抗压强度试验，每种振实试验方法的结果应按标准要求进行计算，推荐的代用设备振实的为 x，标准振实台的为 y。

ⅲ. 每个对比试验的评定　计算下列参数：20 组中用标准设备振实的所有 20 个的抗压强度平均值 $\overline{y}$；20 组中用推荐代用设备振实的所有 20 个的抗压强度平均值 $\overline{x}$。计算 $D=100$ $(\overline{x}-\overline{y})/\overline{y}$，精确至 0.1，正负不计。

ⅳ. 超差处理　见本手册前述。

ⅴ. 推荐代用设备的验收要求　当按本手册前述计算的三个 D 值的每一个都小于 5 时，

应认为这个代用设备可以接受。

在这种情况下该种设备的技术说明应附在本手册前述设备的后面，其振实操作说明应附在本手册前述操作程序的后面。

当其中一个或多个计算的 D 值等于或大于 5 时，这个代用设备不能通过鉴定。

（三）水泥化学分析

水泥化学分析中，不溶物的测定、三氧化硫的测定、氧化镁的测定、氧化钾和氧化钠的测定及烧失量的测定，按照 GB/T 176—2017 的方法进行，氯离子含量的测定按照 JC/T 420—2006 的方法进行，放射性的测定按照 GB 6566—2010 的方法进行。

1. 试样的制备

按《水泥取样方法》（GB/T 12573—2008）方法取样，送往实验室的样品应是具有代表性的均匀性样品。采用四分法或缩分器将试样缩分至约100g，经 $80\mu m$ 方孔筛筛析，用磁铁吸去筛余物中金属铁，将筛余物经过研磨后使其全部通过孔径为 $80\mu m$ 的方孔筛，充分混匀，装入试样瓶中，密封保存，供测定用。

提示：尽可能快速地进行试样的制备，以防止吸潮。

2. 不溶物的测定方法——盐酸-氢氧化钠处理法

（1）方法提要　试样先以盐酸溶液处理，尽量避免可溶性二氧化硅的析出，滤出的不溶渣以氢氧化钠溶液处理，进一步溶解可能已沉淀的少量二氧化硅，以盐酸中和、过滤后，残渣经灼烧后称量。

（2）试剂与仪器设备

① 试剂

a. 盐酸（1+1）。

b. 氢氧化钠溶液（10g/L）。将 10g 氢氧化钠（NaOH）溶于水中，加水稀释至 1L。储存于塑料瓶中。

c. 硝酸铵溶液（20g/L）。将 2g 硝酸铵（NH_4NO_3）溶于水中，加水稀释至 100mL。

d. 甲基红指示剂溶液（2g/L）。将 0.2g 甲基红溶于 100mL 乙醇或无水乙醇（C_2H_5OH）中。乙醇的体积分数95％，无水乙醇的体积分数不低于 99.5％。

② 仪器设备

a. 干燥器。内装变色硅胶。

b. 高温炉。隔焰加热炉，在炉外围进行电阻加热。应使用温度控制器准确控制炉温，可控制温度（700±25）℃、（800±25）℃、（950±25）℃。

（3）分析步骤

① 称取约 1g 试样（m_1），精确至 0.0001g，置于 150mL 烧杯中，加入 25mL 水，搅拌使试样完全分散，在不断搅拌下加入 5mL 盐酸，用平头玻璃棒压碎块状物使其分解完全（必要时可将溶液稍稍加温几分钟）。用近沸的热水稀释至 50mL，盖上表面皿，将烧杯置于蒸汽水浴中加热 15min。用中速定量滤纸过滤，用热水充分洗涤 10 次以上。

② 将残渣和滤纸一并移入原烧杯中，加入 100mL 近沸的氢氧化钠溶液，盖上表面皿，置于蒸汽水浴中加热 15min。加热期间搅动滤纸及残渣 2～3 次。取下烧杯，加入 1～2 滴甲基红指示剂溶液，滴加盐酸（1+1）至溶液呈红色，再过量 8～10 滴。用中速定量滤纸过

滤，用热硝酸铵溶液充分洗涤至少 14 次。

③ 将残渣及滤纸一并移入已灼烧至恒重的瓷坩埚中，灰化后在 (950±25)℃的高温炉内灼烧 30min。取出坩埚，置于干燥器中，冷却至室温，称量。反复灼烧，直至恒重。

（4）结果的计算与表示　不溶物的质量分数 w_{IR} 按下式计算：

$$w_{IR} = \frac{m_2}{m_9} \times 100 \tag{2-21}$$

式中，w_{IR} 为不溶物的质量分数，%；m_2 为灼烧后不溶物的质量，g；m_9 为试料的质量，g。

3. 三氧化硫的测定——硫酸钡质量法（基准法）

（1）方法提要　用盐酸分解试样生成硫酸根离子，用氯化钡溶液沉淀硫酸盐，经过滤灼烧后，以硫酸钡形式称量。测定结果以三氧化硫计。

（2）试剂与仪器设备

① 试剂

a. 盐酸 (1+1)。

b. 氯化钡溶液 (100g/L)。将 100g 二水氯化钡 ($BaCl_2 \cdot 2H_2O$) 溶于水中，加水稀释至 1L。

c. 硝酸银溶液 (5g/L)。将 5g 硝酸银 ($AgNO_3$) 溶于水中，加 10mL 硝酸 (HNO_3)，加水稀释至 1L。储存于棕色瓶中。

② 仪器设备

a. 高温炉。隔焰加热炉，在炉膛外围进行电阻加热。应使用温度控制器准确控制炉温，可控制温度 (700±25)℃、(800±25)℃、(950±25)℃。

b. 干燥器，内装变色硅胶。

（3）分析步骤

① 称取约 0.5g 试样 (m_1)，精确至 0.0001g，置于 200mL 烧杯中，加入约 40mL 水，搅拌使试样完全分散，在搅拌下加入 10mL 盐酸 (1+1)，用平头玻璃棒压碎块状物，加热煮沸并保持微沸 (5±0.5)min。用中速滤纸过滤，用热水洗涤 10～12 次，滤液及洗液收集于 400mL 烧杯中。加水稀释至约 250mL，玻璃棒底部压一小片定量滤纸，盖上表面皿，加热煮沸，在微沸下从杯口缓慢逐滴加入 10mL 热的氯化钡溶液，继续微沸 3min 以上以形成良好的沉淀，然后在常温下静置 12～24h 或温热处静置至少 4h（有争议时，以常温下静置 12～24h 的结果为准），此时溶液体积应保持在约 200mL。用慢速定量滤纸过滤，以温水洗涤，直至检验无氯离子为止（硝酸银检验）。

② 将沉淀及滤纸一并移入已灼烧至恒重的瓷坩埚中，灰化完全后，放入 800～950℃的高温炉内灼烧 30min，取出坩埚，置于干燥器中冷却至室温，称量。反复灼烧，直至恒重。

（4）结果的计算与表示　试样中三氧化硫的质量分数 w_{SO_3} 按下式计算：

$$w_{SO_3} = \frac{m_2 \times 0.343}{m_1} \times 100 \tag{2-22}$$

式中，w_{SO_3} 为三氧化硫的质量分数，%；m_2 为灼烧后沉淀的质量，g；m_1 为试料的质量，g；0.343 为硫酸钡对三氧化硫的换算系数。

（5）注意事项

① 试样遇水易结块，称量好的试样要移入干燥的烧杯中，或加少许水摇动烧杯使试样

分散。

② 溶样时水泥中的 SiO_2 可能部分呈硅酸凝胶析出，沉淀之前将其连同酸不溶物一起过滤除去。

③ 为减少共存离子的干扰，沉淀应在稀溶液和沸腾的条件下进行。

④ 灰化要完全（滤纸呈灰白色），否则灼烧时未燃尽的炭粒可能将 $BaSO_4$ 还原为 BaS（呈浅绿色），影响测定结果。

4. 硫酸盐：三氧化硫的测定——离子交换法

（1）方法提要　在水介质中，用氢型阳离子交换树脂对水泥中的硫酸钙进行两次静态交换，生成等物质的量的氢离子，以酚酞为指示剂，用氢氧化钠标准滴定溶液滴定。

该方法只适用于掺加天然石膏并且不含有氟、磷、氯的水泥中三氧化硫的测定。

（2）试剂与仪器设备

① H 型 732 苯乙烯强酸性阳离子交换树脂。

a. 树脂的处理。将 250g 钠型 732 苯乙烯强酸性阳子交换树脂（1×12）用 250mL 95%（体积分数）的乙醇浸泡过夜，然后倾出乙醇，再用水浸泡 6～8h。将树脂装入离子交换柱（直径约 5cm，长约 70cm）中，用 1500mL 盐酸（1+3）以 5mL/min 的流速进行淋洗。然后再用蒸馏水清洗交换柱中的树脂，直至流出液中无氯离子（硝酸银溶液检验）。将树脂倒出，用布氏漏斗以抽气泵抽滤，然后储存于广口瓶中备用（树脂久放后，使用时应用水清洗数次）。

b. 树脂的再生。用过的树脂应浸泡在稀酸中，当积至一定数量后倾出其中夹带的不溶残渣，然后再用上述方法进行再生。

② 磁力搅拌器。

③ 硝酸银溶液（5g/L）。

④ 酚酞指示剂溶液（10g/L）。将 1g 酚酞溶于 100mL 95%（体积分数）乙醇中。

⑤ 0.06mol/L 氢氧化钠标准滴定溶液。

（3）分析步骤

① 称取约 0.2g 试样，精确至 0.0001g，置于已盛有 5g 树脂、一个磁力搅拌子及 10mL 热水的 150mL 烧杯中，摇动烧杯使其分散，向烧杯中加入 40mL 沸水，置于磁力搅拌器上，加热搅拌 10min，以快速滤纸过滤，并用热水洗涤烧杯与滤纸上的树脂 4～5 次。滤液及洗液收集于另一装有 2g 树脂及一个搅拌子的 150mL 烧杯中（此时溶液体积在 100mL 左右）。再将烧杯置于磁力搅拌器上搅拌 3min，用快速滤纸过滤，用热水冲洗烧杯与滤纸上树脂 5～6 次，滤液及洗液收集于 300mL 烧杯中。

② 向溶液中加入 5～6 滴酚酞指示剂溶液，用 0.06mol/L 氢氧化钠标准滴定溶液滴定至微红色。保存用过的树脂以备再生。

三氧化硫的质量分数按下式计算：

$$w(SO_3) = \frac{T_{SO_3} \times V}{m \times 1000} \times 100 \qquad (2-23)$$

式中，$w(SO_3)$ 为三氧化硫的质量分数，%；T_{SO_3} 为每毫升氢氧化钠标准滴定溶液相当于三氧化硫的质量，mg/mL；V 为滴定时消耗氢氧化钠标准滴定溶液的体积，mL；m 为试料的质量，g。

5. 氧化镁的测定——原子吸收光谱法（基准法）

（1）方法提要　以氢氟酸-高氯酸分解或氢氧化钠熔融-盐酸分解试样的方法制备溶液，分取一定量的溶液，用锶盐消除硅、铝、钛等对镁的干扰，在空气-乙炔火焰中，于波长285.2mm处测定溶液的吸光度。

（2）试剂与仪器设备

① 试剂

a. 盐酸（1+1）。

b. 氯化锶溶液（锶 50g/L）。将 152.2g 氯化锶（$SrCl_2 \cdot 6H_2O$）溶解于水，加水稀释至 1L，必要时过滤后使用。

c. 氢氧化钠（NaOH）。

② 仪器设备

a. 高温炉。隔焰加热炉，在炉膛外围进行电阻加热。应使用温度控制器准确控制炉温，可控温度（700±25）℃、（800±25）℃、（950±25）℃。

b. 原子吸收光谱仪。带有镁、钾、钠、铁、锰元素空心阴极灯。

c. 铂坩埚。带盖，容量 20～30mL。

d. 铂皿。容量 50～100mL。

（3）氧化镁标准溶液的配制

① 称取 1.0000g 已于（950±25）℃灼烧过 60min 的氧化镁（MgO，基准试剂或光谱纯），精确至 0.0001g，置于 300mL 烧杯中，加入 50mL 水，再缓缓加入 20mL 盐酸（1+1），低温加热至完全溶解，冷却至室温后，移入 1000mL 容量瓶中，用水稀释至标线，摇匀。此标准溶液每毫升含 1mg 氧化镁。

② 吸取 25.00mL 上述标准溶液放入 500mL 容量瓶中，用水稀释至标线，摇匀。此标准溶液每毫升含 0.05mg 氧化镁。

（4）工作曲线的绘制　吸取每毫升含 0.05mg 氧化镁的标准溶液 0mL、2.00mL、4.00mL、6.00mL、8.00mL、10.00mL、12.00mL，分别放入 500mL 容量瓶中，加入 30mL 盐酸及 10mL 氯化锶溶液，用水稀释至标线，摇匀。将原子吸收光谱仪调节至最佳工作状态，在空气-乙炔火焰中，用镁空心阴极灯，于波长 285.2nm 处，以水校零测定溶液的吸光度，用测得的吸光度作为相对应的氧化镁含量的函数，绘制工作曲线。

（5）分析步骤

① 氢氟酸-高氯酸分解试样　称取约 0.1g 试样（m_1），精确至 0.0001g，置于铂坩埚（或铂皿）中，加入 0.5～1mL 水润湿，加入 5～7mL 氢氟酸和 0.5mL 高氯酸，放入通风橱内低温电热板上加热，近干时摇动铂坩埚以防溅失。待白色浓烟完全驱尽后，取下冷却。加入 20mL 盐酸（1+1），温热至溶液澄清，冷却后，移入 250mL 容量瓶中，加入 5mL 氯化锶溶液，用水稀释至标线，摇匀。此溶液 A 供原子吸收光谱法测定氧化镁、三氧化二铁、氧化钾和氧化钠、一氧化锰用。

② 氢氧化钠熔融-盐酸分解试样　称取约 0.1g 试样（m_2），精确至 0.0001g，置于银坩埚中，加入 3～4g 氢氧化钠，盖上坩埚盖（留有缝隙），放入高温炉中，在 750℃ 的高温下熔融 10min，取出冷却。将坩埚放入已盛有约 100mL 沸水的 300mL 烧杯中，盖上表面皿，待熔块完全浸出后（必要时适当加热），取出坩埚，用水冲洗坩埚和盖。在搅拌下一次加入 35mL 盐酸（1+1），用热盐酸（1+9）洗净坩埚和盖。将溶液加热煮沸，冷却后，移入

250mL 容量瓶中，用水稀释至标线，摇匀。此溶液 B 供原子吸收光谱法测定氧化镁。

③ 氧化镁的测定　从溶液 A 或溶液 B 中吸取一定量的溶液放入容量瓶中（试样溶液的分取量及容量瓶的容积视氧化镁的含量而定），加入盐酸（1+1）及氯化锶溶液，使测定溶液中盐酸的体积分数为 6%，锶的浓度为 1mg/mL。用水稀释至标线，摇匀。用原子吸收光谱仪，在空气-乙炔火焰中，用镁空心阴极灯，于波长 285.2nm 处，在与本手册前述相同的仪器条件下测定溶液的吸光度，在工作曲线上查出氧化镁的浓度（c_1）。

（6）结果的计算与表示　氧化镁的质量分数 w_{MgO} 按下式计算：

$$w_{MgO} = \frac{c_1 \times V_1 \times n}{m \times 1000} \times 100 = \frac{c_1 \times V_1 \times n \times 0.1}{m} \qquad (2\text{-}24)$$

式中，w_{MgO} 为氧化镁的质量分数，%；c_1 为测定溶液中氧化镁的浓度，$\mu g/mL$；V_1 为测定溶液的体积，mL；n 为全部试样溶液与所分取试样溶液的体积比；m 为本测定方法"（5）分析步骤"中①（m_1）或②（m_2）中试料的质量，g。

6. 氧化钾和氧化钠的测定——火焰光度法（基准法）

（1）方法提要　试样经氢氟酸-硫酸蒸发处理除去硅，用热水浸取残渣，以氨水和碳酸铵分离铁、铝、钙、镁。滤液中的钾、钠用火焰光度计进行测定。

（2）试剂与仪器设备

① 试剂

a. 氯化钾（G.R.）。

b. 氯化钠（G.R.）。

c. 硫酸（1+1）。

d. 盐酸（1+1）。

e. 氨水（1+1）。

f. 氢氟酸。

g. 甲基红指示剂溶液（2g/L）。将 0.2g 甲基红溶于 100mL 95%（体积分数）乙醇中。或将 0.2g 甲基红溶于 100mL 不低于 99.5%（体积分数）无水乙醇（C_2H_5OH）中。

h. 碳酸铵溶液（100g/L）。将 10g 碳酸铵（$(NH_4)_2CO_3$）溶解于 100mL 水中，用时现配。

i. 氯化锶溶液（锶 50g/L）。将 152.2g 氯化锶（$SrCl_2 \cdot 6H_2O$）溶解于水中，加水稀释至 1L，必要时过滤后使用。

② 仪器设备

a. 火焰光度计。可稳定地测定钾在波长 768nm 处和钠在波长 589nm 处的谱线强度。

b. 原子吸收光谱仪。带有镁、钾、钠、铁、锰元素空心阴极灯。

（3）氧化钾、氧化钠标准溶液的配制

① 称取 1.5829g 已于 105～110℃ 烘过 2h 的氯化钾（KCl，基准试剂或光谱纯）及 1.8859g 已于 105～110℃ 烘过 2h 的氯化钠（NaCl，基准试剂或光谱纯），精确至 0.0001g，置于烧杯中，加入溶解后，移入 1000mL 容量瓶中，用水稀释至标线，摇匀。储存于塑料瓶中。此标准溶液每毫升含 1mg 氧化钾及 1mg 氧化钠。

② 吸取 50.00mL 上述标准溶液放入 1000mL 容量瓶中，用水稀释至标线，摇匀。储存于塑料瓶中。此标准溶液每毫升含 0.05mg 氧化钾和 0.05mg 氧化钠。

（4）工作曲线的绘制

① 用于火焰光度法的工作曲线的绘制 吸取每毫升含 1mg 氧化钾及 1mg 氧化钠的标准溶液 0mL、2.50mL、5.00mL、10.00mL、15.00mL、20.00mL，分别放入 500mL 容量瓶中，用水稀释至标线，摇匀。储存于塑料瓶中。将火焰光度计调节至最佳工作状态，按仪器使用规程进行测定。用测得的检流计读数作为相对应的氧化钾和氧化钠含量的函数，绘制工作曲线。

② 用于原子吸收光谱法的工作曲线的绘制 吸取每毫升含 0.05mg 氧化钾及 0.05mg 氧化钠的标准溶液 0mL、2.50mL、5.00mL、10.00mL、15.00mL、20.00mL、25.00mL，分别放入 500mL 容量瓶中，加入 30mL 盐酸及 10mL 氯化锶溶液，用水稀释至标线，摇匀，储存于塑料瓶中。将原子吸收光谱仪调节至最佳工作状态，在空气-乙炔火焰中，分别用钾元素空心阴极灯于波长 766.5nm 处和钠元素空心阴极灯于波长 589.0nm 处，以水校零测定溶液的吸光度。用测得的吸光度作为相对应的氧化钾和氧化钠含量的函数，绘制工作曲线。

（5）分析步骤 称取约 0.2g 试样（m_1），精确至 0.0001g，置于铂皿中，加入少量水润湿，加入 5～7mL 氢氟酸和 15～20 滴硫酸（1+1），放入通风橱内低温电热板上加热，近干时摇动铂皿，以防溅失，待氢氟酸驱尽后逐渐升高温度，继续将三氧化硫白烟驱尽，取下冷却。加入 40～50mL 热水，压碎残渣使其溶解，加入 1 滴甲基红指示剂溶液，用氨水（1+1）中和至黄色，再加入 10mL 碳酸铵溶液，搅拌，然后放入通风橱内电热板上加热至沸并继续微沸 20～30min。用快速滤纸过滤，以热水充分洗涤，滤液及洗液收集于 100mL 容量瓶中，冷却至室温。用盐酸（1+1）中和至溶液呈微红色，用水稀释至标线，摇匀。在火焰光度计上，按仪器使用规程，在与本手册前述相同的仪器条件下进行测定。在工作曲线上分别查出氧化钾和氧化钠的含量（m_2）和（m_3）。

（6）结果的计算与表示 氧化钾和氧化钠的质量分数 w_{K_2O} 和 w_{Na_2O} 分别按式(2-25)和式(2-26)计算：

$$w_{K_2O} = \frac{m_2}{m_1 \times 1000} \times 100 = \frac{m_2 \times 0.1}{m_1} \tag{2-25}$$

$$w_{Na_2O} = \frac{m_3}{m_1 \times 1000} \times 100 = \frac{m_3 \times 0.1}{m_1} \tag{2-26}$$

式中，w_{K_2O} 为氧化钾的质量分数，%；w_{Na_2O} 为氧化钠的质量分数，%；m_2 为 100mL 测定溶液中氧化钾的含量，mg；m_3 为 100mL 测定溶液中氧化钠的含量，mg；m_1 为试料的质量 g。

7. 烧失量的测定——灼烧差减法

（1）方法提要 试样在（950±25）℃的高温炉中灼烧，去除二氧化碳和水分，同时将存在的易氧化元素氧化。通常矿渣硅酸盐水泥应对由硫化物的氧化引起的烧失量的误差进行校正，而其他元素的氧化引起的误差一般可忽略不计。

（2）仪器设备

① 瓷坩埚。带盖，容量 20～30mL。

② 干燥器。内装变色硅胶。

③ 高温炉。隔焰加热炉，在炉膛外围进行电阻加热。应使用温度控制器准确控制炉温，可控制温度（700±25）℃、（800±25）℃、（950±25）℃。

（3）分析步骤 称取约 1g 试样（m_1），精确至 0.0001g，放入已灼烧恒重的瓷坩埚中，将盖斜置于坩埚上，放在高温炉内，从低温开始逐渐升高温度，在（950±25）℃下灼烧15～20min，取出坩埚置于干燥器中，冷却至室温，称量。反复灼烧，直至恒重。

（4）结果的计算与表示

① 烧失量的计算　烧失量的质量分数 w_{LOI} 按下式计算：

$$w_{\text{LOI}} = \frac{m_1 - m_2}{m_1} \times 100 \qquad (2\text{-}27)$$

式中，w_{LOI} 为烧失量的质量分数，%；m_1 为试料的质量，g；m_2 为灼烧后试料的质量，g。

② 矿渣硅酸盐水泥和掺入大量矿渣的其他水泥烧失量的校正　称取两份试样，一份用来直接测定其中的三氧化硫含量；另一份则按测定烧失量的条件于（950±25）℃下灼烧15～20min，然后测定灼烧后的试料中的三氧化硫含量。

根据灼烧前后三氧化硫含量的变化，矿渣硅酸盐水泥在灼烧过程中由于硫化物氧化引起烧失量的误差可按下式进行校正：

$$w'_{\text{LOI}} = w_{\text{LOI}} + 0.8 \times (w_{\text{后}} - w_{\text{前}}) \qquad (2\text{-}28)$$

式中，w'_{LOI} 为校正后烧失量的质量分数，%；w_{LOI} 为实际测定的烧失量的质量分数，%；$w_{\text{前}}$ 为灼烧前试料中三氧化硫的质量分数，%；$w_{\text{后}}$ 为灼烧后试料中三氧化硫的质量分数，%；0.8 为 S^{2-} 氧化为 SO_4^{2-} 时增加的氧与 SO_3 的摩尔质量比，即 $(4 \times 16)/80 = 0.8$。

8. 氯离子含量测定——化学分析法（JC/T 420—2006）

（1）方法提要　用规定的蒸馏装置在 250～260℃ 温度条件下，以过氧化氢和磷酸分解试样，以净化空气作载体，进行蒸馏分离氯离子，用稀硝酸作吸收液。在 pH 3.5 左右，以二苯偶氮碳酰肼为指示剂，用硝酸汞标准滴定溶液进行滴定。

（2）仪器设备

① 天平（精度至 0.0001g）；

② 测氯蒸馏装置；

③ 玻璃容量器皿（滴定管、容量瓶、移液管、称量瓶）等。

（3）化学试剂

① 过氧化氢（H_2O_2）：质量分数 30%。

② 乙醇（C_2H_5OH）：体积分数 95% 或无水乙醇。

③ 硝酸溶液（0.5mol/L）：取 3mL 硝酸（密度为 1.39～1.41g/cm³ 或质量分数为 65%～68%），加水稀释至 100mL。

④ 磷酸（H_3PO_4）：密度 1.68g/cm³ 或质量分数≥85%。

⑤ 氢氧化钠溶液（0.5mol/L）：将 2g 氢氧化钠（NaOH）溶于 100mL 水中。

⑥ 氯离子标准溶液：

a. 准确称取 0.3297g 在 105～110℃ 烘干 4h 的氯化钠，溶于少量水中，然后移入 1L 容量瓶中，用水稀释至标线，摇匀。此溶液 1mL 含 0.2mg 氯离子。

b. 吸取上述溶液 50.00mL，注入 250mL 容量瓶中，用水稀释至标线，摇匀。此溶液 1mL 含 0.04mg 氯离子。

⑦ 硝酸汞标准滴定溶液 $\{c[\text{Hg(NO}_3)_2] = 0.001\text{mol/L}\}$：

a. 硝酸汞标准滴定溶液 $\{c[\text{Hg(NO}_3)_2] = 0.001\text{mol/L}\}$ 的配制：称取 0.34g 硝酸汞 $\left[\text{Hg(NO}_3)_2 \cdot \frac{1}{2}H_2O\right]$，溶于 10mL 硝酸溶液中，移入 1L 容量瓶内，用水稀释至标线，

摇匀。

b. 硝酸汞标准滴定溶液 $\{c[Hg(NO_3)_2]=0.001mol/L\}$ 的标定：用微量滴定管准确加入 5.00mL 0.04mg/mL 氯离子标准溶液于 50mL 锥形瓶中，加入 20mL 乙醇及 $1\sim2$ 滴溴酚蓝指示剂，用氢氧化钠溶液调至溶液呈蓝色，然后用硝酸溶液调至溶液刚好变黄，再过量 1 滴（pH 约为 3.5），加入 10 滴二苯偶氮碳酰肼指示剂，用硝酸汞标准滴定溶液滴定至出现樱桃红色。

同时进行空白试验。使用相同量的试剂，不加入氯离子标准溶液，按照相同的测定步骤进行试验。

硝酸汞标准滴定溶液对氯离子的滴定度按下式计算：

$$T_{Cl^-}=\frac{0.04\times5.00}{V_2-V_1}=\frac{0.2}{V_2-V_1} \tag{2-29}$$

式中，T_{Cl^-} 为硝酸汞标准滴定溶液对氯离子的滴定度，mg/mL；V_2 为标定时消耗硝酸汞标准滴定溶液的体积，mL；V_1 为空白试验消耗硝酸汞标准滴定溶液的体积，mL；0.04 为氯离子标准溶液的浓度，mg/mL；5.00 为加入氯离子标准溶液的体积，mL。

⑧ 硝酸汞标准定溶液 $\{c[Hg(NO_3)_2]=0.005mol/L\}$：

a. 硝酸汞标准定溶液 $\{c[Hg(NO_3)_2]=0.005mol/L\}$ 的配制：称取 1.67g 硝酸汞 $\left[Hg(NO_3)_2\cdot\frac{1}{2}H_2O\right]$，溶于 10mL 硝酸溶液中，移入 1L 容量瓶内，用水稀释至标线，摇匀。

b. 硝酸汞标准滴定溶液 $\{c[Hg(NO_3)_2]=0.005mol/L\}$ 的标定：用微量滴定管准确加入 7.00mL 0.2mg/mL 氯离子标准溶液于 50mL 锥形瓶中，以下操作按上述"⑦ b."进行。

硝酸汞标准滴定溶液对氯离子的滴定度按下式计算：

$$T_{Cl^-}=\frac{0.2\times7.00}{V_4-V_3}=\frac{1.4}{V_4-V_3} \tag{2-30}$$

式中，T_{Cl^-} 为硝酸汞标准滴定溶液对氯离子的滴定度，mg/mL；V_4 为标定时消耗硝酸汞标准滴定溶液的体积，mL；V_3 为空白试验消耗硝酸汞标准滴定溶液的体积，mL；0.2 为氯离子标准溶液的浓度，mg/mL；7.00 为加入氯离子标准溶液的体积，mL。

⑨ 溴酚蓝指示剂（1g/L）：将 0.1g 溴酚蓝溶于 100mL 乙醇（1+4）中。

⑩ 二苯偶氮碳酰肼指示剂（10g/L）：将 1g 二苯偶氮碳酰肼溶于 100mL 体积分数为 95% 的乙醇中。

（4）主要操作步骤

① 向 50mL 锥形瓶中加入约 3mL 水及 5 滴硝酸，放在冷凝管下端用以承接蒸馏液，冷凝管下端的硅胶管插于锥形瓶的溶液中。

② 称取约 0.3g 试样，精确至 0.0001g，置于已烘干的石英蒸馏管中，勿使试料黏附于管壁。向蒸馏管中加入 5 滴过氧化氢溶液，摇动后加入 5mL 磷酸，套上磨口塞，摇动，待试料分解产生的二氧化碳气体大部分逸出后，将固定架套在石英蒸馏管上，并将其置于温度 $250\sim260^{\circ}C$ 的测氯蒸馏置炉膛内，迅速以硅橡胶管连接好蒸馏管的进出口部分（先连出气管，后连进气管），盖上炉盖。

③ 开动气泵，调节气流速度在 $100\sim200mL/min$，蒸馏 $10\sim15min$ 后关闭气泵，拆下连接管，取出蒸馏管置于试管架内。

④ 用乙醇吹洗冷凝管及其下端于锥形瓶内（乙醇用量约 15mL）。由冷凝管下部取出承

接蒸馏液的锥形瓶，向其中加入 1～2 滴溴酚蓝指示剂，用氢氧化钠溶液调至溶液呈蓝色，然后用硝酸调至溶液刚好变黄，再过量 1 滴，加入 10 滴二苯偶氮碳酰肼指示剂，用硝酸汞标准滴定溶液滴定至出现樱桃红色。

氯离子含量为 0.2%～1% 时，蒸馏时间应为约 15～20min；用硝酸汞标准滴定溶液 $\{c[Hg(NO_3)_2]=0.005mol/L\}$ 进行滴定。进行试样分析时，应同时进行空白试验，并对测定结果加以校正。

（5）结果计算　氯离子的含量按下式计算，精确至 0.001%：

$$X_{Cl^-}=[T_{Cl}\times(V_1-V_0)\times0.1]/m \tag{2-31}$$

式中，X_{Cl^-} 为氯离子的质量分数，%；T_{Cl} 为每毫升硝酸汞标准滴定溶液相当于氯离子的毫克数，mg/mL；V_0 为空白试验消耗硝酸汞标准滴定溶液的体积，mL；V_1 为滴定时消耗硝酸汞标准滴定溶液的体积，mL；m 为试样的质量，g。

（6）结果确定　以两次试验结果的平均值表示测定结果，当两次试验结果超出表 2-12 允许偏差时应重新进行试验。

表 2-12　允许偏差

氯离子含量范围/%	≤0.10	0.10～0.30	0.30～1.0
同一试验室的允许偏差/%	0.002	0.010	0.020
不同试验室的允许差/%	0.035	0.015	0.030

9. 放射性的测定方法（GB 6566—2010）

（1）方法提要　对建筑材料中天然放射性核素限量和天然放射性核素镭 226、钍 232、钾 40 放射性比活度进行测定。

（2）仪器设备

① 低本底多道 γ 能谱仪。

② 天平（感量为 0.1g）等。

（3）主要操作步骤

① 取样：随机抽取样品两份，每份不少于 2kg。一份密封保存，另一份作为检验样品。

② 制样：将检验样品破碎，磨细至粒径不大于 0.16mm。将其放入与标准样品几何形态一致的样品盒中，称重（精确至 0.1g）、密封、待测。

③ 测量：当检验样品中天然放射性衰变链基本达到平衡后，在与标准样品测量条件相同情况下，采用低本底多道 γ 能谱仪对其进行镭 226、钍 232 和钾 40 比活度测量。

④ 测量不确定度的要求：当样品中镭 226、钍 232、钾 40 放射性比活度之和大于 37Bq/kg 时，该试验方法要求测量不确定度（扩展因子 $K=1$）不大于 20%。

（4）结果计算　计算结果数字修约后保留一位小数。

① 放射性比活度按下式计算：

$$C=A/m \tag{2-32}$$

式中，C 为放射性比活度，Bq/kg；A 为核素放射性活度，Bq；m 为物质的质量，kg。

② 内照射指数按下式计算：

$$I_{Ra}=C_{Ra}/200 \tag{2-33}$$

式中，I_{Ra} 为内照射指数；C_{Ra} 为建筑材料中天然放射性核素镭 226 的放射性比活度，

Bq/kg；200 为仅考虑内照射情况下，建筑材料中放射性核素镭 226 的放射性比活度限量，Bq/kg。

③ 外照射指数按下式计算：

$$I_r = (C_{Ra}/370) + (C_{Th}/260) + (C_K/4200) \qquad (2\text{-}34)$$

式中，C_{Ra}、C_{Th}、C_K 分别为建筑材料中天然放射性核素镭 226、钍 232 和钾 40 的放射性比活度，Bq/kg；370、260、4200 分别为仅考虑外照射情况下，建筑材料中天然放射性核素镭 226、钍 232 和钾 40 在其各自单独存在时 GB 6566—2010 规定的限量，Bq/kg；I_r 为外照射指数。

（5）结果判定　当建筑主体材料中天然放射性核素镭 226、钍 232、钾 40 的放射性比活度同时满足 $I_{Ra} \leqslant 1.0$ 和 $I_r \leqslant 1.0$ 时，其产销与使用范围不受限制。

四、质量控制

1. 验收

① 水泥进场时应具有产品质量证明文件，并按规定取样复验。质量证明文件内容应包括出厂检验项目（水泥的化学指标、凝结时间、安定性及强度）、细度、混合材料品种和掺加量、石膏和助磨剂的品种及掺加量、属旋窑或立窑生产及合同约定的其他技术要求。

② 水泥进场时应对其品种、级别、包装或散装仓号、出厂日期等进行检查，并按批对其强度、安定性、凝结时间及其他必要的性能指标进行验收复验。

③ 验收批次的确定：

a. 按同一生产厂家、同一品种、同一等级、同一批号且连续进场的水泥，袋装不超过 200t 为一批，散装不超过 500t 为一批，每批抽样不少于一次。对来源稳定、连续多次检验合格或经认证机构认证合格的水泥，可根据相关规定和合同约定适当减少检验批次和抽样次数。

b. 当在使用中对水泥质量有怀疑或水泥出厂超过三个月（快硬水泥出厂超过一个月）时，应进行复验，并按复验结果使用。

2. 常用水泥的特性及适用范围

常用水泥的特性及适用范围见表 2-13。

表 2-13　水泥的特性及适用范围

水泥品种	特性		适用范围	
	优点	缺点	适用于	不适用于
普通硅酸盐水泥	①早期强度高；②凝结硬化快；③抗冻性好	①水化热较高；②抗水性差；③耐腐蚀性差	①一般地上工程和不受侵蚀作用的用下工程及不受水压作用的工程；②无腐蚀性水中的受冻工程；③早期强度要求较高的工程；④低温条件下需要强度发展较快的工程，但每日平均气温在 4℃ 以下或最低气温在 −3℃ 以下时应按冬季施工规定办理	①水利工程的水中部分；②大体积混凝土工程；③受化学侵蚀的工程

水泥品种	特性		适用范围	
	优点	缺点	适用于	不适用于
矿渣水泥	①对硫酸盐类侵蚀的抵抗能力及抗水性较好；②耐热性好；③水化热低；④在蒸汽中养护强度发展快；⑤在潮湿环境中后期强度增长率较大	①早期强度低，凝结较慢，在低温环境中尤甚；②耐冻性差；③干缩性大，有泌水现象	①地下、水中、海中的工程及经常受高水压的工程；②大体积混凝土工程；③蒸汽养护的工程；④受热工程；⑤代替普通硅酸水泥用于地上工程，但应加强养护。也可用于常受冻融交替作用的受冻工程	①对早期强度要求高的工程；②低温环境中施工而无温措施的工程
火山灰水泥	①对硫酸盐类侵蚀的抵抗能力强；②抗水性好；③水化热较低；④在潮湿环境中后期强度增长率较大；⑤蒸汽养护强度发展快	①早期强度低，凝结较慢，在低温环境中尤甚；②耐冻性差；③吸水性大；④干缩性较大	①地下水中工程及经常受较高水压的工程；②受海水及含硫酸盐类溶液作用的工程；③大体积混凝土工程；④蒸汽养护的工程；⑤远距离运输的砂浆和混凝土	①气候干热地区或难于维持20～30d内经常湿润的工程；②早期强度要求高的工程；③受冻工程
粉煤灰水泥	①干缩性小；②抗裂性好；③水化热低；④抗蚀性强	①早期强度低，凝结硬化慢；②耐冻性差	①大体积混凝土；②蒸汽养护工程	①低温环境而无保温措施的工程；②对早期强度要求高的工程
复合水泥	①水化热略低；②后期强度增长率高；③抗裂性好，由于水泥中的活性复合材料与水化产物发生二次水化反应，降低了混凝土的孔隙率，改善了孔结构，使混凝土的抗渗、抗硫酸盐侵蚀性能显著提高	①与硅酸盐和普通水泥相比，早期强度略低；②抗冻性能差	①一般工业与民用建筑；②公路、铁路、桥梁、港口工程；③大体积混凝土工程	①低温环境无保温措施的施工工程；②对早期强度要求高的工程

3. 不同工程的水泥选择

不同工程的水泥选择见表 2-14。

表 2-14　水泥的选择

类别	混凝土工程特点及所处环境条件	优先选用	可以选用	不宜选用
普通混凝土	在普通气候环境中的混凝土	普通水泥	矿渣水泥	
			火山灰水泥	
			粉煤灰水泥	
	在干燥环境中的混凝土	普通水泥	矿渣水泥	火山灰水泥 粉煤灰水泥
	在高湿度环境中或永远处于水下的混凝土	矿渣水泥		
		火山灰水泥	普通水泥	
		粉煤灰水泥		
	厚大体积的混凝土	粉煤灰水泥	普通水泥	硅酸盐水泥

类别	混凝土工程特点及所处环境条件	优先选用	可以选用	不宜选用
有特殊要求的混凝土	要求快硬高强（>C40）的混凝土	硅酸盐水泥		矿渣水泥
		快硬硅酸盐水泥	普通水泥	火山灰水泥
				粉煤灰水泥
	严寒地区的露天混凝土，寒冷地区的处于水位升降范围内的混凝土	普通水泥	矿渣水泥（强度等级>32.5）	火山灰水泥 粉煤灰水泥
	严寒地区处于水位升降范围内的混凝土	普通水泥（强度等级>42.5）		火山灰水泥 矿渣水泥 粉煤灰水泥
	有抗渗性要求的混凝土	矿渣水泥 火山灰水泥		矿渣水泥
	有耐磨性要求的混凝土	硅酸盐水泥 普通水泥	矿渣水泥（强度等级>32.5）	火山灰水泥 粉煤灰水泥
	受侵蚀介质作用的混凝土	矿渣水泥 火山灰水泥 粉煤灰水泥		硅酸盐水泥 普通水泥

第二节 普通骨料

一、概述

普通混凝土中的骨料分粗骨料和细骨料。粗骨料（又称粗集料）是指卵石和碎石，卵石是指在自然条件作用下形成的公称粒径大于 5mm 的岩石颗粒；碎石是指由天然石或卵石经破碎、筛分而得的公称粒径大于 5mm 的颗粒。粗骨料按技术要求分为Ⅰ类、Ⅱ类、Ⅲ类。Ⅰ类宜用于强度等级大于 C60 的混凝土；Ⅱ类宜用于强度等级大于 C30～C60 及抗冻、抗浸或其他要求的混凝土；Ⅲ类宜用于强度等级小于 C30 的混凝土。细骨料（又称细集料）是指天然砂、人工砂和混合砂。天然砂是指在自然条件作用下形成的公称粒径小于 5mm 的岩石颗粒，按其产源不同可分为河砂、海砂和山砂，海砂又可分为滩砂和海底砂。人工砂是岩石经破碎筛分而成的公称粒径小于 5mm 的岩石颗粒。混合砂系由天然砂和人工砂按一定比例混合而成。骨料母岩的特性、骨料的粒形、粒径与级配的尺寸分布等直接影响到混凝土的工作性、强度等性能指标。

二、质量要求

（一）《普通混凝土用砂、石质量及检验方法标准》(JGJ 52—2006)对砂的质量要求

1. 颗粒级配
砂的粗细程度按细度模数 μ_f 分为粗、中、细、特细四级，其范围应符合下列规定：
粗砂：$\mu_f = 3.1 \sim 3.7$；

中砂：$\mu_f = 2.3 \sim 3.0$；

细砂：$\mu_f = 1.6 \sim 2.2$；

特细砂：$\mu_f = 0.7 \sim 1.5$。

砂筛应采用方孔筛。砂的公称粒径、砂筛筛孔的公称直径和方孔筛筛孔边长应符合表 2-15 的规定。

表 2-15　砂的公称粒径、砂筛筛孔的公称直径和方孔筛筛孔边长尺寸

砂的公称粒径	砂筛筛孔的公称直径	方孔筛筛孔边长
5.00mm	5.00mm	4.75mm
2.50mm	2.50mm	2.36mm
1.25mm	1.25mm	1.18mm
630μm	630μm	600μm
315μm	315μm	300μm
160μm	160μm	150μm
80μm	80μm	75μm

除特细砂外，砂的颗粒级配可按公称直径 630μm 筛孔的累计筛余（以质量百分数计，下同），分成三个级配区（表 2-16），且砂的颗粒级配应处于表 2-16 中的某一区内。

表 2-16　砂颗粒级配区

公称粒径	累计筛余/%		
	级配区		
	Ⅰ区	Ⅱ区	Ⅲ区
5.00mm	10～0	10～0	10～0
2.50mm	35～5	25～0	15～0
1.25mm	65～35	50～10	25～0
630μm	85～71	70～41	40～16
315μm	95～80	92～70	85～55
160μm	100～90	100～90	100～90

注：1. 砂的实际颗粒级配与表 2-16 中的累计筛余相比，除公称粒径为 5.00mm 和 630μm 的累计筛余外，其余公称粒径的累计筛余可稍超出分界线，但总超出量不应大于 5%。

2. 当天然砂的实际颗粒级配不符合要求时，宜采取相应的技术措施，并经试验证明能确保混凝土质量后，方允许使用。

3. 配制混凝土时宜优先选用Ⅱ区砂。当采用Ⅰ区砂时，应提高砂率，并保持足够的水泥用量，满足混凝土的和易性；当采用Ⅲ区砂时，宜适当降低砂率；当采用特细砂时，应符合相应的规定。

4. 配制泵送混凝土，宜选用中砂。

2. 含泥量

天然砂中含泥量应符合表 2-17 的规定。

表 2-17　天然砂中含泥量

混凝土强度等级	≥C60	C55～C30	≤C25
含泥量（按质量计）/%	≤2.0	≤3.0	≤5.0

注：对于有抗冻、抗渗或其他特殊要求的≤C25 混凝土用砂，其含量不应大于 3.0%。

3. 泥块含量

砂中泥块含量应符表 2-18 的规定。

表 2-18　砂中泥块含量

混凝土强度等级	≥C60	C55～C30	≤C25
泥块含量(按质量计)/%	≤0.5	≤1.0	≤2.0

注：对于有抗冻、抗渗或其他特殊要求的≤C25混凝土用砂，其泥块含量不应大于1.0%。

4. 石粉含量

人工砂或混合砂中石粉含量应符合表 2-19 的规定。

表 2-19　人工砂或混合砂中石粉含量

混凝土强度等级		≥C60	C55～C30	≤C25
石粉含量/%	MB<1.4(合格)	≤5.0	≤7.0	≤10.0
	MB≥1.4(不合格)	≤2.0	≤3.0	≤5.0

5. 坚固性

砂的坚固性应采用硫酸钠溶液检验，试样经 5 次循环后，其质量损失应符合表 2-20 的规定。

表 2-20　砂的坚固性指标 （一）

混凝土所处的环境条件及其性能要求	5次循环后的质量损失/%
在严寒及寒冷地区室外使用并经常处于潮湿或干湿交替状态下的混凝土； 对于有抗疲劳、耐磨、抗冲击要求的混凝土； 有腐蚀介质作用或经常处于水位变化区的地下结构混凝土	≤8
其他条件下使用的混凝土	≤10

6. 压碎指标

人工砂的总压碎值指标应小于 30%。

7. 有害物质含量

当砂中含有云母、轻物质、有机物、硫化物及硫酸盐等有害物质时，其含量应符合表 2-21的规定。

表 2-21　砂中的有害物质含量

项目	质量指标
云母含量(按质量计)/%	≤2.0
轻物质含量(按质量计)/%	≤1.0
硫化物及硫酸盐含量(折算成 SO_3 按质量计)/%	≤1.0
有机物含量(用比色法试验)	颜色不应深于标准色。当颜色深于标准色时,应按水泥胶砂强度试验方法进行强度对比试验,抗压强度比不应低于0.95

注：1. 对于有抗冻、抗渗要求的混凝土用砂，其云母含量不应大于1.0%。

2. 当砂中含有颗粒状的硫酸盐或硫化物杂质时，应进行专门检验，确认能满足混凝土耐久性要求后，方可采用。

8. 碱活性

对于长期处于潮湿环境的重要混凝土结构用砂，应采用砂浆棒（快速法）或砂浆长度法进行骨料的碱活性检验。经上述检验判断为有潜在危害时，应控制混凝土中的碱含量不超过 $3kg/m^3$，或采用能抑制碱骨料反应的有效措施。

9. 氯离子含量

砂中氯离子含量应符合下列规定：

① 对于钢筋混凝土用砂，其氯离子含量不得大于 0.06％（以干砂的质量百分数计）。

② 对于预应力混凝土用砂，其氯离子含量不得大于 0.02％（以干砂的质量百分数计）。

10. 海砂中贝壳含量

海砂中贝壳含量应符合表 2-22 的规定。

表 2-22　海砂中贝壳含量

混凝土强度等级	≥C40	C35～C30	C25～C15
贝壳含量(按质量计)/％	≤3	≤5	≤8

注：对于有抗冻、抗渗或其他特殊要求的≤C25混凝土用砂，其贝壳含量不应大于 5％。

11. 砂表观密度、堆积密度、空隙率

砂表观密度、堆积密度、空隙率应符合如下规定：表观密度大于 $2500kg/m^3$，松散堆积密度大于 $1300kg/m^3$，空隙率小于 47％。

12. 碱骨料反应

经碱骨料反应试验后，由砂制备的试件无裂缝、酥裂、胶体外溢等现象，在规定的试验龄期膨胀率应小于 0.10％。

（二）《建筑用砂》（GB/T 14684—2011）对砂的质量要求

1. 颗粒级配

砂的颗粒级配应符合表 2-23 的规定；砂的级配类别应符合表 2-24 的规定。对于砂浆用砂，4.75mm 筛孔的累计筛余量应为 0。砂的实际颗粒级配除 4.75mm 和 $600\mu m$ 筛挡外，可略有超出，但各级累计筛余超出值总和应大于 5％。

表 2-23　砂的颗粒级配

砂的分类	天然砂			机制砂		
级配区	1 区	2 区	3 区	1 区	2 区	3 区
方筛孔	累计筛余/％					
4.75mm	10～0	10～0	10～0	10～0	10～0	10～0
2.36mm	35～5	25～0	15～0	35～5	25～0	15～0
1.18mm	65～35	50～10	25～0	65～35	50～10	25～0
600μm	85～71	70～41	40～16	85～71	70～41	40～16
300μm	95～80	92～70	85～55	95～80	92～70	85～55
150μm	100～90	100～90	100～90	97～85	94～80	94～75

表 2-24　砂的级配类别

类别	Ⅰ	Ⅱ	Ⅲ
级配区	2 区	1、2、3 区	

2. 砂的含泥量、石粉含量和泥块含量

天然砂的含泥量和泥块含量应符合表 2-25 的规定。

表 2-25　天然砂的含泥量和泥块含量

类别	Ⅰ	Ⅱ	Ⅲ
含泥量(按质量计)/%	≤1.0	≤3.0	≤5.0
泥块含量(按质量计)/%	0	≤1.0	≤2.0

机制砂 MB 值≤1.4 或快速法试验合格时，石粉含量和泥块含量应符合表 2-26 的规定；机制砂 MB>1.4 或快速法试验不合格时，石粉含量和泥块含量应符合表 2-27 的规定。

表 2-26　机制砂的石粉含量和泥块含量（MB 值≤1.4 或快速法试验合格）

类别	Ⅰ	Ⅱ	Ⅲ
MB 值	≤0.5	≤1.0	≤1.4 或合格
石粉泥含量(按质量计)/%	≤10.0		
泥块含量(按质量计)/%	0	≤1.0	≤2.0

注：石粉含量根据使用地区和用途，经试验验证，可由供需双方协商确定。

表 2-27　机制砂的石粉含量和泥块含量（MB 值>1.4 或快速法试验不合格）

类别	Ⅰ	Ⅱ	Ⅲ
石粉泥含量(按质量计)/%	≤1.0	≤3.0	≤5.0
泥块含量(按质量计)/%	0	≤1.0	≤2.0

3. 有害物质

砂中如含有云母、轻物质、有机物、硫化物及硫酸盐、氯化物、贝壳，其限量应符合表 2-28 的规定。

表 2-28　砂的有害物质限量

类别	Ⅰ	Ⅱ	Ⅲ
云母(按质量计)/%	≤1.0	≤2.0	
轻物质(按质量计)/%	≤1.0		
有机物	合格		
硫化物及硫酸盐(按 SO_3 质量计)/%	≤0.5		
氯化物(以氯离子质量计)/%	≤0.01	≤0.02	≤0.06
贝壳(按质量计)/%	≤3.0	≤5.0	≤8.0

注：贝壳含量仅适用于海砂，其他砂种不作要求。

4. 坚固性

坚固性采用硫酸钠溶液法进行试验，砂的质量损失应符合表 2-29 的规定。

表 2-29　砂的坚固性指标（二）

类别	I	II	III
质量损失/%	≤8		≤10

机制砂除了要满足表 2-29 的规定外，压碎指标还应满足表 2-30 的规定。

表 2-30　机制砂的压碎指标

类别	I	II	III
单级最大压碎指标/%	≤20	≤25	≤30

5. 表观密度、松散堆积密度、空隙率

硫的表观密度不小于 2500kg/m³；砂的松散堆积密度不小于 1400kg/m³；砂的空隙率不大于 44%。

6. 碱骨料反应

经碱骨料反应试验后，试件应无裂缝、酥裂、胶体外溢等现象，在规定的试验龄期膨胀率应小于 0.10%。

7. 含水率和饱和面干吸水率

当用户有要求时，应报告其实测值。

（三）《普通混凝土用砂、石质量及检验方法标准》(JGJ 52—2006)对石的质量要求

1. 颗粒级配

石筛应采用方孔筛。石的公称粒径、石筛筛孔的公称直径与方孔筛筛孔边长应符合表 2-31 的规定。

表 2-31　石的公称粒径、石筛筛孔的公称直径与方孔筛筛孔边长　　单位：mm

石的公称粒径	石筛筛孔的公称直径	方孔筛筛孔边长	石的公称粒径	石筛筛孔的公称直径	方孔筛筛孔边长
2.50	2.50	2.36	31.5	31.5	31.5
5.00	5.00	4.75	40.0	40.0	37.5
10.0	10.0	9.5	50.0	50.0	53.0
16.0	16.0	16.0	63.0	63.0	63.0
20.0	20.0	19.0	80.0	80.0	75.0
25.0	25.0	26.5	100.0	100.0	90.0

碎石或卵石的颗粒级配，应符合表 2-32 的要求。

表 2-32　碎石或卵石的颗粒级配范围

级配情况	公称粒级/mm	累计筛余(按质量计)/%											
		方孔筛筛孔边长尺寸/mm											
		2.36	4.75	9.5	16.0	19.0	26.5	31.5	37.5	53	63	75	90
连续粒级	5～10	95～100	80～100	0～15	0	—	—	—	—	—	—	—	—
	5～16	95～100	85～100	30～60	0～10	0	—	—	—	—	—	—	—

级配情况	公称粒级/mm	累计筛余（按质量计）/%											
		方孔筛筛孔边长尺寸/mm											
		2.36	4.75	9.5	16.0	19.0	26.5	31.5	37.5	53	63	75	90
连续粒级	5～20	95～100	90～100	40～80	—	0～10	0	—	—	—	—	—	—
	2～25	95～100	90～100	—	30～70	—	0～5	0	—	—	—	—	—
	5～31.5	95～100	90～100	70～90	—	15～45	—	0～5	0	—	—	—	—
	5～40	—	95～100	70～90	—	30～65	—	—	0～5	0	—	—	—
单粒级	10～20	—	95～100	85～100	—	0～15	0	—	—	—	—	—	—
	16～31.5	—	95～100	—	85～100	—	—	0～10	0	—	—	—	—
	20～40	—	—	95～100	—	80～100	—	—	0～10	0	—	—	—
	31.5～63	—	—	—	95～100	—	—	75～100	47～75	—	0～10	0	—
	40～80	—	—	—	—	95～100	—	—	70～100	—	30～60	0～10	0

注：1. 混凝土用石应采用连续粒级。

2. 单粒级宜用于组合成满足要求的连续粒级；也可与连续粒级混合使用，以改善其级配或配成较大粒度的连续粒级。

3. 当卵石的颗粒级配不符合表 2-32 要求时，应采取措施并经试验证实能确保工程质量后，方允许使用。

2. 针、片状颗粒含量

碎石或卵石中针、片状颗粒含量应符合表 2-33 的规定。

表 2-33　针、片状颗粒含量

混凝土强度等级	≥C60	C55～C30	≤C25
针、片状颗粒含量（按质量计）/%	≤8	≤15	≤25

3. 含泥量

碎石或卵石中含泥量应符合表 2-34 的规定。

表 2-34　碎石或卵石中含泥量

混凝土强度等级	≥C60	C55～C30	≤C25
含泥量（按质量计）/%	≤0.5	≤1.0	≤2.0

注：1. 对于有抗冻、抗渗或其他特殊要求的混凝土，其所用碎石或卵石中含泥量不应大于 1.0%。

2. 当碎石或卵石的含泥是非黏土质的石粉时，其含泥量可由表 2-34 的 0.5%、1.0%、2.0%，分别提高到 1.0%、1.5%、3.0%。

4. 泥块含量

碎石或卵石中泥块含量应符合表 2-35 规定。

表 2-35　碎石或卵石中泥块含量

混凝土强度等级	≥C60	C55～C30	≤C25
泥块含量（按质量计）/%	≤0.2	≤0.5	≤0.7

注：对于有抗冻、抗渗或其他特殊要求的强度等级小于 C30 的混凝土，其所用碎石或卵石中泥块含量不应大于 0.5%。

5. 强度

① 碎石的强度可用岩石的抗压强度和压碎值指标表示。岩石的抗压强度应比所配制的混凝土强度至少高 20%。当混凝土强度等级≥C60 时，应进行岩石抗压强度检验。岩石强度首先由生产单位提供，工程中可采用压碎值指标进行质量控制。碎石的压碎值指标宜符合表 2-36 的规定。

表 2-36　碎石的压碎值指标

岩石品种	混凝土强度等级	碎石压碎值指标/%	岩石品种	混凝土强度等级	碎石压碎值指标/%
沉积岩	C60~C40	≤10	喷出的火成岩	C60~C40	≤13
	≤C35	≤16		≤C35	≤30
变质岩或深成的火成岩	C60~C40	≤12			
	≤C35	≤20			

注：沉积岩包括石灰岩、砂岩等；变质岩包括片麻岩、石英岩等；深成的火成岩包括花岗岩、正长岩、闪长岩和橄榄岩等；喷出的火成岩包括玄武岩和辉绿岩等。

② 卵石的强度可用压碎值指标表示。其压碎值指标宜符合表 2-37 的规定。

表 2-37　卵石的压碎值指标

混凝土强度等级	C60~C40	≤C35
压碎值指标/%	≤12	≤16

6. 坚固性

碎石或卵石的坚固性应用硫酸钠溶液法检验，试样经 5 次循环后，其质量损失应符合表 2-38 的规定。

表 2-38　碎石或卵石的坚固性指标

混凝土所处的环境条件及其性能要求	5 次循环后的质量损失/%
在严寒及寒冷地区室外使用，并经常处于潮湿或干湿交替状态下的混凝土；有腐蚀性介质作用或经常处于水位变化区的地下结构或有抗疲劳、耐磨、抗冲击等要求的混凝土	≤8
在其他条件下使用的混凝土	≤12

7. 有害物质含量

碎石或卵石中的硫化物和硫酸盐含量以及卵石中有机物等有害物质含量，应符合表 2-39 的规定。

表 2-39　碎石或卵石中的有害物质含量

项目	质量要求
硫化物及硫酸盐含量（折算成 SO_3，按质量计）/%	≤1.0
卵石中有机物含量（用比色法试验）	颜色应不深于标准色。当颜色深于标准色时，应配制成混凝土进行强度对比试验，抗压强度应不低于 0.95

注：当碎石或卵石中含有颗粒状硫酸盐或硫化物杂质时，应进行专门检验，确认能满足混凝土耐久性要求后，方可采用。

8. 碱活性

对于长期处于潮湿环境的重要结构混凝土，其所使用的碎石或卵石应进行碱活性检验。

进行碱活性检验时，首先应采用岩相法检验碱活性骨料的品种、类型和数量。当检验出骨料中含有活性二氧化硅时，应采用快速砂浆棒法和砂浆长度法进行碱活性检验；当检验出骨料中含有活性碳酸盐时，应采用岩石柱法进行碱活性检验。

经上述检验，当判定骨料存在潜在碱-碳酸盐反应危害时，不宜用作混凝土骨料；否则，应通过专门的混凝土试验，做最后评定。

当判定骨料存在潜在碱-硅反应危害时，应控制混凝土中的碱含量不超过 $3kg/m^3$，或采用能抑制碱骨料反应的有效措施。

9. 放射性

依据《建筑材料放射性核素限量》（GB 6566—2010），碎石或卵石中天然放射性核素镭226、钍232、钾40的放射性比活度应同时满足外照射指数 $I_r \leqslant 1.0$ 和内照射指数 $I_{Ra} \leqslant 1.0$。

(四)《建设用卵石、碎石》(GB/T 14685—2011)对卵石、碎石的质量要求

1. 颗粒级配

卵石、碎石的颗粒级配应符合表 2-40 的规定。

表 2-40　卵石、碎石的颗粒级配

公称粒级 /mm		累计筛余/%											
		方孔筛/mm											
		2.36	4.75	9.50	16.0	19.0	26.5	31.5	37.5	53.0	63.0	75.0	90
连续粒级	5～16	95～100	85～100	30～60	0～10	0							
	5～20	95～100	90～100	40～80	—	0～10	0						
	5～25	95～100	90～100	—	30～70	—	0～5	0					
	5～31.5	95～100	90～100	70～90	—	15～45	—	0～5	0				
	5～40	—	95～100	70～90	—	30～65	—	—	0～5	0			
单粒粒级	5～10	95～100	80～100	0～15	0								
	10～16		95～100	80～100	0～15								
	10～20		95～100	85～100	—	0～15							
	16～25			95～100	55～70	25～40	0～10						
	16～31.5		95～100		85～100			0～10	0				
	20～40			95～100		80～100			0～10	0			
	40～80					95～100			70～100		30～60	0～10	0

2. 含泥量和泥块含量

卵石、碎石的含泥量和泥块含量应符合表 2-41 的规定。

表 2-41　卵石、碎石的含泥量和泥块含量

类别	Ⅰ	Ⅱ	Ⅲ
含泥量（按质量计）/%	≤0.5	≤1.0	≤1.5
泥块含量（按质量计）/%	0	≤0.2	≤0.5

3. 针、片状颗粒含量

卵石、碎石的针、片状颗粒含量应符合表 2-42 的规定。

表 2-42　卵石、碎石的针、片状颗粒含量

类别	I	II	III
针、片状颗粒总含量（按质量计）/%	≤5	≤10	≤15

4. 有害物质

卵石、碎石的有害物质限量应符合表 2-43 的规定。

表 2-43　卵石、碎石的有害物质限量

类别	I	II	III
有机物	合格	合格	合格
硫化物及硫酸盐（按 SO_3 质量计）/%	≤0.5	≤1.0	≤1.0

5. 坚固性

采用硫酸钠溶液法进行试验，卵石、碎石的质量损失应符合表 2-44 的规定。

表 2-44　卵石、碎石的坚固性指标

类别	I	II	III
质量损失/%	≤5	≤8	≤12

6. 强度

（1）岩石抗压强度　在水饱和状态下，其抗压强度火成岩应不小于 80MPa，变质岩应不小于 60MPa，水成岩应不小于 30MPa。

（2）压碎指标　卵石、碎石的压碎指标应符合表 2-45 规定。

表 2-45　卵石、碎石的压碎指标

类别	I	II	III
碎石压碎指标/%	≤10	≤20	≤30
卵石压碎指标/%	≤12	≤14	≤16

7. 表观密度、连续级配松散堆积空隙率

卵石、碎石的表观密度不小于 $2600kg/m^3$，连续级配松散堆积空隙率应符合表 2-46 的规定。

表 2-46　卵石、碎石的连续级配松散堆积空隙率

类别	I	II	III
空隙率/%	≤43	≤45	≤47

8. 吸水率

卵石、碎石的吸水率应符合表 2-47 的规定。

表 2-47　卵石、碎石的吸水率

类别	I	II	III
吸水率/%	≤1.0	≤2.0	≤2.0

9. 碱骨料反应

经碱骨料反应试验后，试件应无裂缝、酥裂、胶体外溢等现象，在规定的试验龄期膨胀率应小于 0.10%。

10. 含水率和堆积密度

报告其实测值。

三、检验方法

（一）砂（细骨料、细集料）的检验方法（JGJ 52—2006）

《普通混凝土用砂、石质量及检验方法标准》（JGJ 52—2006）的试验方法与《建设用砂》（GB/T 14684—2011）、《建设用卵石、碎石》（GB/T 14685—2011）的试验方法基本一致，质量要求、取样方法、取样数量、仪器精度等要求有些差异。本部分的检验方法是依据《普通混凝土用砂、石质量及检验方法标准》（JGJ 52—2006）的试验方法。

1. 取样与缩分

（1）取样

① 每验收批（验收批数量见本节"四、质量控制"所述）取样方法应按下列规定执行：

a. 从料堆取样时，取样部位应均匀分布。取样前应先将取样部位表层铲除，然后由各部位抽取大致相等的砂 8 份，石子为 16 份，组成各自一组样品。

b. 从皮带运输机上取样时，应在皮带运输机机尾的出料处用接料器定时抽取砂 4 份、石 8 份组成各自一组样品。

c. 从火车、汽车、货船上取样时，应从不同部位和深度抽取大致相等的砂 8 份、石 16 份组成各自一组样品。

② 除筛分析外，当其余检验项目存在不合格项时，应加倍取样进行复验。当复验仍有一项不满足标准要求时，应按不合格品处理。

注：如经观察，认为各节车皮间（汽车、货船间）所载的砂、石质量相差甚为悬殊时，应对质量有怀疑的每节列车（汽车、货船）分别取样和验收。

③ 对于每一单项检验项目，砂、石的每组样品取样数量应分别满足表 2-48 和表 2-49 的规定。当需要做多项检验时，可在确保样品经一项试验后不致影响其他试验结果的前提下，用同组样品进行多项不同的试验。

表 2-48　每一单项检验项目所需砂的最少取样质量

检验项目	最少取样质量/g
筛分析	4400
表观密度	2600
吸水率	4000

检验项目	最少取样质量/g
紧密密度和堆积密度	5000
含水率	1000
含泥量	4400
泥块含量	20000
石粉含量	1600
人工砂压碎值指标	分成公称粒级 5.00～2.50mm、2.50～1.25mm、1.25mm～630μm、630～315μm、315～160μm，每个粒级各需 1000g
有机物含量	2000
云母含量	600
轻物质含量	3200
坚固性	分成公称粒级 5.00～2.50mm、2.50～1.25mm、1.25mm～630μm、630～315μm、315～160μm，每个粒级各需 100g
硫化物及硫酸盐含量	50
氯离子含量	2000
贝壳含量	10000
碱活性	20000

表 2-49　　每一单项检验项目所需碎石或卵石的最小取样质量　　　　单位：kg

试验项目	最大公称粒径/mm							
	10.0	16.0	20.0	25.0	31.5	40.0	63.0	80.0
筛分析	8	15	16	20	25	32	50	64
表观密度	8	8	8	8	12	16	24	24
含水率	2	2	2	2	3	3	4	6
吸水率	8	8	16	16	16	24	24	32
堆积密度、紧密密度	40	40	40	40	80	80	120	120
含泥量	8	8	24	24	40	40	80	80
泥块含量	8	8	24	24	40	40	80	80
针、片状颗粒含量	1.2	4	8	12	20	40	—	—
硫化物及硫酸盐	1.0							

注：有机物含量、坚固性、压碎值指标及碱集料反应检验，应按试验要求的粒级及质量取样。

④ 每组样品应妥善包装，避免细料散失，防止污染，并附样品卡片，标明样品的编号、取样时间、代表数量、产地、样品量、要求检验项目及取样方式等。

（2）样品的缩分　砂的样品缩分方法可选择下列两种方法之一：

① 用分料器缩分（图 2-30）：将样品在潮湿状态下拌和均匀，然后将其通过分料器，留下两个接料斗中的一份，并将另一份再次通过分料器。重复上述过程，直至把样品缩分到试验所需量为止。

② 人工四分法缩分：将样品置于平板上，在潮湿状态下拌和均匀，并堆成厚度约为

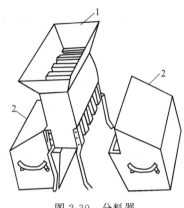

图 2-30　分料器
1—分料漏斗；2—接料斗

20mm 的"圆饼"状，然后沿互相垂直的两条直径把"圆饼"分成大致相等的四份，取其对角的两份重新拌匀，再堆成"圆饼"状。重复上述过程，直至把样品缩分后的材料量略多于进行试验所需量为止。

2. 砂的筛分析试验

① 该方法适用于测定普通混凝土用砂的颗粒级配及细度模数。

② 砂的筛分析试验应采用下列仪器设备：

a. 试验筛：公称直径分别为 10.0mm、5.00mm、2.50mm、1.25mm、630μm、315μm、160μm 的方孔筛各一只，筛的底盘和盖各一只；筛框直径为 300mm 或 200mm。其产品质量要求应符合现行国家标准《试验筛技术要求和检验　第 1 部分：金属丝编织网试验筛》（GB/T 6003.1—2012）和《试验筛技术要求和检验　第 2 部分：金属穿孔板试验筛》（GB/T 6003.2—2012）的要求。

b. 天平：称量 1000g，感量 1g。

c. 摇筛机。

d. 烘箱：温度控制范围为（105±5）℃。

e. 浅盘、硬、软毛刷等。

③ 试样制备应符合下列规定：用于筛分析的试样，其颗粒的公称粒径不应大于 10.0mm。试验前应先将来样通过公称直径 10.0mm 的方孔筛，并计算筛余。称取经缩分后样品不少于 550g 两份，分别装入两个浅盘，在（105±5）℃的温度下烘干到恒重。冷却至室温备用。

注：恒重是指在相邻两次称量间隔时间不小于 3h 的情况下，前后两次称量之差小于该项试验所要求的称量精度（下同）。

④ 筛分析试验应按下列步骤进行：

a. 准确称取烘干试样 500g（特细砂可称 250g），置于按筛孔大小顺序排列（大孔在上、小孔在下）的套筛的最上一只筛（公称直径为 5.00mm 的方孔筛）上；将套筛装入摇筛机内固紧，筛分 10min；然后取出套筛，再按筛孔由大到小的顺序，在清洁的浅盘上逐一进行手筛，直至每分钟的筛出量不超过试样总量的 0.1% 时为止；通过的颗粒并入下一只筛子，并和下一只筛子中的试样一起进行手筛。按这样顺序依次进行，直至所有的筛子全部筛完为止。

注：当试样含泥量超过 5% 时，应先将试样水洗，然后烘干至恒重，再进行筛分；无摇筛机时，可改用手筛。

b. 试样在各只筛子上的筛余量均不得超过按式(2-35)计算得出的剩留量，否则应将该筛的筛余试样分成两份或数份，再次进行筛分，并以其筛余量之和作为该筛的筛余量。

$$m_r = \frac{A\sqrt{d}}{300}$$　　　　　　　（2-35）

式中，m_r 为某一筛上的剩留量，g；d 为筛孔边长，mm；A 为筛的面积，mm²。

c. 称取各筛筛余试样的质量（精确至 1g），所有各筛的分计筛余量和底盘中的剩余量之和与筛分前的试样总量相比，相差不得超过 1%。

⑤ 筛分析试验结果应按下列步骤计算：

a. 计算分计筛余（各筛上的筛余量除以试样总量的百分数），精确至 0.1%。

b. 计算累计筛余（该筛的分计筛余与筛孔大于该筛的各筛的分计筛余之和），精确至 0.1%。

c. 根据各筛两次试验累计筛余的平均值，评定该试样的颗粒级配分布情况，精确至 1%。

d. 砂的细度模数应按下式计算，精确至 0.01：

$$\mu_f = \frac{(\beta_2 + \beta_3 + \beta_4 + \beta_5 + \beta_6) - 5\beta_1}{100 - \beta_1} \qquad (2\text{-}36)$$

式中，μ_f 为砂的细度模数；β_1、β_2、β_3、β_4、β_5、β_6 分别为公称直径 5.00mm、2.50mm、1.25mm、630μm、315μm、160μm 方孔筛上的累计筛余。

e. 以两次试验结果的算术平均值作为测定值，精确至 0.1。当两次试验所得的细度模数之差大于 0.20 时，应重新取试样进行试验。

3. 砂的表观密度试验（标准法）

① 该方法适用于测定砂的表观密度。

② 标准法表观密度试验应采用下列仪器设备：

a. 天平：称量 1000g，感量 1g。

b. 容量瓶：容量 500mL。

c. 烘箱：温度控制范围为（105±5）℃。

d. 干燥器、浅盘、铝制料勺、温度计等。

③ 试样制备应符合下列规定：经缩分后不少于 650g 的样品装入浅盘，在温度为（105±5）℃的烘箱中烘干至恒重，并在干燥器内冷却至室温。

④ 标准法表观密度试验应按下列步骤进行：

a. 称取烘干的试样 300g（m_0），装入盛有半瓶冷开水的容量瓶中。

b. 摇转容量瓶，使试样在水中充分搅动以排除气泡，塞紧瓶塞，静置 24h；然后用滴管加水至瓶颈刻度线平齐，再塞紧瓶塞；擦干容量瓶外壁的水分，称其质量（m_1）。

c. 倒出容量瓶中的水和试样，将瓶的内外壁洗净，再向瓶内加入与本手册前述水温相差不超过 2℃的冷开水至瓶颈刻度线。塞紧瓶塞，擦干容量瓶外壁水分，称质量（m_2）。

注：在砂的表观密度试验过程中应测量并控制水的温度，试验的各项称量可在 15～25℃的温度范围内进行。从试样加水静置的最后 2h 起直至试验结束，其温度相差不应超过 2℃。

⑤ 表观密度（标准法）应按下式计算，精确至 10kg/m³：

$$\rho = \left(\frac{m_0}{m_0 + m_2 - m_1} - a_t \right) \times 1000 \qquad (2\text{-}37)$$

式中，ρ 为表观密度，kg/m³；m_0 为试样的烘干质量，g；m_1 为试样、水及容量瓶总质量，g；m_2 为水及容量瓶总质量，g；a_t 为水温对砂的表观密度影响的修正系数，见表 2-50。

以两次试验结果的算术平均值作为测定值。当两次结果之差大于 20kg/m³ 时，应重新取样进行试验。

表 2-50　不同水温对砂的表观密度影响的修正系数

水温/℃	15	16	17	18	19	20
a_t	0.002	0.003	0.003	0.004	0.004	0.005
水温/℃	21	22	23	24	25	—
a_t	0.005	0.006	0.006	0.007	0.008	—

4. 砂的表观密度试验（简易法）

① 该方法适用于测定砂的表观密度。

② 简易法表观密度试验应采用下列仪器设备：

a. 天平：称量 1000g，感量 1g。

b. 李氏瓶：容量 250mL。

c. 烘箱：温度控制范围为（105±5）℃。

d. 其他仪器设备应符合上述"标准法"中②的规定。

③ 试样制备应符合下列规定：

将样品缩分至不少于 120g，在（105±5）℃的烘箱中烘干至恒重，并在干燥器中冷却至室温，分成大致相等的两份备用。

④ 简易法表观密度试验应按下列步骤进行：

a. 向李氏瓶中注入冷开水至一定刻度处，擦干瓶颈内部附着水，记录水的体积（V_1）；

b. 称取烘干试样 50g（m_0），徐徐加入盛水的李氏瓶中；

c. 试样全部倒入瓶中后，用瓶内的水将黏附在瓶颈和瓶壁的试样洗入水中，摇转李氏瓶以排除气泡，静置约 24h 后，记录瓶中水面升高后的体积（V_2）。

注：在砂的表观密度试验过程中应测量并控制水的温度，允许在 15～25℃ 的温度范围内进行体积测定，但两次体积测定（指 V_1 和 V_2）的温差不得大于 2℃。从试样加水静置的最后 2h 起，直至记录完瓶中水面高度时止，其相差温度不应超过 2℃。

⑤ 表观密度（简易法）应按下式计算，精确至 10kg/m³：

$$\rho = \left(\frac{m_0}{V_2 - V_1} - a_t \right) \times 1000 \tag{2-38}$$

式中，ρ 为表观密度，kg/m³；m_0 为试样的烘干质量，g；V_1 为水的原有体积，mL；V_2 为倒入试样后的水和试样的体积，mL；a_t 为水温对砂的表观密度影响的修正系数，见表 2-50。

以两次试验结果的算术平均值作为测定值，两次结果之差大于 20kg/m³ 时，应重新取样进行试验。

5. 砂的吸水率和表面含水率试验

① 该方法适用于测定砂的吸水率及表面含水率，即测定以烘干质量为基准的饱和面干吸水率和表面含水率，供拌和混凝土时修正用水量和用砂量。

② 吸水率试验应采用下列仪器设备：

a. 天平：称量 1000g，感量 1g。

b. 饱和面干试模及质量为（340±15）g 的钢制捣棒（见图 2-31）。

c. 干燥器、吹风机（手提式）、浅盘、铝制料勺、玻璃棒、温度计等。

d. 烧杯：容量 500mL。

e. 烘箱：温度控制范围为（105±5）℃。

③ 试样制备应符合下列规定：饱和面干试样的制备，是将样品在潮湿状态下用四分法缩分至 1000g，拌匀后分成两份，分别装入浅盘或其他合适的容器中，注入清水，使水面高出试样表面 20mm 左右［水温控制在（20±5）℃］。用玻璃棒连续搅拌 5min，以排除气泡。静置 24h 以后，细心地倒去试样上的水，并用吸管吸去余水。再将试样在盘中摊开，用手提吹风机缓缓吹入暖风，并不断翻拌试样，使砂表面的水分在各部位均匀蒸发。然后将试样松散地一次装满饱和面干试模中，捣 25 次（捣棒端面距试样表面不超过 10mm，任其自由落下），捣完后，留下的空隙不用再装满，从垂直方向徐徐提起试模。试样呈图 2-32（a）形状时，说明砂中尚含有表面水，应继

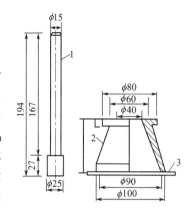

图 2-31　饱和面干试模及其捣棒
（尺寸单位：mm）
1—捣棒；2—试模；3—玻璃板

续按上述方法用暖风干燥，并按上述方法进行试验，直至试模提起后试样呈图 2-32（b）的形状为止。试模提起后，试样呈图 2-32（c）的形状时，说明试样已干燥过分，此时应将试样洒水 5mL，充分拌匀，并静置于加盖容器中 30min 后，再按上述方法进行试验，直至试样达到图 2-32（b）的形状为止。

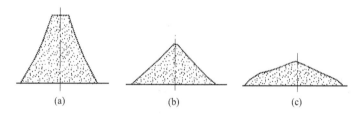

(a)　　　　　　　(b)　　　　　　　(c)

图 2-32　试样的塌陷情况

④ 吸水率试验应按下列步骤进行：立即称取饱和面干试样 500g，放入已知质量（m_1）烧杯中，于温度为（105±5）℃的烘箱中烘干至恒重，并在干燥器内冷却至室温后，称取干样与烧杯的总质量（m_2）。

⑤ 吸水率 w_{wa} 应按下式计算，精确至 0.1％：

$$w_{wa} = \frac{500-(m_2-m_1)}{m_2-m_1} \times 100\% \qquad (2-39)$$

式中，w_{wa} 为吸水率；m_1 为烧杯质量，g；m_2 为烘干的试样与烧杯的总质量，g。

以两次试验结果的算术平均值作为测定值，当两次结果之差大于 0.2％时，应重新取样进行试验。

⑥ 表面含水率试验应按下列步骤进行：

a. 称取砂样 500g（G_1）两份，按下述步骤分别进行测试。

b. 将砂料装入盘中，放入（105±5）℃的烘箱中烘干（或放在电炉上或红外线干燥器中炒干或烘干），冷却后称取砂样的质量 G_2。

表面含水率按公式（2-40）计算（准确至 0.1％）：

$$m_s = \frac{G_1 - G_2(1+a_1)}{G_2(1+a_1)} \times 100\% \tag{2-40}$$

式中，m_s 为表面含水率；G_1 为砂样质量，g；G_2 为烘干砂样质量，g；a_1 为以干砂为基准的饱和面干吸水率，以小数表示，如吸水率为 1% 时，$a_1 = 0.01$。

以两次测值的平均值作为试验结果。如两次测值相差大于 0.5% 时，应重做试验。

6. 砂的堆积密度和紧密密度试验

① 该方法适用于测定砂的堆积密度、紧密密度及空隙率。

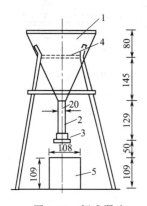

图 2-33　标准漏斗
（尺寸单位：mm）

1—漏斗；2—ϕ20mm 管子；
3—活动门；4—筛；5—金属量筒

② 堆积密度和紧密密度试验应采用下列仪器设备：

a. 秤：称量 5kg，感量 5g。

b. 容量筒：金属制，圆柱形，内径 108mm，净高 109mm，筒壁厚 2mm，容积 1L，筒底厚度为 5mm。

c. 漏斗（图 2-33）或铝制料勺。

d. 烘箱：温度控制范围为 (105±5)℃。

e. 直尺、浅盘等。

③ 试样制备应符合下列规定：先用公称直径 5.00mm 的筛子过筛，然后取经缩分后的样品不少于 3L，装入浅盘，在温度为 (105±5)℃烘箱中烘干至恒重，取出并冷却至室温，分成大致相等的两份备用。试样烘干后若有结块，应在试验前先予捏碎。

④ 堆积密度和紧密密度试验应按下列步骤进行：

a. 堆积密度：取试样一份，用漏斗或铝制勺，将它徐徐装入容量筒（漏斗出料口或料勺距容量筒筒口不应超过 50mm）直至试样装满并超出容量筒筒口。然后用直尺将多余的试样沿筒口中心线向相反方向刮平，称其质量（m_2）。

b. 紧密密度：取试样一份，分两层装入容量筒。装完一层后，在筒底垫放一根直径为 10mm 的钢筋，将筒按住，左右交替颠击地面各 25 下，然后再装入第二层；第二层装满后用同样方法颠实（但筒底所垫钢筋的方向应与第一层放置方向垂直）；二层装完并颠实后，加料直至试样超出容量筒筒口，然后用直尺将多余的试样沿筒口中心线向两个相反方向刮平，称其质量（m_2）。

⑤ 试验结果计算应符合下列规定：

a. 堆积密度（ρ_L）及紧密密度（ρ_c）按下式计算，精确至 10kg/m³：

$$\rho_L(\rho_c) = \frac{m_2 - m_1}{V} \times 1000 \tag{2-41}$$

式中，$\rho_L(\rho_c)$ 为堆积密度（紧密密度），kg/m³；m_1 为容量筒的质量，kg；m_2 为容量筒和砂总质量，kg；V 为容量筒容积，L。

以两次试验结果的算术平均值作为测定值。

b. 空隙率按下式计算，精确至 1%：

$$v_L = \left(1 - \frac{\rho_L}{\rho}\right) \times 100\% \tag{2-42}$$

$$v_c = \left(1 - \frac{\rho_c}{\rho}\right) \times 100\% \tag{2-43}$$

式中，v_L 为堆积密度的空隙率；v_c 为紧密密度的空隙率；ρ_L 为砂的堆积密度，kg/m^3；ρ 为砂的表观密度，kg/m^3；ρ_c 为砂的紧密密度，kg/m^3。

容量筒容积的校正方法：以温度为 $(20\pm2)℃$ 的饮用水装满容量筒，用玻璃板沿筒口滑移，使其紧贴水面。擦干筒外壁水分，然后称其质量。用下式计算筒的容积：

$$V = m_2' - m_1' \tag{2-44}$$

式中，V 为容量筒容积，L；m_1' 为容量筒和玻璃板质量，kg；m_2' 为容量筒、玻璃板和水总质量，kg。

7. 砂的含水率试验（标准法）

① 该方法适用于测定砂的含水率。

② 砂的含水率试验（标准法）应采用下列仪器设备：

a. 烘箱：温度控制范围为 $(105\pm5)℃$。

b. 天平：称量 1000g，感量 1g。

c. 容器：如浅盘等。

③ 含水率试验（标准法）应按下列步骤进行：由密封的样品中取各重 500g 的试样两份，分别放入已知质量的干燥容器（m_1）中称重，记下每盘试样与容器的总重（m_2）。将容器连同试样放入温度为 $(105\pm5)℃$ 的烘箱中烘干至恒重，称量烘干后的试样与容器的总质量（m_3）。

④ 砂的含水率（标准法）按下式计算，精确至 0.1%：

$$w_{wc} = \frac{m_2 - m_3}{m_3 - m_1} \times 100\% \tag{2-45}$$

式中，w_{wc} 为砂的含水率；m_1 为容器质量，g；m_2 为未烘干的试样与容器的总质量，g；m_3 为烘干后的试样与容器的总质量，g。

以两次试验结果的算术平均值作为测定值。

8. 砂的含水率试验（快速法）

① 该方法适用于快速测定砂的含水率。对含泥量过大及有机杂质含量较多的砂不宜采用。

② 砂的含水率试验（快速法）应采用下列仪器设备：

a. 电炉（或火炉）。

b. 天平：称量 1000g，感量 1g。

c. 炒盘（铁制或铝制）。

d. 油灰铲、毛刷等。

③ 含水率试验（快速法）应按下列步骤进行：

a. 由密封样品中取 500g 试样放入干净的炒盘（m_1）中，称取试样与炒盘的总质量（m_2）；

b. 置炒盘于电炉（或火炉）上，用小铲不断地翻拌试样，到试样表面全部干燥后，切断电源（或移出火外），再继续翻拌 1min，稍予冷却（以免损坏天平）后，称干样与炒盘的总质量（m_3）。

④ 砂的含水率（快速法）应按下式计算，精确至 0.1%：

$$w_{wc} = \frac{m_2 - m_3}{m_3 - m_1} \times 100\% \tag{2-46}$$

式中，w_{wc} 为砂的含水率；m_1 为炒盘质量，g；m_2 为未烘干的试样与炒盘的总质量，g；m_3 为烘干后的试样与炒盘的总质量，g。

以两次试验结果的算术平均值作为测定值。

9. 砂中含泥量试验（标准法）

① 该方法适用于测定粗砂、中砂和细砂的含泥量，特细砂中含泥量测定方法见下述"虹吸管法"中相关内容。

② 含泥量试验应采用下列仪器设备：

a. 天平：称量 1000g，感量 1g。

b. 烘箱：温度控制范围为（105±5）℃。

c. 试验筛：筛孔公称直径为 80μm 及 1.25mm 的方孔筛各一个。

d. 洗砂用的容器及烘干用的浅盘等。

③ 试样制备应符合下列规定：样品缩分至 1100g，置于温度为（105±5）℃的烘箱中烘干至恒重，冷却至室温后，称取各为 400g（m_0）的试样两份备用。

④ 含泥量试验应按下列步骤进行：

a. 取烘干的试样一份置于容器中，并注入饮用水，使水面高出砂面约 150mm，充分拌匀后，浸泡 2h，然后用手在水中淘洗试样，使尘屑、淤泥和黏土与砂粒分离，并使之悬浮或溶于水中。缓缓地将浑浊液倒入公称直径为 1.25mm、80μm 的方孔套筛（1.25mm 筛放置于上面）上，滤去小于 80μm 的颗粒。试验前筛子的两面应先用水润湿，在整个试验过程中应避免砂粒丢失。

b. 再次加水于容器中，重复上述过程，直到筒内洗出的水清澈为止。

c. 用水淋洗剩留在筛上的细粒，并将 80μm 筛放在水中（使水面略高出筛中砂粒的上表面）来回摇动，以充分洗除小于 80μm 的颗粒。然后将两只筛上剩留的颗粒和容器中已经洗净的试样一并装入浅盘，置于温度为（105±5）℃的烘箱中烘干至恒重。取出来冷却至室温后，称试样的质量（m_1）。

⑤ 砂中含泥量应按下式计算，精确至 0.1%：

$$w_c = \frac{m_0 - m_1}{m_0} \times 100\% \tag{2-47}$$

式中，w_c 为砂中含泥量；m_0 为试验前的烘干试样质量，g；m_1 为试验后的烘干试样质量，g。

以两个试样试验结果的算术平均值作为测定值。两次结果之差大于 0.5% 时，应重新取样进行试验。

10. 砂中含泥量试验（虹吸管法）

① 该方法适用于测定砂中含泥量。

② 含泥量试验（虹吸管法）应采用下列仪器设备：

a. 虹吸管：玻璃管的直径不大于 5mm，后接胶皮弯管。

b. 玻璃容器或其他容器：高度不小于 300mm，直径不小于 200mm。

c. 其他设备应符合上述"标准法"中相关要求。

③ 试样制备应按上述"标准法"中的相关规定进行。

④ 含泥量试验（虹吸管法）应按下列步骤进行：

a. 称取烘干的试样 500g（m_0），置于容器中，并注入饮用水，使水面高出砂面约 150mm，浸泡 2h，浸泡过程中每隔一段时间搅拌一次，确保尘屑、淤泥和黏土与砂分离。

b. 用搅拌棒均匀搅拌 1min（单方向旋转），以适当宽度和高度的闸板闸水，使水停止旋转。经 20～25s 后取出闸板，然后，从上到下用虹吸管细心地将浑浊液吸出，虹吸管吸口的最低位置应距离砂面不小于 30mm。

c. 再倒入清水，重复上述过程，直到吸出的水与清水的颜色基本一致为止。

d. 最后将容器中的清水吸出，把洗净的试样倒入浅盘并在 （105±5)℃的烘箱中烘干至恒重，取出，冷却至室温后称砂质量（m_1）。

⑤ 砂中含泥量（虹吸管法）应按下式计算，精确至 0.1%：

$$w_c = \frac{m_0 - m_1}{m_0} \times 100\%$$ （2-48）

式中，w_c 为砂中含泥量；m_0 为试验前的烘干试样质量，g；m_1 为试验后的烘干试样质量，g。

以两个试样试验结果的算术平均值作为测定值。两次结果之差大于 0.5% 时，应重新取样进行试验。

11. 砂中泥块含量试验

① 该方法适用于测定砂中泥块含量。

② 砂中泥块含量试验应采用下列仪器设备：

a. 天平：称量 1000g，感量 1g；称量 5000g，感量 5g。

b. 烘箱：温度控制范围为 （105±5)℃。

c. 试验筛：筛孔公称直径为 630μm 及 1.25mm 的方孔筛各一只。

d. 洗砂用的容器及烘干用的浅盘等。

③ 试样制备应符合下列规定：将样品缩分至 5000g，置于温度为 （105±5)℃的烘箱中烘干至恒重，冷却至室温后，用公称直径 1.25mm 的方孔筛筛分，取筛上的砂不少于 400g 分为两份备用。特细砂按实际筛分量。

④ 泥块含量试验应按下列步骤进行：

a. 称取试样约 200g（m_1）置于容器中，并注入饮用水，使水面高出砂面 150mm。充分拌匀后，浸泡 24h，然后用手在水中碾碎泥块，再把试样放在公称直径 630μm 的方孔筛上，用水淘洗，直至水清澈为止。

b. 保留下来的试样应小心地从筛里取出，装入水平浅盘后，置于温度为 （105±5)℃烘箱中烘干至恒重，冷却后称重（m_2）。

⑤ 砂中泥块含量应按下式计算，精确至 0.1%：

$$w_{c,L} = \frac{m_1 - m_2}{m_1} \times 100\%$$ （2-49）

式中，$w_{c,L}$ 为泥块含量；m_1 为试验前的干燥试样质量，g；m_2 为试验后的干燥试样质量，g。

以两次试样试验结果的算术平均值作为测定值。

12. 人工砂及混合砂中石粉含量试验（亚甲蓝法）

① 该方法适用于测定人工砂和混合砂中石粉含量。

② 石粉含量试验（亚甲蓝法）应采用下列仪器设备：

a. 烘箱：温度控制范围为（105±5)℃。

b. 天平：称量1000g，感量1g；称量100g，感量0.01g。

c. 试验筛：筛孔公称直径为80μm及1.25mm的方孔筛各一只。

d. 容器：要求淘洗试样时，保持试样不溅出（深度大于250mm）。

e. 移液管：5mL、2mL移液管各一个。

f. 三片或四片式叶轮搅拌器：转速可调［最高达（600±60)r/min］，直径（75±10)mm。

g. 定时装置：精度1s。

h. 玻璃容量瓶：容量1L。

i. 温度计：精度1℃。

j. 玻璃棒：2支，直径8mm，长300mm。

k. 滤纸：快速。

l. 搪瓷盘、毛刷、容量为1000mL的烧杯等。

③ 溶液的配制及试样制备应符合下列规定：

a. 亚甲蓝溶液的配制按下述方法：将亚甲蓝（$C_{16}H_{18}ClN_3S \cdot 3H_2O$）粉末在（105±5)℃下烘干至恒重，称取烘干亚甲蓝粉末10g，精确至0.01g，倒入盛有约600mL蒸馏水（水温加热至35~40℃）的烧杯中，用玻璃棒持续搅拌40min，直至亚甲蓝粉末完全溶解，冷却至20℃。将溶液倒入1L容量瓶中，用蒸馏水淋洗烧杯等，使所有亚甲蓝溶液全部移入容量瓶，容量瓶和溶液的温度应保持在（20±1)℃，加蒸馏水至容量瓶1L刻度。振荡容量瓶以保证亚甲蓝粉末完全溶解。将容量瓶中溶液移入深色储藏瓶中，标明制备日期、失效日期（亚甲蓝溶液保质期应不超过28d)，并置于阴暗处保存。

b. 将样品缩分至400g，放在烘箱中于（105±5)℃下烘干至恒重，待冷却至室温后，筛除大于公称直径5.0mm的颗粒备用。

④ 人工砂及混合砂中的石粉含量按下列步骤进行：

a. 亚甲蓝试验应按下述方法进行：

ⅰ. 称取试样200g，精确至1g。将试样倒入盛有（500±5)mL蒸馏水的烧杯中，用叶轮搅拌机以（600±60)r/min转速搅拌5min，形成悬浮液，然后以（400±40)r/min转速持续搅拌，直至试验结束。

ⅱ. 悬浮液中加入5mL亚甲蓝溶液，以（400±40)r/min转速搅拌至少1min后，用玻璃棒蘸取一滴悬浮液（所取悬浮液滴应使沉淀物直径在8~12mm内），滴于滤纸（置于空烧杯或其他合适的支撑物上，以使滤纸表面不与任何固体或液体接触）上。若沉淀物周围未出现色晕，再加入5mL亚甲蓝溶液，继续搅拌1min，再用玻璃棒蘸取一滴悬浮液，滴于滤纸上，若沉淀物周围仍未出现色晕，重复上述步骤，直至沉淀物周围出现约1mm宽的稳定浅蓝色色晕。此时，应继续搅拌，不加亚甲蓝溶液，每1min进行一次蘸染试验。若色晕在4min内消失，再加入5mL亚甲蓝溶液；若色晕在第5min消失，再加入2mL亚甲蓝溶液。两种情况下，均应继续进行搅拌和蘸染试验，直至色晕可持续5min。

ⅲ. 记录色晕持续5min时所加入的亚甲蓝溶液总体积，精确至1mL。

ⅳ. 亚甲蓝MB值按下式计算：

$$MB = \frac{V}{G} \times 10 \tag{2-50}$$

式中，MB 为亚甲蓝值，表示每千克 $0\sim2.36\text{mm}$ 粒级试样所消耗的亚甲蓝克数，精确至 0.01g/kg；G 为试样质量，g；V 为所加入的亚甲蓝溶液的总量，mL。

注：公式中的系数 10 用于将每千克试样消耗的亚甲蓝溶液体积换算成亚甲蓝质量。

ⅴ. 亚甲蓝试验结果评定应符合下列规定：

当 MB 值<1.4 时，则判定是以石粉为主；当 MB 值≥1.4 时，则判定为以泥粉为主的石粉。

b. 亚甲蓝快速试验应按下述方法进行：

ⅰ. 应按本手册前述的要求进行制样；

ⅱ. 一次性向烧杯中加入 30mL 亚甲蓝溶液，以 $(400\pm40)\text{r/min}$ 转速持续搅拌 8min，然后用玻璃棒蘸取一滴悬浊液，滴于滤纸上，观察沉淀物周围是否出现明显色晕，出现色晕的为合格，否则为不合格。

c. 人工砂及混合砂中的含泥量或石粉含量试验步骤及计算按本手册前述的规定进行。

13. 人工砂压碎值指标试验

① 该方法适用于测定粒级为 $315\mu\text{m}\sim5.00\text{mm}$ 的人工砂的压碎指标。

② 人工砂压碎指标试验应采用下列仪器设备：

a. 压力试验机：荷载 300kN。

b. 受压钢模（图 2-34）。

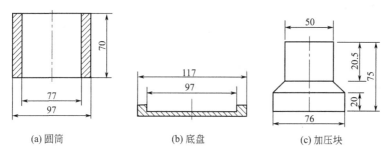

(a) 圆筒　　　　(b) 底盘　　　　(c) 加压块

图 2-34　受压钢模示意图（尺寸单位：mm）

c. 天平：称量为 1000g，感量 1g。

d. 试验筛：筛孔公称直径分别为 5.00mm、2.50mm、1.25mm、$630\mu\text{m}$、$315\mu\text{m}$、$160\mu\text{m}$、$80\mu\text{m}$ 的方孔筛各一只。

e. 烘箱：温度控制范围为 $(105\pm5)℃$。

f. 其他：瓷盘 10 个，小勺 2 把。

③ 试样制备应符合下列规定：将缩分后的样品置于 $(105\pm5)℃$ 的烘箱内烘干至恒重，待冷却至室温后，筛分成 $5.00\sim2.50\text{mm}$、$2.50\sim1.25\text{mm}$、$1.25\text{mm}\sim630\mu\text{m}$、$630\sim315\mu\text{m}$ 四个粒级，每级试样质量不得少于 1000g。

④ 试验步骤应符合下列规定：

a. 置圆筒于底盘上，组成受压模，将一单级砂样约 300g 装入模内，使试样距底盘约为 50mm；

b. 平整试模内试样的表面，将加压块放入圆筒内，并转动一周使之与试样均匀接触；

c. 将装好砂样的受压钢模置于压力机的支承板上，对准压板中心后，开动机器，以500N/s的速度加荷，加荷至25kN时持荷5s，而后以同样速度卸荷；

d. 取下受压模，移去加压块，倒出压过的试样并称其质量（m_0），然后用该粒级的下限筛（如砂样为公称粒级5.00～2.50mm时，其下限筛为筛孔公称直径2.50mm的方孔筛）进行筛分，称出该粒级试样的筛余量（m_1）。

⑤ 人工砂的压碎指标按下述方法计算：

a. 第i单级砂样的压碎指标按下式计算，精确至0.1%：

$$\delta_i = \frac{m_0 - m_1}{m_0} \times 100\% \qquad (2\text{-}51)$$

式中，δ_i为第i单级砂样压碎指标；m_0为第i单级试样的质量，g；m_1为第i单级试样的压碎试验后筛余的试样质量，g。

以三份试样试验结果的算术平均值作为各单粒级试样的测定值。

b. 四级砂样总的压碎指标按下式计算：

$$\delta_{sa} = \frac{a_1 \delta_1 + a_2 \delta_2 + a_3 \delta_3 + a_4 \delta_4}{a_1 + a_2 + a_3 + a_4} \times 100\% \qquad (2\text{-}52)$$

式中，δ_{sa}为总的压碎指标，精确至0.1%；a_1、a_2、a_3、a_4为公称直径分别为2.50mm、1.25mm、630μm、315μm各方孔筛的分计筛余；δ_1、δ_2、δ_3、δ_4为公称粒级分别为5.00～2.50mm、2.50～1.25mm、1.25mm～630μm、630～315μm单级试样压碎指标。

14. 砂中有机物含量试验

① 该方法适用于近似地判断天然砂中有机物含量是否会影响混凝土质量。

② 有机物含量试验应采用下列仪器设备：

a. 天平：称量100g、感量0.1g和称量1000g、感量1g的天平各一台。

b. 量筒：容量为250mL、100mL和10mL。

c. 烧杯、玻璃棒和筛孔公称直径为5.00mm的方孔筛。

d. 氢氧化钠溶液：氢氧化钠与蒸馏水之质量比为3：97。

e. 鞣酸、酒精等。

③ 试样的制备与标准溶液的配制应符合下列规定：

a. 筛除样品中的公称粒径5.00mm以上颗粒，用四分法缩分至500g，风干备用。

b. 称取鞣酸粉2g，溶解于98mL的10%酒精溶液中，即配得所需的鞣酸溶液；然后取该溶液2.5mL，注入97.5mL浓度为3%的氢氧化钠溶液中，加塞后剧烈摇动，静置24h，即配得标准溶液。

④ 有机物含量试验应按下列步骤进行：

a. 向250mL量筒中倒入试样至130mL刻度处，再注入浓度为3%氢氧化钠溶液至200mL刻度处，剧烈摇动后静置24h；

b. 比较试样上部溶液和新配制标准溶液的颜色，盛装标准溶液与盛装试样的量筒容积应一致。

⑤ 结果评定应按下列方法进行：

a. 当试样上部的溶液颜色浅于标准溶液的颜色时，则试样的有机物含量判定合格。

b. 当两种溶液的颜色接近时，则应将该试样（包括上部溶液）倒入烧杯中放在温度为

$60\sim70℃$的水浴锅中加热$2\sim3h$，然后再与标准溶液比色。

c. 当溶液颜色深于标准色时，则应按以下方法进一步试验：取试样一份，用3%的氢氧化钠溶液洗除有机杂质，再用清水淘洗干净，直至试样上部溶液颜色浅于标准溶液的颜色，然后用洗除有机质和未洗除的试样分别按现行的国家标准《水泥胶砂强度检验方法（ISO法）》（GB/T 17671—1999）配制两种水泥砂浆，测定28d的抗压强度，当未经洗除有机杂质的砂的砂浆强度与经洗除有机物后的砂的砂浆强度比不低于0.95时，则此砂可以采用，否则不可采用。

15. 砂中云母含量试验

① 该方法适用于测定砂中云母的近似百分含量。

② 云母含量试验应采用下列仪器设备：

a. 放大镜（5倍）。

b. 钢针。

c. 试验筛：筛孔公称直径为5.00mm和$315\mu m$的方孔筛各一只。

d. 天平：称量100g，感量0.1g。

③ 试样制备应符合下列规定：称取经缩分的试样50g，在温度（105 ± 5）℃的烘箱中烘干至恒重，冷却至室温后备用。

④ 云母含量试验应按下列步骤进行：先筛出粒径大于公称粒径5.00mm和小于公称粒径$315\mu m$的颗粒，然后根据砂的粗细不同称取试样$10\sim20g$（m_0），放在放大镜下观察，用钢针将砂中所有云母全部挑出，称取所挑出云母质量（m）。

⑤ 砂中云母含量w_m应按下式计算，精确至0.1%：

$$w_m = \frac{m}{m_0} \times 100\% \tag{2-53}$$

式中，w_m为砂中云母含量；m_0为烘干试样质量，g；m为云母质量，g。

16. 砂中轻物质含量试验

① 该方法适用于测定砂中轻物质的近似含量。

② 轻物质含量试验应采用下列仪器设备和试剂：

a. 烘箱：温度控制范围为（105 ± 5）℃。

b. 天平：称量1000g，感量1g。

c. 量具：量杯（容量1000mL）、量筒（容量250mL）、烧杯（容量150mL）各一只。

d. 比重计：测定范围为$1.0\sim2.0$。

e. 网篮：内径和高度均为70mm，网孔孔径不大于$150\mu m$（可用坚固性检验用的网篮，也可用孔径$150\mu m$的筛）。

f. 试验筛：筛孔公称直径为5.00mm和$315\mu m$的方孔筛各一只。

g. 氯化锌：化学纯。

③ 试样制备及重液配制应符合下列规定：

a. 称取经缩分的试样约800g，在温度为（105 ± 5）℃的烘箱中烘干至恒重，冷却后将粒径大于公称粒径5.00mm和小于公称粒径$315\mu m$的颗粒筛去，然后称取每份为200g的试样两份备用。

b. 配制密度为$1950\sim2000kg/m^3$的重液：向1000mL的量杯中加水至600mL刻度处，

再加入 1500g 氯化锌，用玻璃棒搅拌使氯化锌全部溶解，待冷却至室温后，将部分溶液倒入 250mL 量筒中测其密度。

c. 如溶液密度小于要求值，则将它倒回量杯，再加入氯化锌，溶解并冷却后测其密度，直至溶液密度满足要求为止。

④ 轻物质含量试验应按下列步骤进行：

a. 将上述试样一份（m_0）倒入盛有重液（约 500mL）的量杯中，用玻璃棒充分搅拌，使试样中的轻物质与砂分离，静置 5min 后，将浮起的轻物质连同部分重液倒入网篮中，轻物质留在网篮中，而重液通过网篮流入另一容器，倾倒重液时应避免带出砂粒，一般当重液表面与砂表面相距约 20～30mm 时即停止倾倒，流出的重液倒回盛试样的量杯中，重复上述过程，直至无轻物质浮起为止。

b. 用清水洗净留存于网篮中的物质，然后将它倒入烧杯，在（105±5）℃的烘箱中烘干至恒重，称取轻物质与烧杯的总质量（m_1）。

⑤ 砂中轻物质的含量 w_1 应按下式计算，精确到 0.1%：

$$w_1 = \frac{m_1 - m_2}{m_0} \times 100\%　　　　　　(2\text{-}54)$$

式中，w_1 为砂中轻物质含量；m_1 为烘干的轻物质与烧杯的总质量，g；m_2 为烧杯的质量，g；m_0 为试验前烘干的试样质量，g。

以两次试验结果的算术平均值作为测定值。

17. 砂的坚固性试验

① 该方法适用于通过测定硫酸钠饱和溶液渗入砂中形成结晶时的裂胀力对砂的破坏程度，来间接地判断其坚固性。

② 坚固性试验应采用下列仪器设备和试剂：

a. 烘箱：温度控制范围为（105±5）℃。

b. 天平：称量 1000g，感量 1g。

c. 试验筛：筛孔公称直径为 160μm、315μm、630μm、1.25mm、2.50mm、5.00mm 的方孔筛各一只。

d. 容器：搪瓷盆或瓷缸，容量不小于 10L。

e. 三脚网篮：内径及高均为 70mm，由铜丝或镀锌铁丝制成，网孔的孔径不应大于所盛试样粒级下限尺寸的一半。

f. 试剂：无水硫酸钠。

g. 比重计。

h. 氯化钡：浓度为 10%。

③ 溶液的配制及试样制备应符合下列规定：

a. 硫酸钠溶液的配制应按下述方法进行：取一定数量的蒸馏水（取决于试样及容器大小，加温至 30～50℃），每 1000mL 蒸馏水加入无水硫酸钠（Na_2SO_4）300～350g，用玻璃棒搅拌，使其溶解并饱和，然后冷却至 20～25℃，在此温度下静置两昼夜，其密度应为 1151～1174kg/m³。

b. 将缩分后的样品用水冲洗干净，在（105±5）℃的温度下烘干冷却至室温备用。

④ 坚固性试验应按下列步骤进行：

a. 称取公称粒级分别为 315～630μm、630μm～1.25mm、1.25～2.50mm 和 2.50～

5.00mm 的试样各 100g。若是特细砂，应筛去公称粒径 $160\mu m$ 以下和 2.50mm 以上的颗粒，称取公称粒级分别为 $160\sim315\mu m$、$315\sim630\mu m$、$630\mu m\sim1.25mm$、$1.25\sim2.50mm$ 的试样各 100g。分别装入网篮并浸入盛有硫酸钠溶液的容器中，溶液体积应不小于试样总体积的 5 倍，其温度应保持在 $20\sim25\,^{\circ}\!\mathrm{C}$。三脚网篮浸入溶液时，应先上下升降 25 次以排除试样中的气泡，然后静置于该容器中。此时，网篮底面应距容器底面约 30mm（由网篮脚高控制），网篮之间的间距应不小于 30mm，试样表面至少应在液面以下 30mm。

b. 浸泡 20h 后，从溶液中提出网篮，放在温度为 $(105\pm5)\,^{\circ}\!\mathrm{C}$ 的烘箱中烘烤 4h，至此，完成了第一次循环。待试样冷却至 $20\sim25\,^{\circ}\!\mathrm{C}$ 后，即开始第二次循环，从第二次循环开始，浸泡及烘烤时间均为 4h。

c. 第五次循环完成后，将试样置于 $20\sim25\,^{\circ}\!\mathrm{C}$ 的清水中洗净硫酸钠，再在 $(105\pm5)\,^{\circ}\!\mathrm{C}$ 的烘箱中烘干至恒重，取出并冷却至室温后，用孔径为试样粒级下限的筛，过筛并称量各粒级试样试验后的筛余量。

注：试样中硫酸钠是否洗净，可按下法检验：取冲洗过试样的水若干毫升，滴入少量 10% 的氯化钡（$BaCl_2$）溶液，如无白色沉淀，则说明硫酸钠已被洗净。

⑤ 试验结果计算应符合下列规定：

a. 试样中各粒级颗粒的分计质量损失百分数 δ_{ji} 应按下式计算：

$$\delta_{ji}=\frac{m_i-m_i'}{m_i}\times100\%$$ (2-55)

式中，δ_{ji} 为各粒级颗粒的分计质量损失百分数；m_i 为每一粒级试样试验前的质量，g；m_i' 为经硫酸钠溶液试验后，每一粒级筛余颗粒的烘干质量，g。

b. $300\mu m\sim4.75mm$ 粒级试样的总质量损失百分数 δ_j 应按下式计算，精确至 1%：

$$\delta_j=\frac{a_1\delta_{j1}+a_2\delta_{j2}+a_3\delta_{j3}+a_4\delta_{j4}}{a_1+a_2+a_3+a_4}\times100\%$$ (2-56)

式中，δ_j 为试样的总质量损失百分数；a_1、a_2、a_3、a_4 为公称粒级分别为 $315\sim630\mu m$、$630\mu m\sim1.25mm$、$1.25\sim2.50mm$、$2.50\sim5.00mm$ 粒级在筛除小于公称粒径 $315\mu m$ 及大于公称粒径 5.00mm 颗粒后的原试样中所占的百分数；δ_{j1}、δ_{j2}、δ_{j3}、δ_{j4} 为公称粒级分别为 $315\sim630\mu m$、$630\mu m\sim1.25mm$、$1.25\sim2.50mm$、$2.50\sim5.00mm$ 各粒级的分计质量损失百分数。

c. 特细砂按下式计算，精确至 1%：

$$\delta_j=\frac{a_0\delta_{j0}+a_1\delta_{j1}+a_2\delta_{j2}+a_3\delta_{j3}}{a_0+a_1+a_2+a_3}\times100\%$$ (2-57)

式中，δ_j 为试样的总质量损失百分数；a_0、a_1、a_2、a_3 为公称粒级分别为 $160\sim315\mu m$、$315\sim630\mu m$、$630\mu m\sim1.25mm$、$1.25\sim2.50mm$ 粒级在筛除小于公称粒径 $160\mu m$ 及大于公称粒径 2.50mm 颗粒后的原试样中所占的百分数；δ_{j0}、δ_{j1}、δ_{j2}、δ_{j3} 为公称粒级分别为 $160\sim315\mu m$、$315\sim630\mu m$、$630\mu m\sim1.25mm$、$1.25\sim2.50mm$ 各粒级的分计质量损失百分数。

18. 砂中硫酸盐及硫化物含量试验

① 该方法适用于测定砂中的硫酸盐及硫化物含量（按 SO_3 百分含量计算）。

② 硫酸盐及硫化物试验应采用下列仪器设备和试剂：

a. 天平和分析天平：天平，称量 1000g，感量 1g；分析天平，称量 100g，感量 0.0001g。

b. 高温炉：最高温度 1000℃。

c. 试验筛：筛孔公称直径为 $80\mu m$ 的方孔筛一只。

d. 瓷坩埚。

e. 其他仪器：烧瓶、烧杯等。

f. 10g/100mL 氯化钡溶液：10g 氯化钡溶于 100mL 蒸馏水中。

g. 盐酸（1+1）：浓盐酸溶于同体积的蒸馏水中。

h. 1g/100mL 硝酸银溶液：1g 硝酸银溶于 100mL 蒸馏水中，并加入 5～10mL 硝酸，存于棕色瓶中。

③ 试样制备应符合下列规定：样品经缩分至不少于 10g，置于温度为 （105±5）℃烘干至恒重，冷却至室温后，研磨至全部通过筛孔公称直径为 $80\mu m$ 的方孔筛，备用。

④ 硫酸盐及硫化物含量试验应按下列步骤进行：

a. 用分析天平精确称取砂粉试样 1g（m），放入 300mL 的烧杯中，加入 30～40mL 蒸馏水及 10mL 的盐酸（1+1），加热至微沸，并保持微沸 5min，试样充分分解后取下，以中速滤纸过滤，用温水洗涤 10～12 次。

b. 调整滤液体积至 200mL，煮沸，搅拌同时滴加 10mL 10％氯化钡溶液，并将溶液煮沸数分钟，然后移至温热处静置至少 4h（此时溶液体积应保持在 200mL），用慢速滤纸过滤，用温水洗到无氯根反应（用硝酸银溶液检验）。

c. 将沉淀及滤纸一并移入已灼烧至恒重的瓷坩埚（m_1）中，灰化后在 800℃的高温炉内灼烧 30min。取出坩埚，置于干燥器中冷却至室温，称量，如此反复灼烧，直至恒重（m_2）。

⑤ 硫化物及硫酸盐含量（以 SO_3 计）应按下式计算，精确至 0.01％：

$$w_{SO_3} = \frac{(m_2 - m_1) \times 0.343}{m} \times 100\%$$ 　　　　　　　(2-58)

式中，w_{SO_3} 为硫酸盐含量；m 为试样质量，g；m_1 为瓷坩埚的质量，g；m_2 为瓷坩埚质量和试样总质量，g；0.343 为 $BaSO_4$ 换算成 SO_3 的系数。

以两次试验的算术平均值作为测定值，当两次试验结果之差大于 0.15％时，须重做试验。

19. 砂中氯离子含量试验

① 该方法适用于测定砂中的氯离子含量。

② 氯离子含量试验应采用下列仪器设备和试剂：

a. 天平：称量 1000g，感量 1g。

b. 带塞磨口瓶：容量 1L。

c. 三角瓶：容量 300mL。

d. 滴定管：容量 10mL 或 25mL。

e. 容量瓶：容量 500mL。

f. 移液管：容量 50mL，2mL。

g. 5g/100mL 铬酸钾指示剂溶液。

h. 0.01mol/L 的氯化钠标准溶液。

i. 0.01mol/L 的硝酸银标准溶液。

③ 试样制备应符合下列规定：取经缩分后样品 2kg，在温度 （105±5）℃的烘箱中烘干

至恒重，经冷却至室温备用。

④ 氯离子含量试验应按下列步骤进行：

a. 称取试样 500g（m），装入带塞磨口瓶中，用容量瓶取 500mL 蒸馏水，注入磨口瓶内，加上塞子，摇动一次，放置 2h，然后每隔 5min 摇动一次，共摇动 3 次，使氯盐充分溶解。将磨口瓶上部已澄清的溶液过滤，然后用移液管吸取 50mL 滤液，注入三角瓶中，再加入浓度为 5g/100mL 的铬酸钾指示剂 1mL，用 0.01mol/L 硝酸银标准溶液滴定至呈现砖红色为终点，记录消耗的硝酸银标准溶液的毫升数（V_1）。

b. 空白试验：用移液管准确吸取 50mL 蒸馏水到三角瓶内，加入 5g/100mL 的铬酸钾指示剂 1mL，并用 0.01mol/L 的硝酸银标准溶液滴定至溶液呈砖红色为止，记录此点消耗的硝酸银标准溶液的毫升数（V_2）。

⑤ 砂中氯离子含量 w_{Cl^-} 应按下式计算，精确至 0.001%：

$$w_{Cl^-} = \frac{c_{AgNO_3}(V_1 - V_2) \times 0.0355 \times 10}{m} \times 100\%$$

（2-59）

式中，w_{Cl^-} 为砂中氯离子含量；c_{AgNO_3} 为硝酸银标准溶液的浓度，mol/L；V_1 为样品滴定时消耗的硝酸银标准溶液的体积，mL；V_2 为空白试验时消耗的硝酸银标准溶液的体积，mL；m 为试样质量，g。

20. 海砂中贝壳含量试验（盐酸清洗法）

① 该方法适用于检验海砂中的贝壳含量。

② 贝壳含量试验应采用下列仪器设备和试剂：

a. 烘箱：温度控制范围为（105±5）℃。

b. 天平：称量 1000g、感量 1g 和称量 5000g、感量 5g 的天平各一台。

c. 试验筛：筛孔公称直径为 5.00mm 的方孔筛一只。

d. 量筒：容量 1000mL。

e. 搪瓷盆：直径 200mm 左右。

f. 玻璃棒。

g. （1+5）盐酸溶液：由浓盐酸（相对密度 1.18，浓度 26%～38%）和蒸馏水按 1∶5 的比例配制而成。

h. 烧杯：容量 2000mL。

③ 试样制备应符合下列规定：将样品缩分至不少于 2400g，置于温度为（105±5）℃烘箱中烘干至恒重，冷却至室温后，过筛孔公称直径为 5.00mm 的方孔筛后，称取 500g（m_1）试样两份，先按本节前述"9. 砂中含泥量试验（标准法）"测出砂中含泥量（w_c），再将试样放入烧杯中备用。

④ 海砂中贝壳含量应按下列步骤进行：在盛有试样的烧杯中加入（1+5）盐酸溶液 900mL，不断用玻璃棒搅拌，使反应完全。待溶液中不再有气体产生后，再加少量上述盐酸溶液，若再无气体生成则表明反应已完全。否则，应重复上一步骤，直至无气体产生为止。然后进行五次清洗，清洗过程中要避免砂粒丢失。洗净后，置于温度为（105±5）℃的烘箱中，取出冷却至室温，称重（m_2）。

⑤ 砂中贝壳含量 w_b 应按下式计算，精确至 0.1%：

$$w_b = \frac{m_1 - m_2}{m_1} \times 100\% - w_c$$

（2-60）

式中，w_b 为砂中贝壳含量；m_1 为试样总量，g；m_2 为试样除去贝壳后的质量，g；w_c 为含泥量。

以两次试验结果的算术平均值作为测定值，当两次结果之差超过 0.5％时，应重新取样进行试验。

21. 砂的碱活性试验（快速法）

① 该方法适用于在 1mol/L 氢氧化钠溶液中浸泡试样 14d 以检验硅质骨料与混凝土中的碱产生潜在反应的危害性，不适用于碱碳酸盐反应活性骨料检验。

② 快速法碱活性试验应采用下列仪器设备：

a. 烘箱：温度控制范围为 (105 ± 5)℃。

b. 天平：称量 1000g，感量 1g。

c. 试验筛：筛孔公称直径为 5.00mm、2.50mm、1.25mm、630μm、315μm、160μm 的方孔筛各一只。

d. 测长仪：测量范围 280～300mm，精度 0.01mm。

e. 水泥胶砂搅拌机：应符合现行行业标准《行星式水泥胶砂搅拌机》（JC/T 681—2005）的规定。

f. 恒温养护箱或水浴：温度控制范围为 (80 ± 2)℃。

g. 养护筒：由耐碱耐高温的材料制成，不漏水，密封，防止容器内湿度下降，筒的容积可以保证试件全部浸没在水中。筒内设有试件架，试件垂直于试件架放置。

h. 试模：金属试模，尺寸为 25mm×25mm×280mm，试模两端正中有小孔，装有不锈钢测头。

i. 镘刀、捣棒、量筒、干燥器等。

③ 试件的制作应符合下列规定：

a. 将砂样缩分成约 5kg，按表 2-51 中所示级配及比例组合成试验用料，并将试样洗净烘干或晾干备用。

表 2-51　砂级配表

公称粒级	5.00～2.50mm	2.50～1.25mm	1.25mm～630μm	630～315μm	315～160μm
分级质量/％	10	25	25	25	15

注：对特细砂分级质量不作规定。

b. 水泥应采用符合现行国家标准《通用硅酸盐水泥》（GB 175—2007）要求的普通硅酸盐水泥。水泥与砂的质量比为 1∶2.25，水灰比为 0.47。试件规格 25mm×25mm×280mm，每组三条，称取水泥 440g，砂 990g。

c. 成型前 24h，将试验所用材料（水泥、砂、拌合用水等）放入 (20 ± 2)℃的恒温室中。

d. 将称好的水泥与砂倒入搅拌锅，应按现行国家标准《水泥胶砂强度检验方法（ISO法）》（GB/T 17671—1999）的规定进行搅拌。

e. 搅拌完成后，将砂浆分两层装入试模内，每层捣 40 次，测头周围应填实，浇捣完毕后用镘刀刮除多余砂浆，抹平表面，并标明测定方向及编号。

④ 快速法试验应按下列步骤进行：

a. 将试件成型完毕后，带模放入标准养护室，养护 (24 ± 4)h 后脱模。

b. 脱模后，将试件浸泡在装有自来水的养护筒中，并将养护筒放入温度（80±2）℃的烘箱或水浴箱中养护 24h。同种骨料制成的试件放在同一个养护筒中。

c. 然后将养护筒逐个取出。每次从养护筒中取出一个试件，用抹布擦干表面，立即用测长仪测试件的基长（L_0）。每个试件至少重复测试两次，取差值在仪器精度范围内的两个读数的平均值作为长度测定值（精确至 0.02mm），每次每个试件的测量方向应一致，待测的试件须用湿布覆盖，防止水分蒸发；从取出试件擦干到读数完成应在（15±5）s 内结束，读完数后的试件应用湿布覆盖。全部试件测完基准长度后，把试件放入装有浓度为 1mol/L 氢氧化钠溶液的养护筒中，并确保试件被完全浸泡。溶液温度应保持在（80±2）℃，将养护筒放回烘箱或水浴箱中。

注：用测长仪测定任一组试件的长度时，均应先调整测长仪的零点。

d. 自测定基准长度之日起，第 3d、7d、10d、14d 再分别测其长度（L_t）。测长方法与测基长方法相同。每次测量完毕后，应将试件调头放入原养护筒，盖好筒盖，放回（80±2）℃的烘箱或水浴箱中，继续养护到下一个测试龄期。操作时防止氢氧化钠溶液溢溅，避免烧伤皮肤。

e. 在测量时应观察试件的变形、裂缝、渗出物等，特别应观察有无胶体物质，并作详细记录。

⑤ 试件中的膨胀率应按下式计算，精确至 0.01%：

$$\varepsilon_t = \frac{L_t - L_0}{L_0 - 2\Delta} \times 100\% \qquad (2\text{-}61)$$

式中，ε_t 为试件在 t 天龄期的膨胀率；L_t 为试件在 t 天龄期的长度，mm；L_0 为试件的基长，mm；Δ 为测头长度，mm。

以三个试件膨胀率的平均值作为某一龄期膨胀率的测定值。任一试件膨胀率与平均值均应符合下列规定：

a. 当平均值小于或等于 0.05% 时，其差值均应小于 0.01%；

b. 当平均值大于 0.05% 时，单个测值与平均值的差值均应小于平均值的 20%；

c. 当三个试件的膨胀率均大于 0.10% 时，无精度要求；

d. 当不符合上述要求时，去掉膨胀率最小的，用其余两个试件的平均值作为该龄期的膨胀率。

⑥ 结果评定应符合下列规定：

a. 当 14d 膨胀率小于 0.10% 时，可判定为无潜在危害；

b. 当 14d 膨胀率大于 0.20% 时，可判定为有潜在危害；

c. 当 14d 膨胀率在 0.10%～0.20% 时，应按本节前述规定的方法再进行试验判定。

22. 砂的碱活性试验（砂浆长度法）

① 该方法适用于鉴定硅质骨料与水泥（混凝土）中的碱产生潜在反应的危害性，不适用于碱碳酸盐反应活性骨料检验。

② 砂浆长度法碱活性试验应采用下列仪器设备：

a. 试验筛：应符合本节前述"2. 砂的筛分析试验"中②的要求。

b. 水泥胶砂搅拌机：应符合现行行业标准《行星式水泥胶砂搅拌机》（JC/T 681—2005）规定。

c. 镘刀及截面为 14mm×13mm、长 120～150mm 的钢制捣棒。

d. 量筒、秒表。

e. 试模和测头：金属试模，规格为 25mm×25mm×280mm，试模两端正中应有小孔，测头在此固定埋入砂浆，测头用不锈钢金属制成。

f. 养护筒：用耐腐蚀材料制成，应不漏水，不透气，加盖后放在养护室中能确保筒内空气相对湿度为 95% 以上，筒内设有试件架，架下盛有水，试件垂直立于架上并不与水接触。

g. 测长仪：测量范围 280~300mm，精度 0.01mm。

h. 室温为（40±2)℃的养护室。

i. 天平：称量 2000g，感量 2g。

j. 跳桌：应符合现行行业标准《水泥胶砂流动度测定仪（跳桌）》（JC/T 958—2005）的要求。

③ 试件的制备应符合下列规定：

a. 制作试件的材料应符合下列规定：

ⅰ. 水泥：在做一般骨料活性鉴定时，应使用高碱水泥，含碱量为 1.2%；低于此值时，掺浓度为 10% 的氢氧化钠溶液，将碱含量调至水泥量的 1.2%；对于具体工程，当该工程拟用水泥的含碱量高于此值时，则应采用工程所使用的水泥。

注：水泥含碱量以氧化钠（Na_2O）计，氧化钾（K_2O）换算为氧化钠时乘以换算系数 0.658。

ⅱ. 砂：将样品缩分成约 5kg，按表 2-51 中所示级配及比例组合成试验用料，并将试样洗净晾干。

b. 制作试件用的砂浆配合比应符合下列规定：水泥与砂的质量比为 1∶2.25。每组 3 个试件，共需水泥 440g，砂料 990g，砂浆用水量应按现行国家标准《水泥胶砂流动度测定方法》（GB/T 2419—2005）确定，跳桌次数改为 6s 跳动 10 次，以流动度在 105~120mm 为准。

c. 砂浆长度法试验所用试件应按下列方法制作：

ⅰ. 成型前 24h，将试验所用材料（水泥、砂、拌合用水等）放入（20±2)℃的恒温室中。

ⅱ. 先将称好的水泥与砂倒入搅拌锅内，开动搅拌机，拌和 5s 后徐徐加水，20~30s 加完，自开动机器起搅拌（180±5)s 停机，将粘在叶片上的砂浆刮下，取下搅拌锅。

ⅲ. 砂浆分两层装入试模内，每层捣 40 次；测头周围应填实，浇捣完毕后用镘刀刮除多余砂浆，抹平表面并标明测定方向和编号。

④ 砂浆长度法试验应按下列步骤进行：

a. 试件成型完毕后，带模放入标准养护室，养护（24±4)h 后脱模（当试件强度较低时，可延至 48h 脱模），脱模后立即测量试件的基长（L_0）。测长应在（20±2)℃的恒温室中进行，每个试件至少重复测试两次，取差值在仪器精度范围内的两个读数的平均值作为长度测定值（精确至 0.02mm）。待测的试件须用湿布覆盖，以防止水分蒸发。

b. 测量后将试件放入养护筒中，盖严后放入（40±2)℃养护室里养护（一个筒内的品种应相同）。

c. 自测基长之日起，14d、1 个月、2 个月、3 个月、6 个月再分别测其长度（L_t），如有必要还可适当延长。在测长前一天，应把养护筒从（40±2)℃养护室中取出，放入（20±2)℃的恒温室。试件的测长方法与测基长相同，测量完毕后，应将试件调头放入养护筒中，盖好筒盖，放回（40±2）℃养护室继续养护到下一测龄期。

d. 在测量时应观察试件的变形、裂缝和渗出物，特别应观察有无胶体物质，并作详细记录。

⑤ 试件的膨胀率应按下式计算，精确至 0.001%：

$$\varepsilon_t = \frac{L_t - L_0}{L_0 - 2\Delta} \times 100\%$$ (2-62)

式中，ε_t 为试件在 t 天龄期的膨胀率；L_0 为试件的基长，mm；L_t 为试件在 t 天龄期的长度，mm；Δ 为测头长度，mm。

以三个试件膨胀率的平均值作为某一龄期膨胀率的测定值。任一试件膨胀率与平均值均应符合下列规定：

a. 当平均值小于或等于 0.05% 时，其差值均应小于 0.01%；

b. 当平均值大于 0.05% 时，其差值均应小于平均值的 20%；

c. 当三个试件的膨胀率均超过 0.10% 时，无精度要求；

d. 当不符合上述要求时，去掉膨胀率最小的，用其余两个试件的平均值作为该龄期的膨胀率。

⑥ 结果评定应符合下列规定：当砂浆 6 个月膨胀率小于 0.10% 或 3 个月的膨胀率小于 0.05%（只有在缺少 6 个月膨胀率时才有效）时，则判为无潜在危害。否则，应判为有潜在危害。

（二）碎石或卵石（粗骨料、粗集料）的检验方法（JGJ 52—2006）

1. 取样与缩分

（1）取样　与本节三、（一）1. 同。

（2）样品的缩分

① 碎石或卵石缩分时，应将样品置于平板上，在自然状态下拌均匀，并堆成锥体，然后沿互相垂直的两条直径把锥体分成大致相等的四份，取其对角的两份重新拌匀，再堆成锥体。重复上述过程，直至把样品缩分至试验所需量为止。

② 砂、碎石或卵石的含水率、堆积密度、紧密密度检验所用的试样，可不经缩分，拌匀后直接进行试验。

2. 碎（卵）石的筛分析试验

① 该方法适用于测定碎石或卵石的颗粒级配。

② 筛分析试验应采用下列仪器设备：

a. 试验筛：筛孔公称直径为 100.0mm、80.0mm、63.0mm、50.0mm、40.0mm、31.5mm、25.0mm、20.0mm、16.0mm、10.0mm、5.00mm 和 2.50mm 的方孔筛以及筛的底盘和盖各一只，其规格和质量要求应符合现行国家标准《试验筛　技术要求和检验　第 2 部分：金属穿孔板试验筛》（GB/T 6003.2—2012）的要求，筛框直径为 300mm。

b. 天平和秤：天平的称量 5kg，感量 5g；秤的称量 20kg，感量 20g。

c. 烘箱：温度控制范围为（105±5）℃。

d. 浅盘。

③ 试样制备应符合下列规定：试验前，应将样品缩分至表 2-52 所规定的试样最少质量，并烘干或风干后备用。

表 2-52　筛分析所需试样的最少质量

公称粒径/mm	10.0	16.0	20.0	25.0	31.5	40.0	63.0	80.0
试样最少质量/kg	2.0	3.2	4.0	5.0	6.3	8.0	12.6	16.0

④ 筛分析试验应按下列步骤进行：

a. 按表 2-52 的规定称取试样。

b. 将试样按筛孔大小顺序过筛，当每只筛上的筛余层厚度大于试样的最大粒径值时，应将该筛上的筛余试样分成两份，再次进行筛分，直至各筛每分钟的通过量不超过试样总量的 0.1%。

注：当筛余试样的颗粒粒径比公称粒径大 20mm 以上时，在筛分过程中，允许用手拨动颗粒。

c. 称取各筛筛余的质量，精确至试样总质量的 0.1%。各筛的分计筛余量和筛底剩余量的总和与筛分前测定的试样总量相比，其相差不得超过 1%。

⑤ 筛分析试验结果应按下列步骤计算：

a. 计算分计筛余（各筛上筛余量除以试样的百分数），精确至 0.1%；

b. 计算累计筛余（该筛的分计筛余与筛孔大于该筛的各筛的分计筛余百分数之总和），精确至 1%；

c. 根据各筛的累计筛余，评定该试样的颗粒级配。

3. 碎（卵）石的表观密度试验（标准法）

① 该方法适用于测定碎石或卵石的表观密度。

② 标准法表观密度试验应采用下列仪器设备：

a. 液体天平：称量 5kg，感量 5g，其型号及尺寸应能允许在臂上悬挂盛试样的吊篮，并在水中称重（图 2-35）。

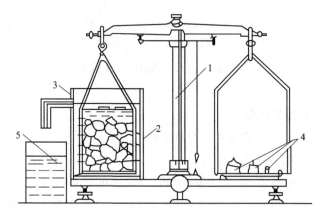

图 2-35　液体天平

1—5kg 天平；2—吊篮；3—带有溢流孔的金属容器；4—砝码；5—容器

b. 吊篮：直径和高度均为 150mm，由孔径为 1～2mm 的筛网或钻有孔径为 2～3mm 孔洞的耐锈蚀金属板制成。

c. 盛水容器：有溢流孔。

d. 烘箱：温度控制范围为（105±5）℃。

e. 试验筛：筛孔公称直径为 5.00mm 的方孔筛一只。

f. 温度计：0～100℃。

g. 带盖容器、浅盘、刷子和毛巾等。

③ 试样制备应符合下列规定：试验前，将样品筛除公称粒径5.00mm以下的颗粒，并缩分至略大于两倍于表2-53所规定的最少质量，冲洗干净后分成两份备用。

表 2-53 表观密度试验所需的试样最少质量

最大公称粒径/mm	10.0	16.0	20.0	25.0	31.5	40.0	63.0	80.0
试样最少质量/kg	2.0	2.0	2.0	2.0	3.0	4.0	6.0	6.0

④ 标准法表观密度试验应按以下步骤进行：

a. 按表2-53的规定称取试样。

b. 取试样一份装入吊篮，并浸入盛水的容器中，水面至少高出试样50mm。

c. 浸水24h后，移放到称量用的盛水容器中，并用上下升降吊篮的方法排除气泡（试样不得露出水面）。吊篮每升降一次约为1s，升降高度为30～50mm。

d. 测定水温（此时吊篮应全浸在水中），用天平称取吊篮及试样在水中的质量（m_2）。称量时盛水容器中水面的高度由容器的溢流孔控制。

e. 提起吊篮，将试样置于浅盘中，放入（105±5）℃的烘箱中烘干至恒重；取出来放在带盖的容器中冷却至室温后，称重（m_0）。

注：恒重是指相邻两次称量间隔时间不小于3h的情况下，其前后两次称量之差小于该项试验所要求的称量精度，下同。

f. 称取吊篮在同样温度的水中质量（m_1），称量时盛水容器的水面高度仍应由溢流口控制。

注：试验的各项称重可以在15～25℃的温度范围内进行，但从试样加水静置的最后2h起直至试验结束，其温度相差不应超过2℃。

⑤ 表观密度ρ应按下式计算，精确至10kg/m³：

$$\rho = \left(\frac{m_0}{m_0 + m_1 - m_2} - a_t \right) \times 1000 \tag{2-63}$$

式中，ρ为表观密度，kg/m³；m_0为试样的烘干质量，g；m_1为吊篮在水中的质量，g；m_2为吊篮及试样在水中的质量，g；a_t为水温对表观密度影响的修正系数，见表2-54。

表 2-54 不同水温下碎石或卵石的表观密度影响的修正系数

水温/℃	15	16	17	18	19	20	21	22	23	24	25
a_t	0.002	0.003	0.003	0.004	0.004	0.005	0.005	0.006	0.006	0.007	0.008

以两次试验结果的算术平均值作为测定值。当两次结果之差大于20kg/m³时，应重新取样进行试验。对颗粒材质不均匀的试样，两次试验结果之差大于20kg/m³时，可取四次测定结果的算术平均值作为测定值。

4. 碎（卵）石的表观密度试验（简易法）

① 该方法适用于测定碎石或卵石的表观密度，不宜用于测定最大公称粒径超过40mm的碎石或卵石的表观密度。

② 简易法测定表观密度应采用下列仪器设备：

a. 烘箱：温度控制范围为 (105±5)℃；

b. 秤：称量 20kg，感量 20g；

c. 广口瓶：容量 1000mL，磨口，并带玻璃片；

d. 试验筛：筛孔公称直径为 5.00mm 的方孔筛一只；

e. 毛巾、刷子等。

③ 试样制备应符合下列规定：试验前，筛除样品中公称粒径为 5.00mm 以下的颗粒，缩分至略大于表 2-53 所规定的量的两倍。洗刷干净后，分成两份备用。

④ 简易法测定表观密度应按下列步骤进行：

a. 按表 2-53 规定的数量称取试样。

b. 将试样浸水饱和，然后装入广口瓶中。装试样时，广口瓶应倾斜放置，注入饮用水，用玻璃片覆盖瓶口，以上下左右摇晃的方法排除气泡。

c. 气泡排尽后，向瓶中添加饮用水直至水面凸出瓶口边缘。然后用玻璃片沿瓶口迅速滑行，使其紧贴瓶口水面。擦干瓶外水分后，称取试样、水、瓶和玻璃片总质量 (m_1)。

d. 将瓶中的试样倒入浅盘中，放在 (105±5)℃的烘箱中烘干至恒重；取出，放在带盖的容器中冷却至室温后称取质量 (m_0)。

e. 将瓶洗净，重新注入饮用水，用玻璃片紧贴瓶口水面，擦干瓶外水分后称取质量 (m_2)。

注：试验时各项称重可以在 15~25℃的温度范围内进行，但从试样加水静置的最后 2h 起直至试验结束，其温度相差不应超过 2℃。

⑤ 表观密度ρ应按下式计算，精确至 10kg/m³：

$$\rho = \left(\frac{m_0}{m_0 + m_2 - m_1} - a_t \right) \times 1000 \tag{2-64}$$

式中，ρ 为表观密度，kg/m³；m_0 为烘干后试样质量，g；m_1 为试样、水、瓶和玻璃片的总质量，g；m_2 为水、瓶和玻璃片总质量，g；a_t 为水温对表观密度影响的修正系数，见表 2-54。

以两次试验结果的算术平均值作为测定值。当两次结果之差大于 20kg/m³ 时，应重新取样进行试验。对于颗粒材质不均匀的试样，如果两次试验结果之差大于 20kg/m³，可取四次测定结果的算术平均值作为测定值。

5. 碎（卵）石的含水率试验

① 该方法适用于测定碎石或卵石的含水率。

② 含水率试验应采用下列仪器设备：

a. 烘箱：温度控制范围为 (105±5)℃；

b. 秤：称量 20kg，感量 20g；

c. 容器：如浅盘等。

③ 含水率试验应按下列步骤进行：

a. 按表 2-49 的要求称取试样，分成两份备用；

b. 将试样置于干净的容器中，称取试样和容器的总质量 (m_1)，并在 (105±5)℃的烘箱中烘干至恒重；

c. 取出试样，冷却后称取试样与容器的总质量 (m_2)，并称取容器的质量 (m_3)。

④ 含水率 w_{wc} 应按下式计算，精确至 0.1%：

$$w_{wc} = \frac{m_1 - m_2}{m_2 - m_3} \times 100\% \tag{2-65}$$

式中，w_{wc} 为含水率；m_1 为烘干前试样与容器总质量，g；m_2 为烘干后试样与容器总质量，g；m_3 为容器质量，g。

以两次试验结果的算术平均值作为测定值。

6. 碎（卵）石含水率快速试验（酒精燃烧法）

（1）适用范围　该方法适用于快速测定碎石或卵石的含水率。

（2）仪器

① 天平：称量 1000g，感量不大于 1.0g。

② 容器：铁或铝制浅盘。

③ 大于 50mL 的量筒或量杯。

④ 酒精：普通工业酒精。

（3）试验步骤

① 取洁净容器，称其质量（m_0）。

② 向干净的容器中加入约 500g 试样，称取试样与容器总质量（m_1）。

③ 向容器中的试样加入酒精约 50mL，拌和均匀点火燃烧，并不断翻拌试样，待火焰熄灭后，过 1min 再加入酒精约 50mL，仍按上述步骤进行。

④ 待第二次火焰熄灭后，称取干试样与容器总质量（m_2）。

⑤ 试样经两次燃烧，表面应呈干燥色，否则须再加酒精燃烧一次。

（4）结果计算　粗骨料含水率按下式计算，准确至 0.1%。

$$w = \frac{m_1 - m_2}{m_2 - m_0} \times 100\% \tag{2-66}$$

式中，w 为粗骨料含水率；m_0 为容器质量，g；m_1 为未烘干的试样与容器总质量，g；m_2 为烘干后的试样与容器总质量，g。

以两次平行试验结果的算术平均值作为测定值。

7. 碎（卵）石的吸水率试验

① 该方法适用于测定碎石或卵石的吸水率，即测定以烘干质量为基准的饱和面干吸水率。

② 吸水率试验应采用下列仪器设备：

a. 烘箱：温度控制范围为（105 ± 5）℃；

b. 秤：称量 20kg，感量 20g；

c. 试验筛：筛孔公称直径为 5.00mm 的方孔筛一只；

d. 容器、浅盘、金属丝刷和毛巾等。

③ 试样的制备应符合下列要求：试验前，筛除样品中公称粒径 5.00mm 以下的颗粒，然后缩分至两倍于表 2-55 所规定的质量，分成两份，用金属丝刷刷净后备用。

表 2-55　吸水率试验所需的试样最少质量

最大公称粒径/mm	10.0	16.0	20.0	25.0	31.5	40.0	63.0	80.0
试样最少质量/kg	2	2	4	4	4	6	6	8

④ 吸水率试验应按下列步骤进行：

a. 取试样一份置于盛水的容器中，使水面高出试样表面 5mm 左右，24h 后从水中取出试样，并用拧干的湿毛巾将颗料表面的水分拭干，即成为饱和面干试样。然后，立即将试样放在浅盘中称取质量（m_2），在整个试验过程中，水温必须保持在（20±5）℃。

b. 将饱和面干试样连同浅盘置于（105±5）℃的烘箱中烘干至恒重。然后取出，放入带盖的容器中冷却 0.5～1h，称取烘干试样与浅盘的总质量（m_1），称取浅盘的质量（m_3）。

⑤ 吸水率 w_{wa} 应按下式计算，精确至 0.01%：

$$w_{wa} = \frac{m_2 - m_1}{m_1 - m_3} \times 100\% \tag{2-67}$$

式中，w_{wa} 为吸水率；m_1 为烘干后试样与浅盘总质量，g；m_2 为烘干前饱和面干试样与浅盘总质量，g；m_3 为浅盘质量，g。

以两次试验结果的算术平均值作为测定值。

8. 碎（卵）石的堆积密度和紧密密度试验

① 该方法适用于测定碎石或卵石的堆积密度、紧密密度及空隙率。

② 堆积密度和紧密密度试验应采用下列仪器设备：

a. 秤：称量 100kg，感量 100g；

b. 容量筒：金属制，其规格见表 2-56；

c. 平头铁锹；

d. 烘箱：温度控制范围为（105±5）℃。

表 2-56 容量筒的规格要求

碎石或卵石的最大 公称粒径/mm	容量筒容积 /L	容量筒规格/mm		筒壁厚度 /mm
		内径	净高	
10.0、16.0、20.0、25.0	10	208	294	2
31.5、40.0	20	294	294	3
63.0、80.0	30	360	294	4

注：测定紧密密度时，对最大公称粒径为 31.5mm、40.0mm 的骨料，可采用 10L 的容量筒；对最大公称粒径为 63.0mm、80.0mm 的骨料，可采用 20L 容量筒。

③ 试样的制备应符合下列要求：按表 2-49 的规定称取试样，放入浅盘，在（105±5）℃的烘箱中烘干，也可摊在清洁的地面上风干，拌匀后分成两份备用。

④ 堆积密度和紧密密度试验应按以下步骤进行：

a. 堆积密度：取试样一份，置于平整干净的地板（或铁板）上，用平头铁锹铲起试样，使石子自由落入容量筒内。此时，从铁锹的齐口至容量筒上口的距离应保持为 50mm 左右。装满容量筒除去凸出筒口表面的颗粒，并以合适的颗粒填入凹陷部分，使表面稍凸起部分和凹陷部分的体积大致相等，称取试样和容量筒总质量（m_2）。

b. 紧密密度：取试样一份，分三层装入容量筒。装完一层后，在筒底垫放一根直径为 25mm 的钢筋，将筒按住并左右交替颠击地面各 25 下，然后装入第二层。第二层装满后，用同样方法颠实（但筒底所垫钢筋的方向应与第一层放置方向垂直），然后再装入第三层，如法颠实。待三层试样装填完毕后，加料直到试样超出容量筒筒口，用钢筋沿筒口边缘滚转，刮下高出筒口的颗粒，用合适的颗粒填平凹处，使表面稍凸起部分和凹陷部分的体积大致相等。称取试样和容量筒总质量（m_2）。

⑤ 试验结果计算应符合下列规定：

a. 堆积密度（ρ_L）或紧密密度（ρ_c）按下式计算，精确至 $10kg/m^3$。

$$\rho_L(\rho_c)=\frac{m_2-m_1}{V}\times1000 \tag{2-68}$$

式中，ρ_L 为堆积密度，kg/m^3；ρ_c 为紧密密度，kg/m^3；m_1 为容量筒的质量，kg；m_2 为容量筒和试样总质量，kg；V 为容量筒的体积，L。

以两次试验结果的算术平均值作为测定值。

b. 空隙率（v_L、v_c）按式(2-69)及式(2-70)计算，精确至 1%：

$$v_L=\left(1-\frac{\rho_L}{\rho}\right)\times100\% \tag{2-69}$$

$$v_c=\left(1-\frac{\rho_c}{\rho}\right)\times100\% \tag{2-70}$$

式中，v_L、v_c 为空隙率；ρ_L 为碎石或卵石的堆积密度，kg/m^3；ρ_c 为碎石或卵石的紧密密度，kg/m^3；ρ 为碎石或卵石的表观密度，kg/m^3。

⑥ 容量筒容积的校正应以 $(20\pm5)\text{℃}$ 的饮用水装满容量筒，用玻璃板沿筒口滑移，使其紧贴水面，擦干筒外壁水分后称取质量。用下式计算筒的容积：

$$V=(m_2'-m_1')/\rho_水 \tag{2-71}$$

式中，V 为容量筒的体积，L；m_1' 为容量筒和玻璃板质量，kg；m_2' 为容量筒、玻璃板和水总质量，kg；$\rho_水$ 为水的密度，取 $1.0g/cm^3$。

9. 碎（卵）石中含泥量试验

① 该方法适用于测定碎石或卵石中的含泥量。

② 含泥量试验应采用下列仪器设备：

a. 秤：称量 20kg，感量 20g；

b. 烘箱：温度控制范围为 $(105\pm5)\text{℃}$；

c. 试验筛：筛孔公称直径为 1.25mm 及 $80\mu m$ 的方孔筛各一只；

d. 容器：容积约 10L 的瓷盘或金属盒；

e. 浅盘。

③ 试样制备应符合下列规定：将样品缩分至表 2-57 所规定的量（注意防止细粉丢失），并置于温度为 $(105\pm5)\text{℃}$ 的烘箱内烘干至恒重，冷却至室温后分成两份备用。

表 2-57　含泥量试验所需的试样最少质量

最大公称粒径/mm	10.0	16.0	20.0	25.0	31.5	40.0	63.0	80.0
试样量不少于/kg	2	2	6	6	10	10	20	20

④ 含泥量试验应按下列步骤进行：

a. 称取试样一份（m_0）装入容器中摊平，并注入饮用水，使水面高出石子表面 150mm；浸泡 2h 后，用手在水中淘洗颗粒，使尘屑、淤泥和黏土与较粗颗粒分离，并使之悬浮或溶解于水。缓缓地将浑浊液倒入公称直径为 1.25mm 及 $80\mu m$ 的方孔套筛（1.25mm 筛放置上面）上，滤去小于 $80\mu m$ 的颗粒。试验前筛子的两面应先用水湿润。在整个试验过程中应注意避免大于 $80\mu m$ 的颗粒丢失。

b. 再次加水于容器中，重复上述过程，直至洗出的水清澈为止。

c. 用水冲洗剩留在筛上的细粒，并将公称直径为 $80\mu m$ 的方孔筛放在水中（使水面略高出筛内颗粒）来回摇动，以充分洗除小于 $80\mu m$ 的颗粒。然后将两只筛上剩留的颗粒和筒中已洗净的试样一并装入浅盘，置于温度为 $(105\pm5)℃$ 的烘箱中烘干至恒重。取出冷却至室温后，称取试样的质量 (m_1)。

⑤ 碎石或卵石中含泥量 w_c 应按下式计算，精确至 0.1%：

$$w_c = \frac{m_0 - m_1}{m_0} \times 100\% \tag{2-72}$$

式中，w_c 为含泥量；m_0 为试验前烘干试样的质量，g；m_1 为试验后烘干试样的质量，g。

以两个试样试验结果的算术平均值作为测定值。两次结果之差大于 0.2% 时，应重新取样进行试验。

10. 碎（卵）石中泥块含量试验

① 该方法适用于测定碎石或卵石中泥块的含量。

② 泥块含量试验应采用下列仪器设备：

a. 秤：称量 20kg，感量 20g；

b. 试验筛：筛孔公称直径为 2.50mm 及 5.00mm 的方孔筛各一只；

c. 水筒及浅盘等；

d. 烘箱：温度控制范围为 $(105\pm5)℃$。

③ 试样制备应符合下列规定：将样品缩分至略大于表 2-57 所示的量，缩分时应防止所含黏土块被压碎。缩分后的试样在 $(105\pm5)℃$ 的烘箱内烘至恒重，冷却至室温后分成两份备用。

④ 泥块含量试验应按下列步骤进行：

a. 筛去公称粒径 5.00mm 以下颗粒，称取质量 (m_1)。

b. 将试样在容器中摊平，加入饮用水使水面高出试样表面，24h 后把水放出，用手碾压泥块，然后把试样放在公称直径为 2.50mm 的方孔筛上摇动淘洗，直至洗出的水清澈为止。

c. 将筛上的试样小心地从筛里取出，置于温度为 $(105\pm5)℃$ 的烘箱中烘干至恒重。取出冷却至室温后称取质量 (m_2)。

⑤ 泥块含量 $w_{c,L}$ 应按下式计算，精确至 0.1%：

$$w_{c,L} = \frac{m_1 - m_2}{m_1} \times 100\% \tag{2-73}$$

式中，$w_{c,L}$ 为泥块含量；m_1 为公称直径 5mm 筛上筛余量，g；m_2 为试验后烘干试样的质量，g。

以两个试样试验结果的算术平均值作为测定值。

11. 碎（卵）石中针状和片状颗粒的总含量试验

① 该方法适用于测定碎石或卵石中针状和片状颗粒的总含量。

② 针状和片状颗粒的总含量试验应采用下列仪器设备：

a. 针状规准仪（图 2-36）和片状规准仪（图 2-37），或游标卡尺。

b. 天平和秤：天平的称量 2kg，感量 2g；秤的称量 20kg，感量 20g。

c. 试验筛：筛孔公称直径分别为 5.00mm、10.0mm、20.0mm、25.0mm、31.5mm、40.0mm、63.0mm 和 80.0mm 的方孔筛各一只，根据需要选用。

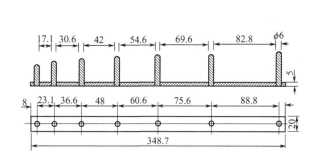

图 2-36 针状规准仪（尺寸单位：mm）

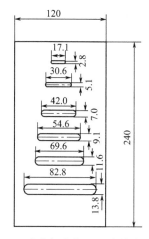

图 2-37 片状规准仪（尺寸单位：mm）

d. 卡尺。

③ 试样制备应符合下列规定：将样品在室内风干至表面干燥，并缩分至表 2-58 规定的量，称量（m_0），然后筛分成表 2-59 所规定的粒级备用。

表 2-58 针状和片状颗粒的总含量试验所需的试样最少质量

最大公称粒径/mm	10.0	16.0	20.0	25.0	31.5	≥40.0
试样最少质量/kg	0.3	1	2	3	5	10

表 2-59 针状和片状颗粒的总含量试验的粒级划分及其相应的规准仪孔宽或间距

公称粒级/mm	5.00～10.0	10.0～16.0	16.0～20.0	20.0～25.0	25.0～31.5	31.5～40.0
片状规准仪上相对应的孔宽/mm	2.8	5.1	7.0	9.1	11.6	13.8
针状规准仪上相对应的间距/mm	17.1	30.6	42.0	54.6	69.6	82.8

④ 针状和片状颗粒的总含量试验应按下列步骤进行：

a. 按表 2-58 所规定的粒级用规准仪逐粒对试样进行鉴定，凡颗粒长度大于针状规准仪上相对应的间距的，为针状颗粒。厚度小于片状规准仪上相应孔宽的，为片状颗粒。

b. 公称粒径大于 40mm 的可用卡尺鉴定其针片状颗粒，卡尺卡口的设定宽度应符合表 2-60 的规定。

表 2-60 公称粒径大于 40mm 用卡尺卡口的设定宽度

公称粒级/mm	40.0～63.0	63.0～80.0
片状颗粒的卡口宽度/mm	18.1	27.6
针状颗粒的卡口宽度/mm	108.6	165.6

c. 称取由各粒级挑出的针状和片状颗粒的总质量（m_1）。

⑤ 碎石或卵石中针状和片状颗粒的总含量 w_p 应按下式计算，精确至 1%：

$$w_p = \frac{m_1}{m_0} \times 100\% \tag{2-74}$$

式中，w_p 为针状和片状颗粒的总含量；m_1 为试样中所含针状和片状颗粒的总质量，g；m_0 为试样总质量，g。

12. 卵石中有机物含量试验

① 该方法适用于定性地测定卵石中的有机物含量是否达到影响混凝土质量的程度。

② 有机物含量试验应采用下列仪器、设备和试剂：

a. 天平：称量 2kg、感量 2g 和称量 100g、感量 0.1g 的天平各 1 台；

b. 量筒：容量为 100mL、250mL 和 1000mL；

c. 烧杯、玻璃棒和筛孔公称直径为 20mm 的试验筛；

d. 浓度为 3% 的氢氧化钠溶液：氢氧化钠与蒸馏水之质量比为 3∶97；

e. 鞣酸、酒精等。

③ 试样的制备和标准溶液配制应符合下列规定：

a. 试样制备：筛除样品中公称粒径 20mm 以上的颗粒，缩分至约 1kg，风干后备用。

b. 标准溶液的配制方法：称取 2g 鞣酸粉，溶解于 98mL 的 10% 酒精溶液中，即得所需的鞣酸溶液，然后取该溶液 2.5mL，注入 97.5mL 浓度为 3% 的氢氧化钠溶液中，加塞后剧烈摇动，静置 24h 即得标准溶液。

④ 有机物含量试验应按下列步骤进行：

a. 向 1000mL 量筒中，倒入干试样至 600mL 刻度处，再注入浓度为 3% 的氢氧化钠溶液至 800mL 刻度处，剧烈搅动后静置 24h。

b. 比较试样上部溶液和新配制标准溶液的颜色。盛装标准溶液与盛装试样的量筒容积应一致。

⑤ 结果评定应符合下列规定：

a. 若试样上部的溶液颜色浅于标准溶液的颜色，则试样有机物含量鉴定合格。

b. 若两种溶液的颜色接近，则应将该试样（包括上部溶液）倒入烧杯中放在温度为 60～70℃ 的水浴锅中加热 2～3h，然后再与标准溶液比色。

c. 若试样上部的溶液的颜色深于标准色，则应配制成混凝土作进一步检验。其方法为：取试样一份，用浓度 3% 氢氧化钠溶液洗除有机物，再用清水淘洗干净，直至试样上部溶液的颜色浅于标准色；然后用洗除有机物的和未经清洗的试样用相同的水泥、砂配成配合比相同、坍落度基本相同的两种混凝土，测其 28d 抗压强度。若未经洗除有机物的卵石混凝土强度与经洗除有机物的混凝土强度之比不低于 0.95，则此卵石可以使用。

13. 碎（卵）石的坚固性试验

① 该方法适用于以硫酸钠饱和溶液法间接地判断碎石或卵石的坚固性。

② 坚固性试验应采用下列仪器、设备及试剂。

a. 烘箱：温度控制范围为 (105±5)℃。

b. 台秤：称量 5kg，感量 5g。

c. 试验筛：根据试样粒级，按表 2-61 选用。

d. 容器：搪瓷盆或瓷盆，容积不小于 50L。

e. 三脚网篮：网篮的外径为 100mm，高为 150mm，采用网孔公称直径不大于 2.50mm

的网，由铜丝制成；检验公称粒径为 40.0～80.0mm 的颗粒时，应采用外径和高度均为 150mm 的网篮。

f. 试剂：无水硫酸钠。

表 2-61　坚固性试验所需的各粒级试样量

公称粒级/mm	5.00～10.0	10.0～20.0	20.0～40.0	40.0～63.0	63.0～80.0
试样重/g	500	1000	1500	3000	3000

注：1. 公称粒级为 10.0～20.0mm 试样中，应含有 40% 的 10.0～16.0mm 粒级颗粒、60% 的 16.0～20.0mm 粒级颗粒。

2. 公称粒级为 20.0～40.0mm 的试样中，应含有 40% 的 20.0～31.5mm 粒级颗粒、60% 的 31.5～40.0mm 粒级颗粒。

③ 硫酸钠溶液的配制及试样的制备应符合下列规定：

a. 硫酸钠溶液的配制：取一定数量的蒸馏水（取决于试样及容器的大小），加温至 30～50℃，每 1000mL 蒸馏水加入无水硫酸钠（Na_2SO_4）300～350g，用玻璃棒搅拌，使其溶解至饱和，然后冷却至 20～25℃。在此温度下静置两昼夜。其密度保持在 1151～1174kg/m³ 范围内。

b. 试样的制备：将样品按表 2-61 的规定分级，并分别擦洗干净，放入 105～110℃ 烘箱内烘 24h，取出并冷却至室温，后按表 2-61 对各粒级规定的量称取试样（m_1）。

④ 坚固性试验应按下列步骤进行：

a. 将所称取的不同粒级的试样分别装入三脚网篮并浸入盛有硫酸钠溶液的容器中。溶液体积应不小于试样总体积的 5 倍，其温度保持在 20～25℃ 的范围内。三脚网篮浸入溶液时应先上下升降 25 次以排除试样中的气泡，然后静置于该容器中。此时，网篮底面应距容器底面约 30mm（由网篮脚控制），网篮之间的间距应不小于 30mm，试样表面至少应在液面以下 30mm。

b. 浸泡 20h 后，从溶液中提出网篮，放在（105±5）℃ 的烘箱中烘 4h。至此，完成了第一个试验循环。待试样冷却至 20～25℃ 后，即开始第二次循环。从第二次循环开始，浸泡及烘烤时间均可为 4h。

c. 第五次循环完后，将试样置于 25～30℃ 的清水中洗净硫酸钠，再在（105±5）℃ 的烘箱中烘至恒重。取出冷却至室温后，用筛孔孔径为试样粒级下限的筛过筛，并称取各粒级试样试验后的筛余量（m_i'）。

注：试样中硫酸钠是否洗净，可按下法检验：取洗试样的水数毫升，滴入少量氯化钡（$BaCl_2$）溶液，如无白色沉淀，即说明硫酸钠已被洗净。

d. 对公称粒径大于 20.0mm 的试样，应在试验前后记录其颗粒数量，并作外观检查，描述颗粒的裂缝、开裂、剥落、掉边和掉角等情况所占颗粒数量，以作为分析其坚固性时的补充依据。

⑤ 试样中各粒级颗粒的分计质量损失百分数 δ_{ji} 应按下式计算：

$$\delta_{ji} = \frac{m_i - m_i'}{m_i} \times 100\% \tag{2-75}$$

式中，δ_{ji} 为各粒级颗粒的分计质量损失百分数；m_i 为各粒级试样试验前的烘干质量，g；m_i' 为经硫酸钠溶液法试验后，各粒级筛余颗粒的烘干质量，g。

试样的总质量损失百分数 δ_j 应按下式计算，精确至 1%：

$$\delta_j = \frac{a_1\delta_{j1} + a_2\delta_{j2} + a_3\delta_{j3} + a_4\delta_{j4} + a_5\delta_{j5}}{a_1 + a_2 + a_3 + a_4 + a_5} \times 100\% \qquad (2\text{-}76)$$

式中，δ_j 为总质量损失百分数；a_1、a_2、a_3、a_4、a_5 分别为试样中 5.00～10.0mm、10.0～20.0mm、20.0～40.0mm、40.0～63.0mm、63.0～80.0mm 各公称粒级的分计百分含量；δ_{j1}、δ_{j2}、δ_{j3}、δ_{j4}、δ_{j5} 分别为各粒级的分计质量损失百分数。

14. 岩石的抗压强度试验

① 该方法适用于测定碎石的原始岩石在水饱和状态下的抗压强度。

② 岩石的抗压强度试验应采用下列设备：

a. 压力试验机：荷载 1000kN；

b. 石材切割机或钻石机；

c. 岩石磨光机；

d. 游标卡尺、角尺等。

③ 试样制备应符合下列规定：试验时，取有代表性的岩石样品用石材切割机切割成边长为 50mm 的立方体，或用钻石机钻取直径与高度均为 50mm 的圆柱体。然后用磨光机把试件与压力机压板接触的两个面磨光并保持平行，试件形状须用角尺检查。

④ 至少应制作六个试块。对有显著层理的岩石，应取两组试件（12 块）分别测定其垂直和平行于层理的强度值。

⑤ 岩石抗压强度试验应按下列步骤进行：

a. 用游标卡尺量取试件的尺寸（精确至 0.1mm），对于立方体试件，在顶面和底面上各量取其边长，以各个面上相互平行的两个边长的算术平均值作为宽或高，由此计算面积。对于圆柱体试件，在顶面和底面上各量取相互垂直的两个直径，以其算术平均值计算面积。取顶面和底面面积的算术平均值作为计算抗压强度所用的截面积。

b. 将试件置于水中浸泡 48h，水面应至少高出试件顶面 20mm。

c. 取出试件，擦干表面，放在有防护网的压力机上进行强度试验，防止岩石碎片伤人。试验时加压速度应为 0.5～1.0MPa/s。

⑥ 岩石的抗压强度 f 应按下式计算，精确至 1MPa：

$$f = \frac{F}{A} \qquad (2\text{-}77)$$

式中，f 为岩石的抗压强度，MPa；F 为破坏荷载，N；A 为试件的截面积，mm^2。

⑦ 结果评定应符合下列规定：

a. 以六个试件试验结果的算术平均值作为抗压强度测定值；当其中两个试件的抗压强度与其他四个试件抗压强度的算术平均值相差三倍以上时，应以试验结果相接近的四个试件的抗压强度算术平均值作为抗压强度测定值。

b. 对具有显著层理的岩石，应以垂直于层理及平行于层理的抗压强度的平均值作为其抗压强度。

15. 碎（卵）石的压碎值指标试验

① 该方法适用于测定碎石或卵石抵抗压碎的能力，以间接地推测其相应的强度。

② 压碎值指标试验应采用下列仪器设备：

a. 压力试验机：荷载 300kN；

b. 压碎值指标测定仪（图 2-38）；

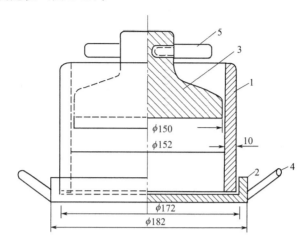

图 2-38　压碎值指标测定仪（尺寸单位：mm）
1—圆筒；2—底盘；3—加压头；4—手把；5—把手

c. 秤：称量 5kg，感量 5g；

d. 试验筛：筛孔公称直径为 10.0mm 和 20.0mm 的方孔筛各一只。

③ 试样制备应符合下列规定：

a. 标准试样一律采用公称粒级为 10.0～20.0mm 的颗粒，并在风干状态下进行试验。

b. 对多种岩石组成的卵石，当其公称粒径大于 20.0mm 颗粒的岩石矿物成分与 10.0～20.0mm 粒级有显著差异时，应将大于 20.0mm 的颗粒应经人工破碎后，筛取 10.0～20.0mm 标准粒级另外进行压碎值指标试验。

c. 将缩分后的样品先筛除试样中公称粒径 10.0mm 以下及 20.0mm 以上的颗粒，再用针状和片状规准仪剔除针状和片状颗粒，然后称取每份 3kg 的试样 3 份备用。

④ 压碎值指标试验应按下列步骤进行：

a. 置圆筒于底盘上，取试样一份，分两层装入圆筒。每装完一层试样后，在底盘下面垫放一直径为 10mm 的圆钢筋，将筒按住，左右交替颠击地面各 25 下。第二层颠实后，试样表面距盘底的高度应控制为 100mm 左右。

b. 整平筒内试样表面，把加压头装好（注意应使加压头保持平），放到试验机上在 160～300s 内均匀地加荷到 200kN，稳定 5s，然后卸荷，取出测定筒。倒出筒中的试样并称其质量（m_0），用公称直径为 2.50mm 的方孔筛筛除被压碎的细粒，称量剩留在筛上的试样质量（m_1）。

⑤ 碎石或卵石的压碎值指标 δ_a，应按下式计算（精确至 0.1%）：

$$\delta_a = \frac{m_0 - m_1}{m_0} \times 100\%$$
(2-78)

式中，δ_a 为压碎值指标；m_0 为试样的质量，g；m_1 为压碎试验后筛余的试样质量，g。

多种岩石组成的卵石，应对公称粒径 20.0mm 以下和 20.0m 以上的标准粒级（10.0～20.0mm）分别进行检验，则其总的压碎值指标 δ_a 应按下式计算：

$$\delta_a = \frac{a_1 \delta_{a1} + a_2 \delta_{a2}}{a_1 + a_2} \times 100\%$$
(2-79)

式中，δ_a 为总的压碎值指标；a_1、a_2 为公称粒径 20.0mm 以下和 20.0mm 以上两粒级的颗粒含量百分数；δ_{a1}、δ_{a2} 为两粒级以标准粒级试验的分计压碎值指标。

以三次试验结果的算术平均值作为压碎指标测定值。

16. 碎（卵）石中硫化物及硫酸盐含量试验

① 该方法适用于测定碎石或卵石中硫化物及硫酸盐含量（按 SO_3 百分含量计）。

② 硫化物及硫酸盐含量试验应采用下列仪器、设备及试剂：

a. 天平：称量 1000g，感量 1g；

b. 分析天平：称量 100g，感量 0.0001g；

c. 高温炉：最高温度 1000℃；

d. 试验筛：筛孔公称直径为 $630\mu m$ 的方孔筛一只；

e. 烧瓶、烧杯等；

f. 10％氯化钡溶液：10g 氯化钡溶于 100mL 蒸馏水中；

g. 盐酸（1+1）：浓盐酸溶于同体积的蒸馏水中；

h. 1％硝酸银溶液：1g 硝酸银溶于 100mL 蒸馏水中，加入 5～10mL 硝酸，存于棕色瓶中。

③ 试样制作应符合下列规定：试验前，取公称粒径 40.0mm 以下的风干碎石或卵石约 1000g，按四分法缩分至约 200g，磨细使全部通过公称直径为 $630\mu m$ 的方孔筛，仔细拌匀，烘干备用。

④ 硫化物及硫酸盐含量试验应按下列步骤进行：

a. 精确称取石粉试样约 1g（m）放入 300mL 的烧杯中，加入 30～40mL 蒸馏水及 10mL 的盐酸（1+1），加热至微沸，并保持微沸 5min，使试样充分分解后取下，以中速滤纸过滤，用温水洗涤 10～12 次。

b. 调整滤液体积至 200mL，煮沸，边搅拌边滴加 10mL 氯化钡溶液（10％），并将溶液煮沸数分钟，然后移至温热处至少静置 4h（此时溶液体积应保持在 200mL），用慢速滤纸过滤，用温水洗至无氯根反应（用硝酸银溶液检验）。

c. 将沉淀及滤纸一并移入已灼烧至恒重（m_1）的瓷坩埚中，灰化后在 800℃的高温炉内灼烧 30min。取出坩埚，置于干燥器中冷却至室温，称重，如此反复灼烧，直至恒重（m_2）。

⑤ 水溶性硫化物及硫酸盐含量（以 SO_3 计）（w_{SO_3}）应按下式计算，精确至 0.01％：

$$w_{SO_3} = \frac{(m_2 - m_1) \times 0.343}{m} \times 100\% \qquad (2\text{-}80)$$

式中，w_{SO_3} 为硫化物及硫酸盐含量（以 SO_3 计）；m 为试样质量，g；m_2 为沉淀物与坩埚共重，g；m_1 为坩埚质量，g；0.343 为 $BaSO_4$ 换算成 SO_3 的系数。

以两次试验的算术平均值作为评定指标，当两次试验结果的差值大于 0.15％时，应重做试验。

17. 碎（卵）石的碱活性试验（岩相法）

① 该方法适用于鉴定碎石、卵石的岩石种类、成分，检验骨料中活性成分的品种和含量。

② 岩相法试验应采用下列仪器设备：

a. 试验筛：筛孔公称直径为 80.0mm、40.0mm、20.0mm、5.00mm 的方孔筛以及筛

的底盘和盖各一只;

    b. 秤:称量 100kg,感量 100g;

    c. 大平:称量 2000g,感量 2g;

    d. 切片机、磨片机;

    e. 实体显微镜、偏光显微镜。

③ 试样制备应符合下列规定:经缩分后将样品风干,并按表 2-62 的规定筛分、称取试样。

表 2-62 岩相试验样最少质量

公称粒级/mm	40.0~80.0	20.0~40.0	5.00~20.0
试验最少质量/kg	150	50	10

注:1. 大于 80.0mm 的颗粒,按照 40.0~80.0mm 一级进行试验;

2. 试样最少数量也可以以颗粒计,每级至少 300 颗。

④ 岩相试验应按下列步骤进行:

a. 用肉眼逐粒观察试样,必要时将试样放在砧板上用地质锤击碎(应使岩石碎片损失最小),观察颗粒新鲜断面。将试样按岩石品种分类。

b. 每类岩石先确定其品种及外观品质,包括矿物质成分、风化程度、有无裂缝、坚硬性、有无包裹体及断口形状等。

c. 每类岩石均应制成若干薄片,在显微镜下鉴定矿物质组成、结构等,特别应测定其隐晶质、玻璃质成分的含量。测定结果填入表 2-63 中。

表 2-63 骨料活性成分含量测定表

委托单位		样品编号		
样品产地、名称		检测条件		
公称粒级/mm		40.0~80.0	20.0~40.0	5.00~20.0
质量百分数/%				
岩石名称及外观品质				
碱活性矿物	品种及占本级配试样的质量百分含量/%			
	占试样总重的百分含量/%			
	合计			
结论		备注		

注:1. 硅酸类活性硬度物质包括蛋白石、火山玻璃体、玉髓、玛瑙、鳞石英、磷石英、方石英、微晶石英、燧石、具有严重波状消光的石英。

2. 碳酸盐类活性矿物为具有细小菱形的白云石晶体。

⑤ 结果处理应符合下列规定:

a. 根据岩相鉴定结果,对于不含活性矿物的岩石,可评定为非碱活性骨料。

b. 评定为碱活性骨料或可疑时,应按本节二、(三)8. 中的规定进行进一步鉴定。

18. 碎(卵)石的碱活性试验(快速法)

① 该方法适用于检验硅质骨料与混凝土中的碱产生潜在反应的危害性,不适用于碳酸

盐骨料检验。

② 快速法碱活性试验应采用下列仪器设备：

a. 烘箱：温度控制范围为 (105±5)℃。

b. 台秤：称量 5000g，感量 5g。

c. 试验筛：筛孔公称直径为 5.00mm、2.50mm、1.25mm、630μm、315μm、160μm 的方孔筛各一只。

d. 测长仪：测量范围 280～300mm，精度 0.01mm。

e. 水泥胶砂搅拌机：应符合现行行业标准《行星式水泥胶砂搅拌机》（JC/T 681—2005）要求。

f. 恒温养护箱或水浴：温度控制范围为 (80±2)℃。

g. 养护筒：由耐碱耐高温的材料制成，不漏水，密封，防止容器内温度下降，筒的容积可以保证试件全部浸没在水中；筒内设有试件架，试件垂直于试件架放置。

h. 试模：金属试模尺寸为 25mm×25mm×280mm，试模两端正中有小孔，可装入不锈钢测头。

i. 镘刀、捣棒、量筒、干燥器等。

j. 破碎机。

③ 试样制备应符合下列规定：

a. 将试样缩分成约 5kg，把试样破碎后筛分成按表 2-51 中所示级配及比例组合成试验用料，并将试样洗净烘干或晾干备用。

b. 水泥采用符合现行国家标准《通用硅酸盐水泥》（GB 175—2007）要求的普通硅酸盐水泥，水泥与砂的质量比为 1：2.25，水灰比为 0.47；每组试件称取水泥 440g，石料 990g。

c. 将称好的水泥与砂倒入搅拌锅，应按现行国家标准《水泥胶砂强度检验方法（ISO 法）》（GB/T 17671—1999）规定的方法进行。

d. 搅拌完成后，将砂浆分两层装入试模内，每层捣 40 次，测头周围应填实，浇捣完毕后用镘刀刮除多余砂浆，抹平表面，并标明测定方向。

④ 碎石或卵石快速法试验应按下列步骤进行：

a. 将试件成型完毕后，带模放入标准养护室，养护 (24±4)h 后脱模。

b. 脱模后，将试件浸泡在装有自来水的养护筒中，并将养护筒放入温度 (80±2)℃ 的恒温养护箱或水浴箱中，养护 24h，同种骨料制成的试件放在同一个养护筒中。

c. 然后将养护筒逐个取出，每次从养护筒中取出一个试件，用抹布擦干表面，立即用测长仪测试件的基长（L_0），测长应在 (20±2)℃ 恒温室中进行，每个试件至少重复测试两次，取差值在仪器精度范围内的两个读数的平均值作为长度测定值（精确至 0.02mm），每次每个试件的测量方向应一致，待测的试件须用湿布覆盖，以防止水分蒸发；从取出试件擦干到读数完成应在 (15±5)s 内结束，读完数后的试件用湿布覆盖。全部试件测完基长后，将试件放入装有浓度为 1mol/L 氢氧化钠溶液的养护筒中，确保试件被完全浸泡，且溶液温度应保持在 (80±2)℃，将养护筒放回恒温养护箱或水浴箱中。

注：用测长仪测定任一组试件的长度时，均应先调整测长仪的零点。

d. 自测定基长之日起，第 3d、7d、14d 再分别测长（L_t），测长方法与测基长方法一致。测量完毕后，应将试件调头放入原养护筒中，盖好筒盖放回 (80±2)℃ 的恒温养护箱或水浴箱中，继续养护至下一测试龄期。操作时应防止氢氧化钠溶液溢溅烧伤皮肤。

e. 在测量时应观察试件的变形、裂缝和渗出物等，特别应观察有无胶体物质，并作详细记录。

⑤ 试件的膨胀率按下式计算，精确至0.01%：

$$\varepsilon_t = \frac{L_t - L_0}{L_0 - 2\Delta} \times 100\% \qquad (2\text{-}81)$$

式中，ε_t 为试件在 t 天龄期的膨胀率；L_0 为试件的基长，mm；L_t 为试件在 t 天龄期的长度，mm；Δ 为测头长度，mm。

以三个试件膨胀率的平均值作为某一龄期膨胀率的测定值。任一试件膨胀率与平均值应符合下列规定：

a. 当平均值小于或等于0.05%时，单个测值与平均值的差值均应小于0.01%；

b. 当平均值大于0.05%时，单个测值与平均值的差值均应小于平均值的20%；

c. 当三个试件的膨胀率均大于0.10%时，无精度要求；

d. 当不符合上述要求时，去掉膨胀率最小的，用其余两个试件膨胀率的平均值作为该龄期的膨胀率。

⑥ 结果评定应符合下列规定：

a. 当14d膨胀率小于0.10%时，可判定为无潜在危害；

b. 当14d膨胀率大于0.20%时，可判定为有潜在危害；

c. 当14d膨胀率在0.10%～0.20%时，需按下面"砂浆长度法"中的方法再进行试验判定。

19. 碎（卵）石的碱活性试验（砂浆长度法）

① 该方法适用于鉴定硅质骨料与水泥（混凝土）中的碱产生潜在反应的危险性，不适用于碱碳酸盐反应活性骨料检验。

② 砂浆长度法碱活性试验应采用下列仪器设备：

a. 试验筛：筛孔公称直径为160μm、315μm、630μm、1.25mm、2.50mm、5.00mm方孔筛各一只；

b. 胶砂搅拌机：应符合现行行业标准《行星式水泥胶砂搅拌机》（JC/T 681—2005）的规定；

c. 镘刀，截面为14mm×13mm、长130～150mm的钢制捣棒；

d. 量筒、秒表；

e. 试模和测头（埋钉）：金属试模，规格为25mm×25mm×280mm，试模两端板正中有小洞，测头以耐锈蚀金属制成；

f. 养护筒：用耐腐材料（如塑料）制成，应不漏水、不透气，加盖后在养护室能确保筒内空气相对湿度为95%以上，筒内设有试件架，架下盛有水，试件垂直立于架上并不与水接触；

g. 测长仪：测量范围160～185mm，精度0.01mm；

h. 恒温箱（室）：温度为（40±2）℃；

i. 台秤：称量5kg，感量5g；

j. 跳桌：应符合现行行业标准《水泥胶砂流动度测定仪（跳桌）》（JC/T 958—2005）的要求。

③ 试样制备应符合下列规定：

a. 制备试样的材料应符合下列规定：

ⅰ.水泥：水泥含碱量应为 1.2%，低于此值时，可掺浓度 10% 的氢氧化钠溶液，将碱含量调至水泥量的 1.2%。当具体工程所用水泥含碱量高于此值时，则应采用工程所使用的水泥。

注：水泥含碱量以氧化钠（Na_2O）计，氧化钾（K_2O）换算为氧化钠时乘以换算系数 0.658。

ⅱ.石料：将试样缩分至约 5kg，破碎筛分后，各粒级都应在筛上用水冲净黏附在骨料上的淤泥和细粉，然后烘干备用。石料按表 2-64 的级配配成试验用料。

表 2-64　石料级配表

公称粒级	5.00~2.50mm	2.50~1.25mm	1.25~630μm	6.30~315μm	315~160μm
分级质量/%	10	25	25	25	15

b. 制作试件用的砂浆配合比应符合下列规定：水泥与石料的质量比为 1：2.25。每组 3 个试件，共需水泥 440g，石料 990g。砂浆用水量按现行国家标准《水泥胶砂流动度测定方法》（GB/T 2419—2005）确定，跳桌跳动次数应为 6s 跳动 10 次，流动度应为 105~120mm。

c. 砂浆长度法试验所用试件应按下列方法制作：

ⅰ.成型前 24h，将试验所用材料（水泥、骨料、拌合用水等）放入（20±2）℃的恒温室中。

ⅱ.石料水泥浆制备：先将称好的水泥，石料倒入搅拌锅内，开动搅拌机。拌合 5s 后，徐徐加水，20~30s 加完，自开动机器起搅拌 120s。将粘在叶片上的料刮下，取下搅拌锅。

ⅲ.砂浆分两层装入试模内，每层捣 40 次，测头周围应捣实，浇捣完毕后用镘刀刮除多余砂浆，抹平表面，并标明测定方向及编号。

④ 砂浆长度法试验应按下列步骤进行：

a. 试件成型完毕后，带模放入标准养护室，养护 24h 后，脱模（当试件强度较低时，可延至 48h 脱模）。脱模后立即测量试件的基长（L_0），测长应在（20±2）℃的恒温室中进行，每个试件至少重复测试两次，取差值在仪器精度范围内的两个读数的平均值作为测定值。待测的试件须用湿布覆盖，防止水分蒸发。

b. 测量后将试件放入养护筒中，盖严筒盖放入（40±2）℃的养护室里养护（同一筒内的试件品种应相同）。

c. 自测量基长起，第 14 天、1 个月、2 个月、3 个月、6 个月再分别测长（L_t），需要时可以适当延长。在测长前一天，应把养护筒从（40±2）℃的养护室中取出，放入（20±2）℃的恒温室。试件的测长方法与测基长相同，测量完毕后，应将试件调头放入养护筒中。盖好筒盖，放回（40±2）℃的养护室继续养护至下一测试龄期。

d. 在测量时应观察试件的变形、裂缝和渗出物等，特别应观察有无胶体物质，并作详细记录。

⑤ 试件的膨胀率应按下式计算，精确至 0.001%：

$$\varepsilon_t = \frac{L_t - L_0}{L_0 - 2\Delta} \times 100\% \tag{2-82}$$

式中，ε_t 为试件在 t 天龄期的膨胀率；L_0 为试件的基长，mm；L_t 为试件在 t 天龄期的长度，mm；Δ 为测头长度，mm。

以三个试件膨胀率的平均值作为某一龄期膨胀率的测定值。任一试件膨胀率与平均值应符合下列规定：

  a. 当平均值小于或等于0.05％时，单个测值与平均值的差值均应小于0.01％；

  b. 当半均值大于0.05％时，单个测值与平均值的差值均应小于平均值的20％；

  c. 当三个试件的膨胀率均超过0.10％时，无精度要求；

  d. 当不符合上述要求时，去掉膨胀率最小的，用其余两个试件膨胀率的平均值作为该龄期的膨胀率。

  ⑥ 结果评定应符合下列规定：当砂浆半年膨胀率低于0.10％时或3个月膨胀率低于0.05％时（只有在缺半年膨胀率资料时才有效），可判定为无潜在危害。否则，应判定为具有潜在危害。

20. 碳酸盐骨料的碱活性试验（岩石柱法）

  ① 该方法适用于检验碳酸盐岩石是否具有碱活性。

  ② 岩石柱法试验应采用下列仪器、设备和试剂：

  a. 钻机：配有小圆筒钻头；

  b. 锯石机、磨片机；

  c. 试件养护瓶：耐碱材料制成，能盖严以避免溶液变质和改变浓度；

  d. 测长仪：量程25～50mm，精度0.01mm；

  e. 1mol/L氢氧化钠溶液：（40±1）g氢氧化钠（化学纯）溶于1L蒸馏水中。

  ③ 试样制备应符合下列规定：

  a. 应在同块岩石的不同岩性方向取样；岩石层理不清时，应在三个相互垂直的方向上各取一个试件。

  b. 钻取的圆柱体试件直径为（9±1）mm，长度为（35±5）mm，试件两端面应磨光、互相平行且与试件的主轴线垂直，试件加工时应避免表面变质而影响碱溶液渗入岩样的速度。

  ④ 岩石柱法试验应按下列步骤进行：

  a. 将试件编号后，放入盛有蒸馏水的瓶中，置于（20±2）℃的恒温室内，每隔24h取出擦干表面水分，进行测长，直至试件前后两次测得的长度变化不超过0.02％为止，以最后一次测得的试件长度为基长（L_0）。

  b. 将测完基长的试件浸入盛有浓度为1mol/L氢氧化钠溶液的瓶中，液面应超过试件顶面至少10mm，每个试件的平均液量至少应为50mL。同一瓶中不得浸泡不同品种的试件，盖严瓶盖，置于（20±2）℃的恒温室中。溶液每六个月更换一次。

  c. 在（20±2）℃的恒温室中进行测长（L_t）。每个试件测长方向应始终保持一致。测量时，试件从瓶中取出，先用蒸馏水洗涤，将表面水擦干后再测量。测长龄期从试件泡入碱液时算起，在7d、14d、21d、28d、56d、84d时进行测量，如有需要，以后每1个月一次，一年后每3个月一次。

  d. 试件在浸泡期间，应观测其形态的变化，如开裂、弯曲、断裂等，并做记录。

  ⑤ 试件长度变化应按下式计算，精确至0.001％：

$$\varepsilon_{st}=\frac{L_t-L_0}{L_0}\times100\%$$ (2-83)

  式中，ε_{st}为试件浸泡t天后的长度变化率；L_t为试件浸泡t天后的长度，mm；L_0为试件的基长，mm。

注：测量精度要求为同一试验人员、同一仪器测量同一试件，其误差不应超过±0.02%；不同试验人员，同一仪器测量同一试件，其误差不应超过±0.03%。

⑥ 结果评定应符合下列规定：

a. 同块岩石所取的试样中以其膨胀率最大的一个测值作为分析该岩石碱活性的依据；

b. 试件浸泡84d的膨胀率超过0.10%，应判定为具有潜在碱活性危害。

四、质量控制

依据《普通混凝土用砂、石质量及检验方法标准》（JGJ 52—2006）的标准，对砂或石质量控制如下。

1. 验收

① 供货单位应提供砂或石的产品合格证及质量检验报告。

② 使用单位应按砂或石的同产地同规格分批验收。采用大型工具运输的，应以400m³或600t为一验收批；采用小型工具运输的，应以200m³或300t为一验收批；不足上述量者，应按一验收批进行验收。当砂或石质量比较稳定、进料量又较大时，可以1000t为一验收批。

③ 每验收批砂或石至少应进行颗粒级配、含泥量、泥块含量检验。对于碎石或卵石，还应检验针片状颗粒含量；对于海砂或有氯离子污染的砂，还应检验其氯离子含量；对于海砂，还应检验贝壳含量；对于人工砂及混合砂，还应检验石粉含量。对于重要工程或特殊工程，应根据工程要求增加检验项目。对其他指标的合格性有怀疑时，应予检验。

④ 使用单位的质量检验报告内容应包括：委托单位、样品编号、工程名称、样品产地、类别、代表数量、检测依据、检测条件、检测项目、检测结果、结论等。

2. 运输和堆放

① 砂或石在运输、装卸和堆放过程中，应防止颗粒离析、混入杂质，并应按产地、种类和规格分别堆放。

② 碎石或卵石的堆放高度不宜超过5m，对于单粒级或最大粒径不超过20mm的连续粒级，其堆料高度可增加到10m。

第三节　再生骨料

一、概述

再生骨料是指利用废弃混凝土或碎砖等生产的骨料。再生骨料分再生粗骨料和再生细骨料。再生粗骨料是指由建筑垃圾中的混凝土、砂浆、石或砖瓦等加工而成的粒径大于4.75mm的颗粒。再生细骨料是指由建筑垃圾中的混凝土、砂浆、石或砖瓦等加工而成的粒径不大于4.75mm的颗粒。

再生骨料主要用于取代天然骨料来配制普通混凝土或普通砂浆，或者作为原材料用于生

二、质量要求

根据《再生骨料应用技术规程》（JGJ/T 240—2011），再生粗、细骨料按性能要求可分为Ⅰ类、Ⅱ类和Ⅲ类。Ⅰ类再生粗骨料可用于配制各种强度等级的混凝土；Ⅱ类再生粗骨料宜用于配制 C40 及以下强度等级的混凝土；Ⅲ类再生粗骨料可用于配制 C25 及以下强度等级的混凝土，不宜用于配制有抗冻要求的混凝土。Ⅰ类再生细骨料可用于配制 C40 及以下强度等级的混凝土；Ⅱ类再生细骨料宜用于配制 C25 及以下强度等级的混凝土；Ⅲ类再生细骨料不宜用于配制结构混凝土。

再生骨料不得用于配制预应力混凝土。

当再生粗骨料或再生细骨料不符合现行国家标准《混凝土用再生粗骨料》（GB/T 25177—2010）或《混凝土和砂浆用再生细骨料》（GB/T 25176—2010）的规定，但经过试验验证能满足相关使用要求时，可用于非结构混凝土。

（一）再生粗骨料的质量要求（GB/T 25177—2010）

1. 颗粒级配

混凝土用再生粗骨料的颗粒级配，应符合表 2-65 的要求。

表 2-65　再生粗骨料的颗粒级配

公称粒径/mm		累计筛余/%							
		方孔筛筛孔边长尺寸/mm							
		2.36	4.75	9.50	16.0	19.0	26.5	31.5	37.5
连续粒级	5～16	95～100	85～100	30～60	0～10	0			
	5～20	95～100	90～100	40～80	—	0～10	0		
	5～25	95～100	90～100	—	30～70	—	0～5	0	
	5～31.5	95～100	90～100	70～90	—	15～45	—	0～5	0
单粒级	5～10	95～100	80～100	0～15	0				
	10～20		95～100	85～100		0～15	0		
	16～31.5			95～100	85～100			0～10	0

2. 性能指标

再生粗骨料中微粉含量、泥块含量、吸水率、坚固性、压碎指标、表观密度、空隙率、针片状颗粒含量、有害物质（有机物、硫化物及硫酸盐、氯化物等）含量、杂物含量应符合表 2-66 的规定。

3. 碱骨料反应

经碱骨料反应试验后，由再生粗骨料制备的试件无裂缝、酥裂或胶体外溢等现象，膨胀率应小于 0.10%。

4. 放射性

应满足《建筑材料放射性核素限量》（GB 6566—2010）的规定。

表 2-66　再生粗骨料的性能指标

项目		Ⅰ类	Ⅱ类	Ⅲ类
微粉含量(按质量计)/%		<1.0	<2.0	<3.0
泥块含量(按质量计)/%		<0.5	<0.7	<1.0
吸水率(按质量计)/%		<3.0	<5.0	<8.0
坚固性(质量损失)/%		<5.0	<10.0	<15.0
压碎指标/%		<12	<20	<30
表观密度/(kg/m³)		>2450	>2350	>2250
空隙率/%		<47	<50	<53
针片状颗粒含量(按质量计)/%		<10		
有害物质含量	有机物	合格		
	硫化物及硫酸盐(折算成 SO_3,按质量计)/%	<2.0		
	氯化物(以氯离子质量计)/%	<0.06		
杂物含量(按质量计)/%		<1.0		

注：坚固性采用硫酸钠溶液法进行试验，测定经 5 次循环后的质量损失。

（二）再生细骨料的质量要求（GB/T 25176—2010）

1. 颗粒级配

混凝土用再生细骨料的颗粒级配，应符合表 2-67 的要求。

表 2-67　再生细骨料的颗粒级配

方孔筛筛孔边长	累计筛余/%		
	1 级配区	2 级配区	3 级配区
9.50mm	0	0	0
4.75mm	10～0	10～0	10～0
2.36mm	35～5	25～0	15～0
1.18mm	65～35	50～10	25～0
600μm	85～71	70～41	40～16
300μm	95～80	92～70	85～55
150μm	100～85	100～80	100～75

注：再生细骨料的实际颗粒级配与表中所列数字相比，除 4.75mm 和 600μm 筛挡外，其他筛挡可以略有超出，但超出总量应小于 5%。

2. 性能指标

再生细骨料中微粉含量、泥块含量、坚固性、压碎指标、表观密度、堆积密度、空隙率、有害物质含量应符合表 2-68 的规定。

3. 再生胶砂需水量比和强度比

再生胶砂的需水量比和强度比应符合表 2-69 的规定。

表 2-68　再生粗骨料的性能指标

项目		Ⅰ类	Ⅱ类	Ⅲ类
微粉含量（按质量计）/%	MB 值<1.40 或合格	<5.0	<7.0	<10.0
	MB 值≥1.40 或不合格	<1.0	<3.0	<5.0
泥块含量（按质量计）/%		<1.0	<2.0	<3.0
坚固性（质量损失）/%		<8.0	<10.0	<12.0
单级最大压碎指标值/%		<20	<25	<30
表观密度/(kg/m³)		>2450	>2350	>2250
堆积密度/(kg/m³)		>1350	>1300	>1200
空隙率/%		<46	<48	<52
有害物质含量	云母含量（按质量计）/%	<2.0		
	轻物质含量（按质量计）/%	<1.0		
	有机物含量（比色法）	合格		
	硫化物及硫酸盐含量（按 SO₃，按质量计）/%	<2.0		
	氯化物含量（以氯离子质量计）/%	<0.06		

注：坚固性采用硫酸钠溶液法进行试验，经 5 次循环后的质量损失。

表 2-69　再生胶砂需水量比和强度比

项目	Ⅰ类			Ⅱ类			Ⅲ类		
	细	中	粗	细	中	粗	细	中	粗
需水量比	<1.35	<1.30	<1.20	<1.55	<1.45	<1.35	<1.80	<1.70	<1.50
强度比	>0.80	>0.90	>1.00	>0.70	>0.85	>0.95	>0.60	>0.75	>0.90

4. 碱骨料反应

经碱骨料反应试验后，由再生细骨料制备的试件无裂缝、酥裂或胶体外溢等现象，膨胀率应小于 0.10%。

5. 放射性

应符合《建筑材料放射性核素限量》（GB 6566—2010）的规定。

三、检验方法

（一）再生粗骨料检验（GB/T 25177—2010）

1. 取样

（1）取样方法　再生粗骨料按《建设用卵石、碎石》（GB/T 14685—2011）中规定的取样方法执行。

（2）试样数量　对每一单项检验项目，再生粗骨料的最小取样数量应按表 2-70 的规定。当需要做多项检验时，可在确保试样经一项试验后不致影响另一项试验结果的前提下，用同一试样进行几项不同的试验。

（3）试样处理　再生粗骨料按《建设用卵石、碎石》（GB/T 14685—2011）中的试样处理规定执行。

表 2-70 再生粗骨料单项试验最小取样量

序号	试验项目	各最大粒径下的最小取样数量/kg				
		9.5mm	16.0mm	19.0mm	26.5mm	31.5mm
1	颗粒级配	10	16	19	25	32
2	微粉含量	8	8	24	24	40
3	泥块含量	8	8	24	24	40
4	吸水率	8	8	24	24	40
5	针片状颗粒含量	8	8	16	16	20
6	有机物含量	按试验要求的粒级和数量取样				
7	硫化物与硫酸盐含量					
8	氯化物含量					
9	杂物含量	15	15	30	30	50
10	坚固性	按试验要求的粒级和数量取样				
11	压碎指标					
12	表观密度	8	8	8	8	12
13	空隙率	40	40	40	40	80
14	碱骨料反应	20	20	20	20	20

2. 检验方法

再生粗骨料的各项指标检验方法见表 2-71。

表 2-71 再生粗骨料检验方法

检验指标	依据的标准	依据的检验方法
颗粒级配	《建设用卵石、碎石》(GB/T 14685—2011)	颗粒级配
微粉含量		微粉含量
泥块含量		泥块含量
吸水率	《轻集料及其试验方法　第2部分:轻集料试验方法》(GB/T 17431.2—2010)	吸水率
针片状颗粒含量	《建设用卵石、碎石》(GB/T 14685—2011)	针、片状含量
有机物含量		有机物含量
硫化物与硫酸盐含量		硫化物和硫酸盐含量
氯化物含量	《建设用砂》(GB/T 14684—2011)	氯化物含量
杂物含量	《混凝土用再生粗骨料》(GB/T 25177—2010)	杂物含量
坚固性		硫酸钠溶液法,但试验结果精确至0.1%
压碎指标	《建设用卵石、碎石》(GB/T 14685—2011)	压碎指标
表观密度		表观密度
空隙率		空隙率
碱骨料反应		碱骨料反应
放射性	《建筑材料放射性核素限量》(GB 6566—2010)	规定的试验方法

（二）再生细骨料检验（GB/T 25176—2010）

1. 取样

（1）取样方法　再生细骨料按《建设用砂》（GB/T 14684—2011）中规定的取样方法执行。

（2）试样数量　对每一单项检验项目，再生细骨料的最小取样数量应符合表 2-72 的规定。当需要做多项检验时，可在确保试样经一项试验后不致影响另一项试验结果的前提下，用同一试样进行几项不同的试验。

表 2-72　再生细骨料单项试验最小取样量

序号	试验项目	最小取样数量/kg	序号	试验项目	最小取样数量/kg
1	颗粒级配	5	9	坚固性	20
2	微粉含量	5	10	压碎指标	30
3	泥块含量	20	11	再生胶砂需水量化	20
4	云母含量	1	12	再生胶砂强度化	20
5	轻物质含量	4	13	表观密度	3
6	有机物含量	2	14	堆积密度与空隙率	5
7	硫化物与硫酸盐含量	1	15	碱骨料反应	20
8	氯化物含量	5			

（3）试样处理　再生细骨料按《建设用砂》（GB/T 14684—2011）中的试样处理规定执行。

2. 检验方法

再生细骨料的各项指标检验方法见表 2-73。

表 2-73　再生细骨料的检验方法

检验指标	依据的标准	依据的检验方法
颗粒级配和细度模数	《建设用砂》（GB/T 14684—2011）	颗粒级配
微粉含量		微粉含量
泥块含量		泥块含量
云母含量		云母含量
轻物质含量		轻物质含量
有机物含量		有机物含量
硫化物与硫酸盐含量		硫化物与硫酸盐含量
氯化物含量		氯化物含量
坚固性		硫酸钠溶液法,但试验结果精确至 0.1%
压碎指标		压碎指标
表观密度		表观密度
堆积密度和空隙度		堆积密度和空隙度
再生胶砂需水量比	《混凝土和砂浆用再生细骨料》（GB/T 25176—2010）	再生胶砂需水量比
再生胶砂强度比		再生胶砂强度比
碱骨料反应	《建设用砂》（GB/T 14684—2011）	碱骨料反应
放射性	《建筑材料放射性核素限量》（GB 6566—2010）	规定的试验方法

四、质量控制

1. 验收

再生骨料进场时，应按规定批次检查型式检验报告、出厂检验报告及合格证等质量证明材料。

再生骨料进场检验应符合下列规定：

① 制备混凝土的再生粗骨料，应对其泥块含量、吸水率、压碎指标和表观密度进行检验。

② 制备混凝土和砂浆的再生细骨料，应对其泥块含量、再生胶砂需水量比和表观密度进行检验。

③ 同一厂家、同一类别、同一规格、同一批次的再生骨料，每 400m³ 或 600t 为一检验批；不足 400m³ 或 600t 的应按一批计。

④ 再生骨料进场检验结果应符合本节"二、质量要求"中的规定。当有一项指标达不到要求时，可从同一批产品中加倍取样，对不符合要求的项目进行复检。复检结果合格的，可判定该批产品为合格产品；复检结果不合格的，应判定该批产品为不合格。

2. 运输和储存

① 再生骨料运输时，应采取防止混入杂物和粉尘飞扬的措施。

② 再生骨料应按类别、规格分开堆放储存，且应采取防止混入杂物、人为碾压和污染的措施。

第四节 矿物掺合料

一、概述

1. 定义

以硅、铝、钙等的一种或多种氧化物为主要成分，具有规定细度，掺入混凝土中能改善混凝土性能的粉体材料。

2. 分类

混凝土用掺合料可分为活性掺合料和非活性掺合料。

（1）活性掺合料　活性掺合料是指某些自身具有水硬性的材料，如碱性粒化高炉矿渣、增钙液态渣等，或者某些自身不具有水硬性，但经磨细与石灰或与石灰和石膏拌和在一起，加水后能在常温下具有胶凝性的水化产物，既能在水中又能在空气中硬化，这种材料称为具有活性水硬性材料，如酸性粒化高炉矿渣、硅粉、沸石粉、粉煤灰、烧页岩，以及火山灰质材料，如火山灰、浮石、凝灰粉、硅藻土、蛋白石等。

（2）非活性掺合料　非活性掺合料是指某些不具有水硬性或活性很低的人造或天然矿物

材料，一般与水泥不起化学反应或反应很小，掺入混凝土中主要起填充作用和改善混凝土的和易性，如磨细石英砂、石灰石、黏土等。

3. 一般规定

① 硅酸盐水泥、普通硅酸盐水泥在生产过程中加入的混合材料较少，配制掺矿物掺合料混凝土时宜优先选用这两种水泥。选用其他水泥时，应充分了解所用水泥中混合材料的品种和掺量，混凝土中矿物掺合料的掺量要相应减少，并通过试验确定。根据工程所处的环境条件、结构特点，混凝土中矿物掺合料占胶凝材料总量的最大百分率（β_b）宜按表 2-74 控制。

表 2-74　矿物掺合料占胶凝材料总量的百分率（β_b）限值

矿物掺合料种类	水胶比	水泥品种	
		硅酸盐水泥/%	普通硅酸盐水泥/%
粉煤灰(F类Ⅰ、Ⅱ级)	≤0.40	≤45	≤35
	>0.40	≤40	≤30
粒化高炉矿渣粉	≤0.40	≤65	≤55
	>0.40	≤55	≤45
硅灰	—	≤10	≤10
石灰石粉	≤0.40	≤35	≤25
	>0.40	≤30	≤20
钢渣粉	—	≤30	≤20
磷渣粉	—	≤30	≤20
沸石粉	—	≤15	≤15
复合掺合料	≤0.40	≤65	≤55
	>0.40	≤55	≤45

注：1. C 类粉煤灰用于结构混凝土时，安定性应合格，其掺量应通过试验确定，但不应超过本表中 F 类粉煤灰的规定限量；对硫酸盐侵蚀环境下的混凝土不得用 C 类粉煤灰。

2. 混凝土强度等级不大于 C15 时，粉煤灰的级别和最大掺量可不受表 2-74 规定的限制。

3. 复合掺合料中各组分的掺量不宜超过任一组分单掺时的上限掺量。

② 配制掺矿物掺合料的混凝土应同时掺加外加剂，以便其颗粒效应、填充效应和叠加效应得到充分的发挥。选用的外加剂不仅要与水泥有良好的相容性，还应与所用矿物掺合料有良好的相容性，矿物掺合料及外加剂的品种和掺量均应通过混凝土试验确定。

③ 矿物掺合料的放射性核素应符合现行国家标准《建筑材料放射性核素限量》（GB 6566—2010）的有关规定。

④ 矿物掺合料品种和掺量，应根据矿物掺合料本身的品质，结合混凝土其他参数、工程性质、所处环境等因素，参考以下原则选择确定：

a. 收龄期较长时，矿物掺合料宜采用较大掺量；

b. 混凝土构件最小截面尺寸较大，以及大体积混凝土、水下工程混凝土和有抗腐蚀要求的混凝土等，可在表 2-74 的基础上，根据需要适当增加矿物掺合料的掺量；

c. 对于最小截面尺寸小于 150mm 的构件混凝土（例如现浇楼板混凝土），宜采用较小坍落度，矿物掺合料宜采用较小掺量；

d. 对早期强度要求较高或环境温度较低条件下施工的混凝土，矿物掺合料宜采用较小掺量。

二、技术要求

依据《用于水泥和混凝土中的粉煤灰》（GB/T 1596—2017）、《用于水泥、砂浆和混凝土中的粒化高炉矿渣粉》（GB/T 18046—2017）、《用于水泥和混凝土中的钢渣粉》（GB/T 20491—2017）、《混凝土用粒化电炉磷渣粉》（JG/T 317—2011）、《混凝土和砂浆用天然沸石粉》（JG/T 566—2018）、《矿物掺合料应用技术规范》（GB/T 51003—2014）等标准，对矿物掺合料的技术要求如下。

（1）粉煤灰　根据《用于水泥和混凝土中的粉煤灰》（GB/T 1596—2017），拌制砂浆和混凝土用粉煤灰应符合表 2-75 要求，水泥活性混合材料用粉煤灰应符合表 2-76 要求。

表 2-75　拌制砂浆和混凝土用粉煤灰理化性能要求

项目		理化性能要求		
		Ⅰ级	Ⅱ级	Ⅲ级
细度（45μm 方孔筛筛余）/%	F 类粉煤灰	≤12.0	≤30.0	≤45.0
	C 类粉煤灰			
需水量比/%	F 类粉煤灰	≤95	≤105	≤115
	C 类粉煤灰			
烧失量/%	F 类粉煤灰	≤5.0	≤8.0	≤10.0
	C 类粉煤灰			
含水量/%	F 类粉煤灰	≤1.0		
	C 类粉煤灰			
三氧化硫（SO_3）质量分数/%	F 类粉煤灰	≤3.0		
	C 类粉煤灰			
游离氧化钙（f-CaO）质量分数/%	F 类粉煤灰	≤1.0		
	C 类粉煤灰	≤4.0		
二氧化硅（SiO_2）、三氧化二铝（Al_2O_3）和三氧化二铁（Fe_2O_3）总质量分数/%	F 类粉煤灰	≥70.0		
	C 类粉煤灰	≥50.0		
密度/（g/cm³）	F 类粉煤灰	≤2.6		
	C 类粉煤灰			
安定性（雷氏法）/mm	C 类粉煤灰	≤5.0		
强度活性指数/%	F 类粉煤灰	≥70.0		
	C 类粉煤灰			

（2）粒化高炉矿渣粉　根据《用于水泥、砂浆和混凝土中的粒化高炉矿渣粉》（GB/T 18046—2017），粒化高炉矿渣粉应满足表 2-77 的要求。

（3）硅灰　根据《矿物掺合料应用技术规范》（GB/T 51003—2014），硅灰应满足表 2-78 的要求。

表 2-76　水泥活性混合材料用粉煤灰理化性能要求

项目		理化性能要求
烧失量/%	F 类粉煤灰	≤8.0
	C 类粉煤灰	
含水量/%	F 类粉煤灰	≤1.0
	C 类粉煤灰	
三氧化硫(SO_3)质量分数/%	F 类粉煤灰	≤3.5
	C 类粉煤灰	
游离氧化钙(f-CaO)质量分数/%	F 类粉煤灰	≤1.0
	C 类粉煤灰	≤4.0
二氧化硅(SiO_2)、三氧化二铝(Al_2O_3)和三氧化二铁(Fe_2O_3)总质量分数/%	F 类粉煤灰	≥70.0
	C 类粉煤灰	≥50.0
密度/(g/cm^3)	F 类粉煤灰	≤2.6
	C 类粉煤灰	
安定性(雷氏法)/mm	C 类粉煤灰	≤5.0
强度活性指数/%	F 类粉煤灰	≥70.0
	C 类粉煤灰	

表 2-77　粒化高炉矿渣粉的技术要求

项目		级别		
		S105	S95	S75
密度/(g/cm^3)		≥2.8		
比表面积/(m^2/kg)		≥500	≥400	≥300
活性指数/%	7d	≥95	≥70	≥55
	28d	≥105	≥95	≥75
流动度比/%		≥95		
初凝时间比/%		≤200		
含水量(质量分数)/%		≤1.0		
三氧化硫(质量分数)/%		≤4.0		
氯离子(质量分数)/%		≤0.06		
烧失量(质量分数)/%		≤1.0		
不溶物(质量分数)/%		≤3.0		
玻璃体含量(质量分数)/%		≥85		
放射性		I_{Ra}≤1.0 且 I_γ≤1.0		

表 2-78　硅灰的技术要求

项目	技术指标	项目	技术指标
比表面积/(m^2/kg)	≥15000	烧失量/%	≤6.0
28d 活性指数/%	≥85	需水量比/%	≤125
二氧化硅含量/%	≥85	氯离子含量/%	≤0.02
含水量/%	≤3.0		

（4）石灰石粉　根据《矿物掺合料应用技术规范》（GB/T 51003—2014），石灰石粉应满足表2-79的要求。

表 2-79　石灰石粉的技术要求

项目		技术指标
碳酸钙含量/%		≥75
细度（45μm方孔筛筛余）/%		≤15
活性指数/%	7d	≥60
	28d	≥60
流动度比/%		≥100
含水量/%		≤1.0
亚甲蓝值		≤1.4

注：当石灰石粉用于有碱活性骨料配制的混凝土时，可由供需双方协商确定碱含量。

（5）钢渣粉　根据《用于水泥和混凝土中的钢渣粉》（GB/T 20491—2017），钢渣粉应满足表2-80的要求。

表 2-80　钢渣粉的技术要求

项目		一级	二级
比表面积/(m²/kg)		≥350	
密度/(g/cm³)		≥3.2	
含水量（质量分数）/%		≤1.0	
游离氧化钙含量（质量分数）/%		≤4.0	
三氧化硫含量（质量分数）/%		≤4.0	
氯离子含量（质量分数）/%		≤0.06	
活性指数/%	7d	≥65	≥55
	28d	≥80	≥65
流动度比/%		≥95	
安定性	沸煮法	合格	
	压蒸法	6h压蒸膨胀率≤0.50%[①]	

① 如果钢渣粉中MgO含量不大于5%时，可不检验压蒸安定性。

（6）磷渣粉　根据《混凝土用粒化电炉磷渣粉》（JG/T 317—2011），磷渣粉应满足表2-81的要求。

表 2-81　磷渣粉的技术要求

项目		技术指标	项目	技术指标
比表面积/(m²/kg)		≥350	五氧化二磷含量/%	≤3.5
活性指数/%	7d	≥50	三氧化硫含量/%	≤3.5
	28d	≥70	烧失量/%	≤3.0
流动度比/%		≥95	氯离子含量/%	≤0.06
含水量/%		≤1.0	安定性（沸煮法）	合格

（7）沸石粉　根据《混凝土和砂浆用天然沸石粉》（JG/T 566—2018），沸石粉应满足表 2-82 的要求。

表 2-82　沸石粉的技术要求

项目		Ⅰ级	Ⅱ级	Ⅲ级
吸铵值/(mmol/100g)		≥130	≥100	≥90
细度(45μm 筛余)(质量分数)/%		≤12	≤30	≤45
活性指数/%	7d	≥90	≥85	≥80
	28d	≥90	≥85	≥80
需水量比/%		≤115		
含水量(质量分数)/%		≤5.0		
氯离子含量(质量分数)/%		≤0.06		
硫化物及硫酸盐含量(按 SO$_3$ 质量计)(质量分数)/%		≤1.0		
放射性		应符合 GB 6566—2010 的规定		

（8）复合矿物掺合料　根据《矿物掺合料应用技术规范》（GB/T 51003—2014），复合矿物掺合料应满足表 2-83 的要求。

表 2-83　复合矿物掺合料的技术要求

项目		技术指标
细度	45μm 方孔筛筛余/%	≤12
	比表面积/(m^2/kg)	≥350
活性指数/%	7d	≥50
	28d	≥75
流动度比/%		≥100
含水量/%		≤1.0
三氧化硫含量/%		≤3.5
烧失量/%		≤5.0
氯离子含量/%		≤0.06

注：比表面积测定法和筛析法，宜根据不同的复合品种选定。

三、检验方法

（一）取样

取样方法如下。

（1）散装矿物掺合料　应从每批连续购进的任意 3 个罐体各取等量试样一份，每份不少于 5.0kg，混合搅拌均匀，用四分法缩取比试验需要量大一倍的试样量。

（2）袋装矿物掺合料　应从每批中任抽 10 袋，从每袋中各取等量试样一份，每份不少于 1.0kg，按上款规定的方法缩取试样。

（3）购进矿物掺合料时，应按表 2-84 规定及时取样检验。对于来源稳定，连续多次检验合格或经认证机构认证合格的矿物掺合料，可根据相关规定和合同约定在表 2-84 的基础上适当减少检验批次和抽样次数。

表 2-84　矿物掺合料的检验项目、组批条件及批量

矿物掺合料名称	检验项目	验收组批条件及批量	检验项目的依据及要求
粉煤灰	细度 需水量比 烧失量 安定性（C 类粉煤灰）	同一厂家、相同级别、连续供应 200t/批 （不足 200t，按一批计）	《用于水泥和混凝土中的粉煤灰》（GB/T 1596—2017） 《矿物掺合料应用技术规范》（GB/T 51003—2014）
粒化高炉矿渣粉	比表面积 流动度比 活性指数	同一厂家、相同级别、连续供应 500t/批 （不足 500t，按一批计）	《用于水泥、砂浆和混凝土中的粒化高炉矿渣粉》（GB/T 18046—2008） 《矿物掺合料应用技术规范》（GB/T 51003—2014）
硅灰	需水量比 烧失量	同一厂家连续供应 30t/批 （不足 30t，按一批计）	《矿物掺合料应用技术规范》（GB/T 51003—2014）
石灰石粉	细度 流动度比 安定性 活性指数	同一厂家、相同级别、连续供应 200t/批 （不足 200t，按一批计）	《矿物掺合料应用技术规范》（GB/T 51003—2014）
钢渣粉	比表面积 流动度比 安定性 活性指数	同一厂家、相同级别、连续供应 200t/批 （不足 200t，按一批计）	《用于水泥和混凝土中的钢渣粉》（GB/T 20491—2017） 《矿物掺合料应用技术规范》（GB/T 51003—2014）
磷渣粉	细度 流动度比 安定性 活性指数	同一厂家、相同级别、连续供应 200t/批 （不足 200t，按一批计）	《混凝土用粒化电炉磷渣粉》（JG/T 317—2011） 《矿物掺合料应用技术规范》（GB/T 51003—2014）
沸石粉	吸铵值 细度 需水量比 活性指数	同一厂家、相同级别、连续供应 120t/批 （不足 120t，按一批计）	《混凝土和砂浆用天然沸石粉》（JG/T 566—2018） 《矿物掺合料应用技术规范》（GB/T 51003—2014）
复合矿物掺合料	细度（比表面积或筛余量） 流动度比	同一厂家、相同级别、连续供应 500t/批 （不足 500t，按一批计）	《矿物掺合料应用技术规范》（GB/T 51003—2014）

注：可根据需要检验本表以外的其他项目。

（二）粉煤灰性能

1. 定义、分类、性能指标

从煤粉炉排出的烟气中收集到的细颗粒粉末称为粉煤灰。粉煤灰的成分与高铝黏土相接近，主要以玻璃体状态存在，另有一部分为莫来石、α-石英、方解石及 β-硅酸二钙等少量晶体矿物。其主要化学成分为：SiO_2 占 45%～60%；Al_2O_3 占 20%～30%；Fe_2O_3 占 5%～10%；还含有少量的氧化钙、氧化镁、氧化钠、氧化钾、三氧化硫等。粉煤灰的活性主要取决于玻璃体的含量以及无定形的氧化铝和氧化硅的含量，而粉煤灰的细度、需水量比也是影响活性的两个主要物理因素，因此粉煤灰应有严格的质量控制。

按其排放方式粉煤灰分为干排灰和湿排灰。干排法获得的粉煤灰含水率不宜大于1.0%；湿排法获得的粉煤灰含水率不宜大于1.5%，其质量应均匀。粉煤灰按其品质分为Ⅰ、Ⅱ、Ⅲ三个等级。掺用于混凝土的粉煤灰品质指标和等级应按表2-75规定评定。

在实际应用中，当Ⅱ级粉煤灰的烧失量指标达不到要求时，其超出数值应不大于指标要求的2.5%，同时细度和烧失量的乘积小于160×10^{-4}时，可视作Ⅱ级粉煤灰使用。

混凝土中掺用粉煤灰宜采用超量取代法，超量系数通过试验确定；当混凝土超强较大时可采用等量取代法。当砂料较粗时可用粉煤灰代替部分砂料，代砂部分不计入粉煤灰取代水泥的限量中，掺粉煤灰的混凝土配合比设计应按绝对体积法计算，砂石料以饱和面干状态为准。粉煤灰取代水泥的最大限量（以质量百分比计）应符合表2-85中的规定。

表 2-85　粉煤灰取代水泥的最大限量

混凝土种类		硅酸盐水泥52.5级	普通水泥42.5级	普通水泥42.5级	矿渣水泥52.5级
碾压混凝土		70（Ⅱ级灰）60（Ⅲ级灰）	60	55	30
重力坝和重力拱坝混凝土	内部	55	45	40	25
	外部	35	30	25	15
拱坝混凝土		30	25	20	15
面板混凝土		30	25	20	
泵送混凝土、压浆混凝土		50	40	30	20
抗冻融混凝土、钢筋混凝土、高强混凝土		35	30	25	
抗冲耐磨混凝土		20	15	10	

粉煤灰的含水率大于1.0%时应从混凝土用水量中扣除；含水率小于1.0%时可忽略不计。用湿排法获得的粉煤灰，当粉煤灰采用干掺法时，需烘干处理，使其含水率小于1.0%；当采用湿掺法时，需与外加剂一起配制成均匀浆体使用。

粉煤灰应与外加剂同时使用，外加剂对粉煤灰与水泥的综合适应性及外加剂掺量应通过试验确定。

粉煤灰掺入混凝土中的方法可采用干掺法或湿掺法。粉煤灰混凝土拌合物必须搅拌均匀，其搅拌时间应比不掺粉灰的混凝土延长10～30s。

掺粉煤灰混凝土浇筑时不宜漏振或过振。振捣后的粉煤灰混凝土表面不得出现明显的粉煤灰浮浆层，如出现浮浆层应处理干净。

粉煤灰混凝土暴露面的潮湿养护时间不应少于21d；在干燥或炎热条件下，潮湿养护时间不应少于28d。

粉煤灰混凝土在低温施工时应注意表面保温，拆模时间应适当延长。

掺粉煤灰混凝土质量，以抗压强度进行检验，有特殊要求的按要求指标增设检测项目；掺引气剂的粉煤灰混凝土应增测含气量。

作为评定掺粉煤灰混凝土强度质量的试块应在搅拌机口取样制作，标准养护的15cm×15cm×15cm立方体试块应按下列规定留置。

① 每工作班不少于1组。

② 大体积掺粉煤灰混凝土每拌制500m³不少于1组；非大体积掺粉煤灰混凝土每拌制100m³不少于1组。

规定每组为 3 个试块，其强度试验结果的平均值作为该组强度代表值。当 3 个试块的最大强度或最小强度与中间值相比超过 15％时，以中间值代表该组试块的强度值。当试块的最大强度和最小强度值与中间值相比均超过 15％时，则该组试块作废。

2. 粉煤灰性能检验（GB/T 1596—2017）

（1）粉煤灰的细度试验（负压筛析法）

按 GB/T 1345—2005 中 45μm 负压筛析法进行，筛析时间为 3min。

筛网应采用符合 GSB 08-2506—2016 规定的或其他同等级标准样品进行校正，筛析 100 个样品后进行筛网的校正，结果处理同 GB/T 1345—2005 规定。

① 仪器设备

a. 负压筛析仪。负压筛分析仪由筛座、负压源、收尘器组成，其中筛座由转速为 30r/min＋2r/min 的喷气嘴、负压表、控制板、微电机及壳体构成，见图 2-39。

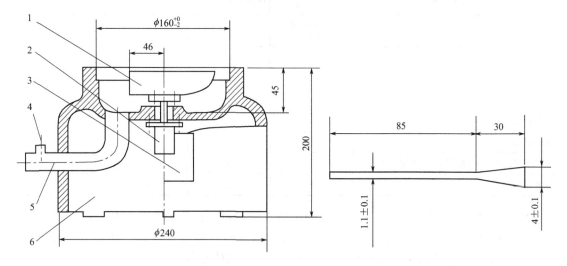

图 2-39　负压筛析仪筛座示意图
1—喷气嘴；2—微电机；3—控制板开口；
4—负压表接口；5—负压源及收尘器接口；6—壳体

图 2-40　喷气嘴上开口

筛析仪负压可调范围为 4000～6000Pa，喷气嘴伤口平面与筛网之间距离为 2～8mm，喷气嘴的上开口尺寸见图 2-40。负压源和收尘器由功率≥600W 的工业吸尘器和小型旋风收尘筒组成，或用其他具有相当功能的设备。

b. 天平：最小分度值不大于 0.01g。

② 试验步骤　筛析试验前应把负压筛放在筛座上，盖上筛盖，接通电源，检查控制系统，调节负压至 4000～6000Pa 范围内。

称取试样精确至 0.01g，置于洁净的负压筛中，放在筛座上，盖上筛盖，接通电源，开动筛析仪连续筛析 3min，在此期间如有试样附着在筛盖上，可轻轻地敲击筛盖使试样落下。筛毕，用天平称量全部筛余物。

③ 结果计算　粉煤灰筛余百分数按下式计算：

$$F = R_t / W \times 100 \tag{2-84}$$

式中，F 为试样的筛余百分数，％；R_t 为筛余物的质量，g；W 为试样的质量，g。计算结果精确至 0.1％。

（2）粉煤灰需水量比试验

① 原理　按 GB/T 2419—2005 测定试验胶砂和对比胶砂的流动度，二者达到规定流动度范围时的加水量之比为粉煤灰的需水量比。

② 材料

a. 对比水泥：符合 GSB 14-1510—2018 规定或符合 GB 175—2007 规定的强度等级 42.5 的硅酸盐水泥或普通硅酸盐水泥，且按表配制的对比胶砂流动度（L_0）在 145～155mm 内。

b. 试验样品：对比水泥和被检验粉煤灰按质量比 7∶3 混合。

c. 标准砂：符合 GB/T 17671—1999 规定的 0.5～1.0mm 的中级砂。

d. 水：洁净的淡水。

③ 仪器设备

a. 天平：量程不小于 1000g，最小分度值不大于 1g。

b. 搅拌机：符合 GB/T 17671—1999 规定的行星式水泥胶砂搅拌机。

c. 流动度跳桌：符合 GB/T 2419—2016 规定。

④ 试验步骤

a. 胶砂配比按表 2-86 进行。

表 2-86　粉煤灰需水量比试验胶砂配比　　　　　　　　　　　　单位：g

胶砂种类	对比水泥	试验样品		标准砂
		对比水泥	粉煤灰	
对比胶砂	250	—	—	750
试验胶砂	—	175	75	750

b. 对比胶砂和试验胶砂分别按 GB/T 17671—1999 规定进行搅拌。

c. 搅拌后的对比胶砂和试验胶砂分别按照 GB/T 2491—2005 测定流动度。当试验胶砂流动度达到对比胶砂流动度的 ±2mm 时，记录此时的加水量（m）；当试验胶砂流动度超出对比胶砂流动度（L_0）的 ±2mm 时，重新调整加水量，直至试验胶砂流动度达到对比胶砂流动度（L_0）的 ±2mm 为止。

⑤ 结果计算　粉煤灰需水量比按下式计算，结果保留至 1%。

$$X = \frac{m}{125} \times 100 \tag{2-85}$$

式中，X 为需水量比，%；m 为试验胶砂流动度达到对比砂流动度（L_0）的 ±2mm 时的加水量，g；125 为对比胶砂的加水量，g。

（3）粉煤灰的烧失量测定

按本章第一节三、（三）中水泥烧失量测定所述。

（4）粉煤灰强度活性指数

① 原理　按 GB/T 17671—1999 测定试验胶砂和对比胶砂的 28d 抗压强度，以二者之比确定粉煤灰的强度。

② 材料

a. 对比水泥：符合 GSB 14-1510—2018 规定或符合 GB 175—2007 规定的强度等级 42.5 的硅酸盐水泥或普通硅酸盐水泥，且按表配制的对比砂流动度（L_0）在 145～155mm 内。

b. 试验样品：对比水泥和被检验粉煤灰按质量比 7∶3 混合。

c. 标准砂：符合 GSB 08-1337—2018 规定。

d. 水：洁净的淡水。

③ 仪器设备　天平、搅拌机、振实台或振动台、抗压强度试验机等均应符合 GB/T 17671—1999 规定。

④ 试验步骤

a. 胶砂配比按表 2-87 进行。

表 2-87　强度活性指数试验胶砂配比　　　　　　　　单位：g

胶砂种类	对比水泥	试验样品		标准砂	水
		对比水泥	粉煤灰		
对比胶砂	450	—	—	1350	225
试验胶砂	—	315	135	1350	225

b. 将对比胶砂和试验胶砂分别按 GB/T 17671—1999 规定进行搅拌、试体成型和养护。

c. 试体养护至 28d，按 GB/T 17671—1999 规定分别测定对比胶砂和试验胶砂的抗压强度。

⑤ 结果计算　强度活性指数按下式计算，结果保留至 1%。

$$H_{28} = \frac{R}{R_0} \times 100 \tag{2-86}$$

式中，H_{28} 为强度活性指数，%；R 为试验胶砂 28d 抗压强度，MPa；R_0 为对比胶砂 28d 抗压强度，MPa。

试验结果有矛盾或需要仲裁检验时，对比水泥宜采用 GSB 14-1510—2018 强度检验用水泥标准样品。

（三）粒化高炉矿渣粉

粒化高炉矿渣是铁矿石在冶炼过程中与石灰石等溶剂化合所得的以硅酸钙与铝硅酸钙为主要成分的熔融物，经急速与水淬冷后形成的玻璃状颗粒物质。其主要化学成分是 CaO、SiO_2、Al_2O_3，三者的总量一般占 90% 以上，另外还有 Fe_2O_3 和 MgO 等氧化物及少量的 SO_3。这种矿渣活性较高，是在水泥生产和混凝土生产中常用的掺合料。

1. 定义

粒化高炉矿渣粉指以粒化高炉矿渣为主要原料，可掺加少量天然石膏，磨制成一定细度的粉体。

2. 组分与材料

（1）矿渣　符合 GB/T 203—2008 规定的粒化高炉矿渣。

（2）天然石膏　符合 GB/T 5483—2008 规定的 G 类和 M 类二级（含）以上的石膏或混合石膏。

（3）助磨剂　符合 GB/T 26748—2011 的规定，其加入量不超过矿渣粉质量的 0.5%。

3. 矿渣粉质量指标（见表 2-77）

4. 矿渣粉性能检验

（1）密度和比表面积的测定　按本章第一节三、（二）中所述进行。

（2）活性指数、流动度比及初凝时间比

① 样品

a. 对比水泥　符合 GB 175—2007 规定的强度等级为 42.5 的硅酸盐水泥或普通硅酸盐水泥，且 3d 抗压强度 25～35MPa，7d 抗压强度 35～45MPa，28d 抗压强度 50～60MPa，比表面积 350～400m²/kg，SO₃ 含量（质量分数）2.3%～2.8%，碱含量（Na₂O ＋ 0.658K₂O）（质量分数）0.5%～0.9%。

b. 试验样品　由对比水泥和矿渣粉按质量比 1：1 组成。

② 矿渣粉活性指数、流动度比试验步骤及结果计算

a. 水泥胶砂配比　对比胶砂和试验胶砂配比如表 2-88 所示。

表 2-88　水泥胶砂配比

水泥胶砂种类	对比水泥/g	矿渣粉/g	中国 ISO 标准砂/g	水/mL
对比胶砂	450	—	1350	225
试验胶砂	225	225	1350	225

b. 水泥胶砂搅拌程序　按 GB/T 17671—1999 进行。

c. 水泥胶砂流动度试验　按 GB/T 2419—2005 进行对比胶砂和试验胶砂的流动度试验。

d. 水泥胶砂强度试验　按 GB/T 17671—1999 进行对比胶砂和试验胶砂的 7d、28d 水泥胶砂抗压强度试验。

e. 矿渣粉活性指数和流动度比计算　矿渣粉 7d 活性指数按式（2-87）计算，计算结果保留至整数：

$$A_7 = \frac{R_7 \times 100}{R_{07}} \qquad (2\text{-}87)$$

式中，A_7 为矿渣粉 7d 活性指数，%；R_{07} 为对比胶砂 7d 抗压强度，MPa；R_7 为试验胶砂 7d 抗压强度，MPa。

矿渣粉 28d 活性指数按式（2-88）计算，计算结果保留至整数：

$$A_{28} = \frac{R_{28} \times 100}{R_{028}} \qquad (2\text{-}88)$$

式中，A_{28} 为矿渣粉 28d 活性指数，%；R_{028} 为对比胶砂 28d 抗压强度，MPa；R_{28} 为试验胶砂 28d 抗压强度，MPa。

矿渣粉流动度比按式（2-89）计算，计算结果保留至整数：

$$F = \frac{L \times 100}{L_m} \qquad (2\text{-}89)$$

式中，F 为矿渣粉流动度比，%；L_m 为对比胶砂流动度，mm；L 为试验胶砂流动度，mm。

③ 矿渣粉初凝时间比试验步骤及结果计算

a. 水泥净浆配比　对比净浆和试验净浆配比如表 2-89 所示。

表 2-89　水泥净浆配比

水泥净浆种类	对比水泥/g	矿渣粉/g	水/mL
对比净浆	500	—	标准稠度用水量
试验净浆	250	250	标准稠度用水量

b. 水泥净浆初凝时间试验 按 GB/T 1346—2011 进行对比净浆和试验净浆初凝时间的测定。

c. 水泥净浆初凝时间比计算 矿渣粉初凝时间比按式(2-90)计算，计算结果保留至整数。

$$T = \frac{I \times 100}{I_m}$$ (2-90)

式中，T 为矿渣粉初凝时间比，%；I_m 为对比净浆初凝时间，min；I 为试验净浆初凝时间，min。

(3) 含水量

① 原理 将矿渣粉放入规定温度的烘干箱内烘至恒重，以烘干前和烘干后的质量之差与烘干前的质量之比确定矿渣粉的含水量。

② 仪器

a. 烘干箱 可控制温度不低于110℃，最小分度值不大于2℃。

b. 天平 量程不小于50g，最小分度值不大于0.01g。

③ 试验步骤

a. 将蒸发皿在烘干箱中烘干至恒量，放入干燥器中冷却至室温后称重（m_0）。

b. 将约50g的矿渣粉样品倒入蒸发皿中称重（m_1），精确至0.01g。

c. 将矿渣粉样品与蒸发皿一起放入105～110℃烘干箱内烘至恒量，取出放在干燥器中冷却至室温后称重（m_2），精确至0.01g。

④ 结果计算

含水量按式(2-91)计算，结果保留至0.1%。

$$W = \frac{(m_1 - m_2) \times 100}{m_1 - m_0}$$ (2-91)

式中，W 为含水量，%；m_0 为蒸发皿的质量，g；m_1 为烘干前样品与蒸发皿的质量，g；m_2 为烘干后样品与蒸发皿的质量，g。

(4) 三氧化硫、氯离子、不溶物 按 GB/T 176—2017 进行。

(5) 烧失量 按 GB/T 176—2017 进行。

矿渣粉在灼烧过程中由于硫化物的氧化引起的误差，可通过式(2-92)、式(2-93)进行校正：

$$w_{O_2} = 0.8 \times (w_{灼SO_3} - w_{未灼SO_3})$$ (2-92)

式中，w_{O_2} 为矿渣粉灼烧过程中吸收空气中氧的质量分数，%；$w_{灼SO_3}$ 为矿渣灼烧后测得的 SO_3 质量分数，%；$w_{未灼SO_3}$ 为矿渣未经灼烧时的 SO_3 质量分数，%。

$$X_{校正} = X_{测} + w_{O_2}$$ (2-93)

式中，$X_{校正}$ 为矿渣粉校正后的烧失量（质量分数），%；$X_{测}$ 为矿渣粉试验测得的烧失量（质量分数），%。

(6) 玻璃体含量

① 原理 通过测量粒化高炉矿渣微粉 X 射线衍射图中玻璃体部分的面积与底线上面积之比得到玻璃体含量。

② 仪器

a. X 射线衍射仪（铜靶） 功率大于3kW；试验条件：管流≥40mA，管压≥37.5kV。

b. 电子天平　量程不小于 10g，最小分度值不大于 0.001g。

c. 电热干燥箱　温度控制范围（105±5）℃。

③ 试验步骤

a. 在烘箱中烘干矿渣粉样品 1h。用玛瑙研钵研磨，使其全部通过 80μm 方孔筛。以每分钟等于或小于 1°（2θ）的扫描速度，扫描试样 0.237～0.404nm 晶面区间（2θ＝22.0°～38.0°）。

b. 衍射图谱曲线上 1°（2θ）衍射角的线性距离不小于 10mm。0.404～0.237nm 晶面间的空间（d-空间）最强衍射峰的高度应大于 100mm。

注：扫描范围扩大到 10°～60°时，可搜索到杂质存在，通过杂质的主要峰值可以辨析其主要成分，并和玻璃体含量一起报告。

④ 图谱处理　在 0.237～0.404nm 晶面间（2θ＝22.0°～38.0°）的空间在峰底画一直线代表背底。计算中仅考虑线性底部上方空间区域的面积。

在 0.237～0.404nm 范围内，在衍射强度曲线的振荡中点画一曲线，尖锐衍射峰代表晶体部分，其余为玻璃体部分。在纸上把衍射峰轮廓和玻璃体区域剪下并分别称重，精确至 0.001g。

注：允许通过计算机软件直接测量相应的面积。

⑤ 计算　按式（2-94）测定玻璃体含量，取整数。

$$w_{glass} = \frac{m_{gp}}{m_{gp} + m_{cp}} \times 100 \tag{2-94}$$

式中，w_{glass} 为矿渣粉玻璃体含量（质量分数），%；m_{gp} 为代表样品中玻璃体的纸质量，g；m_{cp} 为代表样品中晶体部分的纸质量，g。

（7）放射性　按 GB 6566—2010 进行，其中放射性试验样品为矿渣粉和硅酸盐水泥按质量比 1∶1 混合制成。

（四）钢渣粉

1. 定义

由符合 YB/T 022—2008 标准规定的转炉或电炉钢渣（简称钢渣），经磁选除铁处理后粉磨达到一定细度的产品。

2. 钢渣粉性能检验

（1）密度和比表面积测定　按本章第一节三、（二）4. 和 5. 中所述进行。

（2）活性指数和流动度比测定　与本节"（三）粒化高炉矿渣粉"所述方法相同。

（3）三氧化硫测定　按本章第一节三、（三）水泥化学分析方法中 3. 和 4. 所述方法进行。

（4）含水率测定　与本节"（三）粒化高炉矿渣粉"所述方法相同。

（5）游离氧化钙含量测定

① 方法原理　采用乙二醇-EDTA 化学滴定法测出钢渣中游离总钙，根据氢氧化钙在高温条件下受热分解成氧化钙和水，采用热重分析法通过测量脱水的质量计算出钢渣中氢氧化钙的含量，二者之差即为钢渣中游离氧化钙的含量。

② 仪器设备

a. 烘箱：可控温在 105℃，精度不低于 5℃。

b. 破碎、粉磨设备

破碎机：小型颚式破碎机或符合要求的其他破碎机；

球磨机：$\phi 500mm \times 500mm$ 试验磨；

密闭式制样机：一次制样量不少于100g的制样机。

c. 试验筛：应符合 GB/T 6003.1—2012 的要求，通常选用筛孔尺寸为 4.75mm、1.18mm、$75\mu m$ 的方孔筛。

d. 称量设备（量程不小于 5kg，最小分度值不大于 1g；量程不小于 0.05kg，最小分度值不大于 0.0001g）；

e. 热重分析仪

高温炉：最高温度不低于 800℃；

热天平：量程不低于 30mg，最小分度值不大于 0.1mg。

f. 容量玻璃器皿（单标线吸量管、分度吸量管、滴定管、容量瓶等）。

g. 玛瑙、玻璃研钵。

h. 电动离心机：转速 4000r/min。

i. 永久磁铁块：磁铁块中心磁感应强度约 0.06T。

j. 磁力搅拌器：带有塑料外壳的搅拌子，具有调速、加热和控温功能。

③ 化学试剂

a. 硝酸钾、无水乙醇、乙二醇（1.113g/mL）、盐酸（1+1）、三乙醇胺（1+2）。

b. 氢氧化钾溶液（200g/L）：将 200g 氢氧化钾溶于水中，加水稀释至 1L，储存于塑料瓶中。

c. 碳酸钙标准溶液 $[c(CaCO_3) = 0.024mol/L]$：称取已于 105～110℃烘过 2h 并冷却至室温的碳酸钙（$CaCO_3$）0.6g，精确至 0.0001g。置于 400mL 烧杯中，加入约 100mL 水，盖上表面皿，沿杯口滴加盐酸（1+1）5～10mL 至碳酸钙全部溶解，加热煮沸 1～2min。将溶液冷却至室温，移入 250mL 容量瓶中，用水稀释至标线，摇匀。

d. EDTA 标准滴定溶液 $[c(EDTA) = 0.015mol/L]$：

ⅰ. EDTA 标准滴定溶液的配制：称取约 5.6g EDTA（乙二胺四乙酸二钠盐）置于烧杯中，加约 200mL 水，加热溶解，过滤，用水稀释至 1L。

ⅱ. EDTA 标准滴定溶液浓度的标定：吸取 25.00mL 碳酸钙标准溶液于 400mL 烧杯中，加水稀释至约 100mL，加入适量的 CMP 混合指示剂，在搅拌下加入氢氧化钾溶液至出现绿色荧光后再过量 2～3mL，以 EDTA 标准滴定溶液滴定至绿色荧光消失并呈现红色。记下消耗 EDTA 的体积。

EDTA 标准滴定溶液的浓度按下式计算：

$$c(EDTA) = \frac{m \times 25 \times 1000}{250 \times V \times 100.09} = \frac{m}{V \times 1.0009} \tag{2-95}$$

式中，$c(EDTA)$ 为 EDTA 标准滴定溶液的浓度，mol/L；m 为碳酸钙的质量，g；V 为滴定时消耗 EDTA 标准滴定溶液的体积，mL；100.09 为碳酸钙的摩尔质量，g/mol；250 为碳酸钙标准溶液总体积，mL；25 为滴定时分取的碳酸钙标准溶液的体积，mL；1000 为单位换算系数。

ⅲ. EDTA 标准滴定溶液对氧化钙滴定度的计算：

$$T_{CaO} = c(EDTA) \times 56.08 \qquad (2-96)$$

式中，T_{CaO} 为每毫升 EDTA 标准滴定溶液相当于氧化钙的质量，mg/mL；$c(EDTA)$ 为 EDTA 标准滴定溶液的浓度，mol/L；56.08 为 CaO 的摩尔质量，g/mol。

e. 钙指示剂：称取 1.00g 钙指示剂及 50g 已在 105～110℃ 烘干并冷却至室温的硝酸钾，放在研钵中混合研细，储于磨口瓶中。

f. 钙黄绿素-甲基百里香酚蓝-酚酞混合指示剂（CMP 混合指示剂）：称取 1.000g 钙黄绿素、1.000g 甲基百里香酚蓝、0.200g 酚酞与 50g 已在 105℃ 烘干过的硝酸钾混合研细，保存在磨口瓶中。

④ 游离总钙的测定

a. 主要操作步骤

ⅰ. 称取约 0.2～0.5g 试样，精确至 0.0001g。

ⅱ. 置于干燥的锥形瓶中，加 30mL 乙二醇（1.113g/mL），80～90℃ 加热，磁力搅拌 20min。

ⅲ. 将试料溶液移入 100mL 干燥离心管中。

ⅳ. 用 15mL 无水乙醇分 5～6 次洗锥形瓶，洗液倒入离心管中。

ⅴ. 在离心机上以 2500r/min 速度离心 15min。

ⅵ. 将上清液倒入干净的锥形瓶中，加水至 100mL，加 2 滴盐酸（1+1）、5mL 三乙醇胺（1+2）、10mL 氢氧化钠溶液（200g/L）、少量钙指示剂。

ⅶ. 用 EDTA 标准滴定溶液 $[c(EDTA) = 0.015mol/L]$ 滴定至溶液颜色由红色变为蓝色。

b. 结果计算　游离总钙的质量分数按下式计算：

$$\omega_{总} = \frac{T_{CaO} \times V}{m \times 1000} \times 100 \qquad (2-97)$$

式中，$\omega_{总}$ 为游离总钙的质量百分数，%；T_{CaO} 为每毫升 EDTA 标准滴定溶液相当于氧化钙的质量，mg/mL；V 为滴定时消耗 EDTA 标准滴定溶液的体积，mL；1000 为单位换算系数；m 为试料的质量，g。

⑤ 氢氧化钙的测定

a. 测定方法

ⅰ. 打开热重分析仪，平稳基线。

ⅱ. 将制备好的钢渣样品 10～25mg 装入高纯氧化铝的小坩埚中，用分析天平称量样品质量，精确至 0.0001g，记为 m_0。

ⅲ. 将坩埚放入热重分析仪的样品盘中，让加热炉返回工作位置，通入氮气保护，将 m_0 输入热重分析仪，设定升温速率为 10℃/min，终止温度为 800℃，启动升温程序，记录热重曲线。

ⅳ. 通过温度曲线、热重曲线相对应，由软件可分析出 400～550℃ 失重台阶所代表的质量损失百分比，记为 w_1。

b. 结果计算　钢渣中的氢氧化钙含量 w_{CaOH}（以氧化钙计）可按下式计算：

$$w_{CaOH} = 4.1111 \times 0.7567 \times w_1 \qquad (2-98)$$

式中，w_{CaOH} 为氢氧化钙（以氧化钙计）的质量分数，%；w_1 为 $Ca(OH)_2$ 分解出的 H_2O 的质量分数，%；4.1111 为 $Ca(OH)_2$ 和 H_2O 分子量的比值；0.7567 为 CaO 和 Ca

（OH）$_2$分子量的比值。

⑥ 钢渣中游离氧化钙含量计算

钢渣中游离氧化钙的含量采用下式进行计算：

$$w = w_{总} - w_{CaOH} \qquad (2\text{-}99)$$

式中，w 为游离氧化钙的质量分数，%。

当样品的 2 个有效分析值之差不大于表 2-90 所规定的允许差时，以其算术平均值作为最终分析结果；否则，应重新取样分析。

分析结果以百分数计，保留两位小数。数值的修约按 GB/T 8170—2008 的规定进行。

⑦ 结果确定　试验在重复性条件下测定 2 次。当试样的两个有效分析值之差不大于表 2-90 所规定的允许差时，以其算术平均值作为最终分析结果；否则，应重新取样分析。

表 2-90　允许差

含量/%	允许差/%
0.20～2.0	0.10
>2.0～15.0	0.20

（6）安定性测定　按本章第一节三、（二）所述 2. 安定性标准法进行。

（7）放射性测定　按本章第一节三、（三）水泥化学分析法中 9. 所述进行。

（五）磷渣粉

1. 定义

用电炉法制黄磷时，所得到的以硅酸钙为主要成分的熔融物，经淬冷成粒后，粉磨所得的粉体材料称为磷渣粉。

2. 磷渣粉性能检验

（1）密度和比表面积测定　按本章第一节三、（二）4. 和 5. 所述进行。

（2）活性指数和流动度比测定　与本节"（三）粒化高炉矿渣粉"所述方法相同。

（3）烧失量测定　按本章第一节三、（三）水泥化学分析方法中 7. 所述进行。

（4）含水率测定　与本节"（三）粒化高炉矿渣粉"所述方法相同。

（5）三氧化硫测定　按本章第一节三、（三）水泥化学分析方法中 3. 和 4. 所述方法进行。

（6）五氧化二磷含量测定

① 方法原理　在一定酸性介质中，磷与钼酸铵和抗坏血酸生成蓝色配合物。于波长 730nm 处测定溶液的吸光度。

② 仪器设备

a. 天平（精度 0.0001g）；

b. 分光光度计；

c. 高温炉；

d. 比色皿等。

③ 化学试剂

a. 硫酸（1+1）、氢氟酸、盐酸（1+1）、盐酸（1+10）、磷酸二氢钾（基准试剂）。

b. 碳酸钠-硼砂混合溶剂：将 2 份质量无水碳酸钠（Na_2CO_3）与 1 份质量无水硼砂（$Na_2B_4O_7$）混匀研细，储存于密封瓶中。

c. 氢氧化钠溶液（200g/L）：将 20g 氢氧化钠（NaOH）溶于水中，加水稀释至 100mL，储存于塑料瓶中。

d. 钼酸铵溶液（15g/L）：将 3g 钼酸铵 $[(NH_4)_6Mo_7O_{24} \cdot 4H_2O]$ 溶于 100mL 热水中，加入 60mL 硫酸（1+1）摇匀，冷却后加水稀释至 200mL，将此溶液保存于塑料瓶中。此溶液在一周内使用。

e. 抗坏血酸溶液（50g/L）：将 5g 抗坏血酸（VC）溶于 100mL 水中，必要时过滤后使用。用时现配。

f. 对硝基酚指示剂溶液（2g/L）：将 0.2g 对硝基酚溶于 100mL 水中。

④ 主要操作步骤

a. 五氧化二磷标准溶液的配制：称取 0.1917g 已在 105～110℃烘干 2h 的磷酸二氢钾（基准试剂），精确至 0.0001g，置于 300mL 烧杯中，加水溶解后，移入 1000mL 容量瓶中，用水稀至标线，摇匀。此标准溶液每毫升含有 0.1mg 五氧化二磷。

吸取 50.00mL 上述标准溶液放入 500mL 容量瓶中，用水稀释至标线，摇匀。此标准溶液每毫升含有 0.01mg 五氧化二磷。

b. 工作曲线的绘制：吸取每毫升含有 0.01mg 五氧化二磷的标准溶液 0、2.00、4.00、6.00、8.00、10.00、15.00、20.00、25.00（mL）分别放入 200mL 烧杯中，加水稀释至 50mL，加入 10mL 钼酸铵溶液和 2mL 抗坏血酸溶液，加热微沸（1.5±0.5）min，冷却至室温后，移入 100mL 容量瓶中，用盐酸（1+10）洗涤烧杯，并用盐酸（1+10）稀释至标线，摇匀。用分光光度计、10mm 比色皿，以水作参比，于波长 730nm 处测定溶液的吸光度。用测得的吸光度作为相对应的五氧化二磷含量的函数，绘制工作曲线。

c. 五氧化二磷含量测定：

称取约 0.25g 试样（m_0），精确至 0.0001g，置于铂坩埚中，加入少量水润湿，缓慢加入 3mL 盐酸、5 滴硫酸（1+1）和 5mL 氢氟酸，放入通风橱内电热板上缓慢加热，近干时摇动坩埚，以防溅失，蒸发至干，再加入 3mL 氢氟酸，继续放入通风橱内电热板上加热至干。

取下冷却，向经氢氟酸处理后得到的残渣中加入 3g 碳酸钠-硼砂混合剂，混匀，在 950～1000℃下熔融 10min，用坩埚钳夹持坩埚旋转，使熔融物均匀地附于坩埚内壁，冷却后，将坩埚放入已加热至微沸的盛有 10mL 硫酸（1+1）及 100mL 水的 300mL 烧杯中，并继续保持微沸状态，直至熔融物完全溶解，用水洗净坩埚及盖，冷却后，移入 250mL 容量瓶中，用水稀释至标线，摇匀。

吸取上述溶液 10.00mL（试样溶液的分取量视五氧化二磷含量而定）放入 200mL 烧杯中，加水至 50mL，加入 1 滴对硝基酚指示剂溶液，滴加氢氧化钠溶液至黄色，再滴加盐酸（1+1）至无色，加入 10mL 钼酸铵溶液和 2mL 抗坏血酸，加热微沸（1.5±0.5)min，冷却后，移入 100mL 容量瓶中，用盐酸（1+10）洗涤烧杯，并用盐酸（1+10）稀释至标线，摇匀。用分光光度计、10mm 比色皿，以水作参比，于波长 730nm 处测定溶液的吸光度。在上步工作曲线上查出五氧化二磷的含量 m_1。

⑤ 结果计算　五氧化二磷的质量百分数按下式计算，保留两位小数：

$$w(P_2O_5) = \frac{m_1 \times 5}{m_0 \times 1000} \times 100 = \frac{m_1 \times 0.5}{m_0} \tag{2-100}$$

式中，$w(P_2O_5)$ 为五氧化二磷的质量分数，%；m_0 为试料的质量，g；m_1 为 100mL 溶液中五氧化二磷的含量，mg。

⑥ 结果确定

以两次试验结果的平均值表示测定结果，其重复性限为 0.15%。

（7）安定性测定　按本章第一节三、（二）2. 所述安定性标准法进行。

（8）放射性测定　按本章第一节三、（三）水泥化学分析方法中 9. 所述进行。

（六）沸石粉

1. 定义、分类和性能指标

沸石粉是由沸石岩经粉磨加工制成的以水化硅铝酸盐为主的矿物火山灰质活性掺合材料。沸石岩系有 30 多个品种，用作混凝土掺合料的主要有斜发沸石或绦光沸石。沸石粉的主要化学成分是：SiO_2 占 60%～70%，Al_2O_3 占 10%～30%，可溶硅占 5%～12%，可溶铝占 6%～9%。沸石岩具有较大的内表面积和开放性结构，沸石粉本身没有活性，但在水泥或石灰等碱性物质激发下，其所含的活性硅和活性铝与 $Ca(OH)_2$ 反应生成水化硅酸钙，从而使混凝土结构致密，强度增长，抗渗性能提高。

掺用于混凝土的沸石粉品质指标和等级应按表 2-82 的规定评定。

水泥胶砂 28d 抗压强度比不得低于 62%。

2. 沸石粉的应用

① 沸石粉在混凝土中的掺量宜按等量置换法取代水泥，其取代率不宜超过表 2-91 的规定。超过限量时，应经试验确定。

表 2-91　沸石粉取代水泥的取代率

混凝土强度等级	硅酸盐水泥/%	普通硅酸盐水泥/%	矿渣硅酸盐水泥/%
C15～C30	20	20	15
C35～C45	15	15	10
C45 以上	10	10	5

一般规定 Ⅰ 级沸石粉宜用于强度等级不低于 C60 的混凝土。Ⅱ 级沸石粉宜用于强度等级低于 C60 的混凝土；经专门试验后，也可用于 C60 以上的混凝土。Ⅲ 级沸石粉宜用于砌筑砂浆和抹灰砂浆；经专门试验后，亦可用于强度等级低于 C60 的混凝土。

配制沸石粉混凝土和砂浆时，宜用强度等级为 42.5 级以上的硅酸盐水泥、普通硅酸盐水泥和矿渣硅酸盐水泥，不宜用火山灰质硅酸盐水泥、粉煤灰硅酸盐水泥和复合硅酸盐水泥。采用后 3 种水泥时，应经试验确定。

② 沸石粉在砌筑用砂浆中的掺量，应符合下列规定。

a. 沸石粉掺量应通过试配确定，不得在原有砂浆配合比中按比例等量取代水泥。沸石粉在水泥砂浆中的掺量宜控制为水泥用量的 20%～30%。

b. 沸石粉不宜取代混合砂浆中的水泥，但可取代混合砂浆中部分或全部石灰膏。沸石粉掺量宜为被取代石灰膏量的 50%～60%。

③ 沸石粉在抹灰用砂浆中可以等量取代水泥，其掺量应符合下列规定。

a. 用于内墙抹灰时，沸石粉掺量不应大于水泥质量的 30%。

b. 用于外墙抹灰时，沸石粉掺量不应大于水泥质量的 20%。

c. 用于地面抹灰时，沸石粉掺量不应大于水泥质量的 15％。

3. 沸石粉性能试验

（1）沸石粉吸铵值试验方法

① 原理

吸铵值试验方法的原理是将样品与氯化铵溶液共热，使 NH_4^+ 被沸石粉充分吸附，经水洗涤后，再经氯化钾溶液作用，将交换的铵离子置换出来，然后加入甲醛，被置换出来的铵离子和甲醛作用生成酸，利用标准氢氧化钠溶液中和滴定，用酚酞作指示剂，通过消耗的氢氧化钠标准溶液量计算其吸铵量。

② 仪器设备及材料

a. 电热板或调温电炉：$300 \sim 500$ W。

b. 干燥器：$\phi 300 \sim 500$ mm。

c. 分析天平：量程 200g，感量 0.001g。

d. 烧杯：150mL。

e. 锥形瓶：$250 \sim 300$ mL。

f. 漏斗：$\phi 100 \sim 200$ mm，附中速滤纸。

g. 滴定管：50mL，最小刻度 0.1mL。

h. 试验用水应采用蒸馏水。

i. 吸铵值测定时应采用符合下列规定的试剂：氯化铵溶液，1.0mol/L；氯化钾溶液，1.0mol/L；硝酸铵溶液，0.005mol/L；硝酸银溶液，5％；NaOH 标准溶液，0.1mol/L；甲醛溶液，38％；酚酞酒精溶液，1％。

③ 试验步骤

a. 取通过 $80\mu m$ 方孔筛的沸石粉气干样，放入干燥器中 24h 后，称取 1.000g，置于 150mL 的烧杯中，加入 100mL 的 1.0mol/L 的氯化铵溶液。

b. 将烧杯放在电热板或调温电炉上加热微沸 2h，在加热过程中，应经常搅拌，可补充水，应保持杯中溶液不少于 30mL。

c. 趁热用中速滤纸过滤，取煮沸并冷却的蒸馏水洗烧杯和滤纸沉淀，再用 0.005mol/L 的硝酸铵淋洗至无氯离子（用黑色比色板滴两滴淋洗液，加入一滴硝酸银溶液，无白色沉淀产生，表明无氯离子）。

d. 移去滤液瓶，将沉淀物移到普通漏斗中，用煮沸的 1.0mol/L 氯化钾溶液每次约 30mL 冲洗沉淀物。用一干净烧杯承接，分四次洗至 $100 \sim 120$ mL 为止。

e. 在洗液中加入 10mL 甲醛溶液静置 20min。

f. 加入 $2 \sim 8$ 滴酚酞指示剂，用氢氧化钠标准溶液滴定，直至微红色为终点（30s 不褪色），记下消耗的氢氧化钠标准溶液体积。

④ 试验结果计算

a. 沸石粉吸铵值按下式计算，精确至 1mmol/100g。

$$\Lambda = \frac{M \times V}{m \times 100} \tag{2-101}$$

式中，Λ 为吸铵值，mmol/100g；M 为 NaOH 标准溶液的摩尔浓度，mol/L；V 为消耗的 NaOH 标准溶液的体积，mL；m 为沸石粉质量，g。

b. 吸铵值试验结果应按下列要求确定：同一样品应分别进行两次试验，两次试验结果之差的绝对值不大于平均值的 8% 时，取其平均值为试验结果，精确至 1mmol/100g；当两次试验结果之差超过允许范围时，应重新按上述试验方法进行试验。

（2）沸石粉活性指数试验方法

① 仪器设备及材料

a. 试验用仪器应采用 GB/T 17671—1999 中规定的试验用仪器。

b. 试验用沸石粉应采用气干样，不应进行烘干处理。

c. 水泥应采用符合 GB 8076—2008 规定的基准水泥或合同约定的水泥。当有争议或仲裁检验时，应采用符合 GB 8076—2008 规定的基准水泥。砂应符合 GB/T 17671—1999 规定的标准砂。

d. 水应符合 GB 5749—2006 规定的生活饮用水。

② 试验条件及方法

a. 试验室应符合 GB/T 17671—1999 的规定。

b. 确定活性指数的胶砂配合比应符合表 2-92 的规定。

表 2-92　确定活性指数的胶砂配合比

胶砂种类	水泥/g	沸石粉/g	砂/g	水/g
对比胶砂	450		1350	225
受检胶砂	405	45	1350	225

c. 按 GB/T 17671—1999 的规定进行胶砂的搅拌。

d. 按 GB/T 17671—1999 的规定分别测定对比胶砂和受检胶砂相应龄期的抗压强度。

e. 沸石粉各龄期的活性指数按下式计算，结果应精确至 1%。

$$A = \frac{R_t}{R_0} \times 100\%　　　　　　　(2-102)$$

式中，A 为沸石粉活性指数；R_t 为受检胶砂相应龄期的抗压强度，MPa；R_0 为对比胶砂相应龄期的抗压强度，MPa。

（3）沸石粉需水量比试验方法

① 仪器设备及材料

a. 仪器应采用 GB/T 17671—1999 中规定的试验用仪器。

b. 沸石粉应采用气干样，不应进行烘干处理。

c. 水泥应采用符合 GB 8076—2008 规定的基准水泥或合同约定的水泥。当有争议或仲裁检验时，应采用符合 GB 8076—2008 规定的基准水泥。

d. 砂应符合 GB/T 17671—1999 中规定的标准砂。

e. 水应符合 GB 5749—2006 规定的生活饮用水。

② 试验条件及方法

a. 试验环境应符合 GB/T 17671—1999 的规定。

b. 确定需水量比的胶砂配合比应符合表 2-93 的规定。

表 2-93　确定需水量比的胶砂配合比

胶砂种类	水泥/g	沸石粉/g	砂/g	水/g	流动度/mm
对比胶砂	450		1350	225	L_0
受检胶砂	405	45	1350	W	L_0+2

c. 按 GB/T 17671—1999 的规定进行胶砂的搅拌。

d. 按表 2-93 规定的胶砂配合比和 GB/T 2419—2005 规定的方法测定流动度。当受检胶砂流动度达到对比胶砂流动度 $(L_0 \pm 2)$ mm 流动时，记录此时的加水量 V；当受检胶砂流动度超出对比胶砂流动度 $(L_0 \pm 2)$ mm 流动范围时，重新调整加水量，直至受检胶砂流动度达到对比胶砂流动度 $(L_0 \pm 2)$ mm 流动为止。分别测定对比胶砂和受检胶砂的流动度。

e. 沸石粉的需水量比按式(2-103)计算，精确至 1%。

$$F = \frac{W}{225} \times 100\% \qquad (2\text{-}103)$$

式中，F 为沸石粉的需水量比；W 为受检胶砂流动度达到对比胶砂流动度 $(L_0 \pm 2)$ mm 胶砂范围时的加水量，g。

四、质量控制

1. 验收

① 矿物掺合料进场时应具有出厂合格证或出厂检验报告，并按规定取样复验。合格证或检验报告的内容应包括：厂名、合格证或检验报告编号、级别、生产日期、代表数量及本批检验结果和结论等。矿物掺合料供应单位应定期提供型式检验报告。

② 矿物掺合料的验收应符合下列规定。

a. 矿物掺合料的验收按批进行，符合检验项目规定技术要求的方可使用。

b. 当其中任一检验项目不符合规定要求时，应根据具体检验项目选择降级使用或不宜使用，或者根据工程和原材料实际情况，通过混凝土试验论证，确能保证工程质量时，方可使用。

2. 存储

矿物掺合料存储时，应符合有关环境保护的规定，严禁与其他材料混杂，防止受潮。存储期超过 3 个月时，使用前要进行复验。

第五节　外加剂

一、概述

1. 定义与分类

（1）定义　混凝土外加剂是在拌制混凝土过程中掺入的用以改善混凝土性能的物质。掺量不大于水泥质量的 5%（特殊情况除外）。

（2）混凝土外加剂的分类　外加剂种类繁多，功能多样，国内外分类方法很不一致，一般混凝土外加剂按其主要功能分为 5 类。

① 改善混凝土拌合物流变性能的外加剂。包括各种减水剂、引气剂和泵送剂等。

② 调节混凝土凝结时间、硬化性能的外加剂。包括缓凝剂、早强剂和速凝剂等。

③ 改善混凝土耐久性的外加剂。包括防冻剂、密实剂、引气剂、防水剂和阻锈剂等。

④ 改善混凝土其他性能的外加剂。包括加气剂、消泡剂、膨胀剂、防冻剂、减缩剂、碱骨料反应抑制剂等。

⑤ 改善混凝土特殊性能的外加剂。包括着色剂、芳香剂、保水剂、界面剂、脱模剂等。

2. 外加剂的作用

各类外加剂加入混凝土中的作用有以下几方面：

① 能改善混凝土拌合物的和易性，减轻体力劳动强度，有利于机械化作业，这对保证并提高混凝土的工程质量很有好处。

② 能减少养护时间或缩短预制构件厂的蒸养时间；也可使工地提早拆除模板，加快模板周转；还可以提早对预应力钢筋混凝土的钢筋放张、剪筋。总之，掺用外加剂可以加快施工速度，提高建设速度。

③ 能提高或改善混凝土质量。有些外加剂掺入到混凝土后，可以提高混凝土的强度，增加混凝土的耐久性、密实性、抗冻性及抗渗性，并可改善混凝土的干燥收缩及徐变性能。有些外加剂还能提高混凝土中钢筋的耐锈蚀性能。

④ 在采取一定的工艺措施之后，掺加外加剂能适当地节省水泥而不致影响混凝土的质量。

二、质量要求

依据混凝土外加剂相关标准如《混凝土外加剂》（GB 8076—2008）、《砂浆、混凝土防水剂》（JC 474—2008）、《混凝土防冻剂》（JC 475—2004）、《混凝土膨胀剂》（GB 23439—2017）、《喷射混凝土用速凝剂》（JC 477—2005）和《混凝土外加剂中释放氨的限量》（GB 18588—2001）等，外加剂质量应符合如下要求。

1. 混凝土外加剂的技术性能指标

混凝土外加剂的技术性能指标分为掺外加剂混凝土性能及外加剂匀质性能两部分。掺外加剂混凝土技术性能是检验评定外加剂质量的依据标准，是在统一的检验条件下用掺外加剂的混凝土与不掺外加剂的混凝土（基准混凝土）性能的比值或差值来表示。其检验项目的意义如下。

（1）减水率 是指在混凝土的坍落度基本相同的条件下，掺用外加剂混凝土的用水量和不掺外加剂基准混凝土的用水量之差与不掺外加剂基准混凝土用水量的比值。减水率检验仅在减水剂和引气剂的混凝土中进行检验，它是区别高效型与普通型减水剂的主要技术指标之一。

（2）泌水率比 是指掺用外加剂混凝土的泌水量与不掺外加剂基准混凝土泌水量的比值。在混凝土中掺用某些外加剂后，对混凝土泌水和骨料沉降有较大的影响。一般缓凝剂使泌水率增大，引气剂、减水剂使泌水率减小。

（3）含气量 是指混凝土拌合物中加入适量具有引气功能的外加剂后，混凝土拌合物中引入部分微小的气泡，从而阻止骨料颗粒的沉降和水分上升并减小泌水率，改善混凝土拌合物的和易性，提高抗冻性。含气量对混凝土抗压强度影响较大，一般在水泥用量相同的情况下，含气量每增加 1%，混凝土 28d 抗压强度降低 2%～3%；当水灰比相同时，含气量每增加 1%，混凝土 28d 抗压强度降低 5% 左右。因此应控制混凝土中引气剂的掺量，适宜的含气量一般为 2%～6%。

（4）凝结时间差　是指掺用外加剂混凝土拌合物与不掺外加剂混凝土拌合物（基准混凝土拌合物）凝结时间的差值。掺用外加剂混凝土拌合物的凝结时间，随着水泥品种、外加剂种类及掺量、气温条件以及混凝土稠度（坍落度）的不同而变化。掺用缓凝剂可延缓混凝土的凝结时间，适用于高温季节、商品混凝土长距离和长时间运输以及大体积混凝土工程施工；掺用早强剂可加速混凝土的凝结及硬化，促进早期强度的增长。混凝土的凝结时间太快会影响施工，太慢会影响早期强度及拆模时间。

（5）抗压强度比　是指掺外加剂的混凝土抗压强度与不掺外加剂混凝土（基准混凝土）抗压强度的比值。它是评定外加剂质量等级的主要指标之一，抗压强度比受减水剂、促凝剂、早强剂、加气剂的影响较大。减水率大，促凝早强效果好，其强度比高，掺加气剂的混凝土其抗压强度比低。

（6）收缩率比　是指掺外加剂混凝土与不掺外加剂混凝土（基准混凝土）体积收缩的比值。掺用引气剂、缓凝剂、泵送剂、减水剂等混凝土的体积收缩都会有不同程度的增加，容易产生混凝土收缩裂缝，因此在工程应用中，特别是预应力混凝土必须予以重视。

（7）相对耐久性　是指对掺用引气剂和引气减水剂的混凝土在检验其耐久性能时的特殊指标，它采用两种表示方法。

① 28d 龄期的外加剂混凝土试件，经冻融循环 200 次后，动弹模量保留值应≥80％。

② 28d 龄期的外加剂混凝土试件，经冻融循环 200 次后，动弹模量保留值等于 80％时，掺外加剂混凝土与基准混凝土冻融次数的比值应≥300％。

（8）钢筋锈蚀　是指掺用外加剂混凝土对钢筋及其预埋件是否有锈蚀作用。主要是因为某些含有氯盐类的外加剂对钢筋有锈蚀作用，不适用于钢筋混凝土和预应力混凝土，可用于无筋混凝土，因此，《混凝土外加剂》（GB 8076—2008）标准中未对氯盐含量作规定，只要求说明对钢筋有无锈蚀危害。

（9）氨的释放量　外加剂中氨的释放量≤0.10％（质量分数）。

（10）碱含量　处于与水相接触或潮湿环境中的混凝土，当使用碱活性骨料时，由外加剂带入的碱含量（以当量氧化钠计）不宜超过 1kg/m³ 混凝土，但混凝土膨胀剂中的碱含量应不大于 0.75％，或合同约定。

2. 常用外加剂的匀质性

（1）外加剂匀质性指标　根据《混凝土外加剂》（GB 8076—2008），混凝土外加剂匀质性指标应符合表 2-94 要求。

表 2-94　混凝土外加剂的匀质性指标

项目	指标	项目	指标
氯离子含量/%	不超过生产厂控制值	密度/(g/cm³)	$D>1.1$ 时,应控制在 $D\pm0.03$；$D\leq1.1$ 时,应控制在 $D\pm0.02$
总碱量/%	不超过生产厂控制值		
含固量/%	$S>25\%$ 时,应控制在 $0.95S\sim1.05S$；$S\leq25\%$ 时,应控制在 $0.90S\sim1.10S$	细度	应在生产厂控制范围内
		pH 值	应在生产厂控制范围内
含水率/%	$W>5\%$ 时,应控制在 $0.90W\sim1.10W$；$W\leq5\%$ 时,应控制在 $0.80W\sim1.20W$	硫酸钠含量/%	不超过生产厂控制值

注：1. 生产厂应在相关的技术资料中明示产品匀质性指标的控制值；

2. 对相同和不同批次之间的匀质性和等效性的其他要求，可由供需双方商定；

3. 表中的 S、W 和 D 分别为含固量、含水率和密度的生产厂控制值。

（2）防冻剂匀质性指标　根据《混凝土防冻剂》（JC 475—2004），混凝土防冻剂匀质性指标应符合表 2-95 中各项规定。

表 2-95　防冻剂匀质性指标（JC 475—2004）

试验项目	指标
固体含量/%	液体防冻剂： $S≥20\%$ 时，$0.95S≤X<1.05S$ $S<20\%$ 时，$0.90S≤X<1.10S$ S 是生产厂提供的固体含量（质量分数，%），X 是测试的固体含量（质量分数，%）
含水率/%	粉状防冻剂： $W≥5\%$ 时，$0.90W≤X<1.10W$ $W<5\%$ 时，$0.80W≤X<1.20W$ W 是生产厂提供的含水率（质量%），X 是测试的含水率（质量%）
密度	液体防冻剂： $D>1.1$ 时，要求为 $D±0.03$ $D≤1.1$ 时，要求为 $D±0.02$ D 是生产厂提供的密度值
氯离子含量/%	无氯盐防冻剂：$≤0.1\%$（质量百分比）
	其他防冻剂：不超过生产厂控制值
碱含量/%	不超过生产厂提供的最大值
水泥净浆流动度/mm	应不小于生产厂控制值的 95%
细度/%	粉状防冻剂细度应不超过生产厂提供的最大值

（3）防水剂匀质性指标　根据《砂浆、混凝土防水剂》（JC 474—2008），砂浆、混凝土防水剂匀质性指标应符合表 2-96 中各项规定。

表 2-96　防水剂匀质性指标（JC 474—2008）

试验项目	指标	
	液体	粉状
密度/(g/cm³)	$D>1.1$ 时，要求为 $D±0.03$ $D≤1.1$ 时，要求为 $D±0.02$ D 是生产厂提供的密度值	—
氯离子含量/%	应小于生产厂最大控制值	应小于生产厂最大控制值
总碱量/%	应小于生产厂最大控制值	应小于生产厂最大控制值
细度/%	—	0.315mm 筛筛余应小于 15%
含水率/%	—	$W≥5\%$ 时，$0.90W≤X<1.10W$； $W<5\%$ 时，$0.80W≤X<1.20W$ W 是生产厂提供的含水率（质量%）， X 是测试的含水率（质量%）
固体含量/%	$S≥20\%$ 时，$0.95S≤X<1.05S$； $S<20\%$ 时，$0.90S≤X<1.10S$ S 是生产厂提供的固体含量（质量%）， X 是测试的固体含量（质量%）	—

注：生产厂应在产品说明书中明示产品匀质性指标的控制值。

表 2-97　受检混凝土性能指标（GB 8076—2008）

项目	高性能减水剂 HPWR			高效减水剂 HWR		普通减水剂 WR			引气减水剂 AEWR	泵送剂 PA	早强剂 Ac	缓凝剂 Re	引气剂 AE
	早强型 HPWR-A	标准型 HPWR-S	缓凝型 HPWR-R	标准型 HWR-S	缓凝型 HWP-R	早强型 WR-A	标准型 WR-S	缓凝型 WR-R	AEWR	PA	Ac	Re	AE
减水率/% ≥	25	25	25	14	14	8	8	8	10	12	—	—	6
泌水率比/% ≤	50	60	70	90	100	95	100	100	70	70	100	100	70
含气量/%	≤6.0	≤6.0	≤6.0	≤3.0	≤4.5	≤4.0	≤4.0	≤5.5	≥3.0	≤5.5	—	—	≥3.0
凝结时间之差/min 初凝	−90~+90	−90~+120	>+90	−90~+120	>+90	−90~+90	−90~+120	>+90	−90~+120	—	−90~+90	>+90	−90~+120
凝结时间之差/min 终凝	—	—	—	—	—	—	—	—	—	—	—	—	—
1h经时变化量 坍落度/mm	—	≤80	≤60	—	—	—	—	—	—	≤80	—	—	—
1h经时变化量 含气量/%	—	—	—	—	—	—	—	—	−1.5~+1.5	—	—	—	−1.5~+1.5
抗压强度比/% ≥ 1d	180	170	—	140	—	135	—	—	—	—	135	—	—
抗压强度比/% ≥ 3d	170	160	—	130	—	130	115	—	115	—	130	—	95
抗压强度比/% ≥ 7d	145	150	140	125	125	110	115	110	110	115	110	100	95
抗压强度比/% ≥ 28d	130	140	130	120	120	100	110	110	100	110	100	100	90
收缩率比/% ≤ 28d	110	110	110	135	135	135	135	135	135	135	135	135	135
相对耐久性（200次）/% ≥	—	—	—	—	—	—	—	—	80	—	—	—	80

注：1. 表中抗压强度比、收缩率比、相对耐久性为强制性指标，其余为推荐性指标。

2. 除含气量和相对耐久性外，表中所列数据为掺外加剂混凝土与基准混凝土的差值或比值。

3. 凝结时间之差性能指标中的"−"号表示提前，"+"号表示延缓。

4. 相对耐久性（200次）性能指标中的"≥80"表示将 28d 龄期的受检混凝土试件快速冻融循环 200 次后，动弹性模量保留值≥80%。

5. 1h 含气量经时变化量指标中的"−"号表示含气量增加，"+"号表示含气量减少。

6. 其他品种的外加剂是否需测定相对耐久性指标，由供、需双方协商确定。

7. 当用户对泵送剂等产品有特殊要求时，需要进行的补充试验项目、试验方法及指标，由供需双方协商决定。

3. 常用外加剂的混凝土性能指标

（1）掺外加剂混凝土性能指标　根据《混凝土外加剂》（GB 8076—2008），掺外加剂混凝土性能应符合表 2-97 中各项规定。

（2）掺防冻剂混凝土性能指标　根据《混凝土防冻剂》（JC 475—2004），掺防冻剂混凝土性能应符合表 2-98 中各项规定。

表 2-98　掺防冻剂混凝土性能（JC 475—2004）

试验项目			性能指标					
			一等品			合格品		
减水率/%	≥		10			—		
泌水率比/%	≤		80			100		
含气量/%	≥		2.5			2.0		
凝结时间差/min		初凝	−150～+150			−210～+210		
		终凝						
抗压强度比/%	≥	规定温度/℃	−5	−10	−15	−5	−10	−15
		R_7	20	12	10	20	10	8
		R_{28}	100		95	95		90
		R_{7+28}	95	90	85	90	85	80
		R_{7+56}	100			100		
28 天收缩率比/%	≤		135					
渗透高度比/%	≤		100					
50 次冻融强度损失率比/%	≤		100					
对钢筋锈蚀作用			应说明对钢筋有无锈蚀作用					

（3）掺防水剂混凝土性能指标　根据《砂浆、混凝土防水剂》（JC 474—2008），掺防水剂混凝土性能应符合表 2-99 中各项规定。

表 2-99　掺防水剂混凝土性能（JC 474—2008）

试验项目			性能指标	
			一等品	合格品
安定性			合格	合格
泌水率比/%		≤	50	70
凝结时间差/min	≥	初凝	−90[①]	−90[①]
抗压强度比/%	≥	3d	100	90
		7d	110	100
		28d	100	90
渗透高度比/%		≤	30	40
吸水量比(48h)/%		≤	65	75
收缩率比(28d)/%		≤	125	135

注：安定性为受检净浆的试验结果，凝结时间差为受检混凝土与基准混凝土的差值，表中其他数据为受检混凝土与基准混凝土的比值。

① "−" 表示提前。

（4）混凝土膨胀剂性能指标　根据《混凝土膨胀剂》（GB/T 23439—2017），混凝土膨胀剂性能应符合表 2-100 中各项规定。

表 2-100　膨胀剂性能（GB/T 23439—2017）

项目			指标值	
			Ⅰ 型	Ⅱ 型
细度	比表面积/(m²/kg)	≥	200	
	1.18mm 筛筛余/%	≤	0.5	
凝结时间	初凝/min	≥	45	
	终凝/min	≤	600	
限制膨胀率/%	水中 7d	≥	0.035	0.050
	空气中 21d	≥	−0.015	−0.010
抗压强度/MPa	7d	≥	22.5	
	28d	≥	42.5	

（5）混凝土速凝剂性能指标　根据《喷射混凝土用速凝剂》（JC 477—2005），混凝土速凝剂及掺速凝剂拌合物及其硬化砂浆的性能应符合表 2-101 中各项的规定。

表 2-101　速凝剂及掺速凝剂拌合物及其硬化砂浆性能（JC 477—2005）

产品等级	试验项目			
	净浆		砂浆	
	初凝时间/min:s ≤	终凝时间/min:s ≤	1d 抗压强度/MPa ≥	28d 抗压强度比/% ≥
一等品	3:00	8:00	7.0	75
合格品	5:00	12:00	6.0	70

三、检验方法

（一）外加剂试验项目及其批量

1. 试验项目及数量

混凝土外加剂试验项目及所需数量见表 2-102。

表 2-102　混凝土外加剂试验项目及所需数量

试验项目		外加剂类别	试验类别	试验所需数量			
				混凝土拌合批数	每批取样数目	基准混凝土总取样数目	受检混凝土总取样数目
减水率		除早强剂、缓凝剂、防水剂外各种外加剂	混凝土拌合物	3	1 次	3 次	3 次
含气量		各种外加剂		3	1 个	3 个	3 个
泌水率比				3	1 个	3 个	3 个
凝结时间差				3	1 个	3 个	3 个
1h 经时变化量	坍落度	高性能减水剂、泵送剂		3	1 个	3 个	3 个
	含气量	引气剂、引气减水剂		3	1 个	3 个	3 个

试验项目	外加剂类别	试验类别	试验所需数量			
			混凝土拌合批数	每批取样数目	基准混凝土总取样数目	受检混凝土总取样数目
抗压强度比	各种外加剂	硬化混凝土	3	6块、9块或12块	18块、27块或36块	18块、27块或36块
收缩率比						
相对耐久性	引气剂、引气减水剂		3	1条	3条	3条
抗渗高度比	防水剂、防冻剂		3	2块	6块	6块
吸水量比	防水剂		3	1条	3条	3条
50次冻融强度损失率比	防冻剂		1	6块	6块	6块

注：1. 试验时，检验同一种外加剂的三批混凝土的制作宜在开始试验一周内的不同日期完成。对比的基准混凝土和受检混凝土应同时成型。

2. 各种混凝土试验材料环境温度及混凝土试件预养温度均应保持在（20±3）℃。

3. 此表不含防水剂的安定性、速凝剂和膨胀剂的物理性能，因其试验均用水泥净浆或水泥胶砂来完成。

2. 组批条件及批量

外加剂进场（站）时应按表 2-103 规定及时取样检验。

表 2-103　外加剂检验项目、组批条件及批量

外加剂名称	检验项目	验收组批条件、批量及取样量	检验项目的依据及要求
普通减水剂	pH 值、密度（或细度）、含固量（或含水率）、减水率，早强型普通减水剂还应检验 1d 抗压强度比，缓凝型普通减水剂还应检验凝结时间差	减水剂应按每 50t 为一检验批，不足 50t 时也应按一个检验批计。每一检验批取样量不应少于 0.2t 胶凝材料所需用的外加剂剂量	
高效减水剂	pH 值、密度（或细度）、含固量（或含水率）、减水率，缓凝型高效减水剂还应检验凝结时间差	减水剂应按每 50t 为一检验批，不足 50t 时也应按一个检验批计。每一检验批取样量不应少于 0.2t 胶凝材料所需用的外加剂剂量	
聚羧酸系高性能减水剂	pH 值、密度（或细度）、含固量（或含水率）、减水率，早强型聚羧酸系高性能减水剂还应检验 1d 抗压强度比，缓凝型聚羧酸系高性能减水剂还应检验凝结时间差	减水剂应按每 50t 为一检验批，不足 50t 时也应按一个检验批计。每一检验批取样量不应少于 0.2t 胶凝材料所需用的外加剂剂量	
引气剂引气减水剂	pH 值、密度（或细度）、含固量（或含水率）、含气量、含气量经时损失，引气减水剂应增测减水率	引气剂应按每 10t 为一检验批，不足 10t 时也应按一个检验批计，引气减水剂应按每 50t 为一检验批，不足 50t 时也应按一个检验批计。每一检验批取样量不应少于 0.2t 胶凝材料所需用的外加剂剂量	《混凝土外加剂应用技术规范》（GB 50119—2013）《混凝土外加剂》（GB 8076—2008）
早强剂早强型减水剂	密度（或细度）、含固量（含水率）、碱含量、氯离子含量和 1d 抗压强度比	早强剂和早强型减水剂应按每 50t 为一检验批，不足 50t 时也应按一个检验批计。每一检验批取样量不应少于 0.2t 胶凝材料所需用的外加剂剂量	
缓凝剂缓凝型减水剂	密度（或细度）、含固量（或含水率）和混凝土凝结时间差	缓凝剂应按每 20t 为一检验批，不足 20t 时也应按一个检验批计。每一检验批取样量不应少于 0.2t 胶凝材料所需用的外加剂剂量	
泵送剂	pH 值、密度（或细度）、含固量（或含水量）、减水率和坍落度 1h 经时变化值	泵送剂应按每 50t 为一检验批，不足 50t 时也应按一个检验批计。每一检验批取样量不应少于 0.2t 胶凝材料所需用的外加剂剂量	

外加剂名称	检验项目	验收组批条件、批量及取样量	检验项目的依据及要求
防冻剂	氯离子含量、密度(或细度)、含固量(或含水率)、碱含量和含气量,复合类防冻剂检测减水率	防冻剂应按每100t为一检验批,不足100t时也应按一个检验批计。 每一检验批取样量不应少于0.2t胶凝材料所需用的外加剂量	《混凝土外加剂应用技术规范》(GB 50119—2013) 《混凝土防冻剂》(JC 475—2004)
速凝剂	密度(或细度)、水泥净浆初凝和终凝时间	速凝剂应按每50t为一检验批,不足50t时也应按一个检验批计。 每一检验批取样量不应少于0.2t胶凝材料所需用的外加剂量	《混凝土外加剂应用技术规范》(GB 50119—2013) 《喷射混凝土用速凝剂》(JC 477—2005)
膨胀剂	限制膨胀率	膨胀剂应按每200t为一检验批,不足200t时也应按一个检验批计。 每一检验批取样量不应少于10kg	《混凝土外加剂应用技术规范》(GB 50119—2003) 《混凝土膨胀剂》(GB/T 23439—2017)
防水剂	密度(或细度)、含固量(或含水率)	防水剂应按每50t为一检验批,不足50t时也应按一个检验批计。 每一检验批取样量不应少于0.2t胶凝材料所需用的外加剂量	《混凝土外加剂应用技术规范》(GB 50119—2013) 《砂浆、混凝土防水剂》(JC 474—2008)
阻锈剂	pH值、密度(或细度)、含固量(或含水率)	阻锈剂应按每50t为一检验批,不足50t时也应按一个检验批计。 每一检验批取样量不应少于0.2t胶凝材料所需用的外加剂量	《混凝土外加剂应用技术规范》(GB 50119—2013) 《钢筋阻锈剂应用技术规程》(JGJ/T 192—2009)

注:1. 可根据需要检验本表未列入的其他项目。

2. 每一批取得的样品应充分混合均匀,分成2等份,一份按相关外加剂中规定的项目进行试验,另一份要密封保存半年,以备有疑问时,交国家指定的检验机构进行复验或仲裁。

(二)外加剂匀质性检验(GB/T 8077—2012,GB 8076—2008)

1. 概述

(1)适用范围 适用于高性能减水剂(早强型、标准型、缓凝型)、高效减水剂(标准型、缓凝型)、普通减水剂(早强型、标准型、缓凝型)、引气减水剂、泵送剂、早强剂、缓凝剂、引气剂、防水剂、防冻剂和速凝剂共11类混凝土外加剂。

(2)试验的基本要求

① 试验次数与要求 每项测定的试验次数规定为两次。用两次试验结果的平均值表示测定结果。

② 水 所用的水为蒸馏水或同等纯度的水(水泥净浆流动度、水泥砂浆减水率除外)。

③ 化学试剂 所用的化学试剂除特别注明外,均为分析纯化学试剂。

④ 空白试验 使用相同量的试剂,不加入试样,按照相同的测定步骤进行试验,对得到的测定结果进行校正。

⑤ 灼烧 将滤纸和沉淀放入预先已灼烧并恒量的坩埚中,为避免产生火焰,在氧化性气氛中缓慢干燥、灰化,灰化至无黑色炭颗粒后,放入高温炉中,在规定的温度下灼烧。在干燥器中冷却至室温,称量。

⑥ 恒量 经第一次灼烧、冷却、称量后,通过连续对每次15min的灼烧,然后冷却、称量的方法来检查恒定质量,当连续两次称量之差小0.0005g时,即达到恒量。

⑦ 检查氯离子(Cl⁻)(硝酸银检验) 按规定洗涤沉淀数次后,用数滴水淋洗漏斗的

下端，用数毫升水洗涤滤纸和沉淀，将滤液收集在试管中，加几滴硝酸银溶液（5g/L），观察试管中溶液是否浑浊。如果浑浊，继续洗涤并检验，直至用硝酸银检验不再浑浊为止。

⑧ 重复性限和再现性限

a. 重复性限　一个数值，在同一实验室，由同一操作员使用相同的设备，按相同的测试方法，在短时间内对同一被测对象相互独立进行的测试条件下，两个测试结果的绝对差小于或等于此数的概率为95%。

b. 再现性限　一个数值，在不同的实验室，由不同的操作员使用不同设备，按相同的测试方法，对同一被测对象相互独立进行的测试条件下，两个测试结果的绝对差小于或等于此数的概率为95%。

2. 检验用基准水泥技术条件

基准水泥是统一检验混凝土外加剂性能的材料，是由符合下列品质指标的硅酸盐水泥熟料与二水石膏共同粉磨而成的等级大于（含）52.5 的硅酸盐水泥。

（1）品质指标（除满足 52.5 级硅酸盐水泥技术要求外）

① 铝酸三钙含量 6%～8%。

② 硅酸三钙含量 50%～55%。

③ 游离氧化钙（f-CaO）含量不超过 1.2%。

④ 碱（$0.658K_2O+Na_2O$）含量不超过 1.0%。

⑤ 水泥比表面积（320 ± 20）m^2/kg。

（2）试验方法

① 游离氧化钙、氧化钾和氧化钠的测定，按《水泥化学分析方法》（GB/T 176—2017）进行。

② 水泥比表面积的测定，按《水泥比表面积测定方法　勃氏法》（GB/T 8074—2008）进行。

③ 铝酸三钙和硅酸三钙含量由熟料中氧化钙、二氧化硅、氧化铝和三氧化二铁含量，按下式计算：

$$C_3S=3.80\times SiO_2\times(3KH-2) \tag{2-104}$$

$$C_3A=2.65\times(Al_2O_3-0.64\times Fe_2O_3) \tag{2-105}$$

$$KH=\frac{CaO-f\text{-}CaO-1.65Al_2O_3-0.35Fe_2O_3}{2.80SiO_2} \tag{2-106}$$

式中，C_3S、C_3A、SiO_2、Al_2O_3、Fe_2O_3、CaO 和 f-CaO 分别为该成分在熟料中所占的质量分数；KH 为石灰保护系数。

3. 液体混凝土外加剂含固量的测定

（1）方法提要　将已恒重的称量瓶内放入被测液体试样于一定温度下烘至恒重。

（2）仪器

① 天平：分度值 0.0001g；

② 鼓风电热恒温干燥箱：温度范围 0～200℃；

③ 带盖称重瓶：25mm×65mm；

④ 干燥器：内盛变色硅胶。

（3）试验步骤

① 将洁净带盖称量瓶放入烘箱内，于 $100\sim105℃$ 烘 30min，取出置于干燥器内，冷却 30min 后称量，重复上述步骤直至恒重，其质量为 m_0。

② 将被测液体试样装入已经恒重的称量瓶内，盖上盖称出液体试样及称量瓶的总质量为 m_1。

液体试样称量：$3.0000\sim5.0000$g。

③ 将盛有液体试样的称量瓶放入烘箱内，开启瓶盖，升温至 $100\sim105℃$（特殊品种除外）烘干，盖上盖置于干燥器内冷却 30min 后称量，重复上述步骤直至恒重，其质量为 m_2。

（4）结果表示　含固量 $w_固$ 按下式计算：

$$w_固 = \frac{m_2 - m_0}{m_1 - m_0} \times 100\%$$ (2-107)

式中，$w_固$ 为含固量；m_0 为称量瓶的质量，g；m_1 为称量瓶加试样的质量，g；m_2 为称量瓶加烘干后试样的质量，g。

（5）重复性限和再现性限　重复性限为 0.30%；再现性限为 0.50%。

4. 混凝土外加剂密度的测定（比重瓶法）

（1）方法提要　将已校正容积（V 值）的比重瓶灌满被测溶液，在 $(20\pm1)℃$ 恒温，在天平上称出其质量。

（2）测试条件

① 液体样品直接测试。

② 固体样品溶液的浓度为 10g/L。

③ 被测溶液的温度为 $(20\pm1)℃$。

④ 被测溶液必须清澈，如有沉淀应滤去。

（3）仪器

① 比重瓶（25mL 或 50mL）。

② 天平（不应低于四级，精确至 0.0001g）。

③ 干燥器（内盛变色硅胶）。

④ 超级恒温器或同等条件的恒温设备。

（4）试验步骤

① 比重瓶容积的校正　比重瓶依次用水、乙醇、丙酮、乙醚洗涤并吹干，塞子连瓶一起放入干燥器内，取出，称量比重瓶之质量为 m_0，直至恒重。然后将预先煮沸并经冷却的水装入瓶内，塞上塞子。使多余的水分从塞子毛细管流出，用吸水纸吸干瓶外的水。注意不能让吸水纸吸出塞子毛细管里的水，水要保持与毛细管上口相平。立即用天平称出比重瓶装满水后的质量 m_1。

容积 V 按下式计算：

$$V = \frac{m_1 - m_0}{0.9982}$$ (2-108)

式中，V 为比重瓶在 20℃时的容积，mL；m_0 为干燥的比重瓶质量，g；m_1 为比重瓶盛满 20℃水的质量，g；0.9982 为 20℃时纯水的密度，g/mL。

② 外加剂溶液密度的测定　将已校正 V 值的比重瓶洗净、干燥、灌满被测溶液，塞上塞子后进入 $(20\pm1)℃$ 超级恒温器内恒温 20min 后取出，用吸水纸吸干瓶外的水及毛细管

溢出的溶液后，天平上称出比重瓶装满外加剂溶液后的质量为 m_2。

（5）结果表示　外加剂溶液的密度按下式计算：

$$\rho = \frac{m_2 - m_0}{V} = \frac{m_2 - m_0}{m_1 - m_0} \times 0.9982 \tag{2-109}$$

式中，ρ 为 20℃时外加剂溶液密度，g/mL；m_2 为比重瓶盛满 20℃外加剂溶液后的质量，g。

（6）重复性限和再现性限　重复性限为 0.001g/mL；再现性限为 0.002g/mL。

5. 混凝外加剂密度的测定（液体比重天平法）

（1）方法提要　将液体比重天平安装在平稳不受振动的水泥台上，保持天平平衡，对外加剂溶液密度 ρ 进行测定。

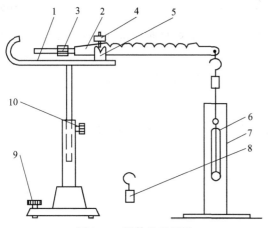

图 2-41　液体比重天平

1—托架；2—横梁；3—平衡调节器；4—灵敏度调节器；
5—玛瑙刃座；6—测锤；7—玻筒；8—等重砝码；
9—水平调节；10—紧固螺栓

（2）测试条件
测试条件同比重瓶法。

（3）试验仪器
① 液体比重天平，构造示意见图 2-41。
② 超级恒温器或同等条件的恒温设备。

（4）试验步骤
① 液体比重天平的调试　将液体比重天平安装在平稳不受震动的水泥台上，其周围不得有强力磁源及腐蚀性气体，在横梁的末端钩子上挂上等重砝码，调节水平调节螺栓，使横梁上的指针与托架指针成水平线相对，天平即调成水平位置；无法调节平衡时，可将平衡调节器的定位小螺栓松开，然后略微轻动平衡调节，直至平

衡为止。仍将中间定位螺栓旋紧，防止松动。

将等重砝码取下，换上整套测锤，此时天平必须保持平衡，允许有 ±0.0005 的误差存在。

如果天平灵敏度过高，可将灵敏度调节旋低，反之旋高。

② 外加剂溶液密度 ρ 的测定　将已恒温的被测溶液倒入量筒内，将液体比重天平的测锤浸没在量筒中被测溶液的中央，这时横梁失去平衡，在横梁 V 形槽与小钩上加放各种砝码后使之恢复平衡，所加砝码之读数 d，再乘以 0.9982g/mL，即为被测溶液的密度 ρ 值。

（5）结果表示　将测得的数值 d 代入式（2-110）计算出密度 ρ：

$$\rho = 0.9982d \tag{2-110}$$

式中，d 为 20℃时被测溶液所加砝码的数值。

（6）重复性限和再现性限　重复性限为 0.001g/mL；再现性限为 0.002g/mL。

6. 混凝土外加剂密度的测定（精密密度计法）

（1）方法提要　先以波美比重计测出溶液的密度，再参考波美比重计所测的数据，以精密密度计准确测出试样的密度 ρ。

（2）测试条件　测试条件同比重瓶法。

（3）仪器

① 波美比重计。

② 精密密度计。

③ 超级恒温器或同等条件的恒温设备。

（4）试验步骤

① 将已恒温的外加剂倒入 500mL 玻璃量筒内，以波美比重计插入溶液中测出该溶液的密度。

② 参考波美比重计所测溶液的数据，选择这一刻度范围的精密密度计插入溶液中，精确读出溶液凹液面与精密密度计相齐的刻度即为该溶液的密度 ρ。

（5）结果表示　测得的数据即为 20℃ 时外加剂溶液的密度。

（6）重复性限和再现性限　重复性限为 0.001g/mL；再现性限为 0.002g/mL。

7. 粉体混凝土外加剂细度的测定

（1）方法提要　采用孔径为 0.315mm 的试验筛，称取烘干试样倒入筛内，用人工筛样，称量筛余物质量，按式（2-111）计算出筛余物的百分含量。

（2）仪器

① 药物天平。称量 100g，分度值 0.001g。

② 试验筛。采用孔径为 0.315mm 的铜丝网筛布。筛框有效直径 150mm、高 50mm。筛布应紧绷在筛框上，接缝必须严密，并附有筛盖。

（3）试验步骤　外加剂试样应充分拌匀并经 100～105℃ （特殊品种除外）烘干，称取烘干试样 10g，称准至 0.001g，倒入筛内，用人工筛样，将近筛完时，必须一手执筛往复摇动，一手拍打，摇动速度每分钟约 120 次。其间，筛子应向一定方向旋转数次，使试样分散在筛布上，直至每分钟通过质量不超过 0.005g 时为止。称量筛余物，称准至 0.001g。

（4）结果表示　细度用筛余（%）表示，按下式计算：

$$筛余 = \frac{m_1}{m_0} \times 100\%$$

（2-111）

式中，m_1 为筛余物质量，g；m_0 为试样质量 g。

（5）重复性限和再现性限　重复性限为 0.40%；再现性限为 0.60%。

8. 混凝土外加剂 pH 的测定

（1）方法提要　根据能斯特（Nernst）方程 $E = E_0 + 0.05915 \lg[H^+]$，$E = E_0 - 0.05915pH$，利用一对电极在不同 pH 溶液中能产生不同电位差，这一对电极由测试电极（玻璃电极）和参比电极（饱和甘汞电极）组成，在 25℃ 时每相差一个单位 pH 时产生 59.15mV 的电位差。pH 值可在仪器的刻度表上直接读出。

（2）仪器　酸度计，甘汞电极，玻璃电极，复合电极，天平：分度值 0.0001g。

（3）测试条件

① 液体样品直接测试。

② 粉状试样溶液的浓度为 10g/L。

③ 被测溶液的温度为 （20±3）℃。

（4）试验步骤

① 校正。按仪器的出厂说明书校正仪器。

② 测量。当仪器校正好后，先用水，再用测试溶液冲洗电极，然后再将电极浸入被测溶液中轻轻摇动试杯，使溶液均匀。待到酸度计的读数恒定1min，记录读数。测量结束后，用水冲洗电极，以待下次测量。

（5）结果表示　酸度计测出的结果即为溶液的 pH。

（6）重复性限和再现性限　重复性限为 0.2；再现性限为 0.5。

9. 混凝土外加剂表面张力的测定

（1）方法提要　铂环与液面接触后，在铂环内形成液膜，提起铂环时所需的力与液体表面张力相平衡，测定液膜脱离液面时力的大小。

（2）测试条件

① 液体样品直接测试。

② 粉状试样溶液的浓度为 10g/L。

③ 被测溶液的温度为（20±1）℃。

④ 被测溶液必须清澈，如有沉淀应滤去。

（3）仪器

① 自动界面张力仪。

② 天平（分度值 0.0001g）。

（4）试验步骤

① 用比重瓶或液体比重天平测定该外加剂溶液的密度。

② 在测量之前，应把铂环和玻璃器皿很好地进行清洗彻底去掉油污。

③ 空白试验用无水乙醇作标样，测定其表面张力，测定值与理论值之差不得超过 0.5mN/m。

④ 被测液体倒入准备好的玻璃杯中约 20～25mm 高，将其放在仪器托盘的中间位置上。

⑤ 按下操作面板的"上升"按钮，铂环与被测溶液接触，并使铂环浸入到液体5～7mm。

⑥ 按下"停"的按钮，再按"下降"按钮，托盘和被测液体开始下降。

⑦ 直至环被拉脱离开液面，记录显示器上的最大值 P。

（5）结果表示　溶液表面张力按下式计算：

$$\sigma = FP \tag{2-112}$$

式中，σ 为溶液的表面张力，mN/m；P 为显示器上的最大值，mN/m；F 为校正因子。

校正因子 F 按下式计算：

$$F = 0.725 + \sqrt{\frac{0.01452P}{C^2(\rho - \rho_0)} + 0.04534 - \frac{1.679}{\frac{R}{r}}} \tag{2-113}$$

式中，C 为铂环周长，$C = 2\pi R$，cm；R 为铂环内半径和铂丝半径之和，cm；ρ_0 为空气密度，g/mL；ρ 为被测溶液密度，g/mL；r 为铂丝半径，cm。

（6）重复性限和再现性限　重复性限为 1.0mN/m；再现性限为 1.5mN/m。

10. 混凝土外加剂中氯离子含量的测定

测定氯离子含量有电位滴定法和离子色谱法两种方法，仲裁时应采用离子色谱法。

（1）电位滴定法

① 方法提要　用电位滴定法，以银电极或氯电极为指示电极，其电势随 Ag^+ 浓度而变

化。以甘汞电极为参比电极，用电位计或酸度计测定两电极在溶液中组成原电池的电势，银离子与氯离子反应生成溶解度很小的氯化银白色沉淀。在等当点前滴入硝酸银生成氯化银沉淀，两电极电势变化缓慢，等当点时氯离子全部生成氯化银沉淀，这时滴入少量硝酸银即引起电势急剧变化，指示出滴定终点。

② 试剂

a. 硝酸（1+1）。

b. 硝酸银溶液（17g/L）：准确称取约17g硝酸银（$AgNO_3$），用水溶解，放入1L棕色容量瓶中稀释至刻度，摇匀，用0.1000mol/L氯化钠标准溶液对硝酸银溶液进行标定。

c. 氯化钠标准溶液 [$c(NaCl)=0.1000mol/L$]：称取约10g氯化钠（基准试剂），盛在称量瓶中，于130~150℃烘干2h，在干燥器内冷却后精确称取5.8443g，用水溶解并稀释至1L，摇匀。

标定硝酸银溶液（17g/L）：用移液管吸取10mL 0.1000mol/L的氯化钠标准溶液于烧杯中，加水稀释至200mL，加4mL硝酸（1+1），在电磁搅拌下，用硝酸银溶液以电位滴定法测定终点，过等当点后，在同一溶液中再加入0.1000mol/L氯化钠标准溶液10mL，继续用硝酸银溶液滴定至第二个终点，用二次微商法计算出硝酸银溶液消耗的体积 V_{01}、V_{02}。

体积 V_0 按下式计算：

$$V_0 = V_{02} - V_{01} \tag{2-114}$$

式中，V_0 为10mL 0.1000mol/L氯化钠标准溶液消耗硝酸银溶液的体积，mL；V_{01} 为空白试验中200mL水，加4mL硝酸（1+1）加10mL 0.1000mol/L氯化钠标准溶液所消耗的硝酸银溶液的体积，mL；V_{02} 为空白试验中200mL水，加4mL硝酸（1+1）加20mL 0.1000mol/L氯化钠标准溶液所消耗的硝酸银溶液的体积，mL。

硝酸银溶液浓度 c 按下式计算：

$$c = \frac{c'V'}{V_0} \tag{2-115}$$

式中，c 为硝酸银溶液的浓度，mol/L；c' 为氯化钠标准溶液的浓度，mol/L；V' 为氯化钠标准溶液的体积，mL。

③ 仪器

a. 电位测定仪或酸度仪。

b. 银电极或氯电极。

c. 甘汞电极。

d. 电磁搅拌器。

e. 滴定管（25mL）。

f. 移液管（10mL）。

g. 天平：分度值0.0001g。

④ 试验步骤

a. 准确称取外加剂试样0.5000~5.0000g放入烧杯中，加200mL水和4mL硝酸（1+1），使溶液呈酸性，搅拌至完全溶解，如不能完全溶解，可用快速定性滤纸过滤，并用蒸馏水洗涤残渣至无氯离子为止。

b. 用移液管加入10mL 0.1000mol/L的氯化钠标准溶液，烧杯内加入电磁搅拌子，将烧杯放在电磁搅拌器上，开动搅拌器并插入银电极（或氯电极）及甘汞电极，两电极与电位计或酸度计相连接，用硝酸银溶液缓慢滴定，记录电势和对应的滴定管读数。

由于接近等当点时，电势增加很快，此时要缓慢滴加硝酸银溶液，每次定量加入 0.1mL，当电势发生突变时，表示等当点已过，此时继续滴入硝酸银溶液，直至电势趋向变化平缓。得到第一个终点时硝酸银溶液消耗的体积 V_1。

c. 在同一溶液中，用移液管再加入 10mL 0.1000mol/L 氯化钠标准溶液（此时溶液电势降低），继续用硝酸银溶液滴定，直至第二个等当点出现，记录电势和对应的 0.1mol/L 硝酸银溶液消耗的体积 V_2。

d. 空白试验。在干净的烧杯中加入 200mL 水和 4mL 硝酸（1+1）。用移液管加入 10mL 0.1000mol/L 氯化钠标准溶液，在不加入试样的情况下，在电磁搅拌下，缓慢滴加硝酸银溶液，记录电势和对应的滴定管读数，直至第一个终点出现。过等当点后，在同一溶液中，再用移液管加入 0.1000mol/L 氯化钠标准溶液 10mL，继续用硝酸银溶液滴定至第二个终点，用二次微商计算出硝酸银溶液消耗的体积 V_{01} 及 V_{02}。

⑤ 结果表示　用二次微商法计算结果（见⑦）。通过电压对体积二次导数（$\Delta^2 E/\Delta V^2$）变成零的办法来求出滴定终点。假如在邻近等当点时，每次加入的硝酸银溶液是相等的，此函数（$\Delta^2 E/\Delta V^2$）必定会在正、负两个符号发生变化的体积之间的某一点变成零，对应这一点的体积即为终点体积，可用内插法求得。

外加剂中氯离子所消耗的硝酸银体积 V 按下式计算：

$$V = \frac{(V_1 - V_{01}) + (V_2 - V_{02})}{2} \tag{2-116}$$

式中，V_1 为试样溶液加 10mL 0.1000mol/L 氯化钠标准溶液所消耗的硝酸银溶液的体积，mL；V_2 为试样溶液加 20mL 0.1000mol/L 氯化钠标准溶液所消耗的硝酸银溶液的体积，mL。

外加剂中氯离子含量 w（Cl^-）按下式计算：

$$w(Cl^-) = \frac{c \times V \times 35.45}{m \times 1000} \times 100\% \tag{2-117}$$

式中，$w(Cl^-)$ 为外加剂氯离子含量；V 为外加剂中氯离子所消耗硝酸银溶液体积，mL；m 为外加剂样品质量，g。

用 1.565 乘氯离子的含量，即获得无水氯化钙的含量，按下式计算：

$$w(CaCl_2) = 1.565 \times w(Cl^-) \tag{2-118}$$

式中，$w(CaCl_2)$ 为外加剂中无水氯化钙的含量。

⑥ 重复性限和再现性限　重复性限为 0.05%；再现性限为 0.08%。

⑦ 二次微商法计算混凝土外加剂中氯离子百分含量实例。

a. 空白试验及硝酸银浓度的标定　空白试验记录格式见表 2-104。

表 2-104　空白试验及硝酸银浓度的标定

加 10mL 0.1000mol/L 氯化钠				加 20mL 0.1000mol/L 氯化钠			
滴加硝酸银体积 V_{01}/mL	电势 E/mV	$\Delta E/\Delta V$/(mV/mL)	$\Delta^2 E/\Delta V^2$/(mV/mL^2)	滴加硝酸银体积 V_{02}/mL	电势 E/mV	$\Delta E/\Delta V$/(mV/mL)	$\Delta^2 E/\Delta V^2$/(mV/mL^2)
10.30	242			20.20	240		
10.40	253	110		20.30	251	110	
10.50	267	140	300	20.40	264	130	200
10.60	280	130	−100	20.50	276	120	−100

计算：

$$V_{01} = 10.40 + 0.10 \times \frac{300}{300+100} = 10.48 \ (\text{mL})$$

$$V_{02} = 20.30 + 0.10 \times \frac{200}{200+100} = 20.37 \ (\text{mL})$$

$$c(\text{AgNO}_3) = \frac{10.00 \times 0.1000}{20.37 - 10.48} = 0.1011 \ (\text{mol/L})$$

b. 外加剂样品的试验　称取外加剂样品 0.7696g，加 200mL 蒸馏水，溶解后加 4mL 硝酸（1+1），用硝酸银溶液滴定，外加剂样品试验记录格式见表 2-105。

表 2-105　外加剂样品试验

加 10mL 0.1000mol/L 氯化钠				加 20mL 0.1000mol/L 氯化钠			
滴加硝酸银体积 V_1/mL	电势 E/mV	$\Delta E/\Delta V$/(mV/mL)	$\Delta^2 E/\Delta V^2$/(mV/mL^2)	滴加硝酸银体积 V_2/mL	电势 E/mV	$\Delta E/\Delta V$/(mV/mL)	$\Delta^2 E/\Delta V^2$/(mV/mL^2)
13.20	244			23.20	241		
13.30	256	120		23.30	252	110	
13.40	269	130	100	23.40	264	120	100
13.50	280	110	−200	23.50	275	110	−100

计算：

$$V_1 = 13.30 + 0.10 \times \frac{100}{200+100} = 13.33 \ (\text{mL})$$

$$V_2 = 23.30 + 0.10 \times \frac{100}{100+100} = 23.35 \ (\text{mL})$$

$$V = \frac{(13.33 - 10.48) + (23.35 - 20.37)}{2} = 2.92 \ (\text{mL})$$

$$w(\text{Cl}^-) = \frac{35.45 \times 0.101 \times 2.92}{0.7696 \times 1000} \times 100\% = 1.36\%$$

（2）离子色谱法

① 方法提要　离子色谱法是液相色谱分析方法的一种，样品溶液经阴离子色谱柱分离，溶液中的阴离子 F^-、Cl^-、SO_4^{2-}、NO_3^- 被分离，同时被电导池检测。测定溶液中氯离子峰面积或峰高。

② 试剂和材料

a. 氮气：纯度不小于 99.8%。

b. 硝酸：优级纯。

c. 实验室用水：一级水（电导率小于 0.01mS/m，0.2μm 超滤膜过滤）。

d. 氯离子标准溶液（1mg/mL）：准确称取预先在（550～600）℃加热（40～50）min 后，并在干燥器中冷却至室温的氯化钠（标准试剂）1.648g，用水溶解，移入 1000mL 容量瓶中，用水稀释至刻度。

e. 氯离子标准溶液（100μg/mL）：准确移取上述标准溶液 100mL 至 1000mL 容量瓶中，用水稀释至刻度。

f. 氯离子标准溶液系列：准确移取 1mL、5mL、10mL、15mL、20mL、25mL（100μg/mL 的氯离子的标准溶液）至 100mL 容量瓶中，稀释至刻度。此标准溶液系列浓度分别为 1μg/mL、5μg/mL、10μg/mL、15μg/mL、20μg/mL、25μg/mL。

③ 仪器

a. 离子色谱仪：包括电导检测器，抑制器，阴离子分离柱，进样定量环（25μL，50μL、100μL）。

b. 0.22μm 水性针头微孔滤器。

c. On Guard RP 柱：功能基为聚二乙烯基苯。

d. 注射器：1.0mL、2.5mL。

e. 淋洗液体系选择：

ⅰ. 碳酸盐淋洗液体系：阴离子柱填料为聚苯乙烯、有机硅、聚乙烯醇或聚丙烯酸酯阴离子交换树脂。

ⅱ. 氢氧化钾淋洗液体系：阴离子色谱柱 IonPac AS18 型分离柱（250mm×4mm）和 IonPac AG18 型保护柱（50mm×4mm）；或性能相当的离子色谱柱。

f. 抑制器：连续自动再生膜阴离子抑制器或微填充床抑制器。

g. 检出限：0.01μg/mL。

④ 试验步骤

a. 称量和溶解　准确称取 1g 外加剂试样，精确至 0.1mg。放入 100mL 烧杯中，加 50mL 水和 5 滴硝酸溶解试样。试样能被水溶解时，直接移入 100mL 容量瓶，稀释至刻度；当试样不能被水溶解时，采用超声和加热的方法溶解试样，再用快速滤纸过滤，滤液用 100mL 容量瓶承接，用水稀释至刻度。

b. 去除样品中的有机物　混凝土外加剂中的可溶性有机物可以用 On Guard RP 柱去除。

c. 测定色谱图　将上述处理好的溶液注入离子色谱中分离，得到色谱图，测定所得色谱峰的峰面积或峰高。

d. 氯离子含量标准曲线的绘制　在重复性条件下进行空白试验。将氯离子标准溶液系列分别在离子色谱中分离，得到色谱图，测定所得色谱峰的峰面积或峰高。以氯离子浓度为横坐标，峰面积或峰高为纵坐标绘制标准曲线。

⑤ 结果表示　将样品的氯离子峰面积或峰高对照标准曲线，求出样品溶液的氯离子浓度 c，并按照下式计算出试样中氯离子含量。

$$X_{Cl^-} = \frac{c \times V \times 10^{-6}}{m} \times 100\% \tag{2-119}$$

式中，X_{Cl^-} 为样品中氯离子含量；c 为由标准曲线求得的试样溶液中氯离子的浓度，μg/mL；V 为样品溶液的体积，数值为 100mL；m 为外加剂样品质量，g。

⑥ 重复性限见表 2-106。

表 2-106　重复性限

Cl⁻ 含量范围/%	<0.01	0.01~0.1	0.1~1	1~10	>10
重复性限/%	0.001	0.02	0.10	0.20	0.25

11. 混凝土外加剂中硫酸钠含量的测定（重量法）

（1）方法提要　氯化钡溶液与外加剂试样中的硫酸盐生成溶解度极小的硫酸钡沉淀，称量经高温灼烧后的沉淀来计算硫酸钠的含量。

（2）试剂

① 盐酸（1+1）；

② 氯化铵溶液（50g/L）；

③ 氯化钡溶液（100g/L）；

④ 硝酸银溶液（1g/L）。

（3）仪器

① 电阻高温炉：最高使用温度不低于900℃；

② 天平：不应低于四级，精确至0.0001g；

③ 电磁电热式搅拌器；

④ 瓷坩埚：18～30mL；

⑤ 烧杯：400mL；

⑥ 长颈漏斗；

⑦ 慢速定量滤纸，快速定性滤纸。

（4）试验步骤

① 准确称取试样约0.5g，于400mL烧杯中，加入200mL水搅拌溶解，再加入氯化铵溶液50mL，加热煮沸后，用快速定性滤纸过滤，用水洗涤数次后，将滤液浓缩至200mL左右，滴加盐酸（1＋1）至浓缩滤液显示酸性，再多加5～10滴盐酸，煮沸后在不断搅拌下趁热滴加氯化钡溶液10mL，继续煮沸15min，取下烧杯，置于加热板上，保持50～60℃静置2～4h，或常温静置8h。

② 用两张慢速定量滤纸过滤，烧杯中的沉淀用70℃水洗净，使沉淀全部转移到滤纸上，用温热水洗涤沉淀至无氯根为止（用硝酸银溶液检验）。

③ 将沉淀与滤纸移入预先灼烧恒重的坩埚中，小火烘干，灰化。

④ 在800℃电阻高温炉中灼烧30min，然后在干燥器里冷却至室温（约30min），取出称量，再将坩埚放回高温炉中，灼烧20min，取出冷却至室温称重，如此反复直至恒重（连续两次称量之差小于0.0005g）。

（5）结果表示　硫酸钠含量按下式计算：

$$w(\mathrm{Na_2SO_4}) = \frac{(m_2 - m_1) \times 0.6086}{m} \times 100\% \tag{2-120}$$

式中，$w(\mathrm{Na_2SO_4})$ 为外加剂中硫酸钠含量；m 为试样质量，g；m_1 为空坩埚质量，g；m_2 为灼烧后滤渣加坩埚质量，g；0.6086为硫酸钡换算成硫酸钠的系数。

（6）重复性限和再现性限　重复性限为0.50%；再现性限为0.80%。

12. 混凝土外加剂硫酸钠含量试验（离子交换重量法）

外加剂中硫酸钠含量采用重量法测定，试样加入氯化铵溶液沉淀处理过程中，发现絮凝物而不易过滤时改用离子交换重量法。

（1）方法提要　将预先经活化处理过的717-OH型阴离子交换树脂与外加剂在烧杯中加水搅拌进行离子交换，经过滤洗涤，然后滴加硝酸，煮沸、静置进行测定。

（2）试剂　同重量法并增加预先经活化处理过的717-OH型阴离子交换树脂。

（3）仪器　同重量法。

（4）试验步骤

① 准确称取外加剂样品0.2000～0.5000g，置于盛有6g 717-OH型阴离子交换树脂的100mL烧杯中，加入60mL水和电磁搅拌棒，在电磁电热式搅拌器上加热至60～65℃，搅拌10min，进行离子交换。

② 将烧杯取下，用快速定性滤纸于三角漏斗上过滤，弃去滤液。

③ 然后用 50～60℃氯化铵溶液洗涤树脂五次，再用温水洗涤五次，将洗液收集于另一干净的 300mL 烧杯中，滴加盐酸（1+1）至溶液显示酸性，再多加 5～10 滴盐酸，煮沸后在不断搅拌下趁热滴加氯化钡溶液 10mL，继续煮沸 15min，取下烧杯，置于加热板上，保持 50～60℃静置 2～4h，或常温静置 8h。

④ 重复重量法②～④的步骤。

（5）结果表示　同重量法。

（6）允许差　同重量法。

13. 水泥净浆流动度的测定

（1）方法提要　在水泥净浆搅拌机中，加入一定量的水泥、外加剂和水进行搅拌。将搅拌好的净浆注入截锥圆模内，提起截锥圆模，测定水泥净浆在玻璃平面上自由流淌的最大直径。

（2）仪器

① 水泥净浆搅拌机。

② 截锥圆模：上口直径 36mm、下口直径 60mm、高度为 60mm、内壁光滑无接缝的金属制品。

③ 玻璃板（400mm×400mm×5mm）。

④ 秒表。

⑤ 钢直尺（300mm）。

⑥ 刮刀。

⑦ 药物天平：称量 100g，分度值 0.01g；称量 1000g，分度值 1g。

（3）试验步骤

① 将玻璃板放置在水平位置，用湿布抹擦玻璃板、截锥圆模、搅拌锅及搅拌器，使其表面湿而不带水渍。将截锥圆模放在玻璃板的中央，并用湿布覆盖待用。

② 称取水泥 300g，倒入搅拌锅内，加入推荐掺量的外加剂及 87g 或 105g 水，立即搅拌（慢速 120s，停 15s，快速 120s）。

③ 将搅拌好的净浆迅速注入截锥圆模内，用刮刀刮平，将截锥圆模按垂直方向提起，同时开启秒表计时，任水泥净浆在玻璃板上流动，至 30s，用直尺量取流淌部分互相垂直的两个方向的最大直径，取平均值作为水泥净浆流动度。

④ 结果表示　表示净浆流动度时，需注明用水量，所用水泥的强度等级、名称、型号及生产厂和外加剂掺量。

⑤ 重复性限和再现性限　重复性限为 5mm；再现性限为 10mm。

14. 水泥胶砂减水率的测定

该方法适用于测定外加剂对水泥的分散效果，以水泥胶砂减水率表示其工作性，当水泥净浆流动度试验不明显时可用此法。

（1）方法提要　先测定基准胶砂流动度的用水量，再测定掺外加剂胶砂流动度的用水量，经计算得出水泥胶砂减水率。

（2）仪器

① 胶砂搅拌机：符合《行星式水泥胶砂搅拌机》（JC/T 681—2005）的要求。

② 跳桌、截锥圆模及模套、圆柱捣棒、卡尺：均应符合《水泥胶砂流动度测定方法》（GB/T 2419—2005）的规定。

③ 刮刀。

④ 药物天平：称量100g，分度值0.01g。

⑤ 台秤：称量5kg。

（3）材料

① 水泥；

② ISO 标准砂：砂的颗粒级配及其湿含量完全符合 ISO 标准砂的规定，各级配以（1350±5）g 量的塑料袋混合包装，但所用塑料袋材料不得影响胶砂工作性试验结果；

③ 外加剂。

（4）试验步骤

① 基准胶砂流动度用水量的测定

a. 先使搅拌机处于待工作状态，然后按以下程序进行操作：把水加入锅里，再加入水泥450g，把锅放在固定架上，上升至固定位置，然后立即开动机器，低速搅拌30s后，在第二个30s开始的同时均匀地将砂子加入，机器转至高速再拌30s。停拌90s，在第一个15s内用抹刀将叶片和锅壁上的胶砂刮入锅中间，在高速下继续搅拌60s，各个阶段搅拌时间误差应在±1s以内。

b. 在拌和胶砂的同时，用湿布抹擦跳桌的玻璃台面，截锥圆模及模套内壁、捣棒，并把它们置于玻璃台面中心，盖上湿布备用。

c. 将拌好的胶砂迅速地分两次装入模内，第一次装入截锥圆模的2/3处，用抹刀在相互垂直的两个方向各划5次，并用捣棒自边缘向中心均匀捣15次，接着装第二层胶砂，装至高出截锥圆模约20mm，用抹刀划10次，同样用捣棒捣10次，在装胶砂和捣实时，用手将截锥圆模按住，不要使其产生移动。

d. 捣好后取下模套，用抹刀将高出截锥圆模的胶砂刮去并抹平，随即将截锥圆模垂直向上提起置于台上，立即开动跳桌，以每秒一次的频率使跳桌连续跳动25次。

e. 跳动完毕用卡尺量出胶砂底部流动直径，取相互垂直的两个直径的平均值为该用水量时的胶砂流动度（用 mm 表示）。

f. 重复上述步骤，直至流动度达到（180±5）mm。当胶砂流动度为（180±5）mm 时的用水量即为基准胶砂流动度的用水量 M_0。

② 掺外加剂胶砂流动度用水量的测定

将水和外加剂加入锅里搅拌均匀，按基准胶砂流动度用水量的测定方法操作步骤测出掺外加剂胶砂流动度达（180±5）mm 时的用水量 M_1。

（5）结果表示

① 减水率（％）按下式计算：

$$胶砂减水率 = \frac{M_0 - M_1}{M_0} \times 100\%$$ (2-121)

式中，M_0 为基准胶砂流动度为（180±5）mm 时的用水量，g；M_1 为掺外加剂胶砂流动度为（180±5）mm 时的用水量，g。

② 注明所用水泥的强度等级、名称、型号及生产厂。

（6）重复性限和再现性限　重复性限为胶砂减水率1.0%；再现性限为胶砂减水

率 1.5%。

15. 混凝土外加剂中碱含量的测定（火焰光度法）

（1）方法提要　试样用约 80℃ 的热水溶解，以氨水分离铁、铝；以碳酸钙分离钙、镁。对于滤液中的碱（钾、钠），采用相应的滤光片，用火焰光度计进行测定。

（2）试剂与仪器

① 盐酸（1+1）。

② 氨水（1+1）。

③ 碳酸铵溶液（100g/L）。

④ 甲基红指示剂（2g/L 乙醇溶液）。

⑤ 氧化钾、氧化钠标准溶液：精确称取已在 130～150℃ 烘过 2h 的氯化钾（光谱纯）0.7920g 及氯化钠（光谱纯）0.9430g，置于烧杯中，加水溶解后移入 1000mL 容量瓶中，用水稀释至标线，摇匀，转移至干燥的带盖的塑料瓶中。此标准溶液每毫升相当于氧化钾及氧化钠 0.5mg。

⑥ 火焰光度计。

⑦ 天平：分度值 0.0001g。

（3）试验步骤

① 工作曲线的绘制。分别向 100mL 容量瓶中注入 0mL、1.00mL、2.00mL、4.00mL、8.00mL、12.00mL 的氧化钾、氧化钠标准溶液（分别相当于氧化钾、氧化钠各 0.00mg、0.50mg、1.00mg、2.00mg、4.00mg、6.00mg），用水稀释至标线，摇匀，然后分别于火焰光度计上按仪器使用规程进行测定，根据测得的检流计读数与溶液的浓度关系，分别绘制氧化钾及氧化钠的工作曲线。

② 准确称取一定量的试样置于 150mL 的瓷蒸发皿中，用 80℃ 左右的热水润湿并稀释至 30mL，置于电热板上加热蒸发，保持微沸 5min 后取下，冷却，加一滴甲基红指示剂，滴加氨水（1+1）使溶液呈黄色；加入 10mL 碳酸铵溶液，搅拌，置于电热板上加热并保持微沸 10min，用中速滤纸过滤，以热水洗涤，滤液及洗液盛于容量瓶中，冷却至室温，以盐酸（1+1）中和至溶液呈红色，然后用水稀释至标线，摇匀，以火焰光度计按仪器使用规程进行测定。称样量及稀释倍数见表 2-107。

表 2-107　称样量及稀释倍数

总碱量/%	称样量/g	稀释体积/mL	稀释倍数(n)
1.00	0.2	100	1
1.00～5.00	0.1	250	2.5
5.00～10.00	0.05	250 或 500	2.5 或 5.0
>10.00	0.05	500 或 1000	5.0 或 10.0

③ 同时进行空白试验

（4）结果表示　氧化钾含量按下式计算：

$$w(K_2O) = \frac{C_1 \times n}{m \times 1000} \times 100\% \qquad (2-122)$$

式中，$w(K_2O)$ 为外加剂中氧化钾含量；C_1 为在工作曲线上查得每 100mL 被测定液中氧化钾的含量，mg；n 为被测溶液的稀释倍数；m 为试样质量，g。氧化钠含量按下式计算：

$$w(\mathrm{Na_2O}) = \frac{C_2 \times n}{m \times 1000} \times 100\%$$

(2-123)

式中，$w(\mathrm{Na_2O})$ 为外加剂中氧化钠含量；C_2 为在工作曲线上查得每 100mL 被测定液中氧化钠的含量，mg。

总碱量按下式计算：

$$w_{总碱量} = 0.658w(\mathrm{K_2O}) + w(\mathrm{Na_2O})$$

(2-124)

式中，$w_{总碱量}$ 为外加剂中的总碱量。

（5）重复性限和再现性限　总碱量的重复性限和再现性限见表 2-108。

表 2-108　总碱量的重复性限和再现性限

总碱量/%	重复性限/%	再现性限/%	总碱量/%	重复性限/%	再现性限/%
1.00	0.10	0.15	5.00～10.00	0.30	0.50
1.00～5.00	0.20	0.30	>10.00	0.50	0.80

注：1. 矿物质的混凝土外加剂（如膨胀剂等）不在此范围之内。

2. 总碱量的测定还可采用原子吸收光谱法，参见《水泥化学分析方法》(GB/T 176—2017)。

16. 粉体混凝土外加剂含水率的测定

（1）方法提要　将已恒重的称量瓶内放入被测粉状试样于一定的温度下烘至恒重。

（2）试验仪器

① 天平：分度值 0.0001g。

② 鼓风电热恒温干燥箱：温度范围 0～200 ℃；

③ 带盖称量瓶：65mm×25mm；

④ 干燥器：内盛变色硅胶。

（3）试验步骤

① 将洁净带盖称量瓶放入烘箱内，于 100～105℃ 烘 30min，取出置于干燥器内，冷却 30min 后称量，重复上述步骤直至恒重，其质量为 m_0。

② 将被测粉状试样装入已经恒重的称量瓶内，盖上盖称出粉状试样及称量瓶的总质量为 m_1。粉状试样称量：1.0000～2.0000g。

③ 将盛有粉状试样的称量瓶放入烘箱内，开启瓶盖，升温至 100～105℃（特殊品种除外）烘干，盖上盖置于干燥器内冷却 30min 后称量，重复上述步骤直至恒重，其质量为 m_2。

（4）结果表示　含水率 $w_水$ 按下式计算：

$$w_水 = \frac{m_1 - m_2}{m_1 - m_0} \times 100\%$$

(2-125)

式中，$w_水$ 为含水率；m_0 为称量瓶的质量，g；m_1 为称量瓶加粉状试样的质量，g；m_2 为称量瓶加粉状试样烘干后的质量，g。

（5）重复性限和再现性限　重复性限为 0.30%；再现性限为 0.50%。

（三）掺外加剂混凝土的性能检验（GB 8076—2008）

1. 试样的留取方法

（1）取样方法

① 点样和混合样　点样是在一次生产产品时所取得的一个试样。混合样是三个或更多

的点样等量均匀混合而取得的试样。

② 批号 生产厂应根据产量和生产设备条件,将产品分批编号。掺量大于1‰(含1‰)同品种的外加剂每一批号为100t,掺量小于1‰的外加剂每一批号为50t。不足100t或50t的也应按一个批量计,同一批号的产品必须混合均匀。

③ 取样数量 每一批号取样量不少于0.2t水泥所需用的外加剂量。

(2)试样及留样 每一批号取样应充分混匀,分为两等份,其中一份按表2-94和表2-97规定的项目进行试验,另一份密封保存半年,以备有疑问时,提交国家指定的检验机构进行复验或仲裁。

2. 试验用材料

(1)基准水泥 基准水泥是检验混凝土外加剂性能的专用水泥,是由符合下列品质指标的硅酸盐水泥熟料与二水石膏共同粉磨而成的42.5强度等级的P.I型硅酸盐水泥。基准水泥必须由经中国建材联合会混凝土外加剂分会与有关单位共同确认具备生产条件的工厂供给。

基准水泥除满足强度等级42.5 P.I硅酸盐水泥技术要求外,还应满足如下条件:

① 熟料中铝酸三钙(C_3A)含量6%~8%。

② 熟料中硅酸三钙(C_3S)含量55%~60%。

③ 熟料中游离氧化钙(f-CaO)含量不得超过1.2%。

④ 水泥中碱(Na_2O+0.658K_2O)含量不得超过1.0%。

⑤ 水泥比表面积(350±10)m²/kg。

(2)砂 符合GB/T 14684—2011中Ⅱ区要求的中砂,但细度模数为2.6~2.9,含泥量小于1%。

(3)石子 符合GB/T 14685—2011要求的公称粒径为5~20mm的碎石或卵石,采用二级配,其中5~10mm占40%,10~20mm占60%,满足连续级配要求,针片状物质含量小于10%,空隙率小于47%,含泥量小于0.5%。如有争议,以碎石结果为准。

(4)水 符合JGJ 63—2006混凝土拌合用水的技术要求。

(5)外加剂 需要检测的外加剂。

3. 配合比

基准混凝土配合比按《普通混凝土配合比设计规程》(JGJ 55—2011)进行设计。掺非引气型外加剂的受检混凝土和其对应的基准混凝土的水泥、砂、石的比例相同。配合比设计应符合以下规定:

(1)水泥用量 掺高性能减水剂或泵送剂的基准混凝土和受检混凝土的单位水泥用量为360kg/m³;掺其他外加剂的基准混凝土和受检混凝土单位水泥用量为330kg/m³。

(2)砂率 掺高性能减水剂或泵送剂的基准混凝土和受检混凝土的砂率均为43%~47%,掺其他外加剂的基准混凝土和受检混凝土的砂率为36%~40%,但掺引气减水剂或引气剂的受检混凝土的砂率应比基准混凝土的砂率低1%~3%。

(3)外加剂掺量 按生产厂家指定掺量。

(4)用水量 掺高性能减水剂或泵送剂的基准混凝土和受检混凝土的坍落度控制在(210±10)mm,用水量为坍落度在(210±10)mm时的最小用水量;掺其他外加剂的基准混凝土和受检混凝土的坍落度控制在(80±10)mm。

用水量包括液体外加剂、砂、石材料中所含的水量。

4. 混凝土搅拌

采用符合《混凝土试验用搅拌机》（JG 244—2009）要求的公称容量为60L的单卧轴强制式搅拌机。搅拌机的拌合量应不少于20L，不宜大于45L。

外加剂为粉状时，将水泥、砂、石、外加剂一次投入搅拌机，干拌均匀，再加入拌合水，一起搅拌2min。外加剂为液体时，将水泥、砂、石一次投入搅拌机，干拌均匀，再加入掺有外加剂的拌合水一起搅拌2min。

出料后，在铁板上用人工翻拌至均匀，再行试验。各种混凝土试验材料及环境温度均应保持在（20±3）℃。

5. 试件制作及试验所需试件数量

（1）试件制作　混凝土试件制作及养护按《普通混凝土拌合物性能试验方法标准》（GB/T 50080—2016）进行，但混凝土预养温度为（20±3）℃。

（2）试验项目及数量　试验项目及数量详见表2-102。

6. 混凝土拌合物性能试验方法

（1）坍落度和坍落度1h经时变化量测定　每批混凝土取一个试样。坍落度和坍落度1h经时变化量均以三次试验结果的平均值表示。三次试验的最大值和最小值与中间值之差有一个超过10mm时，将最大值和最小值一并舍去，取中间值作为该批的试验结果；最大值和最小值与中间值之差均超过10mm时，则应重做。

坍落度及坍落度1h经时变化量测定值以mm表示，结果表达修约到5mm。

① 坍落度测定　混凝土坍落度按照《普通混凝土拌合物性能试验方法标准》（GB/T 50080—2016）测定；但坍落度为（210±10)mm的混凝土，分两层装料，每层装入高度为筒高的一半，每层用插捣棒插捣15次。

② 坍落度1h经时变化量测定　当要求测定此项时，应将上文4.搅拌的混凝土留下足够一次混凝土坍落度的试验数量，并装入用湿布擦过的试样筒内，容器加盖，静置至1h（从加水搅拌时开始计算），然后倒出，在铁板上用铁锹翻拌至均匀后，再按照坍落度测定方法测定坍落度。计算出机时和1h之后的坍落度之差值，即得到坍落度的经时变化量。

坍落度1h经时变化量按下式计算：

$$\Delta Sl = Sl_0 - Sl_{1h} \tag{2-126}$$

式中，ΔSl 为坍落度经时变化量，mm；Sl_0 为出机时测得的坍落度，mm；Sl_{1h} 为1h后测得的坍落度，mm。

（2）减水率测定　减水率为坍落度基本相同时，基准混凝土和受检混凝土单位用水量之差与基准混凝土单位用水量之比。减水率按下式计算，应精确到0.1%。

$$W_R = \frac{W_0 - W_1}{W_0} \times 100 \tag{2-127}$$

式中，W_R 为减水率，%；W_0 为基准混凝土单位用水量，kg/m³；W_1 为受检混凝土单位用水量，kg/m³。

W_R 以三批试验的算术平均值计，精确到1%。若三批试验的最大值或最小值中有一个与中间值之差超过中间值的15%，则把最大值与最小值一并舍去，取中间值作为该组试验的减水率。若有两个测值与中间值之差均超过 15%，则该批试验结果无效，应该重做。

（3）泌水率比测定　泌水率比按下式计算，应精确到 1%。

$$R_B = \frac{B_t}{B_c} \times 100 \tag{2-128}$$

式中，R_B 为泌水率比，%；B_t 为受检混凝土泌水率，%；B_c 为基准混凝土泌水率，%。

泌水率的测定和计算方法如下：先用湿布润湿容积为 5L 的带盖筒（内径为 185mm，高 200mm），将混凝土拌合物一次装入，在振动台上振动 20s，然后用抹刀轻轻抹平，加盖以防水分蒸发。试样表面应比筒口边低约 20mm。自抹面开始计算时间，在前 60min，每隔 10min 用吸液管吸出泌水一次，以后每隔 20min 吸水一次，直至连续三次无泌水为止。每次吸水前 5min，应将筒底一侧垫高约 20mm，使筒倾斜，以便于吸水。吸水后，将筒轻轻放平盖好。将每次吸出的水都注入带塞量筒，最后计算出总的泌水量，精确至 1g，并按式（2-129）、式（2-130）计算泌水率：

$$B = \frac{V_W}{(W/G)G_W} \times 100 \tag{2-129}$$

$$G_W = G_1 - G_0 \tag{2-130}$$

式中，B 为泌水率，%；V_W 为泌水总质量，g；W 为混凝土拌合物的用水量，g；G 为混凝土拌合物的总质量，g；G_W 为试样质量，g；G_1 为筒及试样质量，g；G_0 为筒质量，g。

试验时，从每批混凝土拌合物中取一个试样，泌水率取三个试样的算术平均值，精确到 0.1%。若三个试样的最大值或最小值中有一个与中间值之差大于中间值的 15%，则把最大值与最小值一并舍去，取中间值作为该组试验的泌水率；如果最大值和最小值与中间值之差均大于中间值的 15%，则应重做。

（4）含气量和含气量 1h 经时变化量的测定　试验时，从每批混凝土拌合物中取一个试样，含气量以三个试样测值的算术平均值来表示。若三个试样中的最大值或最小值中有一个与中间值之差超过 0.5%，将最大值与最小值一并舍去，取中间值作为该批的试验结果；如果最大值与最小值与中间值之差均超过 0.5%，则应重做。含气量和 1h 经时变化量测定值精确到 0.1%。

① 含气量测定　按《普通混凝土拌合物性能试验方法标准》（GB/T 50080—2016）用气水混合式含气量测定仪，并按仪器说明进行操作，但混凝土拌合物应一次装满并稍高于容器，用振动台振实 15～20s。

② 含气量 1h 经时变化量测定　当要求测定此项时，将按照本检验方法中 4. 搅拌的混凝土留下足够一次含气量试验的数量，并装入用湿布擦过的试样筒内，容器加盖，静置至 1h（从加水搅拌时开始计算），然后倒出，在铁板上用铁锹翻拌均匀后，再按照含气量测定方法测定含气量。计算出机时和 1h 之后的含气量之差值，即得到含气量的经时变化量。

含气量 1h 经时变化量按下式计算：

$$\Delta A = A_0 - A_{1h} \tag{2-131}$$

式中，ΔA 为含气量经时变化量，%；A_0 为出机后测得的含气量，%；A_{1h} 为 1h 后测得的含气量，%。

（5）凝结时间差测定　凝结时间差按下式计算：

$$\Delta T = T_t - T_c \tag{2-132}$$

式中，ΔT 为凝结时间之差，min；T_t 为受检混凝土的初凝或终凝时间，min；T_c 为基准混凝土的初凝或终凝时间，min。

凝结时间采用贯入阻力仪测定，仪器精度为 10N，凝结时间测定方法如下：

将混凝土拌合物用 5mm（圆孔筛）振动筛筛出砂浆，拌匀后装入上口内径为 160mm、下口内径为 150mm、净高 150mm 的刚性不渗水的金属圆筒，试样表面应略低于筒口约 10mm，用振动台振实，约 3～5s，置于（20±2）℃的环境中，容器加盖。一般基准混凝土在成型后 3～4h，掺早强剂的在成型后 1～2h，掺缓凝剂的在成型后 4～6h 开始测定，以后每 0.5h 或 1h 测定一次，但在临近初、终凝时，可以缩短测定间隔时间。每次测点应避开前一次测孔，其净距为试针直径的 2 倍，但至少不小于 15mm，试针与容器边缘之距离不小于 25mm。测定初凝时间用截面积为 100mm² 的试针，测定终凝时间用 20mm² 的试针。

测试时，将砂浆试样筒置于贯入阻力仪上，测针端部与砂浆表面接触，然后在（10±2）s 内均匀地使测针贯入砂浆（25±2）mm 深度。记录贯入阻力，精确至 10N，记录测量时间，精确至 1min。贯入阻力按下式计算，精确到 0.1MPa。

$$R = \frac{P}{A} \qquad (2\text{-}133)$$

式中，R 为贯入阻力值，MPa；P 为贯入深度达 25mm 时所需的净压力，N；A 为贯入阻力仪试针的截面积，mm²。

根据计算结果，以贯入阻力值为纵坐标，测试时间为横坐标，绘制贯入阻力值与时间关系曲线，以贯入阻力值达 3.5MPa 时，对应的时间作为初凝时间；贯入阻力值达 28MPa 时，对应的时间作为终凝时间。从水泥与水接触时开始计算凝结时间。

试验时，每批混凝土拌合物取一个试样，凝结时间取三个试样的平均值。若三批试验的最大值或最小值之中有一个与中间值之差超过 30min，把最大值与最小值一并舍去，取中间值作为该组试验的凝结时间。若两测定值与中间值之差均超过 30min，则该组试验结果无效，应重做。凝结时间以 min 表示，并修约到 5min。

7. 硬化混凝土性能试验

（1）混凝土抗压强度比测试

抗压强度比以掺外加剂混凝土与基准混凝土同龄期抗压强度之比表示，按下式计算，精确到 1%。

$$R_f = \frac{f_t}{f_c} \times 100 \qquad (2\text{-}134)$$

式中，R_f 为抗压强度比，%；f_t 为受检混凝土的抗压强度，MPa；f_c 为基准混凝土的抗压强度，MPa。

受检混凝土与基准混凝土的抗压强度按 GB/T 50081—2019 进行试验和计算。试件制作时，用振动台振动 15～20s。试件预养温度为（20±3）℃。试验结果以三批试验测值的平均值表示，若三批试验中有一批的最大值或最小值与中间值的差值超过中间值的 15%，则把最大值与最小值一并舍去，取中间值作为该批的试验结果，如有两批测值与中间值的差均超过中间值的 15%，则试验结果无效，应该重做。

（2）收缩率比测定

收缩率比以 28d 龄期时受检混凝土与基准混凝土的收缩率的比值表示，按下式计算：

$$R_\varepsilon = \frac{\varepsilon_t}{\varepsilon_c} \times 100 \qquad (2-135)$$

式中，R_ε 为收缩率比，%；ε_t 为受检混凝土的收缩率，%；ε_c 为基准混凝土的收缩率，%。

受检混凝土及基准混凝土的收缩率按 GB/T 50082—2009 测定和计算。试件用振动台成型，振动 15～20s。

每批混凝土拌合物取一个试样，以三个试样收缩率比的算术平均值表示，计算精确至 1%。

（3）相对耐久性试验

按 GB/T 50082—2009 进行，试件采用振动台成型，振动 15～20s，标准养护 28d 后进行冻融循环试验（快冻法）。

相对耐久性指标以掺外加剂混凝土冻融 200 次后的动弹性模量是否不小于 80% 来评定外加剂的质量。每批混凝土拌合物取一个试样，相对动弹性模量以三个试件测值的算术平均值表示。

（四）混凝土外加剂中释放氨的限量检验（GB 18588—2001）

1. 技术要求

混凝土外加剂中释放氨的量≤0.10%（质量分数）。

2. 取样和留样

在同一编号外加剂中随机抽取 1kg 样品，混合均匀，分为两份，一份密封保存三个月，另一份作为试样样品。

3. 试验方法

（1）原理　从碱性溶液中蒸馏出氨，用过量硫酸标准溶液吸收，以甲基红-亚甲基蓝混合指示剂为指示剂，用氢氧化钠标准滴定溶液滴定过量的硫酸。

（2）试剂

① 该方法所涉及的水为蒸馏水或同等纯度的水。

② 该方法所涉及的化学试剂除特别注明外，均为分析纯化学试剂。

③ 盐酸：1+1 溶液。

④ 硫酸标准溶液：$c(1/2H_2SO_4)=0.1mol/L$。

⑤ 氢氧化钠标准滴定溶液：$c(NaOH)=0.1mol/L$。

⑥ 甲基红-亚甲基蓝混合指示液：将 50mL 甲基红乙醇溶液（2g/L）和 50mL 亚甲基蓝乙醇溶液（1g/L）混合。

⑦ pH 试纸。

⑧ 氢氧化钠。

（3）仪器设备

① 分析天平：精度 0.001g。

② 500mL 玻璃蒸馏器。

③ 300mL 烧杯。

④ 250mL 量筒。

⑤ 20mL 移液管。

⑥ 50mL 碱式滴定管。

⑦ 1000W 电炉。

（4）分析步骤

① 试样的处理　固体试样需在干燥器中放置 24h 后测定，液体试样可直接称量。

将试样搅拌均匀，分别称取两份各约 5g 的试料，精确至 0.001g，放入两个 30mL 烧杯中，加水溶解，如试料中有不溶物，采用本手册前述步骤。

a. 可水溶的试料　在盛有试料的 300mL 烧杯中加入水，移入 500mL 玻璃蒸馏器中，控制总体积 200mL，备蒸馏。

b. 含有可能保留有氨的水不溶物的试料　在盛有试料 300mL 烧杯中加入 20mL 水和 10mL 盐酸溶液，搅拌均匀，放置 20min 后过滤，收集滤液至 500mL 玻璃蒸馏器中，控制总体积 200mL，备蒸馏。

② 蒸馏　在备蒸馏的溶液中加入数粒氢氧化钠，以广泛试纸试验，调整溶液 pH＞12，加入几粒防爆玻璃珠。

准确移取 20mL 硫酸标准溶液于 250mL 量筒中，加入 3～4 滴混合指示剂，将蒸馏器馏出液出口玻璃管插入量筒底部硫酸溶液中。

检查蒸馏器连接无误并确保密封后，加热蒸馏。收集蒸馏液达 180mL 后停止加热，卸下蒸馏瓶，用水冲洗冷凝管，并将洗涤液收集在量筒中。

③ 滴定　将量筒中溶液移入 300mL 烧杯中，洗涤量筒，将洗涤液并入烧杯。用氢氧化钠标准滴定溶液回滴过量的硫酸标准溶液，直至指示剂由亮紫色变为灰绿色，消耗氢氧化钠标准滴定溶液的体积为 V_1。

④ 空白试验　在测定的同时，按同样的分析步骤、试剂和用量，不加试料进行平行操作，测定空白试验氢氧化钠标准滴定溶液消耗体积（V_2）。

（5）计算　混凝土外加剂样品中释放氨的量，以氨（NH_3）质量分数表示，按下式计算：

$$X_氨 = \frac{(V_2 - V_1)c \times 0.01703}{m} \times 100 \tag{2-136}$$

式中，$X_氨$ 为混凝土外加剂中释放氨的量，%；c 为氢氧化钠标准溶液浓度的准确数值，mol/L；V_1 为滴定试料溶液消耗氢氧化钠标准溶液体积的数值，mL；V_2 为空白试验消耗氢氧化钠标准溶液体积的数值，mL；0.01703 为与 1.00mL 氢氧化钠标准溶液 $[c(NaOH) = 1.000mol/L]$ 相当的以 g 表示的氨的质量；m 为试料质量的数值，g。

取两次平行测定结果的算术平均值为测定结果。两次平行测定结果的绝对差值大于 0.01% 时，需重新测定。

4. 试验结果的判定

试验结果符合本检验方法中"1. 技术要求"的判为合格。

（五）外加剂对水泥的适应性检验（GB 50119—2013）

1. 适用范围

该检测方法适用于检测各类混凝土减水剂及与减水剂复合的各种外加剂对水泥的适应性，也可用于检测其对矿物掺合料的适应性。

2. 仪器设备

检测所用仪器设备应符合下列规定：

① 水泥净浆搅拌机。

② 截锥形圆模：上口内径 36mm，下口内径 60mm，高度 60mm，内壁光滑无接缝的金属制品。

③ 玻璃板：400mm×400mm×5mm。

④ 钢直尺：300mm。

⑤ 刮刀。

⑥ 秒表，时钟。

⑦ 药物天平：称量 100g，感量 1g。

⑧ 电子天平：称量 50g，感量 0.05g。

3. 检测步骤

水泥适应性检测方法按下列步骤进行：

① 将玻璃板放置在水平位置，用湿布将玻璃板、截锥圆模、搅拌器及搅拌锅均匀擦过，使其表面湿而不带水滴。

② 将截锥圆模放在玻璃板中央，并用湿布覆盖待用。

③ 称取水泥 600g，倒入搅拌锅内。

④ 对某种水泥需选择外加剂时，每种外加剂应分别加入不同掺量；对某种外加剂选择水泥时，每种水泥应分别加入不同掺量的外加剂。对不同品种外加剂，不同掺量应分别进行试验。

⑤ 加入 174g 或 210g 水（外加剂为水剂时，应扣除其含水量），搅拌 4min。

⑥ 将拌好的净浆迅速注入截锥圆模内，用刮刀刮平，将截锥圆模按垂直方向提起，同时，开启秒表计时，至 30s 用直尺量取流淌水泥净浆互相垂直的两个方向的最大直径，取平均值作为水泥净浆初始流动度。此水泥净浆不再倒入搅拌锅内。

⑦ 已测定过流动度的水泥浆应弃去，不再装入搅拌锅中。水泥净浆停放时，应用湿布覆盖搅拌锅。

⑧ 剩留在搅拌锅内的水泥净浆，至加水后 30min、60min，开启搅拌机，搅拌 4min，按步骤⑥方法分别测定相应时间的水泥净浆流动度。

4. 结果分析

测试结果应按下列方法分析：

① 绘制以掺量为横坐标、流动度为纵坐标的曲线。其中饱和点（外加剂掺量与水泥净浆流动度变化曲线的拐点）外加剂掺量低、流动度大，流动度损失小的外加剂对水泥的适应性好。

② 需注明所用外加剂和水泥的品种、等级、生产厂，试验室温度、相对湿度等。如果水灰比（水胶比）与该方法不符，也需注明。

（六）水泥与减水剂相容性检验（JC/T 1083—2008）

1. 方法原理

（1）马歇尔法（Marsh 筒法，标准法）　Marsh 筒为下带圆管的锥形漏斗，最早用于测定钻井泥浆液的流动性，后由加拿大 Sher-brooke 大学提出用于测定添加减水剂水泥浆体的流动性，以评价水泥与减水剂适应性。具体方法为让注入漏斗中的水泥浆体自由流下，记录注满 200mL 容量筒的时间，即 Marsh 时间，此时间的长短反映了水泥浆体的流动性。

（2）净浆流动度法（代用法）　将制备好的水泥浆体装入一定容量的圆模后，稳定提起圆模，使浆体在重力作用下在玻璃上自由扩展，稳定后的直径即流动度，流动度的大小反映了水泥浆体的流动性。

当有争议时，以标准法为准。

2. 实验室和设备

（1）实验室　实验室的温度应保持在（20±2）℃，相对湿度应不低于 50％。

（2）设备

① 水泥净浆搅拌机：符合《水泥净浆搅拌机》（JC/T 729—2005）的要求，配备 6 只搅拌锅。

② 圆模：圆模的上口直径 36mm、下口直径 60mm、高度 60mm，内壁光滑无暗缝的金属制品。

③ 玻璃板：$\phi400\text{mm}\times5\text{mm}$。

④ 刮刀。

⑤ 卡尺：量程 300mm，分度值 1mm。

⑥ 秒表：分度值 0.1s。

⑦ 天平：量程 100g，分度值 0.01g；量程 1000g，分度值 1g。

⑧ 烧杯：容积为 400mL。

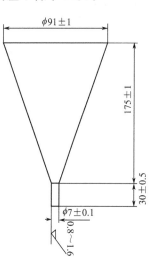

图 2-42　Marsh 筒示意图
（尺寸单位：mm）

⑨ Marsh 筒：管部分由不锈钢材料制成，锥形漏斗部分由不锈钢或由表面光滑的耐锈蚀材料制成，机械要求如图 2-42 所示。

⑩ 量筒：容积为 250mL，分度值 1mL。

3. 水泥浆体的组成

（1）水泥　试验前，应将水泥过 0.9mm 方孔筛并混合均匀。当试验水泥从取样至试验要保持 24h 以上时，应将水泥储存在气密的容器中，该容器材料不应与水泥起反应。

（2）水　洁净的饮用水。

（3）基准减水剂　基准减水剂是检验水泥与减水剂相容性的基准材料，JC/T 1083—2008 推荐由符合下列品质指标和质量稳定性指标制备而成的萘系减水剂。

① 品质指标

a. 含固量：92.5％±0.5％。

b. 硫酸钠：15.8％±0.5％。

c. pH 值：8.7±0.5。

② 质量稳定性指标　当采用任一水泥，用两个不同批次的基准减水剂进行流动性试验时，由于质量原因造成的基准减水剂各掺量点的流动性差值应符合表 2-109 的要求。

③ 试验方式

a. 含固量、pH 值、硫酸钠含量：按本手册前述方法进行。

表 2-109　质量稳定性指标

项目	Marsh 筒/s		净浆流动度法/mm	
	初始	60min	初始	60min
最大差值	1.5	1.5	4	4

b. 质量稳定性：按本方法正文进行。用 0.8％的减水剂掺量进行试验。试验前，应将水泥混合均匀。

当试验者自行选择基准减水剂时，应保证减水剂的质量稳定、均匀。

（4）水泥、水、减水剂和试验用具的温度　与试验室温度一致。

4. 水泥浆体的配合比

水泥浆体的配合比见表 2-110。

表 2-110　水泥浆体的配合比

方法	水泥/g	水/mL	水灰比	基准减水剂[1][2][3]（按水泥的质量百分比）/％
Marsh 筒法	500±2	175±1	0.35	0.4 0.6 0.8
流动度法	500±2	145±1	0.29	1.0 1.2 1.4

[1] 可以购买本试验所规定的基准减水剂，也可以由试验者自行选择。

[2] 根据水泥和减水剂的实际情况，可以增加或减少基准减水剂的掺量。

[3] 减水剂掺量按固态粉剂计算。当使用液态减水剂时，应按减水剂含固量折算为固态粉剂含量，同时在加水量中减去液态水剂的含水量。

5. 试验步骤

（1）Marsh 筒法（标准法）

① 每锅浆体用搅拌机进行机械搅拌。试验前使搅拌机处于工作状态。

② 用湿布将 Marsh 筒、烧杯、搅拌锅、搅拌叶片全部润湿。将烧杯置于 Marsh 筒下料口的下面中间位置，并用湿布覆盖。

③ 将基准减水剂和约 1/2 的水同时加入锅中，然后用剩余的水反复冲洗盛装基准减水剂的容器直至干净并全部加入锅中，加入水泥，把锅固定在搅拌机上，按《水泥净浆搅拌机》（JC/T 729—2005）的搅拌程序搅拌。

④ 将锅取下，用搅拌勺边搅拌边将浆体立即全部倒入 Marsh 筒内。打开阀门，让浆体自由流下并计时，当浆体注入烧杯达到 200mL 时停止计时，此时间即为初始 Marsh 时间。

⑤ 让 Marsh 筒内的浆体全部流下，无遗留地回收到搅拌锅内，并采取适当的方法密封静置以防水分蒸发。

⑥ 清洁 Marsh 筒、烧杯。

⑦ 调整基准减水剂掺量，重复上述步骤，依次测定基准减水剂各掺量下的初始 Marsh 时间。

⑧ 自加水泥起到 60min 时，将静置的水泥浆体按《水泥净浆搅拌机》（JC/T 720—

2005）的搅拌程序重新搅拌，重复前述步骤④，依次测定基准减水剂各掺量下的 60min Marsh 时间。

（2）净浆流动度法（代用法）

① 每锅浆体用搅拌机进行机械搅拌。试验前使搅拌机处于工作状态。

② 将玻璃板置于工作台上，并保持其表面水平。

③ 用湿布把玻璃板、圆模内壁、搅拌锅、搅拌叶片全部润湿。将圆模置于玻璃板的中间位置，并用湿布覆盖。

④ 将基准减水剂和约 1/2 的水同时加入锅中，然后用剩余的水反复冲洗盛装基准减水剂的容器直至干净，并全部加入锅中，加入水泥，把锅固定在搅拌机上，按《水泥净浆搅拌机》（JC/T 729—2005）的搅拌程序搅拌。

⑤ 将锅取下，用搅拌勺边搅拌边将浆体立即倒入置于玻璃板中间位置的圆模内。对于流动性差的浆体要用刮刀进行插捣，以使浆体充满圆模。用刮刀将高出圆模的浆体刮除并抹平，立即稳定提起圆模。圆模提起后，应用刮刀将黏附于圆模内壁上的浆体尽量刮下，以保证每次试验的浆体量基本相同。提取圆模 1min 后，用卡尺测量最长径及其垂直方向的直径，二者的平均值即为初始流动度值。

⑥ 快速将玻璃板上的浆体用刮刀无遗留地回收到搅拌锅内，并采取适当的方法密封静置以防水分蒸发。

⑦ 清洁玻璃板、圆模。

⑧ 调整基准减水剂掺量，重复上述步骤，依次测定基准减水剂各掺量下的初始流动度值。

⑨ 自加水泥起到 60min 时，将静置的水泥浆体按《水泥净浆搅拌机》（JC/T 729—2005）的搅拌程序重新搅拌，重复前述步骤⑤，依次测定基准减水剂各掺量下的 60min 流动度值。

6. 数据处理

（1）经时损失率的计算　经时损失率用初始流动度或 Marsh 时间与 60min 流动度或 Marsh 时间的相对差值表示，即

$$FL = \frac{T_{60} - T_{in}}{T_{in}} \times 100 \tag{2-137}$$

或

$$FL = \frac{T_{in} - F_{60}}{F_{in}} \times 100 \tag{2-138}$$

式中，FL 为经时损失率，%；T_{in} 为初始 Marsh 时间，s；T_{60} 为 60min Marsh 时间，s；F_{in} 为初始流动度，mm；F_{60} 为 60min 流动度，mm。

结果保留到小数点后一位。

（2）饱和掺量点的确定　以减水剂掺量为横坐标、净浆流动度或 Marsh 时间为纵坐标作曲线图，然后作两直线段曲线的趋势线，两趋势线的交点的横坐标即为饱和掺量点。处理方法示例如图 2-43 所示。

7. 结果表示

水泥与减水剂相容性用下列参数表示：

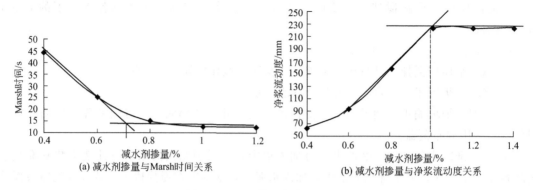

图 2-43　饱和掺量点确定示意图

① 饱和掺量点；

② 基准减水剂 0.8% 掺量时的初始 Marsh 时间或流动度；

③ 基准减水剂 0.8% 掺量时的经时损失率。

四、质量控制

1. 验收

① 选用的外加剂应有供货单位提供的下列技术文件：

a. 产品说明书，并应标明产品主要成分；

b. 出厂检验报告及合格证；

c. 掺外加剂混凝土性能检验报告。

② 外加剂运到预拌混凝土厂或施工工地，应立即采取具有代表性样品进行检验，进货与试配一致时，方可入库、使用。若发现不一致，应停止使用。

③ 外加剂进厂（站）时应按表 2-104 进行检验。

2. 储存

① 外加剂应按不同供货单位、不同品种、不同牌号分别存放，标识应清楚。

② 粉状外加剂应防止受潮结块，如有结块，经性能检验合格后应粉碎至全部通过 0.630mm 筛后方可使用。液体外加剂应放置阴凉干燥处，防止日晒、受冻、污染、进水或蒸发，如有沉淀等现象，经性能检验合格后方可使用。

第六节　混凝土用水

一、概述

混凝土用水是混凝土拌合用水和混凝土养护用水的总称，包括饮用水、地表水、地下水、再生水、混凝土企业设备洗刷水和海水等，不同类别水的使用范围或要求见表 2-111。

表 2-111 混凝土用水的种类

类别	范围
饮用水	符合国家标准的生活应用水,是最常使用的混凝土拌合水,可以用来拌制素混凝土、钢筋混凝土及预应力混凝土等,不需进行试验
地表水及地下水	地表水主要包括河流水、湖泊水、冰川水和沼泽水,并把大气降水视为地表水体的主要补给源。地表水随季节等因素变化较大,有的受到污染。地下水是存在于岩石缝隙或土壤空隙中可以流动的水。我国幅员辽阔,天然地表水、地下水的品质差别较大,情况复杂,首次作为混凝土用水必须进行适用性检验,合格的才允许使用
再生水	再生水也称为中水,指污水经适当再生工艺处理后具有使用功能的水,应符合《城市污水再生利用 城市杂用水水质》(GB/T 18920—2002)的要求。符合 JGJ 63—2006 要求的再生水,可用于拌制素混凝土、钢筋混凝土及预应力混凝土等
混凝土企业设备洗刷水	不宜用于预应力混凝土、装饰混凝土、加气混凝土和暴露于腐蚀环境的混凝土;不得用于使用碱活性或潜在碱活性骨料的混凝土
海水	海水的含量较多。用它拌制混凝土,会降低混凝土后期强度,促使钢筋锈蚀和混凝土表面风化。因此,海水只允许用来拌制素混凝土,未经处理的海水不宜拌制有饰面要求的混凝土、耐久性要求较高的混凝土、大体积混凝土和特种混凝土,严禁用于钢筋混凝土和预应力混凝土

二、质量要求

依据《混凝土用水标准》(JGJ 63—2006),混凝土用水的质量要求如下。

1. 混凝土用水的物质含量限值

混凝土拌合用水水质要求应符合表 2-112 的规定。

混凝土养护用水可不检验不溶物和可溶物,其他检验项目应符合表 2-112 的要求。

表 2-112 混凝土拌合用水水质要求

项目	预应力混凝土	钢筋混凝土	素混凝土
pH 值	≥5.0	≥4.5	≥4.5
不溶物/(mg/L)	≤2000	≤2000	≤5000
可溶物/(mg/L)	≤2000	≤5000	≤10000
Cl^-/(mg/L)	≤500	≤1000	≤3500
SO_4^{2-}/(mg/L)	≤600	≤2000	≤2700
碱含量/(mg/L)	≤1500	≤1500	≤1500

注:1. 碱含量($Na_2O+0.658K_2O$)按计算值来表示。采用非碱活性骨料时,可不检验碱含量。

2. 对于设计使用年限为 100 年的结构混凝土,氯离子含量不得超过 500mg/L。

3. 对使用钢丝或经热处理钢筋的预应力混凝土,氯离子含量不得超过 350mg/L。

2. 放射性

混凝土拌合用水和混凝土养护用水的放射性应符合现行国家标准《生活饮用水卫生标准》(GB 5749—2006)的规定,水中放射性物质不得危害人体健康,其中 α 放射性核素的总 α 放射性体积活度的限值为 0.5Bq/L,β 放射性核素的总 β 放射性体积活度的限值为 1Bq/L。

3. 对凝结时间影响的要求

混凝土拌合用水应与饮用水样进行水泥凝结时间对比试验。对比试验的水泥初凝时间差及终凝时间差均不应大于30min；同时，初凝和终凝时间应符合现行国家标准《通用硅酸盐水泥》（GB 175—2007）的规定。

混凝土养护用水可不检验水泥凝结时间。

4. 对抗压强度影响的要求

混凝土拌合用水应与饮用水样进行水泥胶砂强度对比试验，混凝土拌合用水配制的水泥胶砂3d和28d强度不应低于饮用水配制的水泥胶砂3d和28d强度的90%。

混凝土养护用水可不检验水泥胶砂强度。

5. 其他要求

① 混凝土拌合用水不应有明显的漂浮油脂和泡沫，不应有明显的颜色和异味。

② 在无法获得水源的情况下，海水可用于素混凝土，但不宜用于装饰混凝土。

三、检验方法

1. 水样采集

采集的水样应具有代表性。因此，采集水样时，不能随便使用采样瓶，也不能光取河边或表面的水，必须遵从以下原则。

① 盛水样的容器（采样瓶），必须是硬质玻璃瓶或塑料制品，容量2L，无色，具有磨口玻璃的细口瓶。

② 采样前，应先将采样瓶的内部及外部彻底清洗干净。采集水样时，再用所采取的水样冲洗三次。然后将水样收集于样瓶中，水面距瓶塞应不超过1cm。

③ 采样自来水或具有抽水机设备的井水时，应先放水数分钟，冲洗掉水管中的杂质，然后再收集水样。

④ 没有抽水设备的井水，应该先将水桶冲洗干净，然后再取出井水装入样瓶或直接用水样瓶采集。

⑤ 采集江河、湖泊和水库表面的水样时，应该将样瓶浸入水面下30～50cm，在中心部位或与岸距离1～2m处采集之；当水源很浅时，可在水面下5～10cm处采集之。如水面较宽，应在不同的地点分别采集，这样才能得到有代表性的水样。采集时应注意防止人为污染。

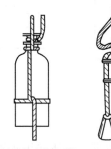

(a) 下拴石块或其他重物　(b) 重物

图2-44　水样采集瓶

⑥ 采集较深的江河、湖泊和水库水样时，应用水样采取器。如没有这种特殊仪器，亦可用一容量为3～4L的采集瓶代替（图2-44）。其方法是将一细口瓶绑上绳子，下拴一块洗净的石头或金属块等重物，瓶口玻璃塞用绳系紧，当样瓶降落到预定的深度，用此绳将塞打开收集水样。

⑦ 再生水应在取水管道终端接取。

⑧ 混凝土企业设备洗刷水，应沉淀后，在池中距水面100mm以下采集。

取好水样后，用瓶塞塞好，并用石蜡封口（如果不将样品转送他处或立刻进行分析时，可不封口）。

⑨ 采取水样不要太满，瓶内须留有10～20mm的空间，以防温度变化时瓶塞被挤掉。

⑩ 每瓶水样须附贴表格 1 份，写明下列各项内容：水源种类及名称；水源所在地；采样日期时间；采样位置及深度；采样方法；采样时水温；分析项目；采样人姓名及其他。

⑪ 水样采集后可供存放的时间并无绝对的规定，根据一般经验，可以表 2-113 所列时间作为水样存放的参考。

表 2-113　水样存放时间

水源	相隔（允许存放）时间/h
未受污染的水（如泉水）	72
中等清洁的水（如河水等）	48
不清洁的江河水	12
沟水	6

⑫ 为取样而专门开凿钻井时，钻孔尽量不要用水冲洗。待停钻且井内水位固定以后，再从井中取样。如果钻孔用水冲过，必须先抽水直到水的化学成分稳定以后，才能取样。

⑬ 采集水样应注意季节、气候、雨量的影响，并在取样记录中予以注明。

⑭ 用于水质检验的水样不少于 5L，用于测定水泥凝结时间和胶砂强度的水样不应小于 3L。测定砂浆强度用水样不得少于 2L，测定混凝土强度用水样不得少于 15L。

2. 总固体的测定

（1）基本概念　水中所含总固体是水样在一定温度下（为适合一般条件，以 105～110℃为标准）蒸发至干燥时所余留的固体物的总量，是溶解性固体与悬浮性固体（包括胶状体）的总称。它的组成包括有机化合物、无机化合物及各种生物体。

（2）仪器

① 磁蒸发皿：容量为 100mL，在 105～110℃烘干至恒重。

② 万分之一天平。

③ 水浴锅。

（3）试验步骤

① 用移液管准确吸取振荡均匀的水样 100mL（或 50mL），注入预先在 105～110℃烘干并恒重的蒸发皿中，放在水浴锅上蒸干。

② 将蒸发皿移入 105～110℃烘箱内，烘 3h 后冷却称重。

③ 如此反复操作，直至前后两次称重相差不超过 0.0010g 为止。

（4）结果计算　总固体的质量按下式计算：

$$总固体(mg/L) = \frac{(W_2 - W_1) \times 1000 \times 1000}{V}$$

(2-139)

式中，W_1 为蒸发皿质量，g；W_2 为蒸发皿和总固体质量，g；V 为水样体积，mL。

（5）试验记录　试验记录格式见表 2-114。

表 2-114　总固体试验记录表

样品号					
取样体积/mL					
皿号					
皿重＋总固体重/g					
皿重/g					

总固体重/g					
总固体含量/(mg/L)					
备注					

3. pH 值的测定（玻璃电极法）

（1）概述　该方法以玻璃电极作指示电极，以饱和甘汞电极作参比电极，用经 pH 标准缓冲液校准好的 pH 计（酸度计）直接测定水样的 pH 值。

（2）仪器

① pH 计（酸度计）：测量范围 0～14；读数精度不低于 0.05 个单位。

② pH 玻璃电极，饱和甘汞电极。

③ 烧杯：50mL。

④ 温度计：0～100℃。

（3）试剂　下列试剂均应以新煮沸并放冷的纯水配制，配成的溶液应储存在聚乙烯瓶或硬质玻璃瓶内。此类溶液应于 1～2 个月内使用。

① pH 标准缓冲液甲：称取 10.21g 经 105～110℃ 烘干 2h 并冷却至室温的苯二甲酸氢钾（$KHC_3H_4O_4$），溶于纯水中，并定容至 1000mL。此溶液的 pH 值在 20℃时为 4.00。

② pH 标准缓冲液乙：分别称取经 105～110℃ 烘干 2h 并冷却至室温的磷酸二氢钾（KH_2PO_4）3.40g，磷酸氢二钠（Na_2HPO_4）3.55g，一起溶于纯水中，并定容至 1000mL。此溶液的 pH 值在 20℃时为 6.88。

③ pH 标准缓冲液丙：称取 3.81g 硼砂（$Na_2B_4O_7 \cdot 10H_2O$），溶于纯水中，并定容至 1000mL。此溶液的 pH 值在 20℃时为 9.22。

上述标准缓冲液在不同温度条件下的 pH 见表 2-115。

表 2-115　标准缓冲液在不同温度下的 pH 值

温度/℃	pH 标准缓冲液		
	甲	乙	丙
5	4.00	6.95	9.39
10	4.00	6.92	9.33
15	4.00	6.90	9.28
20	4.00	6.88	9.22
25	4.01	6.86	9.18
30	4.01	6.85	9.14
35	4.02	6.84	9.10
40	4.03	6.84	9.07
45	4.04	6.83	9.04
50	4.06	6.83	9.01
55	4.07	6.83	8.98
60	4.09	6.84	8.96

（4）分析步骤

① 电极准备　玻璃电极在使用前，应先放入纯水中浸泡 24h 以上。

饱和甘汞电极和氯化钾溶液的液面必须高出汞体，在室温下应有少许氯化钾晶体存在，以保证氯化钾溶液的饱和。

② 仪器校准　操作程序按仪器使用说明书进行。先将水样与标准缓冲液调到同一温度，记录测定温度，并将仪器温度补偿旋钮调至该温度上。首先用与水样 pH 相近的一种标准缓冲液校正仪器。从标准缓冲液中取出电极，用纯水彻底冲洗并用滤纸吸干。再将电极浸入第二种标准缓冲液中，小心摇动，静置，仪器示值与第二种标准缓冲液在该温度时的 pH 值之差不应超过 0.1 个单位，否则就应调节仪器斜率旋钮，必要时应检查仪器、电极或标准缓冲液是否存在问题。重复上述校正工作，直至示值正常时，方可用于测定样品。

③ 水样的测定　测定水样时，先用纯水认真冲洗电极，再用水样冲洗，然后将电极浸入水样中，小心摇动或进行搅拌使其均匀，静置，待读数稳定时记录指示值，即为水样 pH 值。

4. 不溶物的测定

(1) 概述　不溶物系指水样在规定的条件下，水样经过滤，未通过滤膜部分干燥后留下的物质。不同的过滤介质可获得不同的测定结果。该方法采用质量法中速定量滤纸作过滤介质。

(2) 仪器

① 分析天平：感量 0.1mg。

② 电热恒温干燥箱（烘箱）。

③ 干燥器：用硅胶作干燥剂。

④ 中速定量滤纸及相应玻璃漏斗。

⑤ 量筒：10mL。

(3) 分析步骤

① 将滤纸放在 (105 ± 3)℃烘箱内烘干 1h，取出，放在干燥器内冷却至室温，用分析天平称重。重复烘干、称重直至恒重。

② 剧烈振荡水样，迅速量取 100mL 或适量水样（采取的不溶物量最好在 20～100mg），并使之全部通过滤纸。

③ 将滤纸连同截留的不溶物放在 (105 ± 3)℃烘箱中烘干 1h，放入干燥器中冷却至室温并称重。重复烘干、称重直至恒重。

(4) 计算

$$不溶物(mg/L) = \frac{(m_2 - m_1) \times 10^6}{V} \qquad (2\text{-}140)$$

式中，m_1 为滤纸质量，g；m_2 为滤纸及不溶物质量，g；V 为水样体积，mL。

5. 可溶物的测定

(1) 概述　可溶物系指水样在规定的条件下，水样经过滤，通过滤膜部分干燥蒸发后留下的物质。

(2) 仪器

① 分析天平，感量 0.1mg。

② 水浴锅。

③ 电恒温干燥箱。

④ 瓷蒸发皿，100mL。

⑤ 干燥器：用硅胶作干燥剂。

⑥ 中速定量滤纸或滤膜（孔径 $0.45\mu m$）及相应滤器。

（3）试剂　碳酸钠溶液（10g/L）：称取 10g 无水碳酸钠（Na_2CO_3），溶于纯水中，稀释至 1000mL。

（4）分析步骤

① 溶解性总固体〔在（105±3）℃烘干〕

a. 将蒸发皿洗净，放在（105±3）℃烘箱内 30min，取出，于干燥器内冷却 30min。

b. 在分析天平上称量，再次烘烤、称量，直至恒定质量（两次称量相差不超过 0.0004g）。

c. 将水样上清液用滤器过滤。用无分度吸管吸取过滤水样 100mL 于蒸发皿中，如水样的溶解性总固体过少可增加水样体积。

d. 将蒸发皿置于水浴上蒸干（水浴液面不要接触皿底）。将蒸发皿移入（105±3）℃烘箱内，1h 后取出。干燥器内冷却 30min，称量。

e. 将称过质量的蒸发皿再放入（105±3）℃烘箱内 30min，干燥器内冷却 30min，称量，直至恒定质量。

② 溶解性总固体〔在（108±3）℃烘干〕

a. 按上述步骤将蒸发皿在（108±3）℃烘干并称量至恒定质量。

b. 吸取 100mL 水样于蒸发皿中，精确加入 25.0mL 碳酸钠溶液于蒸发皿内，混匀。同时做一个只加 25.0mL 碳酸钠溶液的空白样。计算水样结果时应减去碳酸钠空白样的质量。

（5）计算

$$\rho(TDS) = \frac{(m_1 - m_0) \times 1000 \times 1000}{V} \tag{2-141}$$

式中，$\rho(TDS)$ 为水样中溶解性总固体的质量浓度，mg/L；m_0 为蒸发皿质量，g；m_1 为蒸发皿和溶解性总固体的质量，g；V 为水样体积，mL。

（6）精密度和准确度

279 个实验室测定溶解性总固体为 170.5mg/L 的合成水样，105℃烘干，测定的相对标准偏差为 4.9%，相对误差为 2.0%；204 个实验室测定同一合成水样，108℃烘干测定的相对标准差为 5.4%，相对误差为 0.4%。

以两次测值的平均值，作为试验结果。

6. 氯化物的测定（硝酸银滴定法）

（1）概述　该方法以铬酸钾作指示剂，在中性或弱碱性条件下，用硝酸银标准液滴定水样中的氯化物。

（2）试剂

① 1%酚酞指示剂（95%乙醇溶液）。

② 10%铬酸钾指示剂。

③ 0.05mol/L 硫酸溶液。

④ 0.1mol/L 氢氧化钠溶液。

⑤ 30%过氧化氢（H_2O_2）溶液。

⑥ 氯化钠标准溶液（1.00mL 含 1.00mg 氯离子）：准确称取 1.649g 优级纯氯化钠试剂（预先在 500～600℃灼烧 0.5h 或在 105～110℃烘干 2h，置于干燥器中冷至室温），溶于纯

水并定容至 1000mL。

⑦ 硝酸银标准溶液：称取 5.0g 硝酸银，溶于纯水并定容至 1000mL，用氯化钠标准溶液进行标定，方法如下。

a. 准确吸取 10.00mL 氯化钠标准溶液，置于 250mL 锥形瓶中，瓶下垫一块白色瓷板并置于滴定台上，加纯水稀释至 100mL，并加 2～3 滴 1％酚酞指示剂。若显红色，用 0.05mol/L 硫酸溶液中和恰好至无色；若不显红色，用 0.01mol/L 氢氧化钠溶液中和至红色；然后以 0.5mol/L 硫酸溶液回滴恰好至无色。再加 1mL 10％铬酸钾指示剂，用待标定的硝酸银溶液（盛于棕色滴定管）滴定至橙色终点。另取 100mL 纯水作空白试验（除不加氯化钠标准溶液和稀释用纯水外，其他步骤同上）。

b. 硝酸银溶液的滴定度（mg Cl⁻/mL）按下式计算：

$$T = \frac{10.00}{V_c - V_b} \tag{2-142}$$

式中，T 为硝酸银溶液的滴定度，mg Cl⁻/mL；V_c 为标定时硝酸银溶液用量，mL；V_b 为空白试验时硝酸银溶液用量，mL；10.00 为 10.00mL 氯化钠标准溶液中氯离子的含量，mg。

c. 按计算调整硝酸银溶液浓度，使其成为 1.00mL 相当于 1.00mg 氯离子的标准溶液（即滴定度为 1.00mg Cl⁻/mL）。

（3）分析步骤

① 吸取水样（必要时取过滤后水样）100mL，置于 250mL 锥形瓶中。

② 加 2～3 滴酚酞指示剂，按本节三、中有关步骤以硫酸和氢氧化钠溶液调节至水样恰由红色变为无色。

③ 加入 1mL 10％铬酸钾指示剂，用硝酸银标准溶液滴定至橙色终点。同时取 100mL 纯水按上述分析步骤作空白试验。

④ 若水样含亚硫酸盐或硫离子在 5mg/L 以上，所取水样需先加入 1mg 30％过氧化氢溶液，再按前述分析步骤进行滴定。

⑤ 若水样中氯化物含量大于 100mg/L，可少取水样（氯离子量不大于 10mg）并用纯水稀释至 100mL 后进行滴定。

（4）计算

$$c_{Cl^-} = \frac{(V_2 - V_1)T}{V} \times 1000 \tag{2-143}$$

式中，c_{Cl^-} 为水样中氯化物（以 Cl⁻ 计）含量，mg/L；V_1 为空白试验用硝酸银标准溶液量，mL；V_2 为水样测定用硝酸银标准溶液量，mL；V 为水样体积，mL；T 为硝酸银标准溶液的滴定度，mg Cl⁻/mL。

7. 硫酸盐的测定（硫酸钡比浊法）

（1）概述　该方法采用氯化钡晶体为试剂，该试剂和水样中硫酸盐反应生成细微的硫酸钡结晶，而使水样浑浊。其浑浊程度在一定范围内和水样中硫酸盐含量成正比关系，据此测定硫酸盐含量。

（2）仪器

① 分光光度计：420～720nm。

② 电磁搅拌器。

（3）试剂

① 硫酸盐标准溶液：准确称取 1.4786g 无水硫酸钠（Na_2SO_4）或 1.814g 无水硫酸钾（K_2SO_4），溶于少量纯水并定容至 1000mL。此溶液的硫酸盐浓度（按 SO_4^{2-} 计）为 1mg/mL。

② 稳定溶液：称取 75g 氯化钠（NaCl），溶于 300mL 纯水中，加入 30mL 盐酸、50mL 甘油和 100mL 95％乙醇，混合均匀。

③ 氯化钡晶体（$BaCl_2 \cdot 2H_2O$）：20～30 目。

（4）分析步骤

① 调节电磁搅拌器转速，使溶液在搅拌时不外溅，并能使 0.2g 氯化钡在 10～30s 溶解。转速确定后，在整批测定中不能改变。

② 将水样过滤。吸取 50mL 过滤水样置于 100mL 烧杯中。若水样中硫酸盐含量超过 40mg/L，可少取水样（SO_4^{2-} 不大于 2mg）并用纯水稀释至 50mL。

③ 加入 2.5mL 稳定溶液，并将烧杯置于电磁搅拌器上。

④ 搅拌稳定后加入 1 小勺（约 0.2g）氯化钡晶体，并立即计时，搅拌 1min±5s（由加入氯化钡后开始计算），放置 10min 立即用分光光度计（波长 420nm，采用 3cm 比色皿），以加有稳定溶液的过滤水样作参比，测定吸光度。

⑤ 标准曲线的绘制：取同型 100mL 烧杯 6 个，分别加入硫酸盐标准溶液 0mL、0.25mL、0.50mL、1.00mL、1.50mL 和 2.00mL。各加纯水至 50mL。其硫酸盐（SO_4^{2-}）含量分别为 0mg、0.25mg、0.50mg、1.00mg、1.50mg 及 2.00mg。依上述步骤进行，但在测定吸光度时，改用纯水作参比。以吸光度为纵坐标、硫酸盐含量（mg）为横坐标绘制标准曲线。

⑥ 由标准曲线查出测定水样中的硫酸盐含量（mg）。

（5）计算

$$c_{SO_4^{2-}} = \frac{m_{SO_4^{2-}} \times 1000}{V} \tag{2-144}$$

式中，$c_{SO_4^{2-}}$ 为水样中硫酸盐（SO_4^{2-}）含量，mg/L；$m_{SO_4^{2-}}$ 为由标准曲线查出的测定水样中硫酸盐的含量，mg；V 为水样体积，mL。

8. 硫酸盐的测定（质量法）

（1）概述　该方法采用在酸性条件下，硫酸盐与氯化钡溶液反应生成白色硫酸钡沉淀，将沉淀过滤、灼烧至恒重。根据硫酸钡的准确质量计算硫酸盐的含量。

（2）仪器

① 高温炉：最高温度 1000℃；

② 天平：称量 100g（或 200g）、感量 0.1mg；

③ 瓷坩埚；

④ 干燥器；

⑤ 其他：容量瓶、烧杯、致密定量滤纸。

（3）试剂

① 1％硝酸银（分析纯）溶液；

② 10％氯化钡（分析纯）溶液；

③ 1：1 盐酸（分析纯）溶液；

④ 1％甲基红指示剂溶液。

（4）分析步骤

① 吸取水样 200mL，置于 400mL 烧杯中，加 2～3 滴甲基红，用 1∶1 盐酸酸灰化至刚出现红色，再多加 5～10 滴盐酸，在不断搅动下加热，趁热滴加 10％氯化钡至上部清液中不再产生沉淀时，再多加 2～4mL 氯化钡。温热至 60～70℃，静置 2～4h。

② 用致密定量滤纸过滤，烧杯中的沉淀用热水洗 1～3 次后移入滤纸，再洗至无氯离子（用 1％ $AgNO_3$ 检验），但也不宜过多洗。

③ 将沉淀和滤纸移入已灼烧至恒重的坩埚中，小心烤干，灰化至灰白色，移入 800℃ 高温炉中灼烧 20～30min，然后在干燥中冷却至室温称重。再将坩埚灼烧 15～20min，称量至恒重（两次称重之差小于 ±0.0002g）。

④ 取 200mL 纯水，按本节规定的分析步骤做空白试验。

⑤ 每种水样做平行测定。

注：1. 沉淀在微酸性溶液中进行，以防止某些阴离子如碳酸根、重碳酸根和氢氧根等与钡离子发生共沉淀现象。

2. 硫酸钡沉淀同滤纸灰化时，应保证有充分的空气，否则沉淀易被滤纸烧成的碳所还原：$BaSO_4 + C \longrightarrow BaS + CO$。当发生这种现象时，沉淀呈灰色和黑色，此时可在冷却后的沉淀中加入 2～3 滴浓硫酸，然后小心加热至三氧化硫白烟不再发生为止，再在 800℃ 的温度下灼烧至恒重。炉温不能过高，否则 $BaSO_4$ 开始分解。

（5）计算

$$c_{SO_4^{2-}} \ (mg/L) = \frac{(m_1 - m_0) \times 0.4116 \times 10^6}{V} \tag{2-145}$$

式中，m_1 为水样的硫酸钡质量，g；m_0 为空白试验的硫酸钡质量，g；V 为水样体积，mL；0.4116 为由硫酸钡（$BaSO_4$）换算成硫酸根（SO_4^{2-}）的系数。

以两次测值的平均值作为试验结果。

9. 碱含量的测定

根据《混凝土用水标准》（JGJ 63—2006）的要求，碱含量的检验应符合《水泥化学分析方法》（GB/T 176—2017）中关于氧化钾、氧化钠测定的火焰光度计法的要求。现介绍氧化钾和氧化钠的测定——火焰光度法（基准法）。

（1）方法提要　试样经氢氟酸-硫酸蒸发处理除去硅，用热水浸取残渣，以氨水和碳酸铵分离铁、铝、钙、镁液中的钾、钠，用火焰光度计进行测定。

（2）仪器设备　火焰光度计，可稳定地测定钾石波长 768nm 处和钠石波长 589nm 处的谱线强度。

（3）试剂

① 硫酸（H_2SO_4）：$1.84g/cm^2$，质量分数 95％～98％。

② 甲基红指示剂溶液（2g/L）：将 0.2g 甲基红溶于 100mL 乙醇中。

③ 氨水（$NH_4 \cdot H_2O$）：0.9～0.91g/cm^3，质量分数 25％～28％。

④ 乙醇或无水乙醇（C_2H_5OH）：乙醇的体积分数 95％，无水乙醇的体积分数不低于 99.5％。

⑤ 碳酸铵溶液（100g/L）：将 10g 碳酸铵 [$(NH_4)_2CO_3$] 溶解于 100mL 水中，用时现配。

⑥ 盐酸（HCl）：1.18～1.19g/cm³。质量分数36%～38%。

（4）工作曲线的绘制　用于火焰光度法的工作曲线的绘制如下：

吸取每毫升含1mg氧化钾及1mg氧化钠的标准溶液0mL、2.50mL、5.00mL、10.00mL、15.00mL、20.00mL，分别放入500mL容量瓶中，用水稀释至标线，摇匀。储存于塑料瓶中。将火焰光度计调节至最佳工作状态，按仪器使用规程进行测定。用测得的检流计读数作为相对应的氧化钾和氧化钠含量的函数，绘制工作曲线。

（5）分析步骤　称取约0.2g试样（m_0），精确至0.0001g，置于铂皿中，加入少量水润湿，加入5～7mL氢氟酸和15～20滴硫酸（1+1），放入通风橱内低温电热板上加热，近干时摇动铂皿，以防溅失，待氢氟酸驱尽后逐渐升高温度，继续将三氧化硫白烟驱尽，取下冷却。加入40～50mL热水，压碎残渣使其溶解，加入1滴甲基红指示剂溶液，用氨水（1+1）中和至黄色，再加入10mL碳酸铵溶液，搅拌，然后放入通风橱内电热板上加热至沸并继续微沸20～30min。用快速滤纸过滤，以热水充分洗涤，滤液及洗涤液收集于100mL容量瓶中，冷却至室温。用盐酸（1+1）中和至溶液呈微红色，用水稀释至标线，摇匀。在火焰光度计上，按仪器使用规程，在与工作曲线相同的仪器条件下进行测定。在工作曲线上分别查出氧化钾和氧化钠的含量（m_1）和（m_2）。

（6）结果的计算与表示　氧化钾和氧化钠的质量分数w_{K_2O}和w_{Na_2O}分别按式（2-146）和式（2-147）计算：

$$w_{K_2O} = \frac{m_1}{m_0 \times 1000} \times 100 = \frac{m_1 \times 0.1}{m_0} \qquad (2\text{-}146)$$

$$w_{Na_2O} = \frac{m_2}{m_0 \times 1000} \times 100 = \frac{m_2 \times 0.1}{m_0} \qquad (2\text{-}147)$$

式中，w_{K_2O}为氧化钾的质量分数，%；w_{Na_2O}为氧化钠的质量分数，%；m_1为100mL测定溶液中氧化钾的含量，mg；m_2为100mL测定溶液中氧化钠的含量，mg；m_0为试样的质量，g。

10. 放射性检验

混凝土用水放射性的检验应符合现行国家标准《生活饮用水标准检验方法　放射性指标》（GB/T 5750.13—2006）中放射性指标检验方法的要求。

11. 水泥凝结时间

按本章第一节三、（二）2. 水泥标准稠度用水量、凝结时间、安定性检验方法所述进行，试验应采用42.5级硅酸盐水泥。

12. 水泥胶砂强度

按本章第一节三、（二）8. 水泥胶砂强度检验方法所述进行。试验应采用42.5级硅酸盐水泥。

四、质量控制

1. 水样检验期限

水样检验期限应符合下列要求：

① 水质全部项目检验宜在取样后7d内完成。

② 放射性检验、水泥凝结时间检验和水泥胶砂强度试件成型宜在取样后 10d 内完成。

2. 水样检验频率

① 地表水、地下水和再生水的放射性应在使用前检验；当有可靠资料证明无放射性污染时，可不检验。

② 地表水、地下水、再生水和混凝土企业设备洗刷水在使用前应进行检验；在使用期间，检验频率宜符合下列要求：

a. 地表水每 6 个月检验一次。

b. 地下水每年检验一次。

c. 再生水每 3 个月检验一次；在质量稳定一年后，可每 6 个月检验一次。

d. 混凝土企业设备洗刷水每 3 个月检验一次；在质量稳定一年后，可一年检验一次。

e. 当发现水受到污染和对混凝土性能有影响时，应立即检验。

第三章

混凝土配制强度、配合比设计及其耐久性控制

混凝土配合比设计中最重要的一步是确定一个合适的目标强度，使试配时的混凝土标养强度值不低于该值。这个目标强度就是混凝土的配制强度，可以用符号 $f_{cu,0}$ 来表达。

混凝土配合比设计是在原材料基本确定的前提下，通过计算或试配来确定能满足工程和使用条件的各种要求的混凝土原材料配制比例。它决定了混凝土服役期间的几乎所有性能指标，因此是混凝土生产中的一个重要环节，也是混凝土质量控制的首要问题。

第一节　配制强度的确定

一、确立混凝土配制强度的原则

在过去以标号作为混凝土强度分级标志时，为使混凝土达到"设计标号"，实际采用的混凝土配制强度要高一些。过去，一般取标号值加一倍混凝土强度标准差数值，也有根据经验和习惯来确定的。

新标准所确立的混凝土强度等级有明确的概率统计意义，即强度不小于 $f_{cu,k}$ 值的可能性不低于保证率（95%）。根据混凝土强度服从正态分布的规律，这个保证率可用平均值减去 1.645 倍标准差来达到，从此就建立了确定混凝土配制强度的基本原则。

混凝土施工配制强度定得过高，会增加单位体积混凝土的水泥耗用量，提高混凝土的成本；定得过低，将使混凝土强度不能满足预期的质量要求，使强度不合格的可能性增大，同样会给企业造成一定损失。所以，合理确定混凝土施工配制强度是混凝土质量控制中的重要环节之一。

结构或构件的混凝土强度状况，直接影响结构的可靠度。各国的结构设计规范对混凝土强度的合格质量水平一般均有明确要求。《混凝土结构工程施工质量验收规范》（GB 50204—2015）对各种混凝土结构的合格质量水平提出了要求。

在一般情况下，混凝土的配制强度可按下列规定确定：

① 当混凝土的设计强度等级小于 C60 时，配制强度应按下式确定：

$$f_{cu,0} \geqslant f_{cu,k} + 1.645\sigma \tag{3-1}$$

式中，$f_{cu,0}$ 为混凝土的施工配制强度，MPa；$f_{cu,k}$ 为设计的混凝土强度标准值，MPa；σ 为施工单位的混凝土强度标准差，MPa。

② 当设计强度不小于 C60 时，配制强度应按下式确定：

$$f_{cu,0} \geqslant 1.15 f_{cu,k} \tag{3-2}$$

式(3-1) 和式(3-2) 中的符号意义如下：

① 设计混凝土强度标准值（$f_{cu,k}$）又称混凝土强度等级值，应由立方体抗压标准强度确定。立方体抗压标准强度系指按照标准方法制作、养护的边长为 150mm 的立方体试块，在 28d 龄期，用标准试验方法测得的具有 95% 保证率的抗压强度。

合格质量水平是施工必须达到的预期合格质量目标，所以混凝土配制强度应控制在合格质量水平上。

② 标准差 σ 又称均量差、根方差，取决于混凝土生产过程中的质量管理水平，应由各施工单位根据自己的强度等级、设备、工艺、材料、配合比等方面基本相同的历史资料，按下列规定确定：

a. 当具有近 1～3 个月的同一品种、同一强度等级混凝土的强度资料，且试件组数不小于 30 时，其混凝土强度标准差 σ 应按下式计算：

$$\sigma = \sqrt{\frac{\sum_{i=1}^{n} f_{cu,i}^2 - nm_{f_{cu}}^2}{n-1}} \tag{3-3}$$

式中，σ 为混凝土强度标准差；$f_{cu,i}$ 为第 i 组的试件强度，MPa；$m_{f_{cu}}$ 为 n 组试件的强度平均值，MPa；n 为试件组数。

对于强度等级不大于 C30 的混凝土，当混凝土强度标准差计算值不小于 3.0MPa 时，应按式(3-3) 计算结果取值；当混凝土强度标准差计算值小于 3.0MPa 时，应取 3.0MPa。

对于强度等级大于 C30 且小于 C60 的混凝土，当混凝土强度标准差计算值不小于 4.0MPa 时，应按式(3-3) 计算结果取值；当混凝土强度标准差计算值小于 4.0MPa 时，应取 4.0MPa。

b. 当施工单位不具有近期的同一品种混凝土强度资料时，其混凝土强度标准差 σ 可按表 3-1 取用。

表 3-1　σ 值

混凝土强度等级	≤C20	C25～C45	C50～C55
σ/MPa	4.0	5.0	6.0

注：在采用本表时，施工单位可根据实际情况，对 σ 值适当调整。

二、特殊情况配制强度的确定

对于有早龄期强度要求的混凝土，其施工配制强度还需结合结构或构件的脱模、出池、起吊、预应力对钢筋张接或放松强度的要求规定，因此，除要满足式(3-1) 和式(3-2) 的要求外，还应同时满足式 (3-4) 的要求：

$$[f_{cu,早}] = \lambda f_{cu,k} \tag{3-4}$$

$$f_{cu,施} = a + b f_{cu,早} = [f_{cu,早}] + K\sigma_早 \tag{3-5}$$

式中，$f_{cu,早}$ 为要求的早龄期强度值，一般可由混凝土强度等级值的百分数来表示，其中 λ 为百分数；a、b 为回归系数，由 ≥30 个对组标养 28d 强度与同构件同条件养护的早龄期强度数据，经回归确定；K 为与 $f_{cu,旱}$ 所要求的保证率有关的系数，按表 3-2 取用。

表 3-2 系数 K 的取值

$f_{cu,旱}$ 的保证率	85%	90%	95%
K	1.040	1.282	1.645

混凝土配制强度可由混凝土等级值及其对应的强度标差 σ 确定。σ 可作为混凝土生产单位的技术水平和管理水平的综合考核指标。若分等级生产车间（或班组）按月建立标准差 σ 的动态图，可以看出生产车间的技术水平和管理水平的发展趋向，由混凝土强度控制图可以看出实际的混凝土强度平均值与配制要求强度符合程度，从而确定混凝土配合比是否需要调整。

第二节 混凝土配合比设计的基本原则、规定与原理

混凝土配合比设计，其过程包括两个相关的步骤：①选择混凝土的适宜组分（水泥、骨料、水分及外加剂）；②求出它们的相应数量（配合比），尽可能经济地配制出工作性、强度和耐久性合适的混凝土。这些比例将随混凝土所用的具体组分而定，而组分本身又取决于其用途。也可以考虑其他指标，诸如为了使收缩率和徐变趋于最小值，或为了周围特别的化学介质而设计。然而，尽管在配合比设计的理论方面已经做了大量的工作，但它仍停留在经验方法上。而且，虽然许多混凝土性质是重要的，但大多数设计方法主要是以某一指定的工作性和龄期时达到规定的抗压强度为基准。这是假设如果达到规定抗压强度，则其他性质（如抗冻融性等）也将得到满足。

一、配合比设计的基本原则

混凝土配合比设计就是根据工程要求、结构形式和施工条件来确定混凝土的组分，即水泥、骨料、水及外加剂的配合比例。

1. 配合比设计的基本参数

① 混凝土的强度要求，即强度等级。

② 所设计混凝土的稠度要求，即坍落度或维勃稠度值。

③ 所使用的水泥品种、强度等级及其质量水平，即水泥强度等级值的富余系数 y_c。

④ 粗细骨料的品种、最大粒径、细度以及级配情况。

⑤ 可能掺用的外加剂或掺合料。

⑥ 除强度及稠度以外的其他性能要求。

2. 配合比设计的基本原则

配合比设计的基本原则，就是按所采用的材料定出既能满足工作性、强度及耐久性和其他要求，又经济合理的混凝土各组成部分的用量比例。

（1）工作性 一种配合比设计适当的混凝土，必须易于浇筑且用现有设备能完全捣实，

易修饰性必须得到满足，离析和泌水应降至最小，原则上应是工作性满足要求而又便于浇筑的混凝土。有关工作性的需水量，主要取决于骨料的特性而不是水泥的特性。如果工程需要，应当以增加砂浆用量重新设计配合比来改善工作性，而不是单纯地用更多的水或更多的细骨料来改善工作性。因此，为了获得良好的混凝土拌合料，配合比设计者与工程承包者之间的合作是必不可少的。

（2）强度及耐久性　一般来说，各种混凝土规范会要求一个最小抗压强度。这些规范还包括允许水灰比和最小水泥用量等的限制，保证这些要求不相互矛盾是很重要的。在实际工作中，28d 强度未必最重要，可以用其他龄期强度控制设计。

规范还可能要求混凝土满足某些耐久性要求，例如抗冻融性或化学侵蚀性。如果考虑这些要求，可以对水灰比或水泥用量作进一步的限制，此外还可以要求使用外加剂。

（3）经济性　混凝土的成本由材料、人工和设备费用所构成。但是，除某些特种混凝土外，人工及设备费用大都与所产生混凝土的种类和性质无关。因此，在确定不同配合比设计的相对费用中，材料费是非常重要的。因为水泥比骨料昂贵得多，将水泥用量减至最低是降低混凝土造价的最重要因素。一般来说，为达到降低水泥用量的目的，可采用有可能充分浇筑密实的最小坍落度，或采用切实可行的骨料最大粒径，或采用最佳含砂率，并且当工程需要时，更可使用适当的外加剂。应该注意到，除成本外，使用低水泥用量还可使收缩率降低，并且使水化热较小。但是，如果水泥用量太低，则将减弱混凝土的早期强度，并使混凝土的均匀性处于更不利的条件。

具体配合比设计的经济性，还应与施工工地所要求的质量控制等有关。但由于混凝土固有的变异性，混凝土平均强度必须大于规定的最低抗压强度。至少在小工地上，"超标准"设计的混凝土比经济效率较高但要严格控制质量的混凝土更为便宜。

二、配合比设计的基本规定

① 混凝土配合比设计应满足混凝土配制强度、拌合物性能、力学性能和耐久性能的设计要求。混凝土拌合物性能、力学性能和耐久性能的试验方法应分别符合现行国家标准《普通混凝土拌合物性能试验方法标准》（GB/T 50080—2016）、《混凝土物理力学性能试验方法标准》（GB/T 50081—2019）和《普通混凝土长期性能和耐久性能试验方法标准》（GB/T 50082—2009）的规定。

② 混凝土配合比设计应采用工程实际使用的原材料，并应满足国家现行标准的有关要求；配合比设计应以干燥状态骨料为基准，细骨料含水率应小于 0.5%，粗骨料含水率应小于 0.2%。

③ 混凝土的最大水胶比应符合《混凝土结构设计规范》（GB 50010—2010）的规定。

④ 除配制 C15 及其以下强度等级的混凝土外，混凝土的最小胶凝材料用量应符合表 3-3 的规定。

⑤ 矿物掺合料在混凝土中的掺量应通过试验确定。钢筋混凝土中矿物掺合料最大掺量宜符合表 3-4 的规定；预应力钢筋混凝土中矿物掺合料最大掺量宜符合表 3-5 的规定。对基础大体积混凝土，粉煤灰、粒化高炉矿渣粉和复合掺合料的最大掺量可增加 5%。采用掺量大于 30% 的 C 类粉煤灰的混凝土，应以实际使用的水泥和粉煤灰掺量进行安定性检验。

表 3-3　混凝土的最小胶凝材料用量

最大水胶比	最小胶凝材料用量/(kg/m³)		
	素混凝土	钢筋混凝土	预应力混凝土
0.60	250	280	300
0.55	280	300	300
0.50	320		
≤0.45	330		

表 3-4　钢筋混凝土中矿物掺合料最大掺量

矿物掺合料种类	水胶比	最大掺量/%	
		硅酸盐水泥	普通硅酸盐水泥
粉煤灰	≤0.40	≤45	≤35
	>0.40	≤40	≤30
粒化高炉矿渣粉	≤0.40	≤65	≤55
	>0.40	≤55	≤45
钢渣粉	—	≤30	≤20
磷渣粉	—	≤30	≤20
硅灰	—	≤10	≤10
复合掺合料	≤0.40	≤60	≤50
	>0.40	≤50	≤40

注：1. 采用其他通用硅酸盐水泥时，宜将水泥混合材掺量20%以上的混合材量计入矿物掺合料。

2. 复合掺合料各组分的掺量不宜超过单掺时的最大掺量。

3. 在混合使用两种或两种以上矿物掺合料时，矿物掺合料总掺量应符合表中复合掺合料的规定。

表 3-5　预应力钢筋混凝土中矿物掺合料最大掺量

矿物掺合料种类	水胶比	最大掺量/%	
		硅酸盐水泥	普通硅酸盐水泥
粉煤灰	≤0.40	≤35	≤30
	>0.40	≤25	≤20
粒化高炉矿渣粉	≤0.40	≤55	≤45
	>0.40	≤45	≤35
钢渣粉	—	≤20	≤10
磷渣粉	—	≤20	≤10
硅灰	—	≤10	≤10
复合掺合料	≤0.40	≤50	≤40
	>0.40	≤40	≤30

注：1. 采用其他通用硅酸盐水泥时，宜将水泥混合材掺量20%以上的混合材量计入矿物掺合料。

2. 复合掺合料各组分的掺量不宜超过单掺时的最大掺量。

3. 在混合使用两种或两种以上矿物掺合料时，矿物掺合料总掺量应符合表中复合掺合料的规定。

⑥ 混凝土拌合物中水溶性氯离子最大含量应符合表 3-6 的要求。混凝土拌合物中水溶

性氯离子含量应按照现行行业标准《水运工程混凝土试验检测技术规范》（JTS/T 236—2019）中混凝土拌合物中氯离子含量的快速测定方法进行测定。

表 3-6 混凝土拌合物中水溶性氯离子最大含量

环境条件	水溶性氯离子最大含量(水泥用量的质量百分比)/%		
	钢筋混凝土	预应力混凝土	素混凝土
干燥环境	0.30		
潮湿但不含氯离子的环境	0.20	0.06	1.00
潮湿而含有氯离子的环境、盐渍土环境	0.10		
除冰盐等侵蚀性物质的腐蚀环境	0.06		

⑦ 长期处于潮湿或水位变动的寒冷和严寒环境以及盐冻环境的混凝土应掺用引气剂。引气剂掺量应根据混凝土含气量要求经试验确定；掺用引气剂的混凝土最小含气量应符合表 3-7 的规定，最大不宜超过 7.0%。

表 3-7 掺用引气剂的混凝土最小含气量

粗骨料最大公称粒径/mm	混凝土最小含气量/%	
	潮湿或水位变动的寒冷和严寒环境	盐冻环境
40.0	4.5	5.0
25.0	5.0	5.5
20.0	5.5	6.0

注：含气量为气体占混凝土体积的百分比。

⑧ 对于有预防混凝土碱骨料反应设计要求的工程，混凝土中最大碱含量不应大于 3.0kg/m³，并宜掺用适量粉煤灰等矿物掺合料；对于矿物掺合料碱含量，粉煤灰碱含量可取实测值的 1/6，粒化高炉矿渣粉碱含量可取实测值的 1/2。

三、配合比设计的基本原理

1. 水胶比

当混凝土强度等级小于 C60 时，混凝土水胶比宜按下式计算：

$$W/B = \frac{a_a f_b}{f_{cu,0} + a_a a_b f_b} \tag{3-6}$$

式中，W/B 为混凝土水胶比；a_a、a_b 为回归系数；f_b 为胶凝材料 28d 胶砂抗压强度，MPa，可实测，且试验方法应按现行国家标准《水泥胶砂强度检验方法（ISO 法）》（GB/T 17671—1999）执行；也可按式(3-7)确定。

① 回归系数（a_a、a_b）宜按下列规定确定：

a. 根据工程所使用的原材料，通过试验建立的水胶比与混凝土强度关系式来确定；

b. 当不具备上述试验统计资料时，可按表 3-8 选用。

表 3-8　回归系数（a_a、a_b）取值表

系数	碎石	卵石
a_a	0.53	0.49
a_b	0.20	0.13

② 当胶凝材料 28d 胶砂抗压强度值（f_b）无实测值时，可按下式计算：

$$f_b = \gamma_f \gamma_s f_{ce} \tag{3-7}$$

式中，γ_f、γ_s 为粉煤灰影响系数和粒化高炉矿渣粉影响系数，可按表 3-9 选用；f_{ce} 为水泥 28d 胶砂抗压强度，MPa。

表 3-9　粉煤灰影响系数（γ_f）和粒化高炉矿渣粉影响系数（γ_s）

掺量/%	粉煤灰影响系数 γ_f	粒化高炉矿渣粉影响系数 γ_s
0	1.00	1.00
10	0.85~0.95	1.00
20	0.75~0.85	0.95~1.00
30	0.65~0.75	0.90~1.00
40	0.55~0.65	0.80~0.90
50	—	0.70~0.85

注：1. 采用Ⅰ级、Ⅱ级粉煤灰宜取上限值。

2. 采用 S75 级粒化高炉矿渣粉宜取下限值，采用 S95 级粒化高炉矿渣粉宜取上限值，采用 S105 级粒化高炉矿渣粉可取上限值加 0.05。

3. 当超出表中的掺量时，粉煤灰和粒化高炉矿渣粉影响系数应经试验确定。

③ 当水泥 28d 胶砂抗压强度（f_{ce}）无实测值时，可按下式计算：

$$f_{ce} = \gamma_c f_{ce,g} \tag{3-8}$$

式中，γ_c 为水泥强度等级值的富余系数，可按实际统计资料确定；当缺乏实际统计资料时，也可按表 3-10 选用；$f_{ce,g}$ 为水泥强度等级值，MPa。

表 3-10　水泥强度等级值的富余系数（γ_c）

水泥强度等级值	32.5	42.5	52.5
富余系数	1.12	1.16	1.10

2. 用水量和外加剂用量

每立方米干硬性或塑性混凝土的用水量（m_{w0}）应符合下列规定：

① 混凝土水胶比在 0.40~0.80 范围时，可按表 3-11 和表 3-12 选取；

② 混凝土水胶比小于 0.40 时，可通过试验确定。

表 3-11　干硬性混凝土的用水量　　　　　　　单位：kg/m³

拌合物稠度		卵石最大公称粒径/mm			碎石最大公称粒径/mm		
项目	指标	10.0	20.0	40.0	16.0	20.0	40.0
维勃稠度/s	16~20	175	160	145	180	170	155
	11~15	180	165	150	185	175	160
	5~10	185	170	155	190	180	165

表 3-12　塑性混凝土的用水量　　　　　　　　　　单位：kg/m³

拌合物稠度		卵石最大公称粒径/mm				碎石最大公称粒径/mm			
项目	指标	10.0	20.0	31.5	40.0	16.0	20.0	31.5	40.0
坍落度 /mm	10～30	190	170	160	150	200	185	175	165
	35～50	200	180	170	160	210	195	185	175
	55～70	210	190	180	170	220	205	195	185
	75～90	215	195	185	175	230	215	205	195

注：1. 本表用水量系采用中砂时的取值。采用细砂时，每立方米混凝土用水量可增加 5～10kg；采用粗砂时，可减少 5～10kg。

2. 掺用矿物掺合料和外加剂时，用水量应相应调整。

掺外加剂时，每立方米流动性或大流动性混凝土的用水量（m_{w0}）可按下式计算：

$$m_{w0} = m'_{w0}(1 - \beta) \tag{3-9}$$

式中，m_{w0} 为计算配合比每立方米混凝土的用水量，kg/m³；m'_{w0} 为未掺外加剂时推定的满足实际坍落度要求的每立方米混凝土用水量，kg/m³，以表 3-12 中 90mm 坍落度的用水量为基础，按每增大 20mm 坍落度相应增加 5kg/m³ 用水量来计算，当坍落度增大到 180mm 以上时，随坍落度相应增加的用水量可减少；β 为外加剂的减水率，%，应经混凝土试验确定。

每立方米混凝土中外加剂用量（m_{a0}）应按下式计算：

$$m_{a0} = m_{b0}\beta_a \tag{3-10}$$

式中，m_{a0} 为计算配合比每立方米混凝土中外加剂用量，kg/m³；m_{b0} 为计算配合比每立方米混凝土中胶凝材料用量，kg/m³，计算按式(3-11)进行；β_a 为外加剂掺量，%，应经混凝土试验确定。

3. 胶凝材料、矿物掺合料和水泥用量

每立方米混凝土的胶凝材料用量（m_{b0}）应按式(3-11)计算，并应进行试拌调整，在拌合物性能满足的情况下，取经济合理的胶凝材料用量。

$$m_{b0} = \frac{m_{w0}}{W/B} \tag{3-11}$$

式中，m_{b0} 为计算配合比每立方米混凝土中胶凝材料用量，kg/m³；m_{w0} 为计算配合比每立方米混凝土的用水量，kg/m³；W/B 为混凝土水胶比。

每立方米混凝土的矿物掺合料用量（m_{f0}）应按下式计算：

$$m_{f0} = m_{b0}\beta_f \tag{3-12}$$

式中，m_{f0} 为计算配合比每立方米混凝土中矿物掺合料用量，kg/m³；β_f 为矿物掺合料掺量，%，可结合本节二、和本部分前述水胶比的确定部分内容确定。

每立方米混凝土的水泥用量（m_{c0}）应按下式计算：

$$m_{c0} = m_{b0} - m_{f0} \tag{3-13}$$

式中，m_{c0} 为计算配合比每立方米混凝土中水泥用量，kg/m³。

4. 砂率

砂率（β_s）应根据骨料的技术指标、混凝土拌合物性能和施工要求，参考既有历史资料确定。当缺乏砂率的历史资料时，混凝土砂率的确定应符合下列规定：

① 坍落度小于 10mm 的混凝土，其砂率应经试验确定；

② 坍落度为 10～60mm 的混凝土，其砂率可根据粗骨料品种、最大公称粒径及水胶比按表 3-13 选取；

③ 坍落度大于 60mm 的混凝土，其砂率可经试验确定，也可在表 3-13 的基础上，按坍落度每增大 20mm、砂率增大 1% 的幅度予以调整。

表 3-13　混凝土的砂率　　　　　　　　　　　单位：%

水胶比	卵石最大公称粒径/mm			碎石最大公称粒径/mm		
	10.0	20.0	40.0	16.0	20.0	40.0
0.40	26～32	25～31	24～30	30～35	29～34	27～32
0.50	30～35	29～34	28～33	33～38	32～37	30～35
0.60	33～38	32～37	31～36	36～41	35～40	33～38
0.70	36～41	35～40	34～39	39～44	38～43	36～41

注：1. 本表数值系中砂的选用砂率，对细砂或粗砂，可相应地减少或增大砂率；

2. 采用人工砂配制混凝土时，砂率可适当增大；

3. 只用一个单粒级粗骨料配制混凝土时，砂率应适当增大。

5. 粗、细骨料用量

（1）质量法

当采用质量法计算混凝土配合比时，粗、细骨料用量应按式（3-14）计算；砂率应按式（3-15）计算。

$$m_{f0} + m_{e0} + m_{g0} + m_{s0} + m_{w0} = m_{cp} \quad\quad (3\text{-}14)$$

$$\beta_s = \frac{m_{s0}}{m_{g0} + m_{s0}} \times 100\% \qu\quad (3\text{-}15)$$

式中，m_{g0} 为计算配合比每立方米混凝土的粗骨料用量，kg/m^3；m_{s0} 为计算配合比每立方米混凝土的细骨料用量，kg/m^3；β_s 为砂率，%；m_{cp} 为每立方米混凝土拌合物的假定质量（kg），可取 2350～2450kg/m^3。

（2）体积法

当采用体积法计算混凝土配合比时，砂率应按公式（3-15）计算，粗、细骨料用量应按公式（3-16）计算。

$$\frac{m_{c0}}{\rho_c} + \frac{m_{f0}}{\rho_f} + \frac{m_{g0}}{\rho_g} + \frac{m_{s0}}{\rho_s} + \frac{m_{w0}}{\rho_w} + 0.01\alpha = 1 \quad\quad (3\text{-}16)$$

式中，ρ_c 为水泥密度，kg/m^3，可按现行国家标准《水泥密度测定方法》（GB/T 208—2014）测定，也可取 2900～3100kg/m^3；ρ_f 为矿物掺合料密度，kg/m^3，可按现行国家标准《水泥密度测定方法》（GB/T 208—2014）测定；ρ_g 为粗骨料的表观密度，kg/m^3，应按现行行业标准《普通混凝土用砂、石质量及检验方法标准》（JGJ 52—2006）测定；ρ_s 为细骨料的表观密度，kg/m^3，应按现行行业标准《普通混凝土用砂、石质量及检验方法标准》（JGJ 52—2006）测定；ρ_w 为水的密度，kg/m^3，可取 1000kg/m^3；α 为混凝土的含气量百分数，在不使用引气剂或引气型外加剂时，α 可取 1。

第三节 混凝土配合比设计

一、配合比设计流程

混凝土配合比设计的流程，如图 3-1 所示，有三个阶段。

第一阶段是了解原始条件。从施工项目中找出施工项目的要求和按施工计算所定的技术措施，列成具体数据。

第二阶段是根据原始条件的数据，按有关规范、标准确定主要参数。

第三阶段是根据前两阶段的参数进行计算、试配、调整。

配制强度及各种参数的确定与计算见本章前两节。本节主要介绍混凝土配合比的试配、调整与确定。

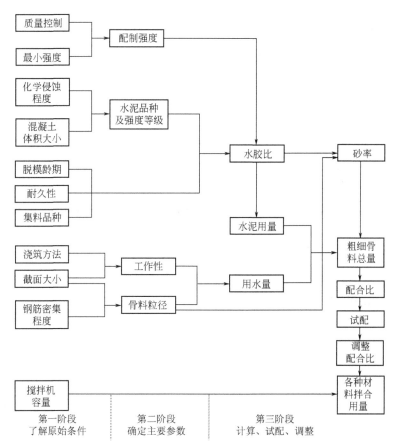

图 3-1　普通混凝土配合比设计流程图

二、试配

混凝土配合比计算完成后，应进行试配。

（1）试配的作用

① 对所计算的配合比进行检验，看是否与设计要求相符。

② 如试配结果不符合设计要求，可进行调整。

（2）试配的要点

① 混凝土试配应采用强制式搅拌机进行搅拌，并应符合现行行业标准《混凝土试验用搅拌机》（JG 244—2009）的规定，搅拌方法宜与施工采用的方法相同。

② 试验室成型条件应符合现行国家标准《普通混凝土拌合物性能试验方法标准》（GB/T 50080—2016）的规定。

③ 每盘混凝土试配的最小搅拌量应符合表 3-14 的规定，并不应小于搅拌机公称容量的 1/4 且不应大于搅拌机公称容量。

表 3-14　混凝土试配的最小搅拌量

粗骨料最大公称粒径/mm	拌合物数量/L
≤31.5	20
40.0	25

④ 在计算配合比的基础上应进行试拌。计算水胶比宜保持不变，并应通过调整配合比其他参数使混凝土拌合物性能符合设计和施工要求，然后修正计算配合比，提出试拌配合比。

⑤ 在试拌配合比的基础上应进行混凝土强度试验，并应符合下列规定：

a. 应采用三个不同的配合比，其中一个应为上述第④条确定的试拌配合比，另外两个配合比的水胶比宜较试拌配合比分别增加和减少 0.05，用水量应与试拌配合比相同，砂率可分别增加和减少 1%；

b. 进行混凝土强度试验时，拌合物性能应符合设计和施工要求；

c. 进行混凝土强度试验时，每个配合比应至少制作一组试件，并应标准养护到 28d 或设计规定龄期时试压。

三、配合比的调整与确定

配合比调整应符合下列规定：

① 根据混凝土强度试验结果，宜绘制强度和水胶比的线性关系图或插值法确定略大于配制强度对应的水胶比；

② 在试拌配合比的基础上，用水量（m_w）和外加剂用量（m_a）应根据确定的水胶比做调整；

③ 胶凝材料用量（m_b）应以用水量乘以确定的水胶比计算得出；

④ 粗骨料和细骨料用量（m_g 和 m_s）应根据用水量和胶凝材料用量进行调整。

混凝土拌合物表观密度和配合比校正系数的计算应符合下列规定：

① 配合比调整后的混凝土拌合物的表观密度应按下式计算：

$$\rho_{c,c} = m_c + m_f + m_g + m_s + m_w \tag{3-17}$$

式中，$\rho_{c,c}$ 为混凝土拌合物的表观密度计算值，kg/m^3；m_c 为每立方米混凝土的水泥用量，kg/m^3；m_f 为每立方米混凝土的矿物掺合料用量，kg/m^3；m_g 为每立方米混凝土的粗骨料用量，kg/m^3；m_s 为每立方米混凝土的细骨料用量，kg/m^3；m_w 为每立方米混凝土的用水量，kg/m^3。

② 混凝土配合比校正系数应按下式计算：

$$\delta = \frac{\rho_{c,t}}{\rho_{c,c}} \tag{3-18}$$

式中，δ 为混凝土配合比校正系数；$\rho_{c,t}$ 为混凝土拌合物的表观密度实测值，kg/m^3。

当混凝土拌合物表观密度实测值与计算值之差的绝对值不超过计算值的 2% 时，配合比可维持不变；当二者之差超过 2% 时，应将配合比中每项材料用量均乘以校正系数（δ）。

配合比调整后，应测定拌合物水溶性氯离子含量，试验结果应符合表 3-6 的规定。

对耐久性有设计要求的混凝土应进行相关耐久性试验验证。

生产单位可根据常用材料设计出常用的混凝土配合比备用，并应在启用过程中予以验证或调整。遇有下列情况之一时，应重新进行配合比设计：

① 对混凝土性能有特殊要求时；

② 水泥、外加剂或矿物掺合料等原材料品种、质量有显著变化时。

第四节　有特殊要求的混凝土的配合比设计

一、抗渗混凝土

1. 原材料的技术要求

抗渗混凝土的原材料应符合下列规定：

① 水泥宜采用普通硅酸盐水泥；

② 粗骨料宜采用连续级配，其最大公称粒径不宜大于 40.0mm，含泥量不得大于 1.0%，泥块含量不得大于 0.5%；

③ 细骨料宜采用中砂，含泥量不得大于 3.0%，泥块含量不得大于 1.0%；

④ 抗渗混凝土宜掺用外加剂和矿物掺合料，粉煤灰等级应为Ⅰ级或Ⅱ级。

2. 配合比设计

（1）抗渗混凝土配合比应符合下列规定：

① 最大水胶比应符合表 3-15 的规定；

② 每立方米混凝土中的胶凝材料用量不宜小于 320kg；

③ 砂率宜为 35%～45%。

表 3-15　抗渗混凝土最大水胶比

设计抗渗等级	最大水胶比	
	C20～C30	C30 以上
P6	0.60	0.55
P8～P12	0.55	0.50
＞P12	0.50	0.45

（2）配合比设计中混凝土抗渗技术要求应符合下列规定：

① 配制抗渗混凝土要求的渗水压值提高 0.2MPa；

② 抗渗试验结果应满足下式要求：

$$P_t \geqslant \frac{P}{10} + 0.2 \tag{3-18}$$

式中，P_t 为 6 个试件中不少于 4 个未出现渗水时的最大水压值，MPa；P 为设计要求的抗渗等级值。

（3）掺用引气剂或引气型外加剂的抗渗混凝土，应进行含气量试验，含气量宜控制在 3.0%～5.0%。

二、抗冻混凝土

1. 原材料的技术要求

抗冻混凝土的原材料应符合下列规定：

① 水泥应采用硅酸盐水泥或普通硅酸盐水泥；

② 粗骨料宜选用连续级配，其含泥量不得大于 1.0%，泥块含量不得大于 0.5%；

③ 细骨料含泥量不得大于 3.0%，泥块含量不得大于 1.0%；

④ 粗、细骨料均应进行坚固性试验，并应符合现行行业标准《普通混凝土用砂、石质量及检验方法标准》（JGJ 52—2006）的规定；

⑤ 抗冻等级不小于 F100 的抗冻混凝土宜掺用引气剂；

⑥ 在钢筋混凝土和预应力混凝土中不得掺用含有氯盐的防冻剂；在预应力混凝土中不得掺用含有亚硝酸盐或碳酸盐的防冻剂。

2. 配合比设计

抗冻混凝土配合比应符合下列规定：

① 最大水胶比和最小胶凝材料用量应符合表 3-16 的规定。

表 3-16　最大水胶比和最小胶凝材料用量

设计抗冻等级	最大水胶比		最小胶凝材料用量 /（kg/m³）
	无引气剂时	掺引气剂时	
F50	0.55	0.60	300
F100	0.50	0.55	320
不低于 F150	—	0.50	350

② 复合矿物掺合料掺量宜符合表 3-17 的规定；其他矿物掺合料掺量宜符合表 3-4 的规定。

表 3-17　复合矿物掺合料最大掺量

水胶比	最大掺量/%	
	采用硅酸盐水泥时	采用普通硅酸盐水泥时
≤0.40	60	50
>0.40	50	40

注：1. 采用其他通用硅酸盐水泥时，可将水泥混合材掺量 20% 以上的混合材量计入矿物掺合料。

2. 复合矿物掺合料中各矿物掺合料组分的掺量不宜超过表 3-4 中单掺时的限量。

③ 掺用引气剂的混凝土最小含气量应符合本章第二节二、第⑦条的规定。

三、高强混凝土

一般认为，强度等级不低于 C50 的混凝土即为高强混凝土。它是用优质骨料、强度不低于 42.5 级的水泥、较低水灰比，在强烈振动密实作用下制得的。

高强混凝土本身的重度可能较大，但用于结构物后，可以显著减少断面尺寸，从而减轻结构自重，节约各种原材料，从单一结构整体考虑，高强与轻质是一致的。

1. 原材料的技术要求

高强混凝土的原材料应符合下列规定：

① 水泥应选用硅酸盐水泥或普通硅酸盐水泥；

② 粗骨料宜采用连续级配，其最大公称粒径不宜大于 25.0mm，针片状颗粒含量不宜大于 5.0%，含泥量不应大于 0.5%，泥块含量不应大于 0.2%；

③ 细骨料的细度模数宜为 2.6~3.0，含泥量不应大于 2.0%，泥块含量不应大于 0.5%；

④ 宜采用减水率不小于 25% 的高性能减水剂；

⑤ 宜复合掺用粒化高炉矿渣粉、粉煤灰和硅灰等矿物掺合料，粉煤灰等级不应低于 Ⅱ 级，对强度等级不低于 C80 的高强混凝土宜掺用硅灰。

2. 配合比设计

（1）高强混凝土配合比应经试验确定，在缺乏试验依据的情况下，配合比设计宜符合下列规定：

① 水胶比、胶凝材料用量和砂率可按表 3-18 选取，并应经试配确定。

表 3-18　水胶比、胶凝材料用量和砂率

强度等级	水胶比	胶凝材料用量/(kg/m³)	砂率/%
≥C60，<C80	0.28~0.34	480~560	
≥C80，<C100	0.26~0.28	520~580	35~42
C100	0.24~0.26	550~600	

② 外加剂和矿物掺合料的品种、掺量，应通过试配确定；矿物掺合料掺量宜为 25%~40%；硅灰掺量不宜大于 10%。

③ 水泥用量不宜大于 $500kg/m^3$。

（2）在试配过程中，应采用三个不同的配合比进行混凝土强度试验，其中一个可为依据表 3-18 计算后调整拌合物的试拌配合比，另外两个配合比的水胶比，宜较试拌配合比分别增加和减少 0.02。

（3）高强混凝土设计配合比确定后，尚应采用该配合比进行不少于三盘混凝土的重复试验，每盘混凝土应至少成型一组试件，每组混凝土的抗压强度不应低于配制强度。

（4）高强混凝土抗压强度测定宜采用标准尺寸试件，使用非标准尺寸试件时，尺寸折算系数应经试验确定。

四、泵送混凝土

1. 原材料的技术要求

泵送混凝土所采用的原材料应符合下列规定：

① 水泥宜选用硅酸盐水泥、普通硅酸盐水泥、矿渣硅酸盐水泥和粉煤灰硅酸盐水泥。

② 粗骨料宜采用连续级配，其针片状颗粒含量不宜大于 10%；粗骨料的最大公称粒径与输送管径之比宜符合表 3-19 的规定。

表 3-19　粗骨料的最大公称粒径与输送管径之比

粗骨料品种	泵送高度/m	粗骨料最大公称粒径与输送管径之比
碎石	<50	≤1：3.0
	50～100	≤1：4.0
	>100	≤1：5.0
卵石	<50	≤1：2.5
	50～100	≤1：3.0
	>100	≤1：4.0

③ 细骨料宜采用中砂，其通过公称直径为 $315\mu m$ 筛孔的颗粒含量不宜少于 15%。

④ 泵送混凝土应掺用泵送剂或减水剂，并宜掺用矿物掺合料。

2. 配合比设计

（1）泵送混凝土配合比应符合下列规定：

① 胶凝材料用量不宜小于 $300kg/m^3$；

② 砂率宜为 35%～45%。

（2）泵送混凝土试配时应考虑坍落度经时损失。

五、大体积混凝土

大体积混凝土，是指混凝土结构物中实体最小尺寸≥1m 的部位所用的混凝土。大体积混凝土结构，指大坝、反应堆体、高层建筑深基础底板及其他重力底座结构物等。这些结构物都是依靠其结构形状、质量和强度来承受荷载的。因此，为了保证混凝土构筑物能够满足设计条件和经久的稳定性要求，混凝土必须具备以下条件：耐久性好，水密性大，有足够的强度，满足单位质量要求，施工质量波动小等。

大体积混凝土所选用的材料、配合比和施工方法等，应与大体积构筑物的规模相适应，并且应是最经济的。

作为整体结构，大体积混凝土所需的强度是不高的，这一点，可作为优点加以利用。因此，通常可以用当地的骨料资源，甚至可用质量稍次的骨料。在核心部位，骨料除碱骨料反应外，其耐久性不是主要考虑的问题。

大体积混凝土的最主要特点，是以大区段为单位进行施工，施工体积厚大。由此带来的问题是，水泥的水化热引起温度升高，冷却时，产生裂缝。为了防止裂缝的发生，必须采取切实的措施。比如，使用水化热小的水泥和粉煤灰的同时，使用单位水泥量少的配合比，控制一次灌筑高度和浇筑速率，以及人工冷却控制温度等。

1. 原材料技术要求

大体积混凝土所用的原材料应符合下列规定：

① 水泥宜采用中、低热硅酸盐水泥或低热矿渣硅酸盐水泥，水泥的 3d 和 7d 水化热应符合现行国家标准《中热硅酸盐水泥、低热硅酸盐水泥》（GB/T 200—2017）规定。当采用硅酸盐水泥或普通硅酸盐水泥时，应掺加矿物掺合料，胶凝材料的 3d 和 7d 水化热分别不宜大于 240kJ/kg 和 270kJ/kg。水化热试验方法应按现行国家标准《水泥水化热测定方法》（GB/T 12959—2008）执行。

② 粗骨料宜为连续级配，最大公称粒径不宜小于 31.5mm，含泥量不应大于 1.0%。

③ 细骨料宜采用中砂，含泥量不应大于 3.0%。

④ 宜掺用矿物掺合料和缓凝型减水剂。

当采用混凝土 60d 或 90d 龄期的设计强度时，宜采用标准尺寸试件进行抗压强度试验。

2. 配合比设计

（1）大体积混凝土配合比应符合下列规定：

① 水胶比不宜大于 0.55，用水量不宜大于 175kg/m³；

② 在保证混凝土性能要求的前提下，宜提高每立方米混凝土中的粗骨料用量，砂率宜为 38%～42%；

③ 在保证混凝土性能要求的前提下，应减少胶凝材料中的水泥用量，提高矿物掺合料掺量，矿物掺合料掺量应符合本章第二节"二、配合比设计的基本规定"的要求。

（2）在配合比试配和调整时，控制混凝土绝热温升不宜大于 50℃。

（3）大体积混凝土配合比应满足施工对混凝土凝结时间的要求。

第五节　混凝土配合比设计的耐久性控制

影响混凝土耐久性的因素很多，主要有水泥品种、水泥用量、水灰比，骨料品种、混合材料，混凝土的抗渗性、抗冻性、抗腐蚀性、抗环境气候风化作用性能以及抗碱骨料反应等。现重点介绍以下八个问题，其他可见本书其他有关章节所述。

一、水泥品种选择

1. 常用水泥

五种常用水泥的特性见表 3-20。根据工程特点及施工环境选用水泥时可参照表 3-21。

表 3-20　五种常用水泥的特性

项目		硅酸盐水泥	普通水泥	矿渣水泥	火山灰质水泥	粉煤灰水泥
密度/(g/cm³)		3.0～3.15	3.0～3.15	2.9～3.1	2.8～3.0	2.8～3.0
特性	硬化	快		慢	慢	慢
	早期强度	高	高	低	低	低
	水化热	高	高	低	低	低
	抗冻性	好	好	较差	较差	较差
	耐热性	较差	较差	好	好	较差
	干缩性			较大	较大	较小
	抗水性			较好	较好	较好
	耐硫酸盐类化学侵蚀性			较好	较好	较好

表 3-21　对五种常用水泥的选用

项目		硅酸盐水泥	普通水泥	矿渣水泥	火山灰质水泥	粉煤灰水泥
环境条件	在普通气候环境中的混凝土		√√	√	√	√
	在干燥环境下的混凝土		√√	√	×	×
	在高湿度环境中，或永远处在水下的混凝土			√√	√	√
	在严寒地区的露天混凝土、寒冷地区的经常处在水位上升降范围内的混凝土(水泥强度等级≥32.5级)		√√	√	×	×
	严寒地区处在水位升降范围内的混凝土(水泥强度等级≥32.5级)		√√	×	×	×
工程特点	厚大体积的混凝土			√√	√√	√√
	要求快硬的混凝土	√√	√	×	×	×
	C40 以上的混凝土	√√	√	√	×	×
	有抗渗要求的混凝土		√√	√	√√	√
	有耐磨性要求的混凝土(水泥轻度等级≥32.5级)	√√	√√	√	×	×

注：1. 符号意义：√√表示优先选用，√表示可以选用，×表示不得选用。

2. 受侵蚀性环境水或侵蚀性气体作用的混凝土，应根据侵蚀性介质的种类、浓度等具体条件，按专门（或设计）规定选用。

3. 蒸汽养护用的水泥品种，宜根据具体条件通过试验确定。

4. 严寒地区系指最寒冷月份里的月平均温度低于－15℃的地区，寒冷地区则指最寒冷月份里的平均温度处在－5～15℃的地区。

2. 特种水泥的选择

特种水泥和专用水泥品种繁多，常用的有快硬水泥、耐火水泥、防腐蚀水泥、微膨胀水泥、装饰水泥、大坝专用水泥等。其技术特性、使用范围及使用方法，分别见表3-22～表3-27。

表 3-22　快硬水泥的特性、适用范围和使用方法

水泥标准编号	水泥名称	强度等级	强度(28d)/MPa	初凝(不早于)/min	终凝(不迟于)/h	适用范围和使用方法
GB 199—1990❶	快硬硅酸盐水泥(以3d抗压强度为强度等级)	32.5 37.5 42.5		45	10	可用以配制早强、高强混凝土。适用于抢修工程、冬期施工。容易受潮变质,运输及保管时注意防潮,出厂一个月后要重新检验其质量

表 3-23　铝酸盐水泥的特性、适用范围和使用方法

水泥标准编号	水泥名称	水泥类型		抗压强度(3d)/MPa	初凝(不早于)/min	终凝(不迟于)/h	适用范围和使用方法
GB/T 201—2015	铝酸盐水泥(高铝水泥)	CA-50	CA-50-Ⅰ	50	30	6	用于紧急军事工程、抢修工程等,也可用于冬季施工工程,有抗渗、抗硫酸盐要求的混凝土工程;不得用于接触碱性液体的工程或大体积混凝土;混凝土硬化后即需保湿养护,养护温度不得大于50℃
			CA-50-Ⅱ	60			
			CA-50-Ⅲ	70			
			CA-50-Ⅳ	80			
		CA-60	CA-60-Ⅰ	85	30	6	
			CA-60-Ⅱ	45	60	18	
		CA-70		40	30	6	
		CA-80		30	30	6	

表 3-24　白色水泥的技术特性

水泥标准编号	水泥名称	强度等级	抗压强度(28d)/MPa	初凝(不早于)/min	终凝(不迟于)/h	技术特性
GB/T 2015—2005	白色硅酸盐水泥	32.5 42.5 52.5	32.5 42.5 52.5	45	10	用于装饰工程。白度(按%计)分为四级:84,80,75,70

表 3-25　微膨胀水泥的特性、适用范围和使用方法

水泥标准编号	水泥名称	强度等级	抗压强度(28d)/MPa	初凝(不早于)/min	终凝(不迟于)/h	技术特性及适用范围
JC/T 311—2004	明矾石膨胀水泥	32.5 42.5 52.5	32.5 42.5 52.5	45	6	限制膨胀率:3d应不小于0.015%;28d应不小于0.10% 适用于补偿收缩混凝土工程,以及防渗、补强、接缝、梁柱及管道接头、设备底座及地脚螺栓灌浆等工程

表 3-26　防腐蚀水泥的特性、适用范围和使用方法

水泥标准编号	水泥名称	强度等级	抗压强度(28d)/MPa	初凝(不早于)/min	终凝(不迟于)/h	适用范围及使用方法
GB 748—2005	中抗硫酸盐水泥、高抗硫酸盐水泥	32.5	32.5	45	10	具有抗硫酸盐侵蚀能力,抗冻融性好,水化热低。 适用于同时受硫酸盐侵蚀、冻融和干湿交替作用的工程,如海港、水工、盐区、地下工程等
		42.5	42.5			

---

❶ 该标准已作废,但无新的替代标准,仅供参考。

表 3-27　低热微膨胀水泥的特性、适用范围

水泥标准编号	水泥名称	强度等级	抗压强度(28d)/MPa	水化热/(J/g)		初凝(不早于)/min	终凝(不迟于)/h	适用范围
				3d	7d			
GB 2938—2008	低热微膨胀水泥	32.5	32.5	185	220	45	12	适用于水化热较低、要求补偿收缩的大体积混凝土工程,以及要求抗渗、抗硫酸盐侵蚀的混凝土工程

二、最大水灰比和最小水泥用量

混凝土配合比选择时,当按强度计算得出的水灰比值大于按耐久性规定的最大水灰比值时,或计算得出的最小水泥用量小于按耐久性规定的最小水泥用量时,则应按表 3-28 中规定的最大水灰比值或最小水泥用量。

表 3-28　混凝土的最大水灰比和最小水泥用量

环境条件		结构物类别	最大水灰比			最小水泥用量/kg		
			素混凝土	钢筋混凝土	预应力混凝土	素混凝土	钢筋混凝土	预应力混凝土
干燥环境		正常的居住或办公用房屋内部件	不作规定	0.65	0.60	200	260	300
潮湿环境	无冻害	高湿度的室内部件;室外部件;在非侵蚀性土和(或)水中部件	0.70	0.60	0.60	225	280	300
	有冻害	经受冻害的室外部件;在非侵蚀性土和(或)水中且经受冻害的部件;高湿度且经受冻害的室内部件	0.55	0.55	0.55	250	280	300
有冻害和除冰剂的潮湿环境		经受冻害和除冰剂作用的室内和室外部件	0.50	0.50	0.50	300	300	300

注:1. 当用活性掺合料取代部分水泥时,表中的最大水灰比及最小水泥用量即为替代前的水灰比和水泥用量。

2. 配制 C15 级及其以下等级的混凝土,可不受本表限制。

三、配合比的抗渗耐久性设计

混凝土的抗渗性是指混凝土抵抗压力水渗透的能力。它关系到混凝土的挡水能力、抗冻性和抗侵蚀性等。混凝土渗水的原因在于其内部孔隙形成了连通的渗水通道。影响抗渗性的因素有以下几点:

① 水灰比。渗水通道主要来自水泥浆中多余水分蒸发而留下的气孔、水泥浆泌水所形成的毛细管孔道及骨料界面聚集的水隙。这些渗水孔道的多少,主要取决于混凝土的水灰比。试验研究表明,当水灰比大于 0.5～0.6 时,混凝土的抗渗性急剧下降;而小于此值时,其抗渗性变化平缓。如当水灰比由 0.4 增至 0.7 时,混凝土的渗透系数 (k) 增大了 100 倍以上。一般若水灰比小于 0.6,28d 龄期抗渗等级都可达 P8 以上。即使水灰比为 0.75,其

180d 龄期的抗渗等级一般也达 P10 以上。但当混凝土的抗渗性要求较高时，水灰比最好控制在 0.55～0.5 以下。

有抗渗要求的混凝土，水灰比参考表 3-29 选用，同时每立方米混凝土水泥和矿物掺合料总量不宜小于 300kg。

表 3-29　抗渗混凝土的最大水灰比

抗渗等级	最大水灰比	
	C20～C30 混凝土	≥C30 混凝土
P6	0.60	0.55
P8～P12	0.55	0.50
P12 以上	0.50	0.45

水工及港工水泥混凝土抗渗等级及满足抗渗性要求的最大水灰比可参照表 3-30 选择。

表 3-30　水工及港工水泥混凝土抗渗等级及最大水灰比

水工混凝土						港工混凝土	
类型	运行条件	P 应大于	相应 W/C	相应 K /(cm/s)		运用条件	P 应大于
大体积混凝土	下游面及建筑物内部	P2		0.196×10^{-7}			
	挡水面、防渗层，$H<30$ 或有侵蚀水	P4	0.60～0.65	0.783×10^{-8}			
	挡水面、防渗层，$H=30～70$ 或有侵蚀水	P6	0.55～0.60	0.419×10^{-8}			
	挡水面、防渗层，$H>70$ 或有侵蚀水	P8	0.55～0.50	0.261×10^{-8}			
非大体积混凝土或钢筋混凝土其自由面（即背水面）能自由渗水（包括埋藏混凝土及钢筋混凝土构件）	$H/d<10$	P4	0.60～0.65	0.783×10^{-8}		$H/d<5$	P4
	$H/d=10～30$	P6	0.55～0.60	0.419×10^{-8}		$H/d=5～10$	P6
	$H/d>30$	P8	0.55～0.50	0.261×10^{-8}		$H/d=10～15$	P8
						$H/d=15～20$	P10
						$H/d>20$	P12
有高抗渗要求时		P12		0.129×10^{-8}			

注：H 为水头；d 为抗渗混凝土厚度；K 为渗透系数；P 为抗渗等级。

② 水泥品种。硅质水泥、低热水泥、普通水泥、早强水泥、矿渣水泥等水泥品种对抗渗性影响依次由好到差。但 28d 龄期以后，水泥品种对抗渗性的影响不大。

③ 骨料最大粒径越大，抗渗性越差。如骨料最大粒径为 80mm 的混凝土抗渗性只有最大粒径为 25mm 者的 1/3。碎石混凝土较卵石混凝土抗渗性下降 50%。

④ 充分养护和机械振捣都能得到高抗渗混凝土。试验表明：机械振捣的混凝土抗渗性可高于人工振捣的 4 倍左右，而 3d 龄期时混凝土的渗透系数是其 7d 龄期时的 140 倍，是其 28d 龄期时的 4000 多倍。

⑤ 掺原状粉煤灰对混凝土的抗渗性几乎没有影响，但掺磨细粉煤灰则可显著改善其抗渗性，提高率可达一倍以上。原因在于粉煤灰优秀的填孔效应和良好的火山灰效应。所以，粉煤灰混凝土抗渗性好于普通混凝土。

⑥ 轻骨料混凝土抗渗性较差，这是由轻骨料的吸水率大所致。

⑦ 掺加气剂能在混凝土中形成不连通的气泡，截断混凝土的毛细孔通道，从而显著改善其抗渗性。

四、配合比的抗冻耐久性设计

冻融循环作用是造成混凝土破坏的最严重因素之一。因此，可认为抗冻性是评定混凝土耐久性的主要指标。

混凝土的抗冻性是指混凝土在水饱和状态下能经受多次冻融循环作用而不破坏，同时也不严重降低强度的性能。

由于抗冻试验方法不同，试验结果评定指标有：

① 抗冻等级 以同时满足强度损失率不超过 25% 、质量损失率不超过 5% 时的最大循环次数来表示。

② 混凝土耐久性指标 混凝土经受快速冻融循环，以同时满足相对动弹性模量值不小于 60% 和质量损失率不超过 5% 时的最大循环次数来表示。

③ 耐久性系数 抗冻性（冻融循环次数）可采用现行国家标准《普通混凝土长期性能和耐久性能试验方法标准》（GB/T 50082—2009）规定的快冻法测定。应根据混凝土的冻融循环次数按下式确定混凝土的抗冻耐久性系数（指数），并符合表 3-31 的要求：

$$K_n = PN/300 \tag{3-19}$$

式中，K_n 为混凝土耐久性系数；N 为达到要求（冻融循环 300 次，或相对动弹性模量下降到 60% 以下，或质量损失率达到 5% 时，在上述三种情况下的任何一种时停止试验）的冻融循环次数；P 为经 N 次冻融循环后试件的相对动弹性模量（参数，取 0.6）。

表 3-31 高性能混凝土的抗冻耐久性指数要求

混凝土结构所处环境条件	冻融循环次数	抗冻耐久性指数 K_m
严寒地区	≥300	≥0.8
寒冷地区	≥300	0.60~0.79
微冻地区	所要求的冻融循环次数	<0.60

高性能混凝土抗冻性测定还可采用下述方法：

① 高性能混凝土抗冻性也可按现行国家标准《普通混凝土长期性能和耐久性能试验方法标准》（GB/T 50082—2009）规定的慢冻法规定。

② 受海水作用的海港工程混凝土的抗冻性测定时，应以工程所在地的海水代替普通水制作混凝土试件。当无海水时，可用 3.5% 的氯化钠溶液代替海水，并按现行国家标准《普通混凝土长期性能和耐久性能试验方法标准》（GB/T 50082—2009）规定的快冻法测定。抗冻耐久性指数可按式(3-19)确定，并应符合表 3-31 的要求。

③ 受除冰盐冻融作用的高速公路混凝土和钢筋混凝土桥梁混凝土，其抗冻性的测定可按《高性能混凝土应用技术规程》（CECS 207：2006）附录 A 的规定进行。测定盐冻前后试件单位面积质量的差值后，可按下式评价混凝土的抗盐冻性能：

$$Q_s = \frac{M}{A} \tag{3-20}$$

式中，Q_s 为单位面积剥蚀量，g/m^2；M 为试件的总剥蚀量，g；A 为试件受冻面积，m^2。

设计时，应确保混凝土在工程要求的冻融循环次数内，满足 $Q_s \leqslant 1500g/m^2$ 的要求。

影响混凝土抗冻性的因素多，主要有以下几方面：

（1）混凝土的水饱和程度 试验表明，同样条件下，水饱和状态的混凝土经过若干次冻融循环后，强度就已经完全损失；而干燥混凝土经同样次数的冻融循环后，其强度不但不降低，反而大幅度增强（如表 3-32）。可见冻融破坏的主要原因是由于混凝土中水的存在。

表 3-32 混凝土的冻融循环次数与水饱和程度的关系

冻融循环次数		0	10	20	30	40	50	60
相对抗压强度/%	湿冻	100	141	137	119	99	63	0
	干冻	100	165	189	201	211	220	228

事实上，由表 3-32 中数据和其他一些试验资料得知，湿混凝土的冻融破坏程度也并不是一直随冻融循环次数的增加而增加的。而且在一定范围，混凝土的强度还有一个随冻融循环次数的增加而增加的过程。

（2）骨料 用坚固、密实的骨料配制的混凝土，抗冻性较好。粒径太大或扁平颗粒比例大的粗骨料，对混凝土抗冻性很不利。

混凝土搅拌之前骨料的干湿状态对混凝土抗冻性有一定影响（见图 3-2）。

高性能混凝土的骨料除应满足本章第四节二、1.（3）的规定外，其品质应符合表 3-33 的要求。

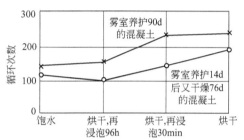

图 3-2 搅拌前骨料的干湿状态与冻融循环（使试件质量损失 25%）次数之间的关系

表 3-33 骨料的品质要求

混凝土结构所处环境	细骨料		粗骨料	
	吸水率/%	坚固性试验质量损失/%	吸水率/%	坚固性试验质量损失/%
微冻地区	≤3.5	≤10	≤3.0	≤12
寒冷地区	≤3.0		≤2.0	
严寒地区				

（3）水灰比 前文已述，水的存在是引起冻融破坏的根本原因，而毛细孔是水存在的基础，所以必须降低混凝土的水灰比，以减少其毛细孔孔隙率。在严寒地区工程的重要部位，应使水灰比≤0.45，次要部位水灰比≤0.55；温和地区混凝土工程的重要部位，要求水灰比≤0.55，次要部位水灰比≤0.60。有抗冻性要求的混凝土，可参考表 3-34 选择水灰比。

表 3-34 抗冻混凝土的最大水灰比

抗冻等级	无引气剂	掺引气剂
F50	0.55	0.60
F100	—	0.55
F150 及以上	—	0.50

（4）混凝土中的气泡含量 在混凝土冻融循环过程中，水泥石中的气泡将通过两个方面

提高水泥石的抗冻性能。一方面，由于气泡的可压缩性，当其周围毛细孔水结冻时，气泡的存在可为水泥石的受挤压膨胀提供一个自由变形的空间，在一定范围内，气泡越多，可提供的自由变形空间越大，而且，气泡壁的弹性变形能力越大，气泡的可压缩性越强。另一方面，气泡的存在阻断了混凝土中毛细孔的通道，这不仅使混凝土中可结冰的水分减少，而且由于密闭空气的热导率远小于水的热导率，故可降低混凝土受冻的深度。试验表明，当混凝土中含气量达到 3% 时，抗冻性可提高 3～4 倍；而大于 5% 时，抗冻性基本不变。可见，使用加气剂是提高混凝土抗冻性的最有效措施。一般，适宜的含气量为 4%～5%，气泡间距应小于 $250\mu m$。

（5）水泥品种　水泥的抗冻性由好到差依次为：纯大坝水泥（引气），抗硫酸盐水泥（$W/C=0.40$ 时达到 F600～800），硅酸盐水泥（引气），矿渣水泥（引气），火山灰水泥（引气，$W/C=0.5$ 时达 D300），硅酸盐水泥，矿渣水泥，火山灰水泥。

水工及港工混凝土抗冻等级（F）及适用水泥品种可参考表 3-35 选择。

表 3-35　水工及港工混凝土抗冻等级及适用水泥品种

水工混凝土					港工混凝土				
	寒冷气候（最冷月气温 −3～10℃）		严寒（<−10℃）		运行条件	有潮汐港		无潮汐港	
						钢筋混凝土	素混凝土	钢筋混凝土	素混凝土
工作条件	寒冷季节（指气温低于 −3℃ 时）混凝土迎水面上水位涨落次数或冻融交替次数（指一年内气温 +3℃ → −3℃ → +3℃ 的次数）				严寒（<−8℃）	F350	F300	F250	F200
	<50 次	≥50 次	<50 次	≥50 次					
水位变化区（$W/C<0.55$）	F50	F100	F100	D150	寒冷（−4～−8℃）	F300	F250	F200	F150
非水位变化区	F25（普通水泥，$W/C=0.65$ 或矿渣水泥 $W/C<0.65$，加气）	F50（矿渣水泥，$W/C<0.65$，加气）	D25	F100（普通水泥，$W/C<0.6$，加气）	微冷（0～−4℃）	F250	F200	F150	F100
特别严寒或薄壁混凝土	>F200（普通水泥 $W/C<0.5$，加气）								

（6）外加剂　掺入某些外加剂（如减水剂、引气剂等）可在一定程度上改善混凝土的抗冻性，其中以引气剂最为显著（图 3-3）。引气剂的掺入量主要取决于掺入后混凝土中的含气量。其含气量一般控制在 4%～6% 为宜。

当水胶比小于 0.30 时，可不掺引气剂；当水胶比不小于 0.30 时，宜掺入引气剂。经过试验检定，高性能混凝土的含气量应达到 4%～5% 的要求。

（7）龄期　随着混凝土龄期增加，水泥不断水化，可冻结水量减少，同时水中溶解盐的浓度增加，因此，冰点也随龄期而降低，抗冻性能得以提高，如图 3-4 所示。

（8）砂率　砂浆的抗冻性比混凝土好。适当提高砂率，改善和易性，并充分捣实，可提高混凝土的抗冻性。

（9）充分养护、充分振捣、二次振捣、真空脱水等工艺　均可提高抗冻性。

五、配合比的抗盐害耐久性设计

① 抗盐害耐久性设计时，对于海岸盐害地区，根据盐害外部劣化因素可分为：准盐害

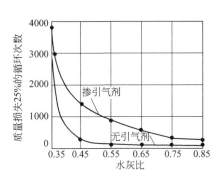

图 3-3　引气剂对潮湿养护 28d
混凝土抗冻性的影响

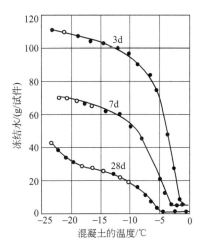

图 3-4　混凝土的龄期
对结冰水量的影响

环境地区（离海岸 250～1000m）；一般盐害环境地区（离海岸 50～250m）；重盐害环境地区（离海岸 50m 以内）。盐湖周边 250m 以内范围也属重盐害环境地区。

② 高性能混凝土中氯离子含量宜小于胶凝材料用量的 0.06%，并应符合现行国家标准《混凝土质量控制标准》（GB 50164—2011）的规定。

③ 在盐害地区，高耐久性混凝土的表面裂缝宽度宜小于 $c/30$（c 为混凝土保护层厚度，mm）。

④ 高性能混凝土抗氯离子渗透性、扩散性，应以 56d 龄期、6h 的总导电量（C）确定，其测定方法应符合《高性能混凝土应用技术规程》（CECS 207：2006）附录 B 的规定。根据混凝土导电量和抗氯离子渗透性，可按表 3-36 进行混凝土定性分类。

表 3-36　根据混凝土导电量试验结果对混凝土的分类

6h 导电量/C	氯离子渗透性	可采用的典型混凝土种类
2000～4000	中	中等水胶比(0.40～0.60)普通混凝土
1000～2000	低	低水胶比(<0.40)普通混凝土
500～1000	非常低	低水胶比(<0.38)含矿物微细粉混凝土
<500	可忽略不计	低水胶比(<0.30)含矿物微细粉混凝土

⑤ 混凝土的水胶比应按混凝土结构所处环境条件采用（表 3-37）。

表 3-37　盐害环境中混凝土水胶比最大值

混凝土结构所处环境	水胶比最大值
准盐害环境地区	0.50
一般盐害环境地区	0.45
重盐害环境地区	0.40

六、配合比的抗硫酸盐腐蚀耐久性设计

① 抗硫酸盐腐蚀混凝土采用的水泥，其矿物组成应符合 C_3A 含量小于 5%、C_3S 含量

小于 50％的要求；其矿物微细粉应选用低钙粉煤灰、偏高岭土、矿渣、天然沸石粉或硅粉等。

② 胶凝材料的抗酸盐腐蚀性应按《高性能混凝土应用技术规程》（CECS 207：2006）附录 C 规定的方法进行检测，并按表 3-38 评定。

表 3-38　胶砂膨胀率、抗蚀系数抗硫酸盐性能评定指标

试件膨胀率	抗蚀系数	抗硫酸盐等级	抗硫酸盐性能
＞0.4％	＜1.0	低	受腐蚀
0.4％～0.35％	1.0～1.1	中	耐腐蚀
0.34％～0.25％	1.2～1.3	高	抗腐蚀
≤0.25％	＞1.4	很高	高抗腐蚀

注：检验结果如出现试件膨胀率与抗蚀系数不一致的情况，应以试件的膨胀率为准。

③ 抗硫酸盐腐蚀混凝土的最大水胶比宜按表 3-39 确定。

表 3-39　抗硫酸盐腐蚀混凝土的最大水胶比

劣化环境条件	最大水胶比
水中或土中 SO_4^{2-} 含量大于 0.2％的环境	0.45
除环境中含有 SO_4^{2-} 外，混凝土还采用含有 SO_4^{2-} 的化学外加剂	0.40

七、配合比的抗冲磨耐久性设计

处于溢流坝坝面、输水隧洞等部位的混凝土，在高速水流的冲刷作用下，表层的砂浆会被磨掉，露出石子，使混凝土遭到破坏。混凝土的磨损性破坏类型可概括分为推移质破坏、悬移质破坏和气蚀三类。

实践表明，使用 C58 级以上的高强混凝土，并掺高效减水剂和优质骨料，对防止推移质破坏效果很好。混凝土在悬移质河流中长期运行，也会受到不同程度的磨损，但若流速小于 15m/s，含沙量为 40kg/m³ 时，C20 级的混凝土可以抵挡一般磨损（表 3-40）。

表 3-40　混凝土的强度与抗冲耐磨性的关系

抗压强度/MPa	10.0	15.0	一般抗磨		高抗磨				
			20.0	25.0	30.0	35.0	40.0	45.0	50.0
抗磨强度/[kg/(h·m²)]	0.47	0.64	0.82	0.99	1.14	1.27	1.43	1.56	1.72

试验表明，碎石混凝土不如卵石混凝土的抗磨性好（后者抗磨度好一倍），水泥强度越高越好，石子越硬越好，浆越少越好，这样可以充分发挥石子的耐磨作用。机械振捣比人工浇筑效果好。表面处理方法对抗磨性的影响见表 3-41。

表 3-41　混凝土的表面处理方法对抗磨性的影响

表面处理方法	普通混凝土	真空混凝土	吸水模板混凝土	水磨石处理	真空加水磨石处理	涂 0.2～0.3mm 环氧
抗磨强度/[kg/(h·m²)]	0.77	0.92	1.05	1.61	2.37	5.00

针对气蚀破坏，可用 C40～C50 级以上高强高密实混凝土，一般水灰比应小于 0.45，骨

料最大粒径应小于 20mm，必要时可在混凝土表面喷洒薄膜片养护剂，表面应尽量抹光。

八、配合比的抗碳化耐久性设计

空气中的 CO_2 气体渗透到混凝土内，与其碱性物质起化学反应后生成碳酸盐和水，使混凝土碱度降低的过程称为混凝土碳化，又称作中性化。碳化后，使混凝土的碱度降低，当碳化超过混凝土的保护层时，在水与空气存在的条件下，就会使混凝土失去对钢筋的保护作用，钢筋开始生锈。

判断混凝土是否被碳化的方法是：将酚酞酒精溶液（浓度 1%）滴于混凝土上，若混凝土变成紫红色，说明没被碳化；若不变化，则证明已被碳化。

据测，C20 级混凝土 50 年龄期时，碳化深度可达 18mm，C30 级混凝土则仅为 8mm。

影响混凝土碳化的因素十分复杂，不仅有材料因素、施工工艺因素，还有周围介质因素等。这里主要阐述材料对混凝土碳化的主要影响因素。

1. 水泥用量

水泥用量对混凝土的碳化有显著的影响。试验说明，水泥用量越大混凝土的碳化深度越小。通过试验所得的水泥用量对普通混凝土碳化的影响系数见表 3-42。

表 3-42　水泥用量对混凝土碳化的影响系数 η_1

水泥用量/(kg/m^3)	250	300	350	400	500
η_1	1.40	1.0	0.90	0.80	0.70

2. 水胶比

高性能混凝土的水胶比宜按下式确定：

$$\frac{W}{B} \leqslant \frac{5.83c}{\alpha \times \sqrt{t}} + 38.3 \tag{3-21}$$

式中，$\frac{W}{B}$ 为水胶比，%；c 为钢筋的混凝土保护层厚度，cm；α 为碳化区分系数，室外取 1.0，室内取 1.7；t 为设计使用年限，年。

与混凝土其他性能的影响因素一样，水胶比对混凝土的碳化影响是十分明显的。在水泥用量不变的情况下，水胶比越大用水量也越大，混凝土的碳化速度也越快。

普通混凝土的水胶比对混凝土碳化的影响系数可按表 3-43 选用。

表 3-43　水胶比对混凝土碳化的影响系数 η_2

水胶比	0.40	0.5	0.6	0.7
η_2	0.70	1.0	1.40	1.90

3. 粉煤灰

混凝土中掺入粉煤灰可改善拌合物的稠度，降低水灰比及提高其抗化学侵蚀性能，但对混凝土的抗碳化性却带来不利的影响。试验证明，粉煤灰在一定程度上将加速混凝土的碳化，因此，在使用时，对其掺量必须合理选择。在等量取代情况下，粉煤灰对普通混凝土碳化的影响系数可按表 3-44 选用。

表 3-44　粉煤灰对混凝土碳化的影响系数 η_3

粉煤灰掺量/%	0	10	20	30
η_3	1.0	1.30	1.50	2.00

超量取代时，粉煤灰碳化影响系数可适当降低。

4. 水泥品种影响系数

水泥品种对混凝土碳化的影响主要取决于水泥中熟料的含量。试验表明：普通硅酸盐水泥的抗碳化性能优于矿渣水泥和火山灰水泥，高强度水泥优于低强度水泥。

常用的水泥品种对普通混凝土碳化的影响系数可按表 3-45 选用。

表 3-45　水泥品种对混凝土碳化的影响系数 η_4

水泥品种	普硅 42.5 级	矿渣（火山灰）42.5 级
η_4	1.0	1.35

5. 骨（集）料品种

混凝土采用不同的粗细骨料，对混凝土的抗碳化性能有不同影响。采用多孔的轻骨料大大加速混凝土的碳化。

不同骨料品种对混凝土碳化的影响系数可按表 3-46 选用。

表 3-46　骨料品种对混凝土碳化的影响系数 η_5

骨料品种	粗骨料			细骨料		
	天然轻骨料	人造轻骨料	卵石	普通砂	破碎轻砂	珍珠岩砂
η_5	1.0	0.60	0.55	1.0	1.40	2.0

6. 养护方法

养护方法对混凝土的微观结构有较大影响。试验表明，加热养护将加速混凝土的碳化。采用养护制度为 4h—3h—8h—2h（即静停—升温—恒温—降温），养护最高温度为 90℃时的蒸汽养护，或采用温度为（20±3）℃、相对湿度大于 90%、龄期为 28d 的标准养护时，普通混凝土的碳化影响系数可按表 3-47 选用。

表 3-47　养护方法对混凝土碳化的影响系数 η_6

养护方法	标准养护	蒸汽养护
η_6	1.0	1.85

九、抑制碱骨（集）料反应有害膨胀

水泥中的碱和骨料中的活性 SiO_2 发生化学反应，生成碱-硅酸凝胶并吸水产生膨胀。这种膨胀受到周围已硬化水泥石的限制而发生较大的肿胀压和渗透压（达 3～4MPa），从而使混凝土开裂和崩溃，这种现象叫碱骨料反应。发生碱骨料反应的混凝土裂缝中一般都充满白色胶体，表面裂缝中常用凝胶体流出，干燥时胶体变成白色沉淀，骨料颗粒周围出现反应环。

可见，发生碱骨料反应的两个基本条件是：①水泥的碱性必须足够高。一般碱金属氧化物（R_2O）大于0.6%时，才会发生碱骨料反应。②骨料中必须含有活性SiO_2。常见的活性骨料有蛋白石、玉髓、磷石英、方石英、酸性或中性玻璃体的隐晶质火山岩等。

碱骨料反应通常进行得很慢，往往要若干年后才会出现。

混凝土结构或构件在设计使用期限内，不应因发生碱骨料反应而导致其开裂和强度下降。

为预防碱-硅反应破坏，混凝土中碱含量不宜超过表3-48的要求，碱含量的计算宜按《高性能混凝土应用技术规程》（CECS 207：2006）附录D的规定进行。

表3-48 预防碱-硅反应破坏的混凝土碱含量

环境条件	混凝土中最大碱含量/(kg/m³)		
	一般工程结构	重要工程结构	特殊工程结构
干燥环境	不限制	不限制	3.0
潮湿环境	3.5	3.0	2.1
含碱环境	3.0	采用非碱活性骨料	

碱骨料反应的充分条件是水分的存在。干燥状态是不会发生碱骨料反应的，所以提高混凝土的抗渗性，降低渗水量是抑制碱骨料反应的有力措施。

温度的升高可以加速碱骨料反应的进行。

检验骨料的碱活性，宜按《高性能混凝土应用技术规程》（CECS 207：2006）附录E和附录F的规定进行。

当骨料含有碱-硅反应活性时，应掺入矿物微细粉，并宜采用玻璃砂浆棒法［《高性能混凝土应用技术规程》（CECS 207：2006）附录G］。确定各种微细粉的掺量及其抑制碱-硅反应的效果。

当骨料中含有碱-碳酸盐反应活性时，应掺入粉煤灰、沸石与粉煤灰复合粉、沸石与矿渣复合粉或沸石与硅复合粉等，并宜采用小混凝土柱法确定其掺量［《高性能混凝土应用技术规程》（CECS 207：2006）附录F］和检验其抑制效果。

掺用加气剂可以消除碱骨料反应所产生的应力，最优引气量在10%左右，过小达不到预期效果，过多于强度不利。

事实上，如果充分有效地利用碱骨料反应，还可能转害为利。例如，设法使碱骨料反应提前到混凝土尚未硬化时，使其与水泥的水化同步，这样不但可以消除不利作用，而且还可以增大混凝土的密度。碱矿渣混凝土实际上就是有效利用了碱骨料反应的典型。

第四章

混凝土拌合物的质量控制

第一节 概述

混凝土的各组成材料按一定比例配料，经搅拌均匀后的混合物，在其未凝固前，称为混凝土拌合物，也称为新拌混凝土，以区别于硬化后的混凝土（称为硬化混凝土）。混凝土拌合物是混凝土生产过程中的一种过渡状态，它经过输送、浇筑、振捣密实和抹面等一系列过程，再经养护、硬化后才形成最终的产品。混凝土从搅拌机中卸出到浇筑成型完毕，所经历的时间并不长，但硬化后混凝土的性能，却与混凝土拌制、浇筑与密实成型密切相关。可以说混凝土拌合物的性能在很大程度上决定了混凝土结构或构件的未来质量。

对混凝土拌合物的质量要求，主要是使拌合物在搅拌、运输、浇筑、捣实及表面处理等生产工序中易于施工操作，达到质量均匀，不泌水，不离析，获得良好的浇筑质量，从而为保证混凝土的强度、耐久性及其他要求具备的性能创造必要的条件。

混凝土拌合物的质量控制项目与指标主要有和易性、凝结时间、泌水与压力泌水率、含气量、表观密度和拌合物的均匀性等。

混凝土拌合物应具有良好的和易性，以保证混凝土在生产施工过程中易于搅拌均匀、运输、浇筑、振捣，不产生分层离析，容易抹平，并获得体积稳定、结构密实均匀的性质。混凝土拌合物应有适当的凝结时间，以便于施工操作并尽早获得强度。混凝土在运输、振捣、泵送的过程中还会出现粗骨料下沉、水分上浮的泌水和离析现象，泌水和离析是混凝土处于塑性阶段两个可能发生的不利作用。通常，描述混凝土泌水特性的指标有泌水率和压力泌水率。此外，含气量、表观密度、组成材料比例和均匀性也不同程度地影响混凝土的和易性、密实性和耐久性，是混凝土拌合物重要的质量要求与指标。

混凝土拌合物的和易性也称为工作性，是反映混凝土拌合物性质的概念。和易性是对混凝土拌合物性能的综合评价，它包括流动性、黏聚性和保水性三方面的含义。

混凝土和易性是一个综合的性质，目前还没有一个全面、准确地反映混凝土和易性的测试方法。通常通过测定混凝土坍落度或维勃稠度确定其流动性，通过观察混凝土拌合物的形态，判定其黏聚性和保水性，从而对混凝土拌合物的和易性做出综合评价。

另外，混凝土在拌制过程中，不可避免地会混入一定量的空气，从而影响混凝土的密实性。有时，为了改善混凝土拌合物的和易性或耐久性，常掺入引气剂或引气型外加剂，使混凝土拌合物含有一定量的空气。为了控制硬化后混凝土的质量，上述两种情况都需要控制混凝土拌合物的含气量。因此，含气量也属于混凝土拌合物的一种质量要求。

混凝土拌合物的均匀性是保证混凝土质量及保证混凝土各项性能均匀一致的前提条件，因此，生产过程中还应控制混凝土拌合物的均匀性。

第二节 拌合物的质量要求

一、维勃稠度

混凝土拌合物在固定频率和振幅的激振力作用下，由锥体状到振平所需时间称为维勃稠度。振平所需的时间越长（维勃稠度越大），混凝土拌合物的流动性越差。

混凝土拌合物根据其维勃稠度分为 V0、V1、V2、V3、V4 五个级别，见表 4-1。

表 4-1　混凝土拌合物的维勃稠度等级划分

等级	维勃稠度/s	等级	维勃稠度/s
V0	≥31	V3	10～6
V1	30～21	V4	5～3
V2	20～11		

二、坍落度、坍落扩展度及排空时间

通过对混凝土拌合物坍落度、坍落扩展度和排空时间的测定，可对混凝土拌合物的和易性进行综合评定或对不同混凝土拌合物的和易性做相对比较。

1. 坍落度

坍落度试验是用来测定塑性混凝土或流动性混凝土拌合物稠度大小、评价混凝土拌合物的变形能力或抵抗流动变形性能的一种方法。坍落度值越大，表明混凝土拌合物的流动性越大。另外，在测量完坍落度后的混凝土锥体侧面敲打，可定性地评定混凝土拌合物的黏聚性。如果拌合物锥体均匀地坍落，则表明这一混凝土拌合物具有较好的黏聚性。若锥体沿面产生滑动或剪切坍落，则可认为混凝土拌合物黏聚性、均匀性较差。

混凝土拌合物根据其坍落度分为 S1、S2、S3、S4、S5 五个级别，见表 4-2。

表 4-2　混凝土拌合物的坍落度等级划分

等级	维勃稠度/s	等级	维勃稠度/s
S1	10～40	S4	160～210
S2	50～90	S5	≥220
S3	100～150		

注：坍落度检测结果，在分级评定时，其表达取舍至临近的 10mm。

2. 坍落扩展度

坍落扩展度是随着大流动性混凝土的开发与应用而出现的，是能同时反映拌合物的变形能力与变形速度的性能指标，适合于测定大流动性混凝土的流动性。

坍落扩展度的测定方法是在测定混凝土坍落度的同时，测量锥体坍落扩展后圆形试样两

个垂直方向上水平尺寸的平均值，作为混凝土坍落扩展度值，以此作为评价混凝土流动性的指标。

混凝土拌合物根据其坍落扩展度大小分为 F1、F2、F3、F4、F5、F6 六个级别，见表 4-3。

表 4-3　混凝土拌合物的坍落扩展度等级划分

等级	扩展直径/mm	等级	扩展直径/mm
F1	≤340	F4	490～550
F2	350～410	F5	560～620
F3	420～480	F6	≥630

3. 排空时间

排空时间是针对大流动性混凝土的特点提出的新试验方法。试验时将混凝土拌合物装入距地面一定高度的已固定好的 V 形漏斗仪或倒置坍落度筒中，测定混凝土拌合物从底部全部流出所需要的时间，作为评价混凝土拌合物流动速度及黏聚性能的指标。

对自密实混凝土而言，各等级自密实混凝土的 V 形漏斗通过时间应符合表 4-4 的要求。

表 4-4　V 形漏斗通过时间

自密实混凝土性能等级	一级	二级	三级
V 形漏斗通过时间/s	10～25	7～25	4～25

采用倒置坍落度筒测定时，如排空时间在 5～25s 范围内且坍落扩展度大于 500mm，则可认为和易性（可泵性）良好；如排空时间小于 5s 或大于 25s，应适当调整混凝土配合比或采取其他措施。

三、坍落度经时损失

坍落度经时损失是表示混凝土拌合物于搅拌后随时间的延长，使其坍落度值逐渐减小的现象。它与减水剂的品质、掺量与掺入方式有关，还与骨料吸水率、水分蒸发速率、含气量、水化速度与水化产物等因素有关。因此，在做坍落度试验的同时，应做坍落度经时损失的测定，一般分 30min、60min、90min 和 120min 四个档次的测定。

四、离析与泌水

1. 离析

离析是由于混凝土拌合物中各组分的颗粒粒径及密度不同，导致组分分离、不均匀的现象。这种组分分布的不均匀性将导致各部分混凝土性能的差异，易使混凝土内部或表面产生一些缺陷，影响混凝土的性能和正常使用。混凝土的离析与诸多因素有关，其中包括混凝土配合比、流动指标、施工方法和条件等，因此，必须注意采取有效的措施防止离析，保证混凝土拌合物具有良好的黏聚性、均匀性，从而保证各部分混凝土性能的一致性。

2. 泌水

混凝土拌合物经浇筑、振捣后，在凝结硬化过程中，伴随着粒状材料的下沉所出现的部分拌合水上浮至混凝土表面的现象，称为泌水（在外观上表现为混凝土沉缩）。

在混凝土拌合物表面产生少量泌水属正常现象，它对混凝土拌合物及硬化混凝土的质量没有什么不利的影响，但泌水量过大则会影响混凝土拌合物及硬化混凝土的一些性能，如混凝土拌合物的体积变化、塑性收缩、混凝土的强度和密实度、浆体与骨料的黏结、浆体与钢筋的黏结、耐久性、表面缺陷、沉缩裂缝等。另外，通过泌水通道，一些轻质、细小颗粒会迁移到混凝土表面，这会降低混凝土的耐磨性能。泌水还会增加混凝土表面层中的可溶性碱含量，使发生碱-骨料反应的可能性增加。

泌水量的多少与混凝土配合比，外加剂、水泥、矿物掺合料及骨料等原材料的性能，环境温度等各种因素有关。一般而言，水胶比和坍落度越大，骨料级配较差，泌水可能性越大。在混凝土中掺入引气剂，可减少泌水量。掺粉煤灰、火山灰等矿物掺合料也可以减少泌水。同一配合比的混凝土，浇筑高度越高或浇筑高度落差越大，泌水可能性越大，过振也会增大泌水性。因此，混凝土应有适宜的配合比和施工作业方法，以便将泌水控制在较低的水平。

五、压力泌水

混凝土在压力作用下的泌水称为压力泌水，对泵送混凝土来说，压力泌水是一个较重要的性能指标，它反映了在压力作用下混凝土保持水泥浆体的能力。如果在泵送时产生压力泌水较快，遇到泵管的弯头、接缝时，含浆量多的饱和混凝土变成浆体贫乏的非饱和混凝土，从而丧失可泵性。

混凝土拌合物压力泌水性能用压力泌水率来表征，它是指在一定的压力下，混凝土拌合物在规定的时间内所泌出的水占所能泌出的水总量的百分数。

一般泵送混凝土 10s 时的相对压力泌水率 S_{10} 不宜大于 40%。

六、凝结时间

混凝土的凝结时间分初凝和终凝。初凝指混凝土加水至失去塑性所经历的时间，亦表示施工操作的时间极限；终凝指混凝土加水到产生强度所经历的时间。混凝土凝结时间的测定通常采用贯入阻力法。

影响凝结时间的因素主要有水泥品种、外加剂和矿物掺合料的品种与掺量、水胶比以及环境的温度与湿度。

混凝土拌合物的凝结时间应满足混凝土施工要求及混凝土性能要求。初凝时间应适当长些，以便于施工操作；终凝与初凝的时间差则越短越好。混凝土初凝后，不能再对混凝土进行扰动；混凝土终凝后，待达到一定强度，方可进行下一步施工操作。在混凝土初凝前后进行最后一次抹面效果最佳，可减少混凝土的微裂缝。

七、表观密度

表观密度是表示混凝土拌合物捣实后的单位体积质量，用于换算混凝土体积和质量的关系。普通混凝土拌合物的表观密度因骨料的表观密度、粗骨料的最大粒径、混凝土配合比等的不同而不同，常用普通混凝土拌合物的表观密度一般为 $2350 \sim 2450 \text{kg/m}^3$。

混凝土表观密度也是混凝土拌合物的一项重要指标，表观密度影响混凝土的物理、力学及耐久性能。通常骨料密度、集浆比、含气量、水泥用量、外加剂品种和掺量等都会影响普通混凝土的表观密度。

八、含气量

混凝土拌合物经振捣密实后单位体积中尚存的空气量称为含气量，它是与混凝土拌合物和易性及硬化混凝土耐久性有关的一项重要指标。

混凝土在搅拌和施工过程中不可避免地会混入部分空气，经振捣密实后，虽可排除一部分，但仍有部分空气残留在拌合物中，其含量一般不超过 1%。因此在混凝土配合比设计中按绝对体积法计算组成材料用量时，空气含量即按总体积的 1% 计。

含气量影响混凝土的和易性、耐久性以及其他力学性能。因此，为改善混凝土拌合物的和易性及混凝土耐久性，通常掺入引气型外加剂，从而使和易性大为改善，黏聚性提高，拌合物不容易分层离析，还可以改善和提高硬化混凝土抵抗渗透和抵抗冻融循环和侵蚀的能力。但是，过量气泡的存在在一定程度上会降低混凝土的强度；此外，泵送时如含气量过大，会影响泵送时的压力传递。因此，在使用引气型外加剂时必须进行含气量检验，以便将含气量控制在合适的水平。

外加剂的品种和掺量、水泥和矿物掺合料的品种和用量、骨料的品种和级配、搅拌时间、环境温度以及运输和施工工艺等均会对混凝土含气量有所影响，故在生产施工过程中应注意适当控制。

第三节 检验方法

检验方法参考 GB/T 50080—2016。

一、取样及试样的制备

1. 取样

① 同一组混凝土拌合物的取样应从同一盘混凝土或同一车混凝土中取样。取样量应多于试验所需量的 1.5 倍，且不宜小于 20L。

② 混凝土拌合物的取样应具有代表性，宜采用多次采样的方法。一般在同一盘混凝土或同一车混凝土中的约 1/4 处、1/2 处和 3/4 处之间分别取样，从第一次取样到最后一次取样不宜超过 15min，然后搅拌均匀。

③ 从取样完毕到开始做各项性能试验不宜超过 5min。

2. 试样的制备

（1）仪器设备

① 混凝土搅拌机：容量 50～100L，转速 18～22r/min。

② 拌合钢板：平面尺寸不小于 1.5m×2.0m，厚 5mm 左右。

③ 磅秤：称量 50~100kg，感量 50g。

④ 台秤：称量 10kg，感量 5g。

⑤ 天平：称量 1000g，感量 0.5g。

⑥ 盛料容器和铁铲等。

（2）操作步骤

① 人工拌和应按以下步骤进行。

a. 人工拌和在钢板上进行，拌和前应将钢板及铁铲清洗干净，并保持表面润湿。

b. 将称好的砂料、胶凝材料（水泥和掺合料预先拌均匀）倒在钢板上，用铁铲翻拌至颜色均匀，再放入称好的石料与之拌和，至少翻拌 3 次，然后堆成锥形。将中间扒成凹坑，加入拌合用水（外加剂一般先溶于水），小心拌和，至少翻拌 6 次，每翻拌一次后，用铁铲将全部拌合物铲切一次。拌和从加水完毕算起，应在 10min 内完成。

② 机械拌和应按以下步骤进行。

a. 机械拌和在搅拌机中进行。拌和前应将搅拌机冲洗干净，并预拌少量同种混凝土拌合物或水胶比相同的砂浆，使搅拌机内壁挂浆后将剩余料卸出。

b. 将称好的石料、胶凝材料、砂料、水（外加剂一般先溶于水）依次加入搅拌机，开动搅拌机搅拌 2~3min。

c. 将拌好的混凝土拌合物卸在钢板上，刮出黏结在搅拌机上的拌合物，人工翻拌 2~3 次，使之均匀。

③ 材料用量以质量计。称量精度：水泥、掺合料、水和外加剂为 ±0.2%，骨料为±0.5%。

注：1. 在拌和混凝土时，拌和间温度保持在（20±5）℃。对所拌制的混凝土拌合物应避免阳光照射及吹风。

2. 用以拌制混凝土的各种材料，其温度应与拌和间温度相同。

3. 砂、石料用量均以饱和面干状态下的质量为准。

4. 人工拌和一般用于拌和较少量的混凝土，采用机械拌和时，一次拌和量不宜少于搅拌机容量的 20%，不宜大于搅拌机容量的 80%。

④ 从试样制备完毕到开始做各项性能试验不宜超过 5min。

二、坍落度试验及坍落度经时损失试验

1. 坍落度试验

（1）适用范围　该方法适用于骨料最大粒径不大于 40mm、坍落度不小于 10mm 的混凝土拌合物坍落度的测定。

（2）仪器设备

① 混凝土坍落度仪（JG/T 248—2009）：简称坍落度仪，俗称坍落度筒，用 2~3mm 厚的铁皮制成，筒内壁必须光滑，形状尺寸如图 4-1 所示。

② 捣棒：直径 16mm、长 650mm、一端为弹头形的金属棒。

③ 300mm 钢尺 2 把（分度值不大于 1mm）、40mm 孔径筛、装料漏斗、镘刀、小铁铲、温度计等。

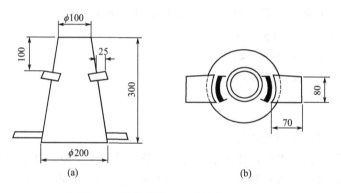

图 4-1　坍落度筒（尺寸单位：mm）

④ 底板：采用平面尺寸不小于 1500mm×1500mm、厚度不小于 3mm 的钢板，其最大挠度不大于 3mm。

（3）试验步骤

① 湿润坍落度筒及底板，在坍落度筒内壁和底板上应无明水。底板应放置在坚实水平面上，并把筒放在底板中心，然后用脚踩住两边的脚踏板，坍落度筒在装料时应保持在固定的位置。

② 把按要求取得的混凝土试样用小铲分三层均匀地装入筒内，使捣实后每层高度为筒高的 1/3 左右。每层用捣棒插捣 25 次。插捣应沿螺旋方向由外向中心进行，各次插捣应在截面上均匀分布。插捣筒边混凝土时，捣棒可以稍稍倾斜。插捣底层时，捣棒应贯穿整个深度，插捣第二层和顶层时，捣棒应插透本层至下一层的表面；浇灌顶层时，混凝土应灌到高出筒口。插捣过程中，如混凝土沉落到低于筒口，则应随时添加。顶层插捣完后，刮去多余的混凝土，并用抹刀抹平。

③ 清除筒边底板上的混凝土后，垂直平稳地提起坍落度筒。坍落度筒的提离过程应在 3~7s 内完成；从开始装料到提坍落度筒的整个过程应不间断地进行，并应在 150s 内完成。

④ 提起坍落度筒后，测量筒高与坍落后混凝土试体最高点之间的高度差，即为该混凝土拌合物的坍落度值；坍落度筒提离后，如混凝土发生崩坍或一边剪坏现象，则应重新取样另行测定；如第二次试验仍出现上述现象，则表示该混凝土和易性不好，应予记录备查。

⑤ 观察坍落后的混凝土试体的黏聚性及保水性。黏聚性的检查方法是，用捣棒在已坍落的混凝土锥体侧面轻轻敲打，此时如果锥体逐渐下沉，则表示黏聚性良好；如果锥体倒塌、部分崩裂或出现离析现象，则表示黏聚性不好。保水性以混凝土拌合物稀浆析出的程度来评定，坍落度筒提起后如有较多的稀浆从底部析出，锥体部分的混凝土也因失浆而骨料外露，则表明此混凝土拌合物的保水性能不好；如坍落度筒提起后无稀浆或仅有少量稀浆自底部析出，则表示此混凝土拌合物保水性良好。

⑥ 当混凝土拌合物的坍落度大于 220mm 时，用钢尺测量混凝土扩展后最终的最大直径和最小直径，在这两个直径之差小于 50mm 的条件下，用其算术平均值作为坍落扩展度值；否则，此次试验无效。

如果发现粗骨料在中央集堆或边缘有水泥浆析出，表示此混凝土拌合物抗离析性不好，应予记录。

（4）坍落度　混凝土拌合物坍落度和坍落扩展度值以 mm 为单位，测量精确至 1mm，结果表达修约至 5mm。

2. 坍落度经时损失试验

（1）适用范围　该方法可用于混凝土拌合物的坍落度随静置时间变化的测定。

（2）仪器设备　坍落度经时损失试验的试验设备应符合本试验中 1. 的规定。

（3）试验步骤　坍落度经时损失试验应按下列步骤进行：

① 应测量出机时的混凝土拌合物的初始坍落度值 H_0；

② 将全部混凝土拌合物试样装入塑料桶或不被水泥浆腐蚀的金属桶内，用桶盖或塑料薄膜密封静置；

③ 自搅拌加水开始计时，静置 60min 后应将桶内混凝土拌合物试样全部倒入搅拌机内，搅拌 20s，进行坍落度试验，得出 60min 坍落度值 H_{60}；

④ 当工程要求调整静置时间时，则应按实际静置时间测定并计算混凝土坍落度经时损失。

（4）结果表示　计算初始坍落度值与 60min 坍落度值的差值，可得到 60min 混凝土坍落度经时损失试验结果。

三、维勃稠度试验及增实因数试验

1. 维勃稠度试验

（1）适用范围　该方法适用于骨料最大粒径不大于 40mm、维勃稠度在 5～30s 的混凝土拌合物稠度测定。坍落度不大于 50mm 或干硬性混凝土和维勃稠度大于 30s 的特干硬性混凝土拌合物的稠度可采用下文 2. 中的增实因数法来测定。

（2）仪器设备

① 维勃稠度仪（JG/T 250—2009）由以下各部分组成（图 4-2）。

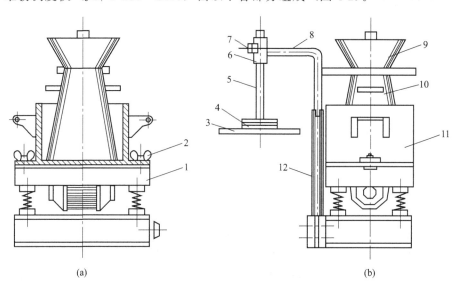

(a)　　　　　　　　　　　　　　　　(b)

图 4-2　混凝土拌合物维勃稠度测定仪

1—振动台；2—元宝螺栓；3—圆盘；4—荷重块；5—滑杆；6—套筒；7—螺栓；
8—旋转架；9—漏斗；10—坍落度筒；11—容量筒；12—支柱

a. 容量筒：内径（240±3）mm、高（200±2）mm、壁厚3mm、底厚7.5mm的金属圆筒，筒两侧有手柄，底部可固定于振动台上。

b. 坍落度筒：无踏脚板，其他规格与本节二、中的有关规定相同。

c. 圆盘：透明平整（可用无色有机玻璃制成），直径（23±2）mm，厚（10±2）mm。圆盘、滑杆及配重组成的滑动部分总质量为（2750±50）g。滑杆上有刻度，可测读混凝土的坍落度。

d. 振动台：台面长380mm、宽260mm，振动频率为（50±3.3）Hz，空载振幅为（0.5±0.1）mm。

② 捣棒、秒表、馒刀、小铁铲等。

（3）试验步骤

① 维勃稠度仪应放置在坚实的水平面上，用湿布把容器、坍落度筒、喂料斗内壁及其他用具润湿无明水；

② 将喂料斗提到坍落度筒上方扣紧，校正容器位置，使其中心与喂料中心重合，然后拧紧固定螺钉；

③ 把按要求取样或制作的混凝土拌合物试样用小铲分三层经喂料斗均匀地装入筒内，装料及插捣的方法应符合本节二、中的相关规定；

④ 把喂料斗转离，垂直地提起坍落度筒，此时应注意不使混凝土试体产生横向的扭动；

⑤ 把透明圆盘转到混凝土圆台体顶面，放松测杆螺钉，降下圆盘，使其轻轻接触到混凝土顶面；

⑥ 拧紧定位螺钉，并检查测杆螺钉是否已经完全放松；

⑦ 在开启振动台的同时用秒表计时，当振动到透明圆盘的底面被水泥浆布满的瞬间停止计时，并关闭振动台。

（4）维勃稠度值　由秒表读出时间即为该混凝土拌合物的维勃稠度值，精确至1s。

2. 增实因数试验

（1）适用范围　该方法适用于骨料最大粒径不大于40mm、增实因数大于1.05的混凝土拌合物稠度测定。

（2）仪器设备

① 跳桌：应符合《水泥胶砂流动度测定方法》（GB/T 2419—2005）中有关技术要求的规定。

② 台秤：称量20kg，感量20g。

③ 圆筒：钢制，内径（150±0.2）mm，高（300±0.2）mm，连同提手共重（43±0.3）kg，如图4-3所示。

④ 盖板：钢制，直径（146±0.1）mm，厚（6±0.1）mm，连同提手共重（830±20）g，如图4-3所示。

⑤ 量尺：刻度误差不大于1%，如图4-4所示。

（3）拌合物质量　增实因数试验用混凝土拌合物的质量应按下列方法之一确定：

① 当混凝土拌合物配合比及原材料的表观密度已知时，按下式确定混凝土拌合物的质量：

$$Q = 0.003 \times \frac{W + C + F + S + G}{\dfrac{W}{\rho_w} + \dfrac{C}{\rho_c} + \dfrac{F}{\rho_f} + \dfrac{S}{\rho_s} + \dfrac{G}{\rho_g}} \tag{4-1}$$

式中，Q 为绝对体积为 3000mL 时混凝土拌合物的质量，kg；W、C、F、S、G 分别为水、水泥、掺合料、细骨料和粗骨料的质量，kg；ρ_w、ρ_c、ρ_f、ρ_s、ρ_g 分别为水、水泥、掺合料、细骨料和粗骨料的表观密度，kg/m³。

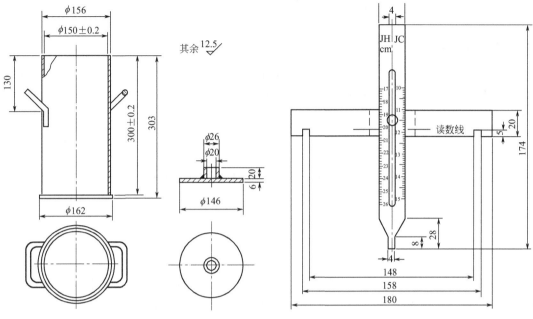

图 4-3　圆筒及盖板（尺寸单位：mm）　　　　图 4-4　量尺（尺寸单位：mm）

② 当混凝土拌合物配合比及原材料的表观密度未知时，应按下述方法确定混凝土拌合物的质量：

先在圆筒内装入质量为 7.5kg 的混凝土拌合物，无须振实，将圆筒放在水平平台上，用量筒沿筒壁徐徐注水，并轻轻拍击筒壁，将拌合物中夹持的气泡排出，直至筒内水面与筒口平齐；记录注入圆筒中水的体积，混凝土拌合物的质量应按下式计算：

$$Q=3000\times\frac{7.5}{V-V_w}\times(1+A) \tag{4-2}$$

式中，Q 为绝对体积为 3000mL 时混凝土拌合物的质量，kg；V 为圆筒的容积，mL；V_w 为注入圆筒中水的体积，mL；A 为混凝土含气量。计算应精确至 0.05kg。

（4）试验步骤

① 将圆筒放在台秤上，用圆勺铲取混凝土拌合物，不加任何振动与扰动地装入圆筒，圆筒内混凝土拌合物的质量按本节二、中规定的方法确定后称取；

② 用不吸水的小尺轻拨拌合物表面，使其大致成为一个水平面，然后将盖板轻放在拌合物上；

③ 将圆筒轻轻移至跳桌台面中央，使跳桌台面以每秒一次的速度连续跳动 15 次；

④ 将量尺的横尺置于筒口，使筒壁卡入横尺的凹槽中，滑动有刻度的竖尺，将竖尺的底端插入盖板中心的小筒内，读取混凝土增实因数 JC，精确至 0.01。

（5）误差校正　圆筒容积应经常予以校正，校正方法可采用一块能覆盖住圆筒顶面的玻璃板，先称出玻璃板和空桶的质量，然后向圆筒中灌入清水，当水接近上口时，一边不断加水，一边把玻璃板沿筒口徐徐推入盖严。应注意使玻璃板下不带入任何气泡。然后擦净玻璃板面及筒壁外的余水，将圆筒连同玻璃板放在台秤上称其质量。两次质量之差（g）即为容量筒的容积（mL）。

四、扩展度试验及扩展度经时损失试验

1. 扩展度试验

（1）适用范围　该试验用于测定混凝土拌合物的扩展度，用以评定混凝土拌合物的流动性。该试验适用于骨料最大公称粒径不大于 40mm、坍落度不小于 160mm 混凝土扩展度的测定。

（2）仪器设备

① 1000mm 钢尺一把，分度值不大于 1mm。

② 坍落度筒、底板、捣棒等其他仪器设备与同本节二、中的相关内容。

（3）试验步骤

① 按本节一、中的方法拌制混凝土拌物。若骨料粒径超过 40mm，应采用湿筛法剔除。

② 按本节二、1.（3）①②的相关规定进行试验操作。

③ 清除筒边底板上的混凝土后，应垂直平稳地提起坍落度筒，坍落度筒的提离过程宜控制在 3～7s；当混凝土拌合物不再扩展或扩展持续时间已达 50s 时，应使用钢尺测量混凝土拌合物展开扩展面的最大直径以及与最大直径呈垂直方向的直径；测量应精确至 1mm。

④ 当两直径之差小于 50mm 时，应取其算术平均值作为扩展度试验结果；当两直径之差不小于 50mm 时，应重新取样另行测定。

⑤ 发现粗骨料在中央堆集或边缘有浆体析出时，应记录说明。

⑥ 扩展度试验从开始装料到测得混凝土扩展度值的整个过程应连续进行，并应在 4min 内完成。

（4）扩展度　混凝土拌合物的扩展度以拌合物扩展后的 2 个直径测值的平均值作为结果，以 mm 计，取整数，结果修约至 5mm。

2. 扩展度经时损失试验

（1）适用范围　该方法可用于混凝土拌合物的扩展度随静置时间变化的测定。

（2）仪器设备　扩展度经时损失试验的试验设备应符合本节三、1. 中的规定。

（3）试验步骤　扩展度经时损失试验应按下列步骤进行：

① 应测量出机时的混凝土拌合物的初始扩展度值 L_0；

② 将全部混凝土拌合物试样装入塑料桶或不被水泥浆腐蚀的金属桶内，应用桶盖或塑料薄膜密封静置；

③ 自搅拌加水开始计时，静置 60min 后应将桶内混凝土拌合物试样全部倒入搅拌机内，搅拌 20s，即进行扩展度试验，得出 60min 扩展度值 L_{60}；

④ 当工程要求调整静置时间时，则应按实际静置时间测定并计算混凝土扩展度经时损失。

（4）结果表示　计算初始扩展度值与 60min 扩展度值的差值，可得到 60min 混凝土扩展度经时损失试验结果。

五、扩展时间试验

(1) 适用范围　该方法可用于混凝土拌合物稠度和填充性的测定。

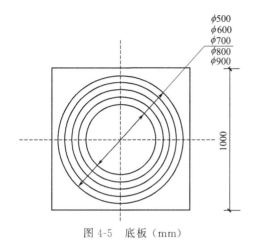

图 4-5　底板（mm）

(2) 仪器设备　扩展时间试验的试验设备应符合下列规定：

① 混凝土坍落度仪应符合现行行业标准《混凝土坍落度仪》（JG/T 248—2009）的规定；

② 底板应采用平面尺寸不小于 1000mm×1000mm、最大挠度不大于 3mm 的钢板，并应在平板表面标出坍落度筒的中心位置和直径分别为 200mm、300mm、500mm、600mm、700mm、800mm 及 900mm 的同心圆（图 4-5）；

③ 盛料容器不应小于 8L，并易于向坍落度筒装填混凝土拌合物；

④ 秒表精度不应低于 0.1s。

(3) 主要操作步骤

① 润湿坍落度筒及底板，坍落度筒内壁和底板上应无明水。底板应放置在坚硬水平面上，筒放在底板中心。用脚踩住两边的脚踏板，并在装料过程中始终保持此位置不变。

② 用盛料容器一次性使混凝土拌合物均匀填满坍落度筒，且不得捣实或振动。

③ 用刮刀刮除坍落度筒顶部及周边混凝土余料，使混凝土与坍落度筒的上缘齐平后，随即将坍落度筒沿铅直方向匀速地向上快速提起 300mm 左右的高度，提起时间宜控制在 3～7s。待混凝土停止流动后，测量展开圆形的最大直径，以及与最大直径呈垂直方向的直径。自开始入料至填充结束应在 1.5min 内完成，坍落度筒提起至测量拌合物扩展直径结束应控制在 40s 之内完成。

④ 测定扩展度达 500mm 的时间（T_{500}）时，应自坍落度筒提起离开地面时开始，至扩展开的混凝土外缘初触平板上所绘直径 500mm 的圆周为止。用秒表测定时间，精确至 0.1s。

(4) 结果评定　扩展度为混凝土拌合物坍落扩展终止后扩展面相互垂直的两个直径的平均值，测量精确至 1mm，结果修约至 5mm。

(5) 结果判定　观察最终坍落后的混凝土状况，当粗骨料在中央堆积或最终扩展后的混凝土边缘有水泥浆析出时，可判定混凝土拌合物抗离析性不合格，并予记录。

六、倒置坍落度筒排空试验

(1) 适用范围　该方法可用于倒置坍落度筒中混凝土拌合物排空时间的测定。

(2) 仪器设备　倒置坍落度筒排空试验的试验设备应符合下列规定：

① 倒置坍落度筒的材料、形状和尺寸应符合现行行业标准《混凝土坍落度仪》（JG/T 248—2009）的规定，小口端应设置可快速开启的密封盖；

② 底板应采用平面尺寸不小于 1500mm×1500mm、厚度不小于 3mm 的钢板，其最大挠度不应大于 3mm；

③ 支撑倒置坍落度筒的台架应能承受装填混凝土和插捣，当倒置坍落度筒放于台架上时，其小口端距底板不应小于 500mm，且坍落度筒中轴线应垂直于底板；

④ 捣棒应符合现行行业标准《混凝土坍落度仪》（JG/T 248—2009）的规定；

⑤ 秒表的精度不应低于 0.01s。

（3）试验步骤　倒置坍落度筒排空试验应按下列步骤进行：

① 将倒置坍落度筒支撑在台架上，应使其中轴线垂直于底板，筒内壁应湿润无明水，关闭密封盖。

② 混凝土拌合物应分两层装入坍落度筒内，每层捣实后高度宜为筒高的 1/2。每层用捣棒沿螺旋方向由外向中心插捣 15 次，插捣应在横截面上均匀分布，插捣筒边混凝土时，捣棒可以稍稍倾斜。插捣第一层时，捣棒应贯穿混凝土拌合物整个深度；插捣第二层时，捣棒宜插透到第一层表面下 50mm。插捣完应刮去多余的混凝土拌合物，用抹刀抹平。

③ 打开密封盖，用秒表测量自开盖至坍落度筒内混凝土拌合物全部排空的时间 t_{sf}，精确至 0.01s。从开始装料到打开密封盖的整个过程应在 150s 内完成。

（4）结果评定

① 宜在 5min 内完成两次试验，并应取两次试验测得排空时间的平均值作为试验结果，计算应精确至 0.1s。

② 倒置坍落度筒排空试验结果应符合下式规定：

$$|t_{sf1} - t_{sf2}| \leqslant 0.05 t_{sf,m} \tag{4-3}$$

式中，$t_{sf,m}$ 为两次试验测得的倒置坍落度筒中混凝土拌合物排空时间的平均值，s；t_{sf1}、t_{sf2} 分别为两次试验分别测得的倒置坍落度筒中混凝土拌合物排空时间，s。

七、间隙通过性试验

（1）适用范围　该方法宜用于骨料最大公称粒径不大于 20mm 的混凝土拌合物间隙通过性的测定。

（2）仪器设备　混凝土拌合物间隙通过性试验的试验设备应符合下列规定：

① J 环应由钢或不锈钢制成，圆环中心直径应为 300mm，厚度应为 25mm；并应用螺母和垫圈将 16 根圆钢锁在圆环上，圆钢直径应为 16mm，高应为 100mm；圆钢中心间距应为 58.9mm（图 4-6）。

② 混凝土坍落度筒不应带有脚踏板，材料和尺寸应符合现行行业标准《混凝土坍落度仪》（JG/T 248—2009）的规定。

③ 底板应采用平面尺寸不小于 1500mm×1500mm、厚度不小于 3mm 的钢板，其最大挠度不应大于 3mm。

（3）试验步骤　混凝土拌合物的间隙通过性试验应按下列步骤进行：

① 底板、J 环和坍落度筒内壁应润湿无明水，底板应放置在坚实的水平面上，J 环应放在底板中心。

② 坍落度筒应正向放置在底板中心，应与 J 环同心，将混凝土拌合物一次性填充至满。

③ 用刮刀刮除坍落度筒顶部混凝土拌合物余料，应将混凝土拌合物沿坍落度筒口抹平；清除筒边底板上的混凝土后，应垂直平稳地向上提起坍落度筒至（250±50）mm 高度，提离时间宜控制在 3～7s；当混凝土拌合物不再扩散或扩散持续时间已达 50s 时，测量展开扩展面的

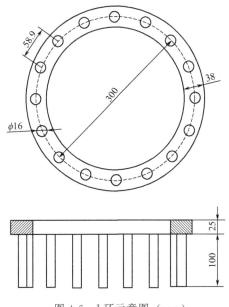

图 4-6　J环示意图（mm）

最大直径以及与最大直径呈垂直方向的直径；自开始入料至提起坍落度筒应在150s内完成。

（4）结果评定　J环扩展度应为混凝土拌合物坍落扩展终止后扩展面相互垂直的两个直径的平均值，当两直径之差大于50mm时，应重新试验测定。测量应精确至1mm，结果修约至5mm。

（5）结果判定

① 混凝土扩展度与J环扩展度的差值应作为混凝土间隙通过性性能指标结果。

② 应目视检查J环圆钢附近是否有骨料堵塞，当粗骨料在J环圆钢附近出现堵塞时，可判定混凝土拌合物间隙通过性不合格，并予记录。

八、漏斗试验

（1）适用范围　该方法宜用于骨料最大公称粒径不大于20mm的混凝土拌合物稠度和填充性的测定。

（2）仪器设备　漏斗试验的试验设备应符合下列规定：

① 漏斗应由厚度不小于2mm钢板制成，漏斗的内表面应经过加工；在漏斗出料口的部位，应附设快速开启的密封盖（图4-7）。

② 底板应采用平面尺寸不小于1500mm×1500mm、厚度不小于3mm的钢板，其最大挠度不应大于3mm。

③ 支承漏斗的台架宜有调整装置，应确保台架的水平，漏斗支撑在台架上时，其中轴线应垂直于底板；台架应能承受装填混凝土，且易于搬运。

④ 盛料容器容积不应小于12L。

⑤ 秒表精度不应低于0.1s。

（3）试验步骤　漏斗试验应按下列步骤进行：

① 将漏斗稳固于台架上，应使其上口呈水平，本体为垂直；漏斗内壁应润湿无明水，关闭密封盖。

② 应用盛料容器将混凝土拌合物由漏斗的上口平稳地一次性填入漏斗至满；装料整个过程不应搅拌和振捣，应用刮刀沿漏斗上口将混凝土拌合物试样的顶面刮平。

③ 在出料口下方应放置盛料容器；漏斗装满试样静置（10±2）s，应将漏斗出料口的密封盖打开，用秒表测量自开盖至漏斗内混凝土拌合物全部流出的时间，精确至0.1s。

注：若混凝土拌合物的黏滞性较高，全量

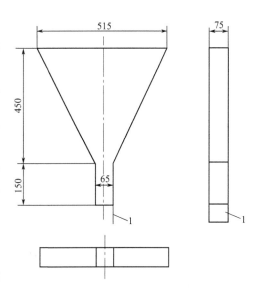

图 4-7　漏斗示意图（mm）
1—可活动的密封盖

流空瞬间的判定较为困难时，可由漏斗上方向下观察，透光的瞬间即为混凝土由卸料口流完的瞬间。

④ 宜在 5min 内完成两次试验。

（4）结果评定

① 应以两次试验混凝土拌合物全部流出时间的算术平均值作为漏斗试验结果，结果应精确至 0.1s。

② 混凝土拌合物从漏斗中应连续流出；混凝土出现堵塞状况，应重新试验；再次出现堵塞情况，应记录说明。

九、抗离析性能试验

（1）适用范围　该方法适用于混凝土拌合物抗离析性能的测定。

（2）仪器设备　抗离析性能试验的试验设备应符合下列规定：

① 电子天平：最大量程应为 20kg，感量不应大于 1g；

② 试验筛：筛孔公称直径为 5.00mm 金属方孔筛，筛框直径应为 300mm，并应符合现行国家标准《试验筛　技术要求和检验　第 2 部分：金属穿孔板试验筛》（GB/T 6003.2—2012）的规定；

③ 盛料器：由钢或不锈钢制成，内径应为 208mm，上节高度应为 60mm，下节带底净高应为 234mm，在上、下层连接处应加宽 3～5mm，并设有橡胶垫圈（图 4-8）。

（3）试验步骤　抗离析性能试验应按下列步骤进行：

① 应先取 （10±0.5）L 混凝土拌合物盛满于盛料器中，放置在水平位置上，加盖静置 （15±0.5）min。

② 方孔筛应固定在托盘上，然后将盛料器上节混凝土拌合物完全移出，应用小铲辅助将混凝

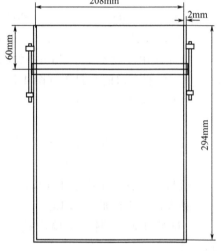

图 4-8　盛料器形状和尺寸

土拌合物及其表层泌浆倒入方孔筛；移出上节混凝土后应使下节混凝土的上表面与下节筒的上沿齐平；称量倒入试验筛中的混凝土的质量 m_c，精确至 1g。

③ 将上节混凝土拌合物倒入方孔筛后，应静置 （120±5）s。

④ 将筛及筛上的混凝土拌合物移走，应称量通过筛孔流到托盘上的浆体质量 m_m，精确至 1g。

（4）结果评定　混凝土拌合物离析率应按下式计算：

$$SR = \frac{m_m}{m_c} \times 100\% \qquad (4-4)$$

式中，SR 为混凝土拌合物离析率，精确至 0.1%；m_m 为通过标准筛的砂浆质量，g；m_c 为倒入标准筛混凝土的质量，g。

十、泌水与压力泌水试验

1. 泌水试验

(1) 适用范围　该方法适用于骨料最大粒径不大于 40mm 的混凝土拌合物泌水测定，用以评价拌合物的和易性。

(2) 仪器设备

① 容量筒：符合本节十一、中的相关要求，容积为 5L 的容量筒并配有盖子。

② 台秤：称量为 50kg、感量为 10g。

③ 量筒：容量为 100mL、分度值 1mL，并应带塞。

④ 振动台：应符合《混凝土试验用振动台》（JG/T 245—2009）中技术要求的规定。

⑤ 捣棒：应符合本节二、的相关要求。

⑥ 电子天平：称量 20kg，感量不应大于 1g。

⑦ 其他：吸液管、铁锌、馒刀及钟表等。

(3) 试验步骤　泌水试验应按下列步骤进行：

① 用湿布润湿容量筒内壁后应立即称量，并记录容量筒的质量。

② 混凝土拌合物试样应按下列要求装入容量筒，并进行振实或插捣密实，振实或捣实的混凝土拌合物表面应低于容量筒筒口（30±3）mm，并用抹刀抹平。

a. 混凝土拌合物坍落度不大于 90mm 时，宜用振动台振实，应将混凝土拌合物一次性装入容量筒内，振动持续到表面出浆为止，并应避免过振。

b. 混凝土拌合物坍落度大于 90mm 时，宜用人工插捣，应将混凝土拌合物分两层装入，每层的插捣次数为 25 次；捣棒由边缘向中心均匀地插捣，插捣底层时捣棒应贯穿整个深度，插捣第二层时，捣棒应插透本层至下一层的表面；每一层捣完后应使用橡皮锤沿容量筒外壁敲击 5～10 次，进行振实，直至混凝土拌合物表面插捣孔消失并不见大气泡为止。

c. 自密实混凝土应一次性填满，且不应进行振动和插捣。

③ 应将筒口及外表面擦净，称量并记录容量筒与试样的总质量，盖好筒盖并开始计时。

④ 在吸取混凝土拌合物表面泌水的整个过程中，应使容量筒保持水平、不受振动；除了吸水操作外，应始终盖好盖子；室温应保持在（20±2）℃。

⑤ 计时开始后 60min 内，应每隔 10min 吸取 1 次试样表面泌水；60min 后，每隔 30min 吸取 1 次试样表面泌水，直至不再泌水为止。每次吸水前 2min，应将一片（35±5）mm 厚的垫块垫入筒底一侧使其倾斜，吸水后应平稳地复原盖好。吸出的水应盛放于量筒中，并盖好塞子；记录每次的吸水量，并应计算累计吸水量，精确至 1mL。

(4) 泌水量和泌水率的结果计算及其确定　应按下列方法进行：

① 泌水量应按下式计算：

$$B_a = \frac{V}{A} \tag{4-5}$$

式中，B_a 为单位面积混凝土拌合物的泌水量，mL/mm²；V 为最后一次吸水后累计的泌水量，mL；A 为混凝土拌合物试样外露的表面面积，mm²。

计算应精确至 0.01mL/mm²。泌水量取三个试样测值的平均值。三个测值中的最大值或最小值，如果有一个与中间值之差超过中间值的 15%，则以中间值为试验结果；如果最大值和最小值与中间值之差均超过中间值的15%时，则此次试验无效，应重新试验。

②泌水率应按下式计算：

$$B = \frac{V_w}{(W/m_T) \times m} \times 100\%$$
(4-6)

$$m = m_2 - m_1$$
(4-7)

式中，B 为泌水率；V_w 为泌水总量，mL；m 为混凝土拌合物试样质量，g；m_T 为试验拌制混凝土拌合物的总质量，g；W 为试验拌制混凝土拌合物拌合用水量，mL；m_2 为容量筒及试样总质量，g；m_1 为容量筒质量，g。

计算应精确至1%，泌水率取三个试样测值的平均值。三个测值中的最大值或最小值，如果有一个与中间值之差均超过中间值的15%，则以中间值为试验结果；如果最大值和最小值与中间值之差均超过中间值的15%时，则此次试验无效，应重新试验。

2. 压力泌水试验

(1) 适用范围　该方法适用于骨科最大粒径不大于40mm的混凝土拌合物压力泌水率测定。

(2) 仪器设备

① 压力泌水仪：其主要部件包括压力表、缸体、工作活塞、筛网等（图4-9）。压力表最大量程6MPa，最小分度值不大于0.1MPa；缸体内径（125±0.02）mm，内高（200±0.2）mm；工作活塞压强为3.2MPa，公称直径为125mm；筛网孔径为0.315mm。

② 捣棒：符合本节二、中的相关规定。

③ 量筒：200mL量筒。

④ 烧杯：容量宜为150mL。

(3) 试验步骤

① 混凝土拌合物应分两层装入压力泌水仪的缸体容器内，每层的插捣次数应为25次。捣棒由边缘向中心均匀地插捣，插捣底层时捣棒应贯穿整个深度，插捣第二层时，捣棒应插透本层至下一层的表面；每一层捣完后用橡皮锤轻轻沿容器外壁敲打5～10次，进行振实，直至拌合物表面插捣孔消失并不见大气泡为止；并使拌合物表面低于容器口以下约30mm处，用抹刀将表面抹平。

自密实混凝土应一次性填满，且不应进行振动和插捣。

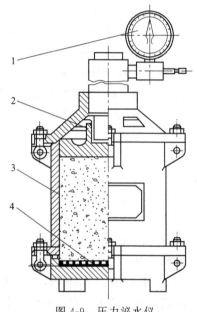

图4-9　压力泌水仪

1—压力表；2—工作活塞；
3—缸体；4—筛网

② 将缸体外表擦干净，压力泌水仪按规定安装完毕后应在15s以内给混凝土试样施加压力至3.2MPa，并应在2s内打开泌水阀门，同时开始计时，保持恒压，泌出的水接入150mL烧杯里，并应移至量筒中读取泌水量，精确至1mL。

③ 加压至10s时读取泌水量 V_{10}，加压至140s时读取泌水量 V_{140}。

(4) 结果评定　压力泌水率按下式计算：

$$B_V = \frac{V_{10}}{V_{140}} \times 100\%$$
(4-8)

式中，B_V 为压力泌水率；V_{10} 为加压至 10s 时的泌水量，mL；V_{140} 为加压至 140s 时的泌水量，mL。压力泌水率的计算应精确至 1%。

十一、表观密度试验

1. 适用范围

该方法适用于测定混凝土拌合物捣实后的单位体积质量（即表观密度）。

2. 仪器设备

① 容量筒：金属制成的圆筒，两旁装有提手。对骨料最大粒径不大于 40mm 的拌合物采用容积为 5L 的容量筒，其内径与内高均为（186±2）mm，筒壁为 3mm；骨料最大粒径大于 40mm 时，容量筒的内径与内高均应大于骨料最大粒径的 4 倍。容量筒上缘及内壁应光滑平整，顶面与底面应平行并与圆柱体的轴垂直。

容量筒容积应予以标定，标定方法可采用一块能覆盖住容量筒顶面的玻璃板，先称出玻璃板和空桶的质量，然后向容量筒中灌入清水，当水接近上口时，一边不断加水，一边把玻璃板沿筒口徐徐推入盖严，应注意使玻璃板下不带入任何气泡；然后擦净玻璃板面及筒壁外的水分，将容量筒连同玻璃板放在台秤上称其质量；两次质量之差（kg）即为容量筒容积 L。

② 台秤：称量 50kg，感量 10g。

③ 振动台：应符合《混凝土试验用振动台》（JG/T 245—2009）中技术要求的规定。

④ 捣棒：应符合本节二、中相关的规定。

3. 试验步骤

① 用湿布把容量筒内外擦干净，称出容量筒质量，精确至 10g。

② 混凝土的装料及捣实方法应根据拌合物的稠度而定：坍落度不大于 90mm 的混凝土，用振动台振实为宜；大于 90mm 的用捣棒捣实为宜。采用捣棒捣实时，应根据容量筒的大小决定分层与插捣次数：用 5L 容量筒时，混凝土拌合物应分两层装入，每层的插捣次数应为 25 次；用大于 5L 的容量筒时，每层混凝土的高度不应大于 100mm，每层插捣次数应按每 10000mm² 截面不小于 12 次计算。各次插捣应由边缘向中心均匀地插捣，插捣底层时捣棒应贯穿整个深度，插捣第二层时，捣棒应插透本层至下一层的表面；每一层捣完后用橡皮锤轻轻沿容器外壁敲打 5～10 次，进行振实，直至拌合物表面插捣孔消失并不见大气泡为止。

采用振动台振实时，应一次将混凝土拌合物灌到高出容量筒口。装料时可用捣棒稍加插捣，振动过程中如混凝土低于筒口，应随时添加混凝土，振动直至表面出浆为止。

自密实混凝土应一次性填满，且不应进行振动和插捣。

③ 用刮尺将筒口多余的混凝土拌合物刮去，表面如有凹陷应填平；将容量筒外壁擦净，称出混凝土试样与容量筒总质量，精确至 10g。

4. 混凝土拌合物表观密度的计算

应按下式计算：

$$\rho = \frac{m_2 - m_1}{V} \times 1000 \tag{4-9}$$

式中，ρ 为混凝土拌合物表观密度，kg/m^3；m_1 为容量筒质量，kg；m_2 为容量筒和试样总质量，kg；V 为容量筒体积，L。

试验结果的计算精确至 $10kg/m^3$。

十二、凝结时间试验

1. 适用范围

本方法适用于从混凝土拌合物中筛出砂浆用贯入阻力法测定坍落度值不为零的混凝土拌合物的凝结时间。

2. 仪器设备

① 贯入阻力仪：如图 4-10 所示，刻度盘精度 5N。贯入阻力仪应由加荷装置、测针、砂浆试样筒和标准筛组成，可以是手动的，也可以是自动的。贯入阻力仪应符合下列要求：

a. 加荷装置：最大测量值应不小于 1000N，精度为 ±10N；

b. 测针：长为 100mm，承压面积为 $100mm^2$、$50mm^2$ 和 $20mm^2$ 三种，在距贯入端 25mm 处刻有一圈标记；

c. 砂浆试样筒：上口径为 160mm，下口径为 150mm，净高为 150mm 刚性不透水的金属圆筒，并配有盖子；

d. 标准筛：筛孔为 5mm 的符合现行国家标准《试验筛 金属丝编织网、穿孔板和电成型薄板 筛孔的基本尺寸》（GB/T 6005—2008）规定的金属圆孔筛。

② 试模：150mm×150mm×150mm 铁制试模，或用平面最小边长和深度均不小于 150mm 的其他不吸水的刚性容器。

③ 钢制捣棒：直径 16mm，长 650mm，一端为半球形。

④ 振动台：应符合《混凝土试验用振动台》（JG/T 245—2009）中技术要求的规定；

⑤ 其他：铁制拌合板、振动台、吸液管、玻璃板、温度计、钟表等。

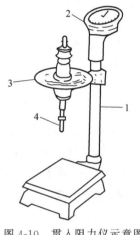

图 4-10 贯入阻力仪示意图
1—主体；2—刻度盘；
3—手轮；4—测针

3. 试验步骤

① 应按本节"一、取样及试样的制备"中，用 5mm 标准筛筛出砂浆，每次应筛净，然后将其拌和均匀。将砂浆一次分别装入三个试样筒中，做三个试验。取样混凝土坍落度不大于 90mm 的混凝土宜用振动台振实砂浆；取样混凝土坍落度大于 90mm 的宜用捣棒人工捣实。用振动台振实砂浆时，振动应持续到表面出浆为止，不得过振；用捣棒人工捣实时，应沿螺旋方向由外向中心均匀插捣 25 次，然后用橡皮锤轻轻敲打筒壁，直至插捣孔消失为止。振实或插捣后，砂浆表面应低于砂浆试样筒口约 10mm；砂浆试样筒应立即加盖。

② 砂浆试样制备完毕，编号后应置于温度为 (20±2)℃ 的环境中或现场同条件下待试，并在以后的整个测试过程中，环境温度应始终保持 (20±2)℃。现场同条件测试时，应与现场条件保持一致。在整个测试过程中，除在吸取泌水或进行贯入试验外，试样筒应始终加盖。

③ 凝结时间测定从水泥与水接触瞬间开始计时。根据混凝土拌合物的性能，确定测针试验时间，以后每隔 0.5h，测试一次，在临近初凝、终凝时可增加测定次数。

④ 在每次测试前 2min，将一片 20mm 厚的垫块垫入筒底一侧使其倾斜，用吸管吸去表面的泌水，吸水后平稳地复原。

⑤ 测试时将砂浆试样筒置于贯入阻力仪上，测针端部与砂浆表面接触，然后在（10±2）s 内均匀地使测针贯入砂浆（25±2）mm 深度，记录贯入压力，精确至 10N；记录测试时间，精确至 1min；记录环境温度，精确至 0.5℃。

⑥ 每个砂浆筒每次测 1～2 个点，各测点的间距应大于测针直径的两倍且不小于 15mm，测点与试样筒壁的距离应不小于 25mm。

⑦ 贯入阻力测试在 0.2～28MPa 应至少进行 6 次，直至贯入阻力大于 28MPa 为止。

⑧ 在测试过程中应根据砂浆凝结状况，适时更换测针，测针宜按表 4-5 选用。

表 4-5　测针选用规定表

贯入阻力/MPa	0.2～3.5	3.5～20	20～28
测针面积/mm^2	100	50	20

4. 结果计算

贯入阻力的结果计算以及初凝时间和终凝时间的确定应按下述方法进行：

① 贯入阻力应按下式计算：

$$f_{PR} = \frac{P}{A} \tag{4-10}$$

式中，f_{PR} 为单位面积贯入阻力，MPa，精确至 0.1MPa；P 为贯入压力，N；A 为测针面积，mm^2。计算应精确至 0.1MPa。

② 凝结时间宜通过线性回归方法确定：将贯入阻力 f_{PR} 和时间 t 分别取自然对数 $\ln f_{PR}$ 和 $\ln t$，然后以 $\ln f_{PR}$ 当作自变量，$\ln t$ 当作因变量作线性回归得到回归方程式：

$$\ln t = A + B \ln f_{PR} \tag{4-11}$$

式中，t 为时间，min；f_{PR} 为贯入阻力，MPa；A、B 为线性回归系数。

根据式(4-11) 求得当贯入阻力为 3.5MPa 时的凝结时间为初凝时间 t_s，贯入阻力为 28MPa 时的凝结时间为终凝时间 t_e：

$$t_s = e^{[A + B\ln(3.5)]} \tag{4-12}$$

$$t_e = e^{[A + B\ln(28)]} \tag{4-13}$$

式中，t_s 为初凝时间，min；t_e 为终凝时间，min；A、B 为式(4-11) 中的线性回归系数。

凝结时间也可用绘图拟合方法确定，方法是以贯入阻力为纵坐标，经过的时间为横坐标（精确至 1min），绘制出贯入阻力与时间之间的关系曲线，以 3.5MPa 和 28MPa 划两条平行于横坐标的直线，分别与曲线相交，两个交点的横坐标即为混凝土拌合物的初凝时间和终凝时间。凝结时间用 h：min 表示，并修约至 5min。

③ 用三个试验结果的初凝和终凝时间的算术平均值作为此次试验的初凝和终凝时间。如果三个测值的最大值或最小值中有一个与中间值之差超过中间值的 10%，则以中间值为试验结果；如果最大值和最小值与中间值之差均超过中间值的 10%，则此次试验无效，应重新试验。

十三、含气量试验

（一）气压法（GB/T 50080—2016）

1. 适用范围

该方法适于骨料最大粒径不大于 40mm 的混凝土拌合物含气量测定，以判别混凝土品质和控制引气混凝土的引气剂掺量。

2. 仪器设备

① 含气量测定仪：含气量测定仪示意图如图 4-11 所示，由容器及盖体两部分组成。容器应由硬质、不易被水泥浆腐蚀的金属制成，其内表面粗糙度不应大于 3.2μm，内径应与深度相等，容积为 7L。盖体应用与容器相同的材料制成。盖体部分应包括有气室、水找平室、加水阀、排水阀、操作阀、进气阀、排气阀及压力表。压力表的量程为 0～0.25MPa，精度为 0.01MPa。容器及盖体之间应设置密封垫圈，用螺栓连接，连接处不得有空气存留，并保证密闭。

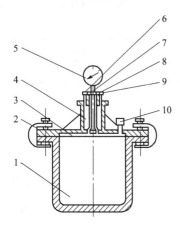

图 4-11　含气量测定仪示意图
1—容器；2—盖体；3—水找平室；
4—气室；5—压力表；6—排气阀；
7—操作阀；8—排水阀；
9—进气阀；10—加水阀

② 捣棒：应符合本节二、中的相关规定。

③ 振动台：应符合《混凝土试验用振动台》（JG/T 245—2009）中技术要求的规定。

④ 电子天平：称量 50kg，感量 10g。

⑤ 橡皮锤：应带有质量约 250g 的橡皮锤头。

3. 含气量

在进行拌合物含气量测定之前，应先按下列步骤测定拌合物所用骨料的含气量：

① 应按下式计算每个试样中粗、细骨料的质量：

$$m_g = \frac{V}{1000} \times m'_g \tag{4-14}$$

$$m_s = \frac{V}{1000} \times m'_s \tag{4-15}$$

式中，m_g、m_s 分别为每个试样中的粗、细骨料的质量，kg；m'_g、m'_s 分别为每立方米混凝土拌合物中粗、细骨料的质量，kg；V 为含气量测定仪容器容积，L。

② 在容器中先注入 1/3 高度的水，然后把通过 40mm 网筛的质量为 m_g、m_s 的粗、细骨料称好、拌匀，慢慢倒入容器。水面每升高 25mm 左右，轻轻插捣 10 次，并略予搅动，以排除夹杂进去的空气，加料过程中应始终保持水面高出骨料的顶面；骨料全部加入后，应浸泡约 5min，再用橡皮锤轻敲容器外壁，排净气泡，除去水面泡沫，加水至满，擦净容器上口边缘；装好密封圈，加盖拧紧螺栓，保持密封不透气。

③ 关闭操作阀和排气阀，打开排水阀和加水阀，通过加水阀，向容器内注入水；当排水阀流出的水流不含气泡时，在注水的状态下，同时关闭加水阀和排水阀。

④ 开启进气阀，用气泵向气室内注入空气，使气室内的压力略大于 0.1MPa，待压力表显示值稳定，微开排气阀，调整压力至 0.1MPa，然后关紧排气阀。

⑤ 开启操作阀，使气室里的压缩空气进入容器，待压力表显示值稳定后记录示值 p_{g1}，然后开启排气阀，压力仪表示值应回零。

⑥ 重复上述试验，对容器内的试样再检测一次记录表值 p_{g2}。

⑦ 若 p_{g1}、p_{g2} 的相对误差小于 2%，则取 p_{g1} 和 p_{g2} 的算术平均值，按压力与含气量关系曲线查得骨料的含气量（精确到 0.1%）；若不满足，则应进行第三次试验，测得压力值 p_{g3}（MPa）。当 p_{g3} 与 p_{g1}、p_{g2} 中较接近一个值的相对误差不大于 0.2% 时，则取此两值的算术平均值。当仍大于 0.2% 时，则此次试验无效，应重做。

4. 试验步骤

① 用湿布擦净容器和盖的内表面，装入混凝土拌合物试样。

② 捣实可用手工或机械方法。当拌合物坍落度大于 90mm 时，宜采用手工插捣；当拌合物坍落度不大于 90mm 时，宜采用机械振捣，如振动台或插入式振动器等。

用捣棒捣实时，应将混凝土拌合物分 3 层装入，每层捣实后高度约为 1/3 容器高度；每层装料后由边缘向中心均匀地插捣 25 次，捣棒应插透本层高度，再用橡皮锤沿容器外壁锤击 10~15 次，使插捣留下的插孔填满。最后一层装料应避免过满。

采用机械捣实时，一次装入捣实后体积为容器容量的混凝土拌合物，装料时可用捣棒稍加插捣，振实过程中如拌合物低于容器口，应随时添加；振动至混凝土表面平整、表面出浆即止，不得过度振捣。

若使用插入式振动器捣实，应避免振动器触及容器内壁和底面。

在施工现场测定混凝土拌合物含气量时，应采用与施工振动频率相同的机械方法捣实。

③ 捣实完毕后立即用刮尺刮平，表面如有凹陷应予填平抹光；如需同时测定拌合物表观密度，可在此时称量和计算；然后在正对操作阀孔的混凝土拌合物表面贴一小片塑料薄膜，擦净容器上口边缘，装好密封垫圈，加盖并拧紧螺栓。

④ 关闭操作阀和排气阀，打开排水阀和加水阀，通过加水阀，向容器内注入水；当排水阀流出的水流不含气泡时，在注水的状态下，同时关闭加水阀和排水阀。

⑤ 然后开启进气阀，用气泵注入空气至气室内压力略大于 0.1MPa，待压力示值仪表示值稳定后，微微开启排气阀，调整压力至 0.1MPa，关闭排气阀。

⑥ 开启操作阀，待压力示值仪稳定后，测得压力值 p_{01}（MPa）。

⑦ 开启排气阀，压力仪示值回零；重复上述⑤、⑥的步骤，对容器内试样再测一次压力值 p_{02}（MPa）。

⑧ 若 p_{01} 和 p_{02} 的相对误差小于 0.2%，则取 p_{01}、p_{02} 的算术平均值，按压力与含气量关系曲线查得含气量 A_0（精确至 0.1%）；若不满足，则应进行第三次试验，测得压力值 p_{03}（MPa）。当 p_{03} 与 p_{01}、p_{02} 中较接近两个值的相对误差不大于 0.2% 时，则取此两值的算术平均值查得 A_0；当仍大于 0.2% 时，此次试验无效。

5. 混凝土拌合物含气量

应按下式计算：

$$A = A_0 - A_g \qquad (4\text{-}16)$$

式中，A 为混凝土拌合物含气量，%；A_0 为两次含气量测定的平均值，%；A_g 为骨料含气量，%。

计算精确至 0.1%。

6. 含气量测定仪容器容积的标定及率定

（1）容器容积的标定　按下列步骤进行：

① 擦净容器，并将含气量仪全部安装好，测定含气量仪的总质量，测量精确至 10g。

② 往容器内注水至上缘，然后将盖体安装好，关闭操作阀和排气阀，打开排水阀和加水阀，通过加水阀，向容器内注入水；当排水阀流出的水流不含气泡时，在注水的状态下，同时关闭加水阀和排水阀，再测定其总质量；测量精确至 10g。

③ 容器的容积应按下式计算：

$$V = \frac{m_2 - m_1}{\rho_w} \times 1000 \tag{4-17}$$

式中，V 为含气量仪的容积，L；m_1 为干燥含气量仪的总质量，kg；m_2 为水、含气量仪的总质量，kg；ρ_w 为容器内水的密度，kg/m³。

计量应精确至 0.01L。

（2）含气量测定仪的率定　按下列步骤进行：

① 按本节的上述操作步骤测得含气量为 0 时的压力值。

② 开启排气阀，压力示值器示值回零；关闭操作阀和排气阀，打开排水阀，在排水阀口用量筒接水；用气泵缓缓地向气室内打气，当排出的水恰好是含气量仪体积的 1% 时，按上述步骤测得含气量为 1% 时的压力值。

③ 如此继续测取含气量分别为 2%、3%、4%、5%、6%、7%、8% 时的压力值。

④ 对以上的各次试验均应进行两次，各次所测压力值均应精确至 0.1MPa。

⑤ 对以上的各次试验均应进行检验，其相对误差均应小于 0.2%；否则应重新率定。

⑥ 据此检验以上含气量 0%、1%、…、8% 共 9 次的测量结果，绘制含气量与气体压力之间的关系曲线。

（二）混合式气压法（JTG E30—2005）

1. 目的和适用范围

该法主要用于测定混凝土拌合物中的含气量，适用于骨料最大公称粒径不大于 31.5mm、含气量不大于 10%、有坍落度的混凝土。

2. 仪器设备

① 混合式气压法含气量测定仪：包括量钵和量钵盖，钵体与钵盖之间有密封圈，如图 4-12 所示。

② 测定仪附件：校正管（1、2）、100mL 量筒、注水器、水平尺、插捣棒。

③ 振动台：符合《混凝土试验用振动台》（JG/T 245—2009）中的技术要求。

④ 其他：台秤（量程 50kg，感量 50g）、橡皮锤（应带有质量约 250g 的橡皮锤头）、刮尺、镘刀、玻璃板（250mm×250mm）等。

3. 试验步骤

（1）标定仪器

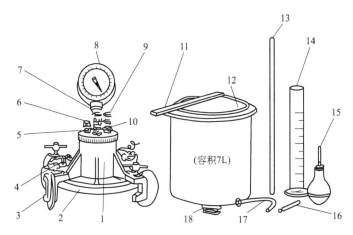

图 4-12 　混合气压法含气量测定仪示意图

1—气室；2—上盖；3—夹子；4—小龙头；5—出水口；6—微调阀；7—排气阀；8—压力表；9—手泵；
10—阀门杆；11—刮尺；12—量钵；13—捣棒；14—量筒；15—注水器；
16—校正管 2；17—校正管 1；18—水平尺

① 量钵容积的标定：先称量含气量测定仪量钵加玻璃板重，然后量钵加满水，用玻璃板沿量钵顶面平推，使量钵内盛满水而玻璃板下无气泡，擦干钵体外表面后连同玻璃板一起称重。两次质量的差值除以该温度下水的密度即为量钵的容积 V。

② 含气量 0％点的标定：把量钵加满水，将校正管 2 接在钵盖下面小龙头的端部。将钵盖轻放在量钵上，用夹子夹紧使其气密良好，并用水平尺检查仪器的水平，打开小龙头，松开排气阀，用注水器从小龙头处加水，直至排气阀出水口冒水为止。然后拧紧小龙头和排气阀，此时钵盖和钵体之间的空隙被水充满。

用手泵向气室充气，使表压稍大于 0.1MPa，然后用微调阀调整表压使其为 0.1MPa。按下阀门杆 1～2 次，使气室的压力气体进入量钵内，读压力表读数，此时指针所示压力相当于含气量 0％。

③ 含气量 1％～10％的标定：含气量 0％标定后，将校正管 1 接在钵盖小龙头的上端，然后按一下阀门杆，慢慢打开小龙头，量钵中的水就通过校正管 1 流到量筒中，当量筒中的水为量钵容积的 1％时，关闭小龙头。

打开排气阀，使量钵内的压力与大气压平衡，然后重新用手泵加压，并用微调阀准确地调到 0.1MPa。按 1～2 次阀门杆，此时测得的压力表读值相当于含气量 1％，同样方法可测得含气量 2％、3％、…、10％的压力表读值。

以压力表读值为横坐标，含气量为纵坐标，绘制含气量与压力表读值关系曲线。

(2) 混凝土拌合物含气量的测定

① 擦净量钵与钵盖内表面，并使其水平放置。将新拌混凝土拌合物均匀适量地装入量钵内，用振动台振实，振捣时间 15～30s 为宜。也可用人工捣实，将拌合物分三层装料，每层插捣 25 次，插捣上层时捣棒应插入下层 10～20mm。

② 刮去表面多余的混凝土拌合物，用镘刀抹平，并使其表面光滑无气泡。

③ 擦净钵体和钵盖边缘，将密封圈放于钵体边缘的凹槽内，盖上钵盖，用夹子夹紧，使之气密良好。

④ 打开小龙头和排气阀，用注水器从小龙头处往量钵中注水，直至水从排气阀出水口

流出，再关紧小龙头和排气阀。

⑤ 关好所有的阀门，用手泵打气加压，使表压稍大于 0.1MPa，用微调阀准确地将表压调到 0.1MPa。

⑥ 按下阀门杆 1~2 次，待表压指针稳定后，测得压力表读数。并根据仪器标定的含气量与压力表读数关系曲线，得到所测混凝土样品的仪器测定含气量 A_1 值。

⑦ 测定骨料含气量 C：测定方法与《混凝土拌合物含气量试验（水压法）》有关规定相同。

4. 试验结果计算

含气量按下式计算：

$$A = A_1 - C \tag{4-18}$$

式中，A 为混凝土拌合物含气量，%；A_1 为仪器测定含气量，%；C 为骨料含气量，%。

以两次测值的平均值作为试验结果。如两次含气量测值相差 0.2% 以上，须找出原因并重做试验。

十四、均匀性试验

1. 砂浆密度法

（1）适用范围　该方法可用于混凝土拌合物均匀性的测定，评定搅拌机的拌和质量和选择合适的拌和时间。

（2）仪器设备　砂浆密度法均匀性试验的试验设备应符合下列规定：

① 砂浆容量筒：容积 1L，直径 108mm，高 109mm。

② 天平：称量 5kg，感量 1g。

③ 砂浆稠度仪：与本节三、中所用稠度仪相同。

④ 振动台：与本节十、相同。

⑤ 跳桌：跳桌圆盘直径（300±1）mm；跳动部分总质量（3.45±0.02）kg；圆盘跳动落距（10±0.1）mm。

⑥ 捣棒：直径 12mm、长 250mm、一端为弹头形的金属棒。

⑦ 试验筛：与本节九、相同。

（3）试验步骤　混凝土砂浆的表观密度试验应按下列步骤进行：

① 应按下列步骤测定容量筒容积；

a. 应将干净容量筒与玻璃板一起称重；

b. 将容量筒装满水，缓慢将玻璃板从筒口一侧推动另一侧，容量筒内应满水并且不应存在气泡，擦干筒外壁，再次称重；

c. 两次称重结果之差除以该温度下水的密度应为容量筒容积 V，常温下水的密度可取 1kg/L。

② 应先采用湿布擦净容量筒的内表面，再称量容量筒质量 m_1，精确至 1g。

③ 从搅拌机口分别取最先出机和最后出机的混凝土试样各一份，每份混凝土试样量不应少于 5L。

④ 方孔筛应固定在托盘上，分别将所取的混凝土试样倒入方孔筛，筛得两份砂浆；并

测定砂浆拌合物的稠度。

⑤ 砂浆试样的装料及密实方法根据砂浆拌合物的稠度而定，并应符合下列规定：

a. 当砂浆稠度不大于 50mm 时，宜采用振动台振实；振动台振实时，砂浆拌合物应一次性装填至高出容量筒，并在振动台上振动 10s，振动过程中砂浆试样低于容量筒筒口时，应随时添加。

b. 砂浆稠度大于 50mm 时，宜采用人工插捣；人工插捣时，应一次性将砂浆拌合物装填至高出容量筒，用捣棒由边缘向中心均匀地插捣 25 次，插捣过程中砂浆试样低于容量筒筒口时，应随时添加，并用橡皮锤沿容量筒外壁敲击 5～6 下。

⑥ 砂浆拌合物振实或插捣密实后，应将筒口多余的砂浆拌合物刮去，使砂浆表面平整，然后将容量筒外壁擦净，称出砂浆与容量筒总质量 m_2，精确至 1g。

（4）结果计算　砂浆的表观密度应按下式计算：

$$\rho_m = \frac{(m_2 - m_1) \times 1000}{V} \tag{4-19}$$

式中，ρ_m 为砂浆拌合物的表观密度，kg/m^3，精确至 $10kg/m^3$；m_1 为容量筒质量，kg；m_2 为容量筒及砂浆试样总质量，kg；V 为容量筒容积，L，精确至 0.01L。

（5）结果评定　混凝土拌合物的搅拌均匀性可用先后出机取样的混凝土砂浆密度偏差率作为评定的依据。混凝土砂浆密度偏差率应按下式计算：

$$DR_\rho = \left| \frac{\Delta \rho_m}{\rho_{max}} \right| \times 100\% \tag{4-20}$$

式中，DR_ρ 为混凝土砂浆密度偏差率，精确至 0.1%；$\Delta \rho_m$ 为先后出机取样混凝土砂浆拌合物表观密度的差值，kg/m^3；ρ_{max} 为先后出机取样混凝土砂浆拌合物表观密度的大值，kg/m^3。

2. 混凝土稠度法

（1）适用范围　与本节十四、1. 相同。

（2）仪器设备　混凝土稠度法均匀性试验的试验设备应符合本节二、1.（2）、本节三、1.（2）和本节四、1.（2）的规定。

（3）试验步骤

① 应从搅拌机口分别取最先出机和最后出机的混凝土拌合物试样各一份，每份混凝土拌合物试样量不应少于 10L。

② 混凝土拌合物的搅拌均匀性可用先后出机取样的混凝土拌合物的稠度差值作为评定的依据。

③ 混凝土坍落度试验应按本节二、1.（3）、（4）的规定分别测试两份混凝土拌合物试样的坍落度值。混凝土拌合物坍落度差值应按下式计算：

$$\Delta H = |H_1 - H_2| \tag{4-21}$$

式中，ΔH 为混凝土拌合物的坍落度差值，mm，精确至 1mm；H_1 为先出机取样混凝土拌合物坍落度值，mm；H_2 为后出机取样混凝土拌合物坍落度值，mm。

④ 混凝土扩展度试验应按本节四、1.（3）、（4）的规定分别测试两份混凝土拌合物试样的扩展度值。混凝土拌合物扩展度差值应按下式计算：

$$\Delta L = |L_1 - L_2| \tag{4-22}$$

式中，ΔL 为混凝土拌合物的扩展度差值，mm，精确至 1mm；L_1 为先出机取样混凝土拌合物扩展度值，mm；L_2 为后出机取样混凝土拌合物扩展度值，mm。

⑤ 混凝土维勃稠度试验应按本节三、1.（3）、（4）的规定分别测试两份混凝土拌合物试样的维勃稠度值。混凝土拌合物维勃稠度差值应按下式计算：

$$\Delta t_V = |t_{V1} - t_{V2}| \tag{4-23}$$

式中，Δt_V 为混凝土拌合物的维勃稠度差值，s，精确至 1s；t_{V1} 为先出机取样混凝土拌合物维勃稠度值，s；t_{V2} 为后出机取样混凝土拌合物维勃稠度值，s。

十五、温度试验

1. 适用范围

该方法可用于混凝土拌合物温度的测定。

2. 仪器设备

温度试验的试验设备应符合下列规定：

① 试验容器的容量不应小于 10L，容器尺寸应大于骨料最大公称粒径的 3 倍；

② 温度测试仪的测试范围宜为 0～80℃，精度不应小于 0.1℃；

③ 振动台应符合现行行业标准《混凝土试验用振动台》（JG/T 245—2009）的规定。

3. 试验步骤

温度试验应按下列步骤进行：

① 试验容器内壁应润湿无明水。

② 混凝土拌合物试样，宜用振动台振实；采用振动台振实时，应一次性将混凝土拌合物装填至高出试验容器筒口，装料时可用捣棒稍加插捣，振动过程中混凝土拌合物低于筒口时，应随时添加，振动直至表面出浆为止；自密度混凝土应一次性填满，且不应进行振动和插捣。

③ 将筒口多余的混凝土拌合物刮去，表面有凹陷应填平。

④ 自搅拌加水开始计时，宜静置 20min 后放置温度传感器。

⑤ 温度传感器整体插入混凝土拌合物中的深度不应小于骨料最大公称粒径，温度传感器各个方向的混凝土拌合物的厚度不应小于骨料最大公称粒径；按压温度传感器附近的表层混凝土以填补放置温度传感器时混凝土中留下的空隙。

⑥ 应使温度传感器在混凝土拌合物中埋置 3～5min，然后读取并记录温度测试仪的读数，精确至 0.1℃；读数时不应将温度传感器从混凝土拌合物中取出。

4. 注意事项

① 工程要求调整静置时间时，应按实际静置时间测定混凝土拌合物的温度。

② 施工现场测试混凝土拌合物温度时，可将混凝土拌合物装入试验容器中，用捣棒插捣密实后，应按本节十五、3.（5）、（6）的操作步骤测定混凝土拌合物的温度。

十六、绝热温升试验

1. 适用范围

该方法可用于在绝热条件下，混凝土在水化过程中温度变化的测定。

2. 仪器设备

绝热温升的试验设备应符合下列规定：

① 绝热温升试验装置：应符合现行行业标准《混凝土热物理参数测定仪》（JG/T 329—2011）的规定（图 4-13）；

② 温度控制记录仪：测量范围应为 0～100℃，精度不应低于 0.05℃；

③ 试验容器：宜采用钢板制成，顶盖宜具有橡胶密封圈，容器尺寸应大于骨料最大公称粒径的 3 倍；

④ 捣棒：应符合现行行业标准《混凝土坍落度仪》（JG/T 248—2009）的规定。

3. 试验步骤

绝热温升试验应按下列步骤进行：

① 绝热温升试验装置应进行绝热性检验，即试样容器内装与绝热温升试验试样体积相同的水，水温分别为 40℃ 和 60℃ 左右，在绝热温度跟踪状态下运行 72h，试样桶内水的温度变动值不应大于

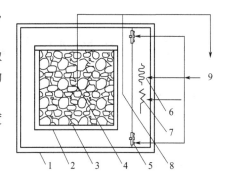

图 4-13　绝热温升试验装置

1—绝热试验箱；2—试验容器；3—混凝土试样；
4、8—温度传感器；5—风扇；6—制冷器；
7—制热器；9—温度控制记录仪

±0.05℃。试验时，绝热试验箱内空气的平均温度与试样中心温度的差值应保持不大于±0.1℃。超出±0.1℃时，应对仪器进行调整，重复试验装置绝热性检验试验，直至满足要求。

② 试验前 24h 应将混凝土搅拌用原材料，放在（20±2）℃的室内，使其温度与室温一致。

③ 应将混凝土拌合物分两层装入试验容器中，每层捣实后高度约为 1/2 容器高度；每层装料后由边缘向中心均匀地插捣 25 次，捣棒应插透本层至下一层的表面；每一层捣完后用橡皮锤沿容器外壁敲击 5～10 次，进行振实，直至拌合物表面插捣孔消失；在容器中心应埋入一根测温管，测温管中应盛入少许变压器油，然后盖上容器上盖，保持密封。

④ 将试样容器放入绝热试验箱体内，温度传感器应装入测温管中，测得混凝土拌合物的初始温度。

⑤ 开始试验，控制绝热室温度与试样中心温度相差不应大于±0.1℃；试验开始后应每 0.5h 记录一次试样中心温度，历时 24h 后应每 1h 记录一次，7d 后可每 3～6h 记录一次；试验历时 7d 后可结束，也可根据需要确定试验周期。

⑥ 试样从搅拌、装料到开始测读温度，应在 30min 内完成。

4. 结果计算

混凝土绝热温升应按下式计算：

$$\theta_n = \alpha \times (\theta_n' - \theta_0) \tag{4-24}$$

式中，θ_n 为 n 天龄期混凝土的绝热温升值，℃；α 为试验设备绝热温升修正系数，应大于 1，由设备厂家提供；θ_n' 为仪器记录的 n 天龄期混凝土的温度，℃；θ_0 为仪器记录的混凝土拌合物的初始温度，℃。

5. 结果表示

应以龄期为横坐标，温升值为纵坐标绘制混凝土绝热温升曲线，根据曲线可查得不同龄期的混凝土绝热温升值。

第四节 拌合物的质量控制

通常，混凝土拌合物的质量控制主要从稠度、凝结时间、含气量及均匀性等几个方面进行。

一、稠度

根据混凝土稠度大小选择相应的测试方法，对塑性和流动性混凝土拌合物测定其坍落度，对干硬性混凝土拌合物测定其维勃稠度，其检测方法按照《普通混凝土拌合物性能试验方法标准》（GB/T 50080—2016）的规定进行。当要求的坍落度或维勃稠度为某一级别时，其检测结果应分别符合表 4-2 或表 4-1 所规定的范围。当要求的坍落度或维勃稠度为某一定值时，其检测结果不得超过表 4-6 或表 4-7 的允许偏差值。坍落扩展度的允许偏差应符合表 4-8 的要求。

表 4-6　坍落度允许偏差　　　　　　　　　　　　　　　　　　　　　　mm

坍落度	允许偏差
≤40	±10
50～90	±20
≥100	±30

表 4-7　维勃稠度允许偏差　　　　　　　　　　　　　　　　　　　　　　s

维勃稠度	允许偏差
≤5	±1
10～6	±2
≥11	±3

表 4-8　坍落扩展度允许偏差　　　　　　　　　　　　　　　　　　　　mm

坍落扩展度	允许偏差
≥350	±30

当测得的坍落度（维勃稠度）值超出所要求的范围值或表 4-6（表 4-7）规定的允许偏差时，可根据拌合物的和易性情况调整配合比（配合比调整可参见第三章第三节三、所述）。当坍落度（维勃稠度）测试值小于要求值时，在保持原设计水胶比不变的原则下，可适当增加水和水泥用量或调整砂率或提高外加剂掺量；当坍落度（维勃稠度）测试值大于要求值时，可酌情增加砂、石用量或调整砂率或减少外加剂掺量。

混凝土拌合物在满足施工要求的前提下，尽可能采用较小的坍落度。对泵送混凝土，其拌合物坍落度设计值不宜大于 180mm。对采用泵送施工的高强混凝土和自密实混凝土，还需控制拌合物的扩展度，泵送高强混凝土的扩展度不宜小于 500mm，自密实混凝土的扩展度不宜小于 600mm。

混凝土拌合物的坍落度经时损失不应影响混凝土的正常施工。泵送混凝土拌合物的坍落度经时损失不宜大于 30mm/h。

二、凝结时间

凝结时间对混凝土工程的施工质量及施工进度有着重要的意义。通常，后一部分混凝土的浇筑必须在前一部分混凝土初凝前完成。如果凝结时间过短，已浇筑的混凝土达到初凝后再进行后一部分混凝土的浇筑，两部分混凝土之间会产生冷缝，将会影响混凝土结构的整体性、均匀性及稳定性；同时，后一部分混凝土浇筑时的振捣也会破坏前一部分混凝土中已形成的网状凝聚结构，在混凝土中留下一些细小的裂纹，影响混凝土的结构性能。如果凝结时间过长，将会影响整个工程的施工进度。因此，应根据工程的具体情况，控制混凝土的凝结时间，把握好施工进度，以保证工程质量和施工进度。

三、含气量

适宜的含气量有助于改善混凝土拌合物的和易性、可泵性，提高混凝土的耐久性能，但过大的含气量会影响混凝土的密实性、稳定性，降低混凝土的抗压强度。

掺引气剂或引气型外加剂混凝土拌合物的含气量应满足混凝土性能对含气量的要求。《混凝土质量控制标准》（GB 50164—2011）规定，混凝土拌合物的含气量宜符合表 4-9 的要求。

表 4-9　混凝土含气量

粗骨料最大公称粒径/mm	混凝土含气量/%
20	≤5.5
25	≤5.0
40	≤4.5

混凝土拌合物含气量的检测结果与要求值的允许偏差应控制在 ±1.5% 以内。

四、均匀性

混凝土拌合物的均匀性是保证混凝土强度及其他性能指标均匀一致的前提。混凝土拌合物应拌和均匀，颜色一致，不得有露砂、露石、离析、泌水现象；不同部位拌合物的砂浆密度及粗骨料含量应无较大差异，以保证混凝土拌合物具有良好的均匀性。另外，混凝土在浇筑过程中，过度的振动会使粗骨料下沉，浆体上移，影响混凝土的均匀性。因此，在混凝土生产、运输及施工过程中，应控制混凝土拌合物的均匀性。

对混凝土拌合物均匀性有特殊要求或对拌合物均匀性有怀疑时，应按《混凝土搅拌机》

（GB/T 9142—2000）的规定检测拌合物的均匀性。当检验一盘内混凝土拌合物的均匀性时，应在该盘混凝土卸料过程中，从卸料量的 1/4 和 3/4 之间采取试样进行检测，其检测结果应符合下列规定：

① 混凝土拌合物中砂浆表观密度，两次测值的相对误差不应大于 0.8%；

② 单位体积混凝土拌合物中粗骨料含量，两次测值的相对误差不应大于 5%。

第五章

混凝土施工（生产）工艺的质量控制

混凝土的生产工艺系指计量→搅拌→运输→灌注→养护→拆模等工序，对混凝土的内在质量起着决定性作用，尤其在现场，操作方法、温度等客观影响因素很多。因此，对混凝土生产中的每一道工序都必须进行严格控制❶。

第一节 混凝土施工前的准备

1. 检查工作

混凝土生产前，应对原材料质量、模板、钢筋、设备等进行检查，发现问题应及时处理，这是保证混凝土质量的重要环节。现将检查要点简述如下：

① 原材料质量。原材料质量是否与标准和配合比通知单相符。详见第二章及第六章第三节所述。

② 模板。模板尺寸是否与设计图纸相符，加固是否符合要求，隔离剂是否按规定要求涂刷等。

③ 钢筋。钢筋除锈、绑扎、间距、垫块及保护层等是否符合规定要求。

④ 设备。设备是否处于良好状态，其检查项目及要点见表 5-1。

表 5-1　混凝土搅拌前对设备的检查

设备名称	检查项目
送料装置	①散装水泥管道及气动吹送装置 ②送料拉铲、皮带、链斗、抓斗及其配件 ③龙门吊机、桥式吊机等起重设备 ④上述设备间的相互配合
计量装置	①水泥、砂、石子、水、外加剂等计量装置的灵活性和准确性 ②磅秤底部有无阻塞 ③盛料容器有否黏附残渣，卸料后有无滞留 ④下料时冲量的调整
搅拌机	①进料系统和卸料系统的顺畅性 ②传动系统是否紧凑 ③简体内有无积浆残渣，衬板是否完整 ④搅拌叶片的完整和牢靠程度

---

❶ 混凝土施工工艺的质量控制，包含在混凝土施工过程的质量控制之中，为叙述方便，特设专章介绍。

2. 根据骨料含水率调整配合比

（1）调整方法　当砂的含水率少于 0.5% 或石子的含水率少于 0.2% 时，配合比可不作调整。但大于上述规定时，按表 5-2 中计算式调整。其计算例题见例 5-1。

表 5-2　砂、石子含水率对配合比的调整

材料名称	配合比		调整计算式	说明
	原符号	调整后符号		
砂	m_{s0}	m'_{s0}	$m'_{s0} = m_{s0}(1 + \omega_s)$	ω_s 为砂的含水率
石子	m_{g0}	m'_{g0}	$m'_{g0} = m_{g0}(1 + \omega_g)$	ω_g 为石子的含水率
水	m_{w0}	m'_{w0}	$m'_{w0} = m_{w0} - (m'_{s0} - m_{s0}) - (m'_{g0} - m_{g0})$	

注：水泥、外加剂仍按原配合比不调整。

（2）计算

【例 5-1】　按表 5-2 的配合比调整方法，设砂的含水率为 3%，石子的含水率为 1.5%，调整其配合比，如表 5-3 所示。

解：

表 5-3　按砂、石含水率调整配合比的计算

材料名称	含水率	原配合比用量 /(kg/m³)	计算方式	结果
砂	3%	689	689×(1+0.03)	710
石子	1.5%	1215	1215×(1+0.015)	1233
水		185	185−(710−689)−(1233−1215)	146

注：水泥仍按原配合比用量 316kg/m³ 不变。

3. 每拌投料量

每拌投料量总重，按搅拌机主参数（即出料容量）而定。其计算见式(5-1)。当混凝土的计算密度为 2400kg/m³ 时，搅拌机的最大投料量见表 5-4。

投料量计算公式：

$$m_{投} = V_{出} \rho_{c,c} \tag{5-1}$$

式中，$m_{投}$ 为每拌投料总重，kg；$V_{出}$ 为搅拌机的出料容量，L；$\rho_{c,c}$ 为混凝土的计算表观密度，kg/m³。

表 5-4　常用搅拌机每拌的最大投料量（$\rho_{c,c} = 2400\text{kg/m}^3$）

项目	符号	参数				
搅拌机出料容量/L	$V_{出}$	150	250	350	500	1000
搅拌机进料容量/L	$V_{进}$	240～250	375～400	500～560	750～800	1500～1600
每拌最大投料量/kg	$m_{投}$	360	600	840	1200	2400

第二节　混凝土原材料计量

一、计量设备

原材料计量的主要设备如下：

① 粗、细骨料：皮带秤或电子秤。

② 散装水泥：电子秤。

③ 散装掺和料：电子秤。

④ 外加剂：电子秤。

⑤ 水：电子秤。

二、干料的计量

水泥、砂、石子、混合材料干料的配合比，应采用质量法计量。严禁采用体积法代替质量法。

计量仪表有简易磅秤、电动磅秤、杠杆式连续计量装置和电子秤等，应视具体条件选用。对计量仪表要求的原则是灵敏、可靠（准确）。

三、水及外加剂的计量

1. 水的计量

搅拌机通常有小水泵及配水箱，可利用配水箱的浮球刻度尺控制水的投放量。如搅拌机未附有配水箱，亦可自制。在水箱外安装一有刻度玻璃管与水箱内相连，从刻度中控制水的投放量。

定量水表通常用于自动化搅拌站。使用时将指针拨至每拌用水的刻度上，按电钮后即行送水，指针也随进水量回移，至"0"位时电磁阀即断开停水。此后，指针能自动复位至给定的位置。

2. 外加剂的计量

（1）粉剂掺入

① 将粉剂按比例先与水泥拌匀，即作为水泥一部分，按水泥计量。

② 先将粉剂按每拌比例用量称好，每拌用纸袋或薄膜袋盛好，在搅拌时加入。

（2）溶液掺入　先按比例稀释为溶液，即作为水的一部分，按用水量加入。

四、计量质量控制

混凝土生产企业原材料一般质量计，《混凝土质量控制标准》（GB 50164—2011）中要求的单盘计量允许偏差见表 5-5。原材料计量偏差应每拌检查不少于 1 次。

表 5-5　各种原材料量的允许偏差

原材料种类	计量允许偏差（按质量计）	原材料种类	计量允许偏差（按质量计）
胶凝材料	±2%	拌合用水	±1%
粗、细骨料	±3%	外加剂	±1%

预拌混凝土生产企业可采用《预拌混凝土》（GB/T 14902—2012）中规定原材料的计量允许偏差（表 5-6）要求。

表 5-6　混凝土原材料计量允许偏差

原材料品种	水泥	粗、细骨料	水	外加剂	掺和料
每盘计量允许偏差/%	±2	±3	±2	±2	±2
累计计量允许偏差/%	±1	±2	±1	±1	±1

注：累计计量允许偏差，是指每一运输车中各盘混凝土的每种原材料计量和的偏差。该项指标仅适用于采用微机控制的搅拌站。

第三节　混凝土搅拌

一、建立混凝土搅拌站（楼）

现场混凝土搅拌站的建立，必须考虑工程任务大小、施工现场条件、机具设备等情况，因地制宜设置。一般宜采用流动性组合方式，使所有机械设备采取装配连接结构，基本能做到拆卸、搬运方便，有利于建筑工地转移。搅拌站的设计尽量做到自动上料、自动称量、机动出料和集中操作控制，使搅拌站后台上料作业走向机械化、自动化。

下面介绍几个现场搅拌站的布置。

1. 工地临时搅拌站

这种搅拌站适用于小型或流动性大的临时工地。其工艺布置如图 5-1 所示。

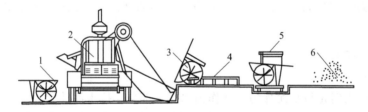

图 5-1　工地临时搅拌站工艺布置示意图

1—送混凝土车；2—搅拌机；3—砂、石上料车；4—袋装水泥平台；5—磅秤；6—砂、石堆场

2. 现场装配式搅拌站

此搅拌站上料采用拉铲。其特点是采用型钢和钢板制成的装配结构，装卸比较方便，便于转运，既适用于施工现场，也适合于固定的集中搅拌站，供应一定范围内的零星分散工地所需要的混凝土。砂、石、水泥都能自动控制称量、自动下料，组成一条联动线，操作简便，称量准确。该装置设有水泥储存罐和螺旋输送器，散装和袋装水泥均可使用。其不足之处是砂、石堆放还需要辅以推土机送料。

砂石材料由拉铲和轻便卷扬机提升倒进储料斗漏到计量斗内，达到一定质量后，计量斗的秤杆抬起接触到行程开关，电磁铁断电，储料斗门自行关闭，砂、石、水泥分别都装有这种控制设备。当三种材料全部达到规定质量后，搅拌机料斗下落碰撞三个计量斗门上的斜杠，砂、石、水泥同时流入料斗内。料斗提升时，计量斗门立即全部自行关闭，当计量斗门关闭接触行程开关时，砂、石、水泥又进入计量斗内。如此反复循环作业。整套工艺流程的全套联动线可同时供两台 400L 混凝土搅拌机使用，全部操作人员只需 6～8 人，每台班搅拌 80～100m³ 混凝土。

这种搅拌站，自动化程度高，可减轻工人的劳动强度，改善劳动条件，提高生产效率，投资也不大，可满足一般现场和预制构件厂的需要。搅拌站的布置如图 5-2 所示。

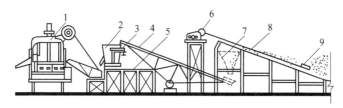

图 5-2　拉铲上料双阶搅拌站工艺布置图

1—搅拌机；2—砂、石称量斗；3—磅秤；4—皮带运输机；5—工作平台
（可停放袋装水泥）；6—卷扬机；7—储料斗；8—砂石坡道；9—拉铲

3. 简易移动式搅拌站（见图 5-3）

此搅拌站由 400L 自落式搅拌机一台，2.5m³ 砂、石储料斗各一个，光电控制磅秤两台，电器纵箱一只，0.5m³ 液压铲车一台等组成。具有占地面积小、投资少、转移灵活等优点，适用于工程分散、工期短、混凝土量不大的施工现场。

液压斗式铲车轮流向砂、石储料供料，储料斗门下设有计量斗，安装在光电控制的磅秤上，当计量斗进入规定数量的砂、石材料时，由光电控制自动切断储料斗门磁铁开关，使斗关闭。当搅拌机料斗下滑时带动砂、石计量斗的钢丝绳，砂石就自动倾入料斗。料斗提升，砂石计量斗即

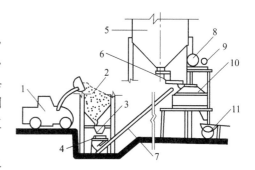

图 5-3　装载机上料双阶搅拌站工艺布置图

1—装载机；2—砂、石储料；3—砂、石称量斗；
4—水平皮带；5—散装水泥库；6—水泥称量斗；
7—上料皮带；8—水箱；9—外加剂罐；
10—搅拌机；11—送混凝土车

恢复原状，重新开始进料、过磅、下料，由此往复实现自动化作业。全套联动线只需 3～5 人操作，每台班产量约为 40m³。如用散装水泥，使用条件会更好些。

4. 永久性或半永久性搅拌站

如龙门吊机（或桥式吊机）上料双阶搅拌站（见图 5-4），此类搅拌站适用于中型工地、中、小型混凝土制品厂，小型商品混凝土供应站等。混凝土年产量为 3000～30000m³。其主要措施是将材料分两次提升，工艺流程如图 5-4 所示。其中第一次提升机具取决于现场条件。通常用抓斗将砂石提至储料斗，第二次提升则多利用搅拌机的上料系统，其提升高度视出浆口而定。出浆口的高度又视送浆车的种类（手推车、前倾翻斗车、后倾翻斗车等）而定。

5. 单阶搅拌楼

单阶搅拌楼适用于大型工地、大中型混凝土制品厂、商品混凝土供应站等。混凝土年产量为 30000m³ 以上（标准设计为年产 50000m³），其主要措施是将材料一次升至顶层。通常做法是砂、石子用皮带机输送，如场地狭小可用链斗提升机；水泥用压缩空气吹送，在空气相对湿度经常处于 60% 以下的地区，也可采用链斗提升机；顶层为配料层，逐层利用重力

自然下降，经储料层、计量层、搅拌层而至出料层。可集中由1～2人操作，或用电脑控制。其工艺流程如图5-5所示。

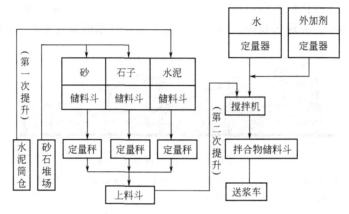

图 5-4 混凝土双阶搅拌站工艺流程图

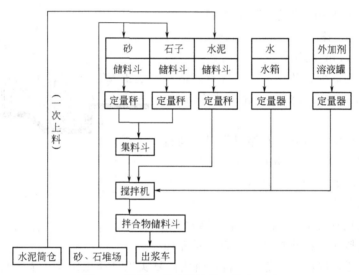

图 5-5 混凝土单阶搅拌楼工艺流程图

二、机械搅拌

1. 混凝土搅拌机械

混凝土搅拌机按其搅拌原理分为自落式搅拌机和强制式搅拌机两类。根据其构造不同，又分为若干种。

自落式搅拌机适合搅拌塑性混凝土。目前应用较多的为锥形反转出料搅拌机，它正转搅拌，反转出料，搅拌作用强烈，能搅拌低流动性混凝土。

强制式搅拌机的鼓筒是水平放置的，其本身不转动，筒内有一组叶片，搅拌的叶片绕竖轴旋转，将材料强行搅拌，直至搅拌均匀。这种搅拌机的搅拌作用强烈，适宜于搅拌干硬性混凝土和轻骨料混凝土，也可搅拌低流动性混凝土。这种搅拌机具有搅拌质量好、搅拌速度快、生产效率高、操作简便及安全等优点。但机件磨损严重，一般需要用高强度合金钢或其他耐磨材料作内衬,底部的卸料口如密封不好,水泥浆易漏掉,影响拌和质量。

混凝土搅拌机以其出料容量（m³）×1000 标定规格,常用的有 150L、250L、350L 等数种。

选择搅拌机型号,要根据工程量大小、混凝土的坍落度和骨料尺寸等确定。既要满足技术上的要求,亦要考虑经济效果和节约能源。

2. 操作工艺

(1) 第一拌　上班第一拌是整个操作工艺的基础,其注意要点见表 5-7。

表 5-7　搅拌工上班第一拌的操作要点

项目	要点
空车运转的检查	①旋转方向是否与机身箭头一致 ②应加水空转数分钟将积水倒净,使搅拌筒充分润湿。空车转速约比重车快 2~3r/min ③检查搅拌机及其进出料系统,是否处于良好状态,发现故障应及时处理 ④检查时间 2~3min
启动	上料前应先启动,待正常运转后方可进料
配料	为补偿黏附在机内的砂浆,第一拌减少石子 30%,或多加水泥、砂各 15%

(2) 搅拌质量　混凝土的质量与搅拌的时间有关,搅拌时间与坍落度和搅拌机机型有关,其时间计算是从全部材料装入搅拌筒后起计,至开始卸料时止。其最短搅拌时间见表 5-8。新拌混凝土的均匀性,应经常用水洗法自我检查,其测定方法见表 5-9。

表 5-8　混凝土搅拌的最短时间　　　　　　　　　　　　　　　　　　　　　s

混凝土坍落度/mm	搅拌机机型	搅拌机出料量/L		
		<250	250~500	>500
≤30	强制式	60	90	120
	自落式	90	120	150
>30	强制式	60	60	90
	自落式	90	90	120

注：1. 混凝土搅拌的最短时间系指自全部材料装入搅拌筒中起,到开始卸料止的时间。

2. 当掺有外加剂时,搅拌时间应适当延长。

3. 全轻混凝土宜采用强制式搅拌机搅拌,砂轻混凝土可采用自落式搅拌机搅拌,但搅拌时间应延长 60~90s。

4. 采用强制式搅拌机搅拌轻骨料混凝土的加料顺序是：当轻骨料在搅拌前预湿时,先加粗、细骨料和水泥搅拌 30s,再加水继续搅拌；当轻骨料在搅拌前未预湿时,先加 1/2 的总用水量和粗、细骨料搅拌 60s,再加水泥和剩余用水量继续搅拌。

5. 当采用其他形式的搅拌设备时,搅拌的最短时间应按设备说明书的规定或经试验确定。

表 5-9　新拌混凝土均匀性的测定 (水洗法)

留样方法	试样质量	均匀性指标
卸料时,在开始及末尾各留试样一组,用水洗法将水泥、砂全部淘汰	①两组质量应相同 ②每组不少于 30kg	①两组所剩余的粗骨料的质量之差,不大于 10% ②两组所淘汰的水泥砂浆密度之差,折算为每立方米不大于 30kg

(3) 投料方法　应从提高搅拌质量,减少叶片、衬板的磨损,减少拌合物与搅拌筒的黏结,减少水泥飞扬改善工作环境,提高混凝土强度,节约水泥等方面综合考虑确定。常用一

次投料法和多次投料搅拌法。

①一次投料法 这是目前最普遍采用的方法。它是将砂、石、水泥和水一起同时加入搅拌筒中进行搅拌。为了减少水泥的飞扬和粘罐现象，对自落式搅拌机常采用的投料顺序是，先倒砂子（或石子），再倒水泥，然后倒入石子（或砂子），将水泥夹在砂、石之间，最后加水搅拌。

②多次投料搅拌法 多次投料搅拌混凝土又叫造壳混凝土，简称 SEC 混凝土。其机理是在细骨料外表面造成一层水泥浆体，改善混凝土骨料的界面胶结关系，克服一次投料凝胶分布不均，或者形成水膜的缺陷。其抗压、抗拉和握裹力强度可比一次投料混凝土提高 10%～30%，水密性提高 30% 以上。

a. 投料次序 多次投料搅拌混凝土的投料次序，国内外均有不同的经验，大致有表 5-10 的几种方法。

表 5-10 多次投料搅拌混凝土的投料次序

名称	第一次	第二次	第三次
砂浆法	水$_1$、砂、水泥	粗骨料、水$_2$、外加剂	—
净浆法	水$_1$、水泥	水$_2$、砂	粗骨料、水$_3$、外加剂
裹砂法	水$_1$、砂	水泥	粗骨料、水$_2$、外加剂
裹石法	水$_1$、粗骨料	水泥	砂、水$_2$、外加剂
裹砂石法	水$_1$、砂、粗骨料	水泥、水$_2$、外加剂	—

b. 搅拌工艺

ⅰ. 搅拌机的配置 搅拌设备的配置视掺量而定。掺量较高时可采用多组合；产量不多时可用单机搅拌，分次投料。搅拌机以强制式为好，但用自落式机效果也能比原投料法好。多层搅拌机的组合如图 5-6 所示。

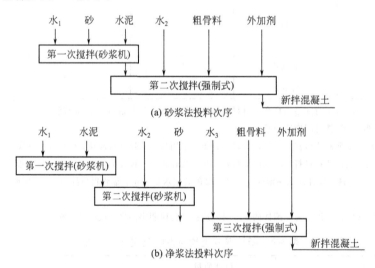

图 5-6 多层搅拌机组合图

ⅱ. 搅拌时间 砂浆法：造壳阶段砂子湿润时间约为 10～20s，造壳时间约为 50～60s；混合阶段石子先搅拌 10～20s，投第二次水及外加剂再搅拌 50～60s。总时间为 120～160s，如图 5-7(a) 所示。裹砂法、裹石法、裹砂石法：先进行砂、石湿润搅拌 20～30s，投入水泥造壳约 30～50s，剩余水及外加剂投放后糊化 30～50s。总时间为 80～130s，如图 5-7(b) 所示。

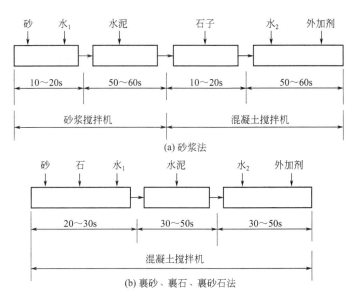

图 5-7 多次投料搅拌时间示意

ⅲ．用水量的投放 采用砂浆法或裹砂法第一次投放的用水量，以水泥用量 22% 为佳，其余在第二、三次投完。采用裹石法或裹砂石法第一次投放的用水量，以总用水量的 70% 为佳，其余 30% 与外加剂一起投放。第二、三次投放水时，不宜骤然集中投放，避免冲破已造成的胶凝外壳，应分散洒放。

ⅳ．进料容量 进料容量是将搅拌前各种材料的体积累积起来的容量，又称干料容量。进料容量为出料容量的 1.4～1.8 倍（通常用 1.5 倍）。进料容量超过规定容量的 10% 以上，会导致材料在搅拌筒内无充分的空间进行掺和，影响混凝土拌合物的均匀性；反之，如装料过少，则又不能充分发挥搅拌机的效能。

3. 搅拌机使用注意事项

（1）使用搅拌机的一般规定

① 混凝土搅拌机的作业场地应有良好的排水条件，机械近旁应有水源，机棚内应有良好的通风、采光及防雨、防冻条件，不得有积水。

② 固定式搅拌机要有可靠的基础；移动式搅拌机应在平坦、坚硬的地坪上，用方木垫起前后轮轴，使轮胎升高架空并撑牢，以免在开机时发生走动。

③ 气温降到 5℃ 以下时，管道、泵、机内均应采取防冻保温措施。

④ 作业后，应及时将机内、水箱内、管道内的存料、积水放尽，并要清洁保养机械，清理工作场地，切断电源，锁好电闸箱。

⑤ 装有轮胎的搅拌机，移动时的拖行速度不得超过 15km/h。

（2）搅拌机的作业条件

① 当电源接通后，必须仔细检查，经 2～3min 空车试转认为合格，方可使用。

② 向搅拌筒内加料应在运转中进行，添加新料时须先将搅拌机内原有的混凝土全部卸出后才能进行，不得中途停机或在满载荷时启动搅拌机，反转出料者除外。

③ 进料者严禁将头或手伸入料斗与机架之间察看或探摸进料情况，搅拌机运转中不得用手或工具等物伸入搅拌筒内扒料、出料。

④ 当混凝土搅拌完毕或预算停歇在 1h 以上时,除将余料除净外,应用石子和清水倒入料筒内,开机转动 5~10min,把粘在料筒上的砂浆冲洗干净后全部卸出。料筒内不得有积水,以免料筒和叶片生锈。同时还应清理搅拌筒外积灰,使机械保持清洁完好。

⑤ 操作者应为经过专业培训,并经考核合格持有上岗证的人员。严禁无证人员上岗操作。

三、人工拌制

人工拌制只适宜于野外作业、施工条件困难、工作量小、强度等级不高的混凝土。

1. 短盘拌制

短盘拌制的工艺要点见表 5-11。

表 5-11　人工短盘拌制混凝土的工艺要点

项目	工艺要点
工具	①大拌板:钢或木制,120cm×200cm ②小拌板:钢或木制,80cm×120cm ③手推车 ④磅秤 ⑤水箱(定量水斗) ⑥其他:钢铲、铁耙、马凳等
劳动组织	①技工 5 人(主操作) ②辅助工若干人(过磅、送料等)
操作要求	"干三湿四",颜色一致①

① 指先将水泥加入砂干拌两边,再加入石子翻拌一遍,此后,边缓慢地加水,边反复湿拌四遍,拌匀至料浆颜色一致。

2. 长盘拌制

长盘拌制的工艺要点见表 5-12。

表 5-12　人工长盘拌制混凝土的工艺要点

项目	工艺要点
工具	①钢制拌板:160cm×600(800)cm ②手推车 ③磅秤 ④定量水斗 ⑤其他:钢铲、小水桶等
劳动组织	①技工 7 人(主操作) ②辅助工若干(过磅、送料等)
操作要求	①材料过磅后,依次将石、砂、水泥倒在盘的一端,稍加拌和,倒 1/4 用水量,再稍铲拌 ②1 人在拌板前进方向喷洒其余用水量 ③翻铲人员中,一人领号,众人齐呼,向前翻拌,直至拌制到拌板另一端

四、轻质混凝土的搅拌

轻质骨料混凝土的搅拌，除按普通混凝土的要求外，还要注意下列要点：

① 全轻混凝土宜采用强制式搅拌机搅拌；用普通砂轻粗骨料的塑性混凝土，如用自落式搅拌机搅拌，则时间应比表 5-8 延长 60～120s。

② 轻骨料混凝土的用水量分为轻骨料 1h 的吸水量、搅拌用水量（即净用水量），两者合计称为总用水量。

③ 搅拌前，应测出轻骨料含水率，按其实际含水率调整总用水量。

④ 搅拌时的加料顺序，见表 5-13。

表 5-13　轻质骨料混凝土搅拌时加料顺序

搅拌机种类	加料顺序及时间	搅拌机种类	加料顺序及时间
强制式搅拌机	先加细骨料、水泥、粗骨料，搅拌 60s，再加水搅拌 120s	自落式搅拌机	先加用水量的 1/2，再加粗细骨料和水泥，搅拌 60s 后，再加余下的水，再搅拌 120s

⑤ 如掺用外加剂时，应采用溶液法，在第二次加水时加入。

五、搅拌质量控制

① 机械搅拌第一盘时，应严格执行本节机械搅拌操作工艺"上班第一拌的操作要点"（表 5-7）。

② 应测定粗细骨料的含水率，每一工作班至少测定 2 次，当含水率有显著变化时，应增加测定次数，依据检测结果及时调整用水量和骨料用量，并填写测定记录。冬期、暑假应测定所用原材料温度及混凝土的出机温度，必要时控制水泥进场温度，并填写测定记录。

③ 设备管理人员应对搅拌机及计量器具的强检和自检情况进行检查，质检员在日常检验过程中应注意检查原材料每盘称量（质量计）的偏差是否符合标准规定。

④ 核对施工配合比，确保所使用配合比准确无误。

⑤ 混凝土搅拌时间每班应至少检查 2 次。

⑥ 搅拌好的混凝土要做到基本卸尽，在全部混凝土卸出之前不得再投入拌合物，更不得采取边出料边进料的方法。

⑦ 对首次使用的配合比或配合比使用间隔时间超过 3 个月或原材料发生变化的配合比应进行开盘鉴定。

开盘鉴定是对混凝土质量进行有效预控的一项重要工作。开盘鉴定过程中，搅拌人员、质检人员、施工单位人员等相关人员对搅拌站工、料、机的配备情况及具体的搅拌方法进行确认；对计量器具的准确性及计量方法的正确性进行确认；对设计（理论）配合比及调整后施工生产配合比进行确认；对混凝土拌合物性能、混凝土强度等级及其他技术要求进行确认。以上环节正常后，方可投入批量生产。

⑧ 混凝土出厂前应逐车检查混凝土拌合物工作性，当混凝土有抗冻性要求时，应检测混凝土拌合物的含气量，其各项指标应满足设计施工要求。

⑨ 混凝土生产过程应设专职检查员进行质量检查控制，每班应有详细交接班记录。

第四节　混凝土的输送

一、混凝土的运输要求

混凝土拌合物运输是指从混凝土搅拌地点到交付地点的运送。混凝土拌合物的自身特性，决定了其运输方式的特殊性。对混凝土运输的要求是：应保持混凝土的均匀性，不漏浆、不失水、不分层、不离析。混凝土运至浇筑地点，应符合浇筑时所规定的坍落度。混凝土应以最少的转载次数、最短的时间从搅拌地点运至浇筑地点。具体要求见表 5-14。

表 5-14　混凝土运输的基本要求

项目	要求
运输容器	①不吸水，不漏浆，能防止水泥浆流失 ②内壁平滑光洁，弯折处做成弧状，减少死角，防止黏结 ③敞口车或料斗宜覆盖，夏季防暴晒，冬期能保温，雨期能防水 ④使用前先用净水泥浆湿润，卸料要卸清，下班要冲洗，清理残渣
运输道路	①要基本平坦，避免使混凝土振动、离析、分层 ②不得直接压、踏钢筋，应采用马凳将桥板架空
坍落度	①应符合规定的坍落度要求 ②如发现离析，应在浇筑前进行二次搅拌
时间控制	见表 5-16

二、混凝土运输工具

混凝土运输主要分水平运输和垂直运输两方面，应根据施工方法、工程特点、运距的长短及现有的运输设备，选择可满足施工要求的运输工具。常用的运输工具有以下几种：

（1）手推车　手推车是施工工地上普遍使用的水平运输工具，其种类有独轮、双轮和三轮等多种。手推车具有小巧、轻便等特点，不但适用于一般的地面水平运输，还能在脚手架、施工栈道上使用，也可与塔式起重机、井架等配合使用，满足垂直运输混凝土、砂浆等材料的需要。

（2）机动翻斗车　系用柴油机装配而成的翻斗车，功率 7kW，最大行驶速度可达 35km/h。车斗容量为 400L，载重 1000kg。该车具有轻便灵活、结构简单、转弯半径小、速度快、能自动卸料、操作维修简便等特点，适用于短距离水平运输混凝土以及砂、石等散装材料。

（3）自卸汽车　这种后倾翻自卸汽车的特点是功率大、载重量大、车速高。适用于混凝土需要量较集中的工地。对于远离施工现场，特别是运输中要穿过城市市区的搅拌站，使用这种自卸汽车运送混凝土就更加方便。

（4）井架运输机　主要用于高层建筑混凝土浇筑时的垂直运输，井架装有升降平台，用双轮手推车将混凝土推到升降平台上，然后提升到施工的楼层上，再将推车沿铺在楼面上的跳板推到浇筑地点。它具有一机多用、构造简单、装拆方便等优点。起重高度一般为25～40m。

（5）胶带运输机　胶带运输机分为固定式和转移式。固定式多用于预制厂；移动式多用于工地上。使用胶带运输机应注意的是：不宜用于50m以上距离的输送；雨季或露天作业，应在胶带架上加盖，防止太阳暴晒或雨雪，避免混凝土变质；两台胶带机连接时应按要求设置防离析装置；胶带机的末端应设置垂直料筒及砂浆刮板，防止离析；应经常目测或手挖检查混凝土的工作性（稠度），在曝晒或雨后，应在胶带机末端取样检测其坍落度。

（6）塔式起重机　塔式起重机主要用于大型建筑和高层建筑的垂直运输。利用塔式起重机与其他浇灌斗等机具相配合，可很好地完成混凝土的垂直运输任务。工地多数选用行走式塔式起重机。它的工作幅度大，既能解决垂直运输，还能解决一定范围内的水平运输。

（7）混凝土搅拌输送车　混凝土搅拌输送车是一种用于长距离输送混凝土的高效能机械。它将运送混凝土的搅拌筒安装在汽车底盘上，而以混凝土搅拌站生产的混凝土拌合物灌装入搅拌筒内，直接运至施工现场，供浇灌作业需要。在运输途中，混凝土搅拌筒始终在不停地做慢速转动，从而使筒内的混凝土拌合物可连续得到搅拌，以保证混凝土通过长途运输后，仍不致产生离析现象。在运输距离很长时，也可将混凝土干料装入筒内，在运输途中加水搅拌，这样能减少因长途运输而使混凝土坍落度发生变动。

目前，在城市建设中，要求建立大型的集中搅拌站以及发展商品混凝土的生产，混凝土搅拌运输车的高效、优质的作用将得到最好的发挥。

（8）料斗　料斗是水平运输与垂直运输的转运工具。其运转流程如图5-8所示，其外形如图5-9所示。各种料斗的规格及性能如表5-15所示。

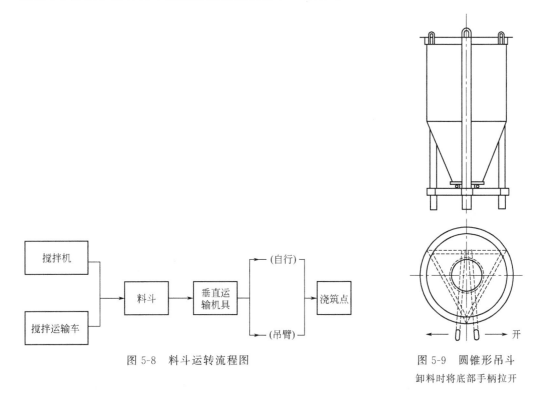

图5-8　料斗运转流程图

图5-9　圆锥形吊斗
卸料时将底部手柄拉开

表 5-15 混凝土料斗规格及性能

料斗名称	容量/m³	说明
圆锥形吊斗	0.7	可直接搁置在模板上卸料。适宜于浇筑面积较宽的项目。圆锥形吊斗的优点是斗内无方角,积浆少。三种共同的缺点是重心稍高
方形吊斗(单出口)	0.7～1.0	
方形吊斗(双出口)	1.0～1.4	
簸箕形浇灌斗	0.5	卸料口较小,适宜于柱、桩、枪体等竖向构件的浇筑。可由起重臂吊至模型上口卸料。卸料手柄可系上绳子在下方操纵
移动式浇灌斗	0.5～1.0	兼有小车及料斗作用。卸料时由本机卷扬系统将料斗后部提起

三、混凝土运输时间

混凝土应以最少的转运次数和最短的时间,从搅拌地点运至浇筑地点,并在初凝前浇筑完毕。混凝土从搅拌机中卸出后到浇筑完毕的延续时间不宜超过表 5-16 所示的规定。若运距较远可掺加缓凝剂,其延续凝结时间长短由试验确定。使用快硬水泥或掺有促凝剂的混凝土时,其运输时间应根据水泥性能及凝结条件确定。

表 5-16 混凝土从搅拌机中卸出到浇筑完毕的延续时间 　　　　　　单位：min

混凝土强度等级	气温	
	不高于 25℃	高于 25℃
不高于 C30	120	90
高于 C30	60	60

注：1. 掺用外加剂或采用快硬水泥拌制的混凝土时,应按试验确定。

2. 轻骨料混凝土的时间应适当缩减。

四、混凝土运输工艺

运输混凝土时为了避免在输送转换点产生离析,应采用正确的运输工艺。图 5-10～图 5-13 可供参考。

混凝土运至浇筑地点时,应符合浇筑时所规定的坍落度,见表 5-17。

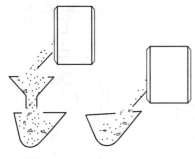

(a) 正确,料筒
垂直对正小车
或料斗中心

(b) 错误,无料筒,
斜向卸料入小车
或料斗,引起离析

图 5-10　搅拌机向小车或料斗倾倒混凝土

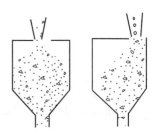

(a) 正确,料筒卸料
在料斗或小车中心

(b) 错误,料筒卸料
在料斗或小车一侧,
引起离析

图 5-11　料筒向料斗或小车倾倒混凝土

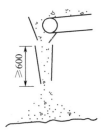
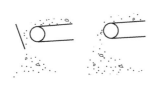

(a) 正确，有垂直
料筒，有刮板
将砂浆刮回

(b) 错误，无挡板
或只用单边挡板，
引起离析；无刮
板将砂浆回收，
降低强度及和易性

(c) 错误，无挡板
或只用单边挡板，
引起离析；无刮
板将砂浆回收，
降低强度及和易性

图 5-12　胶带机卸料

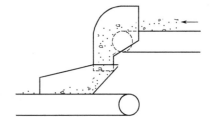

图 5-13　两架胶带机连接运浆料的正确方法
来料胶带尽端设置料罩，承接胶带设置接料槽

表 5-17　混凝土浇筑时的坍落度

结构种类	坍落度/cm	
	振动器捣实	人工捣实
基础或地面等的垫层	1～3	2～4
无筋的厚大结构(挡土墙、基础、厚大块体)或配筋稀疏的结构	1～3	3～5
板、梁和大型及中型截面的柱子等	3～5	5～7
配筋密列的结构(薄壁、斗仓、筒仓、细柱等)	5～7	7～9
配筋特密的结构	7～9	9～12

注：其他情况的工作性指标，可按下列说明选定：

① 使用干硬性混凝土时采用的工作度，应根据结构种类和振捣设备通过试验后确定。

② 需要配制大坍落度混凝土时，应掺用外加剂。

③ 浇筑在曲面或斜面混凝土的坍落度，应根据实际情况试验选定，避免流淌。

④ 轻骨料混凝土的坍落度，可比本表的相应值减少 1～2cm。

五、泵送混凝土

混凝土用泵运输，通常称泵送混凝土。它是将混凝土从混凝土搅拌运输车或储料斗中卸入混凝土泵的料斗后，利用泵的压力将混凝土沿管道直接送到浇筑地点，它可同时完成水平和垂直运输。混凝土泵具有输送能力大、速度快、效率高、节省人力、能连续作业等特点，因此，它已成为施工现场运输混凝土的一种重要方法。当前，混凝土泵的最大水平输送距离可达 600m，最大垂直输送高度可达 200m。

1. 泵送混凝土的适用范围

泵送混凝土适用于下列工程。

① 大体积混凝土：大型基础、满堂基础、设备基础、机场跑道、水工建筑等。

② 连续性强和浇筑效率要求高的混凝土：高层建筑、储罐、塔形构筑物、整体性强的结构等。

泵送混凝土的优点：

① 新拌混凝土不受外界气象条件影响，能保持搅拌机出机时的性能。

② 设备单一，可同时作水平、垂直运输及浇灌布料。

③ 快速方便，节省劳动力，生产效率高。

④ 符合文明施工的要求。

2. 混凝土泵构造原理

混凝土泵有活塞泵、气压泵和挤压泵等几种不同的构造和输送形式，目前应用较多的是活塞泵。活塞泵按其构造原理的不同，又可以分为机械式和液压式两种。

（1）机械式活塞泵　其工作原理如图 5-14 所示。进入料斗的混凝土，经搅拌器搅拌可避免分层。喂料器可帮助混凝土拌合料由料斗迅速通过吸入阀进入工作室。吸入时，活塞左移，吸入阀开，压出阀闭，混凝土吸入工作室；压出时，活塞右移，吸入阀闭，压出阀开，工作室内的混凝土拌合物受活塞挤出，进入导管。

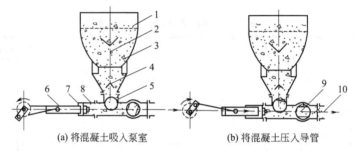

(a) 将混凝土吸入泵室　　　　(b) 将混凝土压入导管

图 5-14　机械式活塞泵工作原理示意图

1—筛网；2—搅拌器；3—料斗；4—喂料器；5—吸入阀；6—活塞；

7—气缸；8—工作室（泵室）；9—压出阀；10—导管

（2）液压式活塞泵　是一种较为先进的混凝土泵，其工作原理如图 5-15 所示。当混凝土泵工作时，搅拌好的混凝土拌合物装入料斗，吸入端片阀移开，排出端片阀关闭，活塞在

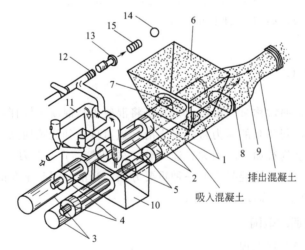

图 5-15　液压式活塞泵工作原理图

1—混凝土缸；2—混凝土活塞；3—液压缸；4—液压活塞；5—活塞杆；6—受料斗；

7—吸入端水平片阀；8—排出端竖直片阀；9—Y 形输送管；10—水箱；

11—水洗装置换向阀；12—水洗用高压软管；13—水洗用法兰；

14—海绵球；15—清洗活塞

液压作用下，带动活塞左移，混凝土混合料在自重及真空吸力作用下，进入混凝土缸内。然后，液压系统中压力油的进出方向与上述相反，活塞右移，同时吸入端片阀关闭，排出端片阀移开，混凝土被压入管道，输送到浇筑地点。它工作可靠，输送量大，能长距离输送混凝土。

由于混凝土泵的出料是一种脉冲式的形式，所以一般混凝土泵都有两套缸体左右并列，交替出料，通过Y形导管，送入同一管道，使出料稳定。

混凝土输送管是泵送混凝土作业中最重要的配套部件，有直管、弯管、锥形管和浇筑软管等。前三种输送管一般用合金钢制成，经常用的有100mm、125mm、150mm三种。直管的标准长度有4.0m、3.0m、2.0m、1.0m、0.5m等数种，其中，以3.0m管为主管，其他为辅管。弯管的角度有15°、30°、45°、60°及90°五种，以适应管道改变方向的需要。当两种不同管径的输送管需要连接时，中间用锥形管过渡，其长度一般为1m。在管道的出口处都接有软管（用橡胶、螺旋形弹性金属或塑料制成），以便在不移动输送管的情况下，扩大布料范围。

3. 混凝土泵的现场布置

混凝土泵的现场布置应符合下列规定。

① 混凝土泵设置地，应满足场地平整、坚实，道路畅通，距离浇筑地点近，适于重车通行等要求。

② 在混凝土泵的作业范围内，不得有阻碍物，同时应有防范高空坠物的设施。

③ 采用接力泵输送混凝土时，接力泵的设置位置应使上、下泵的输送能力相匹配；对设置接力泵的楼面或其他结构部位，应进行承载力验算，必要时应采取加固措施。

4. 混凝土输送管选择与支架的布置

输送管选择与支架的布置应符合以下规定。

① 混凝土输送泵管应根据输送泵的型号、拌合物性能、总输出量、单位输出量、输送距离以及粗骨料粒径等进行选择；混凝土输送管最小直径宜符合表5-18的规定。

② 宜缩短输送管长度；弯管宜有较大的转弯半径。

③ 输送管的接头应严密，有足够强度，并能快速装拆；输送管安装时，应严格按要求安装输送管接口密封圈。

④ 水平和竖向混凝土输送管应采用支架与结构牢固连接；支架受力应通过计算确定；使用过程中，应经常检查，确保安全。

⑤ 输送高度大于100m时，混凝土输送泵出料口处的输送泵管位置应设置截止阀。

表 5-18　混凝土输送管最小直径要求　　　　　单位：mm

粗骨料最大粒径	输送管最小管径	粗骨料最大粒径	输送管最小管径
20	100	40	150
25	125	—	—

5. 泵送混凝土技术措施及操作要点

泵送混凝土配合比的要求见表5-19，其技术措施及操作要点见表5-20，输送导管内混凝土的数量见表5-21，预防管道堵塞的技术措施见表5-22。

表 5-19　泵送混凝土配合比的技术要求

工作性		水泥		砂率/%	对粗、细骨料的要求
垂直高度/m	坍落度/cm	强度等级/MPa	用量/(kg/m³)		
<30 >30	12±1 15~18	42.5 52.5	380~420 350~380	40~50	①碎石最大粒径与输送管内径之比宜小于或等于1:3;卵石宜小于或等于1:2.5 ②通过0.315mm筛孔的颗粒应大于粗细骨料总量的15%

注：1. 表内水泥用量是混凝土强度为 C30 的要求。如强度等级较低，水泥用量不宜少于 300kg/m³。

　　2. 用水量不宜过大，否则将造成混凝土离析；坍落度不足时，可掺用减水剂。

表 5-20　泵送混凝土的技术措施及操作要点

项目	技术措施及要点
水泥	①应避免使用快硬或泌水性大的水泥;通常采用保水性好的硅酸盐水泥或普通硅酸盐水泥 ②如水泥用量少于 300kg/m³,可掺用粉煤灰(参阅第三章第四节)
坍落度	①当坍落度为 5~8cm 时,宜选用压力较大泵机 ②未掺用减水剂而坍落度已大于 15cm 时,容易造成析水,应注意管道反应,严防堵塞
管道安装	①管道安装的原则: a. 管线宜直,转弯宜缓(曲率半径不应小于 0.5m)以减少压力损失 b. 接头应严密,防止漏水漏浆 c. 避免下斜,防止泵空堵管 d. 浇筑点先远后近(管道只拆不接,方便工作) ②管道应合理固定,不影响交通运输,不搞乱已绑扎好的钢筋,不影响模板振动 ③管道、弯头、零配件应有备品,可随时更换 ④垂直管道的下端,可装置断流阀,防止混凝土倒流
泵送	①操作人员应持证上岗,并能及时处理操作过程出现的故障 ②泵机与浇筑点应有联络工具,信号要明确 ③泵送前应先用水灰为 0.7 的水泥砂浆湿润导管,需要量约为 0.1m³/m。新换节管也应先润滑、后接驳 ④泵送过程严禁加水,严禁泵空 ⑤开泵后,中途不要停歇,并应有备用泵机 ⑥应有专人巡视管道,发现漏浆漏水,应及时修理
浇筑	①模板要牢固,能承受泵送混凝土的侧压力;如模板外胀,除即时加固外,可通知降低泵送速度,或转移浇筑点 ②振捣工具与振捣能力,应适当增大,与泵送混凝土的来料量相适应
管道堵塞	①避免管道堵塞的积极措施是泵机压送能力应有相应的富余 ②管道堵塞的象征:在泵机上压力表的压力上升;在管道上堵塞点有明显的振动,敲击时声音闷响 ③处理措施: a. 如堵塞点在送料球阀或泵机出口处,可将泵机作反转、正转各 2~3 个冲程,将混凝土吸回机内 b. 如在管道中轻微堵塞,巡管员可通知泵机放慢泵送或反吸;同时用木槌敲击堵塞部位 c. 如严重堵塞,则拆管清理;操作者勿站在管口的正前方,防止混凝土突然喷射
管道清洗	①泵送将结束时,应考虑管内混凝土量,掌握泵送量;避免管内的浆过多。输送管道内混凝土量列于表 5-17 ②洗管前应先行反吸,以降低管内压力 ③洗管时,可从进料口塞入海绵球或橡胶球,按机种用水或压缩空气将存浆推出 ④洗管时,布料杆出口前方严禁站人 ⑤应预先准备好排浆沟管,不得将洗管残浆灌入已浇筑好的工程上 ⑥冬期施工下班前,应将全部水排清,并将泵机活塞擦洗拭干,防止冻坏活塞环

表 5-21　泵送混凝土导管内的混凝土量

输送管径/mm	每 100m 管道内的混凝土量/m³	每 1m³ 混凝土所占管道的长度/m
φ100	1.0	100
φ125	1.5	75
φ150	2.0	50

表 5-22　泵送混凝土导管堵塞的原因及预防措施

	原因	预防措施
水泥	采用矿渣硅酸盐水泥,泌水性大,混凝土离析	①掺用粉煤灰或增加水泥用量,降低水灰比 ②提高砂率,但不宜大于50% ③掺用引气性或低引气性减水剂
	水泥用量过多,黏度系数增大	控制胶结料的绝对体积,不要大于160L/m³
骨料	粗骨料粒径≥输送管道直径的1/3	最大粒径应小于管道直径的1/3,约为1/4
	砂率过低	不宜低于38%
	砂的级配不良	适当的级配: 粒径≤0.3mm 约占20% 0.3～2.5mm 约占75% 2.5～5.0mm 约占5%
	粗细骨料总的级配不良	当最大粒径(D)为32mm时,总级配的控制值: 1/8D 占45%,1/8D～1/4D 占15%; 1/4D～1/2D 占20%;1/2D～1D 占20%
泵机	粗骨料粒径过大	在泵机进料斗上加装相应规格的筛网
操作	混凝土供应中断	①按浇筑量事先做好供料计划 ②操作员观察料斗存浆,当存浆不多,浆料供应不上时,改用开-停、开-停(每隔几分钟一次)低压送浆 ③严禁泵空
管道	接驳部位或阀门漏水漏浆	①安装时加防漏垫片 ②安装后水压检验 ③有足够备件更换

6. 特殊混凝土的泵送

特殊混凝土的泵送,除按照普通混凝土的措施外,还可参考表5-23作相应的处理。

表 5-23　特殊混凝土的泵送

项目	须考虑的措施	项目	须考虑的措施
长距离或超高泵送	①对管径、压送速度进行计算,可考虑加泵中转 ②应有备用泵机,出现故障时可以替换	贫混凝土(水泥用量少于220kg/m³)	容易堵塞,解决办法:①掺用混合材;②导管管径宜大
向下泵送	①为防止自溜,在适当地段设置横向导管,作为缓冲 ②在导管向下弯曲点设置排气阀 ③管径宜小 ④低压输送	流态混凝土	坍落度大,压送阻力小;控制砂率不大于50%;严格检查导管接口,防止漏浆漏水
		重混凝土	排出压力不均匀,解决措施: ①导管弯位宜少; ②应连续运行; ③停泵时应即冲洗
富混凝土(水泥用量超过500kg/m³)	黏度系数较大,宜增加泵送压力	轻骨料混凝土	①搅拌前将轻骨料充分预湿 ②低压输送

7. 混凝土泵车

混凝土泵车是将混凝土泵装在汽车上组成,车上还装有可以伸缩曲折的"布料杆",混凝土输送管道就设在布料杆内,末端是一段软管,可将混凝土直接送至浇筑地点,使用十分方便。臂杆总长度可超过30m,故特别适用于基础工程和多层建筑物的混凝土浇筑工作。

六、输送质量控制

除满足混凝土输送基本要求、运输时间、运输工艺等要求外，还应注意以下几点：

① 输送混凝土的容器和输送管不应吸水、不应漏浆，并应保证卸料及输送通畅。容器和输送管在冬、夏季应采取保温、隔热措施。

② 采用井架、吊车垂直输送混凝土时，混凝土宜从场外用运输工具直接装入输送容器内。当需要二次倒运时，倒运处应在地面上铺设不吸水的钢板，防止失水，改变混凝土的工作性能。

③ 当采用泵送混凝土时，混凝土运输应能保证混凝土连续泵送，并应符合《混凝土泵送施工技术规程》（JGJ/T 10—2011）的有关规定。混凝土输送泵的选型，应根据混凝土浇筑作业面情况、泵送高度、混凝土泵的性能参数确定。混凝土输送泵需要配备的台数，应根据混凝土浇筑量和混凝土泵的平均输出量及作业面等情况确定。当混凝土浇筑量较大时，宜考虑一定数量的备用泵。混凝土的供应量应保证混凝土泵能够连续工作。

第五节　混凝土浇筑

在混凝土施工各工序中，浇筑这一环节对混凝土内在质量和表面质量有举足轻重的关系。露筋、裂缝、孔洞、蜂窝、麻面的出现，及至结构的整体性、混凝土的强度、模板的走形等缺陷，无一不与浇筑工序有关。

一、一般规定

1. 准备工作

在地基或基土上浇筑混凝土时，应清除淤泥和杂物，并应有排水和防水措施。

对干燥的非黏性土，应用水湿润；对未风化的岩石，应用水清洗，但其表面不得留有积水。

在浇筑混凝土前应对模板、钢筋、预埋螺栓和铁件进行细致检查，并做好自检记录和工序交接记录。大型设备基础浇筑还应进行水、电、风管和机械等专业的综合检查和汇签。

下料前模板内的垃圾和钢筋上的油污、锈皮、泥块应清除干净，模板应浇水润湿，缝隙孔洞应堵严，基坑积水应排除干净。

（1）浇筑前的检查　混凝土浇筑前应重点检查的项目和内容见表5-24。

（2）涂刷隔离剂　混凝土模型涂刷隔离剂时，应选用合适的隔离剂。涂刷隔离剂的操作要点见表5-25。

2. 混凝土的保护层

为了使钢筋混凝土里面的钢筋免于锈蚀，并使两者紧密黏结在一起，钢筋的表面必须有保护层，并保持一定的厚度，其目的是延长混凝土构件的使用寿命。保护层厚度是指钢筋的外边至构件外表面的距离（通常是加水泥垫块），其大小见表5-26。

表 5-24　混凝土浇筑前应检查的内容

检查项目	要求	检查项目	要求
浇筑项目的轴线和标高	经复核与图纸相符	其他	①已做了技术交底 ②混凝土浇筑厚度的标志已备好 ③主要的机具有备品 ④道路畅通 ⑤与搅拌站联络信号已接通 ⑥安全装置可靠 ⑦模板拼缝已堵塞好 ⑧模板已浇湿 ⑨夜间施工的照明已准备好 ⑩做坍落度检验的坍落度料筒及做强度检验试件的模具已准备好
基础坑槽	①局部软土层应将其挖除 ②如发现洞穴,通知设计单位处理 ③如有积水,或处于地下水范围内,应采取排水措施,并将泥浆清除		
模板	①能承受施工荷载 ②拼缝严密 ③模板内无垃圾及木屑等 ④竖向构件过高时,应留有浇灌洞口		
钢筋	①进行隐蔽工程验收 ②保护层垫块准确、均匀放置 ③各种预埋件配齐、牢固 ④油污已排除		

表 5-25　涂刷隔离剂的操作要点

项目		操作要点	项目	操作要点
事前检查	模板或水泥台面	清理干净,不留残浆	涂刷或喷涂工序	①先搅拌均匀 ②不漏刷,不积存 ③要均匀成膜
	叠层生产	前一层混凝土强度应大于5MPa		
隔离剂的稠度	用涂刷方法时	能涂刷均匀	其他	①如因故剥脱,应即补做 ②不要在已涂、喷部位拖拉物品 ③不要在已涂、喷地点用水冲洗
	用喷涂方法时	能喷成雾状,又能成膜		
钢筋工序		①涂刷工序应在铺装钢筋前进行 ②待隔离剂干燥后,钢筋工序才能铺装 ③钢筋如被沾污,应抹除		

表 5-26　混凝土保护层最小厚度　　　　　　单位:mm

环境条件	构件类型	混凝土强度等级		
		≤C20	C25 及 C30	≥C35
室内正常环境	板、墙、壳	15		
	梁和柱	25		
露天或室内高湿度环境	板、墙、壳	35	25	15
	梁和柱	45	35	25

注:1. 处于室内正常环境由工厂生产的预制构件,当混凝土强度等级不低于 C20 时,其保护层厚度可按表中规定减少 5mm;但预制构件中的预应力钢筋(包括冷拔低碳钢丝)的保护层厚度不应小于 15mm;处于露天或室内高湿度环境的预制构件,当表面另作水泥砂浆抹面层且有质量保证措施时,保证层厚度可按表中室内正常环境中构件的数值采用。

2. 预制钢筋混凝土受弯构件,钢筋端头的保护层厚度,一般为 10mm,预制的肋形板,其主筋的保护层厚度可按梁考虑。

3. 处于露天或室内高湿度环境中的结构,其混凝土强度等级不宜低于 C25,当非主要承重结构的混凝土强度等级采用 C20 时,其保护层厚度可按表中 C25 的规定值取用。

4. 板、墙、壳中分布钢筋的保护层厚度不应小于 10mm。梁、柱中箍筋和构造钢筋的保护层厚度不应小于 15mm。

5. 要求使用年限较长的重要建筑物和沿海环境侵蚀的建筑物的承重结构,当处于露天或室内高湿度环境时,其保护层厚度应适当增加。

6. 有防火要求的建筑物,其保护层厚度尚应遵守防火规范的有关规定。

混凝土常用保护垫块有带铁丝水泥砂浆平垫块、带铁丝水泥砂浆有凹槽垫块、塑料垫块、环形水泥砂浆垫块、薄钢片冲压成型的垫块等，可根据需要选用。

3. 混凝土的入模

（1）对称入模　混凝土入模前必须合理安排整体的浇筑顺序，也要明确浇筑进行方向和入模点。进行方向安排不当，将会发生整体的偏移，入模点确定不当，也会发生构件的几何尺寸失准。其主要原因是模板和支撑系统由于施工荷载的作用要产生一定的变位和变形，其次是模板（尤其是木模板）产生的湿胀和缝隙变化，这些变形的限制和约束，是安排入模顺序的重要前提。尤其是对现浇框架结构、柱基浇筑、水塔箱壁、拱形和薄壳结构，入模选点不当，将产生轴向变位和变形。为了减少变形和偏移，加强模板和支撑的刚度是必要的，但是，发生变形是绝对的，必须对称入模才能克服和限制这些变形。

（2）分层入模　为保证混凝土结构良好的整体性，浇筑工作原则上要求一次完成。但由于振捣机具性能、配筋影响等原因，需分层浇筑。

① 分层厚度　混凝土分层浇筑的分层厚度主要取决于振捣方法和振动器的类型。一般振动棒（又称振捣棒）分层厚度是棒的作用部分长度的 1.25 倍，用平板振动器是 20cm，人工捣固视结构型式和配筋情况，厚度取 25～15cm。见表 5-27。

表 5-27　混凝土浇筑层的厚度

捣实混凝土的方法		浇筑层厚度/mm
插入式振动器		振动器作用部分长度的 1.25 倍①
表面振动器		200
人工捣固	在基础、无筋混凝土或配筋稀疏的混凝土结构中	250
	在墙、板、梁、柱结构中	200
	在配筋密列的结构中	150
轻骨料混凝土	插入式振动器	300
	表面振动(振动时需加荷)	200

① 为了不致损坏振动棒及其连接器，实际使用时振动棒插入深度不大于棒长的 3/4。

② 入模时间限值　混凝土从运输完成到输送入模的延续时间不宜超过表 5-28 的规定。

表 5-28　混凝土从运输完成到输送入模的延续时间限值　　　单位：min

条件	气温	
	≤25℃	>25℃
不掺外加剂	90	60
掺外加剂	150	120

注：有特殊要求的混凝土，应根据设计及施工要求，通过试验确定延续时间。

③ 次层浇筑时间限值　浇筑时，次层混凝土应在前层混凝土凝结前浇筑完毕，前后混凝土凝结时间的标准，不得超过表 5-29 的规定。如超过，应按施工缝的措施处理。

4. 施工缝

（1）施工缝的留置原则　施工缝留置的原则，可归纳为以下四点：

① 施工缝不宜设置在结构的薄弱处或受力不明确处，宜留在受剪切力较小的部位；

表 5-29　混凝土运输、输送、浇筑及间歇的全部时间限值　　　　单位：min

条件	气温	
	≤25℃	>25℃
不掺外加剂	180	150
掺外加剂	240	210

注：掺早强型减水剂、早强剂的混凝土，以及有特殊要求的混凝土，应根据设计及施工要求，通过试验确定允许时间。

② 施工缝不宜设置在整个结构的同一垂直面上或水平面上；

③ 施工缝的位置应考虑结构的布置和荷载的具体状况；

④ 施工缝的位置应考虑施工的可能与方便。

（2）施工缝留设位置

① 一般柱子应留在柱脚或柱顶（图 5-16）。

② 浇筑大尺寸梁时，施工缝留在板底面以下 2～3cm 处。

③ 浇筑平板楼板时，施工缝可留在平行于板的短边的任何位置。

④ 肋形楼板，当顺着次梁方向浇筑混凝土时，施工缝位置应留在次梁跨度的中间 1/3 的范围内；当顺着主梁浇筑时，应留在主梁同时亦为板跨度的中间 2/4 范围内（图 5-17）。

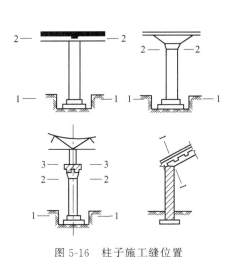
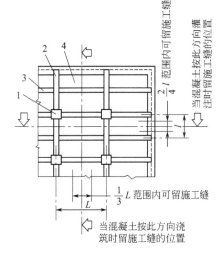

图 5-16　柱子施工缝位置

1—1、2—2、3—3 为施工缝位置

图 5-17　肋形楼板留施工缝位置

1—柱；2—主梁；3—次梁；4—板；L—梁跨；l—板跨

⑤ 浇筑混凝土墙，宜留置在洞口过梁跨中 1/3 范围内，也可留在纵横墙的交接处。

⑥ 斗仓施工缝可留在漏斗根部及上部，或漏斗斜板与漏斗立壁交接处（图 5-18）。

⑦ 对设备地坑及池子，施工缝可留在坑壁上，距离坑底混凝土面 30～50cm 的范围内。

⑧ 薄壳结构。对圆筒形薄壳，施工缝可留在横隔板的内侧，在轴线方向可留在边梁以上［图 5-19（a）］，应避免设置在横隔板处、边梁的中央和柱头部分的附近以及薄壳与横隔接合部分的附近；对球形薄壳，施工缝可按周边为等距的圆环形状设置［图 5-19（b）］。应避免留置在下部结构的接合部分和四周的边梁附近；对于扁壳结构，施工缝可在壳体的上部按环形设置［图 5-19（c）］。应避免留在下部结构的结合部分，四面横隔与壳板的接合部分和扁壳的四角处。

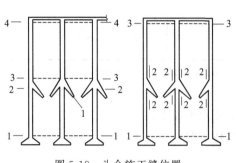

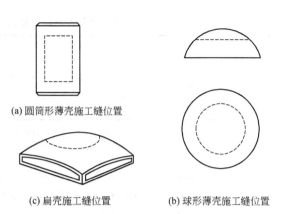

图 5-18　斗仓施工缝位置

图 5-19　薄壳结构施工缝位置

1—1、2—2、3—3、4—4 为施工缝位置

(a) 圆筒形薄壳施工缝位置

(c) 扁壳施工缝位置

(b) 球形薄壳施工缝位置

(3) 施工缝处理与操作要点

① 施工缝的处理　在施工缝处继续浇筑混凝土时，已浇筑的混凝土抗压强度应不小于 1.2MPa。混凝土达到这一强度的时间决定于水泥强度等级、气温等，可以根据试块试验确定，也可参照表 5-30 选用。同时，必须对施工缝进行必要的处理。

表 5-30　达到 1.2MPa 强度所需龄期的试验结果

外界温度 /℃	水泥品种及 强度等级	混凝土 强度等级	期限/h	外界温度 /℃	水泥品种及 强度等级	混凝土 强度等级	期限/h
1~5	普通 32.5	C15	48	10~15	普通 32.5	C15	24
		C20	44			C20	20
5~10	普通 32.5	C15	32	15 以上	普通 32.5	C15	20 以下
		C20	38			C20	20 以下

② 施工缝操作要点　在施工缝处继续浇筑混凝土时，其操作要点见表 5-31。

(4) 承受动力作用的设备基础的施工缝处理　承受动力作用的设备基础的施工缝处理，应遵守下列规定：

① 标高不同的两个水平施工缝，其高低接合处应留成台阶形，台阶的高宽比不得大于 1。

② 在水平施工缝上继续浇筑混凝土前，应对地脚螺栓进行一次观测校正。

③ 垂直施工缝处应补插钢筋，其直径为 12~16mm，长度为 50~60cm，间距为 50cm。在台阶式施工缝的垂直面上亦应补插钢筋。

④ 施工缝的混凝土表面，在继续浇筑混凝土前，应用水冲洗干净，湿润后在表面抹上 10~15mm 与混凝土内成分相同的一层水泥砂浆。

表 5-31　混凝土施工缝操作要点

项目	要点
已浇筑混凝土 的最低强度	>1.2MPa
已硬化混凝土 的接缝面	① 将水泥浆膜、松动石子、软弱混凝土层以及钢筋上的油污、浮锈、旧浆等彻底清除 ②将表层加以凿毛，用水冲洗干净，自浇筑一般不宜少于 24h ③用水冲刷干净，但不得积水 ④水平缝宜先铺与混凝土成分相同的水泥浆，厚度 10~15mm

项目	要点
施工缝位置附近回弯钢筋时	①做到钢筋周围的混凝土不松动和不损坏 ②钢筋上的油污、水泥砂浆及浮锈等杂物应清除
新浇筑的混凝土	①不宜在施工缝处首先下料,可由远及近地接近施工缝 ②机械振捣时,宜向施工缝处逐渐推进,并距80～100cm处停止振捣 ③细致捣实,使新旧混凝土成为整体
注意事项	加强保湿养护

（5）施工缝处理方法与混凝土拉伸强度的关系　施工缝的混凝土的拉伸强度与施工缝的处理方法有密切的关系，见表 5-32。

表 5-32　施工缝的处理方法与混凝土拉伸强度的关系

水平施工缝		垂直施工缝	
处理方法	拉伸强度/%	处理方法	拉伸强度/%
不作任何处理	约 45	不作任何处理	约 57
将连接面表面削去 1mm	约 77	连接面抹砂浆	约 72
将连接面表面削去 1mm 再抹水泥浆	约 93	在连接面上抹水泥浆	约 77
将连接面表面削去 1mm 再抹砂浆	约 96	将连接面表面削去 1mm 再抹砂浆	约 83
将连接面表面削去 1mm 再抹水泥浆,3h 后浇混凝土并振捣,再次凝固	约 100	将连接面表面削去 1mm 再抹水泥浆,3h 后浇混凝土并振捣,再次凝固	约 98

注：表中以混凝土本身的抗拉强度为 100%，砂浆系指强度与混凝土强度相同或略高的砂浆。

5. 预埋件

有预埋件混凝土的浇筑要点见表 5-33。

表 5-33　有预埋件混凝土的浇筑要点

项目	要点
牢固性	预埋件在安装时,其牢固性应保证在振捣混凝土时不致移位
螺栓	①先用黄油涂满螺牙,用薄膜或纸包裹 ②螺栓周围应细致振捣,使不影响移位 ③振捣工具不可接触螺栓
钢板	①浇筑至钢板底 30～50mm 时,外围暂缓浇筑 ②先将钢板底部浇筑至饱满,插捣密实,再浇筑外围 ③混凝土上表面应比预埋钢板表面略高 2～3mm ④用小木槌轻轻敲击钢板面,有空鼓声即为未饱满,应立即重做 ⑤预埋钢板面积大于 250mm×250mm 时,在不影响结构要求的原则下,可事前将钢板开孔疏气
管道	①注意管道降坡(倾斜方向),避免倒流 ②该处混凝土宜用和易性较好的细石混凝土浇筑 ③先浇筑管底,再浇筑两侧 ④两侧要同时对称浇筑,同时对称振捣

6. 防止离析的措施

混凝土产生离析的原因很多，如混凝土浇筑高度过高、自由倾落高度超过 2m、运输途中的振动、混凝土沿斜面的滚动等都是产生离析的原因。因此，应采取如下措施，防止混凝土的离析：

① 混凝土在手推车、吊车、漏斗运输中，防止振动，道路要平坦，吊运要平衡，并要求走最短路线。

② 混凝土入模时，保持垂直落入。

③ 垂直浇筑竖向构件，其倾落的自由高度不应高于 2m。

④ 在斜槽尽头有时要加挡板，要保持挡板的正确方向。

⑤ 在大模板工程中，用斜斗倒入混凝土，切忌一点入模，应水平移动料斗。

⑥ 运送混凝土时，在料槽或输送带的一端设置一个垂直跌落管，并保持跌落管的高度不小于 6mm。

防止离析的措施很多，其正确与错误的操作方法列于表 5-34。

表 5-34　浇筑混凝土的正确和错误方法对比

序号	操作项目	正确方法	错误方法
1	人工投料	反铲下料，砂浆与石子同时浇灌	正铲下料，石子先抛出，部分砂浆粘在工具上
2	溜槽端部投料	垂直料筒，引导混凝土降落	石子因惯性冲卸在一侧
		1—不离析混凝土；2—砂浆；3—石子；4—单挡板；5—垂直料筒	
3	小车浇灌大型竖向构件	有料斗缓冲，混凝土不离析，未浇灌的钢筋、模板洁净	混凝土离析，底部容易出现蜂窝
4	小车浇灌楼板	逆向浇灌，赶浆易	顺向浇灌，赶浆难
		1—小车行走桥板	
5	泵送混凝土至深模板	下料自由高度不大于 500mm，不离析	下料自由高度过高，有离析

序号	操作项目	正确方法	错误方法
6	在坡面上浇灌混凝土	有垂直缓冲装置，不离析	无缓冲装置，离析
		1—缓冲挡板带拖板；2—溜槽	
7	浇灌斜面构件	先浇筑混凝土，后封模板，饱满	先封模板，后浇混凝土，容易出现裂缝、空鼓
		1—面模板；2—底模板；3—裂缝或空鼓	
8	用串筒下料	料筒保留有三节垂直，不离析	串筒全部斜送，有离析
9	摊铺混凝土	先振底部，逐次向上，使混凝土向外流	先振上部，只能将该处变成砂浆窝
10	砂浆窝（石子窝）的处理	将砂浆铲出，用脚或振动器从旁边将混凝土压送至该处填补。如属石子窝，按同样方法将松散石子铲出，同样填补	将别处石子移来，不易密实。如属石子窝，将别处砂浆移来，也难密实

二、人工浇筑

人工浇筑应按施工对象采用不同的方法，通常分为带浆法和赶浆法。这两种方法都是使模型的底板自始至终先有一定的砂浆垫底，捣固时又控制石子后行，从而保证构件外表砂浆饱满，内部石子紧密。带浆法主要用于现浇板、地坪及预制板等，其操作方法见表5-35；赶浆法主要用于现浇梁、预制的卧放方形或矩形构件，其操作方法见表5-36。

表 5-35　带浆法捣固操作工艺要点

项目	要点
浇筑顺序	从最远一边开始,逐步缩短送浆距离
作业小组	人数按板跨而定,每一操作者负责 1.5～2.0m
操作员站位	操作者面向来斜方向,即与浇筑前进方向一致;浇筑后,即站在已浇筑的混凝土上
铺浆	由板边开始,薄铺一层与混凝土成分相同的水泥砂浆。厚约 10mm,宽 300～400mm
下料	反铲下料,下在已铺砂浆上,要使先铺的砂浆被挤向前伸延; 按此陆续操作,底浆始终赶在混凝土的前方
捣固	下料有一定宽度(0.5～1.0m)后,用反铲铲口捣插混凝土,使其密实、铺平。 当浇筑面积达到 2.0～2.5m² 时,可用铲背将混凝土面往复搓动,拉平。 如需抹光,则按抹光工艺处理

表 5-36　赶浆法捣固操作工艺要点

项目	要点
浇筑顺序	由一段开始至另一端,工作量大的由两端开始至中部合拢; 梁高大于 400mm 时,分两组或三组,一前一后,分层浇筑
作业小组	每一作业组 3～4 人,自重 1～2 人下料,2 人捣固
操作员站位	下料员站在两侧,捣固员一人跨站在混凝土前进方向的前面,一人跨站在已浇筑混凝土的上方;均面对而站
铺浆	先在开始浇筑点铺一层厚约 15mm、长约 600mm 的与混凝土成分相同的砂浆
下料	全部反铲下料,先下端部和外侧,后下中部; 浇灌靠近模板及混凝土时,铲背向模板,浆料向下卸; 两个人下料时,每人负责一侧,同时对称下料
捣固	站在前方的捣固员,负责混凝土中部的捣插;边捣插边阻挡松散石子滚前;让砂浆先行,让石子被砂浆包裹。 站在后方的捣固者,负责混凝土两侧的捣插;捣插工具要紧贴侧模板,使边角饱满

三、基础浇筑

在地基上浇筑混凝土,对地基应事先按设计标高和轴线进行校正,并应清除淤泥和杂物,同时注意排除开挖出来的水和开挖地点的流动水,以防冲刷新浇筑的混凝土。

1. 柱基础浇筑

柱基础浇筑的操作要点如下:

① 台阶式基础施工时,可按台阶分层一次浇筑完毕(预制柱的高杯口基础的高台部分应另行分层),不允许留设施工缝。每层混凝土要一次卸足,顺序是先边角后中间,务必使混凝土充满模板。

② 浇筑台阶式柱基时,为防止垂直交角处出现吊脚(上层台阶与下口混凝土脱空)现象,可采取如下措施:

a. 在第一级混凝土捣固下沉 2～3cm 后暂不填平,继续浇筑第二级,先用铁锹沿第二级模板底圈做成内外坡,然后再分层浇筑,外圈边坡的混凝土于第二级振捣过程中自动摊平,待第二级混凝土浇筑后,再将第一级混凝土齐模板顶边拍实抹平(图 5-20)。

b. 捣完第一级后拍平表面,在第二级模板外先压以 20cm×10cm 的压角混凝土并加以捣实后,再继续浇筑第二级。待压角混凝土接近初凝时,将其铲平重新搅拌利用。

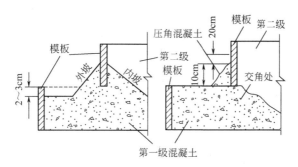

图 5-20　台阶式柱基交角处浇筑方法示意图

c. 如条件许可，宜采用柱基流水作业方式，即顺序先浇一排杯基第一级混凝土，再回转依次浇第二级。这样已浇好的第一级将有一个下沉的时间，但必须保证每个柱基混凝土在初凝之前连续施工。

③ 为保证杯形基础杯口底标高的正确性，宜先将杯口底混凝土振实，再振捣杯口模四周以外的混凝土，振动时间尽可能缩短。同时还应特别注意杯口模板的位置，应在两侧对称浇筑，以免杯口模挤向一侧或由于混凝土泛起而使芯模上升。

④ 高杯口基础，由于这一台级较高且配置钢筋较多，可采用后安装杯口模的方法，即当混凝土浇捣到接近杯口底时，再安装杯口模板继续浇捣。

⑤ 锥式基础，应注意斜坡部位混凝土的质量，在振动器振捣完毕后，用人工将斜坡表面拍平，使其符合设计要求。

⑥ 为提高杯口芯模周转利用率，可在混凝土初凝后终凝前将芯模拔出。

⑦ 现浇柱下基础时，要特别注意连接钢筋的位置，防止移位和倾斜，发生偏差时及时纠正。

2. 条形基础浇筑

条形基础浇筑的操作要点如下：

① 挖基础槽坑时，应考虑模板厚度。在土质允许的情况下，要按图的尺寸挖坑，不另装模板，即行浇筑，能省时省料。但应注意防止土块落在混凝土内。

② 浇筑前，应根据混凝土基础顶面的标高在两侧木模上弹出标高线；如采用原槽土模，基槽两侧的土壁上交错打入 10cm 左右的竹竿，并露出 2～3cm，竹竿面与基础顶面标高平，竹竿之间的距离约 3m。

③ 做好钢筋网片保护层。网片因搬运变形的应重新理正；不得采用先放钢筋网片，浇筑后再抽起作为保护层的做法。

④ 人工浇筑系采用带浆法和赶浆法捣固结合操作。

⑤ 将预埋件的位置固定好。浇筑时对称入模，对称振捣，避免侧移和上浮。

⑥ 根据基础深度宜分段分层连续浇筑混凝土，一般不留施工缝。各段层间应相互衔接，每段浇筑长度控制在 2～3m，做到逐段逐层呈阶梯形向前推进，不应待下一层全部浇筑完毕后再浇筑上一层。

⑦ 浇筑时应注意先使混凝土充满模板内边角，然后浇筑中间部分。

3. 大块体基础浇筑

大块体基础（包括设备基础）浇筑的操作要点如下：

① 大块体基础整体性要求高，混凝土必须连续浇筑。一般应合理分段分层进行浇筑、捣实，使混凝土沿高度均匀上升，但又必须保证上下层之间混凝土在初凝之前结合好，不致形成施工缝。

② 混凝土浇筑应在室外气温较低时进行，混凝土浇筑温度（指混凝土振捣后，在50～100mm深处的温度）不宜超过28℃。

③ 浇筑方案根据整体性要求、结构大小、钢筋疏密、混凝土供应等具体情况，可选用如下三种方式：

a. 全面分层［图5-21(a)］：在整个基础内全面分层浇筑混凝土，要做到第一层全面浇筑完毕回来浇筑第二层时，第一层浇筑的混凝土还未初凝，如此逐层进行，直至浇筑好。这种方案适用于平面尺寸不太大的结构，施工时从短边开始，沿长边进行较合适。必要时亦可分为两段，从中间向两端或从两端向中间同时进行。

b. 分段分层［图5-21(b)］。适用于厚度不太大而面积或长度较大的结构。混凝土从底层开始浇筑，进行一定距离后回来浇筑第二层，如此依次向前浇筑以上各分层。

c. 斜面分层［5-21(c)］。适用于长度超过厚度三倍的结构。振捣工作应从浇筑层的下端开始，逐渐上移，以保证混凝土施工质量。

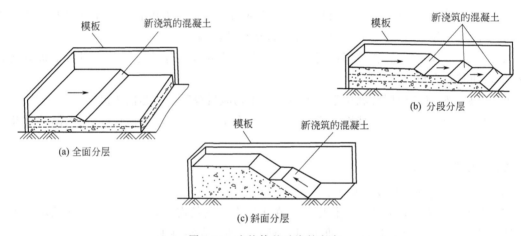

图 5-21　大块体基础浇筑方案

分层的厚度决定于振动器的棒长和振动力的大小，也要考虑混凝土的供应量大小和可能浇筑量的多少，一般为20～30cm。

④ 浇筑混凝土所采用的方法，应能保证混凝土在浇筑时不发生离析现象。

基础深度在2m以内时，应先用平锹下料，待底板混凝土达到一定厚度，才可用手推车下料，以免将钢筋压弯变形；混凝土自高处自由倾落高度超过2m时，应沿串筒、溜槽、溜管等下落，以避免混凝土发生离析现象。

串筒布置应适应浇筑面积、浇筑速度和摊平混凝土堆的能力，但其间距不得大于3m，布置方式为交错式或行列式。

坑壁宜成环形回路分层浇筑，视坑壁的大小可采用单组循环或双组循环（图5-22）。要特别注意坑壁混凝土的捣固，可采用机械振捣适当配合人工钢钎捣固，必要时可用木槌在外模轻轻敲打。

⑤ 浇筑大块体基础混凝土时，由于水泥用量多，凝结过程中水泥会散发出大量的水化热，因而内外温差较大，易使混凝土产生裂缝。通常采取下列措施：

a. 选用水化热较低的水泥。

b. 设计配合比时，宜选用适宜的砂石级配，尽量降低水泥用量，或掺用混合料，使水化热相应降低。

c. 掺用木钙减水剂，以尽量降低每立方米混凝土的用水量。

d. 降低浇筑层厚度。

e. 夏季采用低温水或冰水拌制混凝土，以降低混凝土入模温度。

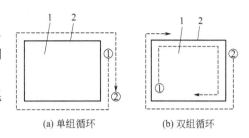

图 5-22　坑壁浇灌顺序
1—坑底；2—坑壁

f. 控制混凝土内外温差不超过 20℃，加强通风，必要时采用人工导热法降温，即在混凝土内埋设冷却水管，用循环水来降低混凝土温度。

g. 用矿渣水泥或其他泌水性较大的水泥拌制的混凝土，在浇筑完毕后，应及时排除泌水，必要时须进行二次振捣。

h. 在混凝土中掺填适量的石块。

⑥ 在厚大无筋或稀疏配筋结构的块体基础中，为减少水泥用量，降低水化热，可在混凝土中掺加适量的石块，但须事前征得设计单位同意。掺用石块的操作要点如下：

a. 石块的质量：

选用无裂缝、无夹层、未经煅烧的石块，且强度大于混凝土强度等级的 1.5 倍。

条形片状的石块和卵石，不宜使用，尤其在强度大于 C7.5 的混凝土中，不得填充卵石。

石块要经过严格冲洗，不含泥质。

b. 石块的规格应符合下列要求：

石块的粒径须大于 15cm，但最大尺寸不宜超过 30cm。

石块不得大于填充区段混凝土边长最小尺寸的 1/3，亦不得大于钢筋最小间距的 1/3。

c. 填充数量不得超过混凝土体积的 1/4。

d. 填充第一层石块前，应先浇筑 10~15cm 的混凝土。

e. 填入石块应大面向下均匀分布。石块与预留孔洞或与预埋件锚固筋之间的距离一般不小于 10cm，与模板的距离至少为 15cm，填入时不要接触钢筋，更不能砸乱钢筋。

f. 如厚大结构分成单独的区段浇筑，在已浇筑完毕区段的水平接缝的石块，应露出在区段的表面外，其露出部分约为石块体积的 1/2。

g. 最上一层石块的表面上，必须有不小于 10cm 厚的混凝土保护层。

h. 在振动大的结构，如锻锤基础、压缩机基础工程中，不应掺入片石，如需掺，应经原设计单位或部门同意。

⑦ 浇筑设备基础时，对一些特殊部位，要引起注意，以确定工程质量。例如：

a. 地脚螺栓：一般设备基础的预留地脚螺栓孔洞的操作要点如下：

浅孔洞的木模壳或钢模壳，应于混凝土初凝后抽松，在温度为 15℃ 上时，24h 后可抽出，并可重复使用。

深孔洞采用钢丝水泥模壳，不必拆除，可作为混凝土的一部分。

模壳定位可用钢筋做成井字形方格，套在模壳底部，固定在钢筋骨架上，上部用夹板将图 5-23 所示的吊环卡牵。

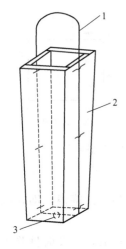

图 5-23 地脚螺栓模壳
1—吊环；2—模壳；
3—底板排气孔

浇筑时在模壳底部留设排气孔，可避免出现空鼓（图5-24）。

浇筑模壳时，一要对称下料，避免模壳位移；二要注意振捣，避免模壳上升。

b. 预留栓孔：预留栓孔一般采用楔形木塞或模壳板留孔，由于一端固定，一端悬空，在浇筑时应注意保证其位置垂直正确。木塞宜涂以油脂，易于脱模。浇筑后，应在混凝土初凝时及时将木塞取出，否则木塞难以拔出并可能损坏预留孔附近的混凝土。

c. 预埋管道：浇筑有预埋大型管道的混凝土时，常会出现蜂窝。为此，在浇筑混凝土时应注意粗骨料颗粒不宜太大，稠度应适宜，先振捣管道的底和两侧，待有浆冒出时，再浇筑盖面混凝土。

⑧ 承受动力作用的设备基础，一般不宜留置施工缝。如设计无规定而施工必须划分区段浇筑时，在征得原设计单位同意后，可按下列要求设置施工缝。

a. 基础上的机组在担负互不相依的工作时，在其基础之间，可留置垂直施工缝。

b. 输送辊道支架基础之间，可留垂直施工缝。

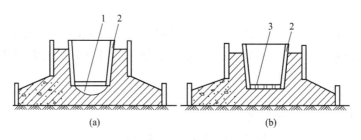

图 5-24 杯口内模板排气孔示意
1—空鼓；2—杯口模板；3—底板留排气孔

⑨ 在设备基础的地脚螺栓范围内，留置施工缝的做法：

a. 水平施工缝的留置，其标高位置必须低于地脚螺栓底端，距离尺寸大于15cm。

b. 垂直施工缝与地脚螺栓中心线间的距离，不得少于25cm，并不少于5倍螺栓直径。

c. 直径小于30cm的地脚螺栓伸入水平施工缝以下部分的长度，不得小于地脚螺栓埋入混凝土部分总长度的3/4。

d. 垂直（含台阶）施工缝应加装水平钢筋，光圆钢筋端应设弯钩，且弯钩直径不小于12mm，长度不小于500mm，间距大于500mm。

⑩ 承受动力作用的设备基础的上表面与设备基座底部之间，用混凝土（或砂浆）进行二次浇筑时，应遵守下列规定：

a. 浇筑前应先清除地脚螺栓、设备底座部分及垫板等处的油污、浮锈等杂物，并将基础混凝土表面冲洗干净，保持湿润。

b. 浇筑混凝土（或砂浆），必须在设备安装调整合格后进行。其强度应按设计规定；如设计无规定，可按原基础的混凝土强度提高一级，并不得低于C15。混凝土的粗骨料粒径可根据缝隙厚度选用5～15mm，当缝隙厚度小于40mm时，宜采用水泥砂浆。

c. 二次浇筑混凝土的厚度超过20mm时，应加配钢筋，配筋方法由设计确定。

⑪ 浇筑地坑时,可根据地坑的面积大小、深浅以及壁的厚度,采取一次浇筑或地坑底板和壁分别浇筑的施工方法。一次浇筑混凝土时,其里模板应做成整体式并预先架立好。当坑底板混凝土浇筑完后,紧接浇筑坑壁。为保证底和壁接缝处的质量,用于该处的混凝土可按原图配合比将石子用量减半。

当底和壁分开浇筑时,待底板混凝土浇筑完并达到一定强度后,其里模板视壁高度可一次或分段支模。施工缝宜留在坑壁上,距坑底混凝土面30~50cm,并做成凹槽形式。

施工中要特别重视加强对坑壁以及分层、分段浇筑的混凝土之间的密实性。机械振捣的同时,宜用小木槌在模板外面轻轻敲击配合,以防拆模后出现蜂窝、麻面、孔洞和断层等施工缺陷。

⑫ 雨季施工时,一般要事先做好防雨措施,可采取搭设雨篷或分段搭雨篷的办法进行浇筑。

4. 深基础浇筑

深基础浇筑时,质量控制的重点是防止混凝土拌合物离析以致底部出现孔洞或蜂窝,其浇筑措施可采用串筒法或软管法,如图5-25所示。浇灌狭深墙壁要加漏斗卸入中心部位,如图5-26所示。

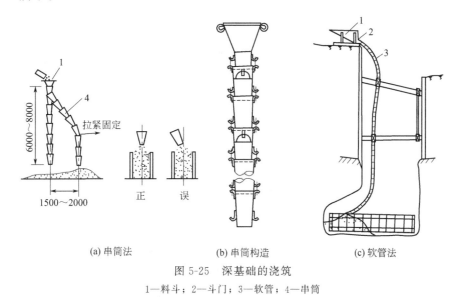

(a) 串筒法   (b) 串筒构造   (c) 软管法

图 5-25 深基础的浇筑

1—料斗;2—斗门;3—软管;4—串筒

四、混凝土结构构件浇筑

1. 墙、柱浇筑

墙、柱混凝土浇筑的操作要点如下:

① 框架混凝土的浇筑必须按结构层次的结构平面分层分段流水作业。一般水平方向以结构平面的伸缩缝分段,垂直方向按结构分层。

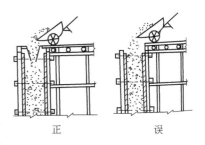

图 5-26 浇灌狭深墙壁的正误情形

② 浇筑一排柱的顺序应从两端同时开始,向中间推进,不可从一端向另一端推进,以免浇筑后由于模板吸水膨胀,而产生横向推力,最后使柱发生弯曲变形。

③ 浇筑混凝土时，浇筑层的厚度不得超过表 5-27 规定的数值。

④ 浇筑混凝土时，应连续进行，必须间歇时，时间应尽量缩短。间隙时间应按所用水泥的凝结时间及混凝土硬化条件确定，且应符合表 5-29 的要求。无试验资料时，间隙不应超过 2h。

⑤ 柱的施工缝，应垂直构件的轴线；墙的施工缝，则应与其表面垂直。详见本章第五节一、所述。

⑥ 在浇筑与柱和墙连成整体的梁和板时，应在柱和墙浇筑完毕后停歇 1～1.5h，再继续浇筑。

⑦ 混凝土浇筑过程中，应保持原定的坍落度，不符时，应调整配合比。

⑧ 混凝土浇筑过程中，要保证混凝土保护层厚度及钢筋位置的正确性。不得踩踏钢筋、移动预埋件和预留孔洞的原来位置，如发现偏差和位移，应及时校正。特别要重视竖向结构的保护层和板、雨篷结构负弯矩部分钢筋的位置。

⑨ 在竖向结构中浇筑混凝土时，应遵守下列规定：

a. 墙与隔墙应分段浇筑，每段的高度不应大于 3m。

b. 柱子应分段浇筑，边长大于 40cm 且无交叉箍筋时，每段的高度不应大于 3.5m。

c. 坍落度的要求见表 5-37；对自由降落高度的限制及浇筑措施见表 5-38；施工缝的位置参见图 5-16。

表 5-37 竖向结构混凝土的坍落度   cm

序号	截面尺寸/mm	插入式振动器	人工捣插
1	≤300	5～7	7～9
2	>300	3～5	5～7

表 5-38 混凝土自由降落高度的限制及浇筑措施

序号	项目	要求
1	自由降落的高度	应小于 2m
2	大截面柱的浇筑	见表 5-34 序号 3、图 5-25
3	小截面柱的浇筑	见表 5-34 序号 5、图 5-27

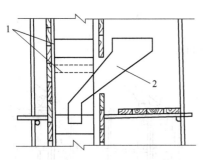

图 5-27 小截面柱在中部浇筑
1—钢筋（虚线钢箍暂时向上移）；
2—带垂直料筒的下料溜槽

d. 采用竖向串筒导送混凝土时，竖向结构的浇筑高度可不加限制。

凡柱断面在 40cm×40cm 以上，且无交叉的箍盘，当柱高不超过 3.5m 时，可从柱顶浇筑，超过 3.5m 时，须分段浇筑，每段高不超过 3.5m。柱断面小于 40cm×40cm 并有交叉箍筋时，应在柱模侧面开不小于 30cm 高的浇筑口（门洞），装斜溜槽分段浇筑，每段不超过 2m，并用插入式振动器伸入进行振捣。

e. 分层施工开始浇筑上一层柱时，底部应先填以 5～10cm 厚水泥砂浆一层，其成分与浇筑混凝土内砂浆成分相同，以免底部产生蜂窝现象。

在浇筑抗剪墙、薄强、立柱等狭深结构时，为避免混凝土浇筑至一定高度后，由于积聚大量浆水而造成混凝土强度不均匀的现象，宜在浇筑到适当的高度时，适量减小混凝土的配合比用水量。

浇筑成排柱子或内外墙体时，应先边角后中部；先外部后内部，以保证外部构件的垂直度。

浇筑有方形孔洞的竖向结构，为防止底模板下出现空鼓，通常浇筑至孔底标高后，才安装模板。

墙壁有门、窗或工艺孔洞时，应在孔洞两侧同时对称浇筑，防止将孔洞挤歪。

外墙角、墙垛、结构节点、悬臂结构支座等钢筋较密集处，可用小型振动棒或用人工捣插，同时，在模板外面用木槌轻轻敲打。

密实程度可由顶部往下看，混凝土面上有亮光，表示已泛浆；观察模板外部，拼缝均匀微露浆水，或用木槌轻击，声音沉实，表示该处已饱满。

⑩ 柱混凝土浇筑完成后应停歇 1～2h，使混凝土获得初步沉实，再继续浇筑梁、板。否则容易使柱顶与梁底接缝处的混凝土出现裂缝。

2. 梁、板浇筑

梁、板混凝土浇筑的操作要点如下：

① 肋形楼板的梁、板应同时浇筑。浇筑时先将梁的混凝土分层捣成阶梯形并向前推进。当起始点的混凝土达到板底位置时，与板的混凝土一起浇筑，随着阶梯的不断接长，板的浇筑也不断地向前推进，如图 5-28 所示。倾倒混凝土的方向应与浇筑方向相反，不可顺着浇筑方向浇筑（图 5-29）。当梁的高度大于 1m 时，允许单独浇筑，施工缝可留在距板底面以下 2～3cm 处。

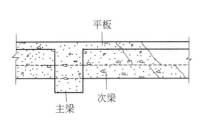

图 5-28 梁、板同时浇筑方法示意图

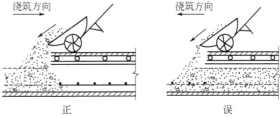

图 5-29 混凝土浇筑方向的正误

② 用小车或料斗卸料时，宜卸在小拌盘上拌匀后再用人工铺料；如直接卸在模板内，应均匀卸料，不可集中卸在角边或有弯起筋的楼板处；铺料稍高，可高于楼板标高 20～25mm。

③ 按梁、板的厚度选用适宜的振动器，梁、板同时浇筑时，可用插入式振动器振捣梁，用人工插捣楼板；如使用平板式振动器振捣楼板，必须对支撑系统进行验标。

④ 浇筑无梁楼盖时，在离柱帽下 5cm 处暂停，然后分层浇筑柱帽，下料必须倒在柱帽中心，待混凝土接近楼板底面时即可连同楼板一起浇筑。

⑤ 当浇筑柱梁及主次梁交叉处的混凝土时，一般钢筋较密集，特别是上部钢筋又粗又多，因此，既要防止混凝土下料困难，又要防止钢筋挡住石子下不去。必要时这一部分可改用细石混凝土进行浇筑，与此同时，机械振捣有困难时，

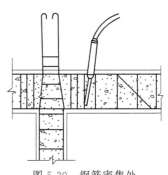

图 5-30 钢筋密集处使用剑式振动器

可用小型振动棒在棒端焊上 8mm 厚扁钢片做成剑式振动器（图 5-30），或采用机械配合人工振捣。

当梁高超过 1m 时，允许先浇筑主次梁，后浇筑楼板，施工缝如图 5-31 所示。

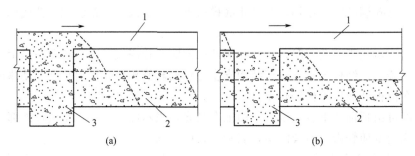

图 5-31　梁的分层浇筑
1、2、3—梁浇筑顺序

⑥ 梁的施工缝，应垂直于构件的轴线；板的施工缝，应与其表面垂直。梁板施工缝可采用企口式接缝或垂直立缝，不宜留坡槎。

在预定留施工缝的地方，在板上按板厚施一条木，在梁上闸以木板，其中间要留切口以通过钢筋。

⑦ 施工缝留置的位置，在一般情况下，应留在混凝土受力最小的部位。由于混凝土抗拉强度仅为抗压强度的 5%～8%，所以施工缝多留在结构受剪力较小的部位：

a. 无梁楼板的施工缝应设于帽的下部，柱帽之上及柱帽顶与平板之间均不准留缝［图 5-31(a)］。

b. 梁高大于 1m，在楼板底下 20～30mm 处留置水平施工缝。

c. 平板楼板施工缝可留置在平行于板的短边的任何位置。

d. 肋形楼板的施工缝的位置，沿着与次梁平行的方向浇筑时，施工缝应留置在次梁跨度的中间 1/3 范围内；沿垂直于次梁的方向浇筑时，应留置在主梁同时亦为板跨度的中央 1/2 范围内，施工缝的位置如图［图 5-31(b)］所示。

⑧ 浇筑梁、楼板时，如果间歇时间超过表 5-29 中的规定时间，应待混凝土的抗压强度不少于 1.2MPa 时，再继续浇筑。

注：如需在混凝土的抗压强度小于 1.2MPa 时继续浇筑，则应采取防止振动及其他外力作用的措施，特别是钢筋不可受振，以免破坏已浇筑的混凝土的内部结构。

⑨ 施工阶段应设专职木工经常检查模板及支撑架的稳定性和牢固程度，发现有变形、下沉情况，立即停止浇筑，并应在已经浇筑的混凝土初凝前修好继续施工。

3. 拱壳结构浇筑

拱壳结构外形一般是对称的曲面体，其外形尺寸的准确性与结构受力性能有很大关系，因此，在施工中要保持准确的外形。拱壳结构对混凝土的均匀性、密实性、整体性也比普通结构要求高。

浇筑程序要以拱壳结构的外形构造和施工特点为基础，着重注意施工荷重的对称性和连续作业，其浇灌操作要点如下：

（1）长条形拱

① 一般应沿其长度分段浇筑，各分段的接缝应与拱的纵向轴线垂直。

② 浇筑时，在每一区段中应自拱脚到拱顶对称地浇筑。当浇筑拱顶两侧部分时，如拱顶模板有升起情况，则可在拱顶尚未被浇筑的模板上加砂袋等临时荷载，以保证模板在浇筑过程中不变形。

③ 对于跨度大于 15m 的厚大长条形拱，要在每一分段中再分成若干平行于拱纵轴线的纵向条，并与拱顶对称排列（图 5-32）。纵向条的浇筑，应自拱脚开始间隔对称地进行，纵向条浇筑后隔 7～14d 再用低流动性混凝土浇筑间隔缝，并仔细振捣密实。

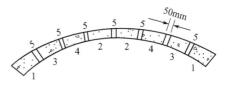

图 5-32　长条拱浇筑顺序示意图
1、2、3、4、5—浇筑顺序

（2）筒形薄壳

① 单跨筒形薄壳浇筑时，先将横隔板下半部及边梁浇筑完毕，然后再继续浇筑壳体及横隔板上半部壳体。壳体浇筑可自边梁处开始向壳顶对称地进行，或自横隔板与边梁交角处开始向中央推进 ［图 5-33(a)］。

② 多跨连续筒形薄壳浇筑，应自中央开始两头对称地进行，或自两头开始向中央对称地浇筑，每跨按单跨筒形薄壳施工 ［图 5-33(b)］。

（3）球形薄壳

① 球形薄壳浇筑时，应自薄壳的周边向壳顶呈放射线状或螺旋状绕壳体对称地进行 ［图 5-33(c)］。

② 施工缝应避免设置在下部结构的结合部分和四周的边梁附近，可按周边为等距的圆环形状设置。

（4）扁壳结构

① 扁壳浇筑时，应自四面横隔的交角处开始向扁壳中央和壳顶对称地进行，待扁壳体四面的三角形部分浇筑到与横隔板顶相平时，再按放射线状或螺旋状壳体对称地进行浇筑 ［图 5-33(d)］。

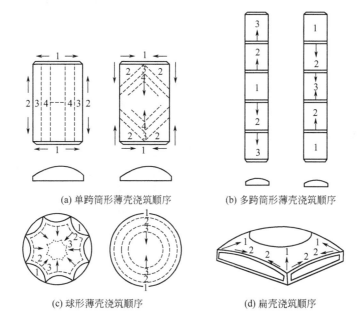

(a) 单跨筒形薄壳浇筑顺序　　　　(b) 多跨筒形薄壳浇筑顺序

(c) 球形薄壳浇筑顺序　　　　(d) 扁壳浇筑顺序

图 5-33　薄壳浇筑顺序

② 施工缝应避免设置在下部结构的结合部分、四面横隔与壳板的结合部分和扁壳的四角处。

（5）浇筑拱形结构的拉杆时，如拉杆有拉紧装置，应先拉紧拉杆，并在拱架落下后，再行浇筑。

（6）浇筑壳体结构时，为了不降低周边壳体的抗弯能力和经济效果，其厚度一定要准确，在浇筑混凝土时应严加控制。可采取如下措施控制其厚度：

① 选择混凝土坍落度时，按机械振捣条件进行试验，以保证混凝土浇筑时在模板上不至于有坍流现象。

当周边壳板模板的最大坡度角大于35°～40°时，要用双层模板。

② 按壳体一定位置处的厚度，做好和壳体同强度等级的混凝土立方块，固定在模板上，沿着壳体的纵横方向，摆成1～2m间距的控制网，以保证混凝土的设计厚度。

③ 按一半或整个薄壳断面各点厚度，做成几个厚度控制尺［图5-34(a)］。在浇筑时以尺的上缘为准进行找平，浇筑后取出控制尺并补平。

④ 用扁铁和螺栓制成的平尺来掌握厚度，平尺的各点支架高度可用螺栓调节［图5-34(b)］。

4. 滑升模板、大模板及升板法浇筑

滑升模板、大模板及升板法浇筑的操作要点分述如下。

（1）滑升模板浇筑　滑升模板施工工艺已广泛用于混凝土与钢筋混凝土的筒壁结构（烟囱、木塔、筒仓、油罐、桥墩、竖井井壁等）、框架结构（包括排架、柱等）及板墙结构。滑升模板由模板系统、操作平台系统和提升系统三部分组成，如图5-35所示。

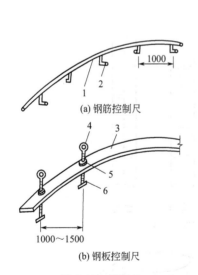

图 5-34　控制尺
1—φ12钢筋；2—φ10钢筋；
3—80×5扁铁；4—M12螺杆；5—M12螺母与扁铁焊接；6—50×50×5垫铁

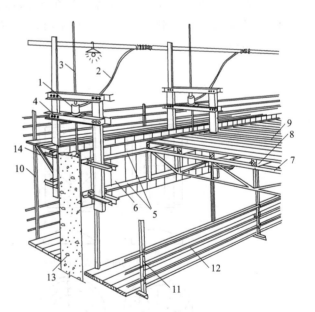

图 5-35　滑升模板的组成
1—千斤顶；2—高压油管；3—支承杆；4—提升架；
5—上下围圈；6—模板；7—桁架；8—搁栅；
9—铺板；10—外吊架；11—内吊架；
12—栏杆；13—墙体；14—挑三角架

① 在浇筑混凝土之前，要做好混凝土配合比的试配工作。试配时，除须满足设计强度要求外，还应满足滑升模板施工工艺的要求。要根据滑升速度适当控制混凝土凝固时间，使出模混凝土能达到 0.05～0.25MPa，相当于贯入阻力法测得的贯入阻力 0.5～3.5MPa。如混凝土出模强度大于 1MPa，混凝土对模板的摩阻力增大，易导致混凝土表面拉裂。

② 混凝土的浇灌必须严格执行分层交圈均匀浇灌的制度。在正常情况下，浇灌上一层混凝土时下一层混凝土应处于塑性状态。分层厚度，一般墙板结构以 200mm 左右为宜，框架结构及面积较小的筒壁结构，以 300mm 左右为宜。应有计划地、匀称地变换浇筑方向，防止结构倾斜或扭转。气温较高时，宜先浇筑内墙，后浇筑阳光直射的外墙；先浇筑直墙，后浇筑墙角与墙垛；先浇筑较厚的墙，后浇筑薄墙。墙垛、墙角和变形缝处的混凝土，应浇筑稍高一些，防止游离水顺模板流淌而冲坏阳角和污染墙面。

③ 梁的截面高度不超过两个浇筑层的高度时，宜一次浇筑完成以保证梁的整体性。

④ 预留洞、门窗口、变形缝、烟道及通风管两侧的混凝土，应对称均衡浇筑，防止挤动。

⑤ 振捣混凝土时，不得振动支撑杆、钢筋和模板。振动器插入深度不宜伸入前一层混凝土内 50mm，在提升模板时不得振捣混凝土。

⑥ 混凝土出模后，应及时进行质量检查及表面修整。浇水养护时，水压不宜过大，以免冲坏混凝土表面。有条件时，可采用塑料薄膜封闭养护。

⑦ 正常滑升时，新浇筑的混凝土表面一般和模板上口保持 5～15cm，并不应将最上一层水平钢筋覆盖。在浇筑混凝土的同时，应随时清理粘在模板内表面的砂浆或混凝土，以免结硬，影响表面光滑、增加摩阻力。

(2) 大模板浇筑　大模板现浇工艺的特点：采用工具式大型模板，配以相应的施工机械，通过合理的施工组织以工业生产方式，在现场浇筑钢筋混凝土墙体。大模板施工工艺简单，工程进度快，结构质量和抗震性好，有较全面的技术经济效果。

大模板浇筑混凝土有机械化料斗法和泵送法两种，其施工操作的要点如下：

① 机械化料斗浇筑是将混凝土拌合物装在料斗中，由塔式起重机吊运至浇筑部位，斗门直对模板，沿墙体作水平移动，斗门在移动中开启，使拌合物均匀地撒布到模内。也可将混凝土先卸在操作平台上，再用铁锹铲到模板里。

② 采用混凝土输送泵浇筑混凝土时要求搅拌、运输、布料等系统配套。混凝土一次浇筑高度不应超过 1m。连续浇筑时，一道墙整个浇筑时间约为 30min。若在整个流水段数道墙均布浇筑，上下两层混凝土浇筑间隔时间应小于初凝时间。每浇一层混凝土都要插入式振动器插捣至表面翻浆不冒气泡为止，振捣作业力求均匀。在门口模板两侧部位下料捣固都必须保持均匀平衡，以避免门口模板走动。交接点是关键部位，务必精心捣实，也要防止因振捣过度而将聚苯乙烯保温板振破扯裂。

③ 常温施工时，墙体拆模后应及时喷水养护，一昼夜至少养护三次以上，连续养护 3d以上。也可采取喷涂氯乙烯-偏氯乙烯共聚乳液薄膜保水的方法，其聚乳液可掺加 1～3 倍的清水稀释。

(3) 升板法浇筑　升板工程施工就是先立起建筑物的柱子，再浇捣混凝土地坪，以地坪为胎模，就地依次叠捣各层楼板及屋面板，然后将提升设备安装在柱顶上或沿着柱子自升，利用柱子为导架，依靠提升设备作用，通过吊杆将各层模板和屋面板交替地提升倒设计位置加以固定。升板法模型组装如图 5-36 所示。

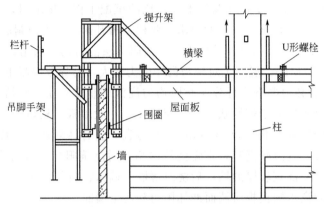

图 5-36　升板法模型组装示意

升板法适用于多层民用建筑、多层工业厂房及仓库等工程。

升板工程的混凝土浇筑的操作要点分述如下：

① 升板工程的基础一般采用钢筋混凝土杯形基础，其施工要求与单位工业厂房中钢筋混凝土基础相同。

② 升板工程的柱一般采用钢筋混凝土预制柱，当其高度很大，吊装能力有限时，可采用下部预制上部现浇柱。

③ 板一般以混凝土地坪作第一层胎模就地叠层浇筑。在混凝土地坪伸缩缝上浇筑板时，伸缩缝处应采取特殊隔离措施，以防止由于地坪的温度收缩造成板的开裂。

④ 板和胎模之间必须采取有效的隔离措施，以防止混凝土黏结。隔离层一般可采用柴油-石蜡隔离剂、皂角-滑石粉隔离剂、黄土-石灰隔离剂等。

⑤ 板的浇筑要求

a. 钢筋混凝土平板：在浇捣前，应将板孔侧模与柱之间的孔隙用砂填满，下层板的预留孔用砂或磨砂头塞满，以免混凝土流入堵塞。混凝土宜用平板振动器进行振捣，要求密实。当板厚大于 200mm 和柱子周围不便使用平板振动器时，可用插入式振动器，但应严格控制插入深度，防止破坏下面的隔离层。板面采取随捣随抹的方法处理，要求平整。

b. 密肋板：浇捣密肋板混凝土时，应注意勿使芯模（或填充材料）位移。如采用填充材料，在浇捣混凝土前，应将填充材料浇水湿透，以保证填充材料与混凝土黏结牢固。其振捣要求与钢筋混凝土平板相同。

c. 预应力混凝土平板：当采用电热曲线张拉硫黄砂浆自锚时，在浇捣混凝土前要认真检查硫黄砂浆有无剥落，剥落处应补涂。浇捣混凝土时要特别注意，插入式振动器的振动棒头不能碰到硫黄砂浆，以免碰掉。预应力筋与非预应力筋和铁件应严加隔离。如果预应力筋与其他钢筋或铁件间接触，当电热后硫黄砂浆流失，就会形成短路，造成质量事故。

⑥ 混凝土必须分层交圈均匀浇筑。在正常情况下，浇筑上一层混凝土时，下一层混凝土应处于塑性状态，一般墙体结构分层厚度以 20cm 左右为宜。应有计划地、匀称地变换浇筑方向，以防止结构倾斜或扭转。

⑦ 振捣混凝土时，不得振动钢筋与模板，振动器的插入深度不宜超过前一层混凝土内 50mm。

⑧ 墙垛、墙角和变形缝处的混凝土，应浇筑稍高一些，以防止游离水顺模板流淌而冲坏阳角和污染墙面。

⑨ 混凝土坍落度宜在 6～8cm，当强度达到 0.05～0.25MPa 时，即可进行模板滑升。正常滑升时，两次提升的时间间隔一般不超过 1h。粘在板上的砂浆应及时清理干净。

⑩ 混凝土出模后，应及时进行表面修整，浇水养护。

5. 剪力墙的混凝土浇筑

剪力墙浇筑除按一般原则进行外，还应注意以下几点：

① 门窗洞口部位应从两侧同时下料，高差不能太大，以防止门窗洞口模板移动。先浇捣窗台下部，后浇捣窗间墙，以防窗台下部出现蜂窝孔洞。

② 开始浇筑时，应先浇筑 100mm 厚与混凝土砂浆成分相同的水泥砂浆。每次铺设厚度以 500mm 为宜。

③ 混凝土浇捣过程中，不可随意挪动钢筋，要经常加强检查钢筋的混凝土保护层厚度及所有预埋件的牢固程度和位置的准确性。

6. 楼梯及其他项目的浇筑

（1）楼梯的混凝土浇筑

① 楼梯工作面小，操作位置不断变化，运输上料较为困难。施工时，休息平台以下的踏步可由底层进料，平台以上的踏步可由上一层楼面进料。

② 钢筋混凝土楼梯宜自下而上一次浇捣完毕。上层钢筋混凝土楼面未浇捣时，可留施工缝。施工缝宜留在楼梯长度中间 1/3 范围内。如楼梯有钢筋混凝土栏板，应与踏步同时浇筑。楼梯浇筑完毕，应自上而下将其表面抹平。

（2）圈梁的混凝土浇筑　由于圈梁工作面窄而长，易漏浆，所以在浇筑混凝土之前，应填塞好模板与墙体之间的空隙，并将砖砌体充分湿润。圈梁混凝土应一次浇筑完成，若不能一次浇筑完毕，其施工缝不允许留在下列部位：砖墙的十字、丁字、转角、墙垛等；门窗洞、大中型管道、预留洞的上部等。浇筑带有悬挑构件的圈梁混凝土时，应同时浇筑成整体。

（3）悬挑构件混凝土的浇筑　悬挑构件是指悬挑在墙、柱、圈梁、梁、楼板以外的构件，如阳台、雨篷、天沟、屋檐、牛腿、吊重臂等。悬挑构件分为悬臂梁和悬臂板。其浇筑要点是：

① 在支承点后部必须有平衡构件，浇筑时应同时进行，使之成为整体；受力主钢筋布置在构件的上部，浇筑时必须保证钢筋位置准确，严禁踩低。

② 平衡构件内钢筋应有足够的锚固长度，浇筑时不准站在钢筋上操作，应先内后外，先梁后板，不允许留置施工缝。

五、防水混凝土浇筑

混凝土防水结构工程质量的好坏，除了受材料的性质和配合比成分等因素影响外，施工过程中混凝土的搅拌、运输、浇筑、振捣及养护等都直接影响着工程质量。

防水结构工程混凝土浇筑操作要点如下：

① 防水混凝土的施工配合比应根据设计要求经试验室试配确定。施工中如发现混凝土的质量有明显差异，应尽快找出原因，及时调整。要严格控制水灰比，严禁随意增加拌合用水量，混凝土坍落度不应大于 5cm。如掺外加剂，坍落度不宜大于 8cm。

② 防水混凝土使用的模板要求表面平整，拼缝严密，吸水性小，结构坚固。模板支撑要牢固，不得用螺栓拉杆或铁丝贯穿防水结构，以免造成引水通路。

③ 防水混凝土宜用机械搅拌，机械搅拌时间控制在 1.5～2min。混凝土外加剂应与拌合用水掺匀后投入，不得直接投入搅拌机。

④ 混凝土在运输过程中要防止产生离析现象及坍落度和含气量的损失，同时要防止漏浆。拌好的混凝土要及时浇筑，常温下应于半小时内运到现场，于初凝前浇筑完毕。运送距离较远或气温较高时，可掺入缓凝型减水剂。浇筑前发生显著泌水离析现象时，应加入适量的原水灰比的水泥浆复拌均匀，方可浇筑。

⑤ 浇筑前应将模板内的杂物清除干净，用水湿润模板。混凝土自落高度超过 1.5m 时，应使用串筒、溜管、溜槽等工具进行浇筑。遇到钢筋较密、模板窄深不便浇筑时，可从侧模预留孔口浇筑。分层浇筑厚度不宜超过 30～40cm，浇筑面应保持平坦，两层浇筑间隔时间不应超过 2h，夏季适当缩短。

⑥ 施工缝是防水薄弱部位之一，应不留或少留施工缝。底板的混凝土应连接浇筑。墙体上不得留垂直施工缝，垂直施工缝应与变形缝统一起来。最低水平施工缝距底板面应不少于 200mm，距穿墙孔洞边缘不少于 300mm。

施工缝部位应认真做好防水处理，主要是使用两层之间黏结密实和延长渗水线路，阻隔压力水的渗漏。

施工缝的断面可做成不同形状，如平口缝、企口缝和钢板止水缝等。

无论采用哪种形式施工缝，为了使接缝严密，浇筑前对缝表面应进行凿毛处理，清除浮粒。在继续浇筑混凝土前用水冲洗并保持湿润，铺上一层 20～25mm 厚的水泥砂浆，其强度等级和水泥品种与混凝土相同。捣压密实后再继续浇筑混凝土。

⑦ 防水混凝土宜采用机械振捣。插入式振动器插点间距应不超过作用半径的 1.5 倍。振捣时间为 10～20s，以混凝土开始泛浆不冒气泡为宜。对施工缝和埋设件处应注意加强振捣，以免漏振。外加剂防水混凝土和易性较好，略加振捣就会泛浆，要避免欠振或漏振。振动器应避免触及模板、钢筋、止水带及埋设件等。

⑧ 防水混凝土的养护对其抗渗性能影响极大，一般在混凝土进入终凝阶段（浇筑后 4～6h）即应覆盖，浇水湿润养护不少于 14d。防水混凝土不宜采用电热法和蒸汽养护法进行养护。

⑨ 防水混凝土因养护要求较严，因此不宜过早拆除模板，拆模时混凝土强度必须超过设计强度的 75%，混凝土表面温度与环境温度差不得超过 15℃，拆模时注意勿损坏模板和混凝土。

⑩ 混凝土防水结构浇筑完成后严禁打洞。对出现小孔洞应及时修补，修补时先将孔洞冲洗干净，涂刷一道水灰比为 0.4 的水泥浆，再用水灰比 1：2.5 水泥砂浆填实抹平。

⑪ 地下结构部分拆模后应及时回填土，这样可避免因干缩和温差产生的裂缝，也有利于混凝土后期强度的增长和抗渗性提高。回填土要严格按照施工规范控制其含水率及密实度等指标，同时应做好基坑周围的散水坡。

立式生产：第一步，浇筑下弦；第二步，浇筑全部斜杆与竖杆，使所有这些杆件同时一起到上弦的下皮；第三步，浇筑上弦。立式浇筑过程中经常检查模板及支撑板的支撑是否牢固，对各个节点的捣固工作要特别仔细。整榀屋架混凝土应一次浇成，不许留施工缝。

⑫ 预制腹杆的两端混凝土表面要凿毛，伸出的主盘应有足够的锚固长度，伸入现浇混

凝土构件内，浇筑前预制构件的混凝土接触面要充分湿润。

采用预制腹杆拼装时，注意保证各个节点中线对中并在同一面内。

⑬ 吊车梁可卧式浇筑，亦可采用两根并列立式浇筑。在卧式生产中，浇捣非预应力吊车梁时，可由一端开始向另一端推进。当浇捣预应力鱼腹式吊车梁时，由于下翼缘预埋芯管多，浇捣麻烦，宜从一端开始由两组分别以上下翼缘为主，向另一端推进。屋架浇筑次序图如图5-37所示。

用插入振动器振捣柱、梁等条形构件时，振点的开始点和终结点不宜靠近两端模板，其振点的次序如图5-38所示。

高大吊车梁、薄腹梁可采用附着式振动器振捣。

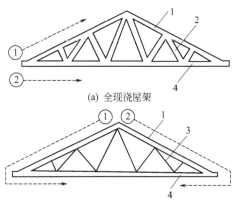

(a) 全现浇屋架

(b) 腹杆件预制、上下弦现浇屋架

图 5-37　屋架浇筑次序图

1—上弦；2—腹杆；3—预制腹杆件；4—下弦

（注：圆圈内数码代表作业小组浇筑路线）

⑭ 平卧重叠生产，须待下一层预制构件的混凝土强度达到设计强度的30%以上时，方可涂刷隔离剂，进行上一层构件的支模、放钢筋及浇筑混凝土，重叠高度一般不超过3～4层。另外要防止下层已浇好的构件与上层侧模之间的缝隙漏浆，避免拆除侧模后出现蜂窝、麻面等情况。

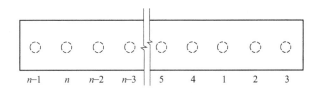

图 5-38　条形构件振捣的振点次序图

1、2、3、4、5—振点次序；n—振点总数

⑮ 浇筑完毕后，须将混凝土表面用铁板抹平压光，不足之处应用同样材料填补，不可用补砂浆的办法来修整构件表面尺寸。

所有预制构件与后浇混凝土接触的表面均须做成毛面，尽可能在构件制作前考虑，否则在拆模后要及时凿毛处理。

⑯ 梁端柱体预留孔洞，宜用钢管（或圆钢）作芯模，混凝土初凝前后将芯模拔出较为合适，抽出后再用钢丝刷将孔壁刷毛。混凝土浇筑后的初凝阶段内，芯模要经常转动，抽芯时以旋转向外抽为宜，以保证不缩孔，不坍落，芯模也易于抽出。

⑰ 预应力屋架下弦预留孔道常采用钢管抽芯法。芯管长度不宜超过15m，两端应伸出构件50cm左右，并留有耳环或小孔，以便插入钢管后可转动和抽拔芯管。芯管位置必须摆正，一般沿芯管方向每隔1m左右用钢筋网格卡定，以防浇捣过程中芯管产生挠曲或位移。

从浇筑混凝土开始直至拔芯管前，应每隔5～15min将芯管转动一次，以免芯管与混凝土粘住而影响抽管。抽管时间要恰当掌握，一般在混凝土初凝后终凝前用手指轻按表面而没有痕迹时即可抽管。

抽管顺序如为双排时应先上后下，可由卷扬机或人工操作，抽管时应边转边抽，要求速度均匀，保持平直，因此需制备一定数量的马凳加以搁支。

⑱ 采用胶皮管（胶囊）作芯管时，应根据孔道的数量和分布情况，配制相应形状的点焊钢筋网格，将胶皮管卡定，钢筋网格的间距应根据胶皮管的性能和管壁的厚薄确定，但不应大于50cm，曲线孔道宜加密，绑扎钢筋时铅丝头必须朝外，钢筋对焊接头的毛刺应磨平以免刺破胶皮管。

浇筑混凝土前应对胶皮管进行充气（或充水）试压，检查管壁以及两端封闭接头处是否渗漏。

使用时胶皮管表面要涂润滑油，放入模板后进行充气，压力宜保持在0.7~0.8MPa。浇筑过程中，应密切注意防止胶管位移或由于充气压力变化而引起的管径收缩。

待构件浇筑完毕、混凝土初凝后终凝前即可放气抽出。放气抽管时间一般在4h左右，气温低时可稍长一些。

1. 机组法及平模流水法浇筑

机组法亦称机组流水法，平模流水法又称平模流水传递法，都适用于生产大楼板、槽形屋面板、墙板等中型构件。其传送设备，前者多为吊机，后者多为路轨顶送。两者的操作工艺基本相同。

机组法及平模流水浇筑混凝土的操作要点如下：

① 施工前应对安装后的模板进行严格检查，符合要求方可浇筑。

② 混凝土粗骨料粒径通常采用5~15mm的粒级，不大于20mm，同时通常采用硬性或低流动性混凝土，水灰比低于0.5，砂率小于40%，坍落度为0~20cm，工作度不宜大于30s；以采用强制式搅拌较好，搅拌时间须严格按规定执行。

③ 插芯可用插芯机一次完成。芯模入前端模后，由于设备原因，在后端模对位入模较难，可在后端模加设导孔。

④ 灌浆车浇筑混凝土的几种装置如图5-39所示，为保证圆孔模板底部密实，可先浇筑底部混凝土后插芯，然后再浇筑上部混凝土。

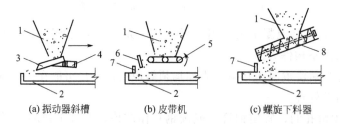

(a) 振动器斜槽　　　(b) 皮带机　　　(c) 螺旋下料器

图5-39　灌浆车浇筑混凝土的几种装置

1—料斗；2—模板；3—斜槽；4—振动器；5—小皮带机；6—挡板；7—刮板；8—螺旋机

⑤ 浇筑时，边角、两端及预埋件附近，应用人工拨料，保证饱满。

⑥ 混凝土的虚铺厚度，一般为板厚的1.3倍；必要时亦可边振捣边加料。

⑦ 振动台的振动频率为50Hz（3000次/min），振幅约为0.3mm；待混凝土表面泛浆即可停止振动，振动时间通常约1min。

⑧ 振捣过程应保证边、角、两端及预埋件附近饱满密实，必要时用人工辅助。

⑨ 为补充振动台对面层激振力的不足，使自防水构件提高面板的密实度，应进行表面加压板振动。加压板前应对表面缺浆部位进行补浆。压板与混凝土表面之间宜加塑料薄膜、

布或橡胶片。

⑩ 混凝土采取蒸汽养护，其升温、降温速度的控制见表 5-39。

表 5-39　混凝土构件蒸汽养护升降温速度控制　　　　单位：℃/h

构件种类	构件种类（坑养或窑养）			表面系数（冬期施工）	
	薄壁构件	其他构件	干硬性混凝土	≥6	<6
升温速度	25	20	40	15	10
降温速度	10	10	10	10	5

注：1. 表面系数 = $\dfrac{混凝土构件表面面积（m^2）}{混凝土构件体积（m^3）}$。

2. 构件出池时，外表面温度与外界气温之差，不宜大于 20℃。

2. 长线台座浇筑

长线台座适用于中小型预制构件厂，能生产实心板、圆孔板、槽形板、梁、柱、桩等。

① 圆孔板挤压成型生产线　挤压成型工艺是利用生产成型机的旋转绞刀（绞龙）挤压混凝土使振动器振动。依靠混凝土对绞刀的反作用力将挤压机推向前进方向。

圆孔板挤压成型机的构造，基本上分为两种，一是用外部振动器振动成型，二是外部振动器加绞刀内部振动成型。

混凝土圆孔板挤压成型机浇筑混凝土的操作要点如下：

a. 预应力钢丝承力支座可采用简易台座，台面宽度及高度按挤压成型机型号确定。

b. 宜选用普通硅酸盐水泥；粗骨料粒径应不大于圆孔板竖肋厚度的 2/3，通常采用 5～15mm 粒级，不应大于 20mm；砂宜用中粗砂，水灰比不宜大于 0.4。

c. 挤压机在预应力筋张拉后就位，就位时注意行模（侧模）应与台面两侧角钢相吻合，滚轮放置在角钢上。预应力钢丝应对正挤压机上的挂筋器，在挤压进行中，亦应检查有无偏移。送料装置应保证新拌混凝土能不断地装入料斗。

d. 按照构件每米混凝土量及台座长度，算出整条生产线的混凝土量，要求搅拌按量供应。下料要均匀：一不要出现空档，料斗内有拨爪的，注意其正常运转，无拨爪的，要装设附着式振动器，实行强制下料；二要每个绞刀供料均匀，切忌边刀饱满，中部滑空，也不要中部绞刀饱满，边刀滑空。

e. 行走速度控制在 1.5m/min 以内，过快将影响混凝土的密实度，可增减机架后面的配重以调节行走速度。

f. 浇筑过程中的异常现象，应及时采用有效措施予以清除。

g. 混凝土宜采用薄膜或喷膜保温养护。

② 拉模工艺浇筑　拉模工艺用于生产圆孔板、实心板、小梁、小柱等构件。模型的宽度一般不大于 1.5m，每次生产的数量，视模型的装置而定。

拉模工艺的特点是将模具组装成一个整体，利用卷扬机钢丝绳在模型滑轮上的各种绕法，使模型与混凝土之间产生作用力与反作用力，滚动摩擦与滑动摩擦之间的作用力，使外套架与内模、芯模在不同情况下移动，完成各个工序。

拉模工艺浇筑混凝土的操作要点如下：

a. 台面要求平坦，如高低不平，则拉模移动也高低不平，将造成产品坍孔、拉裂、露筋等缺陷。

b. 配合比的选择与"圆孔板挤压成型"的要求相同，但粗骨料粒径应控制在 15mm 以内，避免楔塞芯模抽芯。

c. 浇筑前应检查拉模机的外套架与内模配合是否好；芯模是否符合要求；全部模型是否清洁，是否涂隔离剂；卷扬机系统试运转是否正常；安装就位时是否对准生产线的中轴线等，发现异常，应及时处理。

d. 浇筑时应在拉模的前方放置一件厚度与保护层相等的三角形钢板，在拉模前进时起清除台面上的杂物。

e. 不宜用翻斗车直接卸料；可采用人工反铲下料，应有人专门负责将混凝土拨入小肋及刮平；重点应保证边、角及两端饱满。

f. 振捣时首先开动模上振动器，再用平板振动器补振；如只用模上振动器振动芯模，则后端激振力较弱，应重点补振两侧及后端部。

第一次振捣后应检查板面，对缺浆部位补浆，加压板后进行第二次振捣。

g. 抽芯模前宜将芯模转动，然后以 8m/min 左右的速度抽拔芯模、内模及中模。

h. 常温下，宜采用薄膜覆盖养护；如用其他覆盖物，应淋水保温。

③ 槽形板浇筑　槽形板指用于工业厂房的屋面板或挂墙板。其长线台座生产工艺多采用混凝土胎模或钢胎模，侧模、端模多采用钢模或木模外包薄钢板。

槽形板浇筑混凝土的操作要点如下：

a. 浇筑前应检查模板是否符合要求，地胎模是否按要求涂刷好机油，观察翻模生产的情况，如发现异常，应及时予以纠正。

b. 混凝土的粗骨料粒径不应大于 15mm，坍落度控制在 5～7cm。

c. 钢盘与钢丝应进行张拉，预应力张拉后，应检查一次预埋件的位置。

d. 胎模表面应保持湿润，尤其夏期施工胎模被太阳晒干后，应淋水湿润。

e. 每个构件，应一次浇筑完成。纵肋及两端要反铲下料，用剑式振动器振捣；横肋及板面用人工拍打或小型平板振动器振捣，直至泛浆为止。纵肋、两端、预埋件、吊环等处，必须密实，必要时辅以人工插捣。

f. 板面厚度仅 25mm，找平后要压光，自防水屋面应按要求进行二次压光。

g. 每条生产线要一天完成，不宜分作两天浇筑。

h. 常温下宜采用覆盖养护，根据板面薄、易失水的特点，应及时铺膜或喷膜养护，并勤洒水，使覆盖物保持湿润。

3. 施工要点

① 浇筑前应进行检查。模板尺寸要准确，支撑要牢靠；钢筋骨架有无歪斜、扭曲、结扎（点焊）松脱现象；预埋件和预留孔洞的数量、规格、位置是否与设计图纸相符；保护层垫块厚度要适当；做好隐蔽工程验收记录，并清理杂物。

② 混凝土在搅拌后应尽快地浇筑完毕。因此，应使混凝土保持一定的和易性，以免操作困难。

浇筑过程中，要注意保持钢筋、预埋件、螺栓孔以及预留孔道等位置的准确；浇筑时，应根据构件的厚度一次或分层连续施工，应注意将模板四周各个节点处以及锚固铁板与混凝土之间捣实。

③ 对于柱牛腿部位钢筋密集处，原则上要慢浇、轻捣、多捣，并可用带刀片的振动棒进行振实。

对有芯模的四侧，也应注意对称下料振捣，以防止芯模因单侧压力过大而产生偏移。

④ 预制腹杆的两端混凝土表面要凿毛，伸出的主筋应有足够的锚固长度，伸入现浇混凝土构件内，浇筑前预制构件的接触混凝土面要充分湿润。

采用预制腹杆拼装时，注意保证各个节点中线对中，并在同一平面内。

六、泵送混凝土浇筑

混凝土采用泵送浇筑时其操作要点如下：

① 泵送混凝土前应先进行泵水检查，并采用水泥砂浆湿润泵的料斗、活塞及输送管等直接与混凝土接触的部位。水泥砂浆应与混凝土浆液成分相同，剩余的水泥砂浆应在出料口进行收集，少量可用于湿润结构施工缝，其余应收集后运出，不得集中浇筑在结构中。

② 混凝土泵送速度应先慢后快，逐步加速，系统运转顺利后方可按正常速度泵送。

③ 混凝土泵送过程中，泵车料斗应有足够的混凝土余量，避免吸入空气产生堵泵。

④ 泵送混凝土浇筑应保持连续；当混凝土供应不及时，应采取间歇式放慢泵送速度，维持泵送连续性。

⑤ 混凝土浇筑的布料点宜接近浇筑位置，以防止混凝土附着于浇筑区以外的钢筋或模板上。

⑥ 混凝土布料设备出口或混凝土泵管出口应采取缓冲措施进行布料，混凝土不应直接冲击模板或钢筋，柱、墙模板内混凝土浇筑应使混凝土缓慢下落，避免混凝土产生离析。

⑦ 泵送混凝土浇筑结束后，应将混凝土泵和输送泵管内的残余混凝土清洗干净，可采用从上往下水洗的方法，亦可采用从下往上泵送水洗的方法进行管壁清洁。多余或废弃的混凝土不得用于未浇筑的结构部位。

⑧ 不同配合比或不同强度等级混凝土在同一时间段交替泵送浇筑时，不得相混。

七、浇筑质量控制

除遵守上述有关的浇筑技术规定及要求外，还应注意以下几点：

① 浇筑混凝土前，应检查并控制模板、钢筋、保护层和预埋件等的尺寸、规格、数量和位置，其偏差值应符合《混凝土结构工程施工质量验收规范》（GB 50204—2015）的规定。此外，还应检查模板支撑的稳定性以及接缝的密合情况，并应保证模板在混凝土浇筑过程中不失稳、不跑模和不漏浆。

② 混凝土浇筑过程中应有效控制混凝土的均匀性、密实性以及混凝土的工作性能。在浇筑过程中，不可用振动棒赶料，人为造成混凝土组分比例失调。浇筑混凝土应连续进行，并应在前层混凝土初凝前，将次层混凝土浇筑完毕。

③ 混凝土浇筑应连续进行。当需要间歇时，次层混凝土应在前层混凝土初凝之前浇筑完毕，且混凝土运输、输送、浇筑及间歇的全部时间不宜超过表5-40的规定。当不能满足表5-40的规定时，应临时设置施工缝，继续浇筑混凝土时应按施工缝要求进行处理。

④ 混凝土自高处自由倾落的高度不宜大于2m。当混凝土自由倾落高度大于2m时，应采用串筒、溜管或溜槽等辅助设备。对浇筑柱、墙模板内混凝土，自由倾落的高度可适当放宽，但应能保证混凝土不发生离析，且满足表5-40的规定；当不能满足表5-40的规定时，宜加设串筒、溜槽或振动溜槽等装置。

表 5-40　柱、墙模板内混凝土最大浇筑高度限值　　　　　　　　　　　　　　单位：m

条件	混凝土自由倾落高度	条件	混凝土自由倾落高度
骨料粒径>25mm	≤3	骨料粒径≤25mm	≤6

注：当有可靠措施能保证混凝土不产生离析时，混凝土自由倾落高度可不受本表限制。

⑤ 现场浇筑的竖向结构物应分层浇筑，每层浇筑厚度宜控制在 300～350mm；大体积混凝土宜采用分层浇筑方法，可利用自然流淌形成斜坡沿高度均匀上升，分层厚度不应大于 500mm。自密实混凝土浇筑布料点应结合拌合物特性选择适宜的间距，必要时可以通过试验确定混凝土布料点下料间距。

⑥ 结构柱、墙混凝土设计强度等级高于梁、板混凝土设计强度等级时，应在交界区域采取分隔措施。分隔位置应在低强度等级的构件中，且应距高强度等级构件边缘不小于 500mm 的距离。应先浇筑高强度等级混凝土，后浇筑低强度等级混凝土。梁、板的混凝土宜同时浇筑；截面高度大于 1.5m 的梁，可在梁上部楼板下 20～50mm 位置设水平施工缝；截面高度大于 2m 的梁，可在梁中部区域设置若干水平施工缝，并应根据施工荷载对分次浇筑的梁进行施工验算，必要时应按验算结果对配筋进行调整。

⑦ 现浇结构分次浇筑的叠合面上，浇筑混凝土应符合下列要求：叠合面应有凹凸差不小于 5mm 的粗糙面；叠合面上应清除浮浆和疏松石子，并清理干净；浇筑混凝土前，叠合面应先采用浇水进行充分湿润，并不得有积水。

⑧ 在浇筑混凝土同时，应制作供结构或构件出池、拆模、吊装、张拉、放张和强度合格评定用的标准养护和同条件养护试件，还应按设计要求制作抗冻、抗渗或其他性能试验用的试件。

第六节　混凝土振捣与抹面

混凝土的密实度是决定混凝土强度、抗冻性、抗渗性等一系列性质的重要因素。混凝土的自然沉落达不到较高的密实度，也很难自行充实到模板的各个角落。混凝土中的空气、多余的水分、水泥砂浆的分布、表面的光洁度，缺乏振捣这一工序是难以保证要求的。

混凝土的振捣方法有机械振捣和人工捣插两种。

一、机械振捣

机械振捣为各地普通使用的方法，可节约劳动，提高混凝土强度和密实性，应用于各种现浇结构和预制构件的振捣。施工常用机械振捣设备有内部振动器和外部振动器（振动器又称振捣器）。

1. 内部振动器

内部振动器，又称插入式振动器。插入式振动器一般用于振捣基础、柱、梁以预制构件等，适用于坍落度大于 0 或工作度小于 35s、粗骨料粒径小于 40mm 的混凝土。根据混凝土的流动性和骨料级配，选择振动强度和频率合适的振动棒，见表 5-41 和表 5-42。

表 5-41　混凝土骨料粒径与振动棒振动频率的关系

石子最大粒径/mm	10	20	40
适宜频率/(次/min)	6000	3000	2000

表 5-42　混凝土流动性与振动棒的振动强度

混凝土流动性	坍落度/cm	适宜的振动强度/(cm/s)
塑性	10～5	50～100
低流动性	5～10	100～200
干硬性	0	200～600

插入式振动器的操作要点如下：

① 素混凝土或钢筋稀疏的基础，宜用大直径振动棒。

② 操作时应前手紧握距振动棒上端约 500mm 处，用以控制插点；后手离前手约 400mm 处，用以扶正软轴；软轴弯曲时，其弯曲半径应大于 500mm，亦不多于两个弯曲。振捣方法可采用垂直振捣和斜向振捣（即振动棒与混凝土表面成 40°～50°）。

③ 振动棒插入间距不应大于振动棒振动作用半径的 1 倍，振捣时间以表面出现浮浆为准。

④ 振捣时应快插慢拔，上下抽动，掌握距离，逐点移动，顺序进行，防止漏振，均匀振实，表面泛浆。

⑤ 移动方式有行列式和交错式（图 5-40），两者不得混用。插点距离不应超过作用半径的 1.5 倍（一般为 30～40cm），见表 5-43。捣实轻骨料混凝土的移动间距，不宜大于其作用半径；振捣器与模板的距离，不应大于其作用半径 0.5 倍。

⑥ 分层浇筑时，每层厚度不应超过振动棒长 1.25 倍，在振捣上一层时，下层如未凝结，应插入下一层 5cm 左右，以消除两层之间的接缝，同时在振捣上层混凝土时，要在下层混凝土初凝之前进行（图 5-41）。

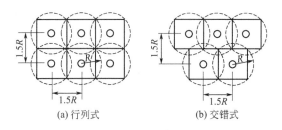

图 5-40　插入式振动器移动方法
R—振动器的作用半径

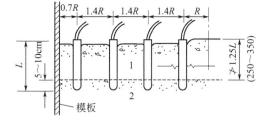

图 5-41　插入式振动器的插入深度
1—新浇筑的混凝土；2—下层已振捣但尚未初凝的混凝土；
R—有效作用半径；L—振动棒长

⑦ 每插一点的振动时间为 20～30s，使用高频振动器时，最短不应少于 10s（见表 5-43）。

表 5-43　振捣的时间与有效作用半径

坍落度/cm	0～3	4～7	8～12	13～17	18～20	20 以上
振捣时间/s	22～28	17～22	13～17	10～13	7～10	5～7
振捣有效作用半径/cm	25	25～30		30～35	35～40	35～40

⑧ 对于呈斜形的混凝土工程，浇筑和振捣的顺序是先下后上，如图 5-42 所示。

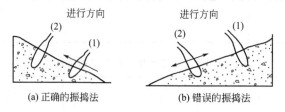

(a) 正确的振捣法   (b) 错误的振捣法

图 5-42 呈斜形的混凝土工程振捣法

⑨ 振动棒振捣混凝土应避免碰撞钢筋、模板、芯管、吊环、预埋件等。振动棒与模板距离不应大于其作用半径的 0.5 倍。

2. 外部振动器

外部振动器的类别见表 5-44。

表 5-44 外部振动器类别

名称	代号	振动形式
平板式振动器	ZB	适用于板类构件或地坪,在振动器底部安装木板或钢板;或安装在型钢上称为振动梁。在混凝土表面上使用,亦叫面振
梁式振动器	ZL	
附着式振动器	ZF	适用于大中型梁、柱,使用时安装在模板两侧,亦叫侧振
振动台	ZT	适用于预制混凝土构件,其规格按构件规格制定。预制构件放在台面上振动,亦叫底振

① 平板式振动器和梁式振动器 平板式振动器、梁式振动器一般用于平板（厚度不大于 200mm）小梁、基础、地坪、路面及预制楼板等。其操作要点如下：

a. 应将混凝土浇筑区段划分成若干排，由两人依次平拉慢移振捣前进。移动速速通常为 2～3m/min，移动路线如图 5-43 所示，其移动间距应保证振动器的平板能覆盖已振实部分的边缘，通常应互相覆盖 50mm。

b. 在每一位置上应连续振动一定时间，正常情况下约为 25～40s（以混凝土面均匀出现浆液为准）。

c. 大面积混凝土地面，可采用两台振动器以同一方向安装在两条木杠上，通过木杠使混凝土密实。

d. 振动倾斜混凝土表面时，应由低处逐渐向高处移动，以保证混凝土密实。

② 附着式振动器 附着式振动器仅适用于振捣钢筋较密、厚度较小以及不宜使用插入式振动器的结构构件。其操作要点如下：

a. 外部振动器的振动作用深度约为 25cm，如结构较厚，需在结构两侧安设振动器同时振捣。

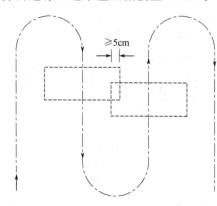

图 5-43 平板式振动器移动路线

b. 振动器安设距离应通过试验确定，一般为 1～1.5m，并应与模板紧密连接。

c. 待混凝土入模后方可开动振动器，但应使混凝土浇筑高度高于振动器安装部位。当钢筋较密和模板断面较深较狭时，亦可采取边浇筑边振捣的方法。

d. 振捣时间和有效作用半径，随结构形状、模板坚固程度、混凝土坍落度及振捣功率大小等各项因素而定。当混凝土成一水平面不再出现气泡时，可停止振动。

③ 振动台　振动台适用于装配式钢筋混凝土构件振捣。振动台依其载重量可分为轻型振动台（1～3t）和重型振动台（5～10t）两种。采用时应根据构件、钢模及其他辅助装置（如振动加压板）的质量来选用，其操作要点如下：

a. 当采用振动台振实干硬性混凝土或轻骨料混凝时，宜采用加压振动的方法。

b. 当构件厚度小于20cm时，可将混凝土一次装满振捣。

c. 构件厚度大于20cm时，宜分层灌入，每层厚度不大于20cm，或随振捣随加料。

d. 振动时间：一般混凝土表面呈水平，并出现均匀的水泥浆和不再冒气泡时，表示已振实，此时可停止振捣。

二、人工捣插

人工捣插的钢制工具有三大件：锤、钎、铲。一般钢制工具长度约为1.4m。人工捣插适用于混凝土坍落度大于5cm的流动性混凝土。

三、钢筋密集部位的捣插

钢筋密集部位多在节点处，例如框架梁柱节点，这些地方复杂并邻近施工缝，在操作中混凝土入模困难，容易振不着，要采取必要措施。

① 从设计上采取措施。设计必须保证施工的可行性，并提供浇筑条件，例如可提高钢筋强度级别来减小钢筋直径，用焊接代替绑扎，用对焊代替帮条焊，采用钢筋束等。

② 控制石子粒径，调整配合比和坍落度，必要时用细石混凝土。

③ 振动棒头加焊或套接刀片或钢钎。

④ 斜插振动棒振动。

⑤ 人工振捣与机械振捣相结合，必要时可以人工为主。

四、振捣质量控制

除遵守上述有关振捣技术规定及要求外，还应注意以下几点：

① 混凝土振捣应能使模板内的各个角落都充满密实的混凝土。应根据混凝土拌合物特性及混凝土结构、构件或制品的制作方式，选择适当的振捣方式和振捣时间。振捣时注意不漏振亦不过振，长时间强力振捣会使混凝土中粉料上浮，粗骨料下沉，从而造成混凝土质量不均匀。

② 振捣时间宜按拌合物稠度和振捣部位等不同情况，控制在10～30s，当混凝土拌合物表面出现泛浆时，可视为捣实。

③ 为保证混凝土浇捣密实，可采取延长振捣时间、加密振捣点、采用微型振动棒等加强措施，必要时可采用人工辅助振捣。加强措施可采取一种，也可采取多种。对于下列情况，应采取延长振捣时间、加密振捣点、采用微型振动棒等加强措施进行振捣：墙体内预留洞底部宽度大于0.4m时；后浇带及施工缝边角处；现浇结构分次浇筑的叠合面上；型钢与钢筋密集区域；预应力构件中锚固端、张拉端及埋件处。

④ 混凝土在浇筑过程中应分层振捣，分层振捣的厚度应符合表5-45的规定。

表 5-45　混凝土分层振捣厚度

振捣方法	混凝土分层振捣厚度	振捣方法	混凝土分层振捣厚度
插入式振动棒	振动棒作用部分长度的 1.25 倍	附着振动器	根据设置方式,通过试验确定
表面振动器	200mm	—	—

⑤ 混凝土浇筑后,在混凝土初凝前和终凝前,宜分别对混凝土裸露表面进行抹面处理。为避免混凝土表面产生塑性收缩裂缝,宜采取多次抹面的处理措施。待混凝土泌浆完成后,至初凝前宜进行多次抹面、搓压,建议采用铁板压光抹平至少两遍或用木楔抹平搓毛两遍。

第七节　混凝土养护

一、养护的目的和方式

混凝土养护的目的:一是保护已浇筑好的混凝土在规定龄期内达到设计要求的强度;二是创造各种条件,使水泥充分水化,加速混凝土硬化;三是防止混凝土成型后在曝晒、风吹、干燥、寒冷等自然因素影响下,出现不正常的收缩、裂缝、破坏等现象。

混凝土养护可采用浇水、覆盖、喷雾、喷涂养护剂、冬季蓄热养护等方式。本节仅就自然养护、养护剂养护、铺膜养护进行详细介绍。

二、自然养护

在自然气温高于 5℃ 的条件下,用麻袋、芦席、草袋、锯末或砂等将混凝土外露表面加以覆盖,并在上面经常浇水,称为自然养护。混凝土制品的自然养护多在露天预制厂和南方地区采用。

1. 一般规定

采取自然养护,应遵守下列三条规定。

① 一般塑性混凝土应在浇筑后 10～12h 内(炎夏时可缩短至 2～3h)、硬性混凝土应在浇筑后 1～2h 内进行覆盖并及时浇水养护以保持混凝土的润湿状态。

混凝土的养护用水应与拌制用水相同。

② 在一般气候条件下,气温在 15℃ 以上时,浇筑后的最初 3d 内,白天每隔 2h 浇水一次,夜间至少 2 次,在以后的养护期中可参照表 5-46 办理。

表 5-46　露天自然养护制品浇水次数

气温	10℃		20℃		30℃		40℃	
	A	B	A	B	A	B	A	B
浇水次数	2	3	4	6	6	9	8	12

注:1. A 为在阴影下,B 为在日光照射下。

2. 气温系指当日中午标准气温。

3. 本表作为计算用水量的参考,不作为实际生产的依据。

③ 覆盖天数可参照表5-47。

表5-47 露天自然养护制品覆盖天数

水泥品种	最少遮盖天数			
	10℃	20℃	30℃	40℃
硅酸盐水泥	5	4	3	2
火山灰或矿渣水泥	7	5	4	3

④ 混凝土强度达到1.2MPa以后，开始允许操作人员行走、安装模板和支架，但不得作冲击性操作。

⑤ 不允许用悬挑构件作为交通运输的通道，或作为工具、材料的停放场。

2. 混凝土强度增长情况

混凝土自然养护时的强度增长情况见表5-48、表5-49。

表5-48 用32.5级水泥拌制的混凝土在不同温度下硬化时的强度增长百分数❶

水泥品种	龄期/d	混凝土硬化时的平均温度/℃							
		1	5	10	15	20	25	30	35
		混凝土所达到的强度百分数/%							
普通水泥	2				28	35	41	46	50
	3	12	20	26	33	40	46	52	57
	5	20	28	35	44	50	56	62	67
	7	20	34	42	50	58	64	68	75
普通水泥	10	35	44	52	61	68	75	80	86
	15	44	54	64	73	81	88		
	28	65	72	82	92	100			
火山灰质水泥及矿渣水泥	2				15	18	24	30	35
	3			11	16	22	28	34	44
	5		10	21	27	33	42	50	58
	7	14	23	30	36	44	52	61	70
	10	21	32	41	49	55	65	74	81
	15	28	41	54	64	72	80	88	
	28	41	61	77	90	100			

表5-49 用42.5级水泥拌制的混凝土在不同温度下硬化时的强度增长百分数❶

水泥品种	龄期/d	混凝土硬化时的平均温度/℃							
		1	5	10	15	20	25	30	35
		混凝土所达到的强度百分数/%							
普通水泥	2				19	25	30	35	40	45
	3	14	20	25	32	37	43	48	52

---

❶ 用表5-48、表5-49预测混凝土强度时，如果是用来判定拆模强度或构件承载强度，则应以随混凝土同条件养护试件所测定的强度为依据。

水泥品种	龄期/d	混凝土硬化时的平均温度/℃							
		1	5	10	15	20	25	30	35
		混凝土所达到的强度百分数/%							
普通水泥	5	24	30	36	44	50	57	63	66
	7	32	40	46	54	62	68	73	76
	10	42	50	58	66	74	78	82	86
	15	52	63	71	80	88			
	28	68	78	86	94	100			
火山灰质水泥及矿渣水泥	2				15	18	24	30	35
	3			11	17	22	26	32	38
	5	12	17	22	28	34	39	44	52
	7	13	24	32	38	45	50	55	68
	10	25	34	44	52	58	68	67	75
	15	32	46	57	67	71	80	86	92
	28	48	64	83	92	100			

3. 养护日期

浇水养护日期可参照 5-50。

表 5-50 混凝土浇水养护日期参考表

分类		浇水养护日期
拌制混凝土的水泥品种	硅酸盐水泥、普通硅酸盐水泥	不少于 7 昼夜
	火山灰水泥、矿渣水泥、粉煤灰水泥	不少于 14 昼夜
	矾土水泥	不少于 3 昼夜
抗渗混凝土		不少于 14 昼夜
混凝土中掺塑化剂、加气剂		不少于 14 昼夜

注：1. 处于干燥环境中，浇水养护日期应适当延长。

2. 气温低于 5℃ 时，不得在混凝土面上浇水。冬天气温低于 5℃ 时，要进行保暖养护。

3. 夏季应加强浇水养护工作。

4. 其他水泥拌制的混凝土养护日期根据水泥技术性能确定。

4. 特殊构件养护

① 大面积结构如地坪、楼板、屋面等可采用蓄水养护。储水池一类工程可待混凝土达到一定强度后注水养护。

② 竖向构件如墙、池、罐、烟囱等可采用麻袋、草席、竹帘等做成帘式覆盖物，在顶部用花管喷水养护。

三、养护剂养护

养护剂是以树脂、清漆蜡、干性油以及其他防水性物质作基料溶解于溶剂中制成的液体。养护剂主要用于喷涂混凝土表面，待溶剂挥发后便形成一层薄膜，附于混凝土表面，使水分封闭在混凝土中，达到养护的目的。常用的养护方法有以下几种：

1. 喷膜养护

喷膜养护是将以树脂为集料的养护溶液喷洒在混凝土表面，溶液挥发后，有 10%～

15％的固体物质残留在混凝土表面形成一层薄膜，使混凝土表面与空气隔绝，封闭混凝土中的水分不再被蒸发，从而完成水化作用。这种养护方法一般适用于表面积大的混凝土工程和缺水地区。

（1）养护剂配制　国内常用养护剂的配合比见表 5-51，过氯乙烯树脂养护剂的配制方法见表 5-52。

表 5-51　喷膜养护剂配合比（质量比）

养护剂种类	配合比/％				
	溶剂		过氯乙烯树脂	苯二甲酸二丁酯	丙酮
	粗苯	溶剂油			
过氯乙烯树脂	86 —	— 87.5	9.5 10	4 2.5	0.5 —
LP-37	用水稀释，比例为 LP-37：水＝100：（100～300）；亦可加 10％磷酸三钠中和，比例为 100：（100～300）：5；如需消泡，可加适量的磷酸三丁酯				
聚醋酸乙烯（即木工胶）	用水稀释至能喷射即可。其用量为每平方米混凝土 0.6～1.0kg				

表 5-52　过氯乙烯树脂养护剂的配制方法

项目	要点
原材料性质	属易燃品，使用前应注意保管
容器	应清洁，无油污，无铁锈，有盖子，能防止溶液蒸发
配制方法	①先将溶剂倒入容器内 ②加入过氯乙烯树脂，加边搅拌，加完后每隔半小时搅拌一次，直至树脂完全溶解 ③丙酮是在树脂极难溶解时加入 ④最后加入苯二甲酸二丁酯，边加边搅拌，均匀后即可使用

（2）喷洒设备及工具　喷膜养护的喷洒设备及工具见表 5-53。

表 5-53　喷膜养护的喷洒设备及工具

名称	规格	数量	配件
空气压缩机	容量：0.18～0.6m³； 工作压力：0.4～0.5MPa；双阀门	1 台	配电动机
压力容罐	压力：0.6～0.8MPa； 容量 0.5～1.0m³	1～2 台	压力表、气阀、安全阀 均为 ϕ12.7mm，0.4～0.6MPa
高压橡胶管	ϕ12.7mm 乙炔氧焊胶管，长度视场地而定	1～2 根	
喷具	ϕ12.7mm 喷漆或农药喷枪	1～2 副	

注：如场地较大，可将设备装置在车上循环喷射；使用完毕后，应即将设备工具清洗干净，避免腐蚀堵塞。

（3）喷洒操作　喷膜养护的操作要点如下：

① 初凝以后，表面无浮水，以手指轻压无指印即可开始喷洒。过早会影响薄膜与混凝土表面结合；过迟则蒸发水逸出过多，影响混凝土强度。

② 若空压机工作压力小，不易形成雾状，压力大，破坏混凝土表面。当压力为 0.4～0.5MPa、空罐压力 0.2～0.3MPa 时，喷出来的养护剂溶液呈较好的雾状，喷洒速度快，工效 15～20m/min，喷洒时应离混凝土表面 50cm 为宜。

③ 溶液喷洒厚度以 25m²/kg 为宜，通常喷洒两次，待第一次成膜后再喷第二次。

④ 喷洒时要求有规律，固定一个方向，前后两次走向应互相垂直。

⑤ 喷完后，应将输液管取下洗净，防止管子堵塞和腐蚀。

⑥ 溶液喷洒后很快就形成养护剂薄膜，为达到养护目的，必须加强保护薄膜的完整性。要求不得有破裂损坏，不得在薄膜上行人；禁止车辆行驶，硬质物品及工具等不得在混凝土表面拖拉撞击，发现损坏应及时补喷塑料溶液。

⑦ 粗苯及丙酮等材料是易燃有毒物品，注意加强安全防护工作，工作人员应配备眼镜、口罩、手套、围裙等物品，喷洒时站在上风向。

⑧ 如气温较低，应设法保温。

2. 油乳型养护剂

以石蜡和熟亚麻仁作基料，水作乳化液，硬脂酸和三乙醇胺作稳定剂。配方为：石蜡12%，熟亚麻仁油20%，硬脂酸4%，三乙醇胺3%，水61%。

3. 煤焦油养护剂

将煤焦油用溶剂稀释至适合喷涂的稠度即可。

4. 沥青和地沥青养护剂

用水作乳化液制成。

上述养护剂应在混凝土表面游离水消失、无水渍时喷涂，过早不起作用，过迟易被混凝土表面孔隙吸收。对于模板内的混凝土，拆模后要立即涂刷；如表面有明显干燥或失水现象，应喷水加以湿润，待游离水消失后再涂刷。

养护剂应无毒，并能附着在混凝土表面，形成一层至少7d内不破裂的弹性薄膜。稠度要调制合适，以涂布于垂直面不流淌为宜。

这种养护方法很适用于高耸建筑物或构筑物及不能浇水或覆盖者。

四、铺膜养护

铺膜养护是综合自然养护、喷膜养护、太阳能养护而成的一种简易有效的养护方法，适用于各种现浇或预制混凝土工程。铺膜养护装置极简单（图5-44），工艺要点见表5-54。薄膜简易焊接法如图5-45所示。

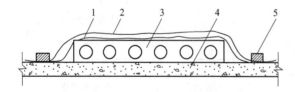

图 5-44　铺膜养护示意图

1—黑色薄膜；2—透明薄膜（以双层带气泡者最佳）；3—构件；

4—台座；5—重物（混凝土块、红砖、短粗钢筋等）

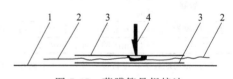

图 5-45　薄膜简易焊接法

1—平台；2—薄膜；3—玻璃纸；4—电烙铁

表 5-54　铺膜养护工艺要点

项目	要　点
优点	①无须专用的喷洒设备或集热箱等 ②无须另行配料，且是无毒作业 ③无须经常浇水 ④薄膜可代替麻袋覆盖物，能重复使用 ⑤能提高早期强度，比自然养护缩短一半时间

项目	要　点
薄膜制作	①薄膜分内外两层,内层为黑色,外层为带气泡的双层透明薄膜 ②应按工程或预制件表面的大小接驳或裁制薄膜 ③裁制时应每边预留 20～40cm,供压边用 ④裁制完成后按覆盖工程的大小折叠整齐,便于铺设
铺膜时间	初凝后即可铺膜
铺膜	①铺膜时应按工程大小,若干人同时操作,动作要协调一致 ②薄膜不必强求紧贴构件表面,留有适当空隙,以供气温变化时自行平衡 ③铺膜时避免薄膜被钢筋、模具、构件边角等刺破 ④铺膜后应检查一次,混凝土边角应全部覆盖严密,并用重物将薄膜压实;养护过程中应经常检查有无被风掀动
撤除	①撤除前先用水或毛刷将薄膜上灰尘清除 ②按原来方法折叠,便于下次使用
重复使用	①可重复使用 10～15 次 ②重复使用 7～8 次后,外膜透明度已减弱,但仍起保湿作用。如需保证温度,可更换新外膜

第八节　混凝土的拆模

一、混凝土强度增长的规律

混凝土强度的增长,与所用水泥的品种、养护方法、龄期等主要因素有关。一般的规律是:水泥强度越高,混凝土强度发展越快;温度越高,强度发展越快;龄期越长,强度越高。如需要预估混凝土各龄期强度,可参阅表 5-55 及图 5-46。用低龄期混凝土强度推算 28d 强度的计算方法如下:

表 5-55　混凝土强度增长率推算表　　　　　　　　　%

水泥品种及强度等级		龄期/d	温度/℃							
			1	5	10	15	20	25	30	35
普通硅酸盐水泥	32.5 级	3	17	22	29	34	42	47	52	56
		5	26	34	40	47	57	64	69	74
		7	35	43	52	61	68	75	78	83
		10	46	55	65	75	82	87	91	95
		15	57	70	80	89	92	95	99	102
		28	75	86	95	100				
矿渣硅酸盐水泥	32.5 级	3	8	11	15	20	26	32	40	50
		5	12	19	25	32	38	47	56	67
		7	11	25	34	43	50	58	68	78
		10	25	35	45	55	68	72	82	90
		15	36	50	62	74	80	88	97	100
		28	50	70	90	100				

注:表内数值为混凝土设计强度的百分数。

$$f_{cc,28} = f_{cc,n} \frac{\lg 28}{\lg n} \tag{5-2}$$

式中，$f_{cc,28}$ 为 28d 龄期的混凝土抗压强度，MPa；$f_{cc,n}$ 为 n 天龄期的混凝土抗压强度，MPa。

注：通过实践，此式仅适用于普通硅酸盐水泥、硅酸盐水泥拌制的中等强度的混凝土，而且只适用于养护温度为标准养护温度的范围。

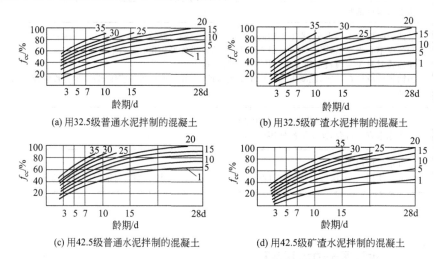

(a) 用32.5级普通水泥拌制的混凝土 (b) 用32.5级矿渣水泥拌制的混凝土

(c) 用42.5级普通水泥拌制的混凝土 (d) 用42.5级矿渣水泥拌制的混凝土

图 5-46 混凝土强度增长参考曲线

f_{cc}—混凝土抗压强度（曲线末端的数字表示温度）

二、混凝土拆模强度

混凝土强度达到一定要求，就可以拆除其模板。

（1）整体结构的拆模 整体结构的拆模原则列于表 5-56，其拆模时所需达到的混凝土强度列于表 5-57。

表 5-56 混凝土整体结构的拆模原则

模板类别	拆模强度
侧板	在混凝土强度能保证构件不变形、棱角完整和无裂缝
芯模或预留孔洞内模	在混凝土强度能保证构件和孔洞表面不发生坍陷和裂缝时
承重底模（活动式底模）	①构件跨度≤4m 时，混凝土强度应达到 50% ②构件跨度>4m 时，混凝土强度应达到 75%

表 5-57 现浇结构拆模时所需混凝土强度

结构类型	结构跨度/m	按设计的混凝土强度标准值的百分数计/%
板	≤2	50
	>2,≤8	75
	>8	100
梁、拱、壳	≤8	75
	>8	100

结构类型	结构跨度/m	按设计的混凝土强度标准值的百分数计/%
悬臂构件	≤2	75
	>2	100

注："设计的混凝土强度标准值"系指与设计混凝土强度等级相应的混凝土立方体抗压强度标准值。

（2）预制构件的拆模　预制构件模板的拆除，亦应遵循表 5-56 的原则，同时应达到表 5-58 所要求的混凝土强度。

表 5-58　预制构件拆模所需混凝土的强度

项目	拆模原则
强度要求	设计有要求时按设计要求，设计无要求时按本表"非承重模板"和"承重模板"的要求
非承重模板	混凝土强度应能保证其表面及棱角不因拆模板而受到损坏
承重模板	有与结构物同条件养护的试块达到表 5-57 的规定强度时方可拆除
后张法预应力结构	①后张法的不承重模板，在预应力张拉前拆除 ②无黏结法的承重模板，在建立预应力后拆模，孔道灌浆的在灌浆强度不低于 C15 时拆除

三、冬季施工混凝土的拆模

拆模期限除按规定达到强度要求外，一切模板都必须等混凝土的强度达到设计强度的 75% 后方可拆除，以免混凝土遭受冻害。

四、拆模质量控制

① 在拆模板过程中，如发现混凝土有影响结构安全的质量问题，应暂停拆除。经过处理后方可继续。

② 预应力钢筋混凝土结构构件模板的拆除，除应符合上述拆模的规定外，侧模应在预应力张拉前拆除，底模应在结构构件建立预应力后拆除。

③ 已拆除模板及其支架的结构，应在混凝土强度达到 100% 后，才允许承受其全部计算荷载。施工中不得超载使用，严禁堆放过量建筑材料，如需超载，必须经设计单位核算或加设临时支撑。

第六章

混凝土施工（生产）过程的质量控制

第一节 施工（生产）过程质量控制的概念

混凝土施工（生产）过程质量控制应包括对混凝土原材料的选择，配合比设计，准确计量，选定合理的搅拌时间，混凝土拌合物出厂质量检验、运输、泵送、浇筑、养护等工序的质量控制。

根据生产的阶段不同，混凝土的质量控制可分为两类：第一类指产品生产过程中的控制，称为生产控制；第二类指产品交付验收时的控制，称为合格控制。

生产控制是指在生产过程中为了使产品具有稳定的质量而建立的工序控制。

在生产过程中，引起工序特性数据变异的原因很多，一般可归纳为两类：一类是随机的偶然原因，指那些在现有技术水平下还不易控制的一些偶发性因素。要清除这类原因，不但在技术上有困难，而且在经济上也不合理。另一类是异常原因，或是由于原材料质量突变，或是由于生产工序不符合作业标准而产生的数据变异。这种变异可通过有关人员的努力与加强管理，从技术上予以消除。借助质量控制图中的控制界限，就能识别这两类因素，使生产能长期维持在稳定的质量状态下，这个状态称为质量控制状态或管理状态。

实施混凝土质量控制应遵循下列规定。

① 通过对原材料的质量检验与控制、混凝土配合比的确定与控制、混凝土生产和施工

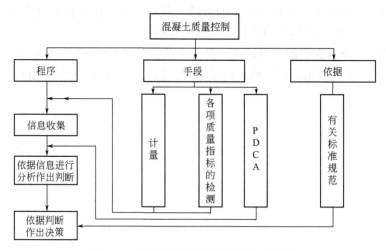

图 6-1　混凝土质量控制程序及控制手段

PDCA循环是质量管理的基本方法，是升级循环。它分为计划-实施-检查-处理四个阶段。对混凝土质量控制，在上述升级循环过程中可采用质量控制图、直方图、因果分析图及对策表等手段，以便直观、有效地发现问题和解决问题，简称三图一表。

过程各工序的质量检验与控制以及合格性检验控制，使混凝土质量符合规定要求。

② 在施工过程中进行质量检测，计算统计参数，应用各种质量管理图表，掌握动态信息，控制整个施工期间的混凝土质量，并遵循升级循环的方式，制定改进与提高质量的措施，完善质量控制过程，使混凝土质量稳定提高。

③ 混凝土质量控制程序及其控制手段如图 6-1 所示。

④ 必须配备相应的技术人员和必要的检验及试验设备，建立、健全必要的技术管理与质量控制制度。

第二节 混凝土施工质量控制的主要内容

工程实践表明，组成混凝土的原材料质量，由特定材料组成的混凝土配合比质量，混凝土拌合物质量和混凝土硬化后的强度、耐久性等是混凝土质量控制的几个主要内容。

一、原材料和混合材料的使用控制

混凝土生产过程中，不仅要对原材料的技术标准进行控制，还必须严格控制原材料的质量和混合材料的掺入量。

1. 水泥使用控制

水泥在使用过程中应采取以下措施进行控制，见表 6-1。

表 6-1　水泥使用过程质量控制

项目	控制要点
储存	①进仓时应有质量证明文件 ②应按品种、强度、出厂日期、生产厂等分别堆放，先到先用 ③袋装水泥码垛时下面垫高 30cm 左右，离墙 30cm 以上。堆放高度不宜超过 10 包 ④仓库应密闭、干燥、隔潮。一般不宜露天堆放。如露天堆放，应下有防潮垫板，上有防雨篷布 ⑤使用期不应超过出厂日期三个月，超期时应重新检验其强度
结块水泥的处理	①全部结块不能使用，结块如用手即可捏成粉末，应重新检验其强度。使用时应先进行粉碎，并加长搅拌时间 ②结块如较坚硬，应筛去硬块，将小颗粒粉碎，检验其强度，作如下使用： a. 用于非承重结构部位； b. 作砌筑砂浆； c. 作掺合料掺入同品种新水泥中，但其掺量应大于水泥质量的 20%，并延长搅拌时间
软硬练强度不能套用	①硬练法与软练法强度之间并没有固定不变的比例，不能套用 ②按 JGJ 55—2011 计算配合比，只适用于软练法的强度，不能该按硬练法强度计算
不同品种不能混合使用	①不同品种水泥的混凝土不能混合使用 ②同一品种，强度等级不同，出厂日期差距较久的水泥制成的混凝土，不能混合使用

2. 骨料使用控制

骨料在使用过程中应采用以下措施进行控制：

① 砂石粗细骨料应按品种分别堆放，严禁与石灰等材料相邻堆放，以免混杂。

② 进厂（场）粗细骨料无试验资料者，应在大堆上从五个不同的部位各抽取相等数量

进行拌和，将拌和的骨料以四方法取对角线部分的约10kg（石子约30kg）进行检验。

③ 由于砂、石原材料在多数情况下系非均质材料，同批不同部位和不同批的材料质量都存在着差异，因此，对有试验资料的原材料，在使用过程中，仍需按有关规定要求定期抽样检查。

④ 对混凝土骨料来说，影响配比组成而导致混凝土强度波动过大的主要原因是含水率。因此，应定期测定骨料的含水率，及时对施工配合比进行调整。

⑤ 在混凝土生产过程中对原材料的质量控制，除经常性检验外，还应随时掌握其细骨料含泥量和粗骨料含粉量的变化规律，并拟定相应的对策措施。如砂、石的含泥量超出标准要求时，应坚持筛洗或采取能保证混凝土质量的其他有效措施。

3. 混合材使用控制

混合材使用的一般规定如下：

① 需要掺用活性混合材时，原则上应采用水泥厂生产的混合材水泥。只有在无法采购所需水泥时，才可自行掺用。

② 混凝土强度等级高于C40时，不宜掺用混合材。

③ 混合材的掺用量一般不得少于水泥质量的5%。

④ 混合材的掺入方法见表6-2。

4. 外加剂使用控制

外加剂溶液是否搅拌均匀，粉剂是否已按量分装好。

表6-2　混凝土掺用混合材的掺入方法

掺入方法	说　明
先掺法	事先将混合材与水泥按比例放在密闭的拌合器内拌匀，按常规作为混合材水泥使用
同掺法	在搅拌混凝土时按比例与水泥同时加入搅拌，其搅拌时间增加60s
湿掺法	此法只适用于粉煤灰。先将粉煤灰加入水中拌成浆状，然后按定量与混凝土材料同时加入搅拌。拌混合材的用水量应在配合比用水量中扣除

二、混凝土配制强度的确定及其控制

混凝土配制强度定得过高，可能会提高混凝土的成本；定得过低，将导致混凝土强度不能满足预期的质量要求，在混凝土强度的合格验收中，会使不合格的可能性增大，同样会给企业造成一定损失。所以，合理确定混凝土配制强度是混凝土质量控制中的重要环节之一。

混凝土配制强度的确定可参考第三章相关内容。

三、混凝土拌合物的质量控制

经试配所确定的混凝土理论配合比，在实际生产过程中，由于各种材料计量的误差和骨料含水率的变化，加之搅拌均匀程度影响，都会使混凝土强度产生波动。这种波动，可用混凝土拌合物的和易性和水灰比来反映。因此，应从以下几方面入手加强对混凝土拌合物的控制：

① 材料计量装置❶经常检验，计算偏差不得超过下列规定数值：

---

❶　各种衡器应定期校验，经常保持称量准确。

a. 水泥和外掺混合材料：按质量计±2％（袋装水泥可抽取10袋进行质量检验）。

b. 骨料[1]：按质量级为±3％。

c. 水和外加剂：按质量或按质量折成体积计为±2％。

② 混凝土搅拌站应设配合比交底牌，并将每天的砂、石含水率换算在每盘配料的实际用量中。

③ 混凝土在拌制和浇筑过程中应按下列规定进行检查：

a. 检查混凝土组成材料的质量和用量，每一工作班至少两次。

b. 检查混凝土在拌制地点及浇筑地点的坍落度，每一工作班至少两次。

c. 在每一工作班内，如混凝土配合比受外界影响而有变动时，应及时检查。

d. 混凝土的搅拌时间应随时检查。

在实际对混凝土质量科学管理中，对于混凝土拌合物的控制，还应通过一定工艺条件，以实测值的正常波动范围作为控制混凝土拌合物质量是否发生异常的信息，如发现异常，及时采取措施，予以解决。为了及时和直观地获得混凝土拌合物的质量信息，在生产过程中，可分别绘制混凝土和易性控制图和水灰比控制图。例如某厂由系统实验，已取得在该厂条件下，混凝土的维勃稠度（s）或坍落度（cm）和水灰比的正常波动参数，并绘制成控制图，如图6-2和图6-3所示。

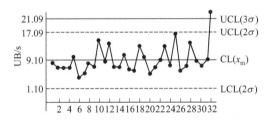

图6-2　混凝土维勃稠度控制图

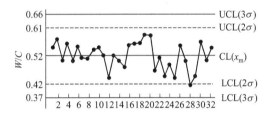

图6-3　混凝土水灰比控制图

由这些控制图，即可获得混凝土拌合物的质量信息，又可由与之对应的混凝土强度控制图6-4获得强度的质量信息，便于对照分析，查找原因，采取对策。

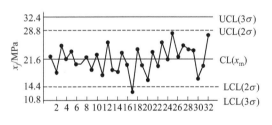

图6-4　混凝土快速测定强度控制图

四、混凝土强度的质量控制

影响混凝土强度的因素很多，除前述混凝土配制强度确定的合理程度、原材料质量的变异、配料的计量误差、生产工艺条件的变化（如投料方式、搅拌均匀程度、运输方式等）外，养护条件和试验误差等对混凝土质量的影响都会综合地反映到混凝土强度上来。因此，应对混凝土强度进行有效的控制，使其达到规范、标准要求的质量，这是进行混凝土质量控制的重要环节之一。

对混凝土强度进行质量控制，可采用单值-移动极差（x-R_s-R_m）或平均值-极差控制图（$\bar{x}$-R）控制图。一般来讲，当不易分批时或刚开始进行混凝土质量控制工作时，多采用单值-移动极差控制图。当混凝土强度的控制工作开展一定时间后，而且能保持生产正常稳定

[1]　骨料含水率应经常测定。雨天施工时，应增加测定次数。

时，则宜采用平均值-极差控制图。

采用上述两种控制图，对混凝土强度进行质量控制，举例如下。

【例 6-1】 某混凝土预制构件厂，主要生产 C30 混凝土，对其强度的控制采用 $x\text{-}R_s\text{-}R_m$ 控制图。利用已积累的同类混凝土强度数据，计算控制界限（见表 6-3），并画出相应控制图（见图 6-5）。

表 6-3 $x\text{-}R_s\text{-}R_m$ 数据表

| 日期 | NO. | 测定强度值/MPa | | | 组平均值 x | 移动极差 R_s | R_m | 备注 |
		1	2	3				
3 月 1 日	1	40.1	36.9	37.8	38.3	—	3.2	
3 月 2 日	2	35.1	38.7	36.9	36.9	1.4	3.6	
3 月 3 日	3	37.8	40.5	40.5	39.6	2.7	2.7	
3 月 4 日	4	38.7	38.7	36.0	37.8	1.8	2.7	
3 月 5 日	5	40.1	40.1	39.2	39.8	2.0	0.9	参数计算：
3 月 6 日	6	36.0	38.7	38.3	37.7	2.1	2.7	$\bar{x}=\dfrac{859.8}{23}\approx37.4\text{MPa}$
3 月 8 日	7	41.4	44.1	43.7	43.1	5.4	2.7	$\bar{R}_s=\dfrac{92.9}{22}\approx4.22\text{MPa}$
3 月 9 日	8	36.0	37.4	36.0	36.5	6.6	1.4	$\bar{R}_m=\dfrac{61.8}{23}\approx2.69\text{MPa}$
3 月 10 日	9	37.8	37.8	39.6	38.4	1.9	1.8	控制线计算：
3 月 11 日	10	43.2	41.4	44.1	42.9	4.5	2.7	①x 控制图
3 月 12 日	11	38.7	38.7	39.6	39.0	3.9	0.9	$\text{CL}=\bar{x}=37.4\text{MPa}$
3 月 13 日	12	45.0	45.0	43.2	44.4	5.4	1.8	$\text{UCL}=\bar{x}+2.66\bar{R}_s$
3 月 15 日	13	43.2	39.2	44.1	42.2	2.2	4.9	$=48.6\text{MPa}$
3 月 16 日	14	36.0	42.8	42.3	40.4	1.8	6.8	$\text{LCL}=\bar{x}-2.66\bar{R}_s$
3 月 17 日	15	43.2	43.2	45.9	44.1	3.7	2.7	$=26.2\text{MPa}$
3 月 18 日	16	30.6	29.7	33.3	31.2	12.9	3.6	②R_s 控制图
3 月 19 日	17	29.7	31.5	31.5	30.9	0.3	1.8	$\text{CL}=\bar{R}_s=4.22\text{MPa}$
3 月 20 日	18	33.3	32.4	33.3	33.0	2.1	0.9	$\text{UCL}=D_4\bar{R}_s=3.267\times4.22$
3 月 22 日	19	28.8	29.7	25.2	27.9	5.1	4.5	$=13.8\text{MPa}$
3 月 23 日	20	35.1	36.0	38.7	36.6	8.7	3.6	③R_m 控制图
3 月 24 日	21	29.7	28.8	29.3	29.3	7.3	0.9	$\text{CL}=\bar{R}_m=2.69\text{MPa}$
3 月 25 日	22	29.7	28.8	29.7	29.4	0.1	0.9	$\text{UCL}=D_4\bar{R}_m=2.575\times2.69$
3 月 26 日	23	38.7	42.8	39.6	40.4	11.0	4.1	$=6.9\text{MPa}$
Σ					859.8	92.9	61.8	

注：标准差系按 $\sigma=\sqrt{\dfrac{\sum\limits_{i=1}^{n}(x_i-\bar{x})^2}{n-1}}$ 计算。

从 x 控制图可以看出生产是否处于稳定状态、强度平均值是否接近所要求的混凝土配制强度，以及实际分布的下限与设计强度的关系等，从而考虑以后的生产是继续维持现状，还是根据设计上的要求重新加以调整。

从 R_s 控制图和 R_m 控制图可以看出,当原材料质量、骨料含水量有较大变化或材料计量误差过大时,移动极差 R_s 将增大;当试件的制作方法不当、模具变形或试验方法有效较大偏差时,组内极差 R_m 将增大。在日本,认为当 R_s＞5.0MPa 或 R_m＞2.5MPa 时,就要加以注意。

【例 6-2】 某预拌混凝土厂生产的 C30 混凝土,采用 x-R 控制图,取三组为一批,其强度数据、控制界限及控制图详见表 6-4 和图 6-6。

在正常生产情况下,各个试验几乎都能落进 2σ 界线内。假如有某个点跑到了 3σ 界线外,则应该检查造成这种离散的原因,并采取措施加以纠正。在这种情况下,应利用经剔除 3σ 之外点后的资料,重新计算控制界线,以便对以后产生的同类混凝土质量参数进行控制。控制界线通常是一个月计算、修改一次。

控制图只能提供质量情报,为技术上寻找质量异常提供信息,便于原因分析和采取相应措施。要切实解决问题,还需要有一定的技术措施和管理制度,通过有关部门和人员共同努力来解决。为了便于检查、总结和提出质量升级目标,对以上工作,可采用建立相应的因果分析图、对策表和提高下一阶段质量目标要求的方法。

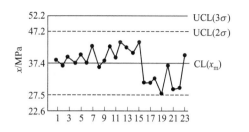
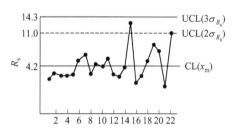
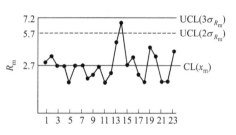

图 6-5 x-R_s-R_m 控制图

表 6-4 $\bar{x}$-R 控制图的数据表

工程名称:						混凝土设计强度:
日期	序号	强度测定值/MPa			平均值 $\bar{x}$	极差 R	备注
		x_1	x_2	x_3			
5 月 3 日	1	38.2	35.8	35.5	36.5	2.7	参数计算: $\bar{x}=915.4/25=36.6$MPa $R=100.2/25=4.01$MPa 控制线计算: ①$\bar{x}$ 控制图 CL$=\bar{x}=36.6$MPa UCL$=\bar{x}+A_2\bar{R}$ $=\bar{x}+1.023\bar{R}$ $=40.7$MPa LCL$=\bar{x}-A_2\bar{R}$ $=32.5$MPa ②R 控制图 CL$=\bar{R}=4.01$MPa UCL$=D_4\bar{R}=10.32$MPa
5 月 4 日	2	41.1	40.5	39.6	40.4	1.5	
5 月 5 日	3	36.9	41.0	41.0	39.6	4.1	
5 月 6 日	4	38.9	33.9	39.6	37.5	5.7	
5 月 7 日	5	27.8	34.8	34.2	32.3	7.0	
5 月 8 日	6	35.3	33.7	34.7	34.6	1.6	
5 月 10 日	7	35.2	30.1	35.9	33.7	5.8	
5 月 11 日	8	36.7	37.9	42.7	39.1	6.0	
5 月 12 日	9	32.3	36.0	33.1	33.1	4.9	
5 月 13 日	10	37.4	36.7	37.2	37.1	0.7	
5 月 14 日	11	39.3	42.4	37.6	39.8	4.8	
5 月 15 日	12	37.9	37.6	35.1	36.9	2.8	
5 月 17 日	13	34.5	35.6	39.3	36.5	4.8	

日期	序号	强度测定值/MPa			平均值 $\bar{x}$	极差 R	备注
工程名称：						混凝土设计强度：	
		x_1	x_2	x_3			
5 月 18 日	14	39.5	34.9	39.2	37.9	4.6	
5 月 19 日	15	33.1	38.0	36.9	36.0	4.9	
5 月 20 日	16	37.8	35.9	38.8	37.5	2.9	
5 月 21 日	17	38.1	36.6	41.5	38.7	4.9	
5 月 22 日	18	37.8	42.4	37.6	39.3	4.8	
5 月 24 日	19	41.0	38.4	39.8	39.7	2.6	
5 月 25 日	20	36.3	34.2	34.8	35.1	2.1	
5 月 26 日	21	33.9	32.8	33.4	33.4	1.1	
5 月 27 日	22	36.5	40.4	39.0	38.6	3.9	
5 月 28 日	23	36.4	39.6	34.6	36.9	5.2	
5 月 29 日	24	28.3	36.1	33.0	32.5	7.8	
5 月 31 日	25	34.6	31.8	31.6	32.7	3.0	
Σ					915.4	100.2	

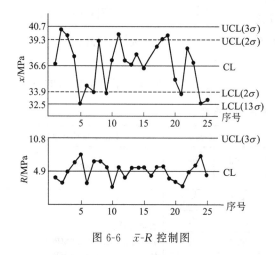

图 6-6　$\bar{x}$-R 控制图

五、混凝土强度的早期推定

一般来讲，用于判定混凝土质量的强度，通常以标准养护 28d 的混凝土立方体试件的抗压强度来表示。随着建筑技术的发展，这种需 28d 才能获得结果的试验方法，显然不能满足及时控制和判定混凝土质量的要求。应用快速推定混凝土强度的方法，则可以及时发现混凝土质量方面存在的问题，查找原因、采取措施，从而实现对混凝土质量在生产过程中的有效控制。

早期推定混凝土强度，详见第七章第二节八、所述。现仅做简要介绍。

早期推定混凝土强度，是利用混凝土强度发展规律，将混凝土试块放在温水或沸水中蒸煮后检验其强度，乘以换算系数而推定 28d 标准养护的强度。

换算系数应通过测试取得，其计算式如下：

$$换算系数 = \frac{1}{n} \times \sum_{i=1}^{n} \frac{f_{cu,28}}{f_{cu,早}} \tag{6-1}$$

式中，n 为试块组数，$n \geqslant 10$；$f_{cu,28}$ 为试块标准养护 28d 强度，MPa；$f_{cu,早}$ 为试块蒸煮养护强度，MPa。

注：上式对比用试块，制作条件应相同；亦可分期进行；组数应为 10 个对比组以上。

经长期资料积累后，换算系数可相应调整。

试块蒸煮方法有三种，见表 6-5。

表 6-5　试块蒸煮方法

试验方法	养护介质及温度		养护制度			试验总周期	加速养护设备
	养护介质	养护温度	前置时间	加速养护时间	后置时间		
沸水法	水	(100±2)℃	24h±15min [(20±5)℃]	4h±5min	1h±10min	29±15min	加速养护箱
热水法	水	(80±2)℃	1h±10min	5h±5min	1h±10min	7h±15min	加速养护箱及试模密封装置
温水法	水	(55±2)℃	1h±10min	23h±15min	1h±10min	25h±15min	加速养护箱及试模密封装置

注：1. 表中三种试验方法所采用的混凝土试件尺寸、成型方法和拌合物的坍落度、工作度、立方体抗压强度的试验方法，以及不同尺寸试件强度的换算系数，均与常规试验方法相同。

2. 沸水法，试件采用脱模浸养；其余两种方法，试件带模浸养。

在通常情况下采用沸水法试验。其混凝土推定强度 $f_{cu,推}$ 可用式(6-2)计算：

$$f_{cu,推} = 换算系数 \times f_{cu,早} \tag{6-2}$$

注意，$f_{cu,推}$ 只能作为生产过程中质量控制和配合比设计调整之用。

六、混凝土配合比的调整

为了既能合理利用原材料的性能又能保证混凝土的质量，应及时按下列规定调整混凝土配合比：

① 当在混凝土质量控制图中出现异常现象时，应查找原因；必要时应调整混凝土配合比。

② 当粗、细骨料的含水率与基准状态相比有显著变化时，应相应地调整用水率；当骨料的含水率相差很大时，尚应调整粗、细骨料的用量。

③ 当采用连续级配的粗骨料级配偏粗时，需适当增加砂率，级配偏细时，应适当减少砂率。

④ 在夏季生产时，为了保证混凝土拌合物流动度的需要，可适当增加每立方米混凝土的用水量，此时，一般可不增加水泥用量。冬季生产时，砂、水需要加热（砂一般可控制在 30~50℃，水为 70℃），同时适当降低水灰比。

第三节　常见特种混凝土施工的质量控制

一、高强混凝土的质量控制

1. 原材料的质量要求

高强混凝土原材料的选用和质量控制至关重要，必须严把原材料进场检验关，原材料除按其产品标准检测外，还需注意以下几点。

（1）水泥　应选用质量稳定的硅酸盐水泥或普通硅酸盐水泥。

（2）骨料　粗骨料应选用质地坚硬、级配良好的石灰岩、玄武岩等碎石，宜采用连续级配，其最大公称粒径不宜大于 25mm，针片状颗粒含量不宜大于 5.0%。含泥量不应大于 0.5%，泥块含量不应大于 0.2%，压碎指标不宜大于 8%，粒形以呈多边形的碎石为佳。

细骨料宜采用中、粗河砂，细度模数宜为 2.6～3.0，含泥量不应大于 2.0%，泥块含量不应大于 0.5%。

（3）外加剂　宜采用高性能减水剂，以保证混凝土在低水胶比下获得良好的工作性和保塑性。根据混凝土的性能要求，施工工艺及气候条件，结合原材料的性能及对水泥的适应性等因素，通过试验确定外加剂的种类和掺量。

（4）矿物掺合料　宜复合掺用粉煤灰、粒化高炉矿渣粉和硅灰等矿物掺合料，对强度等级不低于 C80 的高强混凝土宜掺加硅灰。

2. 混凝土配合比设计要求

高强混凝土配合比设计，应符合安全性、工作性、耐久性、环保性、经济性的要求，根据所在地区的原材料状况因地制宜地确定配合比，并经系统试验后，方可正式使用。

工程实践表明，充足的富余强度可以抵消在生产过程中各个环节对强度的影响，因此高强混凝土配制强度应有足够的富余。一般情况下，C80 级混凝土配制强度不低于 95MPa，C100 级混凝土配制强度不低于 115MPa，当然，强度富余量的大小应取决于混凝土生产和施工单位的管理水平。

C80～C100 级高强混凝土水胶比宜控制在 0.22～0.28 范围内，水泥用量不宜超过 500kg/m³，矿物掺合料掺量宜为胶凝材料的 25%～40%，用水量不宜超过 150kg/m³，砂率一般控制在 35%～42% 范围内。

根据高强混凝土生产施工经验，在高强混凝土配合比设计完成后，高强混凝土生产厂家在施工前应进行试生产，进一步复验拌合物性能和硬化混凝土性能，此做法可预防和减少实际生产中的技术风险。

3. 混凝土制备

严格控制混凝土搅拌程序，拌制高强混凝土必须使用强制式搅拌机，确保设备计量准确。高强混凝土的拌制应适当延长搅拌时间，搅拌时间不得少于 3min。

4. 混凝土的运输与浇筑

混凝土运输要保证车况良好，管理人员根据运输距离、道路状况确定行车路线，调度发车间隔，车窗上张贴统一标识，标志该车内混凝土的强度等级。

运送混凝土车的罐体内不应有积水，对混凝土拌合物应每车进行目测检查，保证混凝土运送至浇筑地点不离析、不分层，入泵前罐体快转 30～60s。运输和浇筑过程中，严禁向混凝土拌合物中加水，运输频率应保证施工的连续性。

混凝土拌合物运到浇筑地点，暑期温度不宜高于 35℃，冬期入模时温度不宜低于 10℃。

混凝土泵送前，应先泵送同配合比的水泥砂浆（扣除粗骨料的混凝土配合比）润滑输送管内壁，多余的润管砂浆不得进入结构实体中。

混凝土泵送结束后或停歇时间过长，进行管道清洗时，严禁将压力水或压力砂浆积存在浇筑的混凝土结构中。

5. 混凝土的养护

施工单位应根据施工部位、环境条件及混凝土性能的特点，制定出具体可行的养护方案，并严格执行。

混凝土的早期保湿养护是保证高强混凝土质量的关键因素。实际施工中，常温季节一般采用覆盖塑料布或用湿麻袋围裹并定时喷水的方法养护；对钢管混凝土则依靠钢管的包裹，在管口蓄 3~5cm 水并覆盖塑料布完成。冬期时要采用保温措施，不应浇水养护。

6. 混凝土的检验与评定

为保证混凝土的顺利验收，建议高强混凝土强度验收时宜选择 150mm 立方体试件，且留置组数不宜少于 10 组。

高强混凝土的评定按《混凝土强度检验评定标准》（GB/T 50107—2010）的有关规定执行。通过统计分析，及时发现混凝土强度的变化，做好质量跟踪，保证混凝土质量稳定。掌握第一手资料后，一旦发生问题，能做到及时准确处理。

总之，混凝土质量优劣除取决于混凝土本身质量外，还取决于施工单位对混凝土振捣、养护工艺的控制。施工单位应在施工组织设计中针对高强混凝土控制点编制施工方案，并明确专人负责监督和实施。初次从事高强混凝土的施工单位要结合厂家提供的生产、技术保证方案，编制专项施工方案，并在有经验的专业技术人员指导下进行施工。

二、高性能混凝土的质量控制

1. 原材料的质量要求

详见第三章相关内容。

2. 配合比设计要求

详见第三章相关内容。

3. 混凝土制备

① 高性能混凝土必须采用强制式搅拌机拌制。

② 原材料计量准确，应严格按设计配合比称量，其允许偏差应符合下列规定（按质量计）：

a. 胶凝材料（水泥、微细粉等）±1%；

b. 化学外加剂（高效减水剂或其他化学添加剂）±1%；

c. 粗、细骨料±2%；

d. 拌合用水±1%。

③ 应严格测定粗、细骨料的含水率，宜每班抽测 2 次。使用露天堆放骨料时，应随时根据其含水量变化调整施工配合比。

④ 化学外加剂可采用粉剂和液体外加剂。当采用液体外加剂时，应从混凝土用水量中扣除溶液中的水量；当采用粉剂时，应适当延长搅拌时间，不宜少于 0.5min。

⑤ 拌制第一盘混凝土时，可增加水泥和细骨料用量 10%，但保持水灰比不变。

⑥ 原材料的投料顺序宜为：粗骨料、细骨料、水泥、微细粉投入（搅拌约 0.5min）→加入拌合水（搅拌约 1min）→加入减水剂（搅拌约 0.5min）→出料。当采用其他投料顺序

时，应经试验确定其搅拌时间，保证搅拌均匀。

搅拌的最短时间尚应符合设备说明书的规定。从全部材料投完算起的搅拌时间不得少于1min。搅拌 C50 以上强度等级的混凝土或采用引气剂、膨胀剂、防水剂和其他添加剂时，应相应延长搅拌时间。

4. 混凝土运输

① 高性能混凝土从搅拌结束到施工现场使用不宜超过 120min。在运输过程中，严禁添加计量外用水。当高性能混凝土运输到施工现场时，应抽检坍落度，每 100m³ 混凝土应随机抽检 3~5 次，检测结果应作为施工现场混凝土拌合物质量评定的依据。

② 高性能混凝土应使用搅拌运输车运送，运输车装料前应将筒内的积水排净。

③ 混凝土的运送时间应满足合同规定，合同未作规定时，宜按 90min 控制（当最高气温低于 25℃时，运送时间可延长 30min）。当需延长运送时间时，应采取经过试验验证的技术措施。

④ 当确有必要调整混凝土的坍落度时，严禁向运输车内添加计量外用水，而必须在专职技术人员指导下，在卸料前加入外加剂，且加入后采用快速转动料筒搅拌。外加剂的数量和搅拌时间应经试验确定。

5. 混凝土浇筑

① 高性能混凝土的浇筑应采用泵送施工，高频振动器振动成型。

② 混凝土泵送施工应符合现行行业标准《混凝土泵送施工技术规程》（JGJ/T 10—2011）的下列规定：

a. 混凝土浇筑时应加强施工组织和调度，混凝土的供应必须确保在规定的施工区段内连续浇筑的需求量。

b. 混凝土的自由倾落高度不宜超过 2m；在不出现分层离析的情况下，最大落料高度应控制在 4m 以内。

c. 泵送混凝土应根据现场情况合理布管。在夏季高温时应采用湿草帘或温麻袋覆盖降温，冬季施工时应采用保温材料覆盖。

d. 混凝土搅拌后 120min 内应泵送完毕，如因运送时间不能满足要求或气候炎热，应采取经试验验证的技术措施，防止因坍落度损失影响泵送。

③ 冬期浇筑混凝土时应遵照现行行业标准《建筑工程冬期施工规程》（JGJ/T 104—2011）和现行国家标准《混凝土外加剂应用技术规范》（GB 50119—2013）的有关规定，制定冬期施工措施。在施工环境的最低气温高于 −5℃时，可采取混凝土正温入模，加盖塑料薄膜和保温材料，做好保湿蓄热养护。在寒冷地区和严寒地区冬期施工，应按高性能混凝土的要求，经试验确定掺加外加剂的品种和数量。

④ 浇筑高性能混凝土应振捣密实，宜采用高频振动器垂直点振。当混凝土较黏稠时，应加密振点分布。应特别注意二次振捣和二次振捣的时机，确保有效地消除塑性阶段产生的沉缩和表面收缩裂缝。

6. 混凝土养护

① 高性能混凝土必须加强保湿养护，特别是底板、楼面板等大面积混凝土浇筑后，应立即用塑料薄膜严密覆盖。二次振捣和压抹表面时，可卷起覆盖物操作，然后及时覆盖，混凝土终凝后可用水养护。采用水养护时，水的温度应与混凝土的温度相适应，避免因温差过

大而混凝土出现裂缝。保湿养护期不应少于 14d。

② 当高性能混凝土中胶凝材料用量较大时，应采取覆盖保温养护措施。保温养护期间应控制混凝土内部温度不超过 75℃；应采取措施确保混凝土内外温差不超过 25℃。可通过控制入模温度控制混凝土结构内部最高温度，可通过保湿蓄热养护控制结构内外温差；还应防止混凝土表面温度因环境影响（如暴晒、气温骤降等）而发生剧烈变化。

7. 质量验收

① 混凝土质量应符合现行国家标准《混凝土质量控制标准》（GB 50164—2011）的规定。

② 混凝土结构工程的施工质量验收应符合现行国家标准《混凝土结构工程施工质量验收规范》（GB 50204—2015）的规定。

③ 混凝土强度检验评定应符合现行国家标准《混凝土强度检验评定标准》（GB/T 50107—2010）的规定。

三、大体积混凝土的质量控制

大体积混凝土是指混凝土结构实体最小几何尺寸不小于 1m 的大体量混凝土，或预计会因混凝土中胶凝材料水化引起的温度变化和收缩而导致有害裂缝产生的混凝土。大体积混凝土配合比设计和施工的首要目标是控制混凝土温度裂缝，主要控制混凝土入模温度、绝热温升、内外温差等。在此主要介绍工业民用建筑和基础设施中所用大体积混凝土的质量控制。

1. 原材料的质量要求

大体积混凝土原材料的选用和质量控制除按其产品标准检测外，还需注意以下几点：

（1）水泥

① 应优先选用中、低热硅酸盐水泥或低热矿渣硅酸盐水泥，大体积混凝土施工所用水泥，其 3d 的水化热不宜大于 240kJ/kg，7d 的水化热不宜大于 240kJ/kg。

② 当混凝土有抗渗指标要求时，所用水泥的铝酸三钙（C_3A）含量不宜大于 8%。

③ 水泥温度不宜大于 60℃。

（2）骨料

① 细骨料宜采用中砂，其细度模数宜大于 2.3，含泥量不应大于 3%。

② 粗骨料宜选用粒径 5～31.5mm，并应连续级配，含泥量不应大于 1%。

③ 应选用非碱活性的粗骨料。

④ 当采用非泵送施工时粗骨料的粒径可适当增大。

（3）矿物掺合料及外加剂

① 矿物掺合料及外加剂的品种、掺量应根据工程特点经试验确定。

② 应考虑矿物掺合料及外加剂对硬化混凝土收缩等性能的影响。

③ 对耐久性要求较高或寒冷地区的大体积混凝土宜采用引气剂或引气减水剂。

2. 配合比设计要求

（1）一般要求　大体积混凝土配合比的设计，除应符合工程设计所规定的强度等级、耐久性、体积稳定性等要求外，尚应符合大体积混凝土施工工艺特性的要求。大体积混凝土宜采用 60d 或 90d 的混凝土强度作为配合比设计、强度检验评定及工程验收的依据。大体积混凝土工程施工前，宜对施工阶段大体积混凝土浇筑体的温度、温度应力及收缩应力进行试算，确定施工阶段大体积混凝土浇筑体的温升峰值，里表温差及降温速率等控制指标，制定相应的温控措施。

一般情况下，温控指标宜符合下列规定。

① 混凝土浇筑体在入模温度基础上的温升值不宜大于 50℃。

② 混凝土浇筑体的最大里表温差（不含混凝土收缩的当量温度）不宜大于 25℃。

③ 混凝土浇筑体的最大降温速率不宜大于 2.0℃/d。

④ 混凝土浇筑体表面与大气温差不宜大于 20℃。

（2）配合比技术参数　大体积混凝土配合比设计除应符合现行国家标准《普通混凝土配合比设计规程》（JGJ 55—2011）外，尚应符合下列规定。

① 采用混凝土 60d 或 90d 强度作指标时，应将其作为混凝土配合比的设计依据。

② 所配制的混凝土拌合物，到浇筑工作面的坍落度不宜大于 160mm。

③ 拌合水用量不宜大于 175kg/m³。

④ 粉煤灰掺量不宜超过胶凝材料用量的 40%；粒化高炉矿渣粉的掺量不宜超过胶凝材料用量的 50%，粉煤灰和粒化高炉矿渣粉掺合料的总量不宜大于混凝土中胶凝材料用量的 50%。

⑤ 水胶比不宜大于 0.50。

⑥ 砂率宜为 35%～42%。

（3）其他要求

① 在混凝土制备前，除进行常规配合比试验外，应进行如水化热、泌水率比、可泵性等对大体积混凝土控制裂缝所需的技术参数的试验；必要时其配合比设计应当通过试泵送。

② 在确定混凝土配合比时，尚应根据混凝土的绝热温升、温控施工方案的要求等，提出混凝土制备时粗细骨料和拌合用水及入模温度控制的技术措施。

3. 混凝土制备和运输

（1）混凝土制备

① 混凝土的制备与运输能力应满足混凝土浇筑工艺——连续浇筑、分层浇筑、跳层浇筑及其他浇筑形式的要求，满足施工工艺对坍落度损失、入模坍落度、入模温度等的技术要求。

② 多厂家同时提供预拌混凝土时，应符合原材料、配合比、材料计量等级相同，以及制备工艺和质量检验水平基本相同的要求。

（2）混凝土运输

① 混凝土拌合物的运输应采用混凝土搅拌运输车，运输车应具有防风、防晒、防雨和防寒设施。

② 搅拌运输车在装料前应罐内的积水排尽。

③ 搅拌运输车的数量应满足混凝土浇筑的工艺要求。

④ 搅拌运输车单程送料时间，采用预拌混凝土时，应符合现行国家标准《预拌混凝土》（GB/T 14902—2012）的规定。

⑤ 搅拌运输过程中需补充外加剂调整拌合物质量时，搅拌运输车应进行快速搅拌，搅拌时间应不小于 120s。

⑥ 经补充外加剂或快速搅拌已无法恢复混凝土拌合物的工艺性能时，不得浇筑入模。

4. 混凝土的浇筑和养护

（1）混凝土浇筑

① 大体积混凝土的浇筑应符合下列规定。

a. 混凝土浇筑层厚度应根据所用振动器的作用深度及混凝土的和易性确定。整体连续浇筑时宜为 300～500mm。

b. 整体分层连续浇筑或推移式连续浇筑，应缩短间歇时间，并应在前层混凝土初凝之前将次层混凝土浇筑完毕。层间最长的间歇时间应不大于混凝土的初凝时间。混凝土的初凝时间应通过试验确定。当层间间歇时间超过混凝土的初凝时间时，层面应按施工缝处理。

c. 混凝土浇筑宜从低处开始，沿长边方向自一端向另一端进行。当混凝土供应量有保证时，亦可多点同时浇筑。

d. 混凝土宜采用二次振捣工艺。

② 大体积混凝土施工采取分层间歇浇筑混凝土时，水平施工缝的处理应符合下列规定。

a. 在已硬化的混凝土表面，应清除表面的浮浆、松动的石子及软弱混凝土层。

b. 在上层混凝土浇筑前，应用清水冲洗混凝土表面的污物，并应充分润湿，但不得有积水。

c. 混凝土应振捣密实，并应使新旧混凝土紧密结合。

③ 在大体积混凝土浇筑过程中，应采取措施防止受力钢筋、定位筋、预埋件等位移和变形，并及时清除混凝土表面的泌水。

④ 大体积混凝土浇筑面应及时进行二次抹压处理。

（2）混凝土养护

① 大体积混凝土应采取保温保湿养护，在每次混凝土浇筑完毕后，除应按普通混凝土进行常规养护外，应及时按温控技术措施的要求进行保温养护，并应符合下列规定。

a. 专人负责保温养护工作，按标准规范或技术施工方案中的有关规定操作并做好测试记录。

b. 保湿养护的持续时间，不得少于14d。并应经常检查塑料薄膜或养护剂涂层的完整情况，保持混凝土表面湿润。

c. 保温覆盖层的拆除应分层逐步进行，当混凝土的表面温度与环境最大温差小于20℃时，可全部拆除。

② 在混凝土浇筑完毕、初凝前，应立即进行喷雾养护工作。

③ 塑料薄膜、麻袋、阻燃保温被等，可作为保温材料覆盖混凝土和模板，必要时可搭设挡风保温棚或遮阳降温棚。

④ 在大体积混凝土保温养护中，应对混凝土浇筑体的里表温差和降温速率进行检测，当实测结果不满足温控指标的要求时，应及时调整保温养护措施。

⑤ 高层建筑转换层的大体积混凝土施工，应加强养护，其侧模、底模的保温构造应在支模设计时确定。

⑥ 大体积混凝土拆模后，地下结构应及时回填土；地上结构应尽早进行装饰，不宜长期暴露在自然环境中。

5. 特殊气候条件下的施工

① 大体积混凝土施工遇炎热、冬期、大风或者雨雪天气时，必须采用保证混凝土浇筑

质量的技术措施。

② 炎热天气浇筑混凝土，宜采用遮盖、洒水、拌冰屑等降低混凝土原材料温度的措施，混凝土入模温度宜控制在 30℃ 以下。混凝土浇筑后应及时保湿保温养护，条件许可时应避开高温时段浇筑混凝土。

③ 冬期浇筑混凝土，宜采用热水拌和、加热骨料等措施提高混凝土原材料温度，混凝土入模温度不宜低于 5℃。混凝土浇筑后应及时进行保温保湿养护。

④ 大风天气浇筑混凝土，在作业面应采取挡风措施，并应增加混凝土表面的抹压次数，及时覆盖塑料薄膜和保温材料，保持混凝土表面湿润，防止风干。

⑤ 雨雪天不宜露天浇筑混凝土，当需施工时，应采取确保混凝土质量的措施。浇筑过程中突遇大雨或大雪天气时，应及时在结构合理部位留置施工缝，并应尽快中止混凝土浇筑；对已浇筑还未硬化的混凝土立即进行覆盖，严禁雨水直接冲刷新浇筑的混凝土。

6. 混凝土的绝热温升计算

① 水泥的水化热可按下式计算：

$$Q_t = \frac{1}{n+t} Q_0 t \tag{6-3}$$

$$\frac{t}{Q_t} = \frac{n}{Q_0} + \frac{t}{Q_0} \tag{6-4}$$

$$Q_0 = \frac{4}{7/Q_7 - 3/Q_3} \tag{6-5}$$

式中，Q_t 为龄期 t 时的累计水化热，kJ/kg；Q_0 为水泥水化热总量，kJ/kg；t 为龄期，d；n 为常数，随水泥品种、比表面积等因素不同而异。

② 胶凝材料水化热总量应在水泥、掺合料、外加剂用量确定后根据实际配合比通过试验得出。当无试验数据时，可按下式计算：

$$Q = k Q_0 \tag{6-6}$$

式中，Q 为胶凝材料水化热总量，kJ/kg；k 为不同掺量掺合料水化热调整系数。

③ 当现场采用粉煤灰与矿粉双掺时，不同掺量掺合料水化热调整系数可按下式计算：

$$k = k_1 + k_2 - 1 \tag{6-7}$$

式中，k_1 为粉煤灰掺量对应的水化热调整系数，可按表 6-6 取值；k_2 为矿渣粉掺量对应的水化热调整系数，可按表 6-6 取值。

表 6-6　不同掺量掺合料水化热调整系数

掺量	0	10%	20%	30%	40%
粉煤灰（k_1）	1	0.96	0.95	0.93	0.82
矿渣粉（k_2）	1	1	0.93	0.92	0.84

注：表中掺量为掺合料占总胶凝材料用量的百分数。

④ 混凝土的绝热温升值可按下式计算：

$$T(t) = \frac{WQ}{C\rho} (1 - e^{-mt}) \tag{6-8}$$

式中，$T(t)$ 为龄期为 t 时，混凝土的绝热温升，℃；W 为每立方米混凝土的胶凝材料用量，kg/m³；C 为混凝土比热容，可取 0.92～1.0kJ/(kg·℃)；ρ 为混凝土表观密度，可取

$2400 \sim 2500 \mathrm{kg/m^3}$；$m$ 为与水泥品种、浇筑温度等有关的系数，可取 $0.3 \sim 0.5 \mathrm{d^{-1}}$；$t$ 为龄期，d。

7. 大体积混凝土温度计算

（1）最大绝热温升　以下两式取其一。

$$T_{\mathrm{h}} = \frac{(m_{\mathrm{c}} + KF)Q}{c\rho} \tag{6-9}$$

$$T_{\mathrm{h}} = \frac{m_{\mathrm{c}}Q}{c\rho}(1 - \mathrm{e}^{-mt}) \tag{6-10}$$

式中，T_{h} 为混凝土最大绝热温升，$^\circ\mathrm{C}$；m_{c} 为混凝土中胶凝材料（包括膨胀剂）用量，$\mathrm{kg/m^3}$；F 为混凝土中活性掺合料用量，$\mathrm{kg/m^3}$；K 为掺合料折减系数，粉煤灰取 $0.25 \sim 0.30$；Q 为胶凝材料水化热总量，$\mathrm{kJ/kg}$，当无试验数据时，水泥水化热可查表 6-7；c 为混凝土比热，可取 $0.92 \sim 1.0 \mathrm{kJ/(kg \cdot {}^\circ C)}$，一般取 $0.97 \mathrm{kJ/(kg \cdot {}^\circ C)}$；$\rho$ 为混凝土表观密度，取 $2400 \mathrm{kg/m^3}$；e 为常数，取 2.718；t 为混凝土的龄期，d；m 为系数，随浇筑温度改变，查表 6-8。

表 6-7　不同品种、强度等级水泥的水化热

水泥品种	水泥强度等级	水化热 $Q/(\mathrm{kJ/kg})$		
		3d	7d	28d
硅酸盐水泥	42.5	314	354	375
	32.5	250	271	334
矿渣水泥	32.5	180	256	334

表 6-8　系数 m

浇筑温度/℃	5	10	15	20	25	30
$m/\mathrm{d^{-1}}$	0.295	0.318	0.340	0.362	0.384	0.406

（2）混凝土中心计算温度

$$T_{1(t)} = T_{\mathrm{j}} + T_{\mathrm{h}}\xi_{(t)} \tag{6-11}$$

式中，$T_{1(t)}$ 为 t 龄期混凝土中心计算温度，$^\circ\mathrm{C}$；T_{j} 为混凝土浇筑温度，$^\circ\mathrm{C}$；$\xi_{(t)}$ 为 t 龄期降温系数，查表 6-9。

表 6-9　降温系数 ξ

浇筑层厚度 /m	龄期 t/d									
	3	6	9	12	15	18	21	24	27	30
1.0	0.36	0.29	0.17	0.09	0.05	0.03	0.01			
1.25	0.42	0.31	0.19	0.11	0.07	0.04	0.03			
1.50	0.49	0.46	0.38	0.29	0.21	0.15	0.12	0.08	0.05	0.04
2.50	0.65	0.62	0.57	0.48	0.38	0.29	0.23	0.19	0.16	0.15
3.00	0.68	0.67	0.63	0.57	0.45	0.36	0.30	0.25	0.21	0.19
4.00	0.74	0.73	0.72	0.65	0.55	0.46	0.37	0.30	0.25	0.24

（3）混凝土表层温度　指混凝土表面下 $50 \sim 100 \mathrm{mm}$ 处的温度。

① 保温材料厚度：

$$\delta = 0.5h\lambda_x(T_2 - T_q)K_b/[\lambda(T_{max} - T_2)] \qquad (6\text{-}12)$$

式中，δ 为保温材料厚度，m；λ_x 为所选保温材料热导率，W/(m·K)，查表 6-10；T_2 为混凝土表面温度，℃；T_q 为施工期大气平均温度，℃；λ 为混凝土热导率，取 2.33W/(m·K)；T_{max} 为计算的混凝土最高温度，℃；计算时可取 $T_2 - T_q = 15\sim20$℃，$T_{max} - T_2 = 20\sim25$℃；K_b 为传热系数修正值，取 1.3~2.0，查表 6-11。

表 6-10　几种保温材料热导率

材料名称	密度/(kg/m³)	热导率 $\lambda/[W/(m·K)]$	材料名称	密度/(kg/m³)	热导率 $\lambda/[W/(m·K)]$
建筑钢材	7800	58	矿棉、岩棉	110~200	0.031~0.065
钢筋混凝土	2400	2.33	沥青矿棉毡	100~160	0.033~0.052
水		0.58	泡沫塑料	20~50	0.035~0.047
木模板	500~700	0.23	膨胀珍珠岩	40~300	0.019~0.065
木屑		0.17	油毡		0.05
草袋	150	0.14	膨胀聚苯板	15~25	0.042
沥青蛭石板	350~400	0.081~0.105	空气		0.03
膨胀蛭石	80~200	0.047~0.07	泡沫混凝土		0.10

表 6-11　传热系数修正值

保温层种类	K_1	K_2
纯粹由容易透风的材料组成（如草袋、稻草板、锯末、砂子）	2.6	3.0
由易透风材料组成，但在混凝土面层上再铺一层不透风材料	2.0	2.3
在易透风保温材料上铺一层不易透风材料	1.6	1.9
在易透风保温材料上下各铺一层不易透风材料	1.3	1.5
纯粹由不易透风材料组成（如油布、帆布、棉麻毡、胶合板）	1.3	1.5

注：1. K_1 值为一般刮风情况（风速＜4m/s，结构位置＞25m）。

2. K_2 值为刮大风情况。

② 若采用蓄水养护，蓄水养护深度：

$$h_w = xM(T_{max} - T_2)K_b\lambda_w/(700T_j + 0.28m_cQ) \qquad (6\text{-}13)$$

式中，h_w 为养护水深度，m；x 为混凝土维持到指定温度的延续时间，即蓄水养护时间，h；M 为混凝土结构表面系数，1/m，$M = F/V$，F 为与大气接触的表面积，m²，V 为混凝土体积，m³；$T_{max} - T_2$ 一般取 20~25℃；K_b 为传热系数修正值；700 为折算系数，kJ/(m³·K)；λ_w 为水的热导率，取 0.58W/(m·K)。

③ 混凝土表面模板及保温层的传热系数：

$$\beta = 1/[\Sigma(\delta_i/\lambda_i) + 1/\beta_q] \qquad (6\text{-}14)$$

式中，β 为混凝土表面模板及保温层等的传热系数，W/(m²·K)；δ_i 为各保温材料厚度，m；λ_i 为各保温材料热导率，W/(m·K)；β_q 为空气层的传热系数，取 23W/(m²·K)。

④ 混凝土虚厚度：

$$h' = k\lambda/\beta \qquad (6\text{-}15)$$

式中，h' 为混凝土虚厚度，m；k 为折减系数，取 2/3；λ 为混凝土热导率，取 2.33W/ (m·K)。

⑤ 混凝土计算厚度：

$$H = h + 2h' \tag{6-16}$$

式中，H 为混凝土计算厚度，m；h 为混凝土实际厚度，m；h' 为混凝土虚厚度，m。

⑥ 混凝土表层温度：

$$T_{2(t)} = T_q + 4h'(H - h')[T_{1(t)} - T_q]/H_2 \tag{6-17}$$

式中，$T_{2(t)}$ 为混凝土表层温度，℃；T_q 为施工期大气平均温度，℃；h' 为混凝土虚厚度，m；H 为混凝土计算厚度，m；$T_{1(t)}$ 为混凝土中心温度，℃。

（4）混凝土内平均温度

$$T_{m(t)} = [T_{1(t)} - T_{2(t)}]/2 \tag{6-18}$$

式中符号意义同上。

四、泵送混凝土的质量控制

泵送混凝土的质量控制，是泵送混凝土施工的核心，是保证工程质量的根本措施。要保证泵送混凝土的质量，必须从原材料的选用开始，并将"百年大计、质量第一"的观念，在原材料计量、混凝土搅拌和运输、混凝土泵送的浇筑、混凝土养护和检验等全过程得以具体体现，进行全面有效的管理和控制，才能使混凝土既有良好的可泵性，又符合设计规定的物理力学指标。

1. 原材料的质量要求

骨料的级配和形状对混凝土的可泵性有明显影响。对泵送混凝土所用的骨料，除符合《混凝土结构工程施工质量验收规范》（GB 50204—2015）的有关规定外，还必须特别注意以下事项。

① 我国目前生产的骨料难以完全符合最佳的级配曲线，有时施工单位如在施工现场制备泵送混凝土时需自己掺配，对所掺配的骨料要进行筛分试验，使级配符合表 6-12 中粗骨料最佳级配的要求。

表 6-12 粗骨料最佳级配

集料种类		粒径	筛孔名义尺寸/mm								
			50	40	30	25	20	15	10	5	2.5
			通过筛子的质量百分数/%								
砾石碎石		40mm 以下	100	100～95	—	—	75～35	—	35～10	5～0	—
		30mm 以下	—	100	100～95	—	75～40		10	10～0	5～0
		25mm 以下	—	—	100	100～90	90～60		50～20	10～0	5～0
		20mm 以下	—	—	—	100～90	100～90	(86～55)	(55～20)	10～0	5～0
轻集料	人工的	20mm 以下	—	—	—	100	100～90	—	65～20	10～0	—
		15mm 以下	—	—	—	—	100	100～95	70～40	10～0	—
	天然的	30mm 以下	—	—	—	100	100～90	—	75～20	15～0	—

注：（ ）内的数值为参考值。

② 对骨料中的含泥量要严格控制，以保证混凝土的质量，特别是对高强混凝土和大体

积混凝土更要严格控制含泥量。

③ 砂中通过 0.315mm 筛孔的数量是影响可泵性的关键数据，不得小于 15%，砂的细度模数亦要满足要求。

④ 正确选择水泥的品种和强度等级，并要对其包装或散装仓号、品种、出厂日期等进行检查验收，当对水泥质量有怀疑或水泥出厂超过 3 个月时，应复查试验，并按试验结果使用。

⑤ 现场制备泵送混凝土时，原材料应按品种、规格分别堆放，不得混杂，更要严禁混入煅烧过的白云石或石灰块。

2. 配合比设计要求

通常由混凝土的可泵性来确定混凝土的配合比，就是根据原材料的质量、泵送距离、泵的种类、输送管的管径、浇筑方法和气候条件等来确定配合比。泵送混凝土配合比设计，应符合现行标准《普通混凝土配合比设计规程》《混凝土结构工程施工质量验收规范》《混凝土强度检验评定标准》和《预拌混凝土》中的有关规定。并应根据混凝土原材料、混凝土的泵距离、混凝土泵种类、输送管径、施工气温等具体条件进行试配。必要时，应通过试泵送来最后确定泵送混凝土的配合比。

工程实践表明：泵送混凝土配合设计，一般应满足以下要求。

① 混凝土的可泵性，即混凝土拌合物在泵送过程中，不离析、黏塑性良好、摩擦力小、不堵塞、能顺利沿管输送的性能。

② 混凝土拌合物的坍落度选择，可参考表 6-13。

表 6-13　泵送混凝土的坍落度

泵送高度/m	<30	30～60	60～100	>100
坍落度/cm	10～14	14～16	16～18	18～20

③ 泵送混凝土水灰比在 0.46～0.60 范围，对于高泵送混凝土，水灰比应适当减小，如：C60 泵送混凝土，水灰比可控制 0.30～0.35；C70 泵送混凝土，水灰比可控制在 0.29～0.32；C80 泵送混凝土，水灰比可控制在 0.27～0.29。

④ 泵送混凝土砂率应控制在 37%～46%范围内。

⑤ 泵送混凝土最小水泥用量宜为 300kg/m³。

3. 混凝土搅拌的质量控制

混凝土搅拌的质量控制，关键在于保证混凝土原材料的称量精度、搅拌充分。在进行泵送混凝土配合比设计时，应符合《混凝土泵送施工技术规程》（JGJ/T 10—2011）、《普通混凝土配合比设计技术规程》和《轻骨料混凝土技术规程》的规定。确定混凝土施工配制强度，应符合《混凝土结构工程施工质量验收规范》（GB 50204—2015）的规定。

混凝土原材料每盘的称量偏差，不得超过表 6-14 中的规定。

表 6-14　混凝土原材料称量允许偏差

材料名称	允许偏差/%
水泥、混合材料	±2
粗、细骨料	±3
水、外加剂	±2

混凝土拌合物搅拌均匀，是混凝土拌合物具有良好可泵性的可靠保证，而达到最短搅拌时间是基本条件。由于泵送混凝土的坍落度都大于 30mm，所以根据搅拌机的种类和出料量不同，要求的最短搅拌时间也不同。对强制式搅拌机，搅拌时间不得少于 60～90s；对自落式搅拌机，搅拌时间不得少于 90～120s。但搅拌时间亦不得过长，若时间过长，会使混凝土坍落度损失加快，造成混凝土泵送困难。

4. 混凝土运输的质量控制

混凝土运输的质量控制，是保持混凝土拌合物原有性能的重要环节。为保证混凝土运输中的质量，首先要选择适宜的运输工具，最好采用混凝土搅拌运输车，可确保在运输过程中混凝土不离析；其次选择科学的运输线路，尽量缩短运输距离，减少在运输过程中混凝土的坍落度损失；最后运输道路要平坦，减少对混凝土的振动。

5. 混凝土泵送的质量控制

混凝土泵送的质量控制，主要是使混凝土拌合物在泵送过程中，不离析、黏塑性良好、摩擦阻力小、不堵塞、能顺利沿管输送。混凝土在入泵前，应检查其可泵性，使其 10s 时的相对泌水率 S_{10} 不超过 40%，其他项目应符合国家现行标准《预拌混凝土》的有关规定。

在混凝土泵送过程中，操作人员应正确操作混凝土泵，以确保泵送过程中不堵塞输送管，并应随时检查混凝土的坍落度，以保证混凝土的质量和可泵性，混凝土入泵时的坍落度允许误差为 ±20mm。一旦出现输送管堵塞，要及时采取措施加以排除，不能强打硬上，以免造成严重事故。

当发现混凝土可泵性差，出现泌水、离析，难以泵送和浇筑时，应立即对混凝土配合比、混凝土泵、配管、泵送工艺重新进行研究，并应立即采取相应措施加以改善。

在混凝土泵送过程中，对所泵送的混凝土，应按规定及时取样和制作试块，应在浇筑地点取样、制作，且混凝土的取样、试块制作、养护和试验，均应符合国家现行标准《混凝土强度检验评定标准》的有关规定。

对混凝土坍落度的控制，是混凝土泵送质量控制的重要方面。每一个工作班内应进行 1～2 次试验，如发现混凝土坍落度有较大变化，应及时进行调整。压送前后，泵送混凝土坍落度的变化不得大于表 6-15 中的规定。

表 6-15 压送前后混凝土坍落度变化允许值

原混凝土配合比要求的坍落度/cm	混凝土坍落度变化允许值/cm
<8	±1.5
8～12	±2.5
>18	±1.5

对混凝土骨料的最大粒径、级配、含泥量、含水量、拌合料的表观密度等，每一个工作班内也要进行 1～2 次试验。

6. 混凝土泵管的堵塞与排除

在混凝土泵送的施工过程中，混凝土输送管经常会发生堵塞现象，主要是由于摩擦阻力过大而引起的，而泵送速度、水泥品种、粗细骨料的形状、骨料级配、配合比等都影响摩擦阻力。混凝土输送管道发生堵塞，不仅影响浇筑速度和混凝土质量，而且会出现混凝土凝固于管道中的事故，非常难以处理。

为了防止产生混凝土输送管堵塞，在泵送过程中必须注意以下几个方面：①输送管道是否清洗干净；②混凝土的最小水泥用量、最大骨料粒径、砂率和用水量是否合适；③输送管道的接头处是否漏浆现象；④混凝土拌合物的坍落度变化是否太大；⑤混凝土搅拌是否均匀，搅拌运输的时间是否太长；⑥混凝土拌合物是否在管道中停留过久而凝固；⑦输送管道是否太长，弯管软管是否用得太多；⑧施工现场外部气温是否过高或过低等。只要特别注意以上这些方面，就能够有效地防止混凝土输送管的堵塞。

为了防止产生混凝土输送管堵塞，必须严格限制粗骨料最大粒径、最低水泥用量，并采用适宜的砂率、适量的用水、适宜的坍落度、良好的配合比、优质的预拌混凝土，掺加适量的外加剂，合理地配管和输送等。

混凝土输送管一旦出现堵塞，要立即停止泵送，查明堵塞的部位，卸下堵塞的管道，用人工清除障碍物，然后把管子重新接上，开动混凝土泵恢复正常工作。

五、轻骨料混凝土的质量控制

1. 原材料的质量要求

详见第三章相关内容。

2. 配合比设计要求

详见第三章相关内容。

3. 混凝土的拌制

搅拌轻骨料混凝土时，加水的方式有一次加水和二次加水两种。

如采用干燥骨料，其吸水速度又比较慢的话，则宜分两次加水。先将骨料和 1/2 或 1/3 的拌合水加入，其目的实际上是预湿骨料。搅拌后接着再将水泥、砂子和剩余水加入搅拌机内搅拌。若在混凝土中加外加剂，宜在骨料湿润以后加入，否则将被轻骨料吸收而降低其效果。若轻骨料吸水速度较快，或采用预湿骨料时，则可将水泥、骨料和全部水一次加入搅拌机内。

轻骨料混凝土的拌制，宜采用强制式搅拌机。轻骨料混凝土拌合物的粗骨料经预湿处理和未经预湿处理，应采用不同的搅拌工艺流程。

对于易破碎轻骨料，搅拌时要严格控制搅拌时间。合理的搅拌时间，应通过试验确定。

4. 混凝土的运输

轻骨料混凝土在运输过程中，由于轻粗骨料表观密度较小，易产生上浮现象，因此比普通混凝土更容易产生离析。为了防止混凝土拌合物的离析，运输距离应尽量缩短，若出现严重离析，浇筑前宜采用人工二次拌和。

轻骨料混凝土从搅拌至浇筑的时间，一般不宜超过 45min，如运输中停放时间过长，会导致混凝土拌合物和易性变差。

若用混凝土泵输送轻骨料混凝，要比普通混凝土困难得多。主要是因为在压力下骨料易于吸收水分，使混凝土拌合物变得比原来干硬，从而增大了混凝土与管道的摩擦，易引起管道堵塞。如果将粗骨料预先吸水至接近饱和状态，可以避免在泵压力下大量吸水，可以像普通混凝土一样进行泵送。

5. 混凝土的浇筑成型

由于轻骨料混凝土的表观密度较小，施加给混凝土下层的附加荷载较小，而内部衰减较大，再加上从轻骨料混凝土中排出混入的空气速度比普通混凝土慢，因此浇筑轻骨料混凝土所消耗的振捣能量，要比普通混凝土大。在一般情况下，由于静水压力降低，混入拌合物中的空气就不容易排出，所以振捣必须更加充分，应采用机械振捣成型，最好使用频率为 16000r/min 和 20000r/min 的高频振动器；对流动性大、能满足强度要求的塑性拌合物，或结构保温类及保温类轻骨料混凝土，也可以采用人工振捣成型。

当采用插入式振动器时，由于它在轻骨料混凝土拌合物中的作用半径约为普通混凝土中的一半，因此插点间距也要缩小一半。插点间距也可以粗略地按振动器头部直径的 5 倍控制。当轻骨料与砂浆组分的堆积密度相差较大时，在振捣过程中容易使轻骨料上浮和砂浆下沉，产生分层离析现象，在振捣中还必须防止振动过度。

现场浇筑的竖向结构物，每层浇筑厚度宜控制在 30～50cm，并采用插入式振动器进行振捣。混凝土拌合物浇筑倾落高度大于 2m 时，应加串筒、斜槽、溜管等辅助工具，以免产生拌合物的离析。

浇筑面积较大的构件时，如其厚度大于 24cm，宜先用插入式振动器振捣后，再用平板式振动器进一步进行表面振捣；如其厚度在 20cm 以下，可采用表面振动成型。

插入式振动器在轻骨料混凝土中的作用半径较小，大约仅为在普通混凝土中的一半。因此，振动器插入点之间的间距，也为普通混凝土的间距一半。

振捣延续时间以拌合物捣实为准，振捣时间不宜过长，以防止轻骨料出现上浮。振捣时间随混凝土拌合物坍落度（或工作度）、振捣部位等不同而异，一般宜控制在 10～30s 内。

6. 混凝土的养护

轻骨料多数为孔隙率较大的材料，其内部所含的水分足以供轻骨料混凝土养护之用。当水分从混凝土表面蒸发时，骨料内部的水分不断地向水泥砂浆中转移。水分的连续转移，在一段时间内能使水泥的水化反应正常进行，并能使混凝土达到一定的强度。这段时间的长短，视周围气候而定。在温暖和潮湿的气候下，轻骨料混凝土中的水分，可以保证水泥的水化，因而不需要覆盖和喷水养护。但在炎热干燥的气候下，由于混凝土表面失水太快，易出现表面网状裂纹，有必要进行覆盖和喷水养护。

采用自然养护时，湿养护时间应遵守下列规定：用硅酸盐水泥、普通硅酸盐水泥、矿渣水泥拌制的轻骨料混凝土，养护时间不得少于 14d。构件用塑料薄膜覆盖养护时，一定要密封。

轻骨料混凝土的热容量较低，热绝缘性较大。采用蒸汽养护的效果比普通混凝土好，有条件时尽量采用热养护。但混凝土成型后，其静置时间不得少于 2h，以防止混凝土表面产生起皮、酥松等现象。采用蒸汽养护和普通混凝土一样，养护时温度升高或降低的速度不能太快，一般以 15～25℃/h 为宜。

7. 质量检验

轻骨料混凝土拌合物的和易性波动，要比普通混凝土的大得多，尤其是超过 45min 或用干轻骨料拌制，更易使拌合物的和易性变化。因此，在施工中要经常检查拌合物的和易性，一般每班不少于一次，以便及时调整用水量。

轻骨料混凝土与普通混凝土的质量控制，检验其强度是否达到设计强度的要求是两者的共同点，而检验轻骨料混凝土其表观密度是否容许的范围之内，是普通混凝土所不要求的。因此，对轻骨料混凝土的质量检验，主要包括其强度和表观密度两方面。

六、干硬性混凝土的质量控制

1. 原材料的质量要求

详见第三章相关内容。

2. 配合比设计

详见第三章相关内容。

3. 混凝土拌制

宜采用强制搅拌机，如选用自落式搅拌机，应适当延长搅拌时间。

4. 混凝土运输

运输干硬混凝土宜采用自卸卡车、皮带式输送机、斜坡车道等工具和机具。不得采用溜槽式溜管运输。

运输过程中应尽量避免水泥泥浆的流失和骨料的分离。运输车斗应无漏缝，路面尽量平整，避免因车走时颠簸产生的振动而使骨料分离。

5. 混凝土浇筑

① 浇筑前应仔细检查模板结合的牢固程度，保证在碾压振动时模板不会松散。

为保证模板本身的强度，一般应选用加肋钢模板或混凝土预制模板。

② 如铺筑道路或建筑基础，浇筑一般采用大仓面薄层连续铺筑或间歇铺筑。一次铺筑层的厚度可由混凝土的拌制及铺筑能力、水化热温升控制要求、混凝土分块尺寸等因素综合考虑决定。

采用自卸车直接卸料铺筑时，应采取退铺法依次卸料。卸料堆旁如出现分离骨料，应将其均匀摊铺在碾压振实的混凝土上面。

采用吊罐入仓时，卸料高度不宜大于1.5m。碾压混凝土的平仓应采用薄层平仓法。平仓厚度应控制在17～34mm范围内，只有经过试验能确保质量时，平仓厚度方可适当加大。经过平仓的混凝土表面应平整，无明显凹坑，不允许向浇筑下游倾斜。

不同种类混凝土的浇筑注意事项如下：

① 如干硬混凝土浇筑在普通混凝土基层上，普通混凝土至少应养护3～7d，方能在其上浇筑干硬混凝土。

② 对于大坝，如果靠岸坡岩面为普通混凝土，在普通混凝土的一侧用干硬混凝土，则两种混凝土可同时浇筑。两种混凝土的结合面不应是与地面垂直的一条直线，而应是与地面成60°～70°的一条斜线。

6. 碾压振实

① 碾压机的选型　选型时应根据工程要求考虑碾压机的压滚尺寸、起振力、振动频率、振幅和行走速度。一般混凝土的体积大，要求的压滚尺寸也要大，相应的起振力要强，振动频率也应快些。行走速度一般控制在20～25m/min范围内。

② 压振作业　一次压振厚度不宜超过粗骨料最大粒径的3倍。实际施工中也可根据施工经验或现场进行试压振来确定一次压振厚度和需要压振的次数。

压振作业宜采用搭接法。搭接宽度应为约20cm，端头部位的搭接宽度宜为100cm

作业。

如采用干硬混凝土浇筑大坝，在坝体的迎水面3m范围内，碾压方向应垂直于水流方向，其余部位最好也垂直于水流方向。

每层压振作业完成后，应及时按照网格布点检测混凝土的压实状态密度，所测状态密度低于规定指标时，应立即复测，并查找原因，采取处理措施。

连续上升铺筑的干硬混凝土，层间允许间隔时间（系下层混凝土压振完毕为止）应控制在混凝土初凝时间以内。一般情况下，混凝土以加水搅拌到压振完毕历时应≤2h。

7. 混凝土养护

参见第五章第七节所述。

8. 混凝土质量验收

参见本节二、7. 所述。

七、商品混凝土的质量控制

1. 原材料技术要求

① 混凝土拌合物原材料质量必须符合现行国家规范、规程、相应材料标准及工程技术合同的要求，应有出厂质量证明文件及搅拌站复试报告单，并应根据工程要求进行混凝土中氯化物、碱含量及主体材料挥发性有机化合物含量控制。

a. 水泥：宜用32.5级及其以上的硅酸盐水泥、普通硅酸盐水泥或矿渣硅酸盐水泥。

b. 砂：宜用粗砂或中砂，含泥量不大于3%，泥块含量不大于1%。通过0.300mm筛孔的砂，不应少于15%。

c. 石：宜用碎石或卵石，含泥量不大于1%，泥块含量不大于0.5%。如含泥基本上是非黏土质的石粉，含泥量可提高为1.5%。

d. 拌合用水符合国家标准的生活用水，都可用来拌制和养护混凝土。

e. 掺合料：用于结构工程时，应使用Ⅱ级及其以上的粉煤灰。

f. 外加剂：应使用满足工程技术合同要求的外加剂，其掺量应经试验确定。

② 经搅拌楼（站）复试的混凝土拌合物原材料应进行质量状态标识，合格的原材料方可使用。

③ 袋装水泥进场，须验明生产厂家、牌号、品种、级别、进场批量、出厂时间、试验合格与否，分别整齐定量堆放，按垛挂牌，不得混垛。而且必须与最新出厂证、进场复试资料相吻合。每批应抽查5%以上，防止质量误差超标。

④ 散装水泥进场，须按品种、强度等级送入指定筒仓，不得混仓。水泥筒仓须有明显标志，标明水泥品种、强度等级等。而且每个搅拌站至少有两个筒仓，轮流进料，才能保证每个轮流用完后彻底清仓再进水泥，并等待3d复试合格才能使用。

⑤ 砂、石应堆放在硬底场地，并有向后的排水坡度，以便测砂、石含水率时上下基本一致。砂石之间应有挡墙，分品种、规格隔开堆放，严防混料或混入杂质，并注明产地、规格。进料车进场门口宜设3m×5m×0.1m水塘，可清洗车轮后顺硬化道路到料场。料场装载机轮、斗，每天必须清洗干净。每次装砂、石入斗要防止斗内混淆。装载机还必须保证不漏油。

⑥ 粉煤灰筒仓应设明显标志，标志与技术档案资料要一致。严禁与水泥混仓。粉煤灰在储存和运输过程中不得受潮。

⑦ 外加剂进场须有专人验收、保管、发放、登记台账（名称、生产厂家、出厂证明书或鉴定证书、厂家资质证明、试样进场复试合格资料，生产资质单位抽查试验原则上不应该距产品生产日期超过一年。还应有批号、入出库数量及日期等），分别堆放，设明显标志，粉状外加剂不得受潮。

2. 配合比设计

商品混凝土的配合比设计，与普通混凝土的配合比设计有所不同。以下介绍日本商品混凝土的设计方法，以便从中学习一些国外的经验。

（1）商品混凝土配合比的确定

① 满足混凝土用户的要求　通常是先由用户向生产单位提出标准品、特购品或非标准品中任何一种混凝土的订购要求。混凝土生产厂在接到订货确定最终产品的配合比时，要考虑从工厂拌制混凝时起直至运往施工现场卸车时止，可能发生的质量变化，以使满足已确定的质量要求。

在建筑施工中，根据有关规定需要对结构混凝土的强度试验进行检查时，用户所指定的公称强度，不仅要符合 JIS A5308 的规定，而且还要研究该强度是否能符合该项检查规定的要求。在一般情况下，生产厂只要能保证满足 JIS A5308 规定的强度即可。

② 严格执行有关标准的规定　预拌混凝土的配合比要执行 JIS A5308 的规定。标准品种的配合比由生产厂决定，特购品的配合比要经过协商，由生产厂决定。但是，无论是何种产品（即使标准品），都要明确一些必要的事项。无论在何种情况下，所确定的配合比均应保证满足制定的质量，并应通过检验合格。

为确保混凝土的质量，生产厂在发货之前，还应把生产中所用的材料与配合比报告给用户，用户若有其他方面的要求，还应提供混凝土配合比设计的有关基础资料。

③ 根据用户要求做试配搅拌试验　修订的 JIS A5308 虽未规定试配搅拌，在必要时用户仍可与生产厂协商，会同进行搅拌试验。不过，在 JIS A5308 批准的工厂里都有自己的内部标准，即根据实际使用的状况对所用的材料与配合比等分别做出相应的规定。这样，由生产厂确定的标准品配合比是可以信赖的。因此，除特殊情况外，标准品的搅拌试验可以免做。当由于某些原因必须进行试配搅拌时，对所需费用可协商解决。

特购品的配合比，虽然是由生产厂与用户协商决定的，但由于对混凝土的质量和使用材料也有某些指定的项目，所以，为了确认配合比和混凝土的质量，也可根据实际情况，经过协商进行试配搅拌。

（2）商品混凝土标准配合比的确定

① 在一般情况下，商品混凝土工厂是按图 6-7（普通混凝土）和图 6-8（轻混凝土）所示的程序来确定标准品混凝土的标准配合比。为适应 JIS A5308 中质量和配合比的规定，JASS 5 和土木学会 RC 规范中也有相应的规定。

② 为了保证进货时混凝土体积满足交货单上的数量，生产厂通常把由工厂至施工现场运输过程中损失的含气量估计在内，以标准配合比设计时含气量为 30L 算出各种材料的用量。但是，实际上则是以新拌混凝土的含气量 4% 来配制混凝土的。因此，配制好的混凝土量为 1.01m^3。

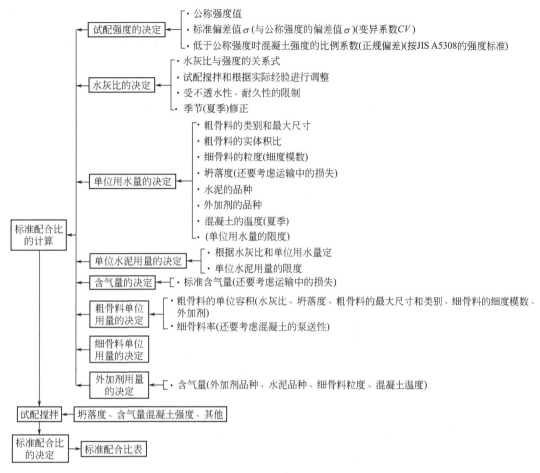

图 6-7　普通混凝土标准配合比的设计程序

③ 当用户在商品混凝土工厂参与会同试配搅拌时，新拌混凝土的坍落度、含气量、轻混凝土的湿表观密度等，有时与制定值有一定差异，这是因为在混凝土配合比设计时，已把坍落度和含气量的损失估计在内，对于如此结果应听取生产厂的说明。

④ 特购品标准配合比的确定方法与标准品配合比一样。在用户指定的事项中，若指定了生产厂平时未曾使用甚至没有任何经验的材料（水泥、骨料、外加剂），生产厂必须认真研究有关的参考资料，并与用户充分协商、达成共识后确定。同时，作为特购品，事先还要弄清可接受材料的类别、混凝土类别及其有关的各项规定。

3. 混凝土搅拌（试块留置）

① 混凝土搅拌楼操作人员开盘前，应根据当日配合比和任务单，检查原材料的品种、规格、数量及设备的运转情况，并做好记录。

② 搅拌楼应实行配合比挂牌制，按工程名称、部位分别注明每盘材料配料重量。

③ 试验人员每天班前应测定砂、石含水率，雨后立即补测，根据砂石含水率随时调整每盘砂石及加水量，并做好调整记录。

④ 搅拌楼操作人员应严格按配合比计量，投料顺序是：先倒砂石，再倒水泥，搅拌均匀，最后加水搅拌。根据实践证明，此种做法混凝土强度可提高 15％以上。粉煤灰宜与水泥同步加入，外加剂宜滞后于水泥。外加剂的配制应用小台秤提前 1 天称好，装入塑料袋，

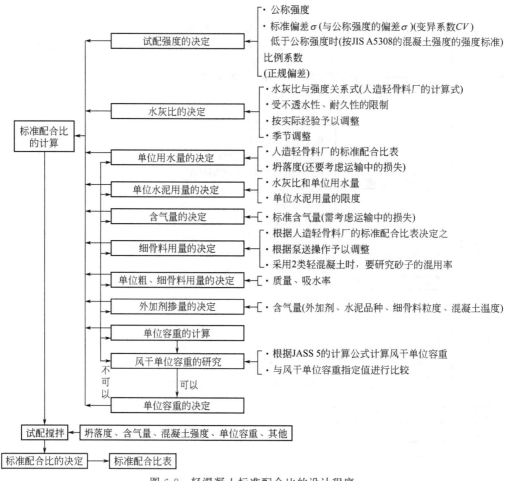

图 6-8　轻混凝土标准配合比的设计程序

并做抽查（掺合料如是人工加，也同样）和投放工作，生产单位应指定专人负责配制和投放。材料的计量允许偏差应符合表 6-16 规定。

表 6-16　混凝土原材料每盘称量的允许偏差

名称	水泥	粗细骨料	水	外加剂溶液	掺合料
允许偏差	±2%	±3%	±2%	±2%	±2%

⑤ 混凝土的搅拌时间可参照搅拌机说明，经试验调整确定。搅拌时间与搅拌机类型、坍落度大小、斗容量大小有关。掺入外加剂或掺合料时搅拌时间还应延长 20～30s。

⑥ 预拌混凝土生产单位应负责按《混凝土结构工程施工质量验收规范》的规定制作混凝土试块。施工现场应在浇筑地点（即混凝土入模处取样，制作试块）。

⑦ 搅拌楼操作人员应随时观察搅拌设备的工作状况和坍落度的变化情况，坍落度应满足浇筑地点要求。发现异常应及时向主管负责人或主管部门反映，严禁随意更改配合比。

⑧ 检验人员应每台班抽查每一配合比的执行情况，做好记录。并跟踪抽查原材料、搅拌、运输质量，核查施工现场有关技术文件。

4. 混凝土运输

① 预先确定混凝土搅拌运输车的行驶路线及混凝土运输时间，以保证混凝土的连续

供应。

② 搅拌运输车装运混凝土时，筒体内不得有积水。

③ 混凝土搅拌运输车在运输途中，拌筒应保持 3～6r/min 的慢速转动。

④ 生产单位在运送混凝土时，应随车签发《预拌混凝土运输单》。

⑤ 混凝土运输、浇筑及间歇的全部时间不应超过混凝土的初凝时间。

⑥ 冬期施工的混凝土工程，在混凝土运输过程中，运输设备应有保温、防风雪措施；夏季施工的混凝土工程，在混凝土运输过程中，运输设备应有降温、防雨措施。

5. 混凝土现场交货检验

① 预拌混凝土生产单位与使用单位之间，应建立对混凝土质量和数量的交接验收手续。交接验收工作应在交货地点进行，生产单位和使用单位均应派专人负责，并应根据施工单位与预拌混凝土单位签订的技术合同及《预拌混凝土运输单》交接验收并签章，符合技术合同的混凝土，方可在工程中使用。

② 混凝土运至浇筑地点后，应在交货地点测定混凝土坍落度，其检测结果超过表 6-17 时，不得在工程中使用。

表 6-17　混凝土坍落度允许偏差　　　　　　　　　　单位：mm

坍落度	允许偏差
≤40	±10
50～90	±20
≥100	±30

6. 混凝土浇筑（试块留置）

① 大体积混凝土工程、冬期施工混凝土工程及其他有特殊入模温度要求的混凝土工程，应提前进行热工计算，确保混凝土到场温度和入模温度。

② 混凝土浇筑前，应根据不同部位混凝土浇筑量，确定混凝土供应速度和初凝时间，保证混凝土浇筑的连续性。

③ 对于现场需分层浇筑的大体积混凝土工程，应在合同中明确混凝土初凝时间，在下层混凝土初凝前，完成上层混凝土浇筑。当底层混凝土初凝后，浇筑上一层混凝土时应按施工缝处理。

④ 使用单位应在混凝土运送到浇筑地点 15min 内按《混凝土结构工程施工质量验收规范》规定制作试块。

7. 混凝土的质量控制

预拌商品混凝土从预拌工厂出厂，直至浇灌到建筑结构的模板施工过程中，影响其质量的因素很多，有时还在不断发生变化之中，往往会出现这样或那样的质量问题。因此，关于商品混凝土的质量，供需双方不可避免地存在着一系列的矛盾与争议，商品混凝土质量的现场控制与验收，成为发展商品混凝土生产、销售、采购、使用中的一个重要课题。

（1）商品混凝土产生质量问题的主要原因　商品混凝土在工厂生产、运输和浇筑中，会遇到各种预想不到的不利因素，这对混凝土的质量均有较大的影响。导致商品混凝土质量问题的原因是多方面的，主要原因有以下几个方面。

① 现场向混凝土中加水　在城市建设中，由于市政交通十分拥挤，易出现车辆堵塞问

题。从混凝土搅拌站运至施工现场，往往需要较长的时间，所以混凝土拌合物的坍落度损失较大。特别是夏季高温时节，混凝土坍落度的损失则更大。

当商品混凝土超过一定的运输时间后，由于现场施工管理不严，经常造成施工现场人员误认为混凝土坍落度达不到施工的要求，而出现既没有经过双方技术人员认可与鉴定，也没有在加水后进行二次搅拌的现象，严重影响了混凝土拌合物的质量，造成混凝土水灰比增大，游离水和层间水增多，增加了混凝土硬化浆体的孔隙率，削弱了混凝土中水泥和骨料界面黏结力，降低了混凝土的强度。

② 现场验收制度不严格　混凝土搅拌站在生产运输的过程中，如果不按国家规范操作可能出现各种质量问题，如：有时采用的砂石料质量较差，石子出现过多的超径，造成堵塞混凝土泵；有时搅拌时间不足，造成混凝土拌合物搅拌不均匀；有时因为搅拌车的搅拌筒老化，造成混凝土离析；有时在运送过程或工地等待时间过长，造成混凝土坍落度不符合施工要求等。对于这些在商品混凝土未形成构件之前产生的问题，在施工现场往往没有进行严格的交接验收或妥善的处理，或者没有按有关规定和制度处理这些问题。这些质量问题都给混凝土的质量留下了隐患，也给日后的质量检查和质量事故的处理带来困难。

③ 现场混凝土养护欠佳　在许多工程的施工现场，对浇筑完毕的混凝土构件及制作试块的养护不够重视，不能按照施工规范进行养护。有些工程现场甚至在夏季高温情况下，也不坚持在 14d 内每天洒水养护，造成混凝土早期脱水，强度降低。

在一些工地甚至重要工程的现场，没有设置混凝土试块养护室，试块的取样、制作不符合标准。所做的混凝土试块，既不是标准养护的试块，也不是和构件同条件养护的试块，以致试块缺乏代表性，这也是一些工程现场试块强度和构件强度较低的一个原因。

综上所述，产生这些质量问题的原因，主要是商品混凝土在我国发展较晚，许多地区至今尚未起步，就全国范围来说，还没有一个统一的商品混凝土生产供应与施工验收的技术规范，各商品混凝土生产工厂也缺乏系统、完整的企业标准。要促进我国商品混凝土的发展，解决商品混凝土质量在供需双方之间的矛盾，首先要在技术管理上进行立法，即由国家有关部门制定商品混凝土的生产施工技术及验收规范。在国家制定出规范之前，商品混凝土生产质量好的企业，要在学习国外生产商品混凝土经验的基础上，认真总结本企业的实践，制定自己的切实可行的企业标准。

（2）提高商品混凝土质量的管理措施

① 加强商品混凝土质量的现场控制　商品混凝土在运输和卸料的过程中，既不能丢失任何一种原料和产生离析，也不能混入其他成分和附加水分，特别是不准任意向拌合料中加水和向泵车料斗中加水。如遇特殊情况需要加水或掺加外加剂（如流化剂），需经有关技术管理人员协商认可签证，并在加水后进行二次搅拌使之均匀。

为防止混凝土拌合物在浇筑之前产生凝结和坍落度损失过大，在运输和等待卸料的过程中，混凝土搅拌车的搅拌筒应不停地转动。混凝土在浇灌过程中，构筑物模板（特别是基础模板）内不得留有积水，模板应密封以防止漏浆。混凝土浇捣完毕后，应立即加强养护，防止早期脱水，在冬天还要注意保温，防止混凝土受冻开裂或强度下降。

② 加强商品混凝土质量的现场验收　商品混凝土生产工厂要向施工单位提供商品混凝土的有关配合比资料，主要包括单位体积的水泥用量、水灰比、最大用水量、外加剂品种与用量、粗细骨料品质与用量、掺合料品种与性能等。另外，还要提供以标准养护强度试件为根据的混凝土 28d 强度数据。总之，商品混凝土生产工厂要对预拌商品混凝土的配合比、

原材料质量、混凝土标准强度和拌合物的稠度等技术指标负责。

运送至施工现场的混凝土，如果坍落度不符合所规定的稠度，可以将混凝土退回。但是，混凝土的稠度如高于规定的稠度且装进搅拌车内，则允许掺入水和外加剂来调整到所规定的稠度。但加水量不得大于规定稠度或最高水灰比。混凝土运至施工现场后，应尽可能在 0.5h 内卸完。由于施工单位的原因延误卸料而造成的混凝土质量问题，商品混凝土生产工厂概不负责。

③ 加强商品混凝土质量的现场检验　商品混凝土的质量检验，是评定混凝土质量最科学的方法，可由供需双方分别取样检验或会同取样检验试验，或者委托由双方认可的有质量检测资质的第三方进行。检验试验应包括强度试验、坍落度试验和空气含量等试验。在施工现场卸料取样，不能取混凝土开头和末尾的料，因为这样取样不能代表整车混凝土的质量情况。预拌商品混凝土强度试块应进行标准养护，不标准养护不具有可比性。

八、道路水泥混凝土的质量控制

1. 原材料的技术要求

（1）水泥　配制道路混凝土所用的普通硅酸盐水泥、矿渣水泥、火山灰硅酸盐水泥、粉煤灰水泥应符合国家现行水泥标准的规定。通常用普通硅酸盐水泥。需要早期强度高或冬季施工时，可选用早强水泥。粉煤灰水泥在冬期施工时由于早期强度低，必须充分养生，所以在选用时必须结合工期、施工时间及施工方法综合考虑。

（2）细骨料　细骨料中粗细颗粒级配应当良好。用颗粒大小一致的细骨料或细颗粒多的细骨料拌制所需稠度的混凝土时，需要的单位体积用水量多。反之，粗颗粒过多时，混凝土粗糙泌水，且表面抹压困难。细骨料的级配见表 6-18。

表 6-18　细骨料的级配

筛孔公称尺寸/mm	通过筛孔的质量百分数/%	筛孔公称尺寸/mm	通过筛孔的质量百分数/%
10.0	100	0.630	15～30
5.00	90～100	0.315	5～20
2.50	65～95	0.160	0～10
1.25	35～65		

（3）粗骨料　为了得到质量均匀的混凝土板，并且取得良好的施工性能，粗骨料的最大粒径最好在 40mm 以下。粗骨料的最大粒径过大，虽单位体积用水量减少，但会使强度降低。要制作经济而又质量高的混凝土，必须保证骨料颗粒的合理级配，见表 6-19。

（4）外加剂　在道路混凝土的施工中常应用某些外加剂，所以在工程中应根据外加剂的性能，合理应用。在夏季施工时，为保证捣实及表面修正所需时间，最好用质量好的缓凝剂。冬季施工时，为加速混凝土硬化并保证混凝土性能，以掺加速凝剂和抗冻外加剂为宜。用膨胀剂时，因膨胀受各种因素的影响，应认真试验后再用。混凝土着色剂用量，应在水泥质量的 5% 以下，为取得所需的颜色，可用耐碱性及气候稳定性好的无机颜料。常用的着色剂材料有铅丹、氧化铁、铁黑、氧化铬等。

搅拌混凝土所用的水中，不应含有影响混凝土质量的油、酸、盐类、有机物等有害物质。海水不能作为搅拌混凝土用水。养生用水不能含有油、酸、盐类等对混凝土表面有害的物质。

表 6-19　粗骨料的颗粒级配范围（累计筛余百分数）　　　　　%

级配种类	公称粒级/mm	筛孔尺寸/mm										
		2.5	5	10	15	20	25	30	40	50	60	80	100
连续粒级	5～10	95～100	80～100	0～15	0								
	5～15	95～100	90～100	30～60	0～10	0							
	5～20	95～100	90～100	40～70		0～10	0						
	5～30	95～100	90～100	70～90		15～45	0	0～5	0				
	5～40		95～100	75～90		30～65			0～5	0			
单粒级	10～20		95～100	85～100		0～15							
	15～30		95～100		85～100			0～10	0				
	24～40			85～100		80～100			0～10	0			
	30～60				95～100			75～100	45～75		0～10	0	
	40～80					95～100			70～100		30～60	0～10	0

注：1. 公称粒级的上限为该粒级的最大粒径。

2. 单粒级一般用于组合成具有要求级配的连续粒级，它也可与连续粒级的碎石、卵石混合使用，以改善它们的级配或配成较大粒度的连续粒级。

3. 在特殊情况下，经过综合技术经济分析后，允许直接采用单粒级，但必须避免混凝土发生离析。

2. 配合比设计要求

（1）确定和易性　混凝土具有与铺路机械相适应的和易性，以保证施工的要求。施工中混凝土的稠度标准，以坍落度为 2.5cm，或工作度为 30s 为宜。在搅拌设备离现场较远时，或者在夏季施工时，坍落度会逐渐降低，对此应予以注意。

（2）确定单位粗骨料体积　单位粗骨料体积，应当在所要求的和易性及易修整性的允许范围内，达到最小单位用水量。

过去用细骨料率的配合比参考表中，如果粗骨料的最大尺寸、单位水泥用量、单位用水量、空气量及稠度等有变化，必须对细骨料率进行修正，而用单位粗骨料体积表示混凝土配合比时则无此必要。

（3）确定单位用水量　单位用水量根据粗骨料的最大尺寸、骨料级配及其形状、单位粗骨料体积、稠度、外加剂的种类、混凝土温度等而不同；由于运输时间内坍落度降低，所以必须以所用材料进行试验而定。单位用水量应为 150kg 以下，因为单位用水量增加会影响混凝土的可修整性，并使混凝土的收缩增大而产生早期裂缝。

（4）确定单位水泥用量　单位水泥用量应根据要求的混凝土的质量决定。其标准用量为 280～350kg。按强度决定单位水泥用量时，必须根据抗折试验结果。如根据耐久性决定单位水泥用量，水灰比可参考表 6-20。

表 6-20　由耐久性决定的最大水灰比

环境条件	水灰比/%
特别恶劣的气候,长期冻结,反复干湿或冻融时	45
有时发生冻融情况	50

单位水泥用量根据配合比设计的试验结果决定，当超过标准很多时，应对使用的材料尤其是骨料质量、配合比设计的基本资料及试验结果进行研究后，再决定单位水泥用量。

单位水泥用量多，不仅不经济，而且容易产生塑性裂缝、温度裂缝，所以在满足所要求质量的条件下应尽量减少水泥用量。

（5）确定单位外加剂量　单位外加剂量根据所要求的混凝土的质量决定。

3. 混凝土的拌制

在搅拌机的技术性能满足混凝土拌制要求的条件下，混凝土各组成材料的技术指标和配比计量的准确性是混凝土拌制质量的关键。在机械化施工中，混凝土的供料系统应尽量采用配有电子秤等自动计量装置的设备。在正式搅拌混凝土前，应按混凝土配合比要求，对水泥、水和各种骨料的用量准确调试，输入到自动计量的控制存储器中，经试拌检验无误后，再正式拌和生产。混凝土生产应采用强制式搅拌机，其搅拌时间应符合有关规定：最短拌和时间不低于低限，最长拌和时间不超过最短拌和时间的 3 倍。

为确保混凝土拌和和运输的质量，应满足以下基本要求。

① 道路水泥混凝土配制不允许用人工拌和，应采用机械搅拌，优先采用强制搅拌机。

② 每次投入搅拌机的原材料量，应按施工配合比和搅拌机容量确定，称量的容许误差必须符合表 6-21 中的要求。

表 6-21　混凝土配制材料容许称量误差

材料名称	容许误差（质量分数）/%	材料名称	容许误差（质量分数）/%
水泥	±1%	水	±1%
粗、细骨料	±3%	外加剂	±2%

③ 为保证首先浇筑的混凝土的质量，开工搅拌第一盘混凝土拌合物前，应先用适量的混凝土拌合物或砂浆搅拌，并将其作为废品排弃，然后再按设计规定的配合比进行搅拌。

④ 搅拌机的装料顺序，可采用砂、水泥、石子，也可采用石子、水泥、砂。进料后，边搅拌边加水。

保证混凝土拌合物质量的重要条件，是严格控制混凝土的最短搅拌时间和最长搅拌时间，搅拌时间必须符合表 6-22 中的规定。

表 6-22　混凝土拌合物搅拌时间的规定

搅拌机的类型			搅拌时间/s	
类型	容量/L	转速/(r/min)	低流动性混凝土	干硬性混凝土
自落式	400	18	105	120
	800	14	165	210
强制式	375	38	90	100
	1500	20	180	240

注：1. 表中搅拌时间为最短搅拌时间。

2. 最长搅拌时间不得超过最短时间的 3 倍。

3. 掺加外加剂的搅拌时间可增加 20～30s。

4. 混凝土运输及卸料

（1）混凝土的运输　混凝土拌合物运输宜用自卸机动车，远距离运送商品混凝土宜用搅拌运输车，运输道路应平整、畅通。

为保证混凝土拌合物的（坍落度）工作性，在运输过程中应考虑蒸发失水和水化失水的影响，以及因运输的颠簸和振动使混凝土拌合物发生离析等。要减少这些因素的影响程度，其关键是缩短运输时间，并采取适当措施（表面覆盖或其他方法）防止水分损失和离析。

在有条件时，尽量采用自卸汽车或搅拌车运输混凝土。一般情况下，坍落度大于5.0cm时用搅拌车运输。从开始搅拌到浇筑的时间，用自卸汽车运输时必须不超过1h，用搅拌车运输时不超过1.5h，若运输时间超过限值，或者在夏季铺筑路面时，应当掺加缓凝剂。

混凝土拌合物从搅拌机出料到浇筑完毕的时间，是混凝土的施工时间，它对混凝土的施工质量有重大影响，一般是由水泥品种、水灰比大小、外加剂种类、施工气温等所决定的。在一般情况下，施工气温影响最大。因此，对混凝土的施工时间也必须严格控制，以防止出现混凝土初凝现象。具体规定见表6-23所列。

表6-23　混凝土容许施工最长时间

施工气温/℃	容许最长时间/h	施工气温/℃	容许最长时间/h
5～10	2.0	20～30	1.0
10～20	1.5	30～35	0.75

注：1. 若掺加缓凝剂，可以适当延长时间。

2. 若掺加速凝剂，可以适当缩短时间。

（2）混凝土的卸料　混凝土的卸料机械有侧向和纵向两种，侧向卸料机在路面铺筑范围外操作，自卸汽车不进入路面铺筑范围内，需有可供卸料机和汽车行驶的通道。纵向卸料机在铺筑范围内操作，由自卸汽车后退供料，在基层上不能安设传力杆及其支架。

5. 混凝土的摊铺与振捣

（1）轨道模板安装　轨道式摊铺机施工的整套机械，在轨道上移动前进，也以轨道作为控制路面表面的高程。由于轨道和模板同步安装，统一调整定位，将轨道固定在模板上，既作为水泥混凝土路面的侧模板，也是每节轨道的固定基座。

轨道高程控制是否精确，铺轨是否平直，接头是否平顺，将直接影响路面的表面质量和行驶性能。轨道及模板本身的精度标准和安装精度要求，按表6-24和表6-25中的质量要求施工。

表6-24　轨道及模板的质量指标

项目	纵向变形	局部变形	最大不平整度(3m 直尺)	高度
轨道	≤5mm	≤3mm	顶面≤1mm	按机械要求
模板	≤3mm	≤2mm	侧面≤2mm	与路面厚度相同

表6-25　轨道及模板安装质量要求

纵向线型直度	顶面高程	最大不平整度(3m 直尺)	相邻轨、板间高差	相对模板间距离误差	垂直度
≤5mm	≤3mm	≤2mm	≤1mm	≤3mm	≤2mm

模板要能承受从轨道上传下来的机组重量，横向要保证模板的刚度。轨道的数量要根据施工进度配备，并要有拆模周期内的周转数量。施工时日平均气温在20℃以上时，按日进度配备；日平均气温低于19℃时，按日铺筑进度2倍配置。

设置纵缝时，应按要求的间距，在模板上预先作拉杆置放孔。对各种钢筋的安装位置偏差不得超过 10mm；传力杆必须与板面平行并垂直接缝，其偏差不得超过 5mm；传力杆间距偏差不超过 10mm。

（2）摊铺　摊铺是将倾卸在基层上或摊铺机箱内的混凝土，按摊铺厚度均匀地充满模板范围之内。常用摊铺机械有刮板式匀料机、箱式摊铺机和螺旋式摊铺机。

① 刮板式匀料机　机械本身能在模板上自由地前后移动，在前面的导管上作业移动。由于刮板本身也旋转，所以可以将卸在基层上的混凝土堆向任意方向摊铺。这种摊铺机械重量轻、容易操作、易于掌握，使用比较普遍，但其摊铺能力较小。

② 箱式摊铺机　混凝土通过卸料机（纵向或横向）卸在钢制的箱内，箱子在摊铺机前进行驶时横向移动，混凝土落到基层上，同时箱子的下端按松铺厚度刮平混凝土。此种摊铺机将混凝土混合料一次全部放入箱内，载重量比较大，但摊铺均匀而准确，摊铺能力大，很少发生故障。

③ 螺旋式摊铺机　由可以正反方向旋转的螺旋杆将混凝土摊开，螺旋杆后面有刮板，可以准确调整高度。这种摊铺机的摊铺能力大，其松铺系数一般在 1.15～1.30。它与混凝土的配合比、骨料粒径和坍落度等因素有关，但施工阶段主要取决于坍落度大小。合适的摊铺系数按各工程的配合比情况由试验确定。设计时可参考 6-26 中的数值。

表 6-26　混凝土的摊铺系数

坍落度/cm	1	2	3	4	5
摊铺系数	1.25	1.22	1.19	1.17	1.15

（3）混凝土的振捣　道路水泥混凝土的振捣，可选用振捣机或内部振动式振捣机进行。混凝土振捣机是跟在摊铺机后面，对混凝土进行再一次整平和捣实的机械。此种振捣机主要由复平刮梁和振捣梁两部分组成。复平刮梁在振捣梁的前方，其作用是补充摊铺机初平的缺陷、使松铺混凝土在全宽度范围内达到正确高度；振捣梁为弧形表面平板式振动机械，通过平板把振动力传至混凝土全厚度。

按混凝土工艺学的振动原理，道路水泥混凝土的振捣属于低频振捣，是以骨料接触传递振动能量。振捣梁的弹性支承使施振时同时具有弹压力。布料的均匀和松铺厚度掌握是确保质量的关键。复平刮梁前沿堆积有确保充满模板的少量余料，余料堆积高度不应超过 15cm，过多会加大复平刮梁的推进阻力。弹性振捣梁通过后混凝土已全部振实，其后部混凝土应控制有 2～5mm 回弹高度，并提出砂浆，使以后的整平工序能正常进行。但是，靠近模板处的混凝土，还必须用插入式振动器补充振动。

内部振动式振捣机，主要用并排安装的振动棒插入混凝土中，由内部进行振实。振动器一般安装在有轮子的架子上，可在轨道上自行或用其他机械牵引。振动棒有斜插入式和垂直插入式两种。

6. 混凝土表面修整

振实后的路面水泥混凝土，还应进行整平、精光、纹理制作等工序。

混凝土表面整平的机械有：斜向移动表面修整机和纵向移动表面修整机。在整平操作时，要注意及时清除推到路边沿的粗骨料，以确保整平效果和机械正常行驶。对于出现的不平之处，应及时辅以人工挖填找平，填补时要用较细的混凝土拌合物，严格禁止使用纯水泥砂浆填补。

精光工序是对混凝土表面进行最后的精细修整，使混凝土表面更加密实、平整、美观，这是混凝土路面外观质量优劣的关键工序。我国一般采用 C-450X 刮板式匀料机代替，这种摊铺机由于整机采用三点式整平原理和较为完善的修光配套机械，整平和精光质量较高。施工中应当加强质量检查与校核，保证精光质量。

纹理制作是提高水泥混凝土路面行车安全性的重要措施之一。施工时用纹理制作机，对混凝土路面进行拉槽或压槽，使混凝土表面在不影响平整的前提下，具有一定粗糙度。纹理制作的平均深度控制在 1~2mm，制作时应使纹理的走向与路面前进方向垂直，相邻板的纹理要相互衔接，横向邻板的纹理要沟通以利于排水。适宜的纹理制作时间，以混凝土表面无波纹水迹比较合适，过早和过晚都会影响纹理制作质量。近年来，国外还采用一种更加有效的方法，即在完全凝固的面层上用切槽机切出深 5~6mm、宽 3mm、间距为 20mm 的横向防滑槽。

7. 混凝土的养护

混凝土表面修整完毕后，应立即进行养护，使混凝土路面在开放交通具有足够的强度。在混凝土养护初期，为确保混凝土正常水化，应采取措施避免阳光照射，防止水分蒸发和风吹等，一般可用活动的三角形罩棚将混凝土全部遮盖起来。

混凝土板表面的泌水消失后，可在其表面喷洒薄膜养护剂进行养护，养护剂应在纵横方向各洒一次以上，喷洒要均匀，用量要足够。也可以采取洒水湿养，即用湿草帘或麻袋等覆盖在混凝土板表面，每天洒水至少 2~3 次。

养护时间要达到混凝土抗拉强度在 3.5MPa 以上的要求。根据经验，使用普通硅酸盐水泥时约为 14d，使用早强水泥约为 7d，使用中热硅酸盐水泥约为 21d。

模板在浇筑混凝土 60h 以后拆除。但当交通车辆不直接在混凝土板上行驶，气温不低于 10℃时，可缩短到 20h 拆除；当温度低于 10℃时，可缩短到 36h 拆除。

8. 混凝土质量验收

参见高性能混凝土部分所述。

第四节 混凝土季节性施工的质量控制

一、混凝土夏季施工的质量控制

夏季施工是指在月平均气温超过 25℃的气候条件下施工。在高温条件下浇筑的混凝土，硬化前水分蒸发快，容易引起假凝或早凝而导致塑性裂缝。在硬化过程大约只有水泥质量 20% 的水是水化所必需，其余都蒸发掉，并在混凝土中形成孔隙和渗水通道，从而降低了混凝土的强度、抗渗和耐久性。因此，为确保在高温条件下浇筑混凝土的质量，对原材料的选用、配合比设计及高温环境下施工的技术措施必须严格控制。

（一）高温环境对混凝土质量的影响

高温环境对新拌混凝土及刚成型的混凝土的影响列于表 6-27。

表 6-27　高温环境对新拌及刚成型的混凝土的影响

因素	对混凝土影响
骨料及水的温度过高	①拌制时，水泥容易出现假凝现象 ②运输时，工作性损失大，捣固或泵送困难
成型后直接暴晒或干热风影响	表面水分蒸发快，内部水分上升量低于蒸发量，面层急剧干燥，外硬内软，出现塑性裂缝
成型后白昼温度高、夜间温度低	出现温差裂缝

（二）高温环境对原材料技术要求

原材料技术要求与常温浇筑混凝土相同，但选用材料时还必须注意与高温条件下浇筑混凝土的特性相适应。

1. 水泥

水泥的水化热太高，会对混凝土有不利的影响。对于混凝土的制成温度，水泥温度的影响不大，一般水泥温度每升高（或降低）8℃约使混凝土的温度变化1℃，但在初期有使混凝土容易变硬的缺点，为降低混凝土的温度，应尽量使用水化热低的水泥，这对于防止水化热产生的温度裂缝是有效的。因此，炎热条件下不可使用水化热高的水泥。

2. 骨料

骨料温度对混凝土的温度影响较大，原因是骨料的用量最大。一般是骨料温度每升高（或降低）2℃使混凝土温度变化1℃。施工时尽量使用低温度骨料。要避免骨料的温度上升，可以对骨料给予覆盖以免日光直接照射，或洒水防止温度上升等措施。

3. 外加剂

夏季混凝土施工由于气温高，水泥水化速度快及水分蒸发较多，混凝土的流动损失较快，凝结硬化较早，造成施工困难及混凝土质量差，为此要求缓凝。

具有缓凝作用的外加剂主要有：

① 羟基羧酸类：酒石酸、酒石酸钾钠、柠檬酸、水杨酸等。
② 糖类：糖蜜、蔗糖、葡萄糖、葡萄糖酸钙等。
③ 木质素磺酸盐类：木质素磺酸钠、木质素磺酸钙等。
④ 无机物：Na_3PO_4、$Na_2B_2O_7$、$ZnSO_4$ 等。

国内夏季施工中应用较多的缓凝剂是糖蜜减水剂、木质素磺酸钙减水剂。几种缓凝剂对水泥凝结时间的影响见表 6-28。

表 6-28　几种缓凝剂对水泥凝结时间的影响

缓凝剂品种	掺量/%	凝结时间	
		初凝	终凝
空白	0	3h10min	5h20min
酒石酸	0.2	7h40min	12h
酒石酸	0.3	9h40min	12h10min
酒石酸钾钠	0.3	10h30min	13h
柠檬酸钠	0.1	2h10min	10h30min
柠檬酸三胺	0.3	14h40min	—

缓凝剂品种	掺量/%	凝结时间	
		初凝	终凝
磷酸二氢钠	0.3	6h10min	8h10min
三聚磷酸钠	0.1	5h45min	11h40min
双酮山梨糖	0.1	4h10min	6h40min
葡萄糖	0.06	4h20min	7h30min
糖蜜缓凝减水剂	0.35	6h	7h30min

注：1. 外加剂掺量按水泥质量计。

2. 采用水灰比 0.3 的水泥净浆，用维卡仪测定凝结时间。

3. 空白凝结时间以 4 组试件平均值计。

4. 水

在材料之中，水的比热大，相当于水泥和骨料的 4～5 倍。一般水温每升高（或降低）4℃时，混凝土温度变化±1℃，所以水温对混凝土制成温度的影响与用水量成正比。相对而言，水的温度容易控制，要降低混凝土的制成温度，利用低温水最为方便。可用地下水拌制混凝土，储水罐、输水管要避免阳光直接照射，必要时可采用冷却措施。

（三）配合比设计

配合设计的方法及步骤与常温条件下普通混凝土相同。但是，由于炎热条件下混凝土的单位用水量往往偏多，是形成混凝土缺陷的一大原因。因此，配合比设计还必须认真考虑以下几点：

① 应采用优质骨料，严格控制砂、石含泥量，并注意改善砂石级配。

② 尽量压缩单位用水量，采取坍落度小、水灰比小的混凝土配合比。

③ 掺入适当的减水缓凝剂。施工减水缓凝剂，对减小坍落度的效果不大。但是对捣固和整修工作有利，可以防止冷接头，通过减少单位用水量和单位水泥量而减少水化热的影响。

④ 确定配合比时，应根据运输和施工方法通过试拌确定。

（四）高温环境下的施工技术措施

在高温环境下施工的技术措施列于表 6-29。

表 6-29　高温环境下施工的技术措施

项目	具体做法
水	①采用深井水 ②储水池加盖，避免太阳暴晒 ③往储水池中加碎冰，但不可将原冰块加入搅拌机中
砂石料场	①搭棚防晒 ②喷洒凉水降温
搅拌设备	①送料装置及搅拌机不宜直接暴晒，应有荫棚 ②搅拌系统尽量靠近浇筑地点 ③运送混凝土的搅拌运输车，宜加设外部洒水装置，或涂刷反光涂料。加强组织协作，缩短运输时间

项目	具体做法
模板	①因干缩出现的模板裂缝,应及时填塞 ②浇筑前充分将模板淋湿
浇筑	①适当减小浇筑层厚度,从而减少内部温差 ②浇筑后立即用薄膜覆盖,不使水分外逸 ③露天预制场宜设置可移动荫棚,避免制品直接暴晒
其他	搅拌时掺缓凝剂或缓凝型减水剂

（五）混凝土养护

防止太阳直接暴晒,加强覆盖,保持混凝土表面湿润,避免产生裂纹。

对于那些采用湿润养护有困难的结构,如柱及面积较大的铺路混凝土等,可采用薄膜养护剂进行养护。

二、混凝土冬季施工的质量控制

在新浇筑的混凝土中,水泥与液相状态的水起化学反应,生成复合物,它牢固地与砂石、钢砂石、钢筋结合。当温度低于常温时,产生新复合物的化学反应速率减慢,混凝土强度的增强延缓;当温度低于4℃时继续冷却,水的体积就会膨胀,如果是进行水化所需的水结冰了,这种结冰的水不能与水泥化合,则混凝土内化学反应所产生的新复合物就大为减少,造成混凝土强度、耐久性、水密性的永久损害。

混凝土如果早期遭受冻结,根据试验,将引起部分不能恢复的强度损失。其抗压强度损失的参考数值见表6-30。

表 6-30　早期受冻混凝土达到 28d 龄期相对强度

水泥品种及强度等级	水灰比	受冻前混凝土龄期/d					
		0	1	2	3	5	7
矾土水泥	0.5～0.6	70	90	95	100	100	
42.5级、52.5级普通水泥	0.4～0.5	70	80	85	90	95	100
32.5级普通水泥	0.5～0.6	60	65	70	75	85	95
32.5级火山灰质水泥	6.5～0.6	55	60	65	70	80	85
32.5级矿渣水泥	0.5～0.6	60	65	70	75	85	90

注:1. 混凝土受冻前和解冻后,在+15℃正常条件下养护。

2. 试验龄期为标准养护28d(受冻时期不算在内)。

同时试验也证明,如混凝土在冻结前能达到设计强度的40％以上,后(在常温下养护5～7d)再遭受冻结,对混凝土强度则没有太大的影响,只是强度增长缓慢而已,待开冻后,混凝土强度仍能继续增长,达到和不受冻时一样的强度。因此,在冬季施工中,为了确保混凝土工程质量,凡昼夜间室外平均温度低于+5℃或昼夜间的最低温度低于−3℃,应采取一定的冬季施工技术措施,以保证在冻前达到要求的强度,使施工不受季节性限制而能顺利进行。

（一）一般规定

① 在冬季条件下,昼夜间的室外日平均气温连续 5d 稳定低于 +5℃ 和最低温度低

于—3℃时，混凝土工程的施工，应按冬季施工技术规定进行。

② 混凝土工程在冬季条件下施工，应编制专门的冬季施工技术措施。原则是：保证工程质量，降低冬季施工费用。

③ 在冬季条件下养护的混凝土，在遭受冻结以前，其强度不得低于设计强度的40%，且不得低于5MPa的硬化强度。混凝土的抗冻临界强度见表6-31。

表6-31　混凝土的抗冻临界强度

项目	抗冻临界强度
硅酸盐水泥，普通硅酸盐水泥 矿渣水泥 ≤C10 的混凝土	配制强度的30% 配制强度的40% ≥5MPa

注：抗冻临界期，指混凝土经短期养护，能抵抗内部只有水冻胀力的强度。

④ 在冬季条件下浇筑的混凝土结构，承受荷载时，对结构的强度要求应符合《混凝土结构工程施工质量验收规范》（GB 50204—2015）中的有关规定。

⑤ 装配式结构构件接头部分的混凝土，在冬季条件下施工时，应先预热到正温，再浇筑热混凝土，养护温度控制+45℃以内，在遭受冻结前应达到设计强度的75%。

⑥ 预应力钢筋采用Ⅱ、Ⅲ级钢筋和5mm钢筋时，其冷拉和张拉时的温度不得低于—15℃；采用Ⅳ、Ⅴ级钢筋时，其冷拉和张拉时的温度不得低于+10℃。在冬季条件下焊接钢筋最好采用闪光焊。必须采用电弧焊时，Ⅲ级钢筋应预热至+10℃以上，焊完后立即采取保温措施，防止淬火，影响焊接质量。Ⅳ、Ⅴ级钢筋因可焊性差，目前暂不允许使用电弧焊。

⑦ 在冬季条件下浇筑混凝土，应优先采用蓄热法作为养护的方法。当水泥的水化热不能满足要求时，可将水、砂、石加热以满足热工计算的要求。

⑧ 采用热材料拌制的混凝土掺氯盐时，掺量应由试验确定。在钢筋混凝土中，氯盐（按无水状态计算）的掺量不允许超过水泥质量的1%，并不得超过6kg/m³。在无筋混凝土中，氯盐的掺量也不得超过水泥质量的3%。

⑨ 混凝土中掺入各种化学附加剂时，必须经过试验证明无害，方准使用。亚硝酸钠-三乙醇胺复合早强剂对钢筋无腐蚀影响，可以使用在配筋结构中。

⑩ 混凝土工程在冬季施工时，必须采取符合规定的防火措施和安全技术措施。

（二）原材料技术要求

配合比设计所用的原材料的技术要求与常温普通混凝土要求相同，但选材时还必须注意与寒冷条件下浇筑混凝土的特性相适应。

1. 水泥

在寒冷条件下（冬季）浇筑混凝土施工的一般方法中（如外加剂法、蓄热法、暖棚法），应采用活性高、水化热大的水泥品种，宜优先选用硅酸盐水泥或普通硅酸盐水泥。而火山灰质硅酸盐水泥的需水量大，对抗冻性不利，不宜使用。采取蒸汽湿热养护的混凝土宜优先考虑矿渣水泥。对于电流加热养护的混凝土，由于高活性水泥配制的混凝土对干热脱水较为敏感，因此不适应急速干热高温养护环境，一般电热法养护的混凝土采用32.5MPa，水泥用量最低不少于300kg/m³为宜。

2. 骨料

一般骨料多处于露天堆置条件。骨料要求提前清洗和储备，做到骨料清洁，粗骨料含泥量（质量比）不得大于 1.0%，泥块含量（质量比）不得大于 0.5%，细骨料含泥量（质量比）不得大于 3.0%，泥块含泥量（质量比）不得大于 1.0%，亦不得有冻块或掺有冰雪。冬期混凝土所用骨料的储备场地，应选择地势较高、不积水的地方。混凝土的粗、细骨料应做坚固性试验。

3. 外加剂

（1）应用外加剂的目的

在冬季施工混凝土中应用外加剂，可以加快施工进度，提高构件产量，防止冻害。

我国长江流域及南方的一些地区，冬季施工中遇到的主要问题是气温较低，混凝土强度增长较慢。使用外加剂的主要目的是提高混凝土早期强度，加快施工进度及提高构件产量。我国北方地区，冬季混凝土施工应用外加剂的目的是防止混凝土冻害，并在负温下进行硬化达到要求的强度。

为了防止混凝土冻害，要求混凝土在受冻前的抗压强度不低于下列规定值：硅酸盐水泥或普通硅酸盐水泥配制的混凝土为设计强度的 30%；矿渣硅酸盐水泥配制的混凝土为设计强度的 40%，但 C10 及以下的混凝土不得小于 5.0MPa。

（2）外加剂的适用环境

通常在不受冻害的地区（混凝土表面温度在 −3℃ 以上）冬季施工中应用早强减水剂（如 UNF-4、S 型、NC、MS-F 等）、减水剂与早强剂复合使用或单掺早强剂。

有防冻要求的地区，应优先选用经过技术鉴定的抗冻剂。当混凝土内部温度在 −10℃ 以上时可应用 NON-F、MN-F、AN 等复合抗冻剂，或根据气温等具体情况复合使用下述几种外加剂。

① 早强剂（如硫酸钠、硫代硫酸钠、三乙醇胺等）。其作用是使混凝土浇筑后在较短的时间内就获得一定的强度，以抵抗结冰时产生的膨胀应力。

② 防冻剂（如亚硝酸钠、硝酸钙、碳酸钾、氯化钙、氯水、尿素等）。其作用是降低水的冰点，使水泥在负温下仍能继续水化。

③ 高效减水剂（如 AF、UNF-2 等）。其作用是减少混凝土中的游离水，即消除造成冻胀的内因，提高混凝土的早期强度，减少毛细孔径，降低冰点。

④ 引气剂（如 PC-2、松得热聚物）及引气减水剂（如木质素磺酸钙）。除了减水外，还可以引入适量的气泡，缓冲冰的冻胀应力。混凝土的最小含气量应符合 6-32 的规定。混凝土内的含气量不宜超过 7%。

表 6-32　长期处于潮湿和严寒环境混凝土的最小含气量

粗骨料最大粒径/mm	最小含气量值/%
31.5 及以上	4
16	5
10	6

注：含气量的百分比为体积比。

⑤ 其他。如加入适量的有机硫化物能使冰晶成为纤维状，减小冰晶应力。

冬季常用外加剂的主要作用见表 6-33。

表 6-33　冬季常用外加剂的主要功能

外加剂品名	发挥的效用					
	早强	降低冰点	缓凝	减水	塑化	阻锈
氯化钠	+	+	—	—	—	—
氯化钙	+	+	—	—	—	—
硫酸钠	+	—	—	—	—	—
硫酸钠	+	—	+	—	—	—
亚硝酸钠	—	+	+	+	+	+
碳酸钾	+	+	—	—	—	—
三乙醇胺	+	—	—	—	—	—
重铬酸钾	—	+	—	—	—	+
氯水	—	+	+	—	+	—
尿素	—	+	+	—	+	—
木质素磺酸钙	—	—	+	+	+	—
AF、UNF-2 高产减水剂	+	—	+	+	+	—
S 型、NSZ 等早强减水剂	+	—	—	+	+	—
引气剂				+	+	

（三）配合比设计

配合比设计方法及步骤除应遵守普通混凝土配合比规定外，还要注意的是对水灰比的控制。因为混凝土的冻结主要是由其中水分冻结所致，混凝土的孔结构的空隙间隔与直径对抵抗冻害起着明显的作用，而水灰比又直接影响混凝土的孔结构，故寒冷条件下浇筑混凝土的水灰比应不大于 0.6。另外为适应目前一般的施工工艺水平，水灰比最好也不要低于 0.4。

供试验用的最大水灰比应符合表 6-34 的要求。

表 6-34　抗冻混凝土的最大水灰比

抗冻等级	无引气剂时	掺引气剂时
F50	0.55	0.60
F100	—	0.55
F150 及以上	—	0.50

抗冻混凝土的试验和配合比调整除应遵守普通混凝土配合比设计的规定外，还应增加抗冻融性试验。

（四）混凝土的拌制

① 冬季施工拌制混凝土用水泥不得直接加热。

② 冬季施工拌制混凝土用的砂、石、水的温度，均应保持正温，并要求符合热工计算所需要的温度，且不得超过表 6-35 规定的允许温度。

表 6-35　混凝土及组成材料的最高允许温度

水泥种类	水装入搅拌机时	砂、石装入搅拌机时	混凝土自搅拌机中倾出时
32.5 级普通硅酸盐水泥和矿渣硅酸盐水泥	80℃	60℃	45℃
42.5 级普通硅酸盐水泥和 32.5 级火山灰质硅酸盐水泥	70℃	50℃	40℃
52.5 级普通硅酸盐水泥	60℃	40℃	35℃
矾土水泥	40℃	30℃	25℃

③ 冬季施工对组成混凝土材料的加热，应优先考虑加热水，因为水的热容量大，加热方便。其次是加热砂、石子，水泥不加热，但在使用时应具有正温。加热的方法应因地制宜，考虑具体条件。但以通蒸汽加热方法为好，保证加热温度均匀，清洁卫生，既能减轻工人劳动强度，又能改善劳动条件。

④ 混凝土拌合物的温度，是根据其组成材料的温度确定的，可按式（6-19）及式（6-20）计算。

混凝土出机的理论温度计算式

$$T_0 = \frac{1}{4.19W + 0.84(C+S+G)} \times [0.84(Ct_c + St_s + Gt_g) +$$

$$4.19t_w(W - p_sS - p_gG) + b(p_sSt_s + p_gGt_g) - B(p_sS + P_gG)] \tag{6-19}$$

式中，T_0 为混凝土出机时的理论温度，℃；C、S、G、W 为水泥、砂、石、水的质量，kg，为简化计算，可按配合比的比例式代入；t_c、t_s、t_g、t_w 为水泥、砂、石、水投料时的温度，℃；p_s、p_g 为砂、石的含水率；b 为水的比热，kJ/(kg·K)，当骨料温度>0℃时，$b=4.19$，当骨料温度在 0℃ 以下时，$b=2.10$；B 为水的溶解热，kJ/kg，当骨料温度>0℃时，$B=0$，当骨料温度在 0℃ 以下，$B=330$。

混凝土出机后的温度计算式：

$$T_1 = T_0 - 0.16(T_0 - T_d) \tag{6-20}$$

式中，T_1 为混凝土自搅拌机倾出时的温度，℃；T_0 为混凝土出机时的理论温度，℃；T_d 为搅拌站内的温度，℃。

⑤ 冬季施工混凝土的搅拌时间应比常温搅拌时间延长 50%；搅拌时为防止水泥的假凝现象，应先使水和砂、石搅拌一定时间，然后再加入水泥。

冬季施工混凝土的搅拌，应在技术人员协助和监督下进行：

a. 检查材料的质量；

b. 检查混凝土的配合比；

c. 检查材料的温度以及混凝土在罐时的温度和和易性。

（五）混凝土的运输和浇筑

① 冬季施工运输混凝土拌合物时，应使热量损失尽量减少，可采取下列措施：

a. 没有混凝土集中搅拌站时，要正确选择放置混凝土搅拌设备的地点，尽量缩短运距，选择最佳的运输路线；

b. 正确选择运输容器的形式、大小和保温材料；

c. 尽量减少装卸次数并合理组织装入、运输和卸出混凝土的工作。

② 混凝土在浇筑前，应清除模板和钢筋上的冰雪和污垢。

③ 在冻胀性地基土上浇筑混凝土时，应在浇筑混凝土之前将地基土加热至正温度，以防止其遭受冻结，并将冻胀变形部分加以消除。

④ 在非冻胀性地基土上浇筑混凝土时，凡符合下列各项要求的，可以不必将土预先加热：

a. 地基土的湿度不超过 10%（质量比）；

b. 混凝土的温度比地基土温度至少高 10℃；

c. 混凝土的硬化条件能保证其强度在遭受冻结前达到设计强度的 40%，并不小于 5MPa。

⑤ 装配式结构在继续浇筑混凝土之前，应将结构接头处的已浇筑的混凝土加热，加热深度不得少于 300mm。在新浇筑的混凝土达到所要求的强度之前，应防止接头处的混凝土受冻。

⑥ 对加热养护的现浇混凝土整体式结构，其浇筑程序及结构中的施工缝位置的设置，应能防止产生较大的温度应力。因此，当混凝土的加热温度在 +40℃ 以上时，应遵循下列规定：

a. 支承在已浇筑完毕的厚大结构上的梁，应用钢板制成的垫板将梁与厚大结构隔开，使梁在加热和冷却时可以自由伸缩。

b. 如梁不能按上述方法进行浇筑，而在设计中未考虑到附加温度应力时，则梁的混凝土浇筑与加热应分段进行，段之间的间隔长度不应小于 1/8 梁的跨度，不得小于 0.7m。间断处应在已浇筑的混凝土冷却至 +15℃ 以下时，才可用混凝土填实并加热养护。

c. 与支座不做刚性连接的连续梁，应在长度不超过 20m 的段落上同时加热。

d. 多跨刚架的连续横梁，如钢架支柱的高度与横梁截面高度之比小于 15，应按上述 b. 条所规定的方法浇筑和加热混凝土。当刚架的跨度不大于 8m 时，应每隔两个跨度留出间断处；当刚架的跨度大于 8m 时，应每隔一个跨度留出间断处。

e. 与小跨度的大型横梁相连的高柱，应按同一高度进行混凝土的浇筑和加热；否则在柱子之间的横梁上留出间断处。

f. 互相平行且彼此间以刚性连接的梁（在同一柱上且与柱刚性连接的两根吊车梁），应同时进行加热。

g. 浇筑和加热肋形楼板时，应按 b 和 d 的规定进行，在纵向和横向两个方向留出间断处，梁与板应同时进行浇筑和加热养护。

⑦ 分层浇筑大的整体式结构时，已浇筑层中混凝土的温度，在其未被后一浇筑层覆盖以前，不应低于计算规定温度，也不得低于 +5℃。

⑧ 装配式结构的接头，应按下列方法施工：

a. 浇筑承受内力接头的混凝土（或砂浆），宜先将被结合处的表面加热至正温，再用加热的混凝土浇筑。此后接头的养护及加热，应在混凝土不超过 +45℃ 的温度下，养护至设计强度的 75% 以上或养护至设计强度为止。

b. 浇筑整体连接而在计算上不承受内力的接头，以及埋置金属部件的接头，可用掺有不致引起钢材锈蚀的抗冻化学掺剂的混凝土进行浇筑。

⑨ 预应力混凝土的构件在进行立缝和孔道灌浆之前，浇筑部位的混凝土须经预热，宜采用热的水泥浆、砂浆和混凝土；拌制用的热水温度要小于 +60℃；在进行预应力构件的孔

道灌浆时，应适当降低水泥浆的水灰比，浇筑后应一次养护至设计强度（不小于15.0MPa）。

冬期施工混凝土，经过运输至浇筑时的温度：

$$T_2 = T_1 - (at + 0.032n)(T_1 - T_a) \tag{6-21}$$

式中，T_2 为混凝土经过运输至浇筑时的温度，℃；T_1 为混凝土自搅拌机倾出时的温度，℃；t 为混凝土运输至成型的时间，h；n 为混凝土的倒运次数；T_a 为室外气温，℃；a 为温度损失系数，用滚动式搅拌运输车 $a = 0.25$，用开敞式自卸汽车 $a = 0.20$，用封闭式自卸汽车 $a = 0.10$，用人力手推车 $a = 0.10$。

混凝土浇筑时由于钢模、钢筋等吸收热量后的温度计算式：

$$T_3 = \frac{\gamma_0 C_0 T_2 + \gamma_a C_a t_a}{\gamma_c C_c + \gamma_a C_a} \tag{6-22}$$

式中，T_3 为混凝土浇筑后由于钢模、钢筋等吸收热量后的温度，℃；γ_0 为每立方米混凝土质量，kg；C_0 为混凝土比热容，取 1kJ/(kg·K)；T_2 为混凝土浇筑时温度，℃；γ_a 为每立方米混凝土与钢模、钢筋接触的质量，kg；C_a 为钢材比热，取 0.48kJ/(kg·K)；t_a 为钢模、钢筋的温度，如已预热，按预热后温度计，如未作预热处理，按当时环境气温计，℃。

（六）混凝土的养护

1. 养护方法对水泥品种的选择

混凝土工程冬季施工时，各种养护方法对水泥品种的选择可参照表 6-36。

表 6-36　养护方法对水泥品种的选择

养护方法	水泥品种的选择
蓄热法	应选用水化热较高、强度等级较高的水泥
蒸汽法	宜选用火山灰质硅酸盐水泥和矿渣硅酸盐水泥，以保证混凝土在热处理终了时，能获得最大的相对强度。禁止使用矾土水泥
电热法	宜选用强度等级低于 42.5 级的水泥，以免延长加热时间，增加用电量，避免电热后出现强度增长率降低的现象
冷混凝土	应采用强度等级高于 42.5 级的普通硅酸盐水泥。禁止使用矾土水泥

2. 不同养护温度对混凝土强度增长的影响

在不同环境温度和龄期下养护的混凝土强度增长的数据，见温度曲线图（图 5-71）。

在图 5-71 中，混凝土相对强度是根据混凝土硬化期间的平均温度确定的。混凝土硬化期间的平均温度可按下式计算：

$$t_c = \frac{0.5t_0 + t_1 + t_2 + \cdots + 0.5t_n}{n} \tag{6-23}$$

式中，t_c 为混凝土硬化期间的平均温度；t_0 为混凝土浇筑完毕时的温度；t_1、t_2、$\cdots$、t_n 为混凝土在浇筑完毕后，经 1、2、$\cdots$、n 昼夜以后的温度；n 为在正温度下养护混凝土的昼夜数，或在相等间隔时间下的测温次数。

在不同温度下养护的混凝土，凝固时间的温度计算当量关系换算系数见表 6-37。

表 6-37　混凝土凝固时间的当量关系换算系数表

平均养护温度/℃	换算系数值		
	普通水泥	矿渣水泥	火山灰质水泥
1	3.605	2.679	2.624
5	2.456	2.267	2.269
10	1.506	1.539	1.618
15	1.000	1.000	1.000
20	0.741	0.672	0.647
25	0.537	0.473	0.443
30	0.426	0.345	0.327
35	0.346	0.265	0.243
40	0.290	0.208	0.191
50	0.210	0.137	0.130
55	0.181	0.113	0.104
60	0.161	0.095	0.084
70	0.130	0.071	0.065
80	0.105	0.054	0.049

注：1. 本表是以 $+15℃$ 温度下的混凝土凝固时间为标准编制的。

2. 系数用法举例：普通水泥在 $50℃$ 养护 2h 相当于 $20℃$ 时养护 $\frac{0.741}{0.210} \times 2 \approx 7h$。

3. 养护方法的种类

冬季施工混凝土的养护方法有暖棚法、蓄热法、蒸汽加热法、电热法。采用加热养护时，混凝土养护前的温度不得低于 $2℃$。

（1）暖棚法　在建筑地点或结构周围搭起暖棚，当浇筑和养护混凝土时，棚内设置热源，温度不得低于 $5℃$，并保持混凝土表面湿润，使混凝土达到规定的设计强度。

① 暖棚法适用于建筑物体积不大、混凝土工程量集中的工程。由于搭设暖棚需要较多的材料和保温设施，因此较不经济。

② 暖棚搭盖的原则，在便利施工的条件下，应尽量减小暖棚的体积，为利于保温，暖棚的搭设应严密，不能过于简陋。采用火炉作为热源时，应注意防火。

（2）蓄热法　混凝土蓄热法施工，是将混凝土组成材料加热后搅拌，再浇筑至模板中。利用这种预加热量和水泥在硬化过程中放出的水化热，使混凝土构件在正温条件下达到预定的设计强度。在此，在混凝土构件上应覆盖保温材料，防止热量的过快损失，减缓混凝土的冷却速度。

① 蓄热法是目前冬季施工中最经济、最简易的方法，当室外平均温度不低于 $-15℃$ 时，地面以下的工程或表面系数不大于 $15m^{-1}$ 的混凝土构件应优先采用蓄热法。室内蓄热法不受上述条件的限制。

② 蓄热使用的保温材料，应该选择热导率低、价格低廉、易于获得的地方材料，如草帘、草袋、锯末、炉渣、海草被等。保温材料必须干燥，以免降低保温性能。

③ 当室外气温突然下降，低于热工计算数值时，应立即采取补加保温层或人工加热等有效措施，以防止混凝土早期遭受冻结。

④ 蓄热大的热工计算：根据每立方米混凝土初期养护温度降低到零度时放出的热量，等于混凝土构件在此养护期间散失到大气中的热量，其计算方法可参见《建筑施工手册》。

⑤ 为扩大蓄热法的使用范围，可采取下列措施：

a. 用化学附加剂，以加速混凝土的硬化和降低混凝土的冻结温度。

b. 将蓄热法和混凝土外部加热法，或与早期短时加热法合并使用。加热前混凝土的温度不得低于+5℃。如果采用白灰锯末加热养护，应由试验室确定配合比，生石灰的粒径不得大于 1cm，温度控制在 60～80℃ 为宜，拌和要均匀。否则易发生火灾，整个施工过程中要特别注意安全防火。

c. 采用强度等级高的（52.5MPa 以上）水泥或水化热高的水泥。

d. 利用未冻土的热量。

（3）蒸汽加热法　蒸汽加热法适用于平均温度特别低、构件的表面系数大、养护时间要求很短的混凝土工程，是进行冬季施工的最有效方法。

① 蒸汽加热法分类：蒸汽加热法的分类见表 6-38。

表 6-38　蒸汽加热法的分类

分类	特点	适用范围
蒸汽养护室	利用坑道作固定式的蒸汽养护室。温度易控制，施工简便，固定式费用较小，养护时间短、耗汽量大，要注意汽水的排除	常用于预制厂
汽套法	在混凝土模板外加密闭不透风的套板，模板与套版间距离不超过 15cm，从下部通入蒸汽养护混凝土。套内温度可达 30～40℃，分段送汽温度易控制，加热均匀，养护时间短，设备复杂，费用较大	常用于水平构件工程
毛管法	在混凝土模板中开设适当的通汽槽，蒸汽通过汽槽加热混凝土。用气少，加热均匀，温度易控制，养护时间短，设备复杂费用大，模板损失较大	常用于垂直结构工程
内部通汽法	在混凝土构件内部预留孔道（预埋白铁皮管或放置钢管、橡胶管，施工后可拔出），将蒸汽通入孔道加热混凝土，蒸汽养护结束后，将孔道用水泥砂浆填塞。节省蒸汽，温度易控制，费用较低，要注意冷凝水的处理	常用于厚度较大的构件

② 采用蒸汽加热法时，应注意以下几点：

a. 应采用低压饱和蒸汽（小于 $0.7kg/m^2$）养护，以保证养护温度，防止混凝土表面出现裂缝。加热要均匀，及时排除冷凝水，并要防止结冰。

b. 混凝土的最高加热温度不得超过 80℃。对于掺有混合材料 35%～55% 的矿渣硅酸盐水泥和火山灰质硅酸盐水泥拌制的混凝土，最高加热温度可提高到 85～95℃。

c. 加热整体浇灌的结构时，其升、降温速度不得超过表 6-39 中的限值。

表 6-39　加热养护混凝土的升、降温速度

表面系数/m^{-1}	升温速度/(℃/h)	降温速度/(℃/h)
≥6	15	10
>6	10	5

d. 混凝土结构的降温速度，不得超过 10℃/h。

e. 混凝土冷却到 5℃ 以后方可拆模，如果混凝土与外界空气温度相差超过 20℃，拆模后的混凝土外露表面部分，应暂时用适当的保温材料加以覆盖，以使混凝土表面的冷却过程缓慢进行。

f. 考虑到未完全冷却的混凝土有较高的脆性，所以蒸汽法加热养护的混凝土，不得在冷却前遭受冲击荷载或动力荷载作用。

g. 确定蒸汽加热法的延续时间，应考虑下列规定：

ⅰ. 为了预先确定加热的延续时间，可利用混凝土强度增长曲线图，见图 6-9。

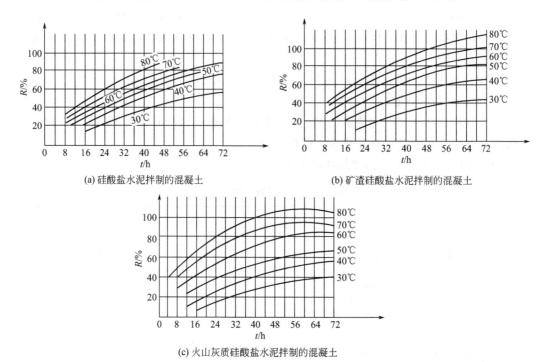

(a) 硅酸盐水泥拌制的混凝土

(b) 矿渣硅酸盐水泥拌制的混凝土

(c) 火山灰质硅酸盐水泥拌制的混凝土

图 6-9　混凝土强度增长曲线图

ⅱ. 在加热表面系数大于 $15m^{-1}$ 的结构时，应保证在加热结束时达到要求的强度，混凝土在冷却过程中的强度不予计算。

ⅲ. 在加热表面系数小于 $15m^{-1}$ 的结构时，可以计算结构冷却至 5℃ 的过程中的强度增长，以缩短等温加热时间。

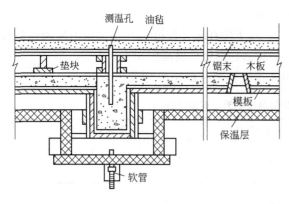

图 6-10　梁的蒸汽套构造示意图

③ 整体式结构采用蒸汽套法进行养护时，应遵守下列要求：

a. 加热肋形楼板的蒸汽套应该设在楼板下面和梁肋下面，楼板上面应该用隔热材料覆盖，覆盖层与楼板间留出 20～30cm 的空气层。或者在主梁底下 15cm 左右做一整个肋形楼板的保温平面层，楼板上面应用隔热材料覆盖，覆盖层设在混凝土上面 20～30cm 为宜，或直接覆盖在混凝土的表面，见图 6-10 和图 6-11。

b. 加热用的蒸汽必须由下面通入蒸汽套中，为使蒸汽通入到板上部的隔热层下，施工时需留出 10cm×10cm 的专用通气孔眼。

c. 用蒸汽养护水平结构时，应该在沿构件长度方向上，每隔 1.5～2m 处设一通气孔；对于垂直结构，则应在垂直方向上每隔 3～4m 分为一段，蒸汽由每段的下部通入蒸汽套中。

④ 混凝土采用毛管法进行养护时，应按照下列要求：

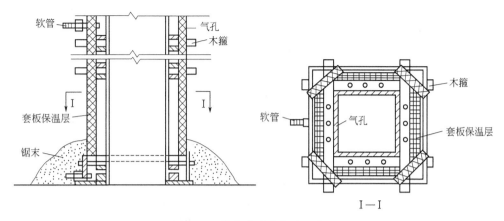

图 6-11　柱的蒸汽套构造示意图

a. 毛管模板的厚度不得小于 4cm，毛细管或槽间距为 20～25cm，并应用白铁皮封盖，钉在模板上，白铁皮压在模板上的距离不得小于 1cm。

b. 毛管的沟槽可做成三角形、半圆形或矩形，深度约为模板厚度的 4/5，宽度为 3～5cm。为避免在浇灌混凝土时沟槽内落入杂物，上部开口处应用木塞堵住。

c. 从蒸汽管来的蒸汽应先通入蒸汽分配箱。蒸汽分配箱放置在结构的下部，一般每隔 2.5～3.5m 高度增设一蒸汽分配箱。为了放出蒸汽分配箱中的冷凝水，分配箱的下部应预留孔洞。

⑤ 混凝土采用内部通汽法养护时，应按照下列要求：

a. 采用低压饱和蒸汽，防止因压力过大、热度过高，使得构件内部温度和表面温度极不均匀，而导致混凝土构件产生裂缝。

b. 为排出冷凝水，送汽水平管道应设置 1‰回水坡度，支汽管道应设置 2‰的回水坡度，埋设于梁内的水平管道应设置 5‰的回水坡度。

c. 管道的直径和数量，应根据构件断面大小，通过热工计算确定，管道的长度以 8～12m 为好，最长不得超过 15m。

d. 要注意防止构件四角受冻，防止因混凝土侧压力将管道位置改变而造成堵塞现象。

（4）电热法　电热法是利用电流通过导体混凝土发出的热量，加热养护混凝土。电热法耗电量较大，附加费用较高。电热法分为电极法、电炉法和综合法三种，其中电极法较常用且效果良好。

① 电极法的分类、特点及适用范围见表 6-40。

表 6-40　电极法的分类、特点就适用范围

分类	特点	适用范围
表面电极法	将电极固定在模板内侧,电极可用 6mm 的钢筋或宽 40～60mm 的白铁皮做成。电极的间距:20～30cm,白铁皮为 10～15cm。表面电极法配极简单,间距易控制	常用于墙、梁及基础等结构上
棒形电极法	电极用 6～12mm 直径的钢筋断料制成,直接由结构物表面插入或穿过模板孔放入混凝土内,其长度由结构断面而定	常用于柱、梁及基础等结构上
弦形电极法	电极用 6～10mm 的钢筋制成,每段长 2.5～3m,混凝土浇灌前用绝缘垫块将电极固定在箍筋上,电极端部弯成直角露出模板。弦形电极耗钢量较大	常用于钢筋不多的柱梁及厚度大于 20cm 的板和基础等结构上

② 电热法养护混凝土时，电极的布置应保证混凝土温度均匀。达到设计强度标准值的50%时，应停止加热。还应符合下列规定：

a. 应覆盖混凝土的外露表面进行养护。

b. 电热法的电压应控制在50～110V的范围内；在无筋结构和每立方米混凝土内钢筋用量不超过50kg的配筋结构，可采用电压为120～220V的电流加热；当电压为380V时，必须将电极接通零线，供混凝土内工作的电压为220V；当电压超过380V时，不准使用电热法。

c. 采用电热法加热钢筋混凝土结构时，最好采用低电压，以防止混凝土产生过热现象；加热过程中，应注意观察未经模板遮盖的混凝土表面温度，如果表面出现干燥现象，应暂时停止通过电流，并浇温水湿润混凝土表面后再继续通电加热养护。

d. 采用电热法养护混凝土时的温度，应符合表6-41的规定。

表 6-41　电热法养护混凝土的温度　　　　　　　　　　　℃

水泥强度等级/MPa	结构表面系数/m⁻¹		
	<10	10～15	>15
42.5	40		35

e. 整体浇灌的结构采用电热法加热时，混凝土的升温速度不得超过表6-42的规定。

表 6-42　电热法养护混凝土的升温速度

表面系数/m⁻¹	$M<6$	$M\geqslant6$	配筋稠密,连续长度较短(6～8m)的薄型结构
升温速度/(℃/h)	10	15	20

f. 整体浇灌的结构在电热加热结束后，混凝土的冷却速度不得超过10℃/h，可采用调节电压或周期切断电流等方法，控制其冷却速度。为保证具有不同体积的构件各部分能获得相同的冷却条件，对薄型结构突出的部位和其他容易冷却的部位，应加强保温措施。

g. 电热法加热的结构，模板和保温层须在混凝土冷却至5℃以后，模板与混凝土相互未冻结之前予以拆除。

h. 电极的形式、尺寸、数量及配置，应能保证结构各部分加热均匀，满足加热电功率的要求；在电极附近区域，按区域半径方向每1cm距离的温度差不得超过1℃。

i. 为防止电极位移、避免电极与钢筋接触，电极与钢筋间的距离，应满足表6-43的规定。

表 6-43　电极与钢筋的最小间距

电压/V	65	87	106
电极与钢筋的最小间距/cm	>5～7	>8～10	>12～15

注：配筋密度大，不能保证钢筋与电极间的距离符合上表规定时，应隔以适当的绝缘物质，振捣时要避免接触电极及其支架。

在选择施工方法时，应优先采用蓄热法或蓄热与短时加热（或掺化学剂）相结合的方法进行养护，只有在蓄热法不能满足要求时，才选用其他方法或和其他方法配合使用。表6-44供选择时参考。

表 6-44　冬季混凝土养护方法的选择

结构名称	养护方法的选择
大体积混凝土和钢筋混凝土设备基础,热电站等	①蓄热法。在严寒和大风灌筑混凝土时须加搭挡风墙 ②个别散热较大部位用轻型暖棚或周边电流加热 ③蓄热法配合掺少量化学剂
工业及民用建筑独立或带形混凝土、毛石混凝土基础、小型设备基础	①基础表面系数小于 $6m^{-1}$ 时,应用蓄热法,必要时掺化学剂 ②基础埋置深度较大时,蓄热并利用未冻土的热量养护 ③个别小型独立基础,上部遮盖,用蒸汽或热空气表面加热 ④严寒条件下(室外温度低于 $-20℃$)和混凝土需要早期获得 $40\%R_{28}$ 强度时,可用电热蓄热法 ⑤无筋和毛石混凝土基础用冷混凝土法
基础梁、柱子、框架等	①蓄热法 ②蓄热法并掺化学剂 ③电流加热法 ④混凝土内部留洞通蒸汽加热
墙和隔墙	①蓄热法并加化学剂 ②用蒸汽套或毛管模板蒸汽加热 ③用贴面电极加热
整体式钢筋混凝土楼板	①蓄热法,上面用石灰、锯屑保温 ②用蒸汽套加热 ③用帆布覆盖,通蒸汽或热风加热 ④电流加热法(梁用棒形或弦形电极,板用表面电极)
地下室、烟道、蓄热室等的钢筋混凝土墙和板	①蓄热法,内部生火炉保温 ②用蒸汽室或毛管模板蒸汽加热法
混凝土垫层、地坪、道路等	①掺化学剂,上面覆盖石灰、锯屑保温 ②冷混凝土法 ③在遮盖下通蒸汽加热
预制混凝土接头	①双层模板内填石灰、锯屑蓄热保温 ②用高强度等级水泥(52.5 级及 52.5 级以上)和水化热高的水泥 ③在遮盖下用电极或热空气加热 ④掺加化学剂与蓄热法相结合

4. 养护温度测量

混凝土养护温度的测量应符合下列规定:

① 测温孔的设置应符合有关规定;

② 当采用蓄热法养护时,在养护期间每 6h 测温一次;

③ 对掺用防冻剂的混凝土,在强度未达到 3.5MPa 以前,每 2h 测定一次,以后每 6h 测定一次;

④ 当采用蒸汽法或电流加热法,在升温、降温期间每 1h 测一次,在恒温期间每 2h 测一次;

室外气温及周围环境温度每昼夜内至少应定时定点测量 4 次。

（七）拆模和保温层的拆除

模板拆除除遵守第五章第八节相关规定外,模板保温层应在混凝土冷却到 5℃后方可拆除。当混凝土与外界温差大于 20℃时,拆模后的混凝土表面,应采取使其缓慢冷却的临时覆盖措施。

三、混凝土雨季施工的质量控制

下雨对混凝土的施工极为不利。雨水会增大混凝土的水灰比，导致其强度降低。刚浇好的混凝土遭雨淋，表面的水泥浆被稀释、冲走，产生露石现象。如为暴雨还会松动石子、砂粒，造成混凝土表面破损，导致截面削弱，如受损的这一表面为混凝土受拉区，如阳台、挑檐板等，钢筋保护层将被损坏，从而影响混凝土构件的承载能力。

雨季施工对混凝土质量的控制要点如下：

① 雨季施工时，应对水泥及矿物掺合料等粉状原材料采取防水、防潮措施，并应对粗骨料和细骨料含水率实时监测，及时调整混凝土配合比。

② 雨季施工期间，对混凝土搅拌、运输设备和浇筑作业面应采取防雨措施，并应加强施工机械检查维修及接地接零检测工作。

③ 支承模板支架的地基面应设置排水设施，雨后应检查地基沉降，并应对模板及支架进行检查。模板脱模剂应具有防雨水冲刷性能。应采取措施防止模板内积水。当模板内积水时应及时排除干净。

④ 如遇小雨，工程未完成，应将运输车和刚浇筑完的混凝土用防雨布盖好，并调整用水量；适当加大水泥用量，使坍落度随浇筑高度的上升而减小，最上一层为干硬性混凝土。

⑤ 如遇大雨无法施工，需将施工缝留在适当位置，采用滑模施工的混凝土应将模板滑动1～2个行程，并在上面盖好防雨苫布。

⑥ 混凝土浇筑过程中，对因雨水冲刷致使水泥浆流失严重的部位，应采取补救措施后方可继续施工。补救措施可采用补充水泥砂浆、铲除表层混凝土、插短钢筋等。

⑦ 混凝土浇筑完毕后，应及时采取覆盖塑料薄膜等防雨措施。

⑧ 对于已遇雨水冲刷的早期混凝土构件，必须进行详细的检查，必要时应采取结构补强措施。

第五节　掺外加剂混凝土的质量控制

外加剂又称附加剂或添加剂，是一种在混凝土搅拌前或搅拌中加入的能按照要求改善混凝土性能的物质。在一般情况下，其掺量为水泥质量的0.005%～5.0%（特殊情况除外）。

外加剂的质量标准及检验方法已在第二章介绍，本节主要介绍生产过程中的质量控制。

一、外加剂的掺量

混凝土中外加剂的用量与砂、石、水泥及水相比虽然很少（一般为水泥质量的0.005%～5%），但却显著地影响混凝土的性能（如和易性、凝结时间、耐久性）及经济指标，掺量不当还会出现不凝及强度严重下降等质量事故，因此必须严格操作。一般应根据产品说明书的推荐掺量，结合具体的使用要求（如改善和易性、增加含气量、调节凝结时间、提高强度及耐久性等）、混凝土的原材料、配合比、施工条件及气温等因素，通过试验确定。在满足使用要求的情况下，增加掺量一般是弊多利少。

下述外加剂掺量除特殊情况外，均以水泥质量的百分数表示。

（一）常用外加剂的掺量

1. 减水剂掺量

普通减水剂掺量一般为 $0.15\%\sim0.35\%$，常用掺量为 0.25%，气温较低时掺量适当减少；高效减水剂掺量为 $0.3\%\sim1.5\%$，常用掺量 $0.5\%\sim0.75\%$。

2. 早强剂及早强减水剂掺量

（1）早强剂及早强减水剂的掺量

氯盐（氯化钙、氯化钠）	$0.5\%\sim1.0\%$
硫酸盐（硫酸钠、硫酸钾、硫酸钙）	$0.5\%\sim2.0\%$
三乙醇胺	$0.03\%\sim0.05\%$
木质素磺酸盐（或糖钙）＋硫酸盐	$(0.05\%\sim0.25\%)+(1\%\sim2\%)$
萘磺酸盐甲醛缩合物＋硫酸钠	$(0.3\%+0.75\%)+(1\%\sim2\%)$

（2）早强剂掺量限值

① 氯盐

a. 在无筋混凝土中用热材料拌制时，氯盐（按无水状态计算）的掺量不得大于水泥质量的 3%；用冷材料拌制时，氯盐掺量不得大于拌合水质量的 15%。

b. 钢筋混凝土中氯盐掺量不得超过水泥质量的 1%，预应力钢筋混凝土中氯离子总量建议不超过水泥质量的 0.06%。

② 硫酸盐 硫酸钠的最大允许掺量为水泥质量的 2%，有饰面要求的混凝土中硫酸钠掺量不宜超过水泥质量的 1%。

硫酸钠与缓凝型减水剂复合使用时，最大掺量允许提高到水泥质量的 3%。

3. 其他外加剂掺量

① 缓凝剂及缓凝减水剂的常用掺量：

糖蜜减水剂	$0.1\%\sim0.3\%$
木质素磺酸盐类	$0.2\%\sim0.5\%$
羟基羧酸及其盐类（柠檬酸、酒石酸钾钠等）	$0.03\%\sim0.10\%$
无机盐（锌盐、硼酸盐、磷酸盐）	$0.10\%\sim0.25\%$

② 引气剂的掺量：松香树脂及其衍生物的掺量为水泥质量的 $0.005\%\sim0.15\%$。

③ 明矾石膨胀剂的掺量为水泥质量的 $15\%\sim20\%$。

注：随膨胀剂掺量的增加，混凝土的抗压强度和膨胀率增加。

④ 速凝剂的掺量一般为 $2\%\sim4\%$。

（二）外加剂的掺量对混凝土质量的影响

1. 减水剂掺量

（1）掺量对混凝土性能的影响

① 掺量对拌合物流动性的影响 减水剂掺量对拌合物流动性的影响有一定的规律性。掺量较少时，水泥净浆、砂浆及混凝土拌合物的流动性均增加得较少；掺量较多后，流动性

也增加得很少。但只要在一个狭小的掺量范围内掺量稍一增加，拌合物的流动性便会成倍提高。

② 掺量对砂浆及混凝土强度的影响

a. 配合比相同时　在配合比相同情况下，随着减水剂掺量的增加，流动性提高，而强度与减水剂的品种关系甚大。非引气及低引气型高效减水剂（如 NF、FDN、UNF-Ⅱ、AF 等）掺量对强度影响较小，与空白的基本相同。引气型减水剂，尤其像木质素磺酸钙减水剂，随着掺量增加混凝土中含气量增加，强度下降，只有当木质素磺酸钙掺量小于 0.3% 时强度下降较少。通过试验得知，随着掺量的增加，混凝土的含气量直线上升，当掺量超过 3～4 倍时，混凝土强度急剧下降，凝结时间推迟，甚至不凝。

b. 流动性相同时　在流动性相同的情况下，随着减水剂掺量的增加减水率提高，但当减水剂掺量增加到一定程度，即水泥浆中絮状的凝聚结构已基本胶溶成均匀的分散体系后，影响拌合物和易性的主要原因已不是水泥浆体的结构状态，故减水率就增加得很少。混凝土的强度一般也是随着减水剂掺量增加而提高，当掺量增加到一定值后再增加减水剂的掺量，混凝土的性能改善不多，即有经济的适宜掺量。在通常情况下，NF、FDN、UNF-Ⅱ、AF 等减水剂的适宜掺量为 0.5%～1.0%。

木质素磺酸钙和糖蜜类减水剂，随着掺量的增加，虽然减水率提高，但强度却明显下降。所以在应用时要严格控制减水剂的掺量，否则会出现质量事故。一般木质素磺酸钙的掺量为 0.2%～0.3%，糖蜜的掺量为 0.1%～0.3%（液态时为 0.2%～0.5%）。

③ 掺量对水泥凝结时间的影响　在水泥净浆的标注稠度（维卡仪贯入值）或混凝土的坍落度相近的情况下，高效减水剂如 FDN、UNF-Ⅱ 对凝结时间影响较小；保持标准稠度用水量相同的情况下，随着掺量的增加，流动性提高，凝结时间也延长。

木质素磺酸钙具有一定的缓凝作用，掺量为 0.25% 时，凝结时间延缓 1～3h（气温20～30℃）；随着掺量的增加凝结时间明显延缓。糖蜜缓凝减水剂掺量对混凝土的凝结时间影响较大，掺量每增加 0.1%，凝结时间延长约 1h。

④ 掺量对拌合物稳定性的影响　在混凝土搅拌过程中，当减水剂滞后于水 1～3min 加入（即滞水法）时，可提高拌合物的流动性，减少减水剂用量。但当掺量较高时，拌合物的稳定性下降，泌水率加大，浆体容易沉淀板结。

（2）影响减水剂适宜掺量的因素　不同品种的减水剂有不同的适宜掺量，同一种减水剂在不同条件下掺量也不同。

① 减水剂掺加方法　在某些水泥中，减水剂在搅拌过程中滞后于水 1～3min 加入（滞水法）较减水剂先加入水泥（先掺法）或配成溶液搅拌时与水一起加入（同掺法）的塑化作用效果显著提高，减水剂用量可减少 1/3 左右。801、AF 型减水剂滞水法的适宜掺量为 0.75%，先掺法时分别为 1% 及 1.25%，同掺法时为 1.0%～1.5%。

② 水泥品种的影响　由于水泥的矿物组成、混合材品种和掺量、水泥细度、石膏品种等不同，因而减水剂的适宜掺量也不同。

③ 拌合物起始流动性的影响　减水剂的塑化效果只有当拌合物的起始流动性达到一定值后才较显著。过分干硬的砂浆及混凝土，即使加大减水剂的掺量，塑化效果仍很差。当拌合物的起始流动性稍高时，减水剂的适宜掺量减小。当砂浆的起始稠度为 1.5cm 时，FDN、建1型和 AF 型减水剂的适宜掺量约为 0.7%；当起始稠度为 4cm 时，适宜掺量 0.5%。所以，影响拌合物起始流动性的一些因素（尤其是用水量）也影响减水剂掺量。

④ 其他因素 环境温度也影响减水剂的适宜掺量，一般高温季节由于坍落度损失较快，掺量稍多；低温季节，掺量稍低，否则缓凝作用会加剧。当运输距离较远，浇筑时流动性要求较高时，掺量也稍多。

养护方法也影响适宜掺量，蒸汽养护的适宜掺量较自然养护的稍低。如 SM、JN 减水剂自然养护时的掺量为 0.5% 左右，蒸汽养护时的适宜掺量为 0.3% 左右。

高强混凝土中适宜掺量，一般较普通混凝土中高，如 NF、FDN 在普通混凝土中掺量为 0.5% 左右，在高强混凝土中为 1.0%～1.5%。

2. 早强剂及早强减水剂掺量

（1）掺量对混凝土性能的影响

① 对强度影响 随着氯盐和硫酸盐掺量的增加，早期强度提高；超过一定值后，早期强度增加不多，后期强度则下降。

从试验可知，氯化钠掺量从 0.3% 增加到 1% 时强度提高比较显著，超过 2% 后强度增加不多。硫酸钠的适宜掺量为 1.5%～2.0%，掺量在 2%～3.5% 范围内的早强效果相近，在标准养护条件下 28d 强度下降 10% 左右。

② 对耐久性的影响 当有少量氯盐掺入时，与水泥中的 C_3A 矿物反应生成不溶性的水化氯铝酸钙，不仅提高了混凝土的早期强度，同时将氯离子固定下来，所以不会锈蚀钢筋。

当氯盐掺量较多时，由于溶液中氯离子的存在，钢筋表面的保护膜产生收缩，失去致密性。另外，氯离子会加速铁的离子化，产生较大的电极电位，促使钢筋锈蚀。所以我国规定氯盐的掺量不得超过水泥质量的 1%。

蒸汽养护会加强氯盐的锈蚀作用，故蒸养混凝土中不宜应用氯盐早强剂。

矿渣水泥、火山灰水泥、粉煤灰水泥水化后的碱度较普通水泥低，渗透性也较普通硅酸盐水泥高，容易碳化，从而进一步降低碱度，即对钢筋的保护性较差。所以，对上述水泥，氯盐掺量宜减少或复合适量亚硝酸钠作阻锈剂。

③ 复合早强减水剂掺量对混凝土的和易性及强度的影响

a. 对和易性的影响 在混凝土配合比相同的情况下，随着掺量的增加，拌合物的流动性提高，早期强度也增加；但当超过一定值后，随着掺量的增加，拌合物的流动性下降。

b. 对强度的影响 在混凝土拌合物的流动性相同的情况下，随着复合早强减水剂掺量的增加，减水率和强度提高，但当掺量超过一定值后，减水率反而下降，强度也有所下降。

从试验可知，S 型早强减水剂掺量超过 3%、NSZ 掺量超过 2%，减水率有所下降；普通早强减水剂的减水率较小，当掺量增加到一定值后，早期强度也不再提高。

（2）影响早强剂及早强减水剂掺量的因素

① 根据早强要求调整掺量，早强要求高时掺量偏高；反之偏低。

② 随着气温的升高，早强剂及早强减水剂的适宜掺量减少。

③ 蒸养混凝土中，早强减水剂的掺量比自然养护时稍低。如 S 型早强减水剂，在蒸养混凝土中掺量为 1.5% 左右，自然养护时为 2.0%～2.5%。NC 早强减水剂，常温时掺量为 3%，而蒸养时为 2%。

④ 不同品种的水泥，早强剂及早强减水剂掺量亦有所不同。

3. 其他外加剂掺量

（1）缓凝剂及缓凝减水剂掺量

① 掺量对凝结时间及强度的影响

a. 对凝结时间及水泥水化热的影响　随着缓凝剂的增加，凝结时间延长，水泥的初期水化热降低，放热峰出现时间推迟，热峰值减小。

b. 对强度的影响　随着糖蜜及木质素磺酸钙掺量的增加，混凝土强度下降，所以，在满足缓凝要求的情况下，掺量宜少不宜多。而随着柠檬酸掺量的增加，混凝土的强度有所提高，水泥用量可减少。

② 影响掺量的因素

a. 在高温季节施工，要求延长缓凝时间，就要增加缓凝剂掺量。如葛洲坝施工中木质素磺酸钙夏季掺量为 0.35%，而冬季为 0.2%。

b. 由于水泥的矿物组成、调凝剂等不同，缓凝剂的掺量也有所差别。

（2）引气剂掺量　松香树脂及其衍生物的掺量为水泥质量的 0.005%～0.015%。

① 掺量对混凝土性能的影响　引气剂掺量较少时，混凝土的含气量太少，抗冻性、抗渗性和耐久性改善不大，掺量过多则混凝土中的含气量太多，混凝土的强度显著降低。一般在水灰比固定的情况下，混凝土内的空气量每增加 1%，抗压强度降低 5%～6%。在适宜掺量情况下，由于引气剂具有一定的减水作用，从而全部或部分地抵消了引气对强度的降低。混凝土的适宜空气含量为 3%～6%，砂浆的适宜空气含量为 9%～10%。

② 影响掺量的因素　为满足一定的含气量，引气剂掺量主要根据以下原则而调整：

a. 粗骨料石子粒径大时，引气剂掺量增加。如当石子粒径为 6cm 时，PC-2 型引气剂的掺量增加为 0.02% 时，混凝土的含气量才达到 4% 左右。

b. 水泥用量　引气剂掺量随水泥用量增加而稍有增加。

c. 水泥品种　一般普通硅酸盐水泥中引气剂的掺量比矿渣水泥中稍小。

d. 搅拌方式　人工搅拌比机械搅拌时的掺量有所增加。

e. 温度　高温季节的引气剂掺量稍有增加。

f. 振动器频率　应用高频振动器时掺量有所增加。如低频（28000 次/min）时 PC-2 型引气剂掺量 0.005%～0.007%，高频（11000～14000 次/min）时掺量为 0.007%～0.02%。

（3）明矾石膨胀剂掺量　在推荐掺量的前提下，随着膨胀剂掺量的增加，混凝土的抗压强度和膨胀率增加。

（4）速凝剂掺量　速凝剂主要用于喷射混凝土。所谓速凝剂的适宜掺量是指混凝土凝结速度快、早期强度高、收缩变形小，其他性能也基本满足一定要求时的经济掺量。速凝剂的掺量一般为 2%～4%。

① 掺量对混凝土性能的影响　随着速凝剂掺量的增加，凝结时间缩短，但强度损失加大，收缩值增加。故在满足凝结时间要求的情况下（一般为 2～10min），速凝剂掺量宜少不宜多。

② 影响速凝剂掺量的因素

a. 温度　拌合水温高，凝结速度快，速凝剂掺量少。

b. 水泥品种　不同厂家生产的水泥中速凝剂的掺量不同。一般矿渣水泥中的掺量比普通硅酸盐水泥中的大。

c. 施工部位　喷顶拱时的掺量比喷边墙的大，如红星一型速凝剂，喷射拱部时的掺量为 3%～4%，边墙时为 1.5%～2%。

二、外加剂的选择

（一）外加剂的选用原则

1. 外加剂的选用要求

① 应根据工程设计、施工要求及环境温度等选择外加剂的品种，并通过试验检验外加剂与水泥及其他材料的相容性，符合要求方可使用。

② 试配掺外加剂的混凝土时，应采用工程使用的原材料，检测项目应根据设计及施工要求确定，检测条件应与施工条件相同，当工程所用原材料或混凝土性能要求发生变化时，应重新进行试配试验。

③ 不同品种外加剂复合使用时，应注意其相容性及对混凝土性能的影响，使用前应先进行试验，满足要求方可使用。

④ 严禁使用对人体产生危害、对环境产生污染的外加剂。

外加剂的质量应符合有关标准，并经试验符合要求后方可使用。

2. 外加剂的功能及应用范围

应用外加剂可获得如下的一种或几种效果：

① 改善混凝土或砂浆拌合物的施工和易性，提高施工速度和质量，减少噪声及劳动强度，有利于机械化施工。

② 提高混凝土或砂浆的强度及其他力学性能，提高混凝土的设计强度及质量，配制高强混凝土，改善混凝土的性能。

③ 节约水泥及代替特种水泥。

④ 加速混凝土或砂浆早期强度的发展，缩短工期，加速模板及场地周转，提高产量。

⑤ 缩短热养护时间或降低热养护温度，节省能源。

⑥ 调节混凝土或砂浆的凝结硬化速度。

⑦ 调节混凝土或砂浆的空气含量，提高混凝土的抗渗性和耐久性。

⑧ 降低水泥初期水化热或延缓水化放热。

⑨ 改善拌合物的泌水性。

⑩ 提高混凝土耐侵蚀性盐类的腐蚀的性能。

⑪ 减弱碱骨料反应。

⑫ 改善混凝土或砂浆的毛细孔结构。

⑬ 改善混凝土的泵送性。

⑭ 提高钢筋的抗锈蚀能力。

⑮ 提高骨料与砂浆界面的黏结力，提高钢筋与混凝土的握裹力，提高新老混凝土界面的黏结力。

⑯ 改变砂浆及混凝土的颜色。

外加剂的主要功能及应用范围见表 6-45。外加剂使用前的决策是根据具体的应用条件，通过综合技术经济分析，明确应用外加剂的主要目的，然后根据使用目的选择合适的、技术经济效益显著的外加剂。

表 6-45　外加剂的功能及应用范围

外加剂类型	主要功能	应用范围
普通减水剂	①减少混凝土拌合物的用水量,提高混凝土的强度、耐久性、抗渗性 ②改善混凝土的工作性,提高施工速度和施工质量,满足机械化施工要求,减少噪声及劳动强度 ③节省水泥	用于日最低气温5℃以上的混凝土施工;大体积混凝土;泵送混凝土;大模施工;滑模施工;各种现浇及预制混凝土以及钢筋混凝土构件
高效减水剂	①大幅度减少混凝土拌合物的用水量,显著提高混凝土的强度及其他物理力学性能 ②大幅度提高混凝土拌合物的流动性 ③节省水泥及代替特种水泥	用于日最低气温0℃以上的混凝土施工;制备早强、高强、高流动性混凝土;蒸养混凝土
早强剂及早强减水剂	①早强剂能提高混凝土的早期强度,对后期强度影响较小 ②早强减水剂除能提高混凝土早期强度外,还具有减水剂的功能	用于覆盖层下混凝土表面温度为-3℃以上的混凝土施工;早强混凝土;蒸养混凝土
引气剂及引气减水剂	①提高混凝土的耐久性和抗渗性能 ②提高混凝土拌合物的和易性,减少混凝土的泌水离析 ③引气减水剂还具有减水剂的功能	有抗冻融要求的混凝土;防水混凝土;耐碱及耐盐类结晶破坏的混凝土;泵送混凝土;轻骨料混凝土以及骨料质量差、泌水严重的混凝土
缓凝剂及缓凝减水剂	①延缓混凝土的凝结时间 ②降低水泥的初期水化热 ③缓凝减水剂还具有减水剂的功能	大体积混凝土;夏季和炎热气候地区施工的混凝土;长距离运输的混凝土;有缓凝要求的混凝土;用于日最低气温+5℃以上
抗冻剂	在一定的负温条件下能使水泥水化并达到预期强度,而混凝土不遭受冻害	冬季负温(0℃以下)混凝土施工
膨胀剂	使混凝土在水化和硬化过程中产生一定的体积膨胀,以减少混凝土干缩裂缝,提高抗裂性和抗渗性,或产生适量的自应力	补偿收缩混凝土用于自防水屋面、地下防水,基础后浇缝,防水堵漏等;填充用膨胀混凝土用于设备底座灌浆、地脚螺栓固定等;自应力混凝土用于自应力混凝土压力管

3. 禁用及不宜使用的情况

① 失效及不合格的外加剂禁止使用。

② 长期存放,对其质量未检验明确之前禁止使用。

③ 在下列情况下不得应用氯盐、含氯盐的早强剂及早强减水剂:

a. 在高湿度的空气环境中使用的结构(排出大量蒸汽的车间、澡堂、洗衣房和经常处于空气相对湿度大于80%的房间以及有顶盖的钢筋混凝土蓄水池等)。

b. 大体积混凝土。

c. 有装饰要求的混凝土,特别是要求色彩一致的或是表面有金属装饰的混凝土。

d. 处于水位升降部位的结构。

e. 露天结构或经常受水淋的结构。

f. 有镀锌钢材或铝铁相接触部位的结构,以及有外露钢筋预埋件而无防护措施的结构。

g. 与含有酸、碱或硫酸盐等侵蚀性介质相接触的结构。

h. 骨料具有碱活性的混凝土结构。

i. 使用过程中经常处于环境温度60℃以上的结构。

j. 使用冷拉钢筋或冷拔低碳钢丝的结构。

k. 薄壁结构,中或重级工作制吊车梁、屋架、落锤或锻锤基础等结构。

l. 电解车间和直接靠近直流电源的结构。

m. 直接靠近高压电源（发电站、变电所）的结构。

n. 预应力混凝土结构。

o. 蒸养混凝土构件。

④ 硫酸盐及其复合剂不得用于有活性骨料的混凝土、电器化运输设施和使用直流电源的工厂、企业的钢筋混凝土结构。

⑤ 引气剂及引气减水剂不适用于蒸养混凝土及高强混凝土。

⑥ 普通减水剂不宜单独用于蒸养混凝土。

⑦ 缓凝剂及缓凝减水剂不适用于日最低气温+5℃以下硬化的混凝土，有早强要求的混凝土和蒸养混凝土。

⑧ 饮水工程不得使用含有毒性的外加剂。

⑨ 下列混凝土工程结构中严禁采用含有强电解质无机盐类的外加剂：

a. 与镀锌钢材或铝铁相接触部位的结构，以及有外露钢筋预埋件而无防护措施的结构；

b. 使用直流电源的结构以及距高压直流电源100m以内的结构。

⑩ 掺硫氯酸钙类膨胀组分的膨胀混凝土，不得用于长期处于80℃以上的工程中。

⑪ 在预应力混凝土中不得掺用引气剂，也不宜掺用引气型外加剂。

（二）对外加剂的选择

选用外加剂的步骤如下：

① 确定使用外加剂的主要目的。

② 根据已知水泥的品种选择适宜的外加剂，或根据一定的外加剂品种选择适宜的水泥。

③ 根据确定的外加剂的性能、工程的技术要求，通过试验确定适当的掺量。

④ 根据施工方案（搅拌、运输、成型、养护），确定外加剂的掺入方法。

⑤ 根据目的和掺入量，调整原定的配合比。

⑥ 对产品（在第三、四拌）留取试块进行快速检验，肯定或修改掺量或修改工艺方案。

（三）各混凝土工程对外加剂的选择

各种混凝土工程对外加剂的选择见表6-46；对氯盐及氯盐制、对硫酸盐及其复合剂等的限制使用，见表6-47。

表6-46　各种混凝土用外加剂参考表

使用场合	使用的主要目的	适用的外加剂
水泥用量集中的单位	节省水泥	普通减水剂，如木质素磺酸钙
高强混凝土	提高混凝土强度	非引气型高效减水剂，如NF、FDN、UNF-5、CRS、SM等
早强混凝土	提高早期强度	夏季：高效减水剂，如AF、NF、UNF-2、SM-2等 冬季：早强减水剂，如S型、金星系列早强剂、H型、NC、3F等
流态混凝土	提高和易性	非引气型高效减水剂，如NF、FDN、UNF-5、SN-2、CRS、SM、AF等
泵送混凝土	提高可泵性	引气型减水剂，如木质素磺酸钙，也可用AF、JN、FFT等高效减水剂
大体积混凝土	缓凝降低水泥初期水化热	缓凝减水剂，如木钙、糖蜜、DH_4等；缓凝剂，如柠檬酸。

使用场合	使用的主要目的	适用的外加剂
防水混凝土	提高抗渗性	①引气减水剂,如木钙 ②引气剂,如 PC-2 ③膨胀剂 ④三乙醇胺 ⑤氯化铁防水剂
冬季施工	早强	①早强减水剂,如 UNF-4、S 型、金星系列早强剂、H 型等 ②减水剂与早强剂复合使用 ③早强剂,如 Na_2SO_4、NaCl、$CaCl_2$ 等
	防冻	①抗冻剂,如 NON-F、MN-F、AN 等 ②早强剂+防冻剂 ③减水剂+早强剂+防冻剂 ④引气减水剂+早强剂+防冻剂 ⑤早强剂+防冻剂+阻锈剂
夏季施工	缓凝	①缓凝减水剂,如糖蜜 ②缓凝剂
蒸养混凝土	缩短蒸养时间节能	①早强减水剂,如 UNF-4、S 型、NSZ 等 ②高效减水剂,如 FDN、UNF-5、NF、SN-2、AF 等 ③早强剂,如硫酸钠
自然养护的预制混凝土构件	提高产量提高早期强度	夏季:高效减水剂,如 AF、NF、UNF-2、SN-2 等 冬季:早强减水剂,如 S 型、NSZ、UNF-4 等
	节省水泥	夏季:普通减水剂,如木钙 冬季:早强减水剂,木钙复合 Na_2SO_4 等
大模板施工	提高混凝土和易性及早期强度	夏季:①普通减水剂,如木钙;②高效减水剂,如 AF、JN、UNF-2 等 冬季:①早强减水剂;②减水剂与早强剂复合使用
滑动模板施工	夏季:缓凝(便于滑升和抹平)	普通减水剂,如糖蜜,木钙等
	冬季:早强	①高效减水剂,如 AF、JN 等 ②早强减水剂
灌浆料	提高流动性、无收缩、早强、高强	①减水剂+膨胀剂,如 FDN 0.5%+明矾石膨胀剂 20% ②膨胀剂
喷射混凝土	速凝,提高混凝土的黏结力及强度	①减水剂+速凝剂,如:NF+速凝剂 ②速凝剂,如红星一型,782 型 711 型等
商品混凝土	节省水泥	普通减水剂,如木质素磺酸钙等
	保证施工和易性	缓凝减水剂,如糖蜜 高效减水剂,如 UNF-2、JN、AF
耐碱类混凝土	提高耐久性(提高密实度)	引气高效减水剂及高效减水剂,如建 1 型、FDN、AF 等
高强混凝土	C50 以上混凝土	高效减水剂、非引气减水剂、密实剂
灌浆、补强、填缝	防止混凝土收缩	膨胀剂
防锈混凝土	防止钢筋锈蚀	防锈剂,常用亚硝酸钠
预制构件	缩短生产周期、提高模具周转率	高效减水剂、早强减水剂
耐冻融混凝土	提高耐久性	①引气剂,如 PC-2 ②引气减水剂,如萘系减水剂与引气剂复合
大跨度预应力混凝土结构	提高混凝土强度	非引气型高效减水剂,如 FDN、NF、UNF 等
钢筋密集的构筑物	提高和易性,改善浇筑质量	①普通减水剂,如木钙等 ②高效减水剂,如 AF 等

使用场合	使用的主要目的	适用的外加剂
港工混凝土	提高耐久性,改善工作性,增强抗渗性	①引气减水剂,如萘系减水剂与引气剂复合;建1型JN、AF等 ②引气剂,如PC-2
补偿收缩混凝土	提高抗裂性、抗渗性等	膨胀剂,如明矾石膨胀剂
钢丝网水泥船	取消蒸养,提高产量	夏季:高效减水剂,如AF、UNF-2、FDN、NF等 冬季:S型、NSZ早强高效减水剂,高效减水剂复合0.5%～1.0%(水泥重)硫酸钠
振动挤压混凝土管	提高产品质量	高效减水剂,如SM、UNF-2等
硅酸盐自应力混凝土管	节省自应力水泥,缩短蒸养时间	高效减水剂,如AF
成组立模	改善和易性,提高劳动生产率	高效减水剂
灌注桩基础	提高和易性	①高效减水剂,如AF、FDN等 ②减水剂,如木钙等
坑道现浇混凝土支护	提高早期及后期强度	高效减水剂,如CRS、AF等
建筑砂浆	节省石灰膏	微沫剂
冻结井筒混凝土井壁	早强、抗冻、高强	①高效减水剂,如NF、建1型、AF等 ②0.05%三乙醇胺+1%NaCl+1%NaNO₂
竖向小尺寸构件、成组立模构件	改善和易性	高效减水剂
灌注桩基础	改善和易性	普通减水剂,高效减水剂
装饰混凝土	彩色混凝土	各种矿物质彩色外加剂

表 6-47　氯盐、硫酸盐制剂等在混凝土工程中使用的限制

外加剂名称	不得使用的混凝土工程
氯盐、含氯盐的早强剂、含氯盐的早强减水剂	①在高湿度空气环境中使用的结构(排出大量蒸汽的车间、澡堂、洗衣房和经常处于空气相对湿度大于80%的房间以及有顶盖的钢筋混凝土蓄水池等) ②处于水位升降部位的结构 ③露天结构或经常受水淋的结构 ④有镀锌钢材或铝铁相接触部位的结构,以及有外露钢筋预埋件而无防护措施的结构 ⑤与含有酸、碱或硫酸盐等侵蚀性介质相接触的结构 ⑥使用过程中经常处于环境温度为60℃以上的结构 ⑦使用冷拉钢筋或冷拔低碳钢丝的结构 ⑧薄壁结构、中或重级工作制吊车梁、屋架、落锤或锻锤基础等结构 ⑨电解车间和直接靠近直流电源的结构 ⑩直接靠近高压电源(发电站、变电所)的结构 ⑪预应力混凝土结构 ⑫蒸养混凝土构件
硫酸盐及其复合剂	①有活性骨料的混凝土 ②电器化运输设施和使用直流电源的工厂、企业的钢筋混凝土结构 ③有镀锌钢材或铝铁相接触部位的结构 ④有外露钢筋预埋件而无防护措施的结构
含有毒性的外加剂	饮水工程的混凝土

注:在使用掺氯盐的钢筋混凝土中,氯盐掺量(按无水状态计算)不得超过水泥质量的1%。

三、掺外加剂混凝土的异常现象及其防治

掺外加剂混凝土可能会出现的异常现象及其防治方法见表6-48。

表6-48　混凝土掺外加剂后的异常现象及其防治方法

现象	原因	防治方法
粘罐：水泥砂浆粘在搅拌机筒壁或运输工具上	①混凝土黏滞性大 ②多出现于掺缓凝剂或缓凝减水剂混凝土 ③自落式搅拌机叶片与筒壁之间无空隙或空隙过小	①采用两次投料法：先投砂、石及部分水，后投水泥、外加剂及剩余的水 ②使用强制式搅拌机 ③粘罐的砂浆及时清除
假凝：新拌混凝土出机后失去流动性	①水泥在磨细时部分二水石膏受热成为半水石膏 ②减水剂不适应这种水泥	①更换水泥或更换减水剂 ②降低掺用量 ③降低搅拌温度
速凝：新拌混凝土出机后10min初凝	木钙减水剂与水泥中氟石膏配合时出现，木钙被氟石膏吸附，造成铝酸三钙急速水化	氟石膏水泥不应选用木钙减水剂，或木钙减水剂不在氟石膏水泥中应用
不凝，长时间或24h后不凝结	①缓凝剂或缓凝减水剂掺量过大或计算错误 ②掺用时溶液未拌匀	①外加剂掺量重新试配 ②检查计量装置及溶液搅拌装置
强度低：强度比试配强度低得多	①外加剂质量不良，有效成分不足 ②掺引气剂或引气减水剂振捣不足 ③掺减水剂而不减水或多加水 ④引气性组分或三乙醇胺掺量过大	①检验外加剂质量，重新确定其掺量 ②浇筑时加强振捣 ③按规定减水 ④检查计量装置
起泡：混凝土抹面后表面鼓起气泡	干粉颗粒不均匀，较大或未磨成粉状的颗粒遇水膨胀	①将粉状外加剂通过0.5mm筛孔筛分 ②保持粉剂的干燥状态，已结粒的应烘干后使用
裂缝：混凝土抹面后出现塑性裂缝	①新拌混凝土较黏稠，未振捣沉实 ②裂缝多出现在钢筋或粗大骨料面上 ③混凝土表面干缩	①初凝前后进行表面二次抹光，将裂缝压至消失 ②用薄膜覆盖养护

四、掺外加剂混凝土施工过程的质量控制

掺外加剂混凝土的施工过程包括搅拌、运输、成型、养护及质量检验。

1. 混凝土拌制

（1）外加剂计量　外加剂可用质量法，也可用体积法计量。允许偏差为外加剂掺量的±2%。计量设备必须准确、可靠，经常保持良好的工作状态。杜绝因计量失灵而造成的施工质量事故。

粉状外加剂以质量法计量时要注意含水量的变化；液态外加剂以体积法计量时要经常检查溶液的浓度。

（2）搅拌注意事项

① 掺外加剂的混凝土（或砂浆）宜用机械搅拌，搅拌时间要充足，保证拌和均匀。

② 严格控制用水量。用水量对掺高效减水剂的砂浆及混凝土拌合物和易性的影响比空白混凝土大，用水量过小时，减水剂的塑化作用不明显，用水量稍大时，拌合物成为"稀汤"，黏聚性较差，容易泌水。

③ 掺引气剂及引气减水剂的混凝土，必须采用机械搅拌，搅拌时间及搅拌量应通过试验确定。

④ 掺防冻剂混凝土拌合物的出机温度，严寒地区不得低于15℃；寒冷地区不得低于10℃。入模温度，严寒地区不得低于10℃，寒冷地区不得低于5℃。

2. 混凝土运输

(1) 运输要求　混凝土运输过程中，应保护其匀质性，做到不分层、不离析、不漏浆，运至灌筑地点具有规定的坍落度。

(2) 运输工具　掺外加剂的干硬性及低塑性混凝土可用翻斗车运输；大流动性混凝土而且运输较远时，宜用运输搅拌车，减水剂在卸料前加入搅拌车，要经二次搅拌。

(3) 运输时间

① 掺外加剂的混凝土拌合物应及时运输和浇筑，尽量缩短运输和停放时间。影响拌合物和易性的因素较多，如外加剂品种、外界温度、水泥品种、含气量、混凝土配合比等，故具体时间应由试验确定。

② 掺高效减水剂的混凝土拌合物的坍落度损失一般较不掺减水剂的快，混凝土出机至浇筑的时间以不超过30min为宜。而且掺高效减水剂混凝土拌合物的初始坍落度应比基准混凝土稍高。

3. 混凝土振捣

(1) 振捣工艺

① 掺外加剂混凝土的振捣方法与不掺外加剂的混凝土相同。

② 掺减水剂混凝土拌合物的含气量超过3%时，采用高频振捣设备，并适当延长振捣时间或加入消泡剂。

③ 掺引气剂及引气减水剂的混凝土，应根据对引气量的要求选择合适的振捣设备和振捣时间。当用高频振动器时含气量降低较多需提高引气剂掺量。

(2) 振捣时间

① 掺外加剂混凝土的振捣时间要适宜，时间短不密实，太长会引起分层离析。即使流态混凝土稍加振动也能显著地提高混凝土的密实性。掺高效减水剂的富水泥砂浆和混凝土拌合物的黏聚性较大，振动液化后的流速较慢，故在钢筋密集的构件中应当延长振捣时间。卸料槽的坡度加大，成型后及时抹平。

② 掺引气剂及引气减水剂的混凝土采用插入式振捣时，振捣时间不宜超过20s。

4. 养护

(1) 自然养护　掺外加剂的混凝土成型后应加以覆盖和浇水。一般地，在混凝土浇筑完毕后12h以内加以覆盖和浇水；干硬性混凝土及炎热、大风天气成型后2h加以覆盖。浇水的次数须保持混凝土处于润湿状态。浇水养护的时间不得小于7d，掺用缓凝型外加剂或有抗渗要求的混凝土不得少于14昼夜。平均气温低于5℃时不得浇水，须用保温材料覆盖。

混凝土中掺明矾石膨胀剂是基于生成带32个结晶水的钙矾石而达到膨胀效果的，所以浇捣后必须加强湿养护，时间不少于14d。有条件的工程最好能蓄水养护，养护温度应大于5℃。室内20℃养护的自由膨胀率：龄期5d为0.086%；龄期40d为0.108%；室外-6~1℃养护的自由膨胀率：龄期5d为0.007%；40d只有0.042%。

掺速凝剂（如红星一型）的混凝土要特别注意养护，浇灌后12h就可喷水养护（在夏季温度较高，混凝土表面开始发白时就应喷水），浇水养护时间不少于 14d。

掺抗冻剂混凝土的初期养护温度及时间不得低于产品所规定的，如 NON-F、MN-F 抗冻剂 7d 内温度不低于-10℃；AN 防冻剂，10d 内温度不得低于-15℃。

（2）蒸养混凝土

① 预养期、升温期　掺外加剂混凝土的预养期和升温期长短取决于混凝土初始强度的增长快慢，它与外加剂品种、水泥品种、混凝土拌合物的和易性及环境温度等因素有关。如掺早强高效减水剂的混凝土塑性强度增长快，预养时间可以压缩到最短。对混凝土的凝结时间影响不大的外加剂，随着预养及升温时间与空白混凝土基本相同。当应用缓凝型的外加剂时，预养时间有所延长，或提高预养温度。当应用引气型的外加剂时，必须减缓升温速度及降低恒温温度。

② 恒温温度和时间　在相同的恒温时间下，随着恒温的温度的升高，蒸养脱模强度提高，但当温度超过 70～75℃后增长较少；在相同的恒温温度下，随着恒温时间的延长，蒸养脱模强度也提高，恒温温度较低时更明显。利用前者可缩短生产周期，提高产量及节省能源；利用后者节能效益更明显，在养护设施许可情况下甚至可取消蒸汽养护。蒸养混凝土后期强度的增长随恒温温度提高而降低，有关试验表明，龄期 42d 时，60℃恒温的混凝土抗压强度为 61.4MPa，80℃恒温的为 58.5MPa。

第六节　混凝土温度测量及其体内温度变化控制

一、测温箱测温

（一）分类

混凝土测温是用于控制混凝土内部温度的变化过程。由于工程性质与生产工艺上的不同，对测温要求也不同，大致分为三大类：

① 混凝土冬季施工测温。

② 大体积混凝土施工测温。

③ 混凝土热养护测温。

（二）混凝土冬期施工测温

混凝土冬施测温是为控制现浇混凝土结构工程中的初期温度变化，适用于冬施不同养护方法的测温。

1. 一般要求

① 施工基层应指派专人负责测温工作，并在进入冬施前组织人员进行统一培训学习。

② 施工基层应根据工程进展情况，按单位工程制定测温方案，并绘制单位工程测温孔的平（立）面位置布置图。

③ 在进入混凝土冬施前，必须提前做好冬施所必要的测温用具准备。

④ 所有温度计必须事先进行检验，经检验合格后方可使用。

2. 测温用具

① 测温箱：规格不小于 $300\text{mm} \times 300\text{mm} \times 400\text{mm}$ 的白色百叶箱，宜安装于离建筑物 10m 以外，距地面高度 1.5m，通风条件较好的地方。

② 温度计：$-1 \sim 100\text{℃}$ 的棒式酒精温度计，根据测温孔的深浅确定温度计尾部的长短。

③ 测温磁管：一般用 26 号镀锌铁皮制作，底部封闭，上端开口，上大下小，内径为 $10 \sim 15\text{mm}$，长度根据测温孔深浅确定。

④ 铁钎：用直径为 10mm 的圆钢筋制作。

⑤ 手电筒：用 1 号电池。

⑥ 测温记录用具。

3. 测温孔的设计要求

① 测温孔位置的选择。一般应选择在温度变化大、容易散失热量的部位和易于遭受冻结的部位，西北部或背阴的地方应多设置。测温孔的口不宜迎风设置，且应有临时封闭措施。

② 所有测温孔的位置，应在测温孔的平（立）面图上进行编号。

③ 一般结构测温孔的设置：

a. 梁（包括简支梁与连续梁）：当每跨梁的长度大于 4m 时，测温孔的设置部位见图 6-12。

当每跨梁的长度小于或等于 4m 时，测温孔的设置部位见图 6-13。

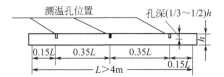

图 6-12　现浇混凝土大梁测温孔布设之一

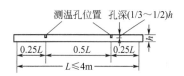

图 6-13　现浇混凝土大梁测温孔布设之二

梁上测温孔应垂直于梁的轴线，孔深为梁高的 $1/3 \sim 1/2$。

b. 柱：每根柱均应设置测温孔。

当柱高大于 4m 时，测温孔的设置部位见图 6-14。

当柱高小于或等于 4m 时，测温孔的设置部位见图 6-15。

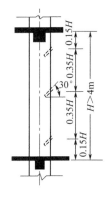

图 6-14　现浇混凝土柱测温孔布设之一

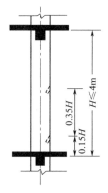

图 6-15　现浇混凝土柱测温孔布设之二

柱上测温孔应设在中心线，并与柱面成倾斜角 $30°$，孔深为柱断面边长的 $1/3$。

c. 预制框架梁、柱现浇接头：每个柱的上端接头，应设一个测温孔，孔深为接头混凝土高度的 1/2 高。每个柱的下端接头应设 1～2 个测温孔，孔深为柱断面边长的 1/3～1/2。

d. 现浇钢筋混凝土构造柱：每根构造柱均应设置测温孔进行测温，一般每根柱的下端设一个测温孔。

e. 现浇楼板、底板：现浇大面积楼板或底板的测温孔布置应按纵、横方向均不大于 5m 间距布置。每间房间面积不大于 20m² 时，可设一个测温孔。

f. 测温孔应垂直板面：孔深为板厚的 1/3～1/2。现浇混凝土墙板墙厚为 20cm 及 20cm 以内时，可单面设置测温孔，孔深为墙厚的 1/2；当墙厚为 20cm 以上时，要双面设测温孔，孔深为墙厚的 1/3，并不小于 10cm。测孔与板面成 30°倾斜角。

大面积墙面测温孔按纵、横方向均不大于 5m 间距布置。

每块墙的面积小于 20m² 时，每面可设一个测温孔。

g. 大模板混凝土墙：一般在墙的顶部设测温孔，有条件时亦可在其他部位加设测温孔。测温孔的多少，可根据墙的长度确定，一般可设 1～2 个测温孔，孔深为 50～200mm，测温孔垂直于板顶。

h. 现浇钢筋混凝土大梁叠合层、圈梁和宽度大于 120mm 配筋的板缝：混凝土测温孔（点）的设置最大不超过 10m 长，孔深为构件厚度的 1/3～1/2。

i. 现浇混凝土阳台、挑檐、雨罩及室外楼梯平台等零星构件：以个为单位的，每个要设 1～2 个测温孔，并设置在养护不利部位。凡是以长度为单位的，则每隔 3～4m 左右设一个测温孔。

j. 现场预制构件：测温孔设置，参照相应的现浇构件要求设置测温孔。

注：对于工程量较大的工程，测温孔的设置可根据具体情况酌减。

4. 测温要求

① 现浇混凝土在测温时按测温孔编号顺序进行，温度计插入测温孔后，堵塞住孔口，留置在测温孔内 3～5min 后进行读数，读数前应先用指甲按住酒精柱上端所指度数，然后从测温孔中取温度计，并使与视线水平，仔细读出所测温度值，并将所测温度记在记录表上，然后将测温孔封闭。

② 测温时要按项目要求按时进行（见表 6-49）。

表 6-49　测温项目及要求

测温项目	测温次数	测温项目	测温次数
大气温度、环境温度	每昼夜 2～4 次	混凝土养护期内	每 4h 1 次
水、砂、石等原材料	每工作班 4 次	大模板蓄热法养护	每天 4 次
搅拌棚室内温度	每工作班 2～4 次	一般结构蓄热法养护	每小时 1 次
混凝土出罐温度	每工作班 2～4 次	蒸汽养护：升温、降温恒温	每 2h 1 次
混凝土入模温度	每工作班 2～4 次		

③ 测温记录项目：

a. 冬季施工室外大气测温记录表，并绘制温度变化曲线图。

b. 冬施混凝土的原材料及混凝土拌合物的温度记录表。

c. 冬施混凝土养护测温记录表。

（三）大体积混凝土施工测温

为了控制厚大体积混凝土在施工中的温升影响，一般要求混凝土最大温差不超过 25℃，以减小混凝土约束应力，防止出现裂缝。因此，对大体积混凝土的施工除了季节上的选择、材料上的选择配及配合比的选择外，更重要的是施工上的防备措施。其中混凝土的测温就是观察混凝土内部温升变化的一项措施。目前测温设备为铜-康铜热电偶和国产 UJ-33A 型电位差计，它可以任意选点测试，比较理想。

1. 现场测温布点要求

根据混凝土结构物体积的大小和形状确定布点方案。

① 混凝土墙体横断面宽度为 120cm 以内时，一个断面上至少有三个热电偶，墙中心处布一个，两侧距墙表面 10cm 处各布一个。

② 混凝土墙体宽度为 120～250cm 时，一个断面上至少布五个热电偶，即墙中心处一个，距墙表面到墙中心的一半距离各布一个，距墙表面 10cm 处各布一个（见图 6-16）。

③ 混凝土墙的横断面布点一般间距为 30～60cm。

④ 墙体高度上、下布点，可根据总高度确定，一般为墙体的顶部表面处布一个点，墙高的 1/2 处布一个点，墙高的一半（中心）至墙的顶部布点的间距一般为 50～80cm。

⑤ 墙体纵向布点应根据施工分段情况确定布点位置，一般间距为 5～10m，中间也可交错增加布点。

2. 大体积混凝土基础的布点

① 基础混凝土有侧模，高与宽之比大于 1 时可按墙体测温布点。

② 基础混凝土不用侧模，或用砖砌模以及高与宽之比小于 1 时，可适当减少两侧表面测温布点（见图 6-17）。

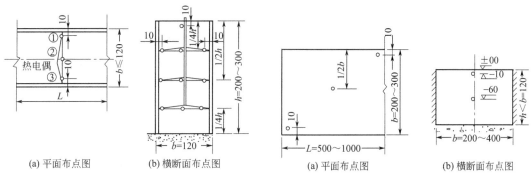

(a) 平面布点图　(b) 横断面布点图　　　　　(a) 平面布点图　(b) 横断面布点图

图 6-16　墙体热电偶布点（单位：cm）　　图 6-17　基础热电偶布点（单位：cm）

3. 铜-康铜热电偶布点技术要求

① 所有热电偶的埋设，必须按测温布置图进行编号，以 3～5 个热电偶为一个测点，以 3～5 个测点为一个测区，每个热电偶均得编号，并在埋设前作测试检验，合格后才能使用。

② 热电偶必须在钢筋网绑扎完毕和混凝土浇灌前安好。热电偶绑扎在横向较粗钢筋的下侧，热电偶焊点必须与钢筋绝缘隔离，测区的导线绑在竖向钢筋上引出接在线板上，对号入座。

4. 测温要求

① 测温须按编号顺序进行，并记录所测数据，见表 6-50。

表 6-50 热电偶测量记录

测点号	测点位置	恒温点温度/℃	工作点		校核点			备注
			热电势/μV	换算温度/℃	实测温度/℃	热电势/μV	换算温度/℃	

② 浇灌完毕的混凝土一般在 10h 后开始试测，以后每隔 6h 进行一次测试，在测试过程中随时进行校验。测温一直持续到该混凝土温度开始下降时为止，约 10d 左右。

（四）混凝土热养护的测温

1. 目的及适用范围

混凝土热养护测温是控制热养护时温升、恒温和降温过程中的时间与温度的关系，以保证养护工序的正常进行，确保构件质量。

适用于各种类型的隧道窑、立窑、养护池、热台座及现场热养护作业。

2. 测温要求

（1）升温的控制　混凝土热养护升温的快慢对质量影响极大，往往由于升温速度快，而导致混凝土过早脱水，致使混凝土表面酥松，直接影响构件的强度。因此，应合理地选择升温速度。

① 混凝土成型后应根据静定时间的长短，选择升温速度。

② 根据混凝土坍落度（或维勃稠度）的大小以及构件的类型选择升温速度。如塑性混凝土中对薄壁构件每小时不得超过 25℃；其他构件每小时不得超过 20℃；而整体灌筑的混凝土结构，其升温速度为 10～15℃/h。用干硬性混凝土制作的构件，升温速度可选 35～40℃/h。

③ 根据不同的热养护工艺选择热养护的升温速度。

④ 根据不同的水泥品种和外加剂类型进行选择。

（2）恒温控制　混凝土热养护恒温时间的长短与温度的高低是影响混凝土强度的主要因素。因此，在选择养护工艺前必须考虑下列条件：

① 根据生产周期的要求选择恒温时间。

② 根据恒温温度的高低选择恒温时间。

③ 恒温阶段应保持相对湿度在 90% 以上。干热养护控制介质相对湿度可适当降低。

（3）降温控制

① 根据环境温度决定混凝土降温速度。

② 整体浇筑的混凝土结构的降温速度每小时不得超过 10℃。

③ 热养护的构件温度必须降至与环境温差不大于 40℃后才能出池。当池外气温为负温度时，温差不得大于 20℃。

3. 测温设备

根据混凝土养护工艺选定不同类型测温计。

① 铜-康铜热电偶测温法。适用于隧道窑、大体积混凝土以及冬期混凝土施工的测温。

② 半导体指针温度计。适用于养护池、隧道窑等。

③ 玻璃棒棒式温度计、读数温度计等。

二、铜-康铜热电偶测温法

（一）目的及适用范围

利用热电效应，由测定铜-康铜热电偶的热电势值以推求其节点温度。适用于测定300℃以下的环境温度和混凝土内部温度，测量误差可限制在0.2℃以内。

（二）试验设备

1. 铜-康铜热电偶

系由康铜线一端与铜线一端焊接而成。康铜线须在裸线或漆包线外包裹一层塑料外皮，铜线即普通单芯胶质铜线，两种导线的粗细、长短不影响测定结果，视使用方便选定。在一般场合所用的热电偶可用锡焊；长期在低温环境中使用的热电偶应用熔焊。焊接点即温度感应点，为耐久起见，当工作点埋设在混凝土内部时，宜在焊接点上薄薄地涂上一层沥青或环氧树脂。

2. 电位差计和检流计

应用最小分度为$1\mu V$或$10\mu V$、测量范围不小于$10mV$的低电势直流电位差计。例如UJ33A型（最小分度$1\mu V$）或UJ36型（最小分度$10\mu V$，测量误差±5℃）。

3. 接线箱

多点测量时用，可以自制。转换开关应采用接触良好，可靠的双刷型开关。接线柱与转换器之间的连接线应按所接线的不同，分别采用康铜线或铜线。也可直接将热电偶导线焊在刷型开关的焊片上。接线箱应有盖，使各接线柱温度不因空气流动、日照等影响相差过大。使用接线箱时，应注意使各节点的连接牢靠，开关接触良好，并应尽量保持各接线柱温度一致。

4. 温度计

最小分度为0.1℃的玻璃水银温度计0～50℃的1～2支，50～100℃的一支。若需测负温度或高于100℃的温度，另备相应范围的温度计。

5. 保温瓶

可用普通热水瓶。

（三）试验步骤

1. 热电偶的率定

热电偶的工作点温度t与热电势E之间的关系，即E-t曲线，应预先进行率定或委托计量部门率定。

取一根康铜线和一根铜线，把两根导线的两端分别焊接起来，一端作工作点，浸于模拟的工作介质中，一端作恒温点，浸于温度固定为 t_1 的介质中。再把铜导线截断，将两个线头接在电位差计的两未知接线柱上，这样就构成了热电偶的测量回路。每改变一个工作介质，温度 t 达到稳定、均匀后，就用电位差计测出一个对应的热电势 E，最后得出一系列的 E、t 值，标绘在坐标纸上，即得出一条恒温点温度为 t_1 的 E-t 曲线（也可根据已得曲线编制 E-t 表，供查用）。

为使介质在测量过程中温度稳定，简单的办法是将其盛在保温瓶内，温度计和热电偶从塞子上的小孔插入。

工作点的介质，负温时可用盐溶液或酒精，常温时可用自来水。当介质温度与室温相差较大时，应加强保温措施。

恒温点的介质，可用冰、水混合物（恒温点温度为 0℃）。当难于获得冰时，也可用自来水。不管用那种，均须注意保证其温度固定在预先确定的数值上。在进行率定工作时，还应当注意检查一批热电偶的热电性能是否一致。

注：选放的（除冰水混合外）恒温点介质温度，宜高于室温和自来水温度，这样在测量过程中，介质温度下降时，只要在自来水中掺加热水，即可调到预定温度。相反，如需要介质（如自来水）温度降低，则较为困难。

2. 温度测量与结果的换算

在实际温度测量中，往往是多个测点。为此，可如图 6-18 所示，使用一公共的恒温点，以接线箱依次把各测点热电偶接入，构成完整回路进行测量。

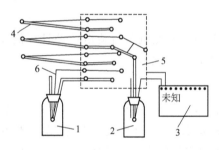

图 6-18　热电偶多点测温示意图

1—保温瓶；2—恒温介质；3—电位差度；
4—测量热电偶；5—接线箱；6—检验热电偶

图中有专用热电偶和温度计，一起插入介质中，测量时用于检验整个测量装置正确与否。

当测量过程中恒温点温度与率定时的恒温点温度相同时，可直接利用 E-t 曲线（或表格）换算出工作点温度。如果测量时的恒温点温度 t_2 与率定时的恒温度 t_1 不同，则工作点温度即使与率定时相同，其热电势也不相同，不能直接套用原率定曲线（或表格），但二者有如下关系：

$$E(t, t_1) = E(t, t_2) + E(t_2, t_1)$$

式中，$E(t, t_1)$ 为工作点为任一温度 t、恒温点温度为 t_1 时的热电势；$E(t, t_2)$ 为工作点为任一温度 t、恒温点温度为 t_2 时的热电势；$E(t_2, t_1)$ 为工作点温度为 t_2、恒温点温度为 t_1 时的热电势。

因此，当恒温点温度为 t_2 时，可按上式把测得的热电势值 $E(t, t_2)$ 加上 (t_2, t_1) 值（此值在原率定出的 E-t 曲线上查得）即得 $E(t, t_1)$，然后再查原 E-t 曲线换算出 t 的数值。

【例 6-3】　原 E-t 曲线是在恒温点温度为 0℃ 时率定的，现在测量中恒温点的温度为 30.1℃，测得热电偶 $E(t_2, t_1)$ 为 $0.8232\mu V$。求此时工作点温度为多少。

解： 在原 E-t 曲线上查得温度为 30.1℃ 时所对应的热电偶 $E(t_2, t_1)$ 为 $1.1830\mu V$。

则 $E(t, t_1) = 0.8232 + 1.1830 = 2.0062\mu V$。

再在原 E-t 曲线上查得 $2.006\mu V$ 所对应的温度为 49.85℃。即此时工作点温度为 49.85℃。

当 $t_2 > t_1$ 时，$E(t_2, t_1)$ 是正值，当 $t_2 < t_1$ 时，$E(t_2, t_1)$ 是负值。

（四）热电偶测量记录格式

热电偶测温记录表见表 6-51。

表 6-51　热电偶测温记录表

测点号	测点位置	恒温点温度 /℃	工作点		校核点			备注
			热电势 /μV	换算温度 /℃	实际温度 /℃	热电势 /μV	换算温度 /℃	

三、热敏电阻测温法

（一）目的和适用范围

利用热敏电阻在不同温度下电阻值的变化，由指示电表测定接触点处的温度。适用于短期内测量$-50\sim300℃$温度环境。

（二）试验设备

① 半导体温度计：系由感温探头（用热敏电阻制成，以下称标准探头）与测读仪器（附电源、电表和开关等，以下简称仪器）两部分用导线连接而成。

② 高稳定性热敏电阻：每一台半导体温度计只附有一个标准探头。如进行多点测量，须另备热敏电阻作为感温元件。对于热敏电阻，要求感温灵敏、惯性小、精度高，性能稳定。

③ 波段开关：能满足多点测量要求。

④ 导线：断面应为 $0.5\sim1\text{mm}^2$ 的铜芯电线。

⑤ 可加热容器：玻璃瓶或其他。

⑥ 绝缘漆。

（三）试验步骤

1. 热敏电阻的率定

每一个热敏电阻在电表上显示的温度值 t，与半导体温度计原来固定用的感温探头（以下称标准探头）在电表上同时显示的温度值 T 之间的关系，即 T-t 的直线方程，应预先进行率定。

将一个热敏电阻两端分别焊接上一根铜芯导线（导线长度应是实测温度时所用长度），在焊接处用绝缘漆密封，此时热敏电阻连同导线组成一个感温元件，可以替换原来的标准探头而与仪器连接。把热敏电阻与标准探头浸于装有加热设备的介质中，每改变一个介质温度，就分别读取热敏电阻和标准探头在电表上反映的温度值，最后得出一系列的 T 和 t 值，标绘在坐标纸上，即得出一条 T 与 t 的关系直线（也可根据已得直线编制 T-t 表供查用）。如果备有标准的插入式玻璃温度计，可以精确量测介质温度，则可用它来率定热敏电阻，编制 T-t 表，而不必用原来的标准探头。

容器中的介质，负温时可用盐溶液或酒精，常温时用自来水。

2. 温度测量

① 将率定好的热敏电阻安设在所需测点处，分别进行编号。如多点测量时，可将各热敏电阻导线焊在波段开关上，由波段开关共用线接入仪器内。

注：用于测量硬化混凝土内部温度时，可在感温元件上外套铜管，并加密封处理后埋设。

② 按半导体温度计说明书中所介绍的使用方法调好仪表后，转拨波段开关，读记电表上的温度值。

（四）结果的计算

根据上面实测温度值 t，从率定的直 T-t 直线（或表格）上，查得校定温度值 T，准确至 $1℃$。

测温记录格式见表 6-52。如有需要，可增列"观测时间"一栏。

表 6-52　测温记录表

测点编号	测点位置	测点温度/℃		备注
		实测读数	校正值	

四、铜电阻自动平衡电桥测温法

（一）目的和适用范围

测量混凝土内部温度，亦可测量各种气体和液体的温度。仪器的示值误差不超过电量程的 $±0.5\%$，记录误差不超过电量程的 $±1.0\%$，适用于需要自动显示、自动控制和自动记录的测温场合。测温范围 $-50\sim100℃$。

（二）基本原理

测温仪表由铜电阻和自动平衡电桥两部分组成，这两部分用普通绝缘导线或橡胶电缆连接，如图 6-19 所示。铜电阻是感温元件，同时又是电桥的一个桥臂，当被测温度变化时，引起 R_t 电阻值的改变，破坏了桥路的平衡，使 A、B 间产生电动势，此电动势经放大器放大后，经可逆电机带动滑动触点，使电桥达到新的平衡，同时带动指针或指示盘，指示出相应的温度值。

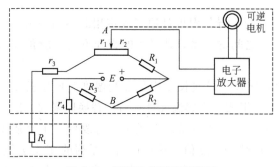

图 6-19　测量电路原理示意图

R_1、R_2、R_3—桥臂电阻；r_1、r_2—滑线电阻；
r_3、r_4—线路调整电阻；R_t—感温铜电阻

（三）试验设备

1. 电子自动平衡电桥的选用

电子自动平衡电桥的品种很多，可分

为直流电桥和交流电桥两类。直流电桥抗干扰性好，但结构复杂。

对于混凝土内部测温，选用大型长图 XQC 型电桥较好。大型仪表记录纸较宽，易于分析资料。对施工测温亦可采用小型长图或小型长图记录电桥，因其搬运轻便。记录的点数从单点到 12 点，可根据需要选用。

如不需要记录，可选用旋转刻度 XQp-104 型电桥，这种仪表刻度盘较长，除自动显示外，还能通过电接点进行控制或报警。

单点显示仪表亦可外加接线箱，进行多点测温，但转换开关应采用刷形开关。

2. 铜电阻

铜电阻是感温元件，由生产厂按国家标准成批生产，在 0℃ 时的标准电阻值是 53.00Ω。常用的铜电阻元件是 WZG-010 型，特殊需要可选用 WZG-410 型小型铜电阻。测量各种气体和液体介质的温度时，可选用各种带金属套管的铜电阻。

铜电阻的温度与电阻值换算见表 6-53。

表 6-53　铜电阻的温度与电阻值换算表

温度/℃	电阻值/Ω	温度/℃	电阻值/Ω	温度/℃	电阻值/Ω
−50	41.74	20	57.50	90	73.27
−40	43.99	30	59.76	100	75.52
−30	46.24	40	62.01	110	77.78
−20	48.50	50	64.26	120	80.63
−10	50.75	60	66.52	130	82.28
0	53.00	70	68.77	140	84.54
10	55.25	80	71.02	150	86.79

（四）试验步骤

① 铜电阻的防水处理：埋入混凝土内部的铜电阻，应进行防水处理。取不带套管的铜电阻，按三线接法把连接导线焊牢，在焊接处用绝缘胶布包好。把铜电阻和焊接处放入较稀的环氧树脂浆液中浸渍一次后取出，待表面开始变硬时，放入较浓的环氧树脂浆液中浸渍第二次。待硬化后，放入水中浸泡两昼夜，然后从水中取出，用兆欧表测其绝缘电阻，其电阻值应不小于 20MΩ。再用万用表测量铜电阻的电阻值，以检查是否断路。

② 铜电阻与电桥的连接：采用三线接法。必须用桥内部的线路调整电阻，把两根连线的电阻值准确地调整到 2.5Ω。

③ 如使用的交流电源电压波动较大，则应外加交流稳压电源。

④ 把绝缘处理好的铜电阻（或带套管的铜电阻）埋入或放入需要测温的部位，在电桥的电接点上，安装好自控设备或报警设备，接通电源即可投入使用。

（五）自动平衡电桥的校验

用自动平衡电桥，测量一标准可变电阻（标准电阻箱）。要求标准电阻箱最小读数能读到 0.01Ω。把标准电阻箱作为校验用标准仪器。

校验时，必须把电阻的线路附加电阻调整到 2.5Ω。

第七章

硬化混凝土的性能检验及质量控制

第一节 硬化混凝土的基本知识

一、力学性能基本知识

混凝土力学性能是指混凝土硬化后的特性或性质，是评价混凝土品质的基本技术参数。混凝土力学性能主要有强度及与其相关的特性（如弹性模量）等。

混凝土强度被认为是混凝土力学性能中最重要的技术参数之一，是建筑结构设计的基本依据。随着时代的发展和技术的进步，人们对混凝土耐久性的认识逐渐深刻，开始认识到强度是混凝土的重要技术参数之一，但不应是唯一，"强度高就是质量好""强度第一"的观点宜予改变。混凝土性能应符合工程的需要，能够满足混凝土工程所处的某种环境条件、施工条件及其具体用途的要求。混凝土不应一味追求高强度，而应满足各种性能的要求。

混凝土强度相关的性能主要包括抗压强度、轴心抗压强度、静力受压弹性模量、劈裂抗拉强度、抗折强度、轴向拉伸强度、黏结强度等。抗压强度是混凝土基本的力学性能指标，通常是指立方体或圆柱体抗压强度，以试件单位面积上所能承受的最大压应力表示。轴心抗压强度指轴向单位面积上所能承受的最大压力。静力受压弹性模量指棱柱体试件或圆柱体试件承受一定压力时，产生单位变形所需要的应力。劈裂抗拉强度指立方体试件或圆柱体试件上下表面中间承受均布压力劈裂破坏时，压力作用的竖向平面内产生近似均布的极限拉应力。抗折强度指混凝土试件小梁承受弯矩作用这段破坏时，混凝土试件表面所承受的极限拉应力。轴向拉伸强度指混凝土试件轴向单位面积所能承受的最大拉力。黏结强度指通过劈裂抗拉试验测定的新老混凝土材料之间的黏结应力。

目前在我国，混凝土强度等级按 28d 立方体抗压强度划分，试件标准尺寸为 150mm×150mm×150mm，现行国家标准《混凝土结构设计规范》（GB 50010—2010）中的规定列于表 7-1。

表 7-1　混凝土立方体抗压强度标准值划分的混凝土强度等级

混凝土强度等级	C15	C20	C25	C30	C35	C40	C45	C50	C55	C60	C65	C70	C75	C80
28d 抗压强度标准值 $f_{cu,k}$/MPa	15.0	20.0	25.0	30.0	35.0	40.0	45.0	50.0	55.0	60.0	65.0	70.0	75.0	80.0

二、长期性能与耐久性能基本知识

混凝土在正常情况下随着时间变化的性能称为长期性能；在各种条件作用下混凝土的抗破坏能力和使用寿命，就是它的耐久性能，而后者往往是当前研究的重点。

混凝土耐久性能与混凝土结构的安全和使用年限密切相关。一般混凝土建筑物的设计使用年限要求在 50 年以上，很多国家对桥梁、水电站大坝、海底隧道、海上采油平台、核反应堆等重要结构的混凝土耐久性要求在 100 年以上。我国《混凝土结构设计规范》（GB 50010—2010）规定，混凝土的耐久性设计按照环境类别和设计使用年限分为 50 年和 100 年两个耐久性预期目标，对于重大、重要工程应按照 100 年年限来设计。近几年来，我国已有不少工程的混凝土设计使用年限为 100 年，这些工程大都结合环境条件和特点，采取专门有效的措施，以充分保证混凝土工程的耐久性设计要求。

混凝土的耐久性是一个十分复杂的综合性问题，不仅与所使用的材料有关，还与混凝土结构所处的环境条件（包括温湿度、结构物周围的水和土壤中的侵蚀性离子、空气中的侵蚀性成分等）紧密相连，因此要系统提高混凝土的耐久性，必须先调查清楚环境条件，再据此选定混凝土所采用的材料并进行耐久性设计。

根据使用环境，将耐久性看作与强度同等重要的技术参数，对混凝土配合比进行正确的设计，同时又能精心地制备、施工，则混凝土工程本身可服役几十年而无须维修。可以说，混凝土是一种特有的耐久性材料。

混凝土长期性能和耐久性质量要求主要有收缩、徐变、抗碳化、钢筋锈蚀、抗冻性、抗渗透性、碱骨料反应、抗硫酸盐腐蚀性和抗裂性等。

第二节　混凝土力学性能试验

本节所介绍的试验方法适用于建设工程中混凝土的力学性能试验，不适用于水利水电工程中的全级配混凝土和碾压混凝土。混凝土的力学性能试验按照 GB/T 50081—2019 的要求进行，本节主要介绍抗压强度、轴心抗压强度、静力受压弹性模量、泊松比、劈裂抗拉强度、抗折强度、轴向拉伸强度、混凝土与钢筋的握裹强度、黏结强度的测试。另外为了便于及时控制和判断混凝土质量，本节还介绍了早期推定混凝土强度的试验，按照 JGJ/T—2008 要求进行。

一、基本规定

1. 一般规定

试验环境相对湿度不宜小于 50%，温度应保持在（20±5）℃。试验仪器设备应具有有效期内的计量检定或校准证书。

2. 试件的横截面尺寸

试件的最小横截面尺寸应根据混凝土中骨料的最大粒径按表 7-2 选定。制作试件应符合下述"二、试件的制作和养护"中规定的试模，并应保证试件的尺寸满足要求。

表 7-2　试件的最小横截面尺寸

| 骨料最大粒径/mm | | 试件最小横截面尺寸 |
劈裂抗拉强度试验	其他试验	/(mm×mm)
19.0	31.5	100×100
37.5	37.5	150×150
—	63.0	200×200

3. 试件的尺寸测量与公差

① 试件的边长和高度宜采用游标卡尺进行测量，应精确至 0.1mm。

② 圆柱形试件的直径应采用游标卡尺分别在试件的上部、中部和下部相互垂直的两个位置上共测量 6 次，取测量的算术平均值作为直径值，应精确至 0.1mm；

③ 试件承压面的平面度可采用钢板尺和塞尺进行测量。测量时，应将钢板尺立起横放在试件承压面上，慢慢旋转 360°，用塞尺测量其最大间隙作为平面度值，也可采用其他专用设备测量，结果应精确至 0.01mm；

④ 试件相邻面间的夹角应采用游标量角器进行测量，应精确至 0.1°。

a. 试件各边长、直径和高的尺寸公差不得超过 1mm。

b. 试件承压面的平面度公差不得超过 $0.0005d$，d 为试件边长。

c. 试件相邻面间的夹角应为 90°，其公差不得超过 0.5°。

d. 试件制作时应采用符合标准要求的试模并精确安装，应保证试件的尺寸公差满足要求。

二、试件的制作和养护

1. 仪器设备

（1）试模　试模应符合下列规定：

① 试模应符合现行行业标准《混凝土试模》（JG 237—2008）的有关规定，当混凝土强度等级不低于 C60 时，宜采用铸铁或铸钢试模成型；

② 应定期对试模进行核查，核查周期不宜超过 3 个月。

（2）振动台　振动台应符合现行行业标准《混凝土试验用振动台》（JG/T 245—2009）的有关规定，振动频率应为 （50±2）Hz，空载时振动台面中心点的垂直振幅应为 （0.5±0.02）mm。

（3）捣棒　捣棒应符合现行行业标准《混凝土坍落度仪》（JG/T 248—2009）的有关规定，直径应为 （16±0.2）mm，长度应为 （600±5）mm，端部应呈半球形。

（4）橡皮锤或木槌　橡皮锤或木槌的锤头质量宜为 0.25～0.50kg。

（5）其他　对于干硬性混凝土应备置成型套模、压重钢板、压重块或其他加压装置。套模的内轮廓尺寸应与试模内轮廓尺寸相同，高度宜为 50mm，不易变形并可固定于试模上；压重钢板边长尺寸或直径应小于试模内轮廓尺寸，两者尺寸之差宜为 5mm。

2. 取样与试样的制备

混凝土取样与试样的制备应符合下列规定：

① 应符合现行国家标准《普通混凝土拌合物性能试验方法标准》（GB/T 50080—2016）的有关规定。

② 每组试件所用的拌合物应从同一盘混凝土或同一车混凝土中取样。

③ 取样或实验室拌制的混凝土应尽快成型。

④ 制备混凝土试样时，应采取劳动防护措施。

3. 试件的制作

混凝土试件的制作应符合下列规定：

① 试件成型前，应检查试模的尺寸并应符合前述仪器设备的有关规定；应将试模擦拭干净，在其内壁上均匀地涂刷一薄层矿物油或其他不与混凝土发生反应的隔离剂，试模内壁隔离剂应均匀分布，不应有明显沉积。

② 混凝土拌合物在入模前应保证其匀质性。

③ 宜根据混凝土拌合物的稠度或试验目的确定适宜的成型方法，混凝土应充分密实，避免分层离析。

a. 用振动台振实制作试件应按下述方法进行：

ⅰ. 将混凝土拌合物一次性装入试模，装料时应用抹刀沿试模内壁插捣，并使混凝土拌合物高出试模上口；

ⅱ. 试模应附着或固定在振动台上，振动时应防止试模在振动台上自由跳动，振动应持续到表面出浆且无明显大气泡溢出为止，不得过振。

b. 用人工插捣制作试件应按下述方法进行：

ⅰ. 混凝土拌合物应分两层装入模内，每层的装料厚度应大致相等。

ⅱ. 插捣应按螺旋方向从边缘向中心均匀进行。在插捣底层混凝土时，捣棒应达到试模底部；插捣上层时，捣棒应贯穿上层后插入下层 20～30mm；插捣时捣棒应保持垂直，不得倾斜，插捣后应用抹刀沿试模内壁插拔数次。

ⅲ. 每层插捣次数按 $10000mm^2$ 截面积内不得少于 12 次。

ⅳ. 插捣后应用橡皮锤或木槌轻轻敲击试模四周，直至插捣棒留下的空洞消失为止。

c. 用插入式振捣棒振实制作试件应按下述方法进行：

ⅰ. 将混凝土拌合物一次装入试模，装料时应用抹刀沿试模内壁插捣，并使混凝土拌合物高出试模上口；

ⅱ. 宜用直径为 $\phi25mm$ 的插入式振捣棒，插入试模振捣时，振捣棒距试模底板宜为 10～20mm 且不得触及试模底板，振动应持续到表面出浆且无明显大气泡溢出为止，不得过振；振捣时间宜为 20s；振捣棒拔出时应缓慢，拔出后不得留有孔洞。

d. 自密实混凝土应分两次将混凝土拌合物装入试模，每层的装料厚度宜相等，中间间隔 10s，混凝土应高出试模口，不应使用振动台、人工插捣或振捣棒方法成型。

e. 对于干硬性混凝土可按下述方法成型试件：

ⅰ. 混凝土拌合完成后，应倒在不吸水的底板上，采用四分法取样装入铸铁或铸钢的试模。

ⅱ. 通过四分法将混合均匀的干硬性混凝土料装入试模约 1/2 高度，用捣棒进行均匀插捣；插捣密实后，继续装料之前，试模上方应加上套模，第二次装料应略高于试模顶面，然后进行均匀插捣，混凝土顶面应略高出于试模顶面。

ⅲ. 插捣应按螺旋方向从边缘向中心均匀进行。在插捣底层混凝土时，捣棒应达到试模底部；插捣上层时，捣棒应贯穿上层后插入下层 10～20mm；插捣时捣棒应保持垂直，不得倾斜。每层插捣完毕后，用平刀沿试模内壁插一遍；

ⅳ. 每层插捣次数按在 10000mm² 截面积内不得少于 12 次；

ⅴ. 装料插捣完毕后，将试模附着或固定在振动台上，并放置压重钢板和压重块或其他加压装置，应根据混凝土拌合物的稠度调整压重块的质量或加压装置的施加压力；开始振动，振动时间不宜少于混凝土的维勃稠度，且应表面泛浆为止。

④ 试件成型后刮除试模上口多余的混凝土，待混凝土临近初凝时，用抹刀沿着试模口抹平。试件表面与试模边缘的高度差不得超过 0.5mm。

⑤ 制作的试件应有明显和持久的标记，且不破坏试件。

⑥ 圆柱体试件的制作方法见本节十一。

4. 试件的养护

试件的标准养护应符合下列规定：

① 试件成型抹面后应立即用塑料薄膜覆盖表面，或采取其他保持试件表面湿度的方法。

② 试件成型后应在温度为（20±5）℃、相对湿度大于 50% 的室内静置 1～2d，试件静置期间应避免受到振动和冲击，静置后编号标记、拆模，当试件有严重缺陷时，应按废弃处理。

③ 试件拆模后应立即放入温度为（20±2）℃，相对湿度为 95% 以上的标准养护室中养护，或在温度为（20±2）℃的不流动氢氧化钙饱和溶液中养护。标准养护室内的试件应放在支架上，彼此间隔 10～20mm，试件表面应保持潮湿，但不得用水直接冲淋试件。

④ 试件的养护龄期可分为 1d、3d、7d、28d、56d 或 60d、84d 或 90d、180d 等，也可根据设计龄期或需要进行确定，龄期应从搅拌加水开始计时，养护龄期的允许偏差宜符合表 7-3 的规定。

表 7-3　养护龄期允许偏差

养护龄期	1d	3d	7d	28d	56d 或 60d	≥84d
允许偏差	±30min	±2h	±6h	±20h	±24h	±48h

结构实体混凝土同条件养护试件的拆模时间可与实际构件的拆模时间相同，结构实体混凝土试件同条件养护应符合现行国家标准《混凝土结构工程施工质量验收规范》（GB 50204—2015）的有关规定。

三、立方体抗压强度试验

1. 适用范围

适用于测定混凝土立方体试件的抗压强度。圆柱体试件的抗压强度试验应按本节十一、执行。

2. 试件尺寸

测定混凝土立方体抗压强度试验的试件尺寸和数量应符合下列规定：

① 标准试件是边长为 150mm 的立方体试件；

② 边长为 100mm 和 200mm 的立方体试件是非标准试件；

③ 每组试件应为 3 块。

3. 试验设备

试验仪器设备应符合下列规定。

① 压力试验机应符合下列规定：

a. 试件破坏荷载宜大于压力机全量程的 20% 且宜小于压力机全量程的 80%；

b. 示值相对误差应为 ±1%；

c. 应具有加荷速度指示装置或加荷速度控制装置，并应能均匀、连续地加荷；

d. 试验机上、下承压板的平面度公差不应大于 0.04mm；平行度公差不应大于 0.05mm；表面硬度不应小于 55HRC；板面应光滑、平整，表面粗糙度 Ra 不应大于 0.80μm；

e. 球座应转动灵活；球座宜置于试件顶面，并凸面朝上；

f. 其他要求应符合现行国家标准《液压式万能试验机》（GB/T 3159—2008）和《试验机 通用技术要求》（GB/T 2611—2007）的有关规定。

② 当压力试验机的上、下承压板的平面度、表面硬度和粗糙度不符合上述第①款中 d. 项要求时，上、下承压板与试件之间应各垫以钢垫板。钢垫板应符合下列规定：

a. 钢垫板的平面尺寸不应小于试件的承压面积，厚度不应小于 25mm；

b. 钢垫板应机械加工，承压面的平面度、平行度、表面硬度和粗糙度应符合上述第① 款要求。

③ 混凝土强度不小于 60MPa 时，试件周围应设防护网罩。

④ 游标卡尺的量程不应小于 200mm，分度值宜为 0.02mm。

⑤ 塞尺最小叶片厚度不应大于 0.02mm，同时应配置直板尺。

⑥ 游标量角器的分度值应为 0.1°。

4. 试验步骤

立方体抗压强度试验应按下列步骤进行：

① 试件到达试验龄期时，从养护地点取出后，应检查其尺寸及形状，尺寸公差应满足本节一、3.的规定，试件取出后应尽快进行试验。

② 试件放置试验机前，应将试件表面与上、下承压板面擦拭干净。

③ 以试件成型时的侧面为承压面，应将试件安放在试验机的下压板或垫板上，试件的中心应与试验机下压板中心对准。

④ 启动试验机，试件表面与上、下承压板或钢垫板应均匀接触。

⑤ 试验过程中应连续均匀加荷，加荷速度应取 0.3～1.0MPa/s。当立方体抗压强度小于 30MPa 时，加荷速度宜取 0.3～0.5MPa/s；立方体抗压强度为 30～60MPa 时，加荷速度宜取 0.5～0.8MPa/s；立方体抗压强度不小于 60MPa 时，加荷速度宜取 0.8～1.0MPa/s。

⑥ 手动控制压力机加荷速度时，当试件接近破坏开始急剧变形时，应停止调整试验机油门，直到破坏，当记录破坏荷载。

5. 试验结果计算及确定

立方体试件抗压强度试验结果计算及确定应按下列方法进行。

① 混凝土立方体试件抗压强度应按下式计算：

$$f_{cc} = \frac{F}{A} \tag{7-1}$$

式中，f_{cc} 为混凝土立方体试件抗压强度，MPa，计算结果应精确至 0.1MPa；F 为试件破坏荷载，N；A 为试件承压面积，mm²。

② 立方体试件抗压强度值的确定应符合下列规定：

a. 取 3 个试件测值的算术平均值作为该组试件的强度值，应精确至 0.1MPa；

b. 当 3 个测值中的最大值或最小值中有一个与中间值的差值超过中间值的 15% 时，则应把最大及最小值剔除，取中间值作为该组试件的抗压强度值；

c. 当最大值和最小值与中间值的差值均超过中间值的 15% 时，该组试件的试验结果无效。

③ 混凝土强度等级小于 C60 时，用非标准试件测得的强度值均应乘以尺寸换算系数，对 200mm×200mm×200mm 试件可取为 1.05；对 100mm×100mm×100mm 试件可取为 0.95。

④ 当混凝土强度等级不小于 C60 时，宜采用标准试件；当使用非标准试件时，混凝土强度等级不大于 C100 时，尺寸换算系数宜由试验确定，在未进行试验确定的情况下，对 100mm×100mm×100mm 试件可取为 0.95；混凝土强度等级大于 C100 时，尺寸换算系数应经试验确定。

四、轴心抗压强度试验

1. 试件要求

测定混凝土轴心抗压强度试验的试件尺寸和数量应符合下列规定：

① 标准试件是边长为 150mm×150mm×300mm 的棱柱体试件；

② 边长为 100mm×100mm×300mm 和 200mm×200mm×400mm 的棱柱体试件是非标准试件；

③ 每组试件应为 3 块。

2. 试验设备

试验仪器设备要求与本节"三、立方体抗压强度试验"对设备的要求相同。

3. 试验步骤

轴心抗压强度试验应按下列步骤进行：

① 试件到达试验龄期时，从养护地点取出后，应检查其尺寸及形状，尺寸公差应满足第二节的规定，试件取出后应尽快进行试验。

② 试件放置试验机前，应将试件表面与上、下承压板面擦拭干净。

③ 将试件直立放置在试验机的下压板或钢垫板上，并应使试件轴心与下压板中心对准。

④ 开启试验机，试件表面与上下承压板或钢垫板应均匀接触。

⑤ 在试验过程中应连续均匀加荷，加荷速度应取 0.3~1.0MPa/s。当棱柱体混凝土试件轴心抗压强度小于 30MPa 时，加荷速度宜取 0.3~0.5MPa/s；棱柱体混凝土试件轴心抗压强度为 30~60MPa 时，加荷速度宜取 0.5~0.8MPa/s；棱柱体混凝土试件轴心抗压强度不小于 60MPa 时，加荷速度宜取 0.8~1.0MPa/s。

⑥ 手动控制压力机加荷速度时，当试件接近破坏开始急剧变形时，应停止调整试验机油门，直到破坏。然后记录破坏荷载。

4. 试验结果计算及确定

试验结果计算及确定按下列方法进行：

① 混凝土试件轴心抗压强度应按下式计算：

$$f_{cp} = \frac{F}{A} \tag{7-2}$$

式中，f_{cp} 为混凝土轴心抗压强度，MPa，计算结果应精确至 0.1MPa；F 为试件破坏荷载，N；A 为试件承压面积，mm^2。

② 混凝土轴心抗压强度值的确定与本节"三、立方体抗压强度试验"中 5.② 的规定相同。

③ 混凝土强度等级小于 C60 时，用非标准试件测得的强度值均应乘以尺寸换算系数，对 200mm×200mm×400mm 试件为 1.05；对 100mm×100mm×300mm 试件为 0.95。当混凝土强度等级不小于 C60 时，宜采用标准试件；使用非标准试件时，尺寸换算系数应由试验确定。

五、静力受压弹性模量试验

1. 适用范围

棱柱体试件的混凝土静力受压弹性模量测定应符合本试验规定。

2. 试件要求

测定混凝土弹性模量试验的试件尺寸和数量应符合下列规定：

① 标准试件应是边长为 150mm×150mm×300mm 的棱柱体试件；

② 边长为 100mm×100mm×300mm 和 200mm×200mm×400mm 的棱柱体试件是非标准试件；

③ 每次试验应制备 6 个试件，其中 3 个用于测定轴心抗压强度，另外 3 个用于测定静力受压弹性模量。

3. 试验设备

试验仪器设备应符合下列规定：

① 压力试验机应符合本节三、3.① 的规定。

② 用于微变形测量的仪器应符合下列规定：

a. 微变形测量仪器可采用千分表、电阻应变片、激光测长仪、引伸仪或位移传感器等。采用千分表或位移传感器时应备有微变形测量固定架，试件的变形通过微变形测量固定架传递到千分表或位移传感器。采用电阻应变片或位移传感器测量试件变形时，应备有数据自动采集系统，条件许可时，可采用荷载和位移数据同步采集系统。

b. 当采用千分表和位移传感器时，其测量精度应为 ±0.001mm；当采用电阻应变片、激光测长仪或引伸仪时，其测量精度应为 ±0.001%。

c. 标距应为 150mm。

4. 试验步骤

弹性模量试验应按下列步骤进行：

① 试件到达试验龄期时，从养护地点取出后，应检查其尺寸及形状，尺寸公差应满足本节一、3.的规定，试件取出后应尽快进行试验。

② 取一组试件按照本节四、的规定测定混凝土的轴心抗压强度（f_{cp}），另一组用于测定混凝土的弹性模量。

③ 在测定混凝土弹性模量时，微变形测量仪应安装在试件两侧的中线上并对称于试件的两端。当采用千分表或位移传感器时，应将千分表或位移传感器固定在变形测量架上，试件的测量标距应为150mm，由标距定位杆定位，将变形测量架通过紧固螺钉固定。

当采用电阻应变仪测量变形时，应变片的标距应为150mm，试件从养护室取出后，应对贴应变片区域的试件表面缺陷进行处理，可采用电吹风吹干试件表面后，并在试件的两侧中部用502胶水粘贴应变片。

④ 试件放置试验机前，应将试件表面与上、下承压板面擦拭干净。

⑤ 将试件直立放置在试验机的下压板或钢垫板上，并应使试件轴心与下压板中心对准。

⑥ 开启试验机，试件表面与上下承压板或钢垫板应均匀接触。

⑦ 应加荷至基准应力为0.5MPa的初始荷载值F_0，保持恒载60s并在以后的30s内记录每测点的变形读数ε_0。应立即连续均匀地加荷至应力为轴心抗压强度f_{cp}的1/3时的荷载值F_a，保持恒载60s并在以后的30s内记录每一测点的变形读数ε_a。所用的加荷速度应符合本节三、4.⑤的规定。

⑧ 左右两侧的变形值之差与它们平均值之比大于20%时，应重新对中试件后重复上述第⑦款的规定。当无法使其减少到小于20%时，此次试验无效。

⑨ 在确认试件对中符合上述第⑧款规定后，以与加荷速度相同的速度卸荷至基准应力0.5MPa（F_0），恒载60s；应用同样的加荷和卸荷速度以及60s的保持恒载（F_0及F_a）至少进行两次反复预压。在最后一次预压完成后，应在基准应力0.5MPa（F_0）持荷60s并在以后的30s内记录每一测点的变形读数ε_0；再用同样的加荷速度加荷至F_a，持荷60s并在以后的30s内记录每一测点的变形读数ε_a（图7-1）。

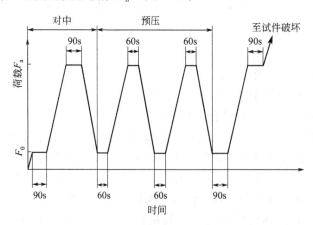

图7-1　弹性模量试验加荷方法示意

90s包括60s持荷时间和30s读数时间；60s为持荷时间

⑩ 卸除变形测量仪，应以同样的速度加荷至破坏，记录破坏荷载；当测定弹性模量之后的试件抗压强度与f_{cp}之差超过f_{cp}的20%时，应在报告中注明。

5. 试验结果计算及确定

混凝土静压受力弹性模量试验结果计算及确定应按下列方法进行。

① 混凝土静压受力弹性模量值应按下列公式计算：

$$E_c = \frac{F_a - F_0}{A} \times \frac{L}{\Delta n} \tag{7-3}$$

$$\Delta n = \varepsilon_a - \varepsilon_0 \tag{7-4}$$

式中，E_c 为混凝土静压受力弹性模量，MPa，计算结果应精确至 100MPa；F_a 为应力为 1/3 轴心抗压强度时的荷载，N；F_0 为应力为 0.5MPa 时的初始荷载，N；A 为试件承压面积，mm^2；L 为测量标距，mm；Δn 为最后一次从 F_0 加荷至 F_a 时试件两侧变形的平均值，mm；ε_a 为 F_a 时试件两侧变形的平均值，mm；ε_0 为 F_0 时试件两侧变形的平均值，mm。

② 应按 3 个试件测值的算术平均值作为该组试件的弹性模量值，应精确至 100MPa。当其中有一个试件在测定弹性模量后的轴心抗压强度值与用以确定检验控制荷载的轴心抗压强度值相差超过后者的 20% 时，弹性模量值应按另两个试件测值的算术平均值计算；当有两个试件在测定弹性模量后的轴心抗压强度值与用以确定检验控制荷载的轴心抗压强度值相差超过后者的 20% 时，此次试验无效。

六、泊松比试验

1. 试件要求

进行混凝土泊松比试验的试件尺寸和数量应符合下列规定：

① 试件应采用边长为 150mm×150mm×300mm 的棱柱体试件；

② 每次试验应制备 6 个试件，其中 3 个用于测定轴心抗压强度，另外 3 个用于测定泊松比。

2. 试验设备

试验仪器设备应符合下列规定：

① 压力试验机的要求与本节"三、立方体抗压强度试验"中对设备的要求相同。

② 用于微变形测量的仪器应符合下列规定：

a. 试件竖向微变形测量仪器可采用千分表、电阻应变片、激光测长仪、引伸仪或位移传感器等，用于试件横向微变形测量的仪器宜为电阻应变片。采用千分表或位移传感器时应备有微变形测量固定架，试件的变形通过微变形测量固定架传递到千分表或位移传感器。采用电阻应变片或位移传感器测量试件变形时，应备有数据自动采集系统，也可采用荷载和位移数据同步采集系统。

b. 当采用千分表和位移传感器时，其测量精度应为 ±0.001mm；当采用电阻应变片、激光测长仪或引伸仪时，其测量精度应为 ±0.001%。

c. 竖向测量标距应为 150mm，横向测量标距应为 100mm。

3. 试验步骤

泊松比试验应按下列步骤进行：

① 试件到达试验龄期时，从养护地点取出后，应检查其尺寸及形状，尺寸公差应满足

本节一、3.的规定，试件取出后应尽快进行试验。

② 取一组试件按照本节四、的规定测定混凝土的轴心抗压强度（f_{cp}），另一组用于测定混凝土的泊松比。

③ 在测定混凝土泊松比时，用于测量试件竖向微变形的仪器应安装在试件两对侧面的竖向中线上并对称于试件的两端；用于测量试件横向微变形的应变计应粘贴在另外两对侧面的横向中线上，并对称于相应侧面的竖向中线。

当用于测量试件竖向微变形的仪器采用千分表或位移传感器时，应将千分表或位移传感器固定在变形测量架上，试件的测量标距应为150mm，由标距定位杆定位，将变形测量架通过紧固螺钉固定。

当采用电阻应变片测量竖向变形时，竖向测量标距应为150mm；对于测量横向变形的电阻应变片，测量标距应为100mm。试件从养护室取出后，应对贴应变片区域的试件表面缺陷进行处理，可采用电吹风吹干试件表面，并在试件的两侧中部用502胶水粘贴应变片。

④ 试件放置试验机前，应将试件表面与上、下承压板面擦拭干净。

⑤ 将试件直立放置在试验机的下压板或钢垫板上，并应使试件轴心与下压板中心对准。

⑥ 开启试验机，试件表面与上、下承压板或钢垫板应均匀接触。

⑦ 应加荷至基准应力为0.5MPa的初始荷载值F_0，保持恒载60s并在以后的30s内记录每测点的变形读数ε_0和ε_{t0}。应立即连续均匀地加荷至应力为轴心抗压强度f_{cp}的1/3时的荷载值F_a，保持恒载60s并在以后的30s内记录每一测点的变形读数ε_a和ε_{ta}。所用的加荷速度应符合本节三、4.中第⑤款的规定。

⑧ 左右两侧的纵向或横向变形值之差分别与它们的平均值之比中，有一个比值大于20%时，应重新对中试件后重复上述第⑦款的规定。当无法使其减少到小于20%时，此次试验无效。

⑨ 在确认试件对中符合上述第⑧款规定后，以与加荷速度相同的速度卸荷至基准应力0.5MPa（F_0），恒载60s；应用同样的加荷和卸荷速度以及60s的保持恒载（F_0及F_a）至少进行两次反复预压。在最后一次预压完成后，应在基准应力0.5MPa（F_0）持荷60s并在以后的30s内记录每一测点的变形读数ε_0和ε_{t0}；再用同样的加荷速度加荷至F_a，持荷60s并在以后的30s内记录每一测点的变形读数ε_a和ε_{ta}（加荷方法示意可参考图7-1）。

⑩ 卸除变形测量仪，应以同样的速度加荷至破坏，记录破坏荷载；当测定泊松比之后的试件抗压强度与f_{cp}之差超过f_{cp}的20%时，应在报告中注明。

4. 试验结果计算及确定

混凝土泊松比试验结果计算及确定应按下列方法进行。

① 混凝土泊松比值应按下式计算：

$$\mu = \frac{\varepsilon_{ta} - \varepsilon_{t0}}{\varepsilon_a - \varepsilon_0} \tag{7-5}$$

式中，μ为混凝土泊松比，计算结果应精确至0.01；ε_{ta}为最后一次F_a时试件两侧横向应变的平均值，10^{-6}；ε_{t0}为最后一次F_0时试件两侧横向应变的平均值，10^{-6}；ε_a为最后一次F_a时试件两侧竖向应变的平均值，10^{-6}；ε_0为最后一次F_0时试件两侧竖向应变的平均值，10^{-6}；当变形测试结果单位为mm时，应通过标距换算为应变，10^{-6}。

② 应按3个试件测值的算术平均值作为该组试件的泊松比值，应精确至0.01。当其中

有一个试件在测定泊松比后的轴心抗压强度值与用以确定检验控制荷载的轴心抗压强度值相差超过后者的 20%时，则泊松比值应按另两个试件测值的算术平均值计算；当有两个试件在测定泊松比后的轴心抗压强度值与用以确定检验控制荷载的轴心抗压强度值相差超过后者的 20%时，此次试验无效。

七、劈裂抗拉强度试验

1. 适用范围

适用于测定混凝土立方体试件的劈裂抗拉强度。

2. 试件要求

测定混凝土劈裂抗拉强度试验的试件尺寸和数量应符合下列规定：

① 标准试件应是边长为 150mm 的立方体试件；

② 边长为 100mm 和 200mm 的立方体试件是非标准试件；

③ 每组试件应为 3 块。

3. 试验设备

试验仪器设备应符合下列规定：

① 压力试验机要求与本节"三、立方体抗压强度试验"对设备的要求相同。

② 垫块应采用横截面为半径 75mm 的钢制弧形垫块（图 7-2），垫块的长度应与试件相同。

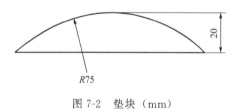

图 7-2　垫块（mm）

③ 垫条应由普通胶合板或硬质纤维板制成，宽度应为 20mm，厚度应为 3～4mm，长度不应小于试件长度，垫条不得重复使用。普通胶合板应满足现行国家标准《普通胶合板》（GB/T 9846—2015）中一等品及以上有关要求，硬质纤维板密度不应小于 900kg/m³，表面应砂光，其他性能应满足现行国家标准《湿法硬质纤维板》（GB/T 12626）的有关要求。

④ 定位支架应为钢支架（图 7-3）。

4. 试验步骤

劈裂抗拉强度试验应按下列步骤进行：

① 试件到达试验龄期时，从养护地点取出后，应检查其尺寸及形状，尺寸公差应满足本节一、3.中的规定，试件取出后应尽快进行试验。

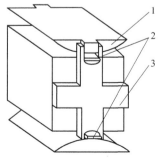

图 7-3　定位支架示意

1—垫块；2—垫条；3—支架

② 试件放置试验机前，应将试件表面与上、下承压板面擦拭干净。在试件成型时的顶面和底面中部画出相互平行的直线，确定出劈裂面的位置。

③ 将试件放在试验机下承压板的中心位置，劈裂承压面和劈裂面应与试件成型时的顶面垂直；在上、下压板与试件之间垫以圆弧形垫块及垫条各一条，垫块与垫条应与试件上、下面的中心线对准并与成型时的顶面垂直。宜把垫条及试件安装在定位架上使用（图 7-3）。

④ 开启试验机，试件表面与上、下承压板或钢垫板应均

匀接触。

⑤ 在试验过程中应连续均匀地加荷，当对应的立方体抗压强度小于30MPa时，加载速度宜取0.02～0.05MPa/s；对应的立方体抗压强度为30～60MPa时，加载速度宜取0.05～0.08MPa/s；对应的立方体抗压强度不小于60MPa时，加载速度宜取0.08～0.10MPa/s。

⑥ 采用手动控制压力机加荷速度时，当试件接近破坏时，应停止调整试验机油门，直到破坏，然后记录破坏荷载。

⑦ 试件断裂面应垂直于承压面，当断裂面不垂直于承压面时，应做好记录。

5. 检验结果计算及确定

混凝土劈裂抗拉强度试验结果计算及确定应按下列方法进行。

① 混凝土劈裂抗拉强度应按下式计算：

$$f_{ts} = \frac{2F}{\pi A} = 0.637 \frac{F}{A} \tag{7-6}$$

式中，f_{ts}为混凝土劈裂抗拉强度，MPa，计算结果应精确至0.01MPa；F为试件破坏荷载，N；A为试件劈裂面面积，mm²。

② 混凝土劈裂抗拉强度值的确定应符合下列规定：

a. 应以3个试件测值的算术平均值作为该组试件的劈裂抗拉强度值，应精确至0.01MPa；

b. 3个测值中的最大值或最小值中当有一个与中间值的差值超过中间值的15％时，则应把最大及最小值一并舍除，取中间值作为该组试件的劈裂抗拉强度值；

c. 当最大值和最小值与中间值的差值均超过中间值的15％时，该组试件的试验结果无效。

③ 采用100mm×100mm×100mm非标准试件测得的劈裂抗拉强度值，应乘以尺寸换算系数0.85；当混凝土强度等级不小于C60时，应采用标准试件。

八、抗折强度试验

1. 适用范围

适用于测定混凝土的抗折强度，也称抗弯拉强度。

2. 试件要求

测定混凝土抗折强度试验的试件尺寸、数量及表面质量应符合下列规定：

① 标准试件应是边长为150mm×150mm×600mm或150mm×150mm×550mm的棱柱体试件；

② 边长为100mm×100mm×400mm的棱柱体试件是非标准试件；

③ 在试件长向中部1/3区段内表面不得有直径超过5mm、深度超过2mm的孔洞；

④ 每组试件应为3块。

3. 试验设备

试验采用的试验设备应符合下列规定：

① 压力试验机的要求与本节"三、立方体抗压强度试验"对设备的要求相同，试验机应能施加均匀、连续、速度可控的荷载。

② 抗折试验装置（图 7-4）应符合下列规定：

a. 双点加荷的钢制加荷头应使两个相等的荷载同时垂直作用在试件跨度的两个三分点处；

b. 与试件接触的两个支座头和两个加荷头应采用直径为 20～40mm、长度不小于 $b+10$mm 的硬钢圆柱，支座立脚点应为固定铰支，其他 3 个应为滚动支点。

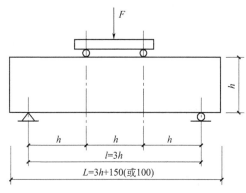

图 7-4　抗折试验装置

4. 试验步骤

抗折强度试验应按下列步骤进行：

① 试件到达试验龄期时，从养护地点取出后，应检查其尺寸及形状，尺寸公差应满足本节一、3.的规定，试件取出后应尽快进行试验。

② 试件放置在试验装置前，应将试件表面擦拭干净，并在试件侧面画出加荷线位置。

③ 试件安装时，可调整支座和加荷头位置，安装尺寸偏差不得大于 1mm（图 7-3）。试件的承压面应为试件成型时的侧面。支座及承压面与圆柱的接触面应平稳、均匀，否则应垫平。

④ 在试验过程中应连续均匀地加荷，当对应的立方体抗压强度小于 30MPa 时，加载速度宜取 0.02～0.05MPa/s；对应的立方体抗压强度为 30～60MPa 时，加载速度宜取 0.05～0.08MPa/s；对应的立方体抗压强度不小于 60MPa 时，加载速度宜取 0.08～0.10MPa/s。

⑤ 手动控制压力机加荷速度时，当试件接近破坏时，应停止调整试验机油门，直到破坏，并应记录破坏荷载及试件下边缘断裂位置。

5. 试验结果计算及确定

抗折强度试验结果计算及确定应按下列方法进行：

① 若试件下边缘断裂位置处于两个集中荷载作用线之间，则试件的抗折强度 f_f（MPa）应按下式计算：

$$f_f = \frac{Fl}{bh^2} \tag{7-7}$$

式中，f_f 为混凝土抗折强度，MPa，计算结果应精确至 0.1MPa；F 为试件破坏荷载，N；l 为支座间跨度，mm；b 为试件截面宽度，mm；h 为试件截面高度，mm。

② 抗折强度值的确定应符合下列规定：

a. 应以 3 个试件测值的算术平均值作为该组试件的抗折强度值，应精确至 0.1MPa；

b. 3 个测值中的最大值或最小值中当有一个与中间值的差值超过中间值的 15％时，应把最大值和最小值一并舍除，取中间值作为该组试件的抗折强度值；

c. 当最大值和最小值与中间值的差值均超过中间值的 15％时，该组试件的试验结果无效。

③ 3 个试件中当有一个折断面位于两个集中荷载之外时，混凝土抗折强度值应按另两个试件的试验结果计算。当这两个测值的差值不大于这两个测值的较小值的 15％时，该组试件的抗折强度值应按这两个测值的平均值计算，否则该组试件的试验结果无效。当有两个

试件的下边缘断裂位置位于两个集中荷载作用线之外时，该组试件试验无效。

④ 当试件尺寸为 100mm×100mm×400mm 非标准试件时，应乘以尺寸换算系数 0.85；当混凝土强度等级不小于 C60 时，宜采用标准试件；当使用非标准试件时，尺寸换算系数应由试验确定。

九、轴向拉伸试验

1. 适用范围

适用于测定混凝土的轴向抗拉强度、极限拉伸值以及抗拉弹性模量。

2. 试件要求

室内成型的轴向拉伸的试件中间截面尺寸应为 100mm×100mm ［图 7-5（a）～（c）］，钻芯试件应采用直径 100mm 圆柱体 ［图 7-5（d）］，每组试件应为 4 块。

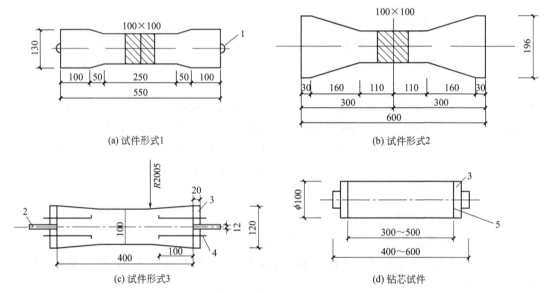

图 7-5　混凝土轴向拉伸试件及钻芯（mm）

1—拉环；2—拉杆；3—钢拉板；4—M6 螺栓；5—环氧树脂胶黏剂

3. 试验设备

试验仪器设备性能应符合下列规定。

① 拉力试验机：

a. 试件破坏荷载宜大于拉力试验机全量程的 20％且宜小于拉力试验机全量程的 80％；

b. 示值相对误差应为±1％；

c. 应具有加荷速度指示装置或加荷速度控制装置，并应能均匀、连续地加荷；

d. 其拉伸间距不应小于 800～1000mm；

e. 其他要求应符合现行国家标准《液压式万能试验机》（GB/T 3159—2008）和《试验机通用技术要求》（GB/T 2611—2007）的有关规定。

② 用于微变形测量的仪器装置：

a. 用于微变形测量的仪器可采用千分表、电阻应变片测长仪、激光测长仪、引伸仪或位移传感器等。采用千分表或位移传感器时应备有微变形测量固定架，试件的变形通过微变形测量固定架传递到千分表或位移传感器。采用电阻应变片或位移传感器测量试件变形时，应备有数据自动采集系统，条件许可时，可采用荷载和位移数据同步采集系统。

b. 当采用千分表和位移传感器时，其测量精度应为±0.001mm；当采用电阻应变片、激光测长仪或引伸仪时，其测量精度应为±0.001%。

c. 微变形测量仪的标距不应小于100mm。

4. 试验步骤

轴向拉伸试验应按下列步骤进行：

① 应按本节二、的有关规定制作试件。应以4个试件为一组。

② 成型前应安装相应的埋件。当采用图7-5(a)试件时，将拉环紧紧夹持在试模两端上、下拉环夹板的凹槽中，应注意检查拉环位置是否水平，可用若干层纸垫在前夹板或后夹板上，以调整拉环的水平位置。当采用图7-5(c)试件时，试件每端应预埋4个M6螺栓，埋在试件一端的螺栓应采取可靠的锚固措施，螺栓另一端应穿过试模端板的孔中，并应采用2个螺帽从试模端板两侧将其水平固定在端板上。

③ 到达试验龄期时，将试件从养护室取出，量测试件截面尺寸，当实测尺寸与公称尺寸之差不超过1mm时，可按公称尺寸进行计算。试件承压面的不平整度误差不得超过边长的0.05%，承压面与相邻面的不垂直度不应超过±0.5°。试件应安装在试验机上。试验机应具有球面拉力接头，试件的拉环（或拉杆、拉板）与拉力接头连接，当采用图7-5(c)试件时，应采用具有夹头的加荷装置。球面拉力拉头用以调整试件轴线与试验机施力轴线可能产生的偏心。

④ 千分表或位移传感器应固定在变形测量架上，并应用标距定位杆进行定位，变形测量架应通过紧固螺钉固定在试件中部。

当采用电阻应变片测量变形时，试件从养护室取出后，应尽快在试件的两侧中间部位用电吹风吹干表面，用502胶粘贴电阻应变片。电阻应变片的长度不应小于骨料最大粒径的3倍。从试件取出至试验完毕，不宜超过4h。应提前做好变形测量的准备工作。

⑤ 开启试验机，进行两次预拉，预拉荷载可为破坏荷载的15%～20%。预拉时，应测读应变值，需要时可调整荷载传递装置使偏心率不大于15%。偏心率应按下式计算：

$$e = \frac{|\varepsilon_1 - \varepsilon_2|}{|\varepsilon_1 + \varepsilon_2|} \times 100\% \tag{7-8}$$

式中，e 为偏心率，%；ε_1、ε_2 为分别为试件两侧的应变值。

⑥ 预拉完毕后，应重新调整测量仪器，进行正式测试。拉伸试验时，加荷速度应取0.08～0.10MPa/s。每加荷500N或1000N测读并记录变形值，直到试件破坏，当采用位移（应变）测量仪测量变形时，荷载加到接近破坏荷载时，为防止位移（应变）测量仪受损可将其从试件上卸下，并记录破坏荷载和断裂位置。

当采用位移传感器测量变形时，试件测量标距内的变形应由数据采集系统自动记录，绘制荷载-位移曲线。试件断裂时试验机应自动断电，停止试验。

5. 试验结果计算及确定

轴向拉伸试验结果计算及确定应按下列方法进行。

① 轴向抗拉强度应按下式计算：

$$f_t = \frac{F}{A} \tag{7-9}$$

式中，f_t 为混凝土轴向抗拉强度，MPa，计算结果应精确至 0.01MPa；F 为破坏荷载，N；A 为试件截面面积，mm^2。

② 极限拉伸值应按照如下方式确定：采用位移传感器测定应变时，荷载-位移曲线数据应由自动采集系统给出。破坏荷载所对应的应变即为该试件的极限拉伸值。采用其他测量变形的装置时，应以应变为横坐标，应力为纵坐标，给出每个试件的应力-应变曲线。过破坏应力坐标点，作与横坐标平行的线，并将应力-应变曲线外延，两线交点对应的应变值即为该试件的极限拉伸值，应精确至 1×10^{-6}（图 7-6）。

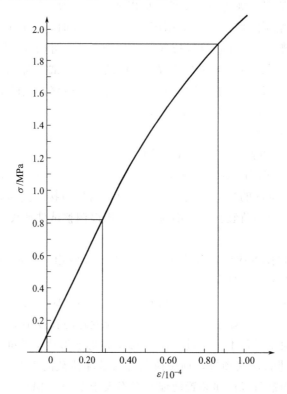

图 7-6　应力-应变曲线

当曲线不通过坐标原点时，应延长曲线起始段使其与横坐标相交，并应以此交点作为极限拉伸值的起始点。

③ 抗拉弹性模量应按下式计算：

$$E_t = \frac{\sigma_{1/3}}{\varepsilon_{1/3}} \tag{7-10}$$

式中，E_t 为抗拉弹性模量，MPa，计算结果应精确至 100MPa；$\sigma_{1/3}$ 为 1/3 的破坏应力，MPa；$\varepsilon_{1/3}$ 为 $\sigma_{1/3}$ 所对应的应变值。

抗拉弹性模量应取应力从 0～1/3 破坏应力的割线弹性模量。

④ 轴向抗拉强度、极限拉伸值、抗拉弹性模量均以 4 个试件测值的平均值作为试验结果。当试件的断裂位置与变截面转折点或埋件端点的距离在 20mm 以内时，该测值应剔除，可取余下测值的平均值作为试验结果。当可用的测值少于两个时，该组试验结果无效。

十、混凝土与钢筋的握裹强度试验

1. 适用范围

本方法适用于测定混凝土与钢筋的握裹强度。

2. 试验设备

试验仪器设备应符合下列规定：

① 试模的规格应为150mm×150mm×150mm，试模应能埋设一水平钢筋，水平钢筋轴线距离模底应为75mm。埋入的一端应恰好嵌入模壁，予以固定，另一端由模壁伸出，作为加力之用（图7-7）。

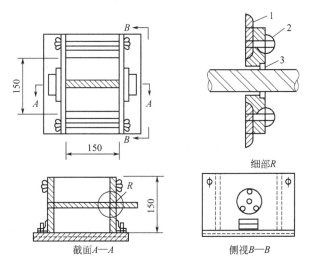

图 7-7　握裹强度试模装置（mm）

1—模板；2—固定圈；3—用橡皮圈堵塞

② 握裹强度试验装置（图 7-8）应符合下列要求：试件夹具系两块面积为250mm×150mm、厚度为30mm的钢板，钢板材质应为45号钢。应用 4 根直径18mm 的 HRB400 钢筋穿入。上端钢板附有直径为 25mm 的拉杆，拉杆下端套入钢板并成球面相接，上端供万能机夹持。另应有150mm×150mm×10mm 钢垫板一块，中心开有直径40mm 的圆孔，垫于试件与夹头下端钢板之间。

③ 千分表的精度应为 0.001mm。

④ 量表固定架应由金属制成，横跨试件表面，并可用止动螺丝固定在试件上。上部中央有孔，可夹持千分表，使之直立，量杆朝下。

⑤ 拉力试验机应符合下列规定：

a. 试件破坏荷载宜大于拉力试验机全量程的 20% 且宜小于拉力试验机全量程的 80%；

b. 示值相对误差应为 ±1%；

c. 应具有加荷速度指示装置或加荷速度控制装置，并应能均匀、连续地加荷；

d. 其他要求应符合现行国家标准《液压式万能试验机》（GB/T 3159—2008）和《试验机　通用技术要求》（GB/T 2611—2007）的有关规定。

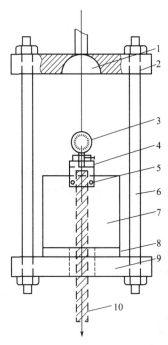

图 7-8　握裹强度试验装置示意
1—带球座拉杆；2—上端钢板；
3—千分表；4—量表固定架；
5—止动螺丝；6—钢杆；7—试件；
8—垫板；9—下端钢板；
10—埋入试件的钢筋

3. 试验步骤

混凝土与钢筋的握裹强度试验应按下列步骤进行：

① 试验用带肋钢筋 HRB400，性能应符合现行国家标准《钢筋混凝土用钢　第 2 部分：热轧带肋钢筋》（GB/T 1499.2—2018）的规定，其公称直径为 20mm。钢筋应具有足够的长度供万能机夹持和安装量表，长度宜取 500mm，试验中采用的钢筋尺寸和形状均应相同。成型前钢筋应用钢丝刷刷净，并应用丙酮或乙醇擦拭，不得有锈屑和油污存在。钢筋的自由端顶面应光滑平整，并应与试模预留孔吻合。也可采用符合现行国家标准《钢筋混凝土用钢　第 1 部分：热轧光圆钢筋》（GB/T 1499.1—2017）的公称直径为 20mm 的 HPB300 热轧光圆钢筋或工程中实际使用的其他钢筋，要求和处理方法同带肋钢筋。

② 应按本节二、的有关规定制作试件，且应以 6 个试件为一组。混凝土骨料最大粒径不得超过 31.5mm。安装钢筋时，钢筋自由端嵌入模壁，穿钢筋的模壁孔应用橡皮圈和固定圈填塞固定钢筋，并不得漏浆、漏水。钢筋与试模应成直角，允许公差为 0.5°。

③ 试件成型后直至试验龄期，特别是在拆模时，不得碰动钢筋，拆模时间以 2d 为宜。拆模时应先取下橡皮固定圈，再将套在钢筋上的试模小心取下。

④ 到试验龄期时，应将试件从养护室取出，擦拭干净，检查外观，试件不得有明显缺损或钢筋松动、歪斜，并应尽快试验。

⑤ 应将试件套上中心有孔的垫板，装入已安装在拉力试验机上的试验夹具中，使拉力试验机的下夹头将试件的钢筋夹牢。

⑥ 在试件上安装量表固定架和千分表，应使千分表杆端垂直向下，与略伸出试件表面的钢筋顶面相接触。

⑦ 加荷前应检查千分表量杆与钢筋顶面接触是否良好、千分表是否灵活，并进行适当的调整。

⑧ 记下千分表的初始读数后，开启拉力试验机，应以不超过 400N/s 的加荷速度拉拔钢筋。在荷载 1000～5000N 范围内，每加一定荷载记录相应的千分表读数。

⑨ 到达下列任何一种情况时应停止加荷；

a. 钢筋达到屈服点；

b. 混凝土发生破裂；

c. 钢筋的滑动变形超过 0.1mm。

4. 试验结果计算及确定

混凝土与钢筋的握裹强度试验结果计算及确定应按下列方法进行：

① 将各级荷载下的千分表读数减去初始读数，即得该荷载下的滑动变形。

② 当采用带肋钢筋时，以 6 个试件在各级荷载下滑动变形的算术平均值为横坐标，以

荷载为纵坐标，绘出荷载-滑动变形关系曲线。取滑动变形 0.01mm、0.05mm、0.10mm，在曲线上查出相应的荷载。

混凝土与钢筋的握裹强度应按下列公式计算：

$$\tau = \frac{F_1 + F_2 + F_3}{3A} \tag{7-11}$$

$$A = \pi D L \tag{7-12}$$

式中，τ 为钢筋握裹强度，MPa，计算结果应精确至 0.01MPa；F_1 为滑动变形为 0.01mm 时的荷载，N；F_2 为滑动变形为 0.05mm 时的荷载，N；F_3 为滑动变形为 0.10mm 时的荷载，N；A 为埋入混凝土的钢筋表面积，mm^2；D 为钢筋的公称直径，mm；L 为钢筋埋入的长度，mm。

③ 当采用光面钢筋时，可取 6 个试件拔出试验时最大荷载的平均值除以埋入混凝土中的钢筋表面积即得钢筋握裹强度，应精确至 0.01MPa。

④ 光面钢筋拔出试验可绘出荷载-滑动变形关系曲线供分析。

⑤ 采用工程中实际使用的其他钢筋时，应注明钢筋的类型、直径及混凝土配合比等条件。

十一、混凝土黏结强度试验

1. 适用范围

本方法适用于测定新旧混凝土之间的黏结强度。

2. 试验设备

试验仪器设备与本节"七、劈裂抗拉强度试验"对设备的要求相同。

3. 试验步骤

混凝土黏结强度试验应按下列步骤进行：

① 用与被黏混凝土相近的原材料和配合比，成型 3 块 150mm×150mm×150mm 的立方体试件，标准养护 14d 后取出，应按本节七、中的要求将试件劈成 6 块待用。

② 应将劈开混凝土试件的劈开面清洗干净并保持湿润状态，垂直放入 150mm 立方体试模一侧，试件光面紧贴试模壁，劈开面与试模之间形成尺寸约为 150mm×150mm×75mm 的空间。

③ 拌制新混凝土，应浇入已放置混凝土试块的试模中并振实，人工成型时分两层捣实，每层插捣 13 次。新拌混凝土的最大骨料粒径不应超过 26.5mm。

④ 试件达到养护龄期时，从养护地点取出后，应按本标准第 9 章将黏结面作为劈裂面，进行新老混凝土黏结强度的测试。

4. 试验结果计算及确定

混凝土黏结强度试验结果计算及确定应按下列方法进行。

① 混凝土黏结强度应按下式计算：

$$f_b = \frac{2F}{\pi A} = 0.637 \frac{F}{A} \tag{7-13}$$

式中，f_b 为黏结强度，MPa，计算结果应精确至 0.01MPa；F 为破坏荷载，N；A 为试件黏结面面积，mm^2。

② 在 6 块试件测值中，应剔除最大值和最小值，以其余 4 个测值的平均值作为该组试件的黏结强度值，应精确至 0.01MPa。

十二、圆柱体试件的性能试验

（一）圆柱体试件的制作

1. 试件的尺寸

圆柱体试件的直径可为 100mm、150mm、200mm 三种，其高度是直径的 2 倍。粗骨料的最大粒径应小于试件直径的 1/4。

2. 试验设备

试验仪器设备应符合下列规定：

① 试模应由刚性材料、金属制成的圆筒形和底板构成，用适当的方法组装而成。试模组装后不能有变形和漏水现象。试模的尺寸误差，直径误差应小于 $1/200d$，高度误差应小于 $1/100h$。试模底板的平面度公差不应超过 0.02mm。组装试模时，圆筒形模纵轴与底板应成直角，其允许公差为 0.5°。应定期对试模进行核查，核查周期不宜超过 3 个月。

② 试验用振动台、捣棒等用具应符合本节二、的有关规定。

③ 用于端面平整处理的压板，应采用厚度为 6mm 及其以上的平板玻璃，压板直径应比试模的直径大 25mm 以上。

3. 取样与试样的制备

取样与试样的制备应符合本节二、2.的规定。

4. 试件的制作

圆柱体试件成型应按下列规定和步骤进行：

① 试件成型前，应检查试模的尺寸并应符合上述试验设备中第①款的有关规定；应将试模擦拭干净，在其内壁上均匀地涂刷一薄层矿物油或其他不与混凝土发生反应的隔离剂，试模内壁脱模材料应均匀分布，不应有明显沉积。

② 混凝土拌合物入模前应保证匀质性。

③ 宜根据混凝土拌合物的稠度或试验目的确定适宜的成型方法，混凝土应充分密实，避免分层离析。

a. 采用振动台振实时，应将试模牢固地安装在振动台上，以试模的纵轴为对称轴，呈对称方式一次装入混凝土，然后进行振动密实。装料量以振动时砂浆不外溢为宜。振动时间根据混凝土的质量和振动台的性能确定，以使混凝土充分密实为原则。

b. 采用捣棒人工插捣成型时，分层浇注混凝土，当试件的直径为 200mm 时，分 3 层装料；当试件的直径为 150mm 或 100mm 时，分 2 层装料，各层厚度大致相等；浇注时以试模的纵轴为对称轴，呈对称方式装入混凝土拌合物，浇注完一层后用捣棒摊平上表面；试件的直径为 200mm 时，每层用捣棒插捣 25 次；试件的直径为 150mm 时，每层插捣 15 次；试件的直径为 100mm 时，每层插捣 8 次；插捣应按螺旋方向从边缘向中心均匀进行；在插捣底层混凝土时，捣棒应达到试模底部；插捣上层时，捣棒应贯穿该层后插入下一层 20～30mm；插捣时捣棒应保持垂直，不得倾斜。当所确定的插捣次数有可能使混凝土拌合物产生离析现象时，可酌情减少插捣次数至拌合物不产生离析的程度。插捣结束后，用橡皮锤轻轻敲打试模侧面，直到捣棒插捣后留下的孔消失为止。

c. 采用插入式振捣棒振实时，直径为 $100\sim200mm$ 的试件应分 2 层浇注混凝土。每层厚度大致相等，以试模的纵轴为对称轴，呈对称方式装入混凝土拌合物；振捣棒的插入按浇注层上表面每 $6000mm^2$ 插入一次确定，振捣下层时振捣棒不得触及试模的底板，振捣上层时，振捣棒插入下层约 15mm 深，不得超过 20mm；振捣时间根据混凝土的质量及振捣棒的性能确定，以使混凝土充分密实为原则。振捣棒要缓慢拔出，拔出后用橡皮锤轻轻敲打试模侧面，直径捣棒插捣后留下的孔消失为止。

d. 自密实混凝土应分两次将混凝土拌合物装入试模，每层的装料厚度宜相等，中间间隔 10s，混凝土应高出试模口，不应使用振动台或插捣方法成型。

④ 振实后，混凝土的上表面稍低于试模顶面 $1\sim2mm$。

5. 试件的端面找平

试件的端面找平层处理应按下述方法进行：

① 拆模前当混凝土具有一定强度后，消除上表面的浮浆，并用干布吸去表面水，抹上同水胶比的水泥净浆，用压板均匀地盖在试模顶部。找平层水泥净浆的厚度要尽量薄并与试件的纵轴相垂直；为了防止压板与水泥浆之间粘固，在压板的下面垫上结实的薄纸。

② 找平处理后的端面应与试件的纵轴相垂直；端面的平面度公差不应大于 0.1mm。

③ 不进行试件端部找平层处理时，应将试件上端面研磨整平。

④ 制作的试件应有明显的持久的标记，且不破坏试件。

（二）圆柱体试件抗压强度试验

1. 试件要求

测定圆柱体抗压强度的试件应采用按上文十二、（一）中要求制作的圆柱体试件，试件的尺寸和数量应符合下列规定：

① 标准试件是 $\phi150mm\times300mm$ 的圆柱体试件；

② $\phi100mm\times200mm$ 和 $\phi200mm\times400mm$ 的圆柱体试件是非标准试件；

③ 每组试件应为 3 块。

2. 试验设备

圆柱体试件抗压强度试验仪器设备应符合下列规定：

① 压力试验机的要求与本节"三、立方体抗压强度试验"中对设备的要求相同；

② 卡尺的量程应为 300mm，分度值应为 0.02mm。

3. 试验步骤

圆柱体抗压强度试验应按下列步骤进行：

① 试件到达试验龄期时，从养护地点取出后，应检查其尺寸及形状，尺寸公差应满足本节一、3.的规定，试件取出后应尽快进行试验；

② 试件放置试验机前，应将试件表面与上、下承压板面擦拭干净；

③ 将试件置于试验机上、下承压板之间，使试件的纵轴与加压板的中心一致；

④ 开启试验机，试件表面与上下承压板或钢垫板应均匀接触，试验机的加压板与试件的端面之间要紧密接触，中间不得夹入有缓冲作用的其他物质；

⑤ 在试验过程中应连续均匀地加荷，加荷速度应符合本节三、4.中第⑤款的规定；

⑥ 手动控制压力机加荷速度时，当试件接近破坏开始急剧变形时，应停止调整试验机油门，直到破坏，然后记录破坏荷载。

4. 试验结果计算及确定

圆柱体试件抗压强度试验结果计算及确定应按下列方法进行。

① 试件直径应按下式计算：

$$d = \frac{d_1 + d_2}{2} \tag{7-14}$$

式中，d 为试件计算直径，mm，计算应精确至 0.1mm；d_1、d_2 为试件两个垂直方向的直径，mm。

② 抗压强度应按下式计算：

$$f_{cc} = \frac{4F}{\pi d^2} \tag{7-15}$$

式中，f_{cc} 为混凝土的抗压强度，MPa，计算应精确至 0.1MPa；F 为试件破坏荷载，N；d 为试件计算直径，mm。

③ 圆柱体抗压强度值的确定应符合本节三、5.中第②款的规定。

④ 用非标准试件测得的强度值均应乘以尺寸换算系数，对尺寸为 $\phi100mm \times 200mm$ 的圆柱体试件，尺寸换算系数为 0.95；对 $\phi200mm \times 400mm$ 的圆柱体试件，尺寸换算系数为 1.05。

（三）圆柱体试件静力受压弹性模量试验

1. 试件要求

测定圆柱体试件的静力受压弹性模量的试件应采用按上文十二、（一）中要求制作的圆柱体试件，试件的尺寸和数量应符合下列规定：

① 标准试件是 $\phi150mm \times 300mm$ 的圆柱体试件；

② $\phi100mm \times 200mm$ 和 $\phi200mm \times 400mm$ 的圆柱体试件是非标准试件；

③ 每次试验应制备 6 个试件，其中 3 个用于测定轴心抗压强度，另外 3 个用于测定静力受压弹性模量。

2. 试验设备

试验仪器设备应符合本节五、3.的规定。

3. 试验步骤

圆柱体试件静力受压弹性模量试验应按下列步骤进行：

① 试件到达试验龄期时，从养护地点取出后，应检查其尺寸及形状，尺寸公差应满足本节一、3.的规定，试件取出后应尽快进行试验。

② 取一组试件按照本节十二、（二）的规定测定圆柱体试件的抗压强度（f_{cc}），另一组用于测定混凝土的静力受压弹性模量。

③ 在测定混凝土静力受压弹性模量时，微变形测量仪应安装在圆柱体试件直径的延长线上并对称于试件的两端。

当采用千分表或位移传感器时，应将千分表或位移传感器固定在变形测量架上，试件的测量标距应为 150mm，由标距定位杆定位，然后将变形测量架通过紧固螺钉固定。

当采用电阻应变仪测量变形时，应变片的标距应为 150mm，试件从养护室取出后，可待试件表面自然干燥后，尽快在试件的两侧中部贴应变片。

④ 试件放置在试验机前，应将试件表面与上、下承压板面擦拭干净。

⑤ 将试件直立放置在试验机的下压板或钢垫板上，并使试件轴心与下压板中心对准。

⑥ 开启试验机，试件表面与上、下承压板或钢垫板应均匀接触。

⑦ 加荷至基准应力为 0.5MPa 的初始荷载值 F_0，保持恒载 60s 并在以后的 30s 内记录每测点的变形读数 ε_0。应立即连续均匀地加荷至应力为轴心抗压强度 f_{cp} 的 1/3 的荷载值 F_a，保持恒载 60s 并在以后的 30s 内记录每一测点的变形读数 ε_a。所用的加荷速度应符合本节四、3.中第⑤款的规定。

⑧ 左右两侧的变形值之差与它们平均值之比大于 20% 时，应重新对中试件后重复上述第⑦款的规定。当无法使其减少到小于 20% 时，则此次试验无效。

⑨ 在确认试件对中符合上述第⑧款规定后，以与加荷速度相同的速度卸荷至基准应力 0.5MPa（F_0），恒载 60s；然后用同样的加荷和卸荷速度以及 60s 的保持恒载（F_0 及 F_a）至少进行两次反复预压。在最后一次预压完成后，在基准应力 0.5MPa（F_0）持荷 60s 并在以后的 30s 内记录每一测点的变形读数 ε_0；再用同样的加荷速度加荷至 F_a，持荷 60s 并在以后的 30s 内记录每一测点的变形读数 ε_a，如图 7-1 所示。

⑩ 卸除变形测量仪，以同样的速度加荷至破坏，记录破坏荷载；试件的抗压强度与 f_{cp} 之差超过 f_{cp} 的 20% 时，则应在报告中注明。

4. 试验结果计算及确定

圆柱体试件静力受压弹性模量试验结果计算及确定应按下列方法进行。

① 试件计算直径 d 应按本节十二、（二）4.的有关规定计算。

② 圆柱体试件混凝土静力受压弹性模量值应按下式计算，计算结果应精确至 100MPa。

$$E_c = \frac{4(F_a - F_0)}{\pi d^2} \times \frac{L}{\Delta n} = 1.273 \times \frac{(F_a - F_0)L}{d^2 \Delta n} \tag{7-16}$$

式中，E_c 为圆柱体试件混凝土静力受压弹性模量，MPa；F_a 为应力为 1/3 轴心抗压强度时的荷载，N；F_0 为应力为 0.5MPa 时的初始荷载，N；d 为圆柱体试件的计算直径，mm；L 为测量标距，mm；Δn 为最后一次从 F_0 加荷至 F_a 时试件两侧变形的平均值，mm。Δn 的计算公式如下：

$$\Delta n = \varepsilon_a - \varepsilon_0 \tag{7-17}$$

ε_a 为 F_a 时试件两侧变形的平均值，mm；ε_0 为 F_0 时试件两侧变形的平均值，mm。

③ 静力受压弹性模量应按 3 个试件测值的算术平均值计算。如果其中有一个试件在测定静力受压弹性模量后的轴心抗压强度值与用以确定检验控制荷载的轴心抗压强度值相差超过后者的 20% 时，则静力受压弹性模量值应按另两个试件测值的算术平均值计算；当有两个试件超过上述规定时，则此次试验无效。

（四）圆柱体试件劈裂抗拉强度试验

1. 试件要求

测定圆柱体劈裂抗拉强度的试件应采用上文十二、（一）中要求制作的圆柱体试件，试件的尺寸和数量应符合下列规定：

① 标准试件是 $\phi150\text{mm}\times300\text{mm}$ 的圆柱体试件；

② $\phi100\text{mm}\times200\text{mm}$ 和 $\phi200\text{mm}\times400\text{mm}$ 的圆柱体试件是非标准试件；

③ 每组试件应为 3 块。

2. 试验设备

试验仪器设备应符合下列规定：

① 压力试验机应符合本节三、3.中第①款的规定。

② 垫条应符合本节七、3.中第③款的规定。

3. 试验步骤

圆柱体劈裂抗拉强度试验应按下列步骤进行：

① 试件到达试验龄期时，从养护地点取出后，应检查其尺寸及形状，尺寸公差应满足本节一、3.的规定，试件取出后应尽快进行试验。

② 试件放置在试验机前，应将试件表面与上、下承压板面擦拭干净。试件公差应符合本节一、3.中的有关规定，圆柱体的母线公差应为 0.15mm。

③ 标出两条承压线。这两条线应位于同一轴向平面，并彼此相对，两线的末端在试件的端面上相连，以便能明确地表示出承压面。

④ 将圆柱体试件置于试验机中心，在上、下压板与试件承压线之间各垫一条垫条，圆柱体轴线应在上、下垫条之间保持水平，垫条的位置应上下对准（图 7-9）。宜把垫层安放在定位架上使用（图 7-10）。

⑤ 连续均匀地加荷，加荷速度按本节七、4.中第⑤款的规定进行。

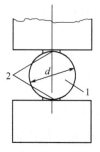

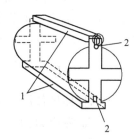

图 7-9　劈裂抗拉试验
1—定位架；2—垫条

图 7-10　定位架
1—定位架；2—垫条

⑥ 手动控制压力机加荷速度时，当试件接近破坏时，应停止调整试验机油门，直到破坏。然后记录破坏荷载。

4. 试验结果计算及确定

圆柱体劈裂抗拉强度试验结果计算及确定应按下列方法进行。

① 圆柱体劈裂抗拉强度应按下式计算：

$$f_{ct}=\frac{2F}{\pi\times d\times l}=0.637\frac{F}{A} \tag{7-18}$$

式中，f_{ct} 为圆柱体劈裂抗拉强度，MPa；F 为试件破坏荷载，N；d 为劈裂面的试件直径，mm；l 为试件的高度，mm；A 为试件劈裂面面积，mm^2。

圆柱体劈裂抗拉强度应精确至 0.01MPa。

② 圆柱体劈裂抗拉强度值的确定应符合本节七、5.中第②款的规定。

③ 当采用非标准试件时，应在报告中注明。

十三、早期推定混凝土强度试验

早期推定混凝土强度试验按 JGJ/T 15—2008 测定。

1. 混凝土加速养护法

（1）基本规定

① 混凝土试件加速养护前，加速养护箱内水温应达到规定要求，且箱内各处水温相差不应大于 2℃。

② 加速养护箱内的水温应于浸放试件后 15min 内恢复到规定温度。

③ 在加速养护期间内，应连续或定时测定并记录养护水的温度。

④ 对于具有温度自动控制装置的加速养护箱，还应采用独立于温度自动控制装置之外的温度计或其他测温装置校核水的温度。

（2）加速养护设备

① 加速养护箱的形状、尺寸应根据试件的尺寸、数量及在箱内放置形式而确定。试件与箱壁之间及各个试件之间应至少留有 50mm 的空隙，试件底面距热源不应小于 100mm。在整个养护期间，箱内水面与试件顶面之间应至少保持 50mm 的距离（图 7-11）。

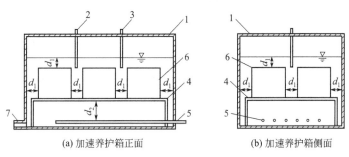

（a）加速养护正面　　　　　　　（b）加速养护箱侧面

图 7-11　加速养护箱示意

1—具有保温功能的养护箱；2—温度传感器；3—校核温度计；4—放置试件的支架；

5—加热元件；6—试件；7—排水口

② 试验所采用试模应符合现行行业标准《混凝土试模》（JG 237—2008）的规定。带模加速养护时，试模应具有密封装置，保证不漏失水分。试验时，可采用特制的密封试模（图 7-12），也可在普通试模上覆盖橡皮垫，加盖钢板，用夹具夹紧，使试模密封。

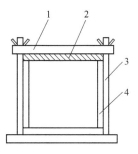

图 7-12　试模密封装置示意

1—钢板；2—橡皮垫；
3—拉杆；4—试模

（3）加速养护试验方法

① 沸水法试验步骤：

a. 试件应在（20±5）℃室温下成型、抹面，随即应以橡皮垫或塑料布覆盖表面，然后静置。从加水拌和、取样、成型、静置至脱模，时间应为 24h±15min。

b. 应将脱模试件立即浸入加速养护箱内的 Ca(OH)$_2$ 饱和沸水中。整个养护期间，箱中水应保持沸腾。

c. 试件应在沸水中养护 4h±5min，水温不应低于 98℃。取出试件，应在室温（20±

5)℃下静置 1h±10min，使其冷却。然后，应按现行国家标准《混凝土物理力学性能试验方法标准》（GB/T 50081—2019）的规定进行抗压强度试验，测得其加速养护强度 f_{cu}^a。

d. 加速试验周期应为 29h±15min。

② 80℃热水法试验步骤：

a. 试件应在（20±5）℃室温下成型、抹面，随即密封试模。从加水拌和、取样、成型至静置结束，时间应为 1h±10min。

b. 应将带有试模的试件浸入养护箱（80±2）℃热水中。整个养护期间，箱中水温应保持（80±2）℃。

c. 试件应在（80±2）℃热水中养护 5h±5min，取出带模试件，脱模，应在室温（20±5）℃下静置 1h±10min，使其冷却。然后，应按现行国家标准《混凝土物理力学性能试验方法标准》（GB/T 50081—2019）的规定进行抗压强度试验，测得其加速养护强度 f_{cu}^a。

d. 加速试验周期应为 7h±15min。

③ 55℃温水法试验步骤：

a. 试件应在（20±5）℃室温下成型、抹面，随即应密封试模。从加水拌和、取样、成型至静置结束，时间应为 1h±10min。

b. 应将带有试模的试件浸入养护箱（55±2）℃温水中。整个养护期间，箱中水温应保持（55±2）℃。

c. 试件应在（55±2）℃温水中养护 23h±15min，取出带模试件，脱模，应在室温（20±5）℃下静置 1h±10min，使其冷却。然后，应按现行国家标准《混凝土物理力学性能试验方法标准》（GB/T 50081—2019）的规定进行抗压强度试验，测得其加速养护强度 f_{cu}^a。

d. 加速试验周期应为 25h±15min。

④ 采用沸水法、热水法、温水法测得的加速养护强度推定标准养护 28d 强度时，应事先通过试验建立二者的强度关系式。建立公式的方法和要求应符合本节十三、4.中的规定。

2. 砂浆促凝压蒸法

（1）设备

① 压蒸设备宜采用 ϕ240mm 的压蒸锅（图 7-13），压蒸锅上应装有压力表，其量程宜为 0~160kPa。

② 热源应保证带模试件放入装有沸水的压蒸锅并加盖安全阀后，在（15±1）min 内使锅内压力达到并稳定在（90±10）kPa。

③ 专用试模的尺寸宜为 40mm×40mm×50mm（见图 7-14）。试模宜由可装卸的三联钢模和 160mm×80mm×8mm 的钢盖板组成，钢模应符合现行行业标准《水泥胶砂试模》（JC/T 726—2005）的要求。

④ 筛子孔径应为 ϕ5mm，并应配备相应尺寸的料盘。

⑤ 案秤的称量应为 5kg，感量不应大于 5g；天平的称量应为 100g，感量不应大于 0.1g。

（2）专用促凝剂

① 专用促凝剂应采用分析纯或化学纯的化学试剂，并应按表 7-4 规定的质量比配制，称准至 0.1g 将所用的化学试剂分别研细，按比例拌匀后，应装入塑料袋密封，置于阴凉干燥处保存，保存期不得超过 7d。

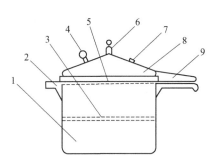

图 7-13　压蒸锅构造

1—锅体；2—小手柄；3—蒸屉；4—压力表；5—密封圈；
6—限压阀；7—易熔塞；8—锅盖；9—大手柄

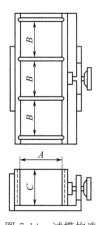

图 7-14　试模构造

$A=50\text{mm}$；$B=C=40\text{mm}$

表 7-4　促凝剂配方（质量比）

型号	无水碳酸钠 Na_2CO_3/%	无水硫酸钠 Na_2SO_4/%	铝酸钠 $NaAlO_2$/%
CS	75	25	—
CAS	60	25	15

② 试验用的促凝剂宜优先选用 CS 型；对于早期强度低、水化速度慢、凝结时间长的混凝土可采用 CAS 型。

③ 促凝剂用量应通过试验确定。

（3）促凝压蒸试验方法

① 擦净后的试模应紧密装配，四周缝隙处应涂抹少许黄油，内壁应均匀刷一薄层机油。

② 压蒸锅内应加水至离蒸屉 20mm 高度，将水加热至沸腾并保证压蒸锅不漏气。

③ 每成型一组标准养护 28d 混凝土试件的同时，留取代表性的混凝土试样不应少于 3kg。

④ 混凝土取样后应立即进行试验。将湿布擦过的筛子与料盘置于混凝土振动台上，应将混凝土试样一次性均匀摊放于筛子中。开动振动台后，应用小铲翻拌筛内混凝土试样，当粗骨料表面不粘砂浆并基本不见砂浆落入料盘时，可停止振动。

⑤ 筛分完毕后，应立即将料盘中的砂浆试样拌匀，并称取 600g 砂浆放入湿布擦过的水泥净浆搅拌锅中，均匀撒入已称好的促凝剂，快速搅拌 30s。

⑥ 从搅拌锅中取出的砂浆，应一次加入置于混凝土振动台上的专用试模中，振实砂浆，振动成型时间可参考表 7-5。振动完毕应立即用小刀将高出试模的砂浆刮去并抹平，盖上钢盖板。从掺入促凝剂至盖上钢盖板为止宜在 3min 内完成。

表 7-5　振动成型时间参考表

混凝土种类	塑性混凝土	流动性混凝土
振动成型时间/s	30～50	20～40

⑦ 应将盖有钢盖板的带模试件立即放入水已烧沸的压蒸锅内，立即加盖、压阀，压蒸时间应从加盖、压阀后起计，宜为 1h。

⑧ 记录压蒸过程中的升压时间。应从加盖、压阀起至蒸汽压力达到 $(90\pm10)kPa$ 并开始释放蒸汽为止。升压时间应为 $(15\pm1)min$。

⑨ 压蒸养护到规定的压蒸时间后，应切断热源，去阀放气。应在确认压蒸锅内无气压后方可开盖取出试模，并应立即脱模。应按现行国家标准《水泥胶砂强度检验方法（ISO法）》（GB/T 17671—1999）的规定进行抗压强度试验，测得其加速养护强度 f_{cu}^{a}。从切断热源到抗压强度试验的时间不宜超过 3min。

⑩ 采用砂浆促凝压蒸法测得的加速养护强度推定标准养护 28d 强度时，应事先通过试验建立二者的强度关系式。建立公式的方法和要求应符合本节十三、4.中的规定。

3. 早龄期法

① 早龄期法的龄期宜采用 3d 或 7d。

② 早龄期混凝土试件的抗压强度试验宜在 3d±1h 或 7d±2h 龄期内完成，试验应按现行国家标准《混凝土物理力学性能试验方法标准》（GB/T 50081—2019）的规定进行。

③ 采用早龄期法时，早龄期混凝土试件与标准养护 28d 混凝土试件应取自同盘混凝土，且制作与养护条件应相同。

④ 采用早龄期标准养护混凝土强度推定标准养护 28d 强度时，应事先通过试验建立二者的强度关系式。建立公式的方法和要求应符合本节十三、4.中的规定。

4. 混凝土强度关系式的建立与强度的推定

(1) 建立混凝土强度关系式时，可采用线性方程(7-19)或幂函数方程(7-20)：

$$f_{cu}^{e}=a+bf_{cu}^{a} \tag{7-19}$$

$$f_{cu}^{e}=a(f_{cu}^{a})^{b} \tag{7-20}$$

式中，f_{cu}^{e} 为标准养护 28d 混凝土抗压强度的推定值，MPa；f_{cu}^{a} 为加速养护混凝土（砂浆）试件抗压强度值，MPa；a、b 为回归系数，应按下述混凝土强度关系式的建立方法的规定计算。

① 线性回归法

a. 宜按线性回归方法建立式(7-21)的混凝土强度关系式，并按式(7-22)和式(7-23)计算回归系数。

$$f_{cu}^{e}=a+bf_{cu}^{a} \tag{7-21}$$

$$b=\dfrac{\sum_{i=1}^{n}(f_{cu,i}f_{cu,i}^{a})-\dfrac{1}{n}\sum_{i=1}^{n}f_{cu,i}\sum_{i=1}^{n}f_{cu,i}^{a}}{\sum_{i=1}^{n}(f_{cu,i}^{a})^{2}-\dfrac{1}{n}\left(\sum_{i=1}^{n}f_{cu,i}^{a}\right)^{2}} \tag{7-22}$$

$$a=\dfrac{1}{n}\sum_{i=1}^{n}f_{cu,i}-\dfrac{b}{n}\sum_{i=1}^{n}f_{cu,i}^{a} \tag{7-23}$$

式中，f_{cu}^{e} 为标准养护 28d 混凝土抗压强度的推定值，MPa；f_{cu}^{a} 为加速养护混凝土（砂浆）试件抗压强度值，MPa；$f_{cu,i}^{a}$ 为第 i 组加速养护混凝土（砂浆）试件抗压强度值，MPa；$f_{cu,i}$ 为第 i 组标准养护 28d 混凝土试件抗压强度值，MPa；n 为试件组数；a、b 为回归系数。

b. 相关系数应按下式计算：

$$r = \cfrac{\sum\limits_{i=1}^{n}(f_{\mathrm{cu},i}f_{\mathrm{cu},i}^{\mathrm{a}}) - \cfrac{1}{n}\sum\limits_{i=1}^{n}f_{\mathrm{cu},i}\sum\limits_{i=1}^{n}f_{\mathrm{cu},i}^{\mathrm{a}}}{\sqrt{\left(\sum\limits_{i=1}^{n}(f_{\mathrm{cu},i})^2 - \cfrac{1}{n}\left(\sum\limits_{i=1}^{n}f_{\mathrm{cu},i}\right)^2\right)\left[\sum\limits_{i=1}^{n}(f_{\mathrm{cu},i}^{\mathrm{a}})^2 - \cfrac{1}{n}\left(\sum\limits_{i=1}^{n}f_{\mathrm{cu},i}^{\mathrm{a}}\right)^2\right]}} \tag{7-24}$$

式中，r 为相关系数。

c. 剩余标准差应按下式计算：

$$S^* = \sqrt{\cfrac{(1-r^2)\left(\sum\limits_{i=1}^{n}f_{\mathrm{cu},i}\right)^2 - \cfrac{1}{n}\left(\sum\limits_{i=1}^{n}f_{\mathrm{cu},i}\right)^2}{n-2}} \tag{7-25}$$

式中，S^* 为剩余标准差。

② 幂函数回归法

a. 宜按幂函数回归方法建立式(7-26)的混凝土强度关系式，并应按式(7-27)和式(7-28)计算回归系数。

$$f_{\mathrm{cu}}^{\mathrm{e}} = a(f_{\mathrm{cu}}^{\mathrm{a}})^b \tag{7-26}$$

$$b = \cfrac{\sum\limits_{i=1}^{n}(\ln f_{\mathrm{cu},i}\ln f_{\mathrm{cu},i}^{\mathrm{a}}) - \cfrac{1}{n}\sum\limits_{i=1}^{n}\ln f_{\mathrm{cu},i}\sum\limits_{i=1}^{n}\ln f_{\mathrm{cu},i}^{\mathrm{a}}}{\sum\limits_{i=1}^{n}(\ln f_{\mathrm{cu},i}^{\mathrm{a}})^2 - \cfrac{1}{n}\left(\sum\limits_{i=1}^{n}\ln f_{\mathrm{cu},i}^{\mathrm{a}}\right)^2} \tag{7-27}$$

$$c = \cfrac{1}{n}\sum\limits_{i=1}^{n}\ln f_{\mathrm{cu},i} - \cfrac{b}{n}\sum\limits_{i=1}^{n}\ln f_{\mathrm{cu},i}^{\mathrm{a}} \tag{7-28}$$

$$a = \mathrm{e}^c$$

式中，a、b 为回归系数。

b. 相关系数应按下式计算：

$$r = \sqrt{1 - \cfrac{\sum\limits_{i=1}^{n}(f_{\mathrm{cu},i} - f_{\mathrm{cu},i}^{\mathrm{e}})^2}{\sum\limits_{i=1}^{n}(f_{\mathrm{cu},i} - m_{f_{\mathrm{cu}}})^2}} \tag{7-29}$$

式中，r 为相关系数；$f_{\mathrm{cu},i}^{\mathrm{e}}$ 为第 i 组标准养护 28d 混凝土抗压强度的推定值，MPa；$m_{f_{\mathrm{cu}}}$ 为 n 组标准养护 28d 混凝土试件抗压强度平均值，MPa。

c. 剩余标准差应按下式计算：

$$S^* = \sqrt{\cfrac{\sum\limits_{i=1}^{n}(f_{\mathrm{cu},i} - f_{\mathrm{cu},i}^{\mathrm{e}})^2}{n-2}} \tag{7-30}$$

式中，S^* 为剩余标准差。

(2) 为建立混凝土强度关系式而进行专门试验时，应采用与工程相同的原材料制作试件。混凝土拌合物的坍落度或工作度应与工程所用的相近。

(3) 每一混凝土试样应至少成型两组试件并组成一个对组。其中一组应按本标准规定进行加速养护，测得加速养护强度；另一组应进行标准养护，测得 28d 抗压强度。

(4) 建立强度关系式时，混凝土试件数量不应少于 30 对组。混凝土试样拌合物的水灰

（胶）比不应少于三种。每种水灰（胶）比拌合物成型的试件对组数宜相同，其最大和最小水灰（胶）比之差不宜小于0.2，且应使推定的水灰（胶）比位于所选水灰（胶）比范围的中间区段。

（5）按回归方法建立强度关系式时，其相关系数不应小于0.90，关系式的剩余标准差不应大于标准养护28d强度平均值的10%。强度关系式的相关系数、剩余标准差可按本节十三、4.中的方法计算。

（6）当应用专门建立的强度关系式推定实际工程用的混凝土强度时，应与建立强度关系式时的条件基本相同；其混凝土试件的加速养护强度应在事前建立强度关系式时的最大、最小加速养护强度值范围内，不应外延。

（7）混凝土强度关系式在应用过程中，若无异常情况，可利用积累的数据加原有试验数据修正原混凝土强度关系式，修正后的混凝土强度关系式仍应满足本节十三、4.(5)中的要求。若有异常情况，应查找原因，及时处理。当发现有系统误差时，应重新建立混凝土强度关系式。

5. 早期推定混凝土强度的应用

（1）基本规定

① 已建立满足本节十三、4.(5)中要求的强度关系式后，当早期推定混凝土强度的误差符合均值为零的正态分布时，可采用本节十三、5.(2)~(4)中规定进行混凝土配合比的早期推测、混凝土强度的早期控制和早期推定。

② 对于现场取样的混凝土，取样后应立即移至温度为（20±5）℃的室内成型试件。

（2）混凝土配合比的早期推测

① 混凝土配合比设计应按现行行业标准《普通混凝土配合比设计规程》（JGJ 55—2011）的规定进行。

② 早期推定混凝土强度的方法可作为混凝土配合比调整的辅助设计。

（3）混凝土强度的早期控制

① 混凝土标准养护28d强度平均值和标准差的控制目标值（μ_{cu}和σ），应根据正常生产中测得的混凝土强度资料，按月（或季）求得。强度的控制目标值不应低于混凝土的配制强度。

② 早期推定混凝土强度平均值的控制目标值应与混凝土标准养护28d强度平均值的控制目标值相等。

③ 早期推定混凝土强度标准差的控制目标值$\hat{\sigma}$可按下式计算：

$$\hat{\sigma} = \sqrt{\sigma^2 - \sigma_\varepsilon^2} \tag{7-31}$$

式中，$\hat{\sigma}$为早期推定混凝土强度标准差的控制目标值；σ为标准养护28d混凝土强度标准差的控制目标值；σ_ε为早期推定混凝土强度误差的标准差。

④ 应采用早期推定混凝土强度的质量控制图对混凝土强度进行早期控制。

（4）混凝土强度的早期评估

① 混凝土强度的早期评估宜与质量控制图同时使用，并作为工序质量控制的依据。混凝土工程的验收评定应以标准养护28d强度为依据。

② 混凝土强度的早期评估可采用现行国家标准《混凝土强度检验评定标准》（GB/T 50107—2010）中的非统计方法和统计方法中方差未知的方法进行评估。

硬化混凝土长期性能和耐久性能试验参考国家标准《普通混凝土长期性能和耐久性能试验方法标准》（GB/T 50082—2009）。

一、基本规定

1. 混凝土取样

① 混凝土取样应符合现行国家标准《普通混凝土拌合物性能试验方法标准》（GB/T 50080—2016）中的规定。

② 每组试件所用的拌合物应从同一盘混凝土或同一车混凝土中取样。

2. 试件的横截面尺寸

① 试件的最小横截面尺寸宜按表 7-6 的规定选用。

表 7-6 试件的最小横截面尺寸

骨料最大公称粒径/mm	试件最小横截面尺寸/mm
31.5	100×100 或 φ100
40.0	150×150 或 φ150
63.0	200×200 或 φ200

② 骨料最大公称粒径应符合现行行业标准《普通混凝土用砂、石质量及检验方法标准》（JGJ 52—2006）的规定。

③ 试件应采用符合现行行业标准《混凝土试模》（JG 237—2008）规定的试模制作。

3. 试件的公差

① 所有试件的承压面的平面度公差不得超过试件的边长或直径的 0.0005。

② 除抗水渗透试件外，其他所有试件的相邻面间的夹角应为 90°，公差不得超过 0.5°。

③ 除特别指明试件的尺寸公差以外，所有试件各边长、直径或高度的公差不得超过 1mm。

4. 试件的制作和养护

① 试件的制作和养护应符合现行国家标准《混凝土物理力学性能试验方法标准》（GB/T 50081—2019）中的规定。

② 在制作混凝土长期性能和耐久性能试验用试件时，不应采用憎水性脱模剂。

③ 在制作混凝土长期性能和耐久性能试验用试件时，宜同时制作与相应耐久性能试验龄期对应的混凝土立方体抗压强度用试件。

④ 制作混凝土长期性能和耐久性能试验用试件时，所采用的振动台和搅拌机应分别符合现行行业标准《混凝土试验用振动台》（JG/T 245—2009）和《混凝土试验用搅拌机》（JG 244—2009）的规定。

二、抗冻试验

1. 慢冻法

（1）适用范围　该方法适用于测定混凝土试件在气冻水融条件下，以经受的冻融循环次数来表示的混凝土抗冻性能。

（2）试件制备

① 试验应采用尺寸为 100mm×100mm×100mm 的立方体试件。

② 慢冻法试验所需要的试件组数应符合表 7-7 的规定，每组试件应为 3 块。

表 7-7　慢冻法试验所需要的试件组数

设计抗冻等级	D25	D50	D100	D150	D200	D250	D300	D300 以上
检查强度所需冻融次数	25	50	50 及 100	100 及 150	150 及 200	200 及 250	250 及 300	300 及设计次数
鉴定 28d 强度所需试件组数	1	1	1	1	1	1	1	1
冻融试件组数	1	1	2	2	2	2	2	2
对比试件组数	1	1	2	2	2	2	2	2
总计试件组数	3	3	5	5	5	5	5	5

（3）试验设备

① 冻融试验箱应能使试件静止不动，并应通过气冻水融进行冻融循环。在满载运转的条件下，冷冻期间冻融试验箱内空气的温度应能保持在 $-20 \sim -18$℃范围内；融化期间冻融试验箱内浸泡混凝土试件的水温应能保持在 $18 \sim 20$℃范围内；满载时冻融试验箱内各点温度极差不应超过 2℃。

② 采用自动冻融设备时，控制系统还应具有自动控制、数据曲线实时动态显示、断电记忆和试验数据自动存储等功能。

③ 试件架应采用不锈钢或者其他耐腐蚀的材料制作，其尺寸应与冻融试验箱和所装的试件相适应。

④ 称量设备的最大量程应为 20kg，感量不应超过 5g。

⑤ 压力试验机应符合现行国家标准《混凝土物理力学性能试验方法标准》（GB/T 50081—2019）的相关要求。

⑥ 温度传感器的温度检测范围不应小于 $-20 \sim 20$℃，测量精度应为 ± 0.5℃。

（4）试验步骤

① 在标准养护室内或同条件养护的冻融试验的试件应在养护龄期为 24d 时提前将试件从养护地点取出，随后应将试件放在（20±2）℃水中浸泡，浸泡时水面应高出试件顶面 20～30mm，在水中浸泡的时间应为 4d，试件应在 28d 龄期时开始进行冻融试验。始终在水中养护的冻融试验的试件，当试件养护龄期达到 28d 时，可直接进行后续试验，对此种情况，应在试验报告中予以说明。

② 当试件养护龄期达到 28d 时应及时取出冻融试验的试件，用湿布擦除表面水分后应对外观尺寸进行测量，试件的外观尺寸应满足本节一、3. 的要求，并应分别编号、称重，然后按编号置入试件架内，且试件架与试件的接触面积不宜超过试件底面的 1/5。试件与箱

体内壁之间应至少留有 20mm 的空隙。试件架中各试件之间应至少保持 30mm 的空隙。

③ 冷冻时间应在冻融箱内温度降至 −18℃ 时开始计算。每次从装完试件到温度降至 −18℃ 所需的时间应在 1.5～2.0h 内。冻融箱内温度在冷冻时应保持在 −20～−18℃。

④ 每次冻融循环中试件的冷冻时间不应小于 4h。

⑤ 冷冻结束后，应立即加入温度为 18～20℃ 的水，使试件转入融化状态，加水时间不应超过 10min。控制系统应确保在 30min 内，水温不低于 10℃，且在 30min 后水温能保持在 18～20℃。冻融箱内的水面应至少高出试件表面 20mm。融化时间不应小于 4h。融化完毕视为该次冻融循环结束，可进入下一次冻融循环。

⑥ 每 25 次循环宜对冻融试件进行一次外观检查。当出现严重破坏时，应立即进行称重。当一组试件的平均质量损失率超过 5%，可停止其冻融循环试验。

⑦ 试件在达到表 7-7 规定的冻融循环次数后，试件应称重并进行外观检查，应详细记录试件表面破损、裂缝及边角缺损情况。当试件表面破损严重时，应先用高强石膏找平，然后进行抗压强度试验。抗压强度试验应符合现行国家标准《混凝土物理力学性能试验方法标准》（GB/T 50081—2019）的相关规定。

⑧ 当冻融循环因故中断且试件处于冷冻状态时，试件应继续保持冷冻状态，直至恢复冻融试验为止，并应将故障原因及暂停时间在试验结果中注明。当试件处在融化状态下因故中断时，中断时间不应超过两个冻融循环的时间。在整个试验过程中，超过两个冻融循环时间的中断故障次数不得超过两次。

⑨ 当部分试件由于失效破坏或者停止试验被取出时，应用空白试件填充空位。

⑩ 对比试件应继续保持原有的养护条件，直到完成冻融循环后，与冻融试验的试件同时进行抗压强度试验。

（5）试验应急处理　当冻融循环出现下列三种情况之一时，可停止试验：

① 已达到规定的循环次数；

② 抗压强度损失率已达到 25%；

③ 质量损失率已达到 5%。

（6）试验结果计算及处理

① 强度损失率应按下式进行计算：

$$\Delta f_c = \frac{f_{c0} - f_{cn}}{f_{c0}} \times 100 \tag{7-32}$$

式中，Δf_c 为 n 次冻融循环后的混凝土抗压强度损失率，精确至 0.1%；f_{c0} 为对比用的一组混凝土试件的抗压强度测定值，MPa，精确至 0.1MPa；f_{cn} 为经 n 次冻融循环后的一组混凝土试件抗压强度测定值，MPa，精确至 0.1MPa。

② f_{c0} 和 f_{cn} 应以三个试件抗压强度试验结果的算术平均值作为测定值。当三个试件抗压强度最大值或最小值与中间值之差超过中间值的 15% 时，应剔除此值，再取其余两值的算术平均值作为测定值；当最大值和最小值均超过中间值的 15% 时，应取中间值作为测定值。

③ 单个试件的质量损失率应按下式计算：

$$\Delta W_{ni} = \frac{W_{0i} - W_{ni}}{W_{0i}} \times 100 \tag{7-33}$$

式中，ΔW_{ni} 为 n 次冻融循环后第 i 个混凝土试件的质量损失率，精确至 0.01%；W_{0i} 为

冻融循环试验前第 i 个混凝土试件的质量，g；W_{ni} 为 n 次冻融循环后第 i 个混凝土试件的质量，g。

④ 一组试件的平均质量损失率应按下式计算：

$$\Delta W_n = \frac{\sum\limits_{i=1}^{3} \Delta W_{ni}}{3} \times 100 \tag{7-34}$$

式中，ΔW_n 为 n 次冻融循环后一组混凝土试件的平均质量损失率，精确至 0.1%。

⑤ 每组试件的平均质量损失率应以三个试件的质量损失率试验结果的算术平均值作为测定值。当某个试验结果出现负值，应取 0，再取三个试件的算术平均值。当三个值中的最大值或最小值与中间值之差超过 1% 时，应剔除此值，再取其余两值的算术平均值作为测定值；当最大值和最小值与中间值之差均超过 1% 时，应取中间值作为测定值。

⑥ 抗冻等级应以抗压强度损失率不超过 25% 或者质量损失率不超过 5% 时的最大冻融循环次数按表 7-7 确定。

2. 快冻法

（1）适用范围　该方法适用于测定混凝土试件在水冻水融条件下，以经受的快速冻融循环次数来表示的混凝土抗冻性能。

（2）试件制备

① 快冻法抗冻试验应采用尺寸为 100mm×100mm×400mm 的棱柱体试件，每组试件应为 3 块。

② 成型试件时，不得采用憎水性脱模剂。

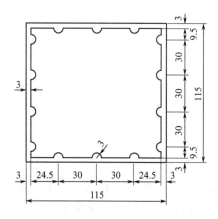

图 7-15　橡胶试件盒横截面示意图
（尺寸单位：mm）

③ 除制作冻融试验的试件外，尚应制作同样形状、尺寸，且中心埋有温度传感器的测温试件，测温试件应采用防冻液作为冻融介质。测温试件所用混凝土的抗冻性能应高于冻融试件。测温试件的温度传感器应埋设在试件中心。温度传感器不应采用钻孔后插入的方式埋设。

（3）试验设备

① 试件盒（图 7-15）宜采用具有弹性的橡胶材料制作，其内表面底部应有半径为 3mm 橡胶突起部分。盒内加水后水面应至少高出试件顶面 5mm。试件盒横截面尺寸宜为 115mm × 115mm，试件盒长度宜为 500mm。

② 快速冻融装置应符合现行行业标准《混凝土抗冻试验设备》（JG/T 243—2009）的规定。除应在测温试件中埋设温度传感器外，尚应在冻融箱内防冻液中心、中心与任何一个对角线的两端分别设有温度传感器。运转时冻融箱内防冻液各点温度的极差不得超过 2℃。

③ 称量设备的最大量程应为 20kg，感量不应超过 5g。

④ 混凝土动弹性模量测定仪应符合本节三、的规定。

⑤ 温度传感器（包括热电偶、电位差计等）应在 −20～20℃ 范围内测定试件中心温度，

且测量精度应为±0.5℃。

（4）试验步骤

① 在标准养护室内或同条件养护的试件应在养护龄期为24d时提前将冻融试验的试件从养护地点取出，随后应将冻融试件放在（20±2）℃水中浸泡，浸泡时水面应高出试件顶面20～30mm。在水中浸泡时间应为4d，试件应在28d龄期时开始进行冻融试验。始终在水中养护的试件，当试件养护龄期达到28d时，可直接进行后续试验。对此种情况，应在试验报告中予以说明。

② 当试件养护龄期达到28d时应及时取出试件，用湿布擦除表面水分后应对外观尺寸进行测量，试件的外观尺寸应满足本节一、3. 的要求，并应编号、称量试件初始质量 W_{0i}，然后应按本节三、的规定测定其横向基频的初始值 f_{0i}。

③ 将试件放入试件盒内，试件应位于试件盒中心，然后将试件盒放入冻融箱内的试件架中，并向试件盒中注入清水。在整个试验过程中，盒内水位高度应始终保持至少高出试件顶面5mm。

④ 测温试件盒应放在冻融箱的中心位置。

⑤ 冻融循环过程应符合下列规定：

a. 每次冻融循环应在2～4h内完成，且用于融化的时间不得少于整个冻融循环时间的1/4。

b. 在冷冻和融化过程中，试件中心最低和最高温度应分别控制在（-18±2）℃和（5±2）℃内。在任意时刻，试件中心温度不得高于7℃，且不得低于-20℃。

c. 每块试件从3℃降至-16℃所用的时间不得少于冷冻时间的1/2；每块试件从-16℃升至3℃所用时间不得少于整个融化时间的1/2，试件内外的温差不宜超过28℃。

d. 冷冻和融化之间的转换时间不宜超过10min。

⑥ 每隔25次冻融循环宜测量试件的横向基频 f_{ni}。测量前应先将试件表面浮渣清洗干净并擦干表面水分，然后应检查其外部损伤并称量试件的质量 W_{ni}。随后应按本节三、规定的方法测量横向基频。测完后，应迅速将试件调头重新装入试件盒内并加入清水，继续试验。试件的测量、称量及外观检查应迅速，待测试件应用湿布覆盖。

⑦ 当有试件停止试验被取出时，应另用其他试件填充空位。当试件在冷冻状态下因故中断时，试件应保持在冷冻状态，直至恢复冻融试验为止，并应将故障原因及暂停时间在试验结果中注明。试件在非冷冻状态下发生故障的时间不宜超过两个冻融循环的时间。在整个试验过程中，超过两个冻融循环时间的中断故障次数不得超过两次。

⑧ 当冻融循环出现下列情况之一时，可停止试验：

a. 达到规定的冻融循环次数；

b. 试件的相对动弹性模量下降到60%；

c. 试件的质量损失率达5%。

（5）试验结果计算及处理

① 相对动弹性模量应按下式计算：

$$P_i = \frac{f_{ni}^2}{f_{0i}^2} \times 100\% \tag{7-35}$$

式中，P_i 为经 n 次冻融循环后第 i 个混凝土试件的相对动弹性模量，精确至 0.1%；f_{ni} 为经 n 次冻融循环后第 i 个混凝土试件的横向基频，Hz；f_{0i} 为冻融循环试验前第 i 个混凝土试件横向基频初始值，Hz。

$$P = \frac{1}{3} \sum_{i=1}^{3} P_i \tag{7-36}$$

式中，P 为经 n 次冻融循环后一组混凝土试件的相对动弹性模量，％，精确至 0.1%。相对动弹性模量 P 应以三个试件试验结果的算术平均值作为测定值。当最大值或最小值与中间值之差超过中间值的 15% 时，应剔除此值，并应取其余两值的算术平均值作为测定值；当最大值和最小值与中间值之差均超过中间值的 15% 时，应取中间值作为测定值。

② 单个试件的质量损失率应按下式计算：

$$\Delta W_{ni} = \frac{W_{0i} - W_{ni}}{W_{0i}} \times 100\% \tag{7-37}$$

式中，ΔW_{ni} 为 n 次冻融循环后第 i 个混凝土试件的质量损失率，精确至 0.01%；W_{0i} 为冻融循环试验前第 i 个混凝土试件的质量，g；W_{ni} 为 n 次冻融循环后第 i 个混凝土试件的质量，g。

③ 一组试件的平均质量损失率应按下式计算：

$$\Delta W_n = \frac{\sum_{i=1}^{3} \Delta W_{ni}}{3} \times 100\% \tag{7-38}$$

式中，ΔW_n 为 n 次冻融循环后一组混凝土试件的平均质量损失率，精确至 0.1%。

④ 每组试件的平均质量损失率应以三个试件的质量损失率试验结果的算术平均值作为测定值。当某个试验结果出现负值，应取 0，再取三个试件的平均值。当三个值中的最大值或最小值与中间值之差超过 1% 时，应剔除此值，并应取其余两值的算术平均值作为测定值；当最大值和最小值与中间值之差均超过 1% 时，应取中间值作为测定值。

⑤ 混凝土抗冻等级应以相对动弹性模量下降至不低于 60% 或者质量损失率不超过 5% 时的最大冻融循环次数来确定，并用符号 F 表示。

3. 单面冻融法（或称盐冻法）

（1）适用范围　该方法适用于测定混凝土试件在大气环境中且与盐接触的条件下，以能够经受的冻融循环次数或者表面剥落质量或超声波相对动弹性模量来表示的混凝土抗冻性能。

（2）试验环境条件

① 温度 $(20\pm2)℃$。

② 相对湿度 $(65\pm5)\%$。

（3）试验设备和用具

① 顶部有盖的试件盒（图 7-16）应采用不锈钢制成，容器内的长度应为 $(250\pm1)mm$，宽度应为 $(200\pm1)mm$，高度应为 $(120\pm1)mm$。容器底部应安置高 $(5\pm0.1)mm$、不吸水、浸水不变形且在试验过程中不得影响溶液组分的非金属三角垫条或支撑。

② 液面调整装置（图 7-17）应由一支吸水管和使液面与试件盒底部间的距离保持在一定范围内的液面自动定位控制装置组成，在使用时，液面调整装置应使液面高度保持在 $(10\pm1)mm$。

③ 单面冻融试验箱（图 7-18）应符合现行行业标准《混凝土抗冻试验设备》（JG/T 243—2009）的规定，试件盒应固定在单面冻融试验箱内，并应自动地按规定的冻融循环制

度进行冻融循环。冻融循环制度（图 7-19）的温度应从 20℃开始，并应以（10±1）℃/h 的速度均匀地降至（－20±1）℃，且应维持 3h；然后应从－20℃开始，并应以（10±1）℃/h 的速度均匀地升至（20±1）℃，且应维持 1h。

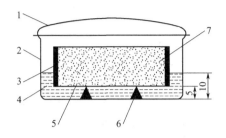

图 7-16　试件盒示意图（尺寸单位：mm）

1—盖子；2—盒体；3—侧向封闭；4—试验液体；
5—试验表面；6—垫条；7—试件

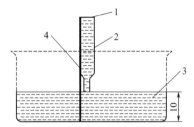

图 7-17　液面调整装置示意图

1—吸水装置；2—毛细吸管；
3—试验液体；4—定位控制装置

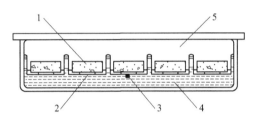

图 7-18　单面冻融试验箱示意图

1—试件；2—试件盒；3—测温度点（参考点）；
4—制冷液体；5—空气隔热层

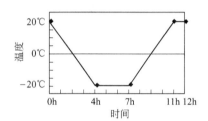

图 7-19　冻融循环制度

④ 试件盒的底部浸入冷冻液中的深度应为（15±2）mm。单面冻融试验箱内应装有可将冷冻液和试件盒上部空间隔开的装置和固定的温度传感器，温度传感器应装在 50mm×6mm×6mm 的矩形容器内。温度传感器在 0℃时的测量精度不应低于±0.05℃，在冷冻液中测温的时间间隔应为（6.3±0.8）s。单面冻融试验箱内温度控制精度应为±0.5℃，当满载运转时，单面冻融试验箱内各点之间的最大温差不得超过 1℃。单面冻融试验箱连续工作时间不应少于 28d。

⑤ 超声浴槽中超声发生器的功率应为 250W，双半波运行下高频峰值功率应为 450W，频率应为 35kHz。超声浴槽的尺寸应能使试件盒与超声浴槽之间无机械接触地置于其中，试件盒在超声浴槽的位置应符合图 7-20 的规定，且试件盒和超声浴槽底部的距离不应小于 15mm。

⑥ 超声波测试仪的频率范围应在 50～150kHz。

⑦ 不锈钢盘（或称剥落物收集器）应由厚 1mm、面积不小于 110mm×150mm、边缘翘起为（10±2）mm 的不锈钢制成的带把手钢盘。

⑧ 超声传播时间测量装置（图 7-21）应由长和宽均为（160±1）mm、高为（80±1）mm 的有机玻璃制成。超声传感器应安置在该装置两侧相对的位置上，且超声传感器轴线距试件的测试面的距离应为 35mm。

⑨ 试验溶液应采用质量分数为 97％蒸馏水和 3％ NaCl 配制而成的盐溶液。

⑩ 烘箱温度应为（110±5）℃。

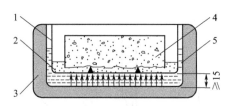

图 7-20 试件盒在超声浴槽中的位置
示意图（尺寸单位：mm）

1—试件盒；2—试验液体；3—超声浴槽；
4—试件；5—水

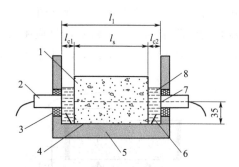

图 7-21 超声传播时间测量装置（尺寸单位：mm）

1—试件；2—超声传感器（或称探头）；
3—密封层；4—测试面；5—超声容器；
6—不锈钢盘；7—超声传播轴；8—试验溶液

⑪ 称量设备应采用最大量程分别为 10kg 和 5kg、感量分别为 0.1g 和 0.01g 各一台。

⑫ 游标卡尺的量程不应小于 300mm，精度应为 ±0.1mm。

⑬ 成型混凝土试件应采用 150mm×150mm×150mm 的立方体试模，并附加尺寸应为 150mm×150mm×2mm 聚四氟乙烯片。

⑭ 密封材料应为涂异丁橡胶的铝箔或环氧树脂。密封材料应采用在 −20℃和盐侵蚀条件下仍保持原有性能，且在达到最低温度时不得表现为脆性的材料。

（4）试件制作

① 在制作试件时，应采用 150mm×150mm×150mm 的立方体试模，应在模具中间垂直插入一片聚四氟乙烯片，使试模均分为两部分，聚四氟乙烯片不得涂抹任何脱模剂。当骨料尺寸较大时，应在试模的两内侧各放一片聚四氟乙烯片，但骨料的最大粒径不得大于超声波最小传播距离的 1/3。应将接触聚四氟乙烯片的面作为测试面。

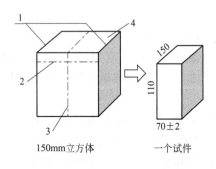

图 7-22 试件切割位置示意图
（尺寸单位：mm）

1—聚四氟乙烯片（测试面）；
2、3—切割线；4—成型面

② 试件成型后，应先在空气中带模养护（24±2）h，然后将试件脱模并放在（20±2）℃的水中养护至 7d 龄期。当试件的强度较低时，带模养护的时间可延长，在（20±2）℃的水中的养护时间应相应缩短。

③ 当试件在水中养护至 7d 龄期后，应对试件进行切割。试件切割位置应符合图 7-22 的规定。首先应将试件的成型面切去，试件的高度应为 110mm。然后将试件从中间的聚四氟乙烯片分开成两个试件，每个试件的尺寸应为 150mm×110mm×70mm，偏差应为 ±2mm。切割完成后，应将试件放置在空气中养护。对于切割后的试件与标准试件的尺寸有偏差的，应在报告中注明。非标准试件的测试表面边长不应小于 90mm；对于形状不规则的试件，其测试表面大小应能保证内切一个直径 90mm 的圆，试件的长高比不应大于 3。

④ 每组试件的数量不应少于 5 个，且总的测试面积不得少于 0.08m²。

（5）试验步骤

① 到达规定养护龄期的试件应放在温度为（20±2）℃、相对湿度为（65±5）%的实验

室中干燥至 28d 龄期。干燥时试件应侧立并应相互间隔 50mm。

② 在试件干燥至 28d 龄期前的 2～4d，除测试面和与测试面相平行的顶面外，其他侧面应采用环氧树脂或其他满足本节二、3. 要求的密封材料进行密封。密封前应对试件侧面进行清洁处理。在密封过程中，试件应保持清洁和干燥，并应测量和记录试件密封前后的质量 w_0 和 w_1，精确至 0.1g。

③ 密封好的试件应放置在试件盒中，并应使测试面向下接触垫条，试件与试件盒侧壁之间的空隙应为（30±2）mm。向试件盒中加入试验液体并不得溅湿试件顶面。试验液体的液面高度应由液面调整装置调整为（10±1）mm。加入试验液体后，应盖上试件盒的盖子，并应记录加入试验液体的时间。试件预吸水时间应持续 7d，试验温度应保持为（20±2）℃。预吸水期间应定期检查试验液体高度，并应始终保持试验液体高度满足（10±1）mm 的要求。试件预吸水过程中应每隔 2～3d 测量试件的质量，精确至 0.1g。

④ 当试件预吸水结束之后，应采用超声波测试仪测定试件的超声传播时间初始值 t_0，精确至 $0.1\mu s$。在每个试件测试开始前，应对超声波测试仪器进行校正。超声传播时间初始值的测量应符合以下规定：

a. 首先应迅速将试件从试件盒中取出，并以测试面向下的方向将试件放置在不锈钢盘上，然后将试件连同不锈钢盘一起放入超声传播时间测量装置中（图 7-21）。超声传感器的探头中心与试件测试面之间的距离应为 35mm。应向超声传播时间测量装置中加入试验溶液作为耦合剂，且液面应高于超声传感器探头 10mm，但不应超过试件上表面。

b. 每个试件的超声传播时间应通过测量离测试面 35mm 的两条相互垂直的传播轴得到。可通过细微调整试件位置，使测量的传播时间最小，以此确定试件的最终测量位置，并应标记这些位置作为后续试验中定位时采用。

c. 试验过程中，应始终保持试件和耦合剂的温度为（20±2）℃，防止试件的上表面被湿润。排除超声传感器表面和试件两侧的气泡，并应保护试件的密封材料不受损伤。

⑤ 将完成超声传播时间初始值测量的试件按本节二、3. 的要求重新装入试件盒中，试验溶液的高度应为（10±1）mm。在整个试验过程中应随时检查试件盒中的液面高度，并对液面进行及时调整。将装有试件的试件盒放置在单面冻融试验箱的托架上，当全部试件盒放入单面冻融试验箱中后，应确保试件盒浸泡在冷冻液中深度为（15±2）mm，且试件盒在单面冻融试验箱的位置符合图 7-23 的规定。在冻融循环试验前，应采用超声浴方法将试件表面的疏松颗粒和物质清除，清除之物应作为废弃物处理。

⑥ 在进行单面冻融试验时，应去掉试件盒的盖子。冻融循环过程宜连续不断地进行。当冻融循环过程被打断时，应将试件保存在试件盒中，并应保持试验液体的高度。

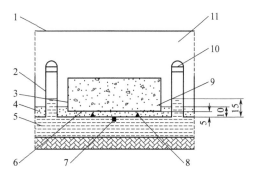

图 7-23　试件盒在单面冻融试验箱中的位置示意图（尺寸单位：mm）

1—试验机盖；2—相邻试件盒；3—侧向密封层；
4—试验液体；5—制冷液体；6—测试面；
7—测温度点（参考点）；8—垫条；
9—试件；10—托架；11—隔热空气层

⑦ 每 4 个冻融循环应对试件的剥落物、吸水率、超声波相对传播时间和超声波相对动弹性模量进行一次测量。上述参数的测量应在（20±2）℃的恒温室中进行。当测量过程被打

断时，应将试件保存在盛有试验液体的试验容器中。

⑧ 试件的剥落物、吸水率、超声波相对传播时间和超声波相对动弹性模量的测量应按下列步骤进行：

a. 先将试件盒从单面冻融试验箱中取出，并放置到超声浴槽中，应使试件的测试面朝下，并应对浸泡在试验液体中的试件进行超声浴 3min。

b. 用超声浴方法处理完试件剥落物后，应立即将试件从试件盒中拿起，并垂直放置在一吸水物表面上。待测试面液体流尽后，应将试件放置在不锈钢盘中，且应使测试面向下。用干毛巾将试件侧面和上表面的水擦干净后，应将试件从钢盘中拿开，并将钢盘放置在天平上归零，再将试件放回到不锈钢盘中进行称量。应记录此时试件的质量 w_n，精确至 0.1g。

c. 称量后应将试件与不锈钢盘一起放置在超声传播时间测量装置中，并应按测量超声传播时间初始值相同的方法测定此时试件的超声传播时间 t_n，精确至 0.1μs。

d. 测量完试件的超声传播时间后，应重新将试件放入另一个试件盒中，并应按上述要求进行下一个冻融循环。

e. 将试件重新放入试件盒以后，应及时将超声波测试过程中掉落到不锈钢盘中的剥落物收集到试件盒中，并用滤纸过滤留在试件盒中的剥落物。过滤前应先称量滤纸的质量 μ_f，然后将过滤后含有全部剥落物的滤纸置在（110±5）℃的烘箱中烘干 24h，并在温度为（20±2）℃、相对湿度为（60±5）% 的实验室中冷却（60±5）min。冷却后应称量烘干后滤纸和剥落物的总质量 μ_b，精确至 0.01g。

⑨ 当冻融循环出现下列情况之一时，可停止试验，并应以经受的冻融循环次数或者单位表面面积剥落物总质量或超声波相对动弹性模量来表示混凝土抗冻性能：

a. 达到 28 次冻融循环时；

b. 试件单位表面面积剥落物总质量大于 1500g/m² 时；

c. 试件的超声波相对动弹性模量降低到 80% 时。

（6）试验结果计算及处理

① 试件表面剥落物的质量 μ_s。应按下式计算：

$$\mu_s = \mu_b - \mu_f \tag{7-39}$$

式中，μ_s 为试件表面剥落物的质量，g，精确至 0.01g；μ_f 为滤纸的质量，g，精确至 0.01g；μ_b 为干燥后滤纸与试件剥落物的总质量，g，精确至 0.01g。

② n 次冻融循环之后，单个试件单位测试表面面积剥落物总质量应按下式进行计算：

$$m_n = \frac{\sum \mu_s}{A} \times 10^6 \tag{7-40}$$

式中，m_n 为 n 次冻融循环后，单个试件单位测试表面面积剥落物总质量，g/m²；μ_s 为每次测试间隙得到的试件剥落物质量，g，精确至 0.01g；A 为单个试件测试表面的表面积，mm²。

③ 每组应取 5 个试件单位测试表面面积上剥落物总质量计算值的算术平均值作为该组试件单位测试表面面积上剥落物总质量测定值。

④ 经 n 次冻融循环后试件相对质量增长 Δw_n（或吸水率）应按下式计算：

$$\Delta w_n = (w_n - w_1 + \sum \mu_s)/w_0 \times 100\% \tag{7-41}$$

式中，Δw_n 为经 n 次冻融循环后，每个试件的吸水率，精确至 0.1%；μ_s 为每次测试间隙得到的试件剥落物质量，g，精确至 0.01g；w_0 为试件密封前干燥状态的净质量（不包括侧面密封物的质量），g，精确至 0.1g；w_n 为经 n 次冻融循环后，试件的质量（包括侧面密封物），g，精确至 0.1g；w_1 为密封后饱水之前试件的质量（包括侧面密封物），g，精确至 0.1g。

⑤ 每组应取 5 个试件吸水率计算值的算术平均值作为该组试件的吸水率测定值。

⑥ 超声波相对传播时间和相对动弹性模量应按下列方法计算：

a. 超声波在耦合剂中的传播时间 t_c 应按下式计算：

$$t_c = l_c / v_c \tag{7-42}$$

式中，t_c 为超声波在耦合剂中的传播时间，μs，精确至 $0.1\mu s$；l_c 为超声波在耦合剂中传播的长度（$l_{c1} + l_{c2}$），mm。l_c 应由超声探头之间的距离和测试试件的长度的差值决定；v_c 为超声波在耦合剂中传播的速度，km/s，v_c 可利用超声波在水中的传播速度来假定，在温度为（20±5）℃时，超声波在耦合剂中传播的速度为 1440m/s（或 1.440km/s）。

b. 经 n 次冻融循环之后，每个试件传播轴线上传播时间的相对变化 τ_n 应按下式计算：

$$\tau_n = \frac{t_0 - t_c}{t_n - t_c} \times 100\% \tag{7-43}$$

式中，τ_n 为试件的超声波相对传播时间，精确至 0.1%；t_0 为在预吸水后第一次冻融之前，超声波在试件和耦合剂中的总传播时间，即超声波传播时间初始值，μs；t_n 为经 n 次冻融循环之后超声波在试件和耦合剂中的总传播时间，μs。

c. 在计算每个试件的超声波相对传播时间时，应以两个轴的超声波相对传播时间的算术平均值作为该试件的超声波相对传播时间测定值。每组应取 5 个试件超声波相对传播时间计算值的算术平均值作为该组试件超声波相对传播时间的测定值。

d. 经 n 次冻融循环之后，试件的超声波相对动弹性模量 $R_{u,n}$ 应按下式计算：

$$R_{u,n} = \tau_n^2 \times 100\% \tag{7-44}$$

式中，$R_{u,n}$ 为试件的超声波相对动弹性模量，精确至 0.1%。

e. 在计算每个试件的超声波相对动弹性模量时，应先分别计算两个相互垂直的传播轴上的超声波相对动弹性模量，并应取两个轴的超声波相对动弹性模量的算术平均值作为该试件的超声波相对动弹性模量测定值。每组应取 5 个试件超声波相对动弹性模量计算值的算术平均值作为该组试件的超声波相对动弹性模量值测定值。

三、动弹性模量试验

1. 适用范围

该方法适用于采用共振法测定混凝土的动弹性模量。

2. 试件制备

该试验应采用尺寸为 100mm×100mm×400mm 的棱柱体试件。

3. 试验设备

① 共振法混凝土动弹性模量测定仪（又称共振仪）的输出频率可调范围应为 100～20000Hz，输出功率应能使试件产生受迫振动。

② 试件支承体应采用厚度约为 20mm 的泡沫塑料垫，宜采用表观密度为 16～18kg/m³

的聚苯板。

③ 称量设备的最大量程应为 20kg，感量不应超过 5g。

4. 试验步骤

① 首先应测定试件的质量和尺寸。试件质量应精确至 0.01kg，尺寸的测量应精确至 1mm。

② 测定完试件的质量和尺寸后，应将试件放置在支撑体中心位置，成型面应向上，并应将激振换能器的测杆轻轻地压在试件长边侧面中线的 1/2 处，接收换能器的测杆轻轻地压在试件长边侧面中线距端面 5mm 处。在测杆接触试件前，宜在测杆与试件接触面涂一薄层黄油或凡士林作为耦合介质，测杆压力的大小应以不出现噪声为准，采用的动弹性模量测定仪各部件连接和相对位置应符合图 7-24 的规定。

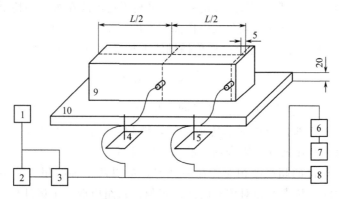

图 7-24　动弹性模量测定仪各部件连接和相对位置示意图

1—振荡器；2—频率计；3—放大器；4—激振换能器；5—接收换能器；

6—放大器；7—电表；8—示波器；9—试件；10—试件支承体

③ 放置好测杆后，应先调整共振仪的激振功率和接收增益旋钮至适当位置，然后变换激振频率，并应注意观察指示电表的指针偏转。当指针偏转为最大时，表示试件达到共振状态，应以这时所显示的共振频率作为试件的基频振动频率。每一测量应重复测读两次以上，当两次连续测值之差不超过两个测值的算术平均值的 0.5% 时，应取这两个测值的算术平均值作为该试件的基频振动频率。

④ 当用示波器作显示的仪器时，示波器的图形调成一个正圆时的频率应为共振频率。在测试过程中，当发现两个以上峰值时，应将接收换能器移至距试件端部 0.224 倍试件长处，当指示电表示值为零时，应将其作为真实的共振峰值。

5. 试验结果计算及处理

① 动弹性模量应按下式计算：

$$E_d = 13.244 \times 10^{-4} \times WL^3 f^2 / a^4 \tag{7-45}$$

式中，E_d 为混凝土动弹性模量，MPa；a 为正方形截面试件的边长，mm；L 为试件的长度，mm；W 为试件的质量，kg，精确到 0.01kg；f 为试件横向振动时的基频振动频率，Hz。

② 每组应以 3 个试件动弹性模量的试验结果的算术平均值作为测定值，计算应精确至 100MPa。

四、抗水渗透性试验

1. 渗水高度法

（1）适用范围　该方法适用于以测定硬化混凝土在恒定水压力下的平均渗水高度来表示的混凝土抗水渗透性能。

（2）试验设备

① 混凝土抗渗仪应符合现行行业标准《混凝土抗渗仪》（JG/T 249—2009）的规定（图 7-25），并应能使水压按规定的制度稳定地作用在试件上。抗渗仪施加水压力范围应为 0.1～2.0MPa。

② 试模应采用上口内部直径为 175mm、下口内部直径为 185mm 和高度为 150mm 的圆台体，如图 7-26 所示。

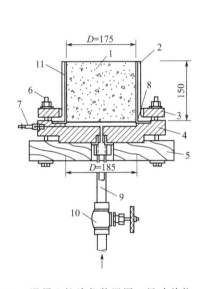

图 7-25　混凝土抗渗仪装置图（尺寸单位：mm）
1—试件；2—套模；3—上法兰；4—固定法兰；
5—底板；6—固定螺栓；7—排气阀；8—橡皮垫；
9—分压水管；10—阀门；11—填充物

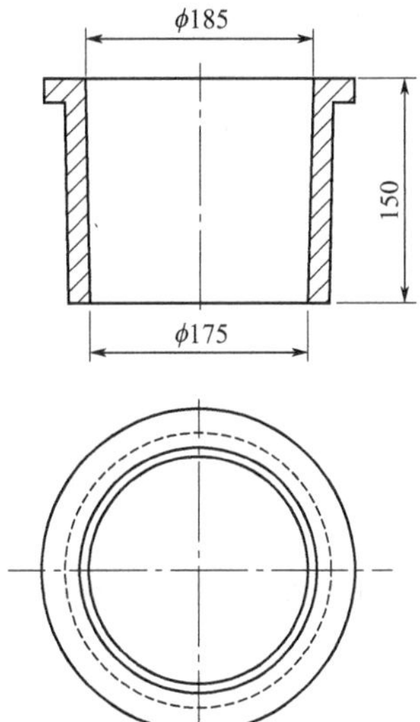

图 7-26　混凝土抗渗试模（尺寸单位：mm）

③ 密封材料宜用石蜡加松香或水泥加黄油等材料，也可采用橡胶套等其他有效密封材料。

④ 梯形板（图 7-27）应采用尺寸为 200mm×200mm 透明材料制成，并应画有十条等间距、垂直于梯形底线的直线。

⑤ 钢尺的分度值应为 1mm。

⑥ 钟表的分度值应为 1min。

⑦ 辅助设备应包括螺旋加压器、烘箱、电炉、浅盘、铁锅和钢丝刷等。

⑧ 安装试件的加压设备可为螺旋加压或其他加压形式，其压力应能保证将试件压入试件套内。

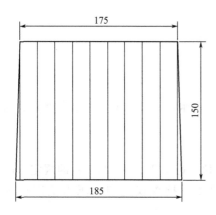

图 7-27 梯形板示意图

（尺寸单位：mm）

（3）试验步骤

① 应先按本节一、规定的方法进行试件的制作和养护。抗水渗透试验应以 6 个试件为一组。

② 试件拆模后，应用钢丝刷刷去两端面的水泥浆膜，并应立即将试件送入标准养护室进行养护。

③ 抗水渗透试验的龄期宜为 28d。应在到达试验龄期的前一天，从养护室取出试件，并擦拭干净。待试件表面晾干后，应按下列方法进行试件密封：

a. 当用石蜡密封时，应在试件侧面裹涂一层熔化的内加少量松香的石蜡。然后应用螺旋加压器将试件压入经过烘箱或电炉预热过的试模中，使试件与试模底平齐，并应在试模变冷后解除压力。试模的预热温度，应以石蜡接触试模，即缓慢熔化，但不流淌为准。

b. 当用水泥加黄油密封时，其质量比应为（2.5～3）：1。应用三角刀将密封材料均匀地刮涂在试件侧面上，厚度应为 1～2mm。应套上试模并将试件压入，应使试件与试模底齐平。

c. 试件密封也可以采用其他更可靠的密封方式。

④ 试件准备好之后，启动抗渗仪，并开通 6 个试位下的阀门，使水从 6 个孔中渗出，水应充满试位坑，在关闭 6 个试位下的阀门后应将密封好的试件安装在抗渗仪上。

⑤ 试件安装好以后，应立即开通 6 个试位下的阀门，使水压在 24h 内恒定控制在（1.2 ±0.05)MPa，且加压过程不应大于 5min，应以达到稳定压力的时间作为试验记录起始时间（精确至 1min)。在稳压过程中随时观察试件端面的渗水情况，当有某一个试件端面出现渗水时，应停止该试件的试验并记录时间，并以试件的高度作为该试件的渗水高度。对于试件端面未出现渗水的情况，应在试验 24h 后停止试验，并及时取出试件。在试验过程中，当发现水从试件周边渗出时，应重新按本试验的规定进行密封。

⑥ 将从抗渗仪上取出来的试件放在压力机上，并应在试件上下两端面中心处沿直径方向各放一根直径为 6mm 的钢垫条，并应确保它们在同一竖直平面内。然后开动压力机，将试件沿纵断面劈裂为两半。试件劈开后，应用防水笔描出水痕。

⑦ 应将梯形板放在试件劈裂面上，并用钢尺沿水痕等间距量测 10 个测点的渗水高度值，读数应精确至 1mm。读数时若遇到某测点被骨料阻挡，可以靠近骨料两端的渗水高度算术平均值来作为该测点的渗水高度。

（4）试验结果计算及处理

① 试件渗水高度应按下式进行计算：

$$\bar{h}_i = \frac{1}{10} \sum_{j=1}^{10} h_j \qquad (7\text{-}46)$$

式中，h_j 为第 i 个试件第 j 个测点处的渗水高度，mm；$\bar{h}_i$ 为第 i 个试件的平均渗水高度，mm，应以 10 个测点渗水高度的平均值作为该试件渗水高度的测定值。

② 一组试件的平均渗水高度应按下式进行计算。

$$\bar{h} = \frac{1}{6} \sum_{i=1}^{6} \bar{h}_i \qquad (7\text{-}47)$$

式中，$\bar{h}$ 为一组 6 个试件的平均渗水高度，mm，应以一组 6 个试件渗水高度的算术平均值作为该组试件渗水高度的测定值。

2. 逐级加压法

（1）适用范围　该方法适用于通过逐级施加水压力来测定以抗渗等级来表示的混凝土的抗水渗透性能。

（2）仪器设备　仪器设备应符合本节四、1. 的规定。

（3）试验步骤

① 首先应按本节四、1. 的规定进行试件的密封和安装。

② 试验时，水压应从 0.1MPa 开始，以后应每隔 8h 增加 0.1MPa 水压，并应随时观察试件端面渗水情况。当 6 个试件中有 3 个试件表面出现渗水时，或加至规定压力（设计抗渗等级）在 8h 内 6 个试件中表面渗水试件少于 3 个时，可停止试验，并记下此时的水压力。在试验过程中，当发现水从试件周边渗出时，应按本节四、1. 的规定重新进行密封。

（4）试验结果计算及处理　混凝土的抗渗等级应按下式计算：

$$P = 10H - 1 \tag{7-48}$$

式中，P 为混凝土抗渗等级；H 为 6 个试件中有 3 个试件渗水时的水压力，MPa。

混凝土的抗渗等级应以每组 6 个试件中有 4 个试件未出现渗水时的最大水压力乘以 10 来确定。

五、抗氯离子渗透试验

1. 快速氯离子迁移系数法（或称 RCM 法）

（1）适用范围　该方法适用于以测定氯离子在混凝土中非稳态迁移的迁移系数来确定混凝土抗氯离子渗透性能。

（2）试剂、仪器设备、溶液和指示剂

① 试剂应符合下列规定：

a. 溶剂应采用蒸馏水或去离子水。

b. 氢氧化钠应为化学纯。

c. 氯化钠应为化学纯。

d. 硝酸银应为化学纯。

e. 氢氧化钙应为化学纯。

② 仪器设备应符合下列规定：

a. 切割试件的设备应采用水冷式金刚石锯或碳化硅锯。

b. 真空容器应至少能够容纳 3 个试件。

c. 真空泵应能保持容器内的气压处于 1～5kPa。

d. RCM 试验装置（图 7-28）采用的有机硅橡胶套的内径和外径应分别为 100mm 和 115mm，长度应为 150mm。夹具应采用不锈钢环箍，其直径范围应为 105～115mm、宽度应为 20mm。阴极试验槽可采用尺寸为 370mm×270mm×280mm 的塑料箱。阴极板应采用厚度为（0.5±0.1）mm、直径不小于 100mm 的不锈钢板。阳极板应采用厚度为 0.5mm、直径为（98±1）mm 的不锈钢网或带孔的不锈钢板。支架应由硬塑料板制成。处于试件和阴极板之间的支架头高度应为 15～20mm。RCM 试验装置还应符合现行行业标准《混凝土氯

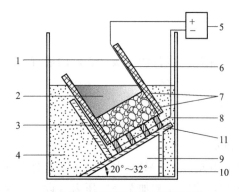

图 7-28　RCM 试验装置示意图

1—阳极板；2—阳极溶液；3—试件；

4—阴极溶液；5—直流稳压电源；

6—有机硅橡胶套；7—环箍；8—阴极板；

9—支架；10—阴极试验槽；11—支撑头

离子扩散系数测定仪》（JG/T 262—2009）的有关规定。

e. 电源应能稳定提供 0～60V 的可调直流电，精度应为 ±0.1V，电流应为 0～10A。

f. 电表的精度应为 ±0.1mA。

g. 温度计或热电偶的精度应为 ±0.2℃。

h. 喷雾器应适合喷洒硝酸银溶液。

i. 游标卡尺的精度应为 ±0.1mm。

j. 尺子的最小刻度应为 1mm。

k. 水砂纸的规格应为 200～600 号。

l. 细锉刀可为备用工具。

m. 扭矩扳手的扭矩范围应为 20～100N·m，测量允许误差为 ±5%。

n. 电吹风的功率应为 1000～2000W。

o. 黄铜刷可为备用工具。

p. 真空表或压力计的精度应为 ±665Pa（5mmHg），量程应为 0～13300Pa（0～100mmHg）。

q. 抽真空设备可由体积在 1000mL 以上的烧杯、真空干燥器、真空泵、分液装置、真空表等组合而成。

③ 溶液和指示剂应符合下列规定：

a. 阴极溶液应为 10% 质量浓度的 NaCl 溶液，阳极溶液应为 0.3mol/L 的 NaOH 溶液。溶液应至少提前 24h 配制，并应密封保存在温度为 20～25℃ 的环境中。

b. 显色指示剂应为 0.1mol/L 的 $AgNO_3$ 溶液。

（3）试验室温度　RCM 试验所处的试验室温度应控制在 20～25℃。

（4）试件制作

① RCM 试验用试件应采用直径为 (100±1)mm、高度为 (50±2)mm 的圆柱体试件。

② 在试验室制作试件时，宜使用 $\phi100mm×100mm$ 或 $\phi100mm×200mm$ 试模。骨料最大公称粒径不宜大于 25mm。试件成型后应立即用塑料薄膜覆盖并移至标准养护室。试件应在 (24±2)h 内拆模，然后应浸没于标准养护室的水池中。

③ 试件的养护龄期宜为 28d。也可根据设计要求选用 56d 或 84d 养护龄期。

④ 应在抗氯离子渗透试验前 7d 加工成标准尺寸的试件。当使用 $\phi100mm×100mm$ 试件时，应从试件中部切取高度为 (50±2)mm 的圆柱体作为试验用试件，并应将靠近浇筑面的试件端面作为暴露于氯离子溶液中的测试面。当使用 $\phi100mm×200mm$ 试件时，应先将试件从正中间切成相同尺寸的两部分（$\phi100mm×100mm$），然后应从两部分中各切取一个高度为 (50±2)mm 的试件，并应将第一次的切口面作为暴露于氯离子溶液中的测试面。

⑤ 试件加工后应采用水砂纸和细锉刀打磨光滑。

⑥ 加工好的试件应继续浸没于水中养护至试验龄期。

（5）试验步骤

① 首先应将试件从养护池中取出来，并将试件表面的碎屑刷洗干净，擦干试件表面多余的水分。然后应采用游标卡尺测量试件的直径和高度，测量应精确到 0.1mm。应将试件

在饱和面干状态下置于真空容器中进行真空处理。并在 5min 内将真空容器中的气压减少至 1~5kPa，并应保持该真空度 3h，然后在真空泵仍然运转的情况下，将用蒸馏水配制的饱和氢氧化钙溶液注入容器，溶液高度应保证将试件浸没。在试件浸没 1h 后恢复常压，并应继续浸泡（18±2）h。

② 试件安装在 RCM 试验装置前应采用电吹风冷风挡吹干，表面应干净，无油污、灰砂和水珠。

③ RCM 试验装置的试验槽在试验前应用室温凉开水冲洗干净。

④ 试件和 RCM 试验装置（图 7-28）准备好以后，应将试件装入橡胶套内的底部，应在与试件齐高的橡胶套外侧安装两个不锈钢环箍（图 7-29），每个箍高度应为 20mm，并应拧紧环箍上的螺栓至扭矩（30±2）N·m，使试件的圆柱侧面处于密封状态。当试件的圆柱曲面可能有造成液体渗漏的缺陷时，应以密封剂保持其密封性。

⑤ 应将装有试件的橡胶套安装到试验槽中，并安装好阳极板。然后应在橡胶套中注入约 300mL 浓度为 0.3mol/L 的 NaOH 溶液，并应使阳极板和试件表面均浸没于溶液中。应在阴极试验槽中注入 12L 质量浓度为 10% 的 NaCl 溶液，并应使其液面与橡胶套中的 NaOH 溶液的液面齐平。

⑥ 试件安装完成后，按图 7-30 连接电源、分配器和试验槽。应将电源的阳极（又称正极）用导线连至橡胶筒中阳极板，并将阴极（又称负极）用导线连至试验槽中的阴极板。

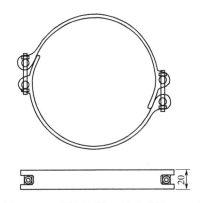

图 7-29　不锈钢环箍（尺寸单位：mm）

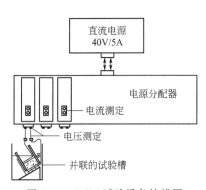

图 7-30　RCM 试验设备接线图

（6）电迁移试验步骤

① 首先应打开电源，将电压调整到（30±0.2）V，并应记录通过每个试件的初始电流。

② 后续试验应施加的电压（表 7-8 第二列）应根据施加 30V 电压时测量得到的初始电流值所处的范围（表 7-8 第一列）决定。应根据实际施加的电压，记录新的初始电流。应按照新的初始电流值所处的范围（表 7-8 第三列），确定试验应持续的时间（表 7-8 第四列）

表 7-8　初始电流、电压与试验时间的关系

初始电流 I_{30V}（用 30V 电压）/mA	施加的电压 U（调整后）/V	可能的新初始电流 I_0/mA	试验持续时间 t/h
$I_{30V}<5$	60	$I_0<10$	96
$5 \leqslant I_{30V}<10$	60	$10 \leqslant I_0<20$	48
$10 \leqslant I_{30V}<15$	60	$20 \leqslant I_0<30$	24
$15 \leqslant I_{30V}<20$	50	$25 \leqslant I_0<35$	24

初始电流 I_{30V} (用 30V 电压)/mA	施加的电压 U (调整后)/V	可能的新初始电流 I_0/mA	试验持续时间 t/h
$20 \leqslant I_{30V} < 30$	40	$25 \leqslant I_0 < 40$	24
$30 \leqslant I_{30V} < 40$	35	$35 \leqslant I_0 < 50$	24
$40 \leqslant I_{30V} < 60$	30	$40 \leqslant I_0 < 60$	24
$60 \leqslant I_{30V} < 90$	25	$50 \leqslant I_0 < 75$	24
$90 \leqslant I_{30V} < 120$	20	$60 \leqslant I_0 < 80$	24
$120 \leqslant I_{30V} < 180$	15	$60 \leqslant I_0 < 90$	24
$180 \leqslant I_{30V} < 360$	10	$60 \leqslant I_0 < 120$	24
$I_{30V} \geqslant 360$	10	$I_0 \geqslant 120$	6

③ 应按照温度计或者电热偶的显示读数记录每一个试件的阳极溶液的初始温度。

④ 试验结束时,应测定阳极溶液的最终温度和最终电流。

⑤ 试验结束后应及时排除试验溶液。应用黄铜刷清除试验槽的结垢或沉淀物,并应用饮用水和洗涤剂将试验槽和橡胶套冲洗干净,然后用电吹风的冷风挡吹干。

(7) 氯离子渗透深度测定步骤

① 试验结束后,应及时断开电源。

② 断开电源后,应将试件从橡胶套中取出,并应立即用自来水将试件表面冲洗干净,然后应擦去试件表面多余水分。

③ 试件表面冲洗干净后,应在压力试验机上沿轴向劈成两个半圆柱体,并应在劈开的试件断面立即喷涂浓度为 0.1mol/L 的 $AgNO_3$ 溶液显色指示剂。

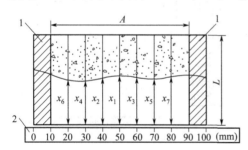

图 7-31 显色分界线位置编号

1—试件边缘部分;2—尺子;

A—测量范围;L—试件高度

④ 指示剂喷洒约 15min 后,应沿试件直径断面将其分成 10 等份,并应用防水笔描出渗透轮廓线。

⑤ 然后应根据观察到的明显的颜色变化,测量显色分界线(图 7-31)离试件底面的距离,精确至 0.1mm。

⑥ 当某一测点被骨料阻挡,可将此测点位置移动到最近未被骨料阻挡的位置进行测量,当某测点数据不能得到,只要总测点数多于 5 个,可忽略此测点。

⑦ 当某测点位置有一个明显的缺陷,使该点测量值远大于各测点的平均值,可忽略此测点数据,但应将这种情况在试验记录和报告中注明。

(8) 试验结果计算及处理

① 混凝土的非稳态氯离子迁移系数应按下式进行计算

$$D_{RCM} = \frac{0.0239 \times (273+T)L}{(U-2)t}\left[X_d - 0.0238\sqrt{\frac{(273+T)LX_d}{U-2}}\right] \tag{7-49}$$

式中,D_{RCM} 为混凝土的非稳态氯离子迁移系数,精确到 $0.1 \times 10^{-12}\text{m}^2/\text{s}$;$U$ 为所用电压的绝对值,V;T 为阳极溶液的初始温度和结束温度的平均值,℃;L 为试件厚度,mm,

精确到 0.1mm；X_d 为氯离子渗透深度的平均值，mm，精确到 0.1mm；t 为试验持续时间，h。

② 每组应以 3 个试样的氯离子迁移系数的算术平均值作为该组试件的氯离子迁移系数测定值。当最大值或最小值与中间值之差超过中间值的 15% 时，应剔除此值，再取其余两值的平均值作为测定值；当最大值和最小值均超过中间值的 15% 时，应取中间值作为测定值。

2. 电通量法

（1）适用范围　该方法适用于测定以通过混凝土试件的电通量为指标来确定混凝土抗氯离子渗透性能。该方法不适用于掺有亚硝酸盐和钢纤维等良导电材料的混凝土抗氯离子渗透试验。

（2）试验装置、试剂和用具

① 电通量试验装置应符合图 7-32 的要求，并应满足现行行业标准《混凝土氯离子电通量测定仪》（JG/T 261—2009）的有关规定。

② 仪器设备和化学试剂应符合下列要求：

a. 直流稳压电源的电压范围应为 0～80V，电流范围应为 0～10A。并应能稳定输出 60V 直流电压，精度应为 ±0.1V。

b. 耐热塑料或耐热有机玻璃试验槽（图 7-33）的边长应为 150mm，总厚度不应小于 51mm。试验槽中心的两个槽的直径应分别为 89mm 和 112mm。两个槽的深度应分别为 41mm 和 6.4mm。在试验槽的一边应开有直径为 10mm 的注液孔。

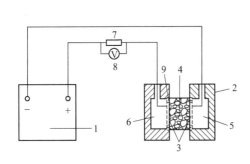

图 7-32　电通量试验装置示意图

1—直流稳压电源；2—试验槽；3—铜电极；

4—混凝土试件；5—3.0% NaCl 溶液；

6—0.3mol/L NaOH 溶液；7—标准电阻；

8—直流数学式电压表；9—试件垫圈

（硫化橡胶垫或硅橡胶垫）

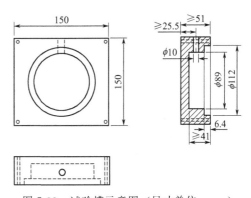

图 7-33　试验槽示意图（尺寸单位：mm）

c. 紫铜垫板宽度应为（12±2）mm，厚度应为（0.50±0.05）mm。铜网孔径应为 0.95mm（64 孔/cm^2）或者 20 目。

d. 标准电阻精度应为 ±0.1%；直流数字电流表量程应为 0～20A，精度应为 ±0.1%。

e. 真空泵和真空表应符合本节五、1. 的要求。

f. 真空容器的内径不应小于 250mm，并应能至少容纳 3 个试件。

g. 阴极溶液应用化学纯试剂配制的质量浓度为 3.0% 的 NaCl 溶液。

h. 阳极溶液应用化学纯试剂配制的物质的量浓度为 0.3mol/L 的 NaOH 溶液。

i. 密封材料应采用硅胶或树脂等密封材料。

j. 硫化橡胶垫或硅橡胶垫的外径应为 100mm，内径应为 75mm，厚度应为 6mm。

k. 切割试件的设备应采用水冷式金刚锯或碳化硅锯。

l. 抽真空设备可由烧杯（体积在 1000mL 以上）、真空干燥器、真空泵、分液装置、真空表等组合而成。

m. 温度计的量程应为 0～120℃，精度应为 ±0.1℃。

n. 电吹风的功率应为 1000～2000W。

（3）试验步骤

① 电通量试验应采用直径 (100±1)mm，高度 (50±2)mm 的圆柱体试件。试件的制作、养护应符合本节五、1. 的规定。当试件表面有涂料等附加材料时，应预先去除，且试样内不得含有钢筋等良导电材料。在试件移送试验室前，应避免冻伤或其他物理伤害。

② 电通量试验宜在试件养护到 28d 龄期进行。对于掺有大掺量矿物掺合料的混凝土，可在 56d 龄期进行试验。应先将养护到规定龄期的试件暴露于空气中至表面干燥，并应以硅胶或树脂密封材料涂刷试件圆柱侧面，还应填补涂层中的孔洞。

③ 电通量试验前应将试件进行真空饱水。应先将试件放入真空容器中，然后启动真空泵，并应在 5min 内将真空容器中的绝对压强减少至 1～5kPa，应保持该真空度 3h，然后在真空泵仍然运转的情况下，注入足够的蒸馏水或者去离子水，直至淹没试件，应在试件浸没 1h 后恢复常压，并继续浸泡 (18±2)h。

④ 在真空饱水结束后，应从水中取出试件，并抹掉多余水分，且应保持试件所处环境的相对湿度在 95% 以上。应将试件安装于试验槽内，并应采用螺杆将两试验槽和端面装有硫化橡胶垫的试件夹紧。试件安装好以后，应采用蒸馏水或者其他有效方式检查试件和试验槽之间的密封性能。

⑤ 检查试件和试件槽之间的密封性后，应将质量浓度为 3.0% 的 NaCl 溶液和物质的量浓度为 0.3mol/L 的 NaOH 溶液分别注入试件两侧的试验槽中，注入 NaCl 溶液的试验槽内的铜网应连接电源负极，注入 NaOH 溶液的试验槽中的铜网应连接电源正极。

⑥ 在正确连接电源线后，应在保持试验槽中充满溶液的情况下接通电源，并应对上述两铜网施加 (60±0.1)V 直流恒电压，且应记录电流初始读数 I_0。开始时应每隔 5min 记录一次电流值，当电流值变化不大时，可每隔 10min 记录一次电流值；当电流变化很小时，应每隔 30min 记录一次电流值，直至通电 6h。

⑦ 当采用自动采集数据的测试装置时，记录电流的时间间隔可设定为 5～10min。电流测量值应精确至 ±0.5mA。试验过程中宜同时监测试验槽中溶液的温度。

⑧ 试验结束后，应及时排出试验溶液，并应用凉开水和洗涤剂冲洗试验槽 60s 以上，然后用蒸馏水洗净并用电吹风冷风挡吹干。

⑨ 试验应在 20～25℃ 的室内进行。

（4）试验结果计算及处理

① 试验过程中或试验结束后，应绘制电流与时间的关系图。应通过将各点数据以光滑曲线连接起来，对曲线作面积积分，或按梯形法进行面积积分，得到试验 6h 通过的电通量 (C)。

② 每个试件的总电通量可采用下列简化公式计算：

$$Q = 900(I_0 + 2I_{30} + 2I_{60} + \cdots + 2I_t + \cdots + 2I_{300} + 2I_{330} + I_{360}) \tag{7-50}$$

式中，Q 为通过试件的总电通量，C；I_0 为初始电流，A，精确到 0.001A；I_t 为在时间 t（min）的电流，A，精确到 0.001A。

③ 计算得到的通过试件的总电通量应换算成直径为 95mm 试件的电通量值。应通过将计算的总电通量乘以一个直径为 95mm 的试件和实际试件横截面积的比值来换算，换算可按下式进行：

$$Q_s = Q_x \times (95/x)^2 \tag{7-51}$$

式中，Q_s 为通过直径为 95mm 的试件的电通量，C；Q_x 为通过直径为 x（mm）的试件的电通量，C；x 为试件的实际直径，mm。

④ 每组应取 3 个试件电通量的算术平均值作为该组试件的电通量测定值。当某一个电通量值与中值的差值超过中值的 15％时，应取其余两个试件的电通量的算术平均值作为该组试件的试验结果测定值。当有两个测值与中值的差值都超过中值的 15％时，应取中值作为该组试件的电通量试验结果测定值。

六、收缩试验

1. 非接触法

（1）适用范围　该方法主要适用于测定早龄期混凝土的自由收缩变形，也可用于无约束状态下混凝土自收缩变形的测定。

（2）试件制备　该方法应采用尺寸为 100mm×100mm×515mm 的棱柱体试件。每组应为 3 个试件。

（3）试验设备

① 非接触法混凝土收缩变形测定仪（图 7-34）应设计成整机一体化装置，并应具备自动采集和处理数据、能设定采样时间间隔等功能。整个测试装置（含试件、传感器等）应固定于具有避振功能的固定式试验台面上。

② 应有可靠方式将反射靶固定于试模上，使反射靶在试件成型浇筑振动过程中不会移位偏斜，且在成型完成后应能保证反射靶与

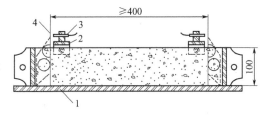

图 7-34　非接触法混凝土收缩变形测定仪
原理示意图（尺寸单位：mm）
1—试模；2—固定架；3—传感器探头；4—反射靶

试模之间的摩擦力尽可能小。试模应采用具有足够刚度的钢模，且本身的收缩变形应小。试模的长度应能保证混凝土试件的测量标距不小于 400mm。

③ 传感器的测试量程不应小于试件测量标距长度的 0.5％或量程不应小于 1mm，测试精度不应低于 0.002mm。且应采用可靠方式将传感器测头固定，并应能使测头在整个测量过程中与试模相对位置保持固定不变。试验过程中应能保证反射靶能够随着混凝土收缩而同步移动。

（4）试验步骤

① 试验应在温度为（20±2）℃、相对湿度为（60±5）％的恒温恒湿条件下进行。非接触法收缩试验应带模进行测试。

② 试模准备后，应在试模内涂刷润滑油，然后应在试模内铺设两层塑料薄膜或者放置

一片聚四氟乙烯（PTFE）片，且应在薄膜或者聚四氟乙烯片与试模接触的面上均匀涂抹一层润滑油。应将反射靶固定在试模两端。

③ 将混凝土拌合物浇筑入试模后，应振动成型并抹平，然后应立即带模移入恒温恒湿室。成型试件的同时，应测定混凝土的初凝时间。混凝土初凝试验和早龄期收缩试验的环境应相同。当混凝土初凝时，应开始测读试件左右两侧的初始读数，此后应至少每隔1h或按设定的时间间隔测定试件两侧的变形读数。

④ 在整个测试过程中，试件在变形测定仪上放置的位置、方向均应始终保持固定不变。

⑤ 需要测定混凝土自收缩值的试件，应在浇筑振捣后立即采用塑料薄膜作密封处理。

（5）试验结果的计算和处理

① 混凝土收缩率应按下式计算：

$$\varepsilon_{st} = \frac{(L_{10} - L_{1t}) + (L_{20} + L_{2t})}{L_0} \tag{7-52}$$

式中，ε_{st} 为测试期为 $t(h)$ 的混凝土收缩率，t 从初始读数时算起；L_{10} 为左侧非接触法位移传感器初始读数，mm；L_{1t} 为左侧非接触法位移传感器测试期为 $t(h)$ 的读数，mm；L_{20} 为右侧非接触法位移传感器初始读数，mm；L_{2t} 为右侧非接触法位移传感器测试期为 t (h) 的读数，mm；L_0 为试件测量标距，mm，等于试件长度减去试件中两个反射靶沿试件长度方向埋入试件中的长度之和。

② 每组应取 3 个试件测试结果的算术平均值作为该组混凝土试件的早龄期收缩测定值，计算应精确到 1.0×10^{-6}。作为相对比较的混凝土早龄期收缩值应以 3d 龄期测试得到的混凝土收缩值为准。

2. 接触法

（1）适用范围　该方法适用于测定在无约束和规定的温湿度条件下硬化混凝土试件的收缩变形性能。

（2）试件和测头

① 该方法应采用尺寸为 100mm×100mm×515mm 的棱柱体试件。每组应为 3 个试件。

② 采用卧式混凝土收缩仪时，试件两端应预埋测头或留有埋设测头的凹槽。卧式收缩试验用测头（图 7-35）应由不锈钢或其他不锈的材料制成。

③ 采用立式混凝土收缩仪时，试件一端中心应预埋测头（图 7-36）。立式收缩试验用测头的另外一端宜采用 M20mm×35mm 的螺栓（螺纹通长），并应与立式混凝土收缩仪底座固定。螺栓和测头都应预埋进去。

④ 采用接触法引伸仪时，所用试件的长度应至少比仪器的测量标距长出一个截面边长。测头应粘贴在试件两侧面的轴线上。

⑤ 使用混凝土收缩仪时，制作试件的试模应具有能固定测头或预留凹槽的端板。使用接触法引伸仪时，可用一般棱柱体试模制作试件。

⑥ 收缩试件成型时不得使用机油等憎水性脱模剂。试件成型后应带模养护 1～2d，并保证拆模时不损伤试件。对于事先没有埋设测头的试件，拆模后应立即粘贴或埋设测头。试件拆模后，应立即送至温度为（20±2）℃、相对湿度为 95% 以上的标准养护室养护。

（3）试验设备

① 测量混凝土收缩变形的装置应具有硬钢或石英玻璃制作的标准杆，并应在测量前及测量过程中及时校核仪表的读数。

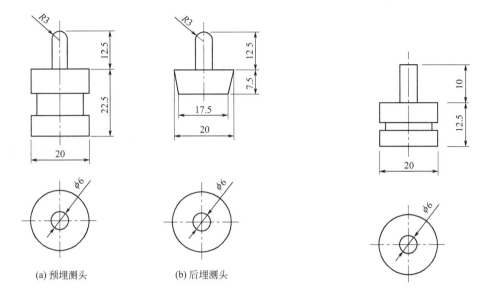

(a) 预埋测头	(b) 后埋测头

图 7-35 卧式收缩试验用测头（尺寸单位：mm）　图 7-36 立式收缩试验用测头（尺寸单位：mm）

② 收缩测量装置可采用下列形式之一：

a. 卧式混凝土收缩仪的测量标距应为 540mm，并应装有精度为 ±0.001mm 的千分表或测微器。

b. 立式混凝土收缩仪的测量标距和测微器同卧式混凝土收缩仪。

c. 其他形式的变形测量仪表的测量标距不应小于 100mm 及骨料最大粒径的 3 倍，并至少能达到 ±0.001mm 的测量精度。

（4）试验步骤

① 收缩试验应在恒温恒湿环境中进行，室温应保持在（20±2）℃，相对湿度应保持在（60±5）%。试件应放置在不吸水的搁架上，底面应架空，每个试件之间的间隙应大于 30mm。

② 测定代表某一混凝土收缩性能的特征值时，试件应在 3d 龄期时（从混凝土搅拌加水时算起）从标准养护室取出，并应立即移入恒温恒湿室测定其初始长度，此后应至少按下列规定的时间间隔测量其变形读数：1d、3d、7d、14d、28d、45d、60d、90d、120d、150d、180d、360d（从移入恒温恒湿室内计时起）。

③ 测定混凝土在某一具体条件下的相对收缩值时（包括在徐变试验时的混凝土收缩变形测定）应按要求的条件进行试验。对非标准养护试件，当需要移入恒温恒湿室进行试验时，应先在该室内预置 4h，再测其初始值。测量时应记下试件的初始干湿状态。

④ 收缩测量前应先用标准杆校正仪表的零点，并应在测定过程中至少再复核 1～2 次，其中一次应在全部试件测读完后进行。当复核时发现零点与原值的偏差超过 ±0.001mm 时，应调零后重新测量。

⑤ 试件每次在卧式收缩仪上放置的位置和方向均应保持一致。试件上应标明相应的方向记号。试件在放置及取出时应轻稳仔细，不得碰撞表架及表杆。当发生碰撞时，应取下试件，并应重新以标准杆复核零点。

⑥ 采用立式混凝土收缩仪时，整套测试装置应放在不易受外部振动影响的地方。读数时宜轻敲仪表或者上下轻轻滑动测头。安装立式混凝土收缩仪的测试台应有减振装置。

⑦ 用接触法引伸仪测量时，应使每次测量时试件与仪表保持相对固定的位置和方向。每次读数应重复 3 次。

（5）试验结果计算和处理

① 混凝土收缩率应按下式计算：

$$\varepsilon_{st} = \frac{L_0 - L_t}{L_b} \tag{7-53}$$

式中，ε_{st} 为试验期为 $t(\mathrm{d})$ 的混凝土收缩率，t 从测定初始长度时算起；L_b 为试件的测量标距，用混凝土收缩仪测量时应等于两测头内侧的距离，即等于混凝土试件长度（不计测头凸出部分）减去两个测头埋入深度之和，mm，采用接触法引伸仪时，即为仪器的测量标距；L_0 为试件长度的初始读数，mm；L_t 为试件在试验期为 $t(\mathrm{d})$ 时测得的长度读数，mm。

② 每组应取 3 个试件收缩率的算术平均值作为该组混凝土试件的收缩率测定值，计算精确至 1.0×10^{-6}。

③ 作为相互比较的混凝土收缩率值应为不密封试件于 180d 所测得的收缩率值。可将不密封试件于 360d 所测得的收缩率值作为该混凝土的终极收缩率值。

七、受压徐变试验

该方法适用于测定混凝土试件在长期恒定轴向压力作用下的变形性能。

1. 试验仪器设备

（1）徐变仪应符合下列规定：

① 徐变仪应在要求时间范围内（至少 1 年）把所要求的压缩荷载加到试件上并应能保持该荷载不变。

② 常用徐变仪可选用弹簧式或液压式，其工作荷载范围应为 180～500kN。

③ 弹簧式压缩徐变仪（图 7-37）应包括上、下压板，球座或球铰及其配套垫板，弹簧持荷装置，以及 2～3 根承力丝杆。压板与垫板应具有足够的刚度。压板的受压面的平整度偏差不应大于 0.1mm/100mm，并应能保证对试件均匀加荷。弹簧及丝杆的尺寸应按徐变仪所要求的试验吨位而定。在试验荷载下，丝杆的拉应力不应大于材料屈服点的 30%，弹簧的工作压力不应超过允许极限荷载的 80%，且工作时弹簧的压缩变形不得小于 20mm。

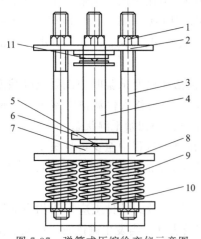

图 7-37 弹簧式压缩徐变仪示意图
1—螺母；2—上压板；3—丝杆；4—试件；
5、11—球铰；6—垫板；7—定心；
8—下压板；9—弹簧；10—底盘

④ 当使用液压式持荷部件时，可通过一套中央液压调节单元同时加荷几个徐变架，该单元应由储液器、调节器、显示仪表和一个高压源（如高压氮气瓶或高压泵）等组成。

⑤ 有条件时可采用几个试件串叠受荷，上、下压板之间的总距离不得超过 1600mm。

（2）加荷装置应符合下列规定：

① 加荷架应由接长杆及顶板组成。加荷时加荷架

应与徐变仪丝杆顶部相连。

② 油压千斤顶可采用一般的起重千斤顶，其吨位应大于所要求的试验荷载。

③ 测力装置可采用钢环测力计、荷载传感器或其他形式的压力测定装置。其测量精度应达到所加荷载的±2%，试件破坏荷载不应小于测力装置全量程的20%且不应大于测力装置全量程的80%。

（3）变形量测装置应符合下列规定：

① 变形量测装置可采用外装式、内埋式或便携式，其测量的应变值精度不应低于0.001mm/m。

② 采用外装式变形量测装置时，应至少测量不少于两个均匀地布置在试件周边的基线的应变。测点应精确地布置在试件的纵向表面的纵轴上，且应与试件端头等距，与相邻试件端头的距离不应小于一个截面边长。

③ 采用差动式应变计或钢弦式应变计等内埋式变形测量装置时，应在试件成型时可靠地固定该装置，应使其量测基线位于试件中部并应与试件纵轴重合。

④ 采用接触法引伸仪等便携式变形量测装置时，测头应牢固附置在试件上。

⑤ 量测标距应大于混凝土骨料最大粒径的3倍，且不小于100mm。

2. 试件制备及养护

（1）试件的形状与尺寸

① 徐变试验应采用棱柱体试件。试件的尺寸应根据混凝土中骨料的最大粒径按表7-9选用，长度应为截面边长尺寸的3～4倍。

表7-9 徐变试验试件尺寸选用表

骨料最大公称粒径/mm	试件最小边长/mm	试件长度/mm
31.5	100	400
40	150	≥450

② 当试件叠放时，应在每叠试件端头的试件和压板之间加装一个未安装应变量测仪表的辅助性混凝土垫块，其截面边长尺寸应与被测试件的相同，且长度应至少等于其截面尺寸的一半。

（2）试件数量

① 制作徐变试件时，应同时制作相应的棱柱体抗压试件及收缩试件。

② 收缩试件应与徐变试验相同，并应装有与徐变试件相同的变形测量装置。

③ 每组抗压、收缩和徐变试件的数量宜各为3个，其中每个加荷龄期的每组徐变试件应至少为2个。

（3）试件制备

① 当要叠放试件时，宜磨平其端头。

② 徐变试件的受压面与相邻的纵向表面之间的角度与直角的偏差不应超过1mm/100mm。

③ 采用外装式应变量测装置时，徐变试件两侧面应有安装量测装置的测头，测头宜采用埋入式，试模的侧壁应具有能在成型时使测头定位的装置。在对黏结工艺及材料确有把握时，可采用胶黏。

（4）试件的养护与存放方式

① 抗压试件及收缩试件应随徐变试件一并同条件养护。

② 对于标准环境中的徐变，试件应在成型后不少于 24h 且不多于 48h 时拆模，且在拆模之前，应覆盖试件表面。随后应立即将试件送入标准养护室养护到 7d 龄期（自混凝土搅拌加水开始计时），其中 3d 加载的徐变试验应养护 3d。养护期间试件不应浸泡于水中。试件养护完成后应移入温度为（20±2）℃、相对湿度为（60±5）％的恒温恒湿室进行徐变试验，直至试验完成。

③ 对于适用于大体积混凝土内部情况的绝湿徐变，试件在制作或脱模后应密封在保湿外套中（包括橡皮套、金属套筒等），且在整个试件存放和测试期间也应保持密封。

④ 对于需要考虑温度对混凝土弹性和非弹性性质的影响等特定温度下的徐变，应控制好试件存放的试验环境温度，应使其符合希望的温度历史。

⑤ 对于需确定在具体使用条件下的混凝土徐变值等其他存放条件，应根据具体情况确定试件的养护及试验制度。

3. 试验规定与步骤

① 对比或检验混凝土的徐变性能时，试件应在 28d 龄期时加荷。当研究某一混凝土的徐变特性时，应至少制备 5 组徐变试件并应分别在龄期为 3d、7d、14d、28d 和 90d 时加荷。

② 徐变试验应按下列步骤进行：

a. 测头或测点应在试验前 1d 粘好，仪表安装好后应仔细检查，不得有任何松动或异常现象。加荷装置、测力计等也应予以检查。

b. 在即将加荷徐变试验前，应测试同条件养护试件的棱柱体抗压强度。

c. 测头和仪表准备好以后，应将徐变试件放在徐变仪的下压板后，应使试件、加荷装置、测力计及徐变仪的轴线重合。并应再次检查变形测量仪表的调零情况，且应记下初始读数。当采用未密封的徐变试件时，应在将其放在徐变仪上的同时，覆盖参比用收缩试件的端部。

d. 试件放好后，应及时开始加荷。当无特殊要求时，应取徐变应力为所测得的棱柱体抗压强度的 40％。当采用外装仪表或者接触法引伸仪时，应用千斤顶先加压至徐变应力的 20％进行对中。两侧的变形相差应小于其平均值的 10％，当超出此值时，应松开千斤顶卸荷，进行重新调整后，应再加荷到徐变应力的 20％，并再次检查对中的情况。对中完毕后，应立即继续加荷直到徐变应力，应及时读出两边的变形值，并将此时两边变形的平均值作为在徐变荷载下的初始变形值。从对中完毕到测初始变形值之间的加荷及测量时间不得超过 1min。随后应拧紧承力丝杆上端的螺母，并应松开千斤顶卸荷，且应观察两边变形值的变化情况。此时，试件两侧的读数相差不应超过平均值的 10％，否则应予以调整，调整应在试件持荷的情况下进行，调整过程中所产生的变形增值应计入徐变变形之中。然后应再加荷到徐变应力，并应检查两侧变形读数，其总和与加荷前读数相比，误差不应超过 2％。否则应予以补足。

e. 应在加荷后的 1d、3d、7d、14d、28d、45d、60d、90d、120d、150d、180d、270d 和 360d 测读试件的变形值。

f. 在测读徐变试件的变形读数的同时，应测量同条件放置参比用收缩试件的收缩值。

g. 试件加荷后应定期检查荷载的保持情况，应在加荷后 7d、28d、60d、90d 各校核一次，如荷载变化大于 2％，应予以补足。在使用弹簧式加载架时，可通过施加正确的荷载并拧紧丝杆上的螺母来进行调整。

4. 试验结果计算及其处理

① 徐变应变应按下式计算：

$$\varepsilon_{ct} = \frac{\Delta L_t - \Delta L_0}{L_b} - \varepsilon_t \qquad (7\text{-}54)$$

式中，ε_{ct} 为加荷 $t(\mathrm{d})$ 后的徐变应变，$\mathrm{mm/m}$，精确至 $0.001\mathrm{mm/m}$；ΔL_t 为加荷 $t(\mathrm{d})$ 后的总变形值，mm，精确至 $0.001\mathrm{mm}$；ΔL_0 为加荷时测得的初始变形值，mm，精确至 $0.001\mathrm{mm}$；L_b 为测量标距，mm，精确到 $1\mathrm{mm}$；ε_t 为同龄期的收缩值，$\mathrm{mm/m}$，精确至 $0.001\mathrm{mm/m}$。

② 徐变度应按下式计算：

$$C_t = \frac{\varepsilon_{ct}}{\delta} \qquad (7\text{-}55)$$

式中，C_t 为加荷 $t(\mathrm{d})$ 的混凝土徐变度，MPa^{-1}，计算精确至 $1.0 \times 10^{-6}\mathrm{MPa}^{-1}$；$\delta$ 为徐变应力，MPa。

③ 徐变系数应按下列公式计算：

$$\varphi_t = \frac{\varepsilon_{ct}}{\varepsilon_0} \qquad (7\text{-}56)$$

$$\varepsilon_0 = \frac{\Delta L_0}{L_b} \qquad (7\text{-}57)$$

式中，φ_t 为加荷 $t(\mathrm{d})$ 的徐变系数；ε_0 为在加荷时测得的初始应变值，$\mathrm{mm/m}$，精确至 $0.001\mathrm{mm/m}$。

④ 每组应分别以 3 个试件徐变应变（徐变度或徐变系数）试验结果的算术平均值作为该组混凝土试件徐变应变（徐变度或徐变系数）的测定值。

⑤ 作为供对比用的混凝土徐变值，应采用经过标准养护的混凝土试件，在 28d 龄期时经受 0.4 倍棱柱体抗压强度恒定荷载持续作用 360d 的徐变值。可用测得的 3 年徐变值作为终极徐变值。

八、碳化试验

1. 适用范围

该方法适用于测定在一定浓度的二氧化碳气体介质中混凝土试件的碳化程度。

2. 试件制备

① 该方法宜采用棱柱体混凝土试件，应以 3 块为一组。试件的最小边长应符合表 7-10 要求。棱柱体的高宽比应不小于 3。

表 7-10　碳化试验试件尺寸选用表　　　　　　　　　　　　　　　　　mm

试件最小边长	骨料最大粒径
100	31.5
150	40.0

② 无棱柱体试件时，也可用立方体试件，其数量应相应增加。

③ 试件宜在 28d 龄期进行碳化试验，掺有掺合料的混凝土可以根据其特性决定碳化前的养护龄期。碳化试验的试件宜采用标准养护，试件应在试验前 2d 从标准养护室取出，然后应在 60℃下烘 48h。

④ 经烘干处理后的试件，除应留下一个或相对的两个侧面外，其余表面应采用加热的石蜡予以密封。然后应在暴露侧面上沿长度方向用铅笔以 10mm 间距画出平行线，作为预定碳化深度的测量点。

3. 试验设备

① 碳化箱应符合现行行业标准《混凝土碳化试验箱》（JG/T 247—2009）的规定（图 7-38），并应采用带有密封盖的密闭容器，容器的容积应至少为预定进行试验的试件体积的两倍。碳化箱内应有架空试件的支架、二氧化碳引入口、分析取样用的气体导出口、箱内气体对流循环装置、为保持箱内恒温恒湿所需的设施以及温湿度监测装置。宜在碳化箱上设玻璃观察口对箱内的温度进行读数。

② 气体分析仪应能分析箱内二氧化碳浓度，并应精确至 ±1%。

③ 二氧化碳供气装置应包括气瓶、压力表和流量计。

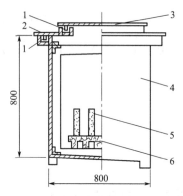

图 7-38　碳化箱示意图
（尺寸单位：mm）
1—油封；2—大盖板；3—小盖板；
4—铁箱；5—试件；6—木架

4. 试验步骤

① 首先应将经过处理的试件放入碳化箱内的支架上。各试件之间的间距不应小于 50mm。

② 试件放入碳化箱后，应将碳化箱密封。密封可采用机械办法或油封，但不得采用水封。应开动箱内气体对流装置，徐徐充入二氧化碳，并测定箱内的二氧化碳浓度。应逐步调节二氧化碳的流量，使箱内的二氧化碳浓度保持在（20±3）%。在整个试验期间应采取去湿措施，使箱内的相对湿度控制在（70±5）%，温度应控制在（20±2）℃的范围内。

③ 碳化试验开始后应每隔一定时期对箱内的二氧化碳浓度、温度及湿度作一次测定。宜在前 2d 每隔 2h 测定一次，以后每隔 4h 测定一次。试验中应根据所测得的二氧化碳浓度、温度及湿度随时调节这些参数，去湿用的硅胶应经常更换。也可采用其他更有效的去湿方法。

④ 应在碳化到了 3d、7d、14d 和 28d 时，分别取出试件，破型测定碳化深度。棱柱体试件应通过在压力试验机上的劈裂法或者用干锯法从一端开始破型。每次切除的厚度应为试件宽度的一半，切后应用石蜡将破型后试件的切断面封好，再放入箱内继续碳化，直到下一个试验期。当采用立方体试件时，应在试件中部劈开，立方体试件应只作一次检验，劈开测试碳化深度后不得再重复使用。

⑤ 随后应将切除所得的试件部分刷去断面上残存的粉末，然后应喷上（或滴上）浓度为 1% 的酚酞酒精溶液（酒精溶液含 20% 的蒸馏水）。约经 30s 后，应按原先标画的每 10mm 一个测量点用钢板尺测出各点碳化深度。当测点处的碳化分界线上刚好嵌有粗骨料颗粒，可取该颗粒两侧处碳化深度的算术平均值作为该点的深度值。碳化深度测量应精确至 0.5mm。

5. 试验结果计算和处理

① 混凝土在各试验龄期时的平均碳化深度应按下式计算：

$$\bar{d}_t = \frac{1}{n}\sum_{i=1}^{n} d_i \tag{7-58}$$

式中，$\bar{d}_t$ 为试件碳化 t(d) 后的平均碳化深度，mm，精确至 0.1mm；d_i 为各测点的碳化深度，mm；n 为测点总数。

② 每组应以在二氧化碳浓度为 $(20\pm3)\%$、温度为 (20 ± 2)℃、湿度为 $(70\pm5)\%$ 的条件下 3 个试件碳化 28d 的碳化深度算术平均值作为该组混凝土试件碳化测定值。

③ 碳化结果处理时宜绘制碳化时间与碳化深度的关系曲线。

九、抗压疲劳变形试验

1. 适用范围

该方法适用于在自然条件下，通过测定混凝土在等幅重复荷载作用下疲劳累计变形与加载循环次数的关系，来反映混凝土抗压疲劳变形性能。

2. 试验设备

① 疲劳试验机的吨位应能使试件预期的疲劳破坏荷载不小于试验机全量程的 20%，也不应大于试验机全量程的 80%。准确度应为 I 级，加载频率应在 4～8Hz 之间。

② 上、下钢垫板应具有足够的刚度，其尺寸应大于 100mm×100mm，平面度要求为每 100mm 不应超过 0.02mm。

③ 微变形测量装置的标距应为 150mm，可在试件两侧相对的位置上同时测量。承受等幅重复荷载时，在连续测量情况下，微变形测量装置的精度不得低于 0.001mm。

3. 试件制备

试验应采用尺寸为 100mm×100mm×300mm 的棱柱体试件。试件应在振动台上成型，每组试件应至少为 6 个，其中 3 个用于测量试件的轴心抗压强度 f_c，其余 3 个用于抗压疲劳变形性能试验。

4. 试验步骤

① 全部试件应在标准养护室养护至 28d 龄期后取出，并应在室温 (20 ± 5)℃ 存放至 3 个月龄期。

② 试件应在龄期达 3 个月时从存放地点取出，应先将其中 3 块试件按照现行国家标准《混凝土物理力学性能试验方法标准》(GB/T 50081—2019) 测定其轴心抗压强度 f_c。

③ 然后应对剩下的 3 块试件进行抗压疲劳变形试验。每一试件进行抗压疲劳变形试验前，应先在疲劳试验机上进行静压变形对中，对中时应采用两次对中的方式。首次对中的应力宜取轴心抗压强度 f_c 的 20%（荷载可近似取整数，kN），第二次对中应力宜取轴心抗压强度 f_c 的 40%。对中时，试件两侧变形值之差应小于平均值的 5%，否则应调整试件位置，直至符合对中要求。

④ 抗压疲劳变形试验采用的脉冲频率宜为 4Hz。试验荷载（图 7-39）的上限应力 σ_{max} 宜取 $0.66f_c$，下限应力 σ_{max} 宜取 $0.1f_c$。有特殊要求时，上限应力和下限应力可根据要求

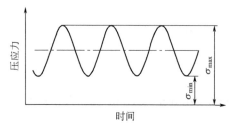

图 7-39　试验荷载示意图

选定。

⑤ 抗压疲劳变形试验中，应于每 1×10^5 次重复加载后，停机测量混凝土棱柱体试件的累积变形。测量宜在疲劳试验机停机后 15s 内完成。应在对测试结果进行记录之后，继续加载进行抗压疲劳变形试验，直到试件破坏为止。若加载至 2×10^6 次，试件仍未破坏，可停止试验。

5. 试验结果

每组应取 3 个试件在相同加载次数时累积变形的算术平均值作为该组混凝土试件在等幅重复荷载下的抗压疲劳变形测定值，精确至 0.001mm/m。

十、早期抗裂性试验

板形试件抗裂性试验又称早期抗裂性试验。

（1）适用范围　该方法适用于测试混凝土试件在约束条件下的早期抗裂性能。

（2）试验装置及试件尺寸

① 本方法应采用尺寸为 800mm×600mm×100mm 的平面薄板形试件，每组应至少 2 个试件。混凝土骨料最大公称粒径不应超过 31.5mm。

② 混凝土早期抗裂试验装置（图 7-40）应采有钢制模具，模具的四边（包括长侧板和短侧板）宜采用槽钢或者角钢焊接而成，侧板厚度不应小于 5mm，模具四边与底板宜通过螺栓固定在一起。模具内应设有 7 根裂缝诱导器，裂缝诱导器可分别用 50mm×50mm、40mm×40mm 角钢与 5mm×50mm 钢板焊接组成，并应平行于模具短边。底板应采用不小于 5mm 厚的钢板，并应在底板表面铺设聚乙烯薄膜或者聚四氟乙烯片作隔离层。模具应作为测试装置的一个部分，测试时应与试件连在一起。

③ 风扇的风速应可调，并且应能够保证试件表面中心处的风速不小于 5m/s。

④ 温度计精度不应低于 ±0.5℃。相对湿度计精度不应低于 ±1%。风速计精度不应低于 ±0.5m/s。

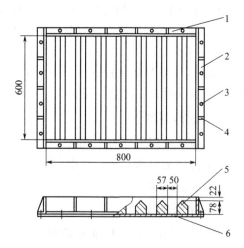

图 7-40　混凝土早期抗裂试验
装置示意图（尺寸单位：mm）
1—长侧板；2—短侧板；3—螺栓；
4—加强肋；5—裂缝诱导器；6—底板

⑤ 刻度放大镜的放大倍数不应小于 40 倍，分度值不应大于 0.01mm。

⑥ 照明装置可采用手电筒或者其他简易照明装置。

⑦ 钢直尺的最小刻度应为 1mm。

（3）试验步骤

① 试验宜在温度为（20±2)℃，相对湿度为（60±5)%的恒温恒湿室中进行。

② 将混凝土浇筑至模具内以后，应立即将混凝土摊平，且表面应比模具边框略高。可使用平板表面式振动器或者采用振动棒插捣，应控制好振捣时间，并应防止过振和欠振。

③ 在振捣后，应用抹子整平表面，并应使骨料不外露，且应使表面平实。

④ 应在试件成型 30min 后，立即调节风扇位置和风速，使试件表面中心正上方 100mm 处风速为 (5±0.5)m/s，并应使风向平行于试件表面和裂缝诱导器。

⑤ 试验时间应从混凝土搅拌加水开始计算，应在 (24±0.5)h 测读裂缝。裂缝长度应用钢直尺测量，并应取裂缝两端直线距离为裂缝长度。当一个刀口上有两条裂缝时，可将两条裂缝的长度相加，折算成一条裂缝。

⑥ 裂缝宽度应采用放大倍数至少 40 倍的读数显微镜进行测量，并应测量每条裂缝的最大宽度。

⑦ 平均开裂面积、单位面积的裂缝数目和单位面积上的总开裂面积应根据混凝土浇筑 24h 测量得到裂缝数据来计算。

（4）试验结果计算及其确定

① 每条裂缝的平均开裂面积应按下式计算：

$$a = \frac{1}{2N} \sum_{i=1}^{N} W_i L_i \tag{7-59}$$

② 单位面积的裂缝数目应按下式计算：

$$b = \frac{N}{A} \tag{7-60}$$

③ 单位面积上的总开裂面积应按下式计算：

$$c = ab \tag{7-61}$$

式中，W_i 为第 i 条裂缝的最大宽度，mm，精确到 0.01mm；L_i 为第 i 条裂缝的长度，mm，精确到 1mm；N 为总裂缝数目，条；A 为平板的面积，m^2，精确到小数点后两位；a 为每条裂缝的平均开裂面积，mm^2/条，精确到 $1mm^2$/条；b 为单位面积的裂缝数目，条/m^2，精确到 0.1 条/m^2；c 为单位面积上的总开裂面积，mm^2/m^2，精确到 $1mm^2/m^2$。

④ 每组应分别以 2 个或多个试件的平均开裂面积（单位面积上的裂缝数目或单位面积上的总开裂面积）的算术平均值作为该组试件平均开裂面积（单位面积上的裂缝数目或单位面积上的总开裂面积）的测定值。

十一、钢筋锈蚀试验

1. 适用范围

该方法适用于测定在给定条件下混凝土中钢筋的锈蚀程度。该方法不适用于在侵蚀性介质中混凝土内的钢筋锈蚀试验。

2. 试件的制作与处理

① 该方法应采用尺寸为 100mm×100mm×300mm 的棱柱体试件，每组应为 3 块。

② 试件中埋置的钢筋应采用直径为 6.5mm 的 Q235 普通低碳钢热轧盘条调直截断制成，其表面不得有锈坑及其他严重缺陷。每根钢筋长应为 (299±1)mm，应用砂轮将其一端磨出长约 30mm 的平面，并用钢字打上标记。钢筋应采用 12%盐酸溶液进行酸洗，并经

清水漂净后，用石灰水中和，再用清水冲洗干净，擦干后应在干燥器中至少存放 4h，然后应用天平称取每根钢筋的初重（精确至 0.001g）。钢筋应存放在干燥器中备用。

③ 试件成型前应将套有定位板的钢筋放入试模，定位板应紧贴试模的两个端板，安放完毕后应使用丙酮擦净钢筋表面。

④ 试件成型后，应在（20±2）℃的温度下盖湿布养护 24h 后编号拆模，并应拆除定位板。然后应用钢丝刷将试件两端部混凝土刷毛，并应用水灰比小于试件用混凝土水灰比、水泥和砂子比例为 1:2 的水泥砂浆抹上不小于 20mm 厚的保护层，并应确保钢筋端部密封质量。试件应在就地潮湿养护（或用塑料薄膜盖好）24h 后，移入标准养护室养护至 28d。

3. 试验设备

① 混凝土碳化试验设备应包括碳化箱、供气装置及气体分析仪。碳化设备并应符合本节八、的规定。

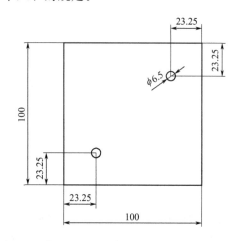

图 7-41　钢筋定位板示意图
（尺寸单位：mm）

② 钢筋定位板（图 7-41）宜采用木质五合板或薄木板等材料制作，尺寸应为 100mm×100mm，板上应钻有穿插钢筋的圆孔。

③ 称量设备的最大量程应为 1kg，感量应为 0.001g。

4. 试验步骤

① 钢筋锈蚀试验的试件应先进行碳化，碳化应在 28d 龄期时开始。碳化应在二氧化碳浓度为（20±3）%、相对湿度为（70±5）% 和温度为（20±2）℃的条件下进行，碳化时间应为 28d。对于有特殊要求的混凝土中钢筋锈蚀试验，碳化时间可再延长 14d 或者 28d。

② 试件碳化处理后应立即移入标准养护室放置。在养护室中，相邻试件间的距离不应小于 50mm，并应避免试件直接淋水。应在潮湿条件下存放 56d 后将试件取出，然后破型，破型时不得损伤钢筋。应先测出碳化深度，然后进行钢筋锈蚀程度的测定。

③ 试件破型后，应取出试件中的钢筋，并应刮去钢筋上黏附的混凝土。应用 12% 盐酸溶液对钢筋进行酸洗，经清水漂净后，再用石灰水中和，最后应以清水冲洗干净。应将钢筋擦干后在干燥器中至少存放 4h，然后应对每根钢筋称重（精确至 0.001g），并应计算钢筋锈蚀失重率。酸洗钢筋时，应在洗液中放入两根尺寸相同的同类无锈钢筋作为基准校正。

5. 试验结果计算和处理

① 钢筋锈蚀失重率应按下式计算：

$$L_w = \frac{\omega_0 - \omega - \dfrac{(\omega_{01} - \omega_1) + (\omega_{02} - \omega_2)}{2}}{\omega_0} \times 100\% \qquad (7\text{-}62)$$

式中，L_w 为钢筋锈蚀失重率，精确至 0.01%；ω_0 为钢筋未锈前质量，g；ω 为锈蚀钢筋经过酸洗处理后的质量，g；ω_{01}、ω_{02} 分别为基准校正用的两根钢筋的初始质量，g；ω_1、ω_2 分别为基准校正用的两根钢筋酸洗后的质量，g。

② 每组应取 3 个混凝土试件中钢筋锈蚀失重率的平均值作为该组混凝土试件中钢筋锈蚀失重率的测定值。

十二、抗硫酸盐侵蚀试验

1. 适用范围

该方法适用于测定混凝土试件在干湿交替环境中，以能够经受的最大干湿循环次数来表示的混凝土抗硫酸盐侵蚀性能。

2. 试件制备

① 该试验应采用尺寸为 100mm×100mm×100mm 的立方体试件，每组应为 3 块。

② 混凝土的取样、试件的制作和养护应符合本节一、的要求。

③ 除制作抗硫酸盐侵蚀试验用试件外，还应按照同样方法，同时制作抗压强度对比用试件。试件组数应符合表 7-11 的要求。

表 7-11　抗硫酸盐侵蚀试验所需的试件组数

设计抗硫酸盐等级	KS15	KS30	KS60	KS90	KS120	KS150	KS150 以上
检查强度所需干湿循环次数	15	15 及 30	30 及 60	60 及 90	90 及 120	120 及 150	150 及设计次数
鉴定 28d 强度所需试件组数	1	1	1	1	1	1	1
干湿循环试件组数	1	2	2	2	2	2	2
对比试件组数	1	2	2	2	2	2	2
总计试件组数	3	5	5	5	5	5	5

3. 试验设备和试剂

① 干湿循环试验装置宜采用能使试件静止不动，浸泡、烘干及冷却等过程应能自动进行的装置。设备应具有数据实时显示、断电记忆及试验数据自动存储的功能。

② 也可采用符合下列规定的设备进行干湿循环试验。

a. 烘箱应能使温度稳定在（80±5）℃。

b. 容器应至少能够装 27L 溶液，并应带盖，且应由耐盐腐蚀材料制成。

③ 试剂应采用化学纯无水硫酸钠。

4. 干湿循环试验步骤

① 试件应在养护至 28d 龄期的前 2d，将需进行干湿循环的试件从标准养护室取出。擦干试件表面水分，然后将试件放入烘箱中，并应在（80±5）℃下烘 48h。烘干结束后应将试件在干燥环境中冷却到室温。对于掺入掺合料比较多的混凝土，也可采用 56d 龄期或者设计规定的龄期进行试验，这种情况应在试验报告中说明。

② 试件烘干并冷却后，应立即将试件放入试件盒（架）中，相邻试件之间应保持 20mm 间距，试件与试件盒侧壁的间距不应小于 20mm。

③ 试件放入试件盒以后，应将配制好的 5％的 Na_2SO_4 溶液放入试件盒，溶液应至少超过最上层试件表面 20mm，然后开始浸泡。从试件开始放入溶液，到浸泡过程结束的时间应为（15±0.5）h。注入溶液的时间不应超过 30min。浸泡龄期应从将混凝土试件移入 5％的

Na_2SO_4 溶液中起计时。试验过程中宜定期检查和调整溶液的 pH 值，可每隔 15 个循环测试一次溶液 pH 值，应始终维持溶液的 pH 值在 6～8。溶液的温度应控制在 25～30℃。也可不检测其 pH 值，但应每月更换一次试验用溶液。

④ 浸泡过程结束后，应立即排液，并应在 30min 内将溶液排空。溶液排空后应将试件风干 30min，从溶液开始排出到试件风干的时间应为 1h。

⑤ 风干过程结束后应立即升温，应将试件盒内的温度升到 80℃，开始烘干过程。升温过程应在 30min 内完成。温度升到 80℃后，应将温度维持在（80±5）℃。从升温开始到开始冷却的时间应为 6h。

⑥ 烘干过程结束后，应立即对试件进行冷却，从开始冷却到将试件盒内的试件表面温度冷却到 25～30℃的时间应为 2h。

⑦ 每个干湿循环的总时间应为（24±2）h。然后应再次放入溶液，按照上述③～⑥的步骤进行下一个干湿循环。

⑧ 在达到本标准表 7-13 规定的干湿循环次数后，应及时进行抗压强度试验。同时应观察经过干湿循环后混凝土表面的破损情况并进行外观描述。当试件有严重剥落、掉角等缺陷时，应先用高强石膏补平后再进行抗压强度试验。

⑨ 当干湿循环试验出现下列三种情况之一时，可停止试验：

a. 当抗压强度耐蚀系数达到 75%；

b. 干湿循环次数达到 150 次；

c. 达到设计抗硫酸盐等级相应的干湿循环次数。

⑩ 对比试件应继续保持原有的养护条件，直到完成干湿循环后，与进行干湿循环试验的试件同时进行抗压强度试验。

5. 试验结果计算及处理

① 混凝土抗压强度耐蚀系数应按下式进行计算：

$$K_f = \frac{f_{cn}}{f_{c0}} \times 100\% \tag{7-63}$$

式中，K_f 为抗压强度耐蚀系数；f_{cn} 为 n 次干湿循环后受硫酸盐腐蚀的一组混凝土试件的抗压强度测定值，MPa，精确至 0.1MPa；f_{c0} 为与受硫酸盐腐蚀试件同龄期的标准养护的一组对比混凝土试件的抗压强度测定值，MPa，精确至 0.1MPa。

② f_{c0} 和 f_{cn} 应以 3 个试件抗压强度试验结果的算术平均值作为测定值。当最大值或最小值与中间值之差超过中间值的 15% 时，应剔除此值，并应取其余两值的算术平均值作为测定值；当最大值和最小值均超过中间值的 15% 时，应取中间值作为测定值。

③ 抗硫酸盐等级应以混凝土抗压强度耐蚀系数下降到不低于 75% 时的最大干湿循环次数来确定，并应以符号 KS 表示。

十三、碱-骨料反应试验

1. 适用范围

该试验方法用于检验混凝土试件在温度 38℃及潮湿条件养护下，混凝土中的碱与骨料反应所引起的膨胀是否具有潜在危害。适用于碱-硅酸盐反应和碱-碳酸盐反应。

2. 仪器设备

① 该方法应采用与公称直径分别为 20mm、16mm、10mm、5mm 的圆孔筛对应的方孔筛。

② 称量设备的最大量程应分别为 50kg 和 10kg，感量应分别不超过 50g 和 5g，各一台。

③ 试模的内测尺寸应为 75mm×75mm×275mm，试模两个端板应预留安装测头的圆孔，孔的直径应与测头直径相匹配。

④ 测头（埋钉）的直径应为 5~7mm，长度应为 25mm。应采用不锈金属制成，测头均应位于试模两端的中心部位。

⑤ 测长仪的测量范围应为 275~300mm，精度应为 ±0.001mm。

⑥ 养护盒应由耐腐蚀材料制成，不应漏水，且应能密封。盒底部应装有 （20±5）mm 深的水，盒内应有试件架，且应能使试件垂直立在盒中。试件底部不应与水接触。一个养护盒宜同时容纳 3 个试件。

3. 碱-骨料反应试验应符合的规定

① 原材料和设计配合比应按照下列规定准备：

a. 应使用硅酸盐水泥，水泥含碱量宜为 （0.9±0.1）% （以 Na_2O 当量计，即 Na_2O + $0.658K_2O$）。可通过外加浓度为 10% 的 NaOH 溶液，使试验用水泥含碱量达到 1.25%。

b. 当试验用来评价细骨料的活性，应采用非活性的粗骨料，粗骨料的非活性也应通过试验确定，试验用细骨料细度模数宜为 2.7±0.2。当试验用来评价粗骨料的活性，应采用非活性的细骨料，细骨料的非活性也应通过试验确定。当工程用的骨料为同一品种的材料，应用该粗、细骨料来评价活性。试验用粗骨料应由三种级配，即 5~10mm、10~16mm、16~20mm，各取 1/3 等量混合。

c. 每立方米混凝土水泥用量应为 （420±10）kg。水灰比应为 0.42~0.45。粗骨料与细骨料的质量比应为 6:4。试验中除可外加 NaOH 外，不得再使用其他的外加剂。

② 试件应按下列规定制作：

a. 成型前 24h，应将试验所用所有原材料放入 （20±5）℃ 的成型室。

b. 混凝土搅拌宜采用机械拌和。

c. 混凝土应一次装入试模，应用捣棒和抹刀捣实，然后应在振动台上振动 30s 或直至表面泛浆为止。

d. 试件成型后应带模一起送入 （20±2）℃、相对湿度在 95% 以上的标准养护室中，应在混凝土初凝前 1~2h，对试件沿模口抹平并应编号。

③ 试件养护及测量应符合下列要求：

a. 试件应在标准养护室中养护 （24±4）h 后脱模，脱模时应特别小心不要损伤测头，并应尽快测量试件的基准长度。待测试件应用湿布盖好。

b. 试件的基准长度测量应在 （20±2）℃ 的恒温室中进行。每个试件应至少重复测试两次，应取两次测值的算术平均值作为该试件的基准长度值。

c. 测量基准长度后应将试件放入养护盒中，并盖严盒盖。然后应将养护盒放入 （38±2）℃ 的养护室或养护箱里养护。

d. 试件的测量龄期应从测定基准长度后算起，测量龄期应为 1 周、2 周、4 周、8 周、13 周、18 周、26 周、39 周和 52 周，以后可每半年测一次。每次测量的前一天，应将养护盒从（38±2)℃的养护室中取出，并放入（20±2)℃的恒温室中，恒温时间应为（24±4)h。试件各龄期的测量应与测量基准长度的方法相同，测量完毕后，应将试件调头放入养护盒中，并盖严盒盖。然后应将养护盒重新放回（38±2)℃的养护室或者养护箱中继续养护至下一测试龄期。

e. 每次测量时，应观察试件有无裂缝、变形、渗出物及反应产物等，并应作详细记录。必要时可在长度测试周期全部结束后，辅以岩相分析等手段，综合判断试件内部结构和可能的反应产物。

④ 当碱-骨料反应试验出现以下两种情况之一时，可结束试验：

a. 在 52 周的测试龄期内的膨胀率超过 0.04％；

b. 膨胀率虽小于 0.04％，但试验周期已经达 52 周（或一年）。

4. 试验结果计算和处理

① 试件的膨胀率应按下式计算：

$$\varepsilon_t = \frac{L_t - L_0}{L_0 - 2\Delta} \times 100\% \tag{7-64}$$

式中，ε_t 为试件在 t(d) 龄期的膨胀率，精确至 0.001％；L_t 为试件在 t(d) 龄期的长度，mm；L_0 为试件的基准长度，mm；Δ 为测头的长度，mm。

② 每组应以 3 个试件测值的算术平均值作为某一龄期膨胀率的测定值。

③ 当每组平均膨胀率小于 0.020％时，同一组试件中单个试件之间的膨胀率的差值（最高值与最低值之差）不应超过 0.008％；当每组平均膨胀率大于 0.020％时，同一组试件中单个试件的膨胀率的差值（最高值与最低值之差）不应超过平均值的 40％。

第四节　硬化混凝土的质量控制

一、力学性能的质量控制

为了使混凝土具有稳定的质量，满足结构可靠度的要求，应对混凝土的原材料、混凝土配合比及混凝土生产的各道工序进行控制，并根据在生产过程中所测得的各项质量参数分析其变化的原因，对显著影响强度质量的因素，应及时采取措施予以控制，以保证在以后的生产过程中保持质量稳定。

1. 合格评定时混凝土试件的取样、留置、养护和代表值的确定

（1）取样及取样频率

① 混凝土强度试样应在浇筑地点随机抽取。

② 取样频率应符合下列规定：每 100 盘、不超过 100m³ 的同配合比混凝土，取样次数不应少于一次；每一工作班拌制的同配合比混凝土，不足 100 盘和 100m³ 时，其取样次数不应少于一次；当一次连续浇筑的同配合比混凝土超过 1000m³ 时，整批混凝土按 200m³ 取样不应少于一次；对房屋建筑，每一楼层同一配合比的混凝土，取样不应少于一次。

（2）试件的留置　每种混凝土试样应制作标准养护 28d 或根据设计规定大于 28d 龄期强

度的试件至少1组。此外，还应根据为确定构件的出池、起吊、拆模、预应力钢筋张拉和放松、出厂、结构实体验收等的需要制作试件，其组数由生产单位按实际需要确定。

（3）试件的养护

① 用于混凝土强度合格评定的混凝土试件，应采用标准方法成型、标准养护。

② 用于控制混凝土结构或构件养护过程中混凝土质量的强度试件，应与结构或构件相同条件下养护。

③ 用于依据早龄期或早期推定混凝土强度进行混凝土质量控制的试件，其养护制度应符合《早期推定混凝土强度试验方法标准》（JGJ/T 15—2008）的规定。

（4）试件强度代表值的确定

① 以三个试件强度的算术平均值作为该组试件的强度代表值（精确至0.1MPa）。

② 如三个强度中的最大值或最小值与中间值之差超过中间值的15%，则取中间值作为该组试件强度的代表值。

③ 如最大值和最小值与中间值之差均超过中间值的15%，则该组试件强度无代表值。

2. 混凝土强度的质量控制步骤

通常是以标准养护28d（或设计规定的大于28d龄期）的混凝土立方体试件抗压强度判定混凝土质量。随着建筑技术的发展，这种需要28d或更长时间才能获得结果的试验方法，显然不能满足及时控制和判断混凝土质量的要求。因此，国内外研究出多种快速推定混凝土强度的试验方法。目前在国内已有四种快速试验方法列入《早期推定混凝土强度试验方法标准》（JGJ/T 15—2008）中，标准还规定可采用早龄期强度推定28d强度，进行混凝土质量控制。

（1）选定早期推定混凝土强度试验方法　详见本章第二节十三、所述。

（2）确定控制目标值

① 混凝土28d（或其他规定的评定龄期）和早龄期强度的目标值及相应强度标准差，应根据正常生产中积累的强度资料按月（或季）求得相应龄期的强度统计平均值及其标准差，从中选择最有代表性的数值作为控制的平均值的目标值。

② 强度不低于要求强度等级值的百分率（P）应根据本单位混凝土生产的质量管理水平确定，P的目标值应不小于85%。

（3）选定与绘制混凝土强度质量控制图

① 对混凝土强度的质量控制宜采用计量型的单值-极差控制图（X-R_s-R_m）和均值-极差控制图（$\overline{X}$-R）。在进行统计控制的初级阶段或不易分批的情况下，宜采用单值-极差控制图，当质量开始稳定或可以分批时，可采用均值-极差控制图。

② 选定控制图后，利用正常生产中积累的同类混凝土强度数据，计算其均值与标准差，求出控制图的各条控制线，绘制控制图。

③ 在生产中，应随时将测试值在控制图上画点，根据图上点的分布状况取得混凝土强度（或其他质量参数）的质量信息，按控制图的判断规则确定生产是否处于控制状态。

④ 为及时提供混凝土生产过程中的质量信息，绘制质量控制图时，混凝土强度的质量指标可采用混凝土快速测定强度或混凝土其他早龄期强度（如3d或出池强度等）。

为便于分析混凝土强度的变异原因，有条件时尚可绘制稠度控制图、水灰（胶）比控制图等。

（4）分析影响混凝土强度变异的因素　当在控制图上发现异常情况时，应对影响混凝土强度的因素进行分析，可绘制因果分析图，据此确定影响混凝土强度异常的主要因素。

（5）确定解决主要问题的对策　针对影响混凝土强度的因素分析和要解决的主要问题，应编制对策表，并应及时检查主要问题解决情况。

3. 混凝土强度的统计分析与控制

通过对混凝土强度的统计分析，确定混凝土生产质量水平与试验误差。

（1）统计期、统计条件及统计参数　混凝土抗压强度的试验结果，应按月（或季）进行统计分析。正常生产的同类混凝土的强度可按正态分布考虑。混凝土的强度等级相同、龄期相同以及工艺和配合比基本相同的一批混凝土的强度，可合并在一起统计，计算强度的均值、标准差和大于或等于要求强度等级值的百分率。

（2）生产质量水平和试验室管理水平的控制

① 根据统计期内的混凝土强度标准差按表 7-12 控制。

表 7-12　混凝土强度标准差

控制指标		<C20	<C20~C40	≥C45
强度标准差(σ)/MPa	预拌混凝土搅拌站预拌混凝土构件厂	≤3.0	≤3.5	≤4.0
	施工现场搅拌站	≤3.5	≤4.0	≤4.5
不低于要求强度等级值的百分率(P)/%		≥95		

注：确定指标 σ 和 P 时，采用的试件组数不应少于 30 组。

不低于要求强度等级值的百分率：

$$P = \frac{n_0}{n} \times 100\%$$

式中，n_0 为统计期内同批混凝土试件强度不小于相应强度等级值的组数；n 为统计期内同批混凝土试件总组数。

② 实验室的试验管理水平控制　混凝土实验室管理水平可采用盘内混凝土强度变异系数（δ_b）表示，其值宜控制不大于 5%。盘内混凝土强度的变异系数：

$$\delta_b = \frac{\sigma_b}{\mu_b} \times 100\%$$

式中，δ_b 为盘内混凝土强度变异系数；σ_b 为盘内混凝土强度标准差，MPa；μ_b 为盘内混凝土强度平均值，MPa。

盘内混凝土强度标准差可利用正常生产连续积累的强度组内极差数据进行统计计算，其试件组数不应少于 30 组，σ_b 可按下式确定：

$$\sigma_b = 0.59 \frac{\sum_{i=1}^{n} \Delta_{f_{cu,i}}}{n} \tag{7-65}$$

式中，0.59 为采用极差法估计标准的 d_2 系数的倒数；n 为试件组数。

二、长期性能与耐久性能的质量控制

1. 基本规定

① 混凝土耐久性检验评定的项目可包括抗冻性能、抗水渗透性能、抗硫酸盐侵蚀性能、

抗氯离子渗透性能、抗碳化性能和早期抗裂性能。当混凝土需要进行耐久性检验评定时，检验评定的项目及其等级或限值应根据设计要求确定。

② 混凝土原材料应符合国家现行有关标准的规定，并应满足设计要求，工程施工过程中，混凝土原材料的质量控制与验收应符合《混凝土结构工程施工质量验收规范》（GB 50204—2015）的规定。

③ 对于需要进行耐久性检验评定的混凝土，其强度应满足设计要求，且强度检验评定应符合《混凝土强度检验评定标准》（GB/T 50107—2010）的规定。

④ 混凝土的配合比设计应符合《普通混凝土配合比设计规程》（JGJ 55—2011）中关于耐久性的规定。

⑤ 混凝土的质量控制应符合《混凝土质量控制标准》（GB 50164—2011）的规定。

2. 性能等级划分与试验方法

① 混凝土抗冻性能、抗水渗透性能和抗硫酸盐侵蚀性能的等级划分应符合表 7-13 的规定。

表 7-13 混凝土抗冻性能、抗水渗透性能和抗硫酸盐侵蚀性能的等级划分

性能	等级划分
抗冻等级（快冻法）	F50、F100、F150、F200、F250、F300、F350、F400、>F400
抗冻等级（慢冻法）	D50、D100、D150、D200、>D200
抗渗等级	P4、P6、P8、P10、P12、>P12
抗硫酸盐等级	KS30、KS60、KS90、KS120、KS150、>KS150

② 混凝土抗氯离子渗透性能的等级划分应符合下列规定。

a. 当采用氯离子迁移系数（RCM 法）划分混凝土抗氯离子渗透性能等级时，应符合表 7-14 的规定，且混凝土测试龄期应为 84d。

b. 当采用电通量划分混凝土抗氯离子渗透性能等级时，应符合表 7-15 的规定，且混凝土测试龄期宜为 28d。当混凝土中水泥混合材与矿物掺合料之和超过胶凝材料用量的 50% 时，测试龄期可为 56d。

表 7-14 混凝土抗氯离子渗透性能的等级划分（RCM 法）

等级	RCM-Ⅰ	RCM-Ⅱ	RCM-Ⅲ	RCM-Ⅳ	RCM-Ⅴ
氯离子迁移系数 D_{RCM}（RCM 法）/($10^{-12}\text{m}^2/\text{s}$)	$D_{CRM} \geqslant 4.5$	$3.5 \leqslant D_{CRM} < 4.5$	$2.5 \leqslant D_{CRM} < 3.5$	$1.5 \leqslant D_{CRM} < 2.5$	$D_{CRM} < 1.5$

表 7-15 混凝土抗氯离子渗透性能的等级划分（电通量法）　　　单位：C

等级	Q-Ⅰ	Q-Ⅱ	Q-Ⅲ	Q-Ⅳ	Q-Ⅴ
电通量 Q_s	$Q_s \geqslant 4000$	$2000 \leqslant Q_s < 4000$	$1000 \leqslant Q_s < 2000$	$500 \leqslant Q_s < 1000$	$Q_s < 500$

③ 混凝土抗碳化性能的等级划分应符合表 7-16 的规定。

表 7-16 混凝土抗碳化性能的等级划分　　　单位：mm

等级	T-Ⅰ	T-Ⅱ	T-Ⅲ	T-Ⅳ	T-Ⅴ
碳化深度 d	$d \geqslant 30$	$20 \leqslant d < 30$	$10 \leqslant d < 20$	$0.1 \leqslant d < 10$	$d < 0.1$

④ 混凝土早期抗裂性能的等级划分应符合表 7-17 的规定。

表 7-17　混凝土早期抗裂性能的等级划分　　　　　单位：mm^2/m^2

等级	L-Ⅰ	L-Ⅱ	L-Ⅲ	L-Ⅳ	L-Ⅴ
单位面积上的总开裂面积 c	$c \geqslant 1000$	$700 \leqslant c < 1000$	$400 \leqslant c < 700$	$100 \leqslant c < 400$	$c < 100$

⑤ 混凝土耐久性检验项目的试验方法应符合《普通混凝土长期性能和耐久性能试验方法标准》（GB/T 50082—2009）的规定。

⑥ 碱-骨料反应的判定方法建议参照美国和加拿大的方法，用一年膨胀率达到 0.04％作为判断骨料是否具有潜在危害性反应活性的骨料。

a. 当混凝土试件在 52 周或一年的膨胀率超过 0.04％时，则判定为具有潜在碱活性的骨料；

b. 当混凝土试件在 52 周或一年的膨胀率小于 0.04％时，则判定为非活性的骨料。

3. 检验

（1）检验批及试验组数

① 同一检验批的混凝土强度等级、龄期、生产工艺和配合比应相同。

② 对于同一工程、同一配合比的混凝土，检验批不应少于一个。

③ 对于同一检验批，设计要求的各个检验项目应至少完成一组试验。

（2）取样

① 取样方法应符合《普通混凝土拌合物性能试验方法标准》（GB/T 50080—2016）的规定。

② 取样应在施工现场进行，应随机从同一车（盘）中取样，并不宜在首车（盘）混凝土中取样。从车中取样时，应将混凝土搅拌均匀，并应在卸料量的 1/4～3/4 取样。

③ 取样数量应至少为计算试验用量的 1.5 倍。计算试验用量应根据《普通混凝土长期性能和耐久性能试验方法标准》（GB/T 50082—2009）的规定计算。

④ 每次取样应进行记录，取样记录应至少包括下列内容：耐久性检验项目；取样日期、时间和取样人；取样地点（试验室名称或工程名称、结构部位等）；混凝土强度等级；混凝土拌合物工作性；取样方法；试样编号；试样数量；环境温度和取样的混凝土温度（现场取样还应记录取样时的天气状况）；取样后的样品保存方法、运输方法以及从取样到制作成型的时间。

（3）试件制作与养护

① 试件制作应在现场取样后 30min 内进行。

② 试件制作和养护应符合《普通混凝土物理力学性能试验方法标》（GB/T 50081—2019）和《普通混凝土长期性能和耐久性能试验方法标准》（GB/T 50082—2009）的有关规定。

（4）检验结果

① 对于同一检验批只进行一组试验的检验项目，应将试验结果作为检验结果。对于抗冻试验、抗水渗透试验和抗硫酸盐侵蚀试验，当同一检验批进行一组以上试验时，应取所有组试验结果中的最小值作为检验结果。当检验结果介于表 7-15 中所列的相邻两个等级之间时，应取等级较低者作为检验结果。

② 对于抗氯离子渗透试验、碳化试验、早期抗裂试验，当同一检验批进行一组以上试

验时，应取所有组试验结果中的最大值作为检验结果。

4. 评定

① 混凝土的耐久性应根据混凝土的各耐久性项目的检验结果，分项进行评定。符合设计规定的检验项目，可评定为合格。

② 同一检验批全部耐久性项目检验合格者，该检验批混凝土耐久性可评定为合格。

③ 对于某一检验批被评定为不合格的耐久性检验项目，应进行专项评审并对该检验批的混凝土提出处理意见。

第八章

混凝土质量缺陷的防治与修补

在混凝土工程施工中，往往由于对质量重视不够或违反操作规程，造成混凝土结构构件产生各种缺陷，如麻面、孔洞、露筋、缝隙、夹层、裂缝及强度不足等。为确保结构使用寿命与安全，必须采取措施加以修补。

第一节　外部缺陷

混凝土质量出现的外部缺陷主要有麻面、蜂窝、露筋、孔洞、裂缝、缝隙及夹层等。

一、麻面

麻面是指混凝土表面上呈现出无数像绿豆般大小的不规则的小凹点，但无钢筋露出的现象，小凹点的直径通常不大于5mm。产生的原因和防治及修补方法列见表8-1。

表 8-1　混凝土麻面的原因和防治及修补方法

原因	防治方法	修补方法
模板表面粗糙、不平滑	模板表面应平滑	混凝土表面的麻面，对结构无大影响，通常不作处理。如需处理，方法如下： ①用稀草酸溶液将该脱模剂油点或污点用毛刷洗净，于修补前用水湿透 ②修补用的水泥品种必须与原混凝土一致，砂子为细砂，粒径最大不宜超过1mm ③水泥砂浆配合比为1:(2~2.5)，由于量不多，可用人工在小灰桶中拌匀，随拌随用 ④按照漆工刮腻子的方法，将砂浆用刮刀压入麻点内，随即刮平 ⑤修补完成后，即用草帘或草席进行保温养护 ⑥表面做粉刷的不可修补
浇筑前没有在模板上洒水湿润，或湿润不足。浇筑时混凝土的水分被模板吸去	浇筑前，不论是哪种模型，均需浇水湿润，但不得积水	
涂在钢模板上的油质脱模剂过厚，液体残留在模板上	脱模剂涂擦要均匀，模板有凹陷时，注意将积水拭干	
使用旧模板，板面残浆未清理，或清理不彻底	旧模板残浆必须清理干净。在拆模时即拆即清，较易清理	
新拌混凝土浇筑入模后，停留时间过长，振捣时已有部分凝结	新拌混凝土必须按水泥或外加剂的性质，在初凝前振捣	
混凝土不严密振捣或振捣不足，气泡未完全排出，有部分留在模板表面	应按第五章第六节"二、人工捣插"的要求，将气泡排出	
模板拼缝漏浆，构件表面浆少，或成为凹点，或成为若断若续的凹线	浇筑前先检查模板接缝，对可能漏浆的缝，设法封嵌	
振捣后未很好养护	按第五章第七节所述方法加强养护	

二、蜂窝

蜂窝，是指混凝土表面无水泥浆，形成数量或多或少的窟窿，大小如蜂窝，形状不规则，骨料间有空隙，石子出露深度大于 5mm，深度不露主筋，可能露箍筋。产生的原因和防治的措施及修补方法列于表 8-2。

表 8-2　混凝土蜂窝产生的原因和防治及修补方法

原因	防治方法	修补方法
配合比设计不准确，砂浆少，石子多	配合比设计的砂率不宜少	如系小蜂窝，应按以下方法修补：①将待修补部分的软弱部分凿去，用高压水及钢丝刷将基层冲洗干净②修补用的水泥应与原混凝土的一致；砂子用中粗砂③水泥砂浆的配合比为 1∶2 或 1∶3，应搅拌均匀④按照抹灰的操作方法，用抹子将砂浆压入蜂窝内，刮平；在棱角部位用靠尺将棱角取直⑤修补完成后即用草帘或草席进行保湿养护 较大蜂窝的修补：应凿去蜂窝处薄弱松散部分及突出骨料颗粒，用钢丝刷或压力水洗刷干净后，支模，用细石混凝土（比原强度高一级）仔细填塞捣实，修补完后同样用草帘等进行保湿养护 较深蜂窝的修补：清除困难并影响承载力时，可埋压浆管、排水管，表面抹砂浆或灌筑混凝土封闭后，进行水泥压浆处理（见本章第一节"七、防水工程补漏"部分）
搅拌用水过少	①用水量如太少，应掺用减水剂②计量器具应定期检查	
混凝土搅拌时间不足，新拌混凝土未拌匀造成砂子与石子分离	①搅拌时间应足够②防止传动皮带打滑，降低搅拌速度	
运输工具漏浆，运输时或浇筑时发生离析	①注意运输工具完好性，防止漏浆②按图 5-10～图 5-13 操作	
浇筑时正铲投料，人为造成离析	严格实行反铲投料	
浇筑混凝土没有采用带浆法下料或赶浆法捣固	严格执行带浆法下料和赶浆法捣固，注意混凝土密实的五点表现	
模板缝隙不严，水泥浆流失，加之振捣过度	①浇筑前必须检查和嵌填模板拼缝，并浇水润湿②浇筑过程中，有专人巡视模板质量情况	
钢筋较密，使用的混凝土坍落度过小	①选择配合比时应选取适宜的坍落度②采用加焊刀片的插入式振动器振动③斜插振动棒振动	
基础、柱、墙根部下层台阶未稍加间隙就继续灌上层混凝土，根部砂浆从下部漏出	注意按操作要求施工	
深基础等工程下料未使用串筒，石子、砂浆分离	按图 5-25 操作	
使用干硬性混凝土，但振捣不足	捣振工具的性能必须与混凝土的工作相适应，参阅第五章第六节	

三、露筋

露筋，是指主筋没有被混凝土包裹而外露，或在混凝土孔洞中露出钢筋的缺陷。露筋属于严重的质量事故，其产生原因和预防及修补方法见表 8-3。

表 8-3　混凝土露筋的原因和防治及修补方法

原因	防治方法	修补方法
漏放保护层垫块或垫块位移，钢筋紧贴模板，致使保护层厚度不够	浇筑混凝土前应检查垫块情况	表面露筋：用钢丝刷或压力水洗刷干净后，在表面抹 1∶2 或 1∶2.5 水泥砂浆，使充满露筋部分，再抹平；露筋较深：凿去薄弱混凝土和突出骨料颗粒，洗刷干净后，用比原强度高一级的细石混凝土填塞并压实
保护层外的混凝土漏振或振捣不密实	严格按操作要求振捣密实	
模板湿润不够，吸水过多造成掉角	做好模板湿润程度的检查	

四、孔洞

孔洞，是指混凝土结构内存在空隙，局部或全部没有混凝土，或混凝土表面有超过保护层厚度，但不超过截面尺寸 1/3 的缺陷。孔洞亦属严重的质量事故。蜂窝现象较为严重时，就发展成孔洞。其原因和防治及修补方示见表 8-4。

表 8-4　混凝土孔洞的原因和防治及修补方法

原因	防治方法	修补方法
浇筑混凝土时投料距离过高远，又没有采取防止离析的有效措施	①浇筑高度不宜超过 2m ②参照表 5-34 的浇筑方法	①将混凝土孔洞周围的疏混凝土及浆膜凿除，如图 8-1(a) 上部向外上斜，下部方正水平 ②用高压水及钢丝刷将基层冲洗干净。修补前用湿麻袋或湿棉纱头填满，使旧混凝土内表面充分湿润 ③水灰比可控制在 0.5 以内 ④修补用的水泥品种应与原混凝土的一致，细石混凝土强度等级应比原等级高一级 ⑤如条件许可，可用喷射混凝土修补 ⑥通常是按图 8-1(b) 安装模板及浇筑 ⑦为减小新旧混凝土之间的孔隙，混凝土可加微量膨胀剂 ⑧浇筑时，外部应比修补部位稍高 ⑨修补部分达到构件设计强度时，将外面凿平 ⑩分层捣实以免新旧混凝土接触面上出现裂缝
搅拌机卸料入吊斗或小车时，或运输过程中有离析，运至现场未重新搅拌	①参照图 5-10～图 5-13 的方法 ②浇筑前检查吊斗或小车内混凝土有无离析	
钢筋较密集，粗骨料被卡在钢筋上，加上振捣不足或漏振	①搅拌站要按配合比规定的规格使用粗骨料 ②如为较大构件，振捣时专人在模板外用木槌敲打，协助振捣 ③构件的节点、柱的牛腿、桩尖和桩顶、有抗剪筋的吊环等处钢筋较密，应特别注意捣实	
采用干硬性混凝土而又振捣不足	①加强振捣 ②模板四周，用人工协助捣实；如为预制构件，在钢模周边用抹子插捣	
混凝土搅空，砂浆严重分离，石子成堆，砂石和水泥分离	对捣固作业加强指导、检查	
混凝土受冻，泥块、杂物掺入	采取防冻措施，防止泥块、杂物掺入	

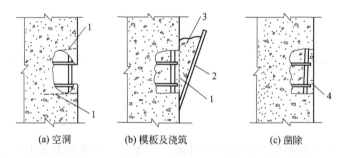

(a) 空洞　　(b) 模板及浇筑　　(c) 凿除

图 8-1　混凝土外部空洞的修补

1—旧混凝土凿除线；2—模板；3—掺微量膨胀剂的混凝土；

4—待新浇混凝土达到设计强度后凿平

五、裂缝

裂缝有在施工过程中出现，也有在承受荷载后出现的。在施工过程中出现裂缝的原因及预防方法见表 8-5。裂缝的修补方法（适用于施工中和承受荷载后出现的裂缝），见表 8-6。

表 8-5　混凝土裂缝的产生原因及预防方法

原因	预防方法
混凝土养护不及时,因暴晒或风大,水分蒸发过快,出现的塑性收缩裂缝	①成型后立即进行覆盖养护 ②表面要求光滑,可采用架空措施进行覆盖养护
混凝土塑性过大,成型后发生沉陷不均,出现的塑性沉陷裂缝	①配合比设计时,水灰比不宜过大 ②搅拌时,严格控制用水量
配合比设计不当引起的干缩裂缝	水灰比不宜过大,水泥用量不宜过多,灰骨比不宜过大
骨料级配不良,又未及时养护引起的干缩裂缝	骨料级配中,细颗粒不宜偏多,注意及时养护
混凝土浇筑后,模板变形或沉陷,构件在制作过程中或拆模时受到剧烈振动	①浇筑过程应有专人检查模板及支撑 ②拆模时,尤其是使用吊车拆大模板时,必须按规程顺序进行,不能强拆
构件在堆放、搬运、安装时支承点、吊点位置不当,或受到碰撞,或构件反放	在技术人员的指导下选择支承点和吊点位,不得碰撞或将构件反放
钢筋被踩踏、错位	采取直接防止钢筋被踩踏措施
外荷载直接应力过大	减小外荷载直接应力
结构次应力(按常规理论计算与实际出入,如桁架节点、吊车梁端头、薄壳边缘效应、预应力构件放张)较大	理论计算一定要符合实际情况
结构变形(温度、湿度变化,混凝土收缩、膨胀、徐变,地基不均匀沉降)	可将裂缝处用压缩空气或钢丝刷吹(或刷)干净表面油污,用丙酮或甲苯去垢

表 8-6　混凝土裂缝的修补方法

裂缝种类	修补方法
微细裂缝(宽度小于0.5mm)	①用注射器将环氧树脂溶液黏结剂或甲凝溶液黏结剂注入裂缝内(黏结剂配制方法见表 8-7) ②注射时宜在干燥、有阳光的环境下进行,裂缝部位应干燥,可用喷灯或电风筒吹干;在缝内湿气逸出后进行 ③注射时,从裂缝的下端开始,针头应插入缝内,缓慢注入,使黏结剂在缝内向上填充,缝内空气向上逸出
浅裂缝(沉度小于10mm)	①顺裂缝走向用小凿刀将裂缝外部扩凿成 V 形,宽约 5~6mm,深度等于原裂缝 ②用毛刷将 V 形槽内颗粒及粉尘清除,用喷灯或电风筒吹干 ③用漆工刮刀或抹灰工小抹刀将环氧树脂胶泥(配制方法见表 8-7)压填在 V 形槽上,反复搓动,务使紧密黏结 ④缝面按需要做成与构件面齐平,或稍为突出成弧形
深裂缝	将微细裂缝和浅裂缝两种措施合并使用,见图 8-2: ①先将裂缝面凿成 V 形槽,深约 5~10mm ②按上述方法进行清理、吹干 ③先用微细裂缝的修补方法向深缝内注入环氧或甲凝黏结剂,填补深裂缝 ④上部开凿的槽坑按浅裂缝修补方法压填环氧胶泥黏结剂 ⑤如需防水,可以在裂缝面上做一层或三层环氧树脂玻璃布防水层
外荷载引起裂缝	钢筋应力较高(缝宽 0.2mm 时应力可达 180~250MPa),影响结构的强度和刚度,应作加固处理。可对板加厚,在梁一侧或两侧加大截面,作钢筋混凝土围套,或围以钢板套箍再抹钢丝网水泥砂浆封闭
结构变形变化引起裂缝	温度、湿度变化、收缩、徐变等结构变形变化引起的裂缝,往往使构件中应力松弛,对承载能力无多大影响,可采用水泥砂浆抹面、涂防腐蚀涂料、环氧胶泥等进行表面封闭
有整体结构、防水和防渗要求的结构裂缝	应根据裂缝宽度采用水泥压力灌浆或化学注浆(环氧浆液、甲凝、丙凝、氰凝等)方法进行裂缝修补,或表面封闭与注浆同时使用

注:混凝土修补后,砂浆或混凝土表面应根据气温情况,适当浇水或覆盖养护,以保证强度发展和新老混凝土的结合。

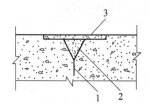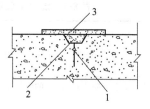

图 8-2　深裂缝的修补

1—低稠度、无填充料环氧树脂黏结剂；2—环氧胶泥；3—环氧树脂玻璃布（一层或三层做法）

表 8-7　填补混凝土裂缝的黏结剂的配制方法

黏结剂名称	配合比		配制方法
	材料名称	质量比/%	
环氧黏结液	E型环氧树脂	100	①先用稀释剂(丙酮或二甲苯)将环氧树脂稀释成能注射的溶液 ②使用前方可加入固化剂(乙二胺) ③黏结剂的结硬时间与固化剂的用量与气温有关,可通过试验决定;可按进度用量分批配制
	丙酮或二甲苯	1～10	
	乙二胺	6～10	
	E型环氧树脂	100	①先用稀释剂稀释环氧树脂,均匀后再加入填充料(水泥或石英粉),拌成胶泥 ②使用前加入固化剂,拌匀 ③一次配制不宜过多,按每30～40min的需要量配制,以免固化失效
	丙酮或二甲苯	1～10	
	乙二胺	6～10	
	水泥或石英粉	150～250	
甲凝黏结液	甲基丙烯酸甲酯	100	①甲基丙烯酸甲酯、醋酸乙烯、对甲苯亚磺酸宜选用新出厂的产品,如出厂期过久,应在使用前提纯 ②其混合顺序按配合比序号进行,在灌缝、注射前方可加入促凝剂 N, N'-二甲基苯胺 ③甲凝黏结剂在10～15℃温度下,固化时间为4～6h
	醋酸乙烯	18	
	过氧化二苯甲酰	1.5	
	对甲苯亚磺酸	1.0	
	N, N'-二甲基苯胺	1.0	

六、缝隙及夹层

　　缝隙及夹层是指整体性的混凝土内成层存在松散混凝土层及杂物，将结构分隔成几个不相连接的部位，直接影响到混凝土结构的强度，危害较大。产生的原因和防治及修补方法见表 8-8。

表 8-8　混凝土缝隙及夹层的产生原因和防治及修补方法

原因	防治方法	修补方法
施工缝停置过久，没有按规定清除茬口杂物	①施工缝不宜停置过久；如过久,应将接茬口凿至全部裸露新茬 ②参照表5-31的规定处理施工缝	①如夹层较小，缝隙不大，可先将夹杂物清除，按表8-6的方法处理 ②如夹层较大，应先做好必要的支撑，清除各种荷载，安装支模板，将该部位混凝土及夹层凿除。视其性质，如属孔洞类，则按图8-1的方法处理；如属深裂缝，则按图8-2的方法处理，或在表面封闭后进行压浆处理（见本章第一节"七、防水工程补漏"部分）
浇筑混凝土施工缝，留茬或接茬时捣固不足	①留茬、接茬的捣固工作，必须按程先捣固距茬口200～300mm的部位，然后捣固接缝处 ②清理旧茬口软弱部位时，清除工作宁多勿少，软弱部分尽量清掉	
浇筑大面积楼板或其他构物时，在停歇时被其他工种的杂物(木屑、锯末、焊渣、铁屑、泥砂)掺入，继续浇筑时未作处理	停歇后继续浇筑，虽未超出施工缝停歇时间，亦应参照施工缝的要求进行检查	
出现砂子窝未及时处理	出现砂子窝应及时处理	
混凝土浇筑高度过大，未设串筒、溜槽	应按表5-34处理	
底层交接头处未灌接缝砂浆层	按要求灌接缝砂浆层	

七、防水工程补漏

防水混凝土结构出现孔洞、裂缝等缺陷，不仅影响混凝土结构的强度、耐久性等，还会导致结构的漏水或渗水等质量问题。因此，对防水混凝土结构，还必须做好防渗漏处理。

防水工程补漏，按使用的补漏方法和修补材料的不同，分为刚性防水补漏、压力灌浆补漏及防水卷材贴面法补漏三种。使用的材料有水泥砂浆（或混凝土）、防水砂浆、化学浆液、沥青、卷材等。堵漏时，可根据结构使用要求、漏水情况及严重程度、工地材料、设备条件等，因工程制宜，采用单一或综合的方法。

1. 刚性防水补漏

适于一般地下结构，如地下室、储水池、基础坑、沟道等的孔洞修补、较宽裂缝漏水及大面积渗漏水。具有方法简单、修补快速、补漏效果好、适应性强等优点。

补漏前，应先查清渗漏的原因及部位、漏水情形（孔洞还是裂缝漏水）和水压大小，然后根据不同情况，采取不同的方法进行修补。补漏的一般原则是：逐级把大漏变小漏，片漏变孔漏，使漏水集中于一点或数点，最后堵塞点漏。

(1) 孔洞漏水的处理　对一般孔洞漏水，可先将漏水处的松散部分及污物清除，并洗刷干净。用防水剂拌制的速凝水泥胶浆，捏成与孔洞大小接近的锥形小团，待其将凝固之际，迅速用力堵塞于孔眼处，并向孔壁四周挤压，使其与孔壁紧密结合。当孔洞与水压较大时，可凿到基础垫层，在其底铺碎石，上盖一层油毡，中间开一小孔，然后将胶皮管插入小孔中，用胶浆或干硬性混凝土将管四周封严，使漏水集中于胶皮管流出，如图 8-3(a) 所示。等胶浆（混凝土）达到一定强度后，再将胶皮管拔出，按上述方法堵塞胶皮管留下的孔眼。

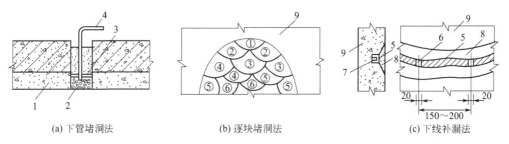

(a) 下管堵洞法　　　　(b) 逐块堵洞法　　　　(c) 下线补漏法

图 8-3　孔洞及裂缝漏水修补方法（尺寸单位：mm）

1—原垫层；2—碎石层；3—油毡一层；4—胶皮管；5—填水泥胶浆；6—预留溢流口；
7—绳孔；8—素灰、水泥砂浆各一层；9—墙面；①～⑥—堵塞顺序

(2) 裂缝漏水的处理　对一般裂缝漏水，应先将裂缝部位剔成"八"字形边坡的沟槽，深约 30mm，宽约 15mm，冲刷干净后，将水泥胶浆捻成条形，待胶浆将要凝固时，迅速堵于沟槽中并挤压密实。裂缝漏水的水压较大时，可按图 8-3(c) 所示进行：在凿开裂缝的沟底上嵌一小绳，绳长 15～20cm；裂缝较长时，则分段进行，段间留 2cm 空隙。把将凝固的胶浆堵压于放绳的沟槽内，并迅速压实，然后抽出小绳再压实一次，使漏水顺绳孔于溢流口流出。按此法堵完整段裂缝，最后再按孔洞漏水堵塞预留的溢流口。

孔洞和裂缝漏水堵塞完后，宜在表面加抹一层水泥净浆和一层砂浆保护。当渗漏面积较大时，在堵完孔洞和裂缝漏水后，还应将整个结构表面凿毛、洗净、湿润，采用刚性防水层做法，进行全面处理，或在结构物净空允许情况下，在内部表面浇捣一层 6～10cm 厚的细

石防水混凝土内套，伸缩缝处设橡胶（或塑料）伸缩片。当处于有利地形条件时，亦可采用降水法或排水法作为补漏的辅助措施。

（3）速凝水泥胶浆的配制　可用各种防水剂掺入水泥砂浆（或混凝土）中配成。工地常用的为硅酸钠类防水剂（即通常所称二矾、三矾、四矾、五矾防水剂），它是以水玻璃为主要成分，加入各种矾配制而成，有成品出售。硅酸钠类防水剂原材料组成和配合比见表8-9。现场配制时，先将水加热到100℃，然后将表8-9所列矾剂按比例倒入水中继续加热，不断搅拌，待全部溶化后，冷却至30~40℃，再将该溶液倒入已量好的水玻璃中搅拌均匀，半小时后即可使用。配好的防水剂相对密度为1.5左右，不用时应密闭封存，置于阴凉处，以免水分蒸发。配制时要戴口罩、手套，以防中毒。根据天津市建筑科学研究所试验，采用二矾配制的防水砂浆，与三矾、四矾、五矾配制的防水砂浆比较，其性能无多大区别，故当材料不齐时，亦可采用二矾防水剂代替三矾、四矾和五矾防水剂。

水泥胶浆配制时，先将硅酸钠类防水剂与水按60：40（质量比）配成促凝剂水溶液，然后将该溶液倒入42.5级的普通水泥中搅拌均匀［水泥：防水剂溶液＝1：（0.5~1.0）］即可使用。根据试验，此胶浆开始凝结时间为25~45s，允许操作时间为25~40s。配制防水砂浆时，防水剂加入量为水泥质量的3％。

表8-9　硅酸钠类防水剂原材料组成和配合比（质量计）

材料名称	硅酸钠（水玻璃）Na_2SiO_3	硫酸铝钾（明矾）$KAl(SO_4)_2$	硫酸铜（胆矾、蓝矾）$CuSO_4 \cdot 5H_2O$	硫酸亚铁（绿矾）$FeSO_4 \cdot 7H_2O$	重铬酸钾（红矾钾）$K_2Cr_2O_7 \cdot 2H_2O$	硫酸铬钾（铬钾矾、紫矾）$KCr(SO_4)_2 \cdot 12H_2O$	水 H_2O
五矾防水剂	400	1	1	1	1	1	60
四矾防水剂	720	5	5	1	1		400
四矾防水剂	360	2.5	2.5	1	0.5		200
四矾防水剂	400	1.25	1.25	1.25		1.25	60
四矾防水剂	400	1	1		1	1	60
四矾防水剂	400	1		1	1	1	60
三矾防水剂	400	1.66	1.66	1.66			60
二矾防水剂	400		1				60
二矾防水剂	442		2.87		1		221
颜色	无色	白色	水蓝色	蓝绿色	橙红色	深紫红色	无色

注：硫酸铜、重铬酸钾均用三级化学试剂，水玻璃相对密度为1.63。

2. 压力灌浆补漏

（1）水泥（或水玻璃水泥浆）压力灌浆补漏　适用于一般地下结构修补较深较大的孔洞及裂缝宽度大于0.5mm的裂缝漏水。具有施工操作和使用材料简单、补漏效果好、黏结强度高、对结构可兼起补强作用等优点。

补漏前先查明漏水部位，将易于脱落的混凝土清除，用水或压缩空气冲洗缝隙或用钢丝刷仔细刷洗，务必把粉屑石渣清理干净，然后保持潮湿。清理基础时必须使地下水或地表水降低至灌浆处标高以下，并保持该水位至灌筑后24h。每个孔洞都要凿成斜形，避免有死角，以便浇筑混凝土（图8-4）。然后根据漏水量，在漏水部位凿孔眼，用1：2.5水泥砂浆或高于原设计强度一级的混凝土固定必需数量的排水（气）管及灌注管，并封闭管口四周，使水流集中于排

图8-4　孔洞开凿形式

1—构件剖面；2—孔洞处凿成斜形；3—死角

水管排出。当沿裂缝漏水时，应沿裂缝铺设排水间层（砾石间层或绳索间层等）或用镀锌铁皮作排水暗沟，然后在排水间层中固定灌注管，排水间层外面再用高强快硬的砂浆或混凝土封闭。

灌注管距离根据混凝土（或砌体）内孔洞大小情况确定，一般为 0.5～1.5m；埋入深度根据结构厚度及时裂缝渗透程度而定，厚度为 5～50cm 时，应超过裂缝 20cm。灌注管一般使用直径 19～25mm 的短管，遇强渗漏水时，则采用直径 50～75mm 的钢管。

当水流全部被灌注截取，管周及裂缝封闭砂浆具有足够的强度时，一般在补填的混凝土凝结 2d 后（即相当于强度达 1.2～1.8MPa 后），即可开始用砂浆输送泵压浆。压浆应先内后外、自下而上地逐渐进行，以利砂浆自内往外、自下往上流动，避免缝内空气被砂浆堵住。操作时，先开泵压到规定值，然后停泵，让砂浆慢慢渗入，待表压下降到一定数值（一般为 0.1～0.2MPa）时，二次开泵升压到规定值，如此反复进行，直至压力稳定在规定的压浆值，不再下降时为止。当压力撤除，漏水和渗水现象完全消除，即认为该处灌注完毕，可移至下一管孔进行压注。压浆完毕 2～3d 后割除管子，剩余的管孔以砂浆填补。

压浆设备可用手压泵或电动压浆泵、空气压缩机等。压浆时使用的压力，取决于缺陷程度、种类、加固部位的多孔性和结构厚度。位于地下水位以下的结构，使用压力应超过静水压力，可高至 0.6～0.8MPa；较薄的（15～20cm 以下）板壁使用压力不宜超过 0.3～0.4MPa；对梁、柱及其他混凝土结构灌浆时，压力一般可取 0.4～0.6MPa；对易变形的砖石结构则为 0.1～0.3MPa。

灌浆用的水泥浆，水灰比可用 2:1、1:1、0.75:1、0.5:1 等，水泥用不低于 42.5 级的普通水泥。当孔隙较大时，可在水泥浆中掺入适量细砂或其他惰性材料。水泥浆在灌注时应经常搅拌。灌注水玻璃、水泥浆的配合比为 1:1.15、1:1.5 等。水玻璃相对密度为 1.15。

（2）环氧树脂注浆补漏　环氧注浆方法可用于各种结构（包括有振动、高温、腐蚀性介质作用的结构）修补 0.1mm 以上的裂缝。除此，还可用于混凝土结构补强加固和黏结断裂构件，具有不受结构形状限制、黏结强度高、质量可靠、施工工艺简单、成本较低等优点。但该法只适用于修补干燥裂缝，不能直接用于补漏。

① 注浆原材料要求及配合比　环氧注浆材料是由 6101 号（E-44）环氧树脂、邻苯二甲酸二丁酯、二甲苯、乙二胺及粉料等在室温状态下配制而成。施工参考配合比见表 8-10。配制时可将环氧树脂、邻苯甲酸二丁酯、二甲苯按比例称量，放置在一容器内，于 20～40℃条件下混合均匀后加入乙二胺，再搅拌均匀即可使用，配制量以 1h 内使用毕为宜。

表 8-10　环氧树脂胶泥、浆液施工配合比及技术性能

配合比(质量计)					硬化时间/h	与混凝土黏结力/MPa	抗拉强度/MPa	备注
环氧树脂	邻苯二甲酸二丁酯	二甲苯（或丙酮）	乙二胺	粉料				
100	10		10～12	50～100	12～24	27～50	50	嵌缝,固定注浆嘴
100	10	30～40	8～12	25～45	12～24			涂面和粘贴玻璃布用
100	20		14～15	100～150				抹面胶泥
100	10	40～60	8					注射或毛笔涂刷浆液
100	10	40～50	8～12		12～24	27～30	50	注浆用浆液

注：环氧树脂是主剂，邻苯二甲酸二丁酯为增塑剂，二甲苯为稀释剂（用量视缝宽大小），乙二胺为固化剂（乙二胺用量可视环境温度和施工操作具体情况增减）。

② 注浆工具设备的选用 修补工具可根据裂缝宽度大小，选用毛笔、注射器、刮刀或压力灌浆泵。一般缝宽 1.5～2mm 时，用注射器灌注较为方便；较宽裂缝宜用刮刀填塞胶泥；修补微细裂缝，则用毛笔涂刷较好；当渗漏面积较大时，宜用环氧胶泥涂抹表面的方法；当裂缝较细、较深、结构本身需补强时，则应采用压力灌浆泵注浆方法。

③ 表面处理 补漏前，应将混凝土裂缝处用压缩空气或钢丝刷吹（或刷）干净，表面油污用丙酮或甲苯擦去。较宽裂缝宜凿成"凵"形凹槽，然后进行充分干燥。对潮湿裂缝应抽水降低地面水位后，再进行自然干燥或用喷灯烘烤。

④ 布注浆嘴 注浆前，沿裂缝常用环氧腻子固定注浆嘴，注浆嘴用 $\phi12mm$ 薄壁钢管制成，一端带细丝扣连以活接头。注浆嘴间距（一般垂直缝或斜缝）为 40～50cm。水平缝为 20～30cm，纵横交错处及端部均应设置，贯通缝则在两面交错设置。裂缝表面应刮环氧腻子或涂环氧树脂进行封闭，宽度一般为 10～15cm。待腻子或浆液凝固后，通风试气，观察通顺情况，气压保持在 0.2～0.4MPa，在封闭带及注浆嘴四周涂肥皂水检查，如出现泡沫，说明漏气，应再次封闭。

⑤ 注浆 注浆（灌浆）设备包括空气压缩机、注浆罐、阀门等。环氧注浆工艺流程如图 8-5 所示，操作工序如图 8-6 所示。

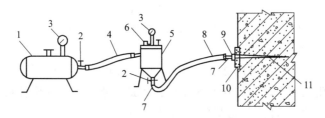

图 8-5 环氧注浆设备及工艺

1—空气压缩机；2—阀门；3—压力表；4—高压风管；5—注浆罐；
6—进浆罐口；7—活接头；8—高压塑料透明管；9—注浆嘴；
10—环氧封闭带；11—混凝土结构裂缝

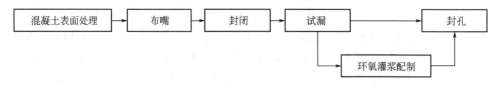

图 8-6 环氧注浆操作工序

a. 表面处理 用钢丝刷将混凝土表面的灰尘、浮渣及散层仔细清除，严重者用丙酮擦洗，使裂缝处保持干净。

b. 布嘴 嘴子应选择裂缝较宽处进行黏合。嘴子之间的距离，应视裂缝大小、结构形式而定，一般为 30～60cm，水平裂缝则可适当缩小。裂缝纵横交错时，交叉处必须加设嘴子；裂缝的端部均应设嘴子；贯通缝也必须在两面设嘴子，且交错进行。

c. 封闭 工序见图 8-7，环氧腻子配方见表 8-11。

图 8-7 封闭操作工序

表 8-11　布嘴和封闭用环氧腻子配方

材料名称	规格	质量比
环氧树脂	6101	100
邻苯二甲酸二丁酯	工业	30
乙二胺	试剂	8～10
滑石粉或水泥		300～350

d. 试漏　环氧腻子干固后（20℃气温时约 36h）进行试漏防止跑浆，见图 8-8。

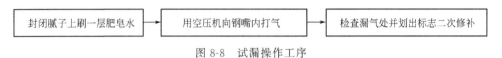

图 8-8　试漏操作工序

⑥ 注浆与封闭　注浆时，先将配好的注浆液倒入灌内，旋紧罐口，将活接头接在浆嘴上，开动空气压缩机，调至适当压力（一般 0.2～0.5MPa），打开阀门，压缩空气即将浆液压入缝中，经过 3～4min，待浆液从邻近注浆嘴冒出后，即可用木塞将第一个注浆嘴封闭，然后按同样操作方法，依次灌注第二个、第三个……直到最后一个。灌注次序：竖缝由下而上，横缝为由一端向另一端进行，为做到连续注浆，应预配适量不加硬化剂的浆液，随注浆随加入乙二胺，拌匀随时使用。注浆压力，对一般较宽的缝宜用 0.15～0.25MPa，细缝宜用 0.3～0.4MPa，注浆完毕应应及时用压缩空气将压浆罐和注浆中残留的浆液吹净，并以丙酮冲洗管路及使用工具，环氧粘补剂在常温（20～25℃）经 24h 即可硬化，注浆嘴在浆液硬化约 12～24h 后，打下来可以再用，见图 8-9。

混凝土裂缝注浆后，一般经过 7d 龄期方可使用。

（3）丙凝化学注浆补漏　丙凝注浆适用于泵房、水坝、水池、隧道、岩基等工程堵水、补漏、防渗。丙凝是以丙烯酰胺为主剂的四种化学材料，按一定的配合比加水配成甲、乙两组分，分别用两种等量器同时等压等量喷射混合的方法，合成丙凝浆液，注入补漏部位。这种注浆材料的特点是：a. 浆液

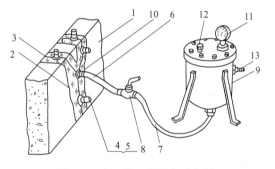

图 8-9　注（灌）浆操作示意图
1—混凝土构件；2—裂缝；3—封闭层；4—钢嘴；
5—水塞；6—有机透明管；7—高压胶管；
8—钢芯阀门；9—压浆罐；10—绑扎铁丝；
11—空气压力表；12—进料口；13—气嘴

点度低（几乎与水相同），渗透性好，能注入 0.1mm 以下的细裂缝中，可在水压和十分潮湿情况下凝聚；b. 凝结时间可随配比准确地控制在数秒或几小时内，可在水速大、水量大的情况下迅速凝结；c. 抗渗性好，丙凝胶的抗渗系数为 $2×10^{-10}$ cm/s，几乎是不透水的，凝胶形成后在水中稍微膨胀（膨胀率为 5%～8%），干缩后遇水还膨胀，能长期确保良好的堵水性能；d. 丙凝胶不溶于水及煤油、汽油、苯等有机溶剂，能耐酸、碱、细菌的侵蚀，亦不受大气条件的影响；e. 具有一定的强度和较好的弹性和可变性。

① 注浆原材料要求　丙凝化学注浆材料性能及特征见表 8-12。施工参考配合比见表8-13。

表 8-12　丙凝化学注浆材料性能及特征

类别	名称	分子式	作用	外观	储存与使用须知
甲液材料	丙烯酰胺	$CH_2=CHC \begin{smallmatrix} O \\ \\ NH_2 \end{smallmatrix}$	主剂	白色或浅黄色鳞状结晶	易吸潮,易聚合于 30℃ 以下,干燥阴凉地方可长期储存
	N,N-亚甲基双丙烯酰胺		交联剂	白色粉末	在干燥阴凉处可长期储存
	β-二甲氨基丙腈	$(CH_3)NCH_2CH_2CN$	还原剂	无色透明或淡黄色液体	在干燥阴凉处可长期储存,稍有腐蚀性
乙液材料	过硫酸铵	$(NH_4)_2S_2O_8$	氧化剂	白色粉末	易吸潮,易分解,在干燥阴凉处储存

表 8-13　丙凝施工配合比

项次	甲液				乙液		凝结时间/min
	丙烯酰胺	N,N-亚甲基双丙烯酰胺	β-二甲氨基丙腈	水	过硫酸铵	水	
1	47	2.5	2.0	220	2.0	220	3
2	47	2.5	2.0	220	1.5	220	5

注:1. 配制环境温度为 23℃,丙凝凝固温度为 45℃。

　　2. 甲液与乙液混合比例为 1:1。

　　3. 丙凝胶抗压强度为 10~60kPa;抗拉强度为 20~40kPa。

　　4. 抗压极限变形 30%~50%;抗拉极限变形 20%~40%

　　配合比的选择与施工温度、凝固时间等因素有关,施工前应先进行试配,以选定适合施工环境及需要的凝固时间。

　　促进丙凝胶凝结加快的措施有:a. 加氨水,使水的 pH 值大于 3;b. 用三乙醇胺代替 β-二甲氨基丙腈,但三乙醇胺用量不大于 2.5%;c. 提高水温到 40℃ 左右;d. 加大过硫酸铵用量,但不大于 1%。

　　使丙凝胶延缓凝结的措施有:a. 加铁氰化钾(掺量在万分之几即可);b. 降低水温;c. β-二甲氨基丙腈用量减少,但应不少于 0.6%;d. 减少过硫酸铵用量(但最少不应少于 0.5%)。

　　一般配成 10% 的丙凝溶液作为标准溶液,应用时视具体情况,可作适当调整,其变化范围为 7%~15%。

　　② 丙凝浆液的配制　甲液系将称好的丙烯酰胺、N,N-亚甲基双丙烯酰胺、β-二甲氨基丙腈,加水搅拌均匀而成。乙液系将称好的过硫酸铵加水搅拌均匀而成。

　　③ 注浆方法　丙凝注浆前,对裂缝漏水部位的处理及注浆嘴的埋设要求与环氧树脂注浆相同。

　　丙凝注浆工艺流程见图 8-10。注浆时,先把配好的甲、乙两液等量分别倒入甲、乙两储浆罐内,旋紧罐口,将活接头接在注浆嘴上,开动空气压缩机,压缩空气即进入密闭储浆罐，对甲、乙两液加压，打开储浆罐阀门，压缩空气即将甲、乙两液同时等量随输液管送到混合管，通过注浆嘴压入缝内。注浆压力一般为 $50\sim200kPa$，可根据浆液入缝流动情况随时调整。

丙凝注浆的缺点是材料来源较为困难。近年有利用丙凝水溶液配制丙凝水泥浆、水泥砂浆或混凝土进行堵漏，大大增加了丙凝胶的强度（抗压强度可达 $8\sim10MPa$），并且仍能保持丙凝的基本特性，成本亦可大大降低。

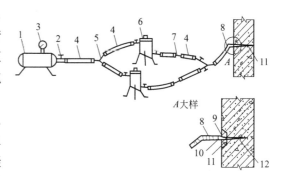

图 8-10　丙凝注浆工艺及设备
1—空气压缩机；2—阀门；3—压力表；
4—高压风管（可用 $\phi8$ 氧气带）；5—三通；
6—密闭储浆罐；7—连接管；8—高压塑料透明管；
9—注浆嘴；10—活接头；
11—环氧树脂封闭裂缝；12—混凝土裂缝

（4）甲凝化学注浆补漏　甲凝注浆材料是以甲基丙烯酸甲酯为主体，加入增塑剂、亲水剂、引发剂、促凝剂和除氧剂等配制而成。甲凝黏度比水还略低，表面张力为 $23\times10^{-5}MPa$，等于水的 $1/3$，有良好的渗透性，能灌注 $0.03mm$ 的混凝土细裂缝。同时胶结牢固，与构件黏结强度较高，并能任意控制凝结时间，在几分钟至数小时内都能聚合成坚硬稳固的凝胶。甲凝具有对光和许多化学试剂的稳定性、耐老化、耐冲击，能抗水、抗酸和碱的侵蚀。适用于裂缝补强和岩石地基灌浆工作，甲凝忌水，不宜直接用于堵漏止水或在十分潮湿的情况下使用。

甲凝浆液组成的材料要求和施工参考配合比见表 8-14。甲凝的力学性能见表 8-15。

表 8-14　甲凝注浆材料的组成与配合比

材料名称	作用	状态	配合比					
			1 号	2 号	3 号	4 号	5 号	6 号
甲基丙烯酸甲酯	主剂	无色液体	100	100	100	100	100	100
甲基丙烯酸丁酯(或醋酸乙烯)	增塑剂		25(10~20)	30	25			
乙酸乙烯酯	增塑剂						15	
丙烯腈	增塑剂	无色液体				15		15
甲基丙烯酸	亲水剂	无色液体	0~20			3.0	0.5	3.0
过氧化二苯甲酰	引发剂	白色细晶粒	1~1.5	1.2	1.0	1.5	1.0	1.54
二甲基苯胺	促凝剂	无色油状液体	0.5~2.0	1.2	0.5~1.0	1.5	0.5	1.0
对甲苯亚磺酸	抗氧剂	白色结晶	1.0	1.2	0.5	0.5	0.5	
焦性没食子酸	缓凝剂		0~0.1					
水杨酸	解热剂	白色粉末		1.0	1.0		1.0	1.0
铁氰化钾	抑制剂	赤褐色粉末				0.3	0.03	

注：1. 配合比中材料如为固体，以质量（g）计；如为液体，以体积（mL）计。

2. 促凝剂、抗氧剂、缓凝剂用量可根据需要的适用期调整。

3. 丙烯腈可用邻苯二甲酸二丁酯代替，二甲基苯胺可用二乙基苯胺代替。

表 8-15　甲凝注浆材料的主要技术性能

抗压强度/MPa	抗拉强度/MPa	弯曲强度/MPa	与混凝土黏结的抗拉强度/MPa		与混凝土黏结的抗剪强度/MPa	灌入湿裂缝中的抗拉强度/MPa	灌入湿裂缝中的抗剪强度/MPa	耐化学性
			7d	28d				
63.5~120	21~70	80~140	1~1.5	2~3	3.5	2	3.3	耐酸耐碱耐汽油等

注：有水的裂缝表面附着一层淤泥，经风干后黏结抗拉强度为 0.4MPa。

甲凝浆液的配制方法为：先量取甲基丙烯酸甲酯、甲基丙烯酸丁酯、甲基丙烯酸，加入过氧化二苯甲酰，对甲苯亚磺酸和焦性没食子酸，待完全溶解后，再加入二甲基苯胺。

甲凝浆液的适用时间随温度升高而缩短，当 10℃ 以下时，可灌注 60~90min；10℃ 以上时，适用时间缩短。放入适量焦性没食子酸作缓凝剂，可延长甲凝的适用时间；同时控制促凝剂及缓凝剂用量，也可控制浆液的适用期。

注浆嘴埋设及裂缝漏水部位的处理与环氧树脂注浆相同。缺乏设备时，亦可用兽医用的注射器代替手压泵灌注。

（5）氰凝化学注浆补漏　氰凝（又称聚氨酯防水材料）的主要成分是低聚的聚氨酯。它是以过量的多异氰酸酯（常用的有甲苯二异氰酸酯 TDI 或二苯甲烷二异氰酸酯 MDI）与聚醚树脂产生反应的产物，通常称预聚体（其技术性能见表 8-16）。预聚体再同增塑剂、溶剂、催化剂、表面活性剂、泡沫稳定剂、填充剂等配制成氰凝浆液。这种注浆材料的特点是：a. 当浆液没有同水接触时，不发生化学反应，是稳定的，可较长时间在密封情况下保存；b. 聚合速度快，遇水后立即反应，黏度逐渐增大，生成不溶于水的凝结体，由于水是反应的组成部分，注浆时，浆液不会被水冲淡或流失；c. 浆液遇水反应时，放出二氧化碳气体，使浆液膨胀，向四周渗透扩散，产生二次渗透现象，比其他化学浆液有较大的渗透半径和凝固体积比，凝胶有较高的抗压强度，堵水效果显著；d. 单液灌浆，设备简单，使用方便。因此氰凝是目前国内外新发展的效率较高的灌浆补漏材料之一，广泛用于地下工程，如地下室、隧道、地下铁道、大坝、蓄水池、油井等的防水补漏和建筑物的地基加固、土壤稳定等方面。

表 8-16　氰凝注浆材料各种预聚体的技术性能

性能	MN-69	TN-46	TN-47	TN-52	TN-53
外观	棕黑色半透明液体	棕红色透明液体	黄色透明液体	淡黄色透明液体	黄色透明液体
相对密度	1.088~1.125	1.051~1.112	1.045~1.110	1.057~1.125	1.036~1.086
黏度/10^{-3}Pa·s	100~800	10~100	6~30	6~50	12~76
凝胶时间	几分钟~几十分钟	几秒~十几分钟	几秒~十几分钟	几秒~十几分钟	几秒~十几分钟
固结物的膨胀比	1~6	6~9	6~9	6~9	6~9
固结物的抗拉强度/MPa	6~8	—	3~4	3~4	5~6
固结物的抗渗性/MPa	>0.4	>0.9	>0.9	>0.9	—

氰凝浆液原材料组成和配合比见表 8-17。

氰凝浆液配制时，先将甲苯二异氰酸酯（TDI）或二苯基甲烷二异氰酸酯（MDI）和邻苯二甲酸二丁酯先后加到带有液封的三颈瓶中，在剧烈搅拌情况下，慢慢加入聚醚（放热反应），继续搅拌，反应温度控制在 40~50℃，定时取样分析 NCO 含量，当 NCO 百分含量的分析值接近或达到终点理论值时（反应时间约 2~6h，MDI 系统较慢，约 7~8h）即为聚合，然后降温出料。所得预聚体保存于密封干燥的容器中。静置 24h 后，再按表 8-17 的次序，分别称量，投入容器内（最后加入催化剂）搅拌均匀即成。灌浆时可直接使用，配制好的浆液应避免与水接触。

表 8-17　氰凝浆液施工配合比

材料名称	作用	规格	质量比	材料名称	作用	规格	质量比
预聚体	主剂	MN-69 号	100	邻苯二甲酸二丁酯	增塑剂	工业	10
硅油	泡沫稳定剂	201-50 号	1	丙酮	稀释剂	工业	5～20
吐温	乳化剂	80 号	1	三乙胺	催化剂	试剂	0.7～3

注：1. 预聚体由甲苯二异氰酸酯 TDI 与聚醚树脂按 1：（1～4）的比例反应而成。

2. 如凝结太快，可加入少量的对甲苯磺酰氯作为缓凝剂。

3. 丙酮加入量视裂缝大小而定，用量多可灌性提高，浆液强度降低。

4. 三乙胺加入量视需胶凝时间而定，用量多，胶凝时间缩短。

注浆工艺与环氧树脂基本相同。注浆嘴间距为 1m 左右，混凝土表面涂刷两遍预聚体作封闭层，埋管（或浆嘴）用水玻璃拌 1：2 水泥砂浆进行稳固和封闭。对于大股涌水，在涌水口一侧上方打深孔布嘴，把水从钻孔中引出，然后在下方钻孔布注浆嘴，灌浆控制压力一般应大于地下水压力。

3. 防水卷材贴面法补漏

防水卷材贴面法适用于修补一般屋面和地下结构卷材防水层的局部渗漏水。目前工程中常用的中、高档防水卷材有石油沥青纸胎油毡（简称油毡）、油纸，聚乙烯防水卷材和橡胶三元乙丙防水卷材等。防水卷材贴面法补漏一般是找出漏水部位，将该部分卷材分层去掉，再逐层补贴卷材，见图 8-11（a），最后再加贴 1～2 层油毡盖住。对屋面卷材防水层，因气泡破裂漏水，可将气泡处呈十字形割开，清除污物后，再用热沥青胶粘牢，在上面加贴 1～2 层油毡盖住。一般地下结构物孔洞渗漏水，宜在迎水部位挖开，表面清理干净后抹面，再分层铺贴油毡。对结构物

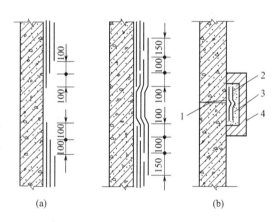

图 8-11　结构外壁（平面）卷材贴面补漏
1—裂缝或伸缩缝；2—贴沥青玻璃布或再生
橡胶油毡；3—沥青麻丝；
4—砖保护墙，外部黏土回填夯实

裂缝或伸缩缝漏水，可在裂缝外壁沿裂缝加铺卷材防水层，如图 8-11（b）所示。在地下结构物内部净空允许的情况下，亦可在结构物内部加铺聚氯乙烯防水卷材或石油沥青油纸防水层，再做混凝土或半砖（外抹面）保护墙。铺贴防水层时，均应保持干燥状态。卷材边部要用沥青胶粘牢封严，不得有张口或空隙。

第二节　内部缺陷

混凝土质量的内部缺陷主要有空鼓或石窝、强度不足等。

一、空鼓或石窝

空鼓通常出现在预埋钢板的下面；石窝大多出现在大体积混凝土工程。通常是在拆模板、清理软弱部位进行钻孔检查时发现。其原因和防治及修补方法见表8-18。

表8-18　混凝土空鼓或石窝的原因和防治及修补方法

原因	防治方法	修补方法
浇筑预埋钢板混凝土时，钢板底部未饱满，形成空鼓	①如预埋钢板不大，浇筑时用钢棒将混凝土尽量压入钢板底部，浇筑后用敲击法检查 ②如预埋钢板较大，可在钢板上开几个小孔排除空气，亦可作观察孔	①在板外挖小槽坑，将混凝土压入，直至饱满，无空鼓声为止 ②如钢板较大或估计空鼓较严重，可在钢板上钻孔，按二次灌浆法将混凝土压入
用皮带机、斜槽浇筑混凝土，末端没有串筒或挡板；用人工浇筑，没有反铲下料	参照图5-10～图5-13的正确方法操作 人工操作应坚持反铲下料	①严重时应会同设计部门共同处理 ②按本章第一节七、"2.压力灌浆补漏"将混凝土压入

二、强度不足

混凝土强度不足是质量上的大问题。判定强度不足应反复检验，除按立方体试件外，还可进行回弹仪检验，或割取试块检验。整体现浇结构的处理方法必须由设计部门决定。通常有三种处理方法：一是强度等级欠量不大，可以先降级使用，待龄期较长，混凝土强度发展后，再按原标准使用；二是强度等级相差较大，在结构上采取加强措施；三是发现较早、影响较大的，应推倒重来。强度不足的原因及预防措施见表8-19，预制构件可进行结构性能强度检验。

表8-19　混凝土强度不足的原因及预防措施

原因	预防措施
砂石、水泥等未作严格测定，影响了配合比设计的正确性；配合比设计计算错误；套用配合比选用不当	①凡混凝土配合比设计，原材料必须符合质量标准，并经过试配 ②施工配合比，必须经试验确定
水泥出厂期过长，或受潮变质，或袋装质量不足	使用前对水泥进行质量及重量的检查。
使用过程中骨料发生变化，如粗骨料针、片状较多，粗、细骨料级配不良或含泥量较多	①已习惯使用的骨料，如能保证质的，可不检验 ②新品种骨料，应于使用前进行检验 ③粗骨料应进行筛洗
外加剂质量不稳定	新进场的外加剂必须进行检验、试配，与基准混凝土对比
搅拌机内残浆过多，或传动皮带打滑，影响转速	①每班下班前必须将搅拌机内外用水冲洗干净，机内无积浆 ②每班开始搅拌前，先将搅拌机空转一次，检查传动系统是否正常
搅拌时间不足或搅拌时颠倒加料顺序	①提高操作人员责任感 ②有条件的采用稠度控制仪等自动控制装置
用水量过大，或砂、石含水率未调整，或水箱定量器失灵	①提高操作人员责任感 ②有条件的采用稠度控制仪等自动控制装置
称具或称量斗损坏、不准确，或以质量折合体积比	①保持称具及称量斗的清洁 ②除定期检查称具外，搅拌工亦应在暂停生产空隙进行检查 ③发现使用体积比变化后应及时纠正

原因	预防措施
运输工具漏浆,或经过运输后严重离析	①上班时应先检查运输工具 ②运输道路尽量平整,降低运输工具的振动性
振捣不够密实	振捣时要达到第五章第六节"二、人工捣插"的要求
试件制作不符合要求	按规定制作试件
试件未进行标准养护	试件应分标准养护和同条件养护两种
检验设备不准确	①检验设备应定期校检 ②检验人员应按检验规程操作
养护不良	对混凝土必须要求进行妥善养护

参 考 文 献

[1] 张应立，周玉华. 现代混凝土配合比设计手册. 2 版. 北京：人民交通出版社，2013.

[2] 张应立，周玉华. 现代混凝土试验与检验实用手册. 北京：人民交通出版社，2014.

[3] 张应立. 混凝土全过程质量管理手册. 北京：人民交通出版社，2012.

[4] 韩素芳，王安岭. 混凝土质量控制手册. 2 版. 北京：化学工业出版社，2013.

[5] 杨伯秤. 混凝土实用新技术手册. 吉林：吉林科学技术出版社，1998.

[6] 普通混凝土配合比设计规程：JGJ 55—2011.

[7] 混凝土质量控制标准：GB 50164—2011.

[8] 混凝土强度检验评定标准：GB/T 50107—2010.

[9] 混凝土耐久性检验评定标准：JGJ/T 193—2009.

[10] 普通混凝土长期性能和耐久性能试验方法标准：GB/T 50082—2009.

[11] 普通混凝土拌合物性能试验方法标准：GB/T 50080—2016.

[12] 混凝土物理力学性能试验方法标准：GB/T 50081—2019.